AF567313

Freisinger/Jöbstl/Kögler/Lipp/Strohrmann

Die digitale Transformation des Qualitätsmanagements

Gernot Freisinger, Oliver Jöbstl, Bernd Kögler,
Jürgen Lipp, Manfred Strohrmann

Die digitale Transformation des Qualitätsmanagements

Potenziale nutzen, Strategien entwickeln, Qualität optimieren

Bibliografische Information der Deutschen Nationalbibliothek:

Die Deutsche Nationalbibliothek verzeichnet diese Publikation in der Deutschen Nationalbibliografie; detaillierte bibliografische Daten sind im Internet über <http://dnb.d-nb.de/> abrufbar.

Print-ISBN 978-3-446-46884-9
E-Book-ISBN 978-3-446-46885-6
ePub-ISBN 978-3-446-46886-3

www.hanser-fachbuch.de
Lektorat: Lisa Hoffmann-Bäuml
Herstellung: Carolin Benedix
Satz: Eberl & Koesel Studio, Altusried-Krugzell
Coverrealisation: Max Kostopoulos
Titelmotiv: © stock.adobe.com/putilov_denis
Druck und Bindung: CPI books GmbH, Leck
Printed in Germany

Inhalt

1 Welche Inhalte vermittelt dieses Buch?

Anfang der 1960er-Jahre wurden wir erstmals mit digitalen Systemen konfrontiert. Die ersten Computer waren damals etwa so groß wie überdimensionale Kühlschränke, hatten jedoch vergleichsweise verschwindend kleine Speichervolumina und befanden sich vornehmlich nur in militärischen Einrichtungen, Universitäten und Großkonzernen. Mit diesen Computern kamen damals auch nur Personen in dafür spezialisierten Berufen in Berührung, die meisten Menschen kannten sie lediglich aus Erzählungen. Seit damals gilt aber bereits das **Mooresche Gesetz**, das von einer Verdoppelung der Geschwindigkeit und Rechnerleistung alle zwei Jahre ausgeht. Der bahnbrechende Durchbruch gelang dann etwa Anfang/Mitte der 80er-Jahre, als der Personal Computer seine Marktreife erlangte und dadurch den Zugang zur Computertechnologie für die gesamte Menschheit ermöglichte. Mitte der 90er-Jahre hielt auch das **Internet** Einzug in Unternehmen und Haushalte. Dadurch digitalisierte sich zunächst unser Briefverkehr. Während 1995 noch mehr physische Post versendet wurde, drehte sich dieser Trend sehr schnell und die Kommunikation via E-Mail gewann schlagartig an Bedeutung. Das Web wuchs danach rasant und wurde dadurch auch immer unübersichtlicher für den Anwender. Der erste digitale Katalog, der Ordnung ins Chaos bringen sollte, war Yahoo!, welcher seit dem Beginn des Millenniums eine Art persönliche Zeitung im Internet zur Verfügung stellte. Nachfolgend ermöglichten YouTube und iTunes die Digitalisierung des Fernsehens und der eigenen Plattensammlung (Seemann, 2020).

Es folgte der Aufstieg der Suchmaschinen und erste soziale Bookmarking-Dienste boten von nun an eine völlig neue Form der Verarbeitung digitaler Objekte an. Es entstand daraus die Social-Media-Welt des Teilens, Likens und Kommentierens. Auf einmal fingen wir Menschen an, alle möglichen Daten in das Internet zu laden, und damit für die Öffentlichkeit bereitzustellen, selbst wenn es sich dabei um höchst private Details handelte. Und als uns schließlich ab etwa 2007 das **Smartphone** mit all seiner Sensorik und der Möglichkeit ständiger Online-Verbindung an das weltweite Datennetz band, wurde das **Internet of Things** (IoT) ins Leben gerufen. Die Zeit von **Big Data**, also der Verarbeitung und Auswertung enorm großer Datenmengen, begann und schnell wurde klar, dass von der zunehmenden Digitalisierung praktisch niemand verschont bleiben würde (Seemann, 2020).

Aber warum ist die Geschichte der Digitalisierung wichtig für uns und für das vorliegende Buch? Viele Digitaltechnologien, die heute State of the Art sind, haben eine weit zurückreichende Historie. So hat die **künstliche Intelligenz bereits in den frühen 60er-Jahren** des letzten Jahrhunderts ihren Ursprung, auch wenn sie damals aufgrund der Tatsache, dass Rechner nicht leistungsstark genug waren, einigermaßen stiefmütterlich vonseiten der Wissenschaft und Wirtschaft behandelt wurde.

Nun, da das Problem der Leistungsfähigkeit gelöst wurde, können die digitalen Technologien ihr wahres Potenzial entfalten. Die Verarbeitung von Big Data per Cloud, das Internet of Things (IoT), Smart Production, intelligente Roboter und künstliche Intelligenz (KI) nehmen dadurch Einzug in unser tägliches privates und berufliches Leben. Und trotz der alltäglichen Nutzung digitaler Systeme im privaten Umfeld schürt die Fortschreitung der Digitalisierung gewisse Ängste beim Menschen, die Zeichen des bevorstehenden oder bereits realen Wandels sind. Die Entwicklung ist teilweise schleichend, manchmal jedoch fällt sie lawinenartig über uns herein. Sicher ist in jedem Fall, dass sie anhält und immer mehr in unserem Alltag zu spüren sein wird. Die zunehmende Digitalisierung wird somit jedenfalls noch eine lange Zeit richtungsweisend für unser Denken und Tun bleiben.

Was bedeutet dies für das Qualitätsmanagement? Im QM standen seit jeher die systematische Absicherung und Verbesserung der Produkt- und Prozessqualität im Fokus. Viele Firmen haben bereits in der Vergangenheit Methoden verwendet, die zu umfangreicher Steigerung der Produktqualität und Prozesseffizienz geführt haben. Dabei wurden bisher in aller Regel Methoden genutzt, die rein manuell oder mit relativ geringer Rechnerunterstützung implementiert werden konnten. Der gegenwärtige Digitalisierungsgrad in der Produktion ist teilweise bereits weit fortgeschritten, allerdings liegen diese Daten bei vielen Unternehmen weitgehend ungenutzt auf Datenservern brach. Den Entwicklungs- und Fertigungsingenieuren fehlen nämlich oftmals entsprechende **Kenntnisse im Umgang mit großen Datenmengen**. Um die erreichbare Grenze der Produktqualität und Fertigungseffizienz zu verschieben, ist eine umfassende Kombination von Produktverständnis, Fertigungserfahrung und Kompetenz in digitalen Technologien wie beispielsweise Machine Learning und künstlicher Intelligenz erforderlich.

Dieses Buch zeigt Einsteigern und Entscheidungsträgern auf, wie sich das Qualitätsmanagement (QM) durch die Digitalisierung wandeln kann. Es beschreibt, wie mit neuen Strategien, Methoden, Vorgehensweisen und neuen Formen der Kollaboration ein vertieftes Produkt- und Prozessverständnis generiert werden kann und welche Potenziale sich daraus für Unternehmen ergeben. Es liefert damit die Voraussetzung, sich auch bei komplexeren Produkten und dynamischen Anforderungen langfristig am Markt behaupten zu können.

Dazu liefert dieses Buch umfassende Einblicke in die folgenden Themengebiete:

- Beschreibung der **aktuellen Herausforderungen** und **Chancen** durch **Digitalisierung** im Umfeld des Qualitätsmanagements. Erfahrene Mitarbeitende im Qualitätsmanagement stehen plötzlich vor völlig neuen Anforderungen und werden mit einem neuen Fachvokabular konfrontiert: Was bedeuten diese Begriffe und wie können diese möglichst einfach erklärt werden?
- Praktische Anleitung und Tipps, wie **digital unterstützte QM-Systeme** aufzubauen sind.
- Praktikable Lösungsansätze, mit denen wir in der Lage sind, **qualitätsgesichert Innovationen** umzusetzen und einen messbaren Mehrwert für unsere Kunden zu generieren. Wir zeigen auf, wie beispielsweise **UX, Design Thinking** und **agile Methoden** hier hilfreich sein können und wie Qualität in softwareintensiven Systemen und **Industrie 4.0-Lösungen** erreicht werden kann.
- Inwieweit können die Methoden der **Statistik**, des **Machine Learning** und der **künstlichen Intelligenz** dazu dienen, aus Daten zu lernen, risikobasierte Entscheidungen zu treffen und in weiterer Folge Entscheidungen zu automatisieren? Dies immer vor dem Hintergrund, die Qualität zu steigern.
- Systematiken zur zielgerichteten **Weiterentwicklung unserer Prozesse** in Richtung digitaler Reifegrad, um deren Effektivität und Effizienz zu verbessern. Wir liefern eine Antwort auf die Frage, wie wir die Chancen von Six Sigma, künstlicher Intelligenz, Robotic Process Automation (RPA), Process Mining etc. optimal nutzen können, um Prozessverbesserungen umzusetzen und aus Fehlern zu lernen.
- Auslegung der **Data-Science-Infrastruktur** - wie richten wir unsere IT so aus, dass sie auf die neuen Herausforderungen im Qualitätsmanagement eingestellt ist und insbesondere durch vertikale und horizontale Vernetzung die Umsetzung digitaler und datengetriebener Use Cases unterstützen kann?
- Analyse der für die digitale Transformation notwendigen **Kompetenzen im Qualitätsmanagement**. Wie können wir diese bestmöglich systematisch planen und realisieren?
- Welche **Strategien** können bei der Einführung und Umsetzung im Unternehmen Anwendung finden? Welche sind die Erfolgsfaktoren und wie kann letzten Endes der digitale Wandel im Qualitätsmanagement gelingen?

Die Autoren haben sich lange darüber Gedanken gemacht, wie fundiertes fachliches Wissen zum Thema Digitalisierung in einer Art und Weise vermittelt werden kann, dass sich der Leser beim Studium des Buches wohl fühlt und mit Freude und Aufmerksamkeit bei dieser spannenden, aber nicht immer trivialen Thematik dabeibleiben möchte. Eines der erklärten Hauptziele ist daher, dass der Leser in der Lage ist, eine gemeinsame Sprache mit den involvierten internen Fachbereichen sowie externen Partnern in Sachen Digitalisierungsmethoden zu sprechen. Realisiert wurde daher eine strukturierte und übersichtliche Abfolge von Kapiteln, welche mit entsprechenden Beispielen begleitet werden. Ebenfalls machen wir von Zeit zu Zeit einen Abstecher in eine frei erfundene Geschichte, die sich zwischen Vater und Tochter abspielt und ebenfalls immer in direktem Kontext mit den entsprechenden Fachinhalten steht.

So möchten wir dieses einführende Kapitel mit dem ersten Gespräch unserer beiden fiktiven Protagonisten Johannes und Andrea Rasch abschließen, in dem initial ein Problem besprochen wird, mit dem wir oder unsere Kollegen eventuell bereits konfrontiert wurden, nämlich dem Unverständnis für Fachbegriffe aus dem Bereich der digitalen Welt.

„Vielen lieben Dank für die Einladung und das großartige Essen! Mama, Papa, es hat mir wie immer herrlich geschmeckt, besonders die Salzburger Nockerl als krönender Abschluss des Menüs waren ein absolutes Gedicht. Wie ihr wisst, habe ich mich an denen auch schon öfters versucht, aber sie gelingen mir einfach niemals auch nur annähernd so gut wie euch. Papa, ich weiß, dass du bei der Zubereitung auf besondere Feinheiten achtest, die du mir zwar schon erklärt hast. Aber selbst, wenn ich versuche, dich eins zu eins bei deinen Abläufen zu kopieren, werden sie noch immer nicht vollkommen perfekt.“ „Meine liebe Andrea, wahrscheinlich liegt es zum größten Teil an der jahrelangen Erfahrung als Hobbykoch, aber möglicherweise auch daran, dass ich diese Nachspeise ausschließlich für die allerliebsten Menschen in meinem Leben mit viel Liebe zubereite“, er blickt seiner Tochter in die Augen und lächelt sie dabei liebevoll an. „Ja, das ist vermutlich das wahre Geheimnis“, erwidert seine Tochter und küsst ihn danach dankend sanft auf die rechte Wange.

„Und Papa, bevor wir es vergessen, du wolltest doch auch noch etwas Berufliches mit mir besprechen. Wie kann ich dir helfen?“ „Ach ja, das hätte ich jetzt beinahe verschwitzt, vielleicht gehen wir dazu gemeinsam ins Arbeitszimmer, dort können wir in Ruhe miteinander sprechen.“ „Maria“, ruft er seiner Frau danach noch kurz zu, „wir gehen kurz ins Büro, sind aber gleich wieder zurück.“

Johannes Rasch ist aktuell Mitte fünfzig und arbeitet bereits seit mehr als 30 Jahren in derselben Firma. Dort leitet er die Qualitätssicherungsabteilung, ist verantwortlich für den gesamten Messraum und die drei in diesem Bereich angestellten Mitarbeitenden. Er ist mit großem Abstand der älteste Mitarbeiter seiner Abteilung, vielleicht sogar des gesamten Unternehmens, wenn er genauer darüber nachdenken würde. Er hat die Lehre zum Prüf- und Messtechniker Anfang der Achtzigerjahre des letzten Jahrhunderts absolviert, als in seinem Betrieb noch fast ausschließlich analoge Messmittel verwendet wurden. Es gab damals im Betrieb nur ein einziges, fast wie ein Heiligtum behandeltes, digitales 3D-Messsystem der Firma Zeiss. Auf diese besondere Neuinvestition war sein Lehrherr damals unglaublich stolz, es war daher auch sein Privileg, diese Maschine als einziger programmieren und bedienen zu dürfen. In den Folgejahren etablierte sich die digitale Welt immer mehr in der produzierenden Industrie und Johannes durchlief viele Aus- und Weiterbildungszyklen, um mit dem technologischen Fortschritt weiterhin Schritt halten zu können. Er lernte dabei neben dem professionellen Umgang mit modernen und teilweise hochkomplexen digitalen Messsystemen auch die Grundlagen und Methoden der statistischen Prozesslenkung. Genauso studierte er die Ermittlung von und den Umgang mit Fähigkeiten der eingesetzten Messmittel. Ergänzend unterstützte er auch die Einführung eines modernen Messmittelmanagements. Praktisch sein ganzes Arbeitsleben wird er auch schon von der ISO 9001 begleitet, nach der das Unternehmen bereits seit 1988 zertifiziert ist. Seit diesem Zeitpunkt sind die Begriffe der Planung, Lenkung, Sicherung und Verbesserung der Qualität fest mit seiner täglichen Arbeit verbunden.

„Weißt du, Andrea“, sagt er nach dem Schließen der Bürotür zu seiner Tochter. „Ich komme mir manchmal schon ein wenig überflüssig in meinem Job vor, weil ich mit meinen Kollegen der jüngeren Generation technologisch nicht mehr mithalten kann“, meint er sehr leise, fast so, als ob er sich für sein Alter schämen müsste. „Die können mit den modernen digitalen Systemen viel besser umgehen als ich und entwickeln sogar selbstständig neue Methoden, entdecken Anwendungsfälle und so weiter. Und ich alter Trottel sitze daneben und verstehe nur mehr Bahnhof. Unlängst war ein junger Kollege aus der IT bei mir und wollte sich abstimmen, ob und welche Anwendungsfälle für künstliche Intelligenz und Machine Learning aus meiner Sicht zukünftig in meinem Verantwortungsbereich gegeben sein werden. Ich habe mir ein paar Schlagworte aus seinen Ausführungen aufgeschrieben, musste den armen Kerl aber gleich mit einer billigen Ausrede wegschicken, da ich absolut keine Ahnung hatte, was mit diesen Fachausdrücken gemeint war. Und da mir die gesamte Situation jetzt so peinlich ist, wollte ich dich bitten, ob du mir mit deinem Fachwissen aus dem Studium der Industriewissenschaften nicht auf die Sprünge helfen kannst. Aber in ganz einfachen und auch für deinen alten Herren leicht verständlichen Worten, bitte.“

„Okay, Papa, ich will sehen, was ich machen kann. Kannst du mir vielleicht ein paar Begriffe nennen, die du in simplen Worten erklärt haben möchtest, und ich überlege mir eine einfache Beschreibung, vielleicht auch eine grafische Darstellung, sodass ich dir alles möglichst gut veranschaulichen kann. Und bei meinem nächsten Besuch bei euch nehmen wir uns ausreichend Zeit für unsere kleine gemeinsame Lerneinheit.“ Johannes gibt ihr Papier und Stift und sie notiert sich darauf die folgenden Fachbegriffe:

- Digitalisierung
- Industrie 4.0 und Qualität 4.0
- Smart products
- Smart production
- Künstliche Intelligenz
- Machine Learning

„Fein, dann komme ich nächsten Samstag wieder zu euch. Dazu hätte ich eine Bitte, wenn ich es mir aussuchen darf: Minestrone, Saltimbocca mit getrüffeltem Risotto und Sorbetto di Limone als Abschluss des Menüs, wenn es euch recht ist.“ Tochter und Vater lachen noch immer herzlich, als sie das Büro wieder verlassen und in den Wohnraum zurückkehren, in dem Mutter Maria gerade ein kleines Schläfchen gemacht hat. Sie erwacht vom lauten Gelächter, sieht die beiden mit einem verschmitzten Lächeln an und meint: „Und ich dachte, ihr habt ein ernstes

Thema miteinander zu besprechen.“ Danach umarmen sich die drei und drücken einander fest zum Abschied. Andrea verlässt anschließend die Wohnung ihrer Eltern und fährt zurück in ihre Studentenwohnung.

In der folgenden Woche ist Andrea intensiv mit der Beantwortung der Fragen ihres Vaters beschäftigt. Die meisten der Begriffe sind ihr aus dem Studium bereits wohlbekannt, bei einigen muss sie ergänzend die Hilfe ihrer Vorlesungsunterlagen, einiger Fachbücher und online durch Wikipedia in Anspruch nehmen. Die größte Herausforderung für sie ist aber, möglichst einfache Erklärungen zu finden, die ihrem Vater praxisgerecht in seiner aktuellen Lage helfen können. Daher beschließt sie, jeden Fachbegriff mittels eines plakativen Beispiels zu beschreiben. Um einen Leitfaden für sich selbst und den Inhalt der Lehrunterlagen zu erstellen, fasst sie zu Beginn ihrer Vorbereitung in wenigen prägnanten Sätzen die Bedeutung der Begriffe zusammen:

Unter **Digitalisierung** versteht man das Umwandeln von analogen Werten in digitale Formate und ihre Verarbeitung oder Speicherung in einem digitaltechnischen System. Die Information liegt dabei zunächst in beliebiger analoger Form vor und wird dann über mehrere Stufen in ein digitales Signal umgewandelt, das nur aus diskreten Werten besteht (Wikipedia, Digitalisierung, 2021).

Industrie 4.0 ist die Bezeichnung der vierten industriellen Revolution wobei das 4.0, vergleichbar mit der Version einer Software, auf die industriellen Fortschritte im digitalen Zeitalter hinweist. Die erzielbaren Verbesserungen innerhalb der gesamten Wertschöpfungskette basieren dabei auf der Vernetzung von Maschine, Mensch und Services, welche von moderner Informations- und Kommunikationstechnik unterstützt wird.

Ein Erzeugnis wird als **Smart Product** bezeichnet, wenn es in der Lage ist, Daten über den eigenen Herstellungsprozess sowie Informationen, welche während der Fertigungs- und Nutzungsphase generiert wurden, zu sammeln, aufzuzeichnen und gegebenenfalls aktiv zu kommunizieren.

Smart Production bezeichnet die Vernetzung der gesamten Wertschöpfungskette in der Industrie 4.0, wodurch innovative Lösungen generiert werden, die die Produktion effizienter und flexibler gestalten können. Es entsteht dadurch eine „intelligente Fabrik“, bestehend aus Fertigungsanlagen und Logistiksystemen, die sich möglichst weitgehend selbst organisiert.

Künstliche Intelligenz (KI) ist ein Teilgebiet der Informatik, das sich mit der Automatisierung intelligenten Verhaltens befasst. Sie simuliert dazu menschliche Intelligenz unter Zuhilfenahme von Computersystemen. Dies umfasst das Lernen, also die Erfassung von Informationen und die Erstellung von Regeln für die Nutzung dieser Daten, die Verwendung dieser Regeln, um entsprechende Schlussfolgerungen ziehen zu können, sowie die Selbstkorrektur.

Machine learning oder maschinelles Lernen beschreibt die „künstliche“ Generierung von Wissen aus Daten. Mithilfe von Algorithmen (eine Folge von Anweisungen, mit denen ein bestimmtes Problem gelöst werden kann) werden in einer Trainingsphase automatisch Muster und Gesetzmäßigkeiten erkannt und modelliert. Diese Modelle werden anschließend auf neue Daten angewandt, um Prognosen zu erstellen.

Nun gilt es für Andrea, ihren Text in leicht verständliche Bilder mit entsprechenden Veranschaulichungen aus dem realen Leben zu übersetzen, die sie im bevorstehenden Schulungstermin mit ihrem Vater besprechen möchte. Ihr Ziel dabei ist, dass er sich mit dem jeweiligen Beispiel gut identifiziert und anhand der Folien den Schritt in den realen Berufsfall meistern kann. Für diese Tätigkeit benötigt Andrea einige Nachmittage, und sie wird daher erst knapp vor dem vereinbarten Termin mit der letzten Präsentationsseite fertig. Gespannt und mit viel Vorfreude auf die bevorstehende Lerneinheit fährt sie zum Haus ihrer Eltern. Nach der Begrüßung beschließen Tochter und Vater unverzüglich in medias res zu gehen und anschließend nach dem Motto „zuerst die Arbeit und dann das Vergnügen“ zusammen das Abendessen als Belohnung für die geleistete Aufgabe zu genießen.

„Na Papa, wie geht es dir denn aktuell? Konntest du deinen Kollegen noch für ein Weilchen vertrösten oder wurde er bereits wieder bei dir vorstellig, um sich mit dir über die Themen der Digitalisierung abzustimmen? Ich habe mir in der Zwischenzeit einige Gedanken zu unserer heutigen Abstimmung gemacht und würde dir gerne ein paar Folien zeigen, die ich für dich als Unterstützung erstellt habe. Wenn du möchtest, lege ich gleich damit los, ich muss nur noch meinen Laptop hochfahren und dann kann es schon losgehen.“ „Liebe Andrea, du weißt ja gar nicht, wie sehr du mir mit deinem Wissen weiterhelfen kannst. Ich habe in der nächsten Woche einem Abstimmungstermin in einer größeren Runde zugestimmt, bei der wir gemeinsam über Digitalisierungsthemen sprechen werden, und ich hoffe, dass ich bei den Kollegen einen fachlich fundierten Eindruck hinterlassen kann, ohne das Gefühl einer großen Verunsicherung zu haben. Also lass uns gleich starten, ich bin wirklich schon sehr gespannt auf deine Erklärungen.“

„Dein erster Begriff war die Digitalisierung. Ich denke, der ist dir schon ganz gut bekannt und ich will ihn daher auch nicht für dich neu erfinden. Ein Beispiel für die Anwendung von digitalen Systemen will ich dir aber trotzdem wieder in Erinnerung rufen: Nimm die Aufzeichnung bewegter Bilder im Wandel der Zeit. Du hast uns analoge Filme aus deiner Kindheit gezeigt, die mein Opa mit seiner Super-8-Kamera aufgenommen hatte. Laut deiner Aussage musste er die aufgezeichneten Filme zuerst entwickeln lassen, um sie dann in mühsamer Kleinarbeit manuell mit einer speziellen Maschine zusammenzuschneiden. Eine Nachbearbeitung der bereits aufgenommenen Szenen war damals nicht möglich und man musste sich aus Kostengründen sehr gut überlegen, was man filmt und wie lange eine Einstellung dauern darf. Dass es damals überhaupt nur eine Bild-Spur und keine Möglichkeit der getriggerten Tonaufzeichnung gab, sei einmal dahingestellt. Später, als ich Kind war, also vor etwa 25 Jahren, hattest du bereits eine digitale Videokamera zur Verfügung, die wahrscheinlich nicht nur wesentlich billiger in der Anschaffung war als das analoge System, sondern auch viel mehr Freiheiten in der Bedienung und Nachbearbeitung bot. Und heutzutage braucht man überhaupt kein spezielles Aufnahmegerät mehr, da jedes Smartphone über eine eingebaute digitale Videokamera verfügt. Der Digitalisierung von analogen Ereignissen sind dadurch gar keine Grenzen mehr gesetzt. Und, Papa, wie geht es dir mit meiner Erläuterung? Ist damit alles klar für dich oder brauchst du noch weitere Informationen?“ „Nein, ich denke du hast das schon sehr gut erklärt und ich kenne mich ausreichend gut aus. Jetzt erinnere ich mich auch wieder an die alten Tage mit meiner geliebten Handycam DCR-VX1000E, Baujahr 1995.“

„Sehr gut, dann lass uns gleich weitermachen mit dem Begriff Industrie 4.0 beziehungsweise Qualität 4.0. Vereinfacht gesagt ist die vierte industrielle Revolution das Ergebnis der konsequenten Weiterentwicklung der vergangenen Fortschritte und somit ein Überbegriff für intelligente Fabriken und computerintegrierte Produktionssysteme. Dass wir an unseren Arbeitsplätzen standardmäßig mit Laptops ausgerüstet sind, die in einem Netzwerk miteinander verbunden sind, und mit computergesteuerten Systemen arbeiten, ist ja nichts Neues mehr für uns. Genauso die Tatsache, dass wir ohne funktionierende IT-Abteilung als Technologieanwender oft völlig hilflos sind. Im Zeitalter der Industrie 4.0 ist nun aber nicht mehr der Computer die zentrale Technologie, sondern das Internet. Unterstützt durch den Einsatz moderner Informations- und Kommunikationstechnologien ist es heutzutage möglich, Menschen, Maschinen und Produkte auf intelligente Weise weltweit direkt miteinander zu vernetzen, wodurch sich für uns völlig neue Möglichkeiten und Chancen ergeben. Experten sprechen in diesem Zusammenhang gerne vom ‚Internet of Things' oder IoT. Schau, Papa, ich habe dir zum besseren Verständnis eine grafische Darstellung dazu erstellt (Bild 1.1)."

Bild 1.1 Internet of Things (IoT)

„Das ist ja alles ganz nett, und dank deiner Erklärung recht verständlich für mich, aber ich stelle mir die Frage, wie der Kunde von dieser Technologie profitieren kann. Oder ist die ganze Sache nur erfunden worden, um die Profitabilität der Unternehmen zu erhöhen und dadurch die reichen Menschen noch reicher zu machen?" „Natürlich profitieren die Unternehmen, keine Frage, sonst würden sie nicht sehr viel Geld und Ressourcen in die Entwicklung solcher Systeme stecken.

Aber ohne zusätzlichen Wert für den Kunden ist auch die beste Technologie wertlos. Ein kundenorientierter Ansatz kann beispielsweise die folgende Lösung eines spezifischen Problems sein: Du trägst doch Einlagen in deinen Laufschuhen, mit denen du jährlich den Wiener Marathon bestreitest, richtig?" „Ja, schon ewig. Und es ist immer wieder eine große Herausforderung für mich, die ideale Passform von Schuheinlage in Kombination mit der richtigen Schuhgeometrie zu finden. Zudem soll mich der Schuh auch noch optisch ansprechen, kannst dir eh vorstellen, dass das gar nicht so einfach ist." „Bitte verzeihe mir, wenn ich jetzt ein wenig weiter aushole, aber eine mögliche Lösung dazu könnte in der Welt von IoT folgendermaßen aussehen:

Du übermittelst dein Läuferprofil sowie Informationen zu deinem aktuell getragenen Schuhmodell im Vorfeld an deinen Orthopäden. Er erhält dadurch bereits vor der Untersuchung Informationen zu deinen Körpermaßen sowie deiner persönlichen Laufstatistik. Diese kann er verarbeiten und mit Daten des Schuhproduzenten abgleichen, wodurch er in der Lage ist, den Termin in seiner Ordination wesentlich besser vorzubereiten.

In seiner Praxis nimmt er anschließend mittels eines 3D-Scans das Profil deines nackten Fußes ab und zeichnet danach deine Körperbewegung während eines kurzen Tests auf dem Laufband auf. Diese Informationen führt er zusammen und verarbeitet sie in einer Software, die eine optimierte Einlagenform für dich errechnet.

Nun kommt sein 3D-Drucker zum Einsatz, der die übermittelten Daten in ein reales Objekt transferiert und innerhalb von wenigen Tagen kannst du diese einzigartigen Prototyp-Einlagen bereits für einen ersten Test mit auf deine bevorzugte Laufstrecke nehmen.

Wenn du mit dem Ergebnis zufrieden bist, besteht nun die Möglichkeit, zukünftig nicht mehr an Einlagen gebunden zu sein, sondern einen Schuh in „Losgröße Eins" (das heißt, es wird wirklich nur dieses eine einzige Paar in genau dieser Konfiguration produziert) genauso herzustellen, wie es dein Fuß erfordert. Dafür wird ein einzigartiges Modell erstellt, wenn du möchtest, kannst du zusätzlich auch noch aktiven Einfluss auf das Design nehmen. Daraus entsteht nun in einer modernen Schuhfabrik dein perfekter, personifizierter Laufschuh. Wenn du möchtest, kann man auch noch einen Mikrochip in die Sohle integrieren, der zukünftig Aufzeichnungen während deiner sportlichen Aktivitäten macht, welche für die nächste Generation deiner Schuhe weitere Optimierungen ermöglichen und dein Produkt quasi automatisch weiter verbessern."

„Wow, und das gibt's wirklich schon? Für mich klingt das eher wie in einem guten Science-Fiction-Roman. Aber sehr spannend auf alle Fälle. Doch selbst, wenn diese Systematik bereits existiert, ist ein einzigartiger Laufschuh vermutlich so teuer, dass sich diesen Service nur sehr reiche Menschen leisten können, richtig?" „Nein, denn genau das soll nicht das Ziel der Übung sein. Solche Schuhe gibt es schon zu kaufen. Der Hersteller ist die bekannte Marke mit den drei Streifen. Und der Preis ist höher als für ein Produkt aus der Massenfabrikation, aber auch nicht absolut unerschwinglich."

„Gut, Papa, jetzt sind wir bereits voll in Fahrt und schon einigermaßen tief in die Materie eingetaucht. Ergänzend zum spannenden Thema der Industrie 4.0 nun auch noch ein paar Worte zur Qualität 4.0. Eigentlich ergibt sich diese als logische

Konsequenz direkt aus Industrie 4.0. Qualität 4.0 steht somit für die Zukunft von Qualität unter Zuhilfenahme der Möglichkeiten der Industrie 4.0. Beispielsweise könnte eine Maschine zukünftig erlernen und steuern, wie sie die geforderte Qualität selbstständig produziert. Wenn auch dieser Begriff für dich einigermaßen verständlich ist, würde ich gerne zum nächsten Schlagwort übergehen." „Ja, diese Formulierung ist einigermaßen klar für mich, lass uns bitte weitermachen."

„Papa, ich kann dir versprechen, dass die nächsten beiden modernen Ausdrücke mit dem jetzt schon erlangten Wissen viel einfacher sein werden. Nun geht es nämlich um „Smart Products" und „Smart Production". Eigentlich hast du ein solch pfiffiges Produkt bereits bei der Erklärung der Industrie 4.0 kennengelernt, es handelt sich beispielsweise um deinen modernen Laufschuh. Es kann aber auch eine intelligente Waschmaschine sein, die dir per SMS meldet, bevor der Weichspüler im integrierten Vorratsbehälter leer sein wird. Auf ausdrücklichen Wunsch wird in diesem Fall auch gleich eine automatische Online-Nachbestellung des mangelnden Produkts beim Versandhändler ausgelöst, wodurch du dir den Weg in den Supermarkt ersparen kannst. Und unter Smart Production ist die Art und Weise zu verstehen, wie Produkte unter Zuhilfenahme von vernetzten Systemen effizienter und effektiver vom produzierenden Unternehmen hergestellt werden können."

„Ja, das klingt recht logisch für mich. Ein intelligentes Produkt sollte auch auf möglichst intelligente Weise produziert werden, um für beide Seiten einen verwertbaren Vorteil zu generieren. Die eine Seite profitiert vom neuartigen, innovativen Erzeugnis oder der modernen Dienstleistung in verbesserter Qualität und die andere Seite ist in der Lage, diese Waren effizienter zu produzieren, als es in der Vergangenheit möglich war."

„Super, Papa, bisher hast du alles genauso verstanden, wie ich es dir erklären wollte. Dann lass uns gleich weitermachen, und jetzt über künstliche Intelligenz sprechen. Der Begriff der künstlichen Intelligenz steht für die Bemühungen, menschenähnliche Entscheidungsstrukturen nachzubilden. Wenn wir Menschen Entscheidungen treffen, geht man grundsätzlich davon aus, dass der Prozess darin besteht, zuerst Alternativen zu benennen und Informationen zu sammeln, um danach die vorhandenen Wahlmöglichkeiten zu bewerten. Bei der Beurteilung spielt der für uns zu erwartende Nutzen eine entscheidende Rolle. Der Mensch ist gemäß dem Sozialwissenschaftler Herbert Simon allerdings nicht fähig, den maximalen Nutzen zu erreichen, da er bei seinen Entscheidungen niemals alle Alternativen und Konsequenzen kennen kann (Simon, 1959). Daher werden unsere Entscheidungen zusätzlich maßgeblich durch Erfahrung, Intuition und unser Bauchgefühl mitbestimmt.

Da künstliche Intelligenz keine Art von Gefühl hat, muss sie von einem Signal (SENSE) getriggert werden, welches sich möglichst ähnlich verhält wie unsere menschlichen Sinne. Die auf diesem Weg gewonnene Information muss danach weiterverarbeitet werden (THINK). Diese Aufgabe übernehmen Computer für uns mithilfe von Software und intelligenten Algorithmen. Danach findet eine entsprechende Aktion statt (ACT), die vom Computer ausgelöst wird. Wir sprechen von einer sogenannten SENSE - THINK - ACT oder WAHRNEHMEN - VERSTEHEN - HANDELN - Kette.

Der Begriff **künstliche Intelligenz** wird dann verwendet, wenn durch die Sense-Think-Act-Kette Funktionen realisiert werden, die normalerweise nur dem Menschen vorbehalten sind. Um von künstlicher Intelligenz zu sprechen, zeichnet sich diese Sense-Think-Act-Kette üblicherweise durch hohe Autonomie und kontinuierliches Lernen (FEEDBACK AND LEARN) aus (Bild 1.2).

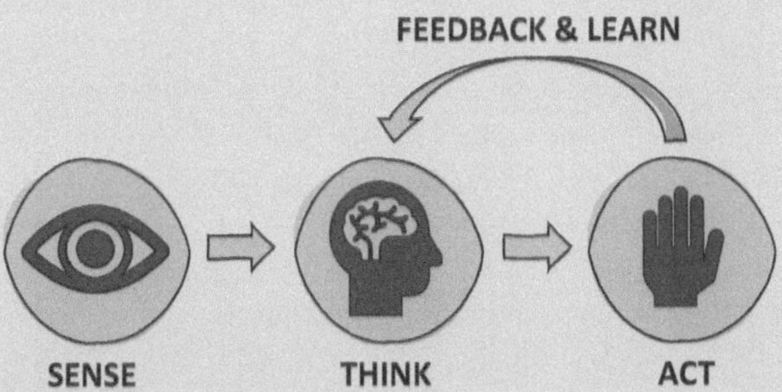

Bild 1.2 Künstliche Intelligenz

Bevor ich jetzt zu theoretisch werde, möchte ich dir den Ablauf anhand eines einfachen Beispiels aus dem täglichen Leben erklären." „Ja, das wäre sehr nett, denn aktuell raucht mir schon ein wenig der Kopf." „Nehmen wir einfach dein Auto. Wenn du auf der Autobahn fährst, aktivierst du doch normalerweise den eingebauten Tempomat und verlässt dich zusätzlich auf die praktisch unsichtbaren Abstandssensoren. Die Geschwindigkeitsregelung wird durch einen simplen Druck auf eine Taste aktiviert, danach geht alles automatisch, solange du nicht aktiv korrigierend in den Prozess eingreifst. Ab nun nehmen die eingebauten Sensoren kontinuierlich Daten auf und verarbeiten diese in entsprechende Aktivitäten. Hast du das Soll-Tempo noch nicht erreicht, wird das elektronische Gaspedal betätigt und das Auto beschleunigt. Ist der Sollwert erreicht, wird die Gasstellung reduziert. Ist der Abstand zum Vordermann unterschritten, erfolgt automatisch ein Bremsvorgang und so weiter. Laufend werden Sense-Think-Act-Ketten ausgeführt und du kannst sogar kurzzeitig die Hände vom Lenkrad nehmen, da die Abstandssensoren auch seitlich angebracht sind und damit einen ungewollten Spurwechsel verhindern." „Jetzt, wo du mir das so plakativ und einfach erklärt hast, verstehe ich bereits sehr gut, was künstliche Intelligenz bedeutet. Sie begleitet uns schon in vielen Formen in unserem täglichen Leben, nur nennen wir diese Technologien nie bei ihrem Namen."

„Es freut mich wirklich sehr, wie gut wir mit den Themen vorankommen und dass du so viel Interesse für die Inhalte und Erklärungen zeigst. Ich denke, du wirst noch ein echter Profi auf dem Gebiet, wenn wir so weitermachen. Lass uns jetzt noch zum letzten Begriff kommen, den du mir letztens genannt hast, nämlich dem Machine Learning. Wenn der Think-Teil mithilfe von Vergangenheitsdaten realisiert wurde, dann erfolgt dies mithilfe des maschinellen Lernens. Der Computer lernt basiert auf rein statistischen Techniken, ohne explizit programmiert zu werden. Die große Kunst besteht darin, Daten nicht einfach nur auswendig zu lernen, sondern dahinterliegende Muster zu erkennen."

„Gut, das kann ich mir einigermaßen vorstellen, aber wie ist ein solches System für mich in der Praxis der Qualitätssicherung einsetzbar? Hast du dazu vielleicht auch noch ein gutes Beispiel für mich?" „Ich glaube schon. Du hast mir vergangene Woche erzählt, dass ihr auch eine visuelle Kontrolle von Bauteilen macht, die bei euch gefertigt werden. Stell dir vor, diese Beurteilung könnte von einer intelligenten Maschine durchgeführt werden." „Ja, das hat mein Chef auch schon einmal in einer Abstimmung mit mir erwähnt, weil es doch für einen Menschen schwierig ist, optische Merkmale gemäß einer Foto-Vorlage - bei uns heißt das Dokument „Grenzmusterkatalog" - nach ‚gut' und ‚schlecht' zu filtern. Wir haben uns aber dann darauf geeinigt, dass wir dieses Thema für das laufende Jahr nicht in meine Ziele aufnehmen, sondern noch ein wenig abwarten möchten. Und du bist der Meinung, dass das wirklich schon vollautomatisch funktionieren kann?"

„Ob es für euch anwendbar ist, kann ich schwer entscheiden, aber wie der Ablauf sein kann, das kann ich dir schon sehr vereinfacht erklären:

Du bereitest eine gewisse Menge an Teilen vor, von denen du weißt, dass jedes einzelne entweder ‚gut' oder ‚schlecht' ist.

Das erste Teil wird nun einem speziellen Kamerasystem zugeführt, die Kamera macht ein oder mehrere Bilder und du sagst dem System, dass dieses Teil ‚gut' oder ‚schlecht' ist.

Diesen Vorgang wiederholst du, bis alle Teile an der Reihe waren.

Danach ist ein selbstlernendes System idealerweise bereits in der Lage, diese Daten entsprechend zu verarbeiten und selbst zu erkennen, welche Merkmale für gut oder schlecht ausschlaggebend sind, und zwar, ohne dass du dies dem System explizit mitgeteilt hast. In der weiteren Folge kannst du andere Teile heranziehen, die bisher noch nicht untersucht wurden. Die „virtuell-visuelle" Qualitätssicherung sollte nun bereits in der Lage sein, die Schlechtteile ohne unser Zutun selbstständig zu erkennen."

„Das wäre großartig, denn damit könnte ich meine Mitarbeitenden besser für Messaufgaben einsetzen und die von ihnen ungeliebte visuelle Beurteilung überlassen wir fortan dem Computer. Klasse!"

„Ja, und das war es auch schon wieder", sagt Andrea und blickt zum ersten Mal nach dem Start des Trainings auf ihre Uhr. „Wahnsinn, jetzt sind knapp zwei Stunden wie im Flug vergangen. Mir ist gar nicht aufgefallen, dass wir so lange miteinander gesprochen und gefachsimpelt haben. Und weißt du was? Jetzt habe ich einen Riesenhunger und freue mich schon auf unser gemeinsames Abendessen! Was meinst du, Papa?" „Liebe Andrea, das haben wir uns jetzt wahrlich verdient! Ich war so konzentriert bei der Sache, dass mir nicht einmal aufgefallen ist, welch guter Geruch schon aus der Küche bis ins Arbeitszimmer vorgedrungen ist. Los lass uns Mama noch schnell helfen, den Tisch zu decken und die köstlichen Speisen anzurichten." ■

Mit dieser ersten einleitenden Kurzgeschichte in diese äußerst spannende Thematik beschließen wir das einführende Kapitel und leiten direkt über in das nächste Kapitel, das sich mit den aktuellen Herausforderungen im Qualitätsmanagement beschäftigt.

2 Herausforderungen im Qualitätsmanagement

Ziel dieses Kapitels ist es, die aktuellen Herausforderungen im Qualitätsmanagement und die Chancen durch die Digitalisierung zu beschreiben. Es beschäftigt sich daher zu Beginn mit dem Begriff der Qualität und dem Management von Qualität und leitet danach über zur Bedeutung von Prozessen und der Messbarkeit ihrer Leistungen. Anschließend wird der Begriff digitaler Wandel erklärt und die Chancen, die sich dadurch im Qualitätsmanagement ergeben. Wir erläutern unser Verständnis der Entwicklungsstufen im Qualitätsmanagement und den Begriff Qualität 4.0. Das Kapitel endet mit einer Beschreibung von möglichen digitalen Use Cases und den neun Handlungsfeldern im digitalen Qualitätsmanagement, die in den Folgekapiteln des Buches vertieft werden.

■ 2.1 Was bedeutet Qualität?

Es gibt eine Vielzahl von Ansätzen, den Begriff Qualität zu definieren. Die Begriffsdefinition gestaltet sich nicht zuletzt deshalb als äußerst schwierig, weil Qualität im täglichen Sprachgebrauch oftmals anders verwendet und verstanden wird als in der Fachwelt des Qualitätsmanagements. Qualität leitet sich ab vom lateinischen Wort qualitas – also Beschaffenheit, Merkmal, Eigenschaft, Zustand. Der meist positiv besetzte Begriff ist somit ursprünglich wertneutral.

In der ISO 9000 wird Qualität folgendermaßen definiert: **„Qualität ist der Grad, in dem ein Satz inhärenter Merkmale Anforderungen erfüllt“** (ISO 9000:2015 (Qualitätsmanagementsysteme - Grundlagen und Begriffe), 2015). Verständlicher ausgedrückt könnte man sagen: Qualität ist der Grad der Erfüllung von Anforderungen und berechtigten Erwartungen. Qualität entsteht somit immer aus einem Soll-Ist-Vergleich der Erfüllung von Anforderungen in Bezug auf die Erwartungen einer Einheit. Daraus leiten sich drei Freiheitsgrade bei der Definition von Qualität ab (Bild 2.1).

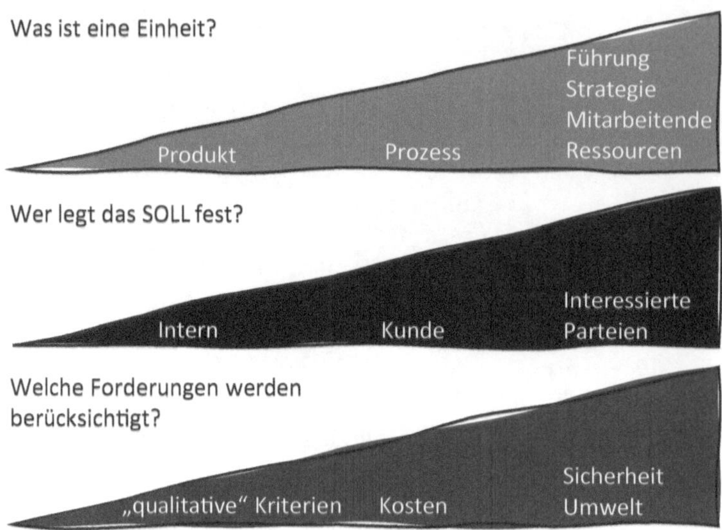

Bild 2.1 Freiheitsgrade des Begriffs „Qualität"

1. Was ist die betrachtete Einheit?

   Die engste Auslegung einer Einheit ist ein Produkt oder eine Dienstleistung. Die weiteste Auslegung ist die gesamte betroffene Organisation. Diese Interpretation hat die TQM-(Total Quality Management)-Philosophie aufgegriffen, man spricht vom globalen Qualitätsbegriff. In seiner vollen Konsequenz bedeutet dieser Ansatz, dass auch die Qualität der Führung, Qualität der Strategie, Qualität der Mitarbeitenden, Qualität der Prozesse usw. Themen des Qualitätsmanagements sind. Das bekannteste TQM-Konzept in Europa ist das EFQM-Modell für Excellence der European Foundation for Quality Management.

2. Wer legt das Soll fest?

   Diese Frage ist relativ leicht zu beantworten, wenn man als Einheit ein Produkt festlegt. Sinnvoll ist, das Soll vom Kunden festlegen zu lassen, man spricht in diesem Zusammenhang vom kundenorientierten Qualitätsbegriff. Schwieriger zu behandeln ist dieser Sachverhalt dann, wenn man Prozessqualität definieren möchte: Hat der Prozess die erforderliche Qualität dann, wenn die Anforderungen des Kunden des Prozesses erfüllt werden oder müssen dafür die Anforderungen aller interessierten Parteien (Stakeholder) ebenfalls erfüllt sein?

3. Welche Forderungen und Erwartungen werden erfüllt?

   Als dritter Freiheitsgrad bleibt die Fragestellung, welche Forderungen mit zu berücksichtigen sind, um die qualitativen Kriterien ausreichend gut zu beschreiben. Im weiteren Sinne könnten dabei auch Preis- und Kostenkriterien in Betracht gezogen werden. Dies hätte zur Folge, dass Wirtschaftlichkeitsüberlegungen im Qualitätsmanagement Platz greifen. Noch tiefergehend könnten auch Sicherheits- und Umweltanforderungen mit zu berücksichtigen sein.

Unabhängig von der gewählten Qualitätsdefinition kann man sagen, dass man einer Einheit nicht das Vorhandensein oder Fehlen von Qualität zuschreiben kann. Es sind vielmehr alle Ausprägungen zwischen „sehr gut“ und „sehr schlecht“ möglich. Deshalb gibt es keine absolute Qualität, sondern diese stellt den Grad und das Ausmaß der Anpassung des Ergebnisses einer Tätigkeit an die gegebenen Anforderungen dar.

In den letzten Absätzen wurde bereits der Begriff des Qualitätsmanagements verwendet, daher folgt an dieser Stelle auch eine einleitende Erklärung dieser Bezeichnung, um sicherzustellen, dass Leser und Verfasser sich an derselben Definition orientieren können.

2.2 Was ist Qualitätsmanagement?

In der ISO 9001 ist Qualitätsmanagement definiert als die Gesamtheit an Verbesserungsmaßnahmen eines Produkts oder Prozesses mit dem Fokus auf die Erfüllung von Kundenforderungen (ISO 9001:2015: Qualitätsmanagementsysteme - Anforderungen, 2015). Qualitätsmanagement ist daher immer auf die Zufriedenheit der Kunden ausgerichtet und legt den Fokus auf Produkte und Prozesse.

Die beiden zentralen Fragestellungen im Qualitätsmanagement, die es in diesem Zusammenhang zu beantworten gilt, lauten:

- Wie stellen wir einerseits sicher, dass **Produkte kundenorientiert entwickelt und produziert** werden?
- Wie gestalten wir andererseits die **Qualität der Prozesse im Sinne Ergebnisqualität** für den internen/externen Kunden (Prozesseffektivität) **und** im Sinne der **Effizienz**?

2.3 Effektivität und Effizienz von Prozessen

Im letzten Abschnitt wurde neben dem Begriff des Produkts auch der des Prozesses verwendet. Während wir mit der Nomenklatur eines Produkts bestens vertraut sind, sollten wir der Begrifflichkeit des Prozesses an dieser Stelle kurz unsere Aufmerksamkeit schenken.

Was ist ein Prozess?

Ein Prozess bezeichnet die inhaltlich abgegrenzte, (sach)logische und zeitliche Abfolge von Tätigkeiten und Aktivitäten zur Wertsteigerung durch Erbringung einer Dienstleistung oder Schaffung eines Produkts. Einfacher ausgedrückt kann man sagen, dass ein Prozess immer aus einem Input einen Output generiert, also ein Ergebnis, das hoffentlich einen Kunden hat, der damit ausreichend zufrieden ist. Die LIPOK-Methode (Lieferant - Input - Prozess - Output - Kunde) ist ein einfaches, strukturiertes Hilfsmittel, um Prozesse zu definieren, zu verstehen und abzugrenzen (Bild 2.2).

Klar ist, dass sich ein Prozess immer aus Teilschritten zusammensetzt, die wiederum als einzelne Prozesse gesehen werden können. Somit existieren Prozesse auf unterschiedlichen Abstraktionsebenen (Abschnitt 3.2).

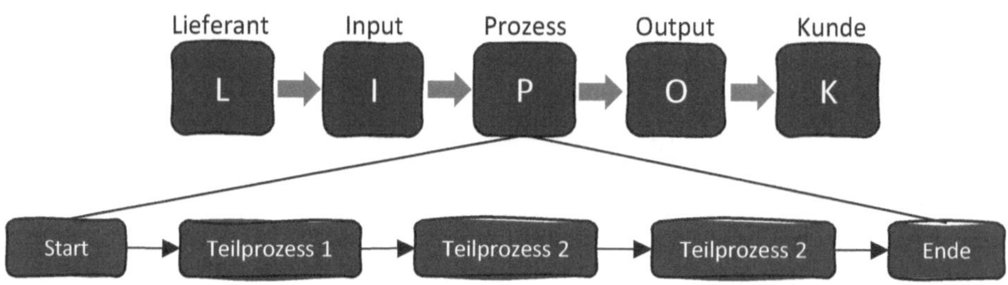

Bild 2.2 LIPOK-Darstellung

Was ist Prozesseffektivität?

Effektivität heißt, sehr einfach dargestellt, **die richtigen Dinge zu tun** („Was?"). Das Ergebnis, das in einem Prozess erreicht wird, wird in Bezug zu seinen Anforderungen gesetzt. Effektivität gilt daher als Maß für die Zielerreichung bezogen auf das Ergebnis und hat somit starke Ähnlichkeit mit dem Begriff der Qualität. Effektivität beschreibt somit die Ergebnisqualität des Prozesses.

Was ist Prozesseffizienz?

Effizienz betont das „Wie?" - das bedeutet, **die Dinge richtig zu tun**. Was aber heißt „richtig tun"? Für die Beurteilung dieser Frage wird das Ergebnis üblicherweise in Bezug zum geleisteten Aufwand gesetzt: Aspekte der Wirtschaftlichkeit stehen im Vordergrund bzw. Verschwendung soll reduziert werden. Bezogen auf den Prozess bedeutet dies, das angestrebte Prozessergebnis mit minimalem Aufwand zu erreichen.

Idealerweise schaffen wir es, die richtigen Dinge auf Anhieb richtig zu tun, also effektiv und effizient zugleich, was uns aber nur selten gelingt. Daher soll das Prinzip „Effektivität zuerst" an dieser Stelle kurz in Erinnerung gerufen werden: Zuerst muss die Richtung stimmen (Effektivität), dann kann man sich Gedanken machen, möglichst schnell ans Ziel zu gelangen. „Als wir die Orientierung verloren hatten, verdoppelten wir die Geschwindigkeit" ist somit logischerweise nicht die richtige Strategie.

Im vorliegenden Buch wollen wir uns ausführlich mit beiden Aspekten beschäftigen, der Fokus liegt jedoch auf der Prozesseffektivität als ureigenste Aufgabe im Qualitätsmanagement, jedoch dürfen auch Effizienzüberlegungen nicht fehlen.

2.4 Aktuelle Herausforderungen im QM

Das Umfeld, in dem sich Unternehmen heutzutage befinden, verändert sich viel häufiger und umfassender, als wir es in der Vergangenheit gewohnt waren. Aufgrund von digitalen Möglichkeiten sinken Transaktionskosten und Marktzutrittsbarrieren. Es entstehen daher völlig neue Vertriebschancen. Es tauchen dadurch immer schneller neue Wettbewerber auf, die ihrerseits auf Konsumenten treffen, die verstärkt individuelle Nischenprodukte bevorzugen. Dieser Effekt wurde von Chris Anderson unter dem Stichwort Long Tail Effect beschrieben (Anderson C., 2008). Die dadurch resultierende Unbeständigkeit von Angebot und Nachfrage wird gerne mit dem Schlagwort **„Volatility"** zusammengefasst, wobei man Volatilität als „Ausmaß der Schwankung innerhalb einer kurzen Zeitspanne" begreifen kann (Dudenredaktion, 2020).

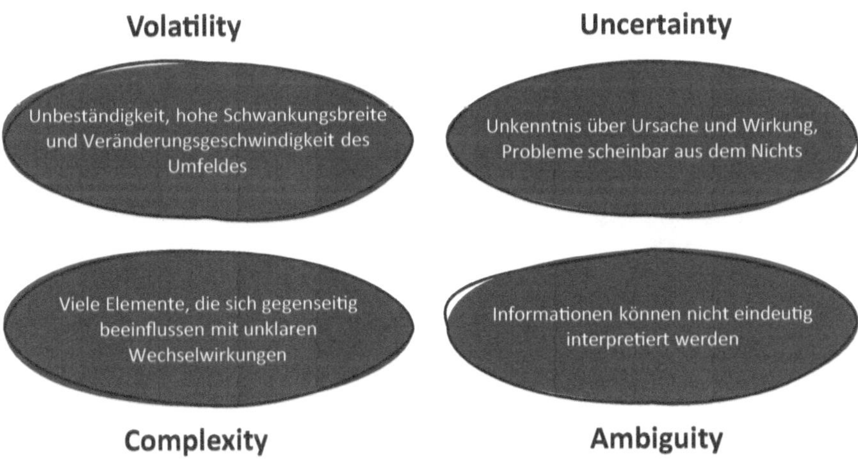

Bild 2.3 VUCA-Modell

Die direkte Konsequenz der zunehmenden Volatilität ist, dass zukünftige Marktentwicklungen viel schlechter prognostiziert werden können, Ursache und Wirkung weniger durchschaubar werden und Probleme teilweise scheinbar aus dem Nichts auftauchen („**Uncertainty**"). Daraus resultiert, dass die Qualität der Führung einen noch größeren Stellenwert erhält, aber auch um ein Vielfaches herausfordernder wird.

Die zweite direkte Folgerung der Volatilität ist eine steigende Komplexität („**Complexity**") für Unternehmen, die wiederum dazu führt, dass die Mehrdeutigkeit („**Ambiguity**") von Situationen zunimmt: Informationen und Anforderungen können unterschiedlich gedeutet werden und sind daher nicht mehr eindeutig interpretierbar, was wiederum zu mehr unternehmerischer Unsicherheit führt (Bild 2.3).

Bild 2.4 verdeutlicht die Zusammenhänge zwischen Volatilität, Unsicherheit, Komplexität und Mehrdeutigkeit in Erweiterung des klassischen VUCA Konzeptes aus Bild 2.3. Die Volatilität beeinflusst die Unsicherheit und die Komplexität. Die Komplexität erhöht ihrerseits die Mehrdeutigkeit, die wiederum die Unsicherheit weiter verstärkt. Es braucht somit die Fähigkeit der Führungskräfte, mit Unsicherheit umzugehen (Abschnitt 11.3), und es braucht neue Strategien im Umgang mit Komplexität. Dies wird uns im gesamten Buch begleiten, an dieser Stelle wollen wir auf den Umgang mit Komplexität erstmals näher eingehen.

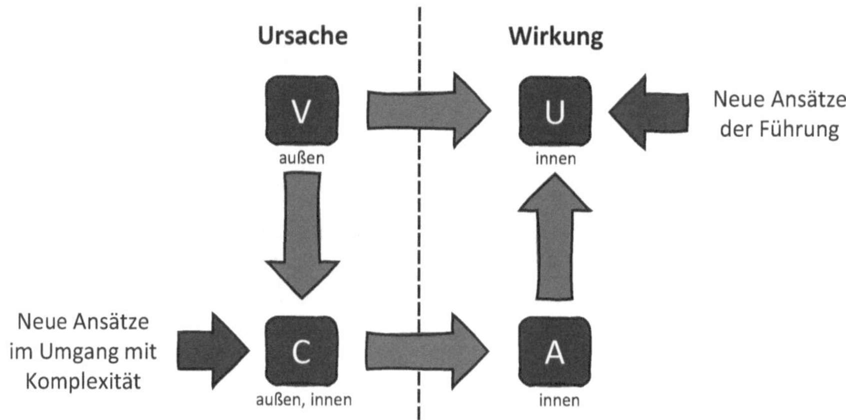

Bild 2.4 VUCA-Zusammenhänge

Es gibt verschiedene Möglichkeiten, Komplexität zu charakterisieren (vergleiche hierzu auch die Definition in Abschnitt 4.6.1). Hier an dieser Stelle soll Komplexität im Sinne von Prof. Snowden verstanden werden (Snowden & Boone, 2007). Demnach können in komplexen Systemen Ursache-Wirkungsbeziehungen nicht im Vorhinein analysiert, sondern erst im Nachhinein festgestellt werden.

Prof. Snowden gibt eindeutige Hinweise, wie in komplexen Systemen vorzugehen ist (Snowden & Boone, 2007). Zusammenfassend lässt sich sagen: Je komplexer

Systeme sind, desto wichtiger ist eine iterative Vorgehensweise mit schnellen Feedbackzyklen und raschem Lernen. Das heißt, wir brauchen im Qualitätsmanagement weiterhin bewährte Analyseinstrumente für komplizierte Situationen, wo Methoden wie „Fünfmal Warum" („5 times why") Anwendung finden. Zukünftig werden aber auch verstärkt agile, datengetriebene, explorative Vorgehensweisen für komplexe Situationen gebraucht, bei denen Ansätze wie Machine Learning und künstliche Intelligenz zum Einsatz kommen.

Das **Qualitätsmanagement benötigt** zukünftig somit noch stärker als bisher **kurze Reaktionszeiten** und erhöhte **Agilität**. Dazu müssen Daten in Echtzeit vorliegen, um rechtzeitig die richtigen Entscheidungen treffen zu können. Informationstechnologie und Qualitätsmanagement müssen dafür noch enger zusammenarbeiten.

2.5 Der digitale Wandel als Chance im QM

Zu Beginn dieses Abschnitts möchten wir das ganzheitliche, gesamtgesellschaftliche und weltweite Epochenphänomen der digitalen Transformation erläutern, das von kommerziellen und Konsumenteninteressen sowie von Forschungsergebnissen und dem Handeln des Staats maßgeblich beeinflusst und mitbestimmt wird. Die **digitale Transformation** (auch „digitaler Wandel") an sich bezeichnet einen fortlaufenden, in digitalen Technologien begründeten Veränderungsprozess, der in wirtschaftlicher Hinsicht speziell Unternehmen betrifft (Bild 2.5).

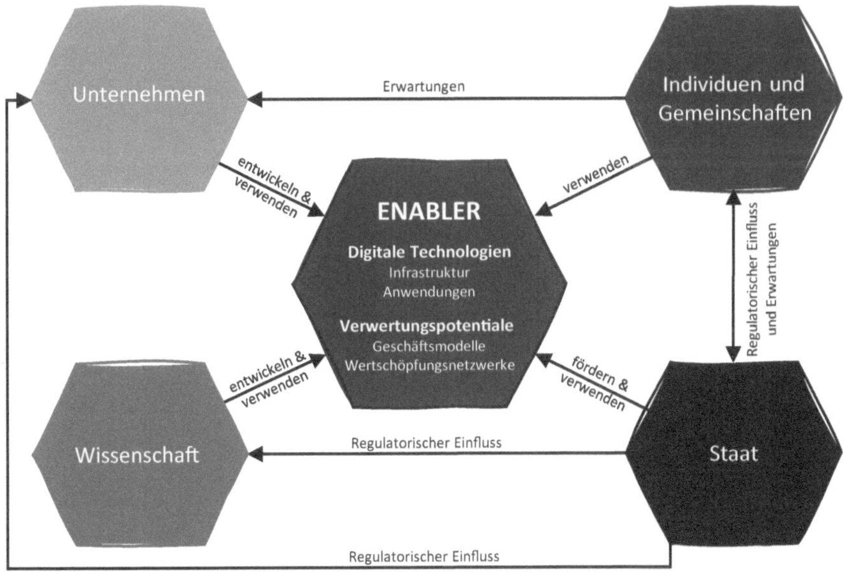

Bild 2.5 Die digitale Transformation (Wikipedia, Digitale Transformation, 2021)

Ein wesentlicher Treiber und **Akteur des Wandels** ist dabei die **Wissenschaft**, die einerseits durch den Erkenntnisfortschritt selbst und andererseits durch die Schaffung und Veröffentlichung von unmittelbar verwertbaren Produkten (z. B. Softwarebibliotheken) beiträgt. Die Forschung profitiert ihrerseits aber auch direkt von der Entwicklung von digitalen Technologien. So wurden beispielsweise komplexe naturwissenschaftliche Simulationen erst durch leistungsstarke digitale Technologien und Systeme ermöglicht.

Der **Staat** hat zwar selbst keine primär wirkende Funktion im Veränderungsprozess, ist jedoch dessen Mechanismen und Auswirkungen ausgesetzt (z. B. Erwartung der Bürger nach digitalen behördlichen Abläufen). Er kann aber durch die gezielte Förderung und gesetzliche Regulierung ein Umfeld schaffen, das es Unternehmen erlaubt, die Verwertungspotenziale der digitalen Transformation zu nutzen.

Zu den **Enabler** (Ermöglicher) der digitalen Transformation zählen die **digitalen Technologien**. Damit gemeint sind die uns weitgehend bekannten digitalen Anwendungen wie Smartphones, Apps und das Internet sowie die digitalen Infrastrukturen wie etwa Netzwerkcomputer mit enormer Rechenleistung. Dadurch entstehen für Unternehmen **Verwertungspotenziale**, beispielsweise in Form von völlig neuen digitalen Geschäftsmodellen, Produkten und Services.

Für **Unternehmen** ist die digitale Transformation vielschichtig. So können digitale Verwertungspotenziale, sofern sie richtig genutzt werden, zu schnellem Wachstum führen. Aber genauso können durch das Nicht-Verstehen dieser digitalen Verwertungspotenziale große Unternehmen in Bedrängnis geraten (z. B. Kodak und die Digitalkameras). Dieses Phänomen wird als „The Innovator's Dilemma" bezeichnet (Christensen, 2016).

Zu guter Letzt sind es die **Individuen und Gemeinschaften**, die als Konsumenten und Nutznießer von neuen digitalen Technologien profitieren wollen. Die veränderte Erwartungshaltung von Kunden und Mitarbeitenden – insbesondere Menschen der jüngeren Generationen – bezüglich der Produkte, der Gesellschaft und des Arbeitgebers stellt selbst eine starke treibende Kraft der digitalen Transformation dar. Beispielsweise steigen die Anforderungen der Kunden an individuellen Service, Transparenz und Geschwindigkeit (Kofler, 2021).

Somit ist klar, dass für die langfristige Sicherstellung eines wirtschaftlichen Erfolgs die Umsetzung der digitalen Transformation für Unternehmen von höchster Bedeutung ist. Für das Qualitätsmanagement besonders relevant sind dabei zwei Schwerpunkte, die sich durch die Digitalisierung ergeben:

- Smart Products
- Smart Production/Processes

Um in zunehmend digitalisierten Märkten weiterhin erfolgreich zu sein, ist es notwendig, **neue Geschäftsmodelle** sowie neue **digitale Lösungen und Services** („Smart Products") anzubieten. Smart Products sind intelligente Produkte und

Komponenten, die in der Lage sind, sich zu vernetzen und Daten während ihrer Fertigungs- und Nutzungsphase zu sammeln und diese miteinander auszutauschen, so dass ein Mehrwert für den Kunden entsteht. Es muss den Unternehmen gelingen, einen anerkannten Mehrwert für den Kunden durch die Digitalisierung des Produkts und/oder Services anzubieten. Dies ist notwendig, weil bisherige Geschäftsmodelle an die Grenzen ihres Wachstums gestoßen sind.

Gleichzeitig ergeben sich durch die Digitalisierung völlig neue Möglichkeiten, die Produktivität von Prozessen zu optimieren, Verschwendung zu vermeiden und die Effektivität zu erhöhen. Man spricht in diesem Zusammenhang von Smart Production: Sie beschreibt die Vernetzung der Produktionskette durch Digitalisierung mit dem Ziel, **Effizienz und Effektivität der Prozesse zu verbessern.**

Beide Aspekte, nämlich einen Mehrwert für den Kunden zu schaffen und zweitens die Effektivität und Effizienz von Prozessen zu verbessern, sind zwei wesentliche Ziele im Qualitätsmanagement, für die sich durch die Digitalisierung völlig neue Möglichkeiten eröffnen.

2.6 Entwicklungsstufen im Qualitätsmanagement

Die historische Evolution im Qualitätswesen lässt sich in mehrere Entwicklungsstufen unterteilen (Wikipedia, Qualitätsmanagement, 2021)(Bild 2.6). Sie stehen im starken Zusammenhang mit der dahinterliegenden Definition von Qualität sowie den zum jeweiligen Zeitpunkt zur Verfügung stehenden technischen Mitteln.

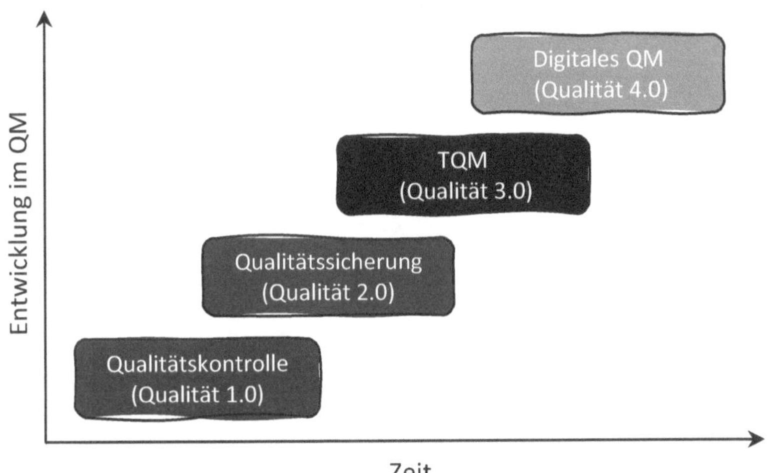

Bild 2.6 Entwicklungsstufen im Qualitätsmanagement

In der frühen Phase der **Qualitätskontrolle (Qualität 1.0)** war es üblich, Qualitätsbelange von Spezialisten wahrnehmen zu lassen. Die Prüfung und Kontrolle von Qualität am Ende des Prozesses standen dabei im Vordergrund. Sehr oft gab es in Unternehmen eigene Abteilungen, die sich ausschließlich mit der Produktqualität beschäftigten und diese durch umfangreiche Kontrollen sicherzustellen hatten. Qualität wurde damals als reine Produktqualität verstanden, wobei das Soll intern festgelegt wurde (Spezifikationskonformität).

Der Fokus der Produktion bestand primär darin, Menge zu geringen Kosten, aber unabhängig von der produzierten Qualität herzustellen. Die nachgeschaltete Inspektion diente dem Aussortieren von fehlerhaften Teilen und weniger, um Verschwendung oder Ineffizienzen zu vermeiden.

Im Zeitalter der **Qualitätssicherung (Qualität 2.0)** bestand weiterhin das primäre Ziel darin, die Produktivität zu maximieren, jedoch wurde bereits auch vermehrt Augenmerk daraufgelegt, den finanziellen Aspekt von Ausschuss und Nacharbeit zu beleuchten. Erstmals entstanden daraus Prozessstandards, die es einzuhalten galt, um eine akzeptable Qualität sicherzustellen.

Dadurch traten die Beherrschbarkeit und Regelbarkeit der Prozesse stärker in den Vordergrund. Es wurde begonnen, Prozessdaten auszuwerten, viele Unternehmen führten Prozessregelkarten als Standardwerkzeuge ein. Der Begriff Qualität wurde um den Aspekt der Prozessqualität erweitert.

Später wurde Qualität zunehmend zu einem wichtigen Wettbewerbsvorteil und die Erfüllung der Kundenanforderungen wurde daher stärker in den Vordergrund gestellt. Die Kundenzufriedenheit wurde im Zeitalter des **umfassenden Qualitätsmanagements (Qualität 3.0)** das wesentliche Ziel des Qualitätsmanagements. Initiativen wie die Sicherstellung der kontinuierlichen Verbesserung und Standardisierung von Prozessen bekamen noch mehr Gewicht. Zudem wurden zahlreiche Zertifizierungen entwickelt und angeboten. Ein weiterführendes Ziel war, künftig alle Mitarbeitenden einer Unternehmung im Sinne des **Total Quality Managements (TQM)** in den Qualitätsprozess einzubeziehen.

Am Ende der Phase Qualität 3.0 (Beginn des dritten Jahrtausends) nahm der Wettbewerbs- und Kostendruck weiter zu und zunehmend gewannen die Fragenstellungen nach dem Beitrag des QM zum Unternehmenserfolg an Bedeutung. Six Sigma steigerte daher fortlaufend seine Popularität, da es messbare Erfolge verspricht. Der Begriff der Qualität wurde zunehmend um den Aspekt der Wirtschaftlichkeit erweitert.

Aktuell befinden wir uns in einer Phase, die wir als digitales QM bzw. Qualität 4.0 bezeichnen. Bei der Definition von **Qualität 4.0** soll der Ansatz der ASQ (American Society for Quality) herangezogen werden (American Society for Quality, 2021):

- „Quality 4.0 brings together Industry 4.0's advanced digital technologies with quality excellence to drive substantial performance and effectiveness improvements.“

- „Quality 4.0 is a term that references the future of quality and organizational excellence within the context of Industry 4.0."

Vereinfacht übersetzt kann man sagen: Alles, was im Kontext von Industrie 4.0 in direktem Zusammenhang mit dem Qualitätsmanagement zu sehen ist, wird als Qualität 4.0 bezeichnet. Industrie 4.0 wiederum steht für die Verschmelzung von Informations- und Produktionstechnologie. Dies bedeutet, Produkte, Betriebsmittel, Produktionsprozesse und organisatorische Abläufe zu kennen und miteinander digital zu vernetzen. Die Vernetzung soll dabei sowohl vertikal vom Sensor bis in die Cloud als auch horizontal über Kunden-Lieferanten-Beziehungen in Wertschöpfungsnetzwerken erfolgen - und zwar mit dem Ziel, dass die **Vernetzung durch die Digitalisierung die Effektivität und Effizienz der Prozesse verbessert**.

Im Zeitalter von Qualität 4.0 wird die Digitalisierung dazu verwendet, um zeitnah und adaptiv zu lernen. Die selbstinduzierte Produkt- und Prozessoptimierung wird zum Ziel. Besonders hervorzuheben sind die folgenden Aspekte im Zusammenhang mit Qualität 4.0 (American Society for Quality, 2021):

- Adaptives Lernen und selbstinduzierte Systemlenkung.
- Maschinen lernen, wie sie selbst Qualität und Produktivität steuern können.
- Der Fokus verlagert sich vom Anlagenbediener hin zum Prozessdesigner (Entwicklung von Industrie-4.0-Lösungen, Industrialisierung von Prozessen, Entwicklung von softwareintensiven Systemen).

Diese Elemente werden in den Folgekapiteln detailliert beschrieben und erläutert.

2.7 Ziele im Qualitätsmanagement

Als Zusammenfassung aus den letzten Abschnitten erkennen wir im Wesentlichen zwei Treiber, welche die Ausgangssituation und Herausforderungen, aber auch unsere Möglichkeiten im Qualitätsmanagement drastisch geändert haben. Zum einen nehmen Dynamik und Komplexität dramatisch zu, zum anderen ergeben sich durch die Digitalisierung völlig neue Möglichkeiten, Qualität zu lenken, zu sichern und zu verbessern.

Keinesfalls darf aber die oberste Prämisse verloren gehen: Nämlich, dass das Qualitätsmanagement durch Erhöhung und Sicherstellung der Kundenzufriedenheit und auch durch die Senkung der Fehlerrate einen Beitrag zum wirtschaftlichen Erfolg des Unternehmens leisten muss, idealerweise sowohl kurz- als auch langfristig. Dies gilt insbesondere im digitalen Zeitalter, da gerade jetzt die Gefahr besteht, digitale Systeme und Vorgehensweisen, welche „schick" oder „in" sind, einzuführen und dabei den Fokus auf die Wirtschaftlichkeit bzw. Wirksamkeit („Business Case") des Tuns zu verlieren.

Bild 2.7 beschreibt die aus Sicht der Autoren wesentlichen Ziele im Qualitätsmanagement und deren potenziellen Beitrag zum wirtschaftlichen Erfolg des Unternehmens. Die Verbesserung der Produktqualität auf der einen Seite zielt darauf ab, die gerechtfertigten **Anforderungen der Kunden zu erfüllen** und somit die Kundenzufriedenheit zu erhöhen. Die Fokussierung auf die Prozessqualität auf der anderen Seite hat zum Ziel, Fehler und **Verschwendung in den Prozessen zu reduzieren.**

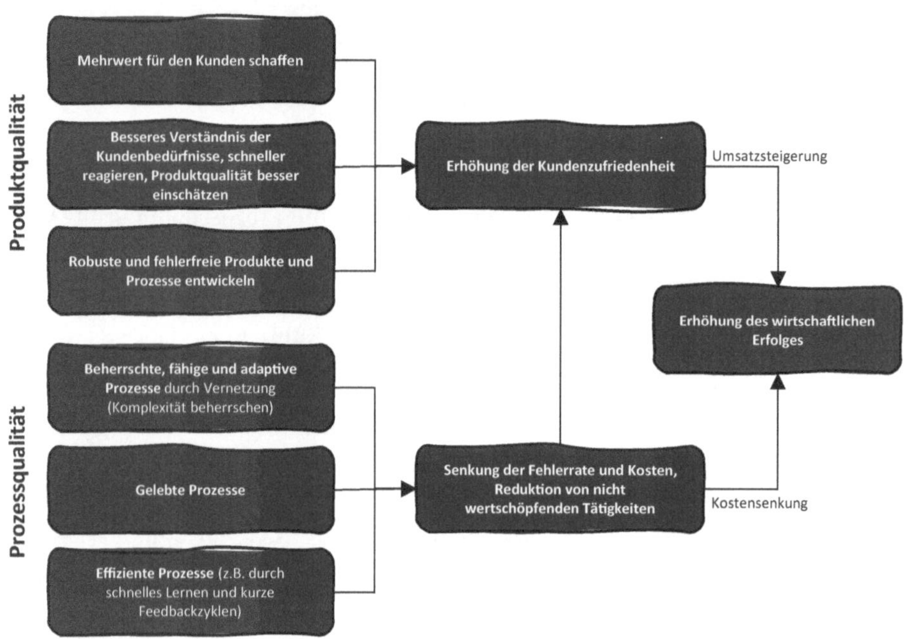

Bild 2.7 Ziele im QM

2.7.1 Produktqualität und Kundenzufriedenheit verbessern

Zur Kundenzufriedenheit lassen sich drei Unterziele definieren: Zum Ersten muss es das Ziel sein, einen **Mehrwert für den Kunden** zu schaffen; hier ist gemeint, dass es gelingt, den Kunden zu begeistern, indem ihm eventuell sogar mehr als erwartet geboten wird.

Ein weiteres Ziel im Qualitätsmanagement besteht darin, dass einerseits die **Bedürfnisse der Kunden** bestmöglich verstanden werden, um diese im Rahmen der Prozesse zu realisieren („Quality Forward Chain“), und dass andererseits gute Feedbackmechanismen etabliert werden („Quality Backward Chain“), um aus der gemachten Kundenerfahrung bestmöglich lernen zu können.

Als drittes Ziel im Bereich der verbesserten Produktqualität kann man die Fähigkeit nennen, Entwicklungsprozesse so zu beherrschen, dass innovative **Produkte** mit den dazugehörigen Prozessen kundenorientiert und **fehlerfrei** entwickelt werden.

Wie stark eine verbesserte Kundenzufriedenheit den wirtschaftlichen Erfolg des Unternehmens beeinflussen kann, sehen wir an folgenden Merkmalen:

- Zufriedene Kunden bewirken am Markt ein verbessertes Image. Dies wiederum bewirkt einerseits Folgeaufträge und andererseits durch Weiterempfehlung eine aufwandsneutrale Umsatzsteigerung durch die Einsparung von Akquisitionskosten, da es erfahrungsgemäß ein Vielfaches an Kosten verursacht, Neukunden zu gewinnen, als bestehende Kunden zu halten.
- Durch die Steigerung des Marktanteils kommt ein weiterer positiver Effekt für die Organisation hinzu, nämlich, dass durch die Produktion größerer Mengen kostengünstiger gefertigt werden kann.
- Außerdem können Unternehmen eventuell das verbesserte Image dazu nutzen, einen höheren Verkaufspreis für die eigenen Produkte am Markt zu rechtfertigen und damit ebenfalls den eigenen Gewinn erhöhen (Bild 2.8).

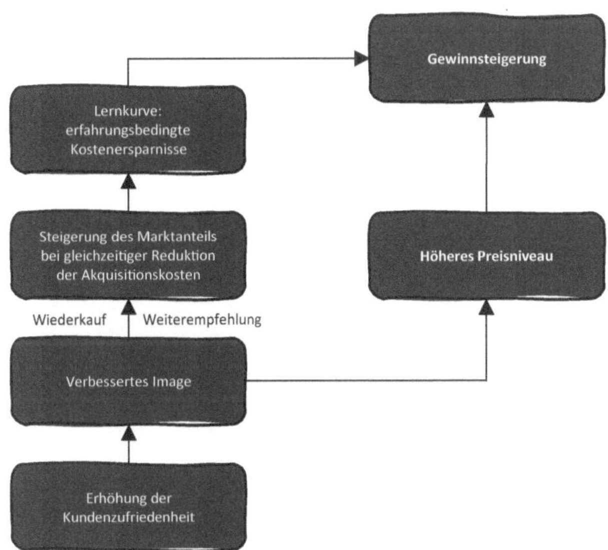

Bild 2.8 Erhöhung der Kundenzufriedenheit steigert den Gewinn (Deutsche Gesellschaft für Qualität, 1995)

Wie wir sehen, kommt im besten Fall eine duale Gewinnsteigerung zustande, da die zunehmende Kundenzufriedenheit und die daraus resultierende Produktionsmengenerhöhung es zulassen, effizienter und billiger zu produzieren. Zudem ergibt sich durch das verbesserte Image das Potenzial, das Produkt zu einem höheren Verkaufspreis am Markt anzubieten, ohne damit die Zufriedenheit der Kunden negativ zu beeinflussen.

2.7.2 Prozessqualität verbessern

Ein wesentliches Ziel des Qualitätsmanagements ist es, die Prozessqualität kontinuierlich zu verbessern. Dies inkludiert einerseits die Reduktion oder den präventiven Ausschluss von Fehlern, aber auch die technologische Absicherung von Prozessen sowie die nachhaltige Reduktion von Verschwendung.

Die Wirkung auf den Erfolg des Unternehmens ist dabei vielfältig: Die Reduktion der Fehlerrate bewirkt zum einen eine Senkung der **externen Fehlerkosten**, weil beispielsweise die Kosten und Aufwände einer Reklamationsbearbeitung gespart werden oder teure Gewährleistungszahlungen entfallen. Andererseits werden **interne Fehlerkosten**, die beispielsweise durch Nacharbeit oder Ausschuss entstehen, reduziert oder gänzlich vermieden. Durch den Ausschluss von Fehlern wird zudem automatisch auch die Menge an produzierten Gutteilen erhöht, was sofort zu einer verbesserten Produktivität (= Verhältnis von Input zu Output, z. B. produzierte Menge pro Zeiteinheit) führt. In derselben Zeit mit demselben Aufwand kann somit mehr Material produziert und ein höherer Umsatz erzielt werden. Anders ausgedrückt können dadurch Opportunitätskosten in Form von entgangenen Deckungsbeiträgen vermieden werden.

Die erzielte Senkung der Service- und Herstellkosten führt zu einer Gewinnsteigerung bei gleichbleibenden Preisen oder zu Preissenkungsspielräumen, die wiederum zu einem entscheidenden Wettbewerbsvorteil führen können (Bild 2.9).

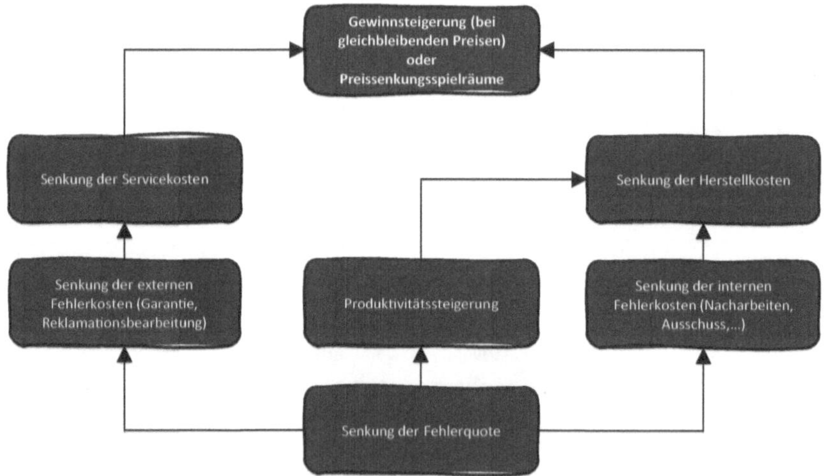

Bild 2.9 Senkung der Fehlerkosten wirkt stark auf den wirtschaftlichen Erfolg (Deutsche Gesellschaft für Qualität, 1995)

Wenn wir also unsere Fehlerrate senken, öffnen wir damit ebenfalls wieder ein doppeltes wirtschaftliches Potenzial. Einerseits können wir damit die Effizienz steigern (weniger Verluste) und andererseits werden wir mit weniger Reklamationen aus dem Markt konfrontiert sein. Dies führt neben der Kostenreduktion auch zur Erhöhung der Zufriedenheit unserer Kunden und damit zur Imageverbesserung.

■ 2.8 Digitale Use Cases

In einer gereiften Organisation sind die Tätigkeiten und Abläufe der einzelnen Fachbereiche durchwegs klar geregelt, organisiert, in Prozessen beschrieben und in das Qualitätsmanagement integriert. Bei ganzheitlicher Betrachtung können wir für jeden Schritt der Wertschöpfungskette sowie auch in den unterstützenden Prozessen Anwendungsfälle, sogenannte „Use Cases", für die Digitalisierung und Nutzung von künstlicher Intelligenz und Machine Learning im Sinne der Gestaltung einer „Fabrik der Zukunft" identifizieren. Die möglichen Anwendungsgebiete der digitalen Technologien sind dabei mannigfaltig (Bild 2.10).

Gemäß einer Studie der Boston Consulting Group (Küpper, Knizek, Ryeson, & Noecker, 2020) wird die Wichtigkeit, alle Bereiche der gesamten Supply Chain im Zusammenhang mit Qualität 4.0 zu betrachten, explizit unterstrichen. Die Befragungsteilnehmer sehen zwar in den Bereichen Produktentwicklung und Produktion die größten Potentiale, erkennen aber auch Chancen, Qualitätsverbesserungen in der Versorgungskette zu erzielen, die traditionellerweise nicht im direkten Fokus von klassischen Digitalisierungsansätzen stehen. Beispielsweise sind dies die Logistik- und Verkaufsprozesse eines Unternehmens. Die befragten Personen halten die Themen Prognosefähigkeit (Predictive Analytics), Sensorik, Rückverfolgbarkeit und geschlossene elektronische Regelkreise als besonders wichtig.

Betrachten wir ein produzierendes Unternehmen mit einer eigenen Entwicklungsabteilung, so kann es in die Bereiche Produktentwicklung, Beschaffung, Fertigung, Logistik & Vertrieb und Service unterteilt werden (Küpper, Knizek, Ryeson, & Noecker, 2020).

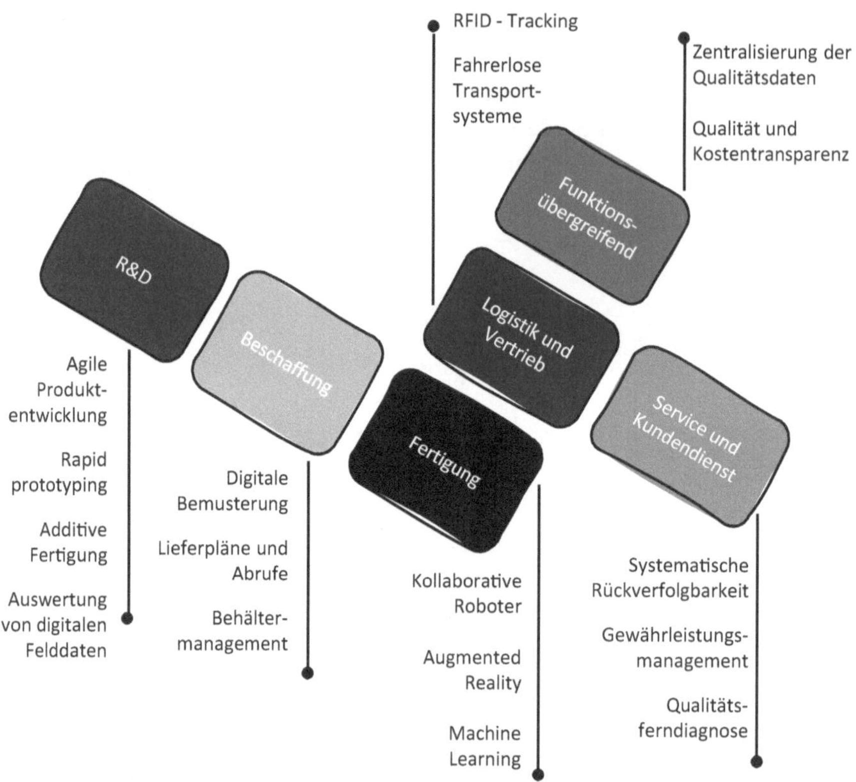

Bild 2.10 Mögliche Einsatzgebiete der Digitalisierung in einer Unternehmung (Küpper, Knizek, Ryeson, & Noecker, 2020)

Hinsichtlich der Möglichkeiten der Digitalisierung bietet sich im Bereich der **Produktentwicklung** der Einsatz moderner Simulations- und Fertigungsmethoden an, um die Entwicklungszeit sowie deren Kosten positiv zu beeinflussen. Moderne Rapid-Prototyping Methoden (z. B. Additive Fertigung) ermöglichen es, sehr schnell gebrauchsfähige Entwicklungsmuster herzustellen und frühzeitig gemeinsam mit dem Kunden zu lernen. Sie unterstützen den Wandel von einem klassischen Wasserfallmodell mit definierten Anfangs- und Endterminen hin zu einer agilen und iterativen Entwicklung. Ein weiterer wesentlicher Use Case besteht darin, durch die systematische Erfassung und Auswertung von digitalen Felddaten, beispielsweise durch künstliche Intelligenz, die Innovationszyklen signifikant zu verkürzen.

Ist die Produktentwicklung abgeschlossen, so besteht die nächste Herausforderung in der Industrialisierung des **Herstellungsprozesses**. Es gilt dabei abzuwägen, welche unterstützenden Systeme für die Mitarbeitenden in Produktion und Montage im Sinne der präventiven Fehlervermeidung und Fehlerentdeckung eingesetzt werden können, um die produzierte Qualität mit digitalen Hilfsmitteln von vornherein sicherzustellen. Ebenso müssen die Möglichkeiten der prädiktiven Wartung und Instandhaltung genutzt werden. Es bietet sich dafür eine Vielzahl von individuellen Möglichkeiten, wie beispielsweise die Unterstützung durch Robotersysteme (Collaborative Robots), die kameraunterstützte Montage und Qualitätskontrolle, die transparente Visualisierung des Maschinenzustandes aller Fertigungseinrichtungen, die Erstellung von digitalen und interaktiven Arbeitsanweisungen sowie der Einsatz von digitalen Datenbrillen zur Anwendung von Augmented Reality (AR) in der Wartung und Fehlerbehebung. Auch kann die Nutzung von cloudbasierten Endgeräten mit entsprechenden Software-Applikationen (Apps) den Prozess der Instandsetzung und damit die durchschnittliche Zeit zur Fehlerbehebung (MTTR - mean time to repair) positiv beeinflussen. Unter Zuhilfenahme dieser Mittel besteht für ein Unternehmen ergänzend die Möglichkeit, große Datenmengen zu analysieren und daraus Korrelationen abzuleiten, welche dazu beitragen können, vorbeugend Probleme zu lokalisieren und abzustellen, noch bevor diese zu Qualitätsproblemen in der Produktion führen.

Fließen in der **Planungsabteilung** die Daten der Fertigungseinrichtungen online zusammen, so wird die oft herausfordernde Optimierung des Working Capitals (WC) unter Einbeziehung der optimalen Fertigungslosgröße in der Produktion erleichtert. Es ermöglicht das Treffen von datenbasierenden Entscheidungen ohne jeglichen Qualitäts- oder Zeitverlust. Durch diese Vorgehensweise wird der Aufwand für Rüstvorgänge minimiert und gleichzeitig eine Verbesserung der Vorhersagequalität von Fertigteilmengen und Terminen begünstigt. Die **Logistikabläufe** im Produktionsbereich können ebenfalls durch Digitalisierungsmethoden unterstützt werden. So wie in der Produktion und Montage, sind auch in diesem Tätigkeitsfeld vielfältige Möglichkeiten gegeben, die nicht unbedingt immer gleich den Menschen vollständig durch Maschinen ersetzen müssen. Beispielsweise ermöglicht der Einsatz von Mikrosensoren (RFID) an den Transportgebinden die einfache Lokalisierung von Komponenten in der Fertigung. Mittels fahrerlosen Transportsystemen (AGV) lässt sich praktisch der gesamte Logistikablauf in der Produktion und Montage automatisieren. Die Codierung aller Einzelteile mittels Quick Response (QR) Technologie lässt die Auffindung fehlerverdächtiger Bauteile oder einen systemischen Sperrvorgang jeder einzelnen Komponente zu. Ebenfalls ermöglicht diese Technologie die lückenlose Rückverfolgbarkeit auf Teilebene für den Kunden. Mittels Pick to light Systemen und Barcode-Scanner ist man in der Lage, eine Systemumgebung zu schaffen, die beispielsweise menschliche Fehler in der Lagerverwaltung vermeiden kann.

Liegen die Bedarfsdaten des Kunden in elektronischer Form vor und werden diese gemeinsam mit den Planungsdaten der Fertigung und Montage systematisch verarbeitet, so ist auch die **Beschaffungsabteilung** mit allen relevanten Informationen ausgestattet, um Material, welches für die Produktion benötigt wird, mengen- und termingerecht in den entsprechenden Losgrößen zu disponieren, woduch sich eine Optimierung des gebundenen Kapitals (Working Capital) ergibt. Auch das Behältermanagement kann mit diesen Daten unterstützt und damit der Logistikprozess des Lieferanten in den Eigenen eingebunden werden. Legt der Lieferant die wesentlichen Zustandskennzahlen seiner Fertigung offen, so kann gemeinsam an der Identifikation von potenziellen Risikoquellen und Fertigungsengpässen gearbeitet werden.

Die Aktivitäten im Bereich von **Service und Aftersales** sind primär darauf ausgerichtet, den Kunden an das Unternehmen zu binden und ihn durch eine gute Performance dazu veranlassen, erneut bei diesem Unternehmen zu kaufen. Wenn unsere Produkte in der Lage sind, Daten zu ihrem aktuellen Zustand online aus dem Feld zu übertragen, wird uns die Möglichkeit geboten, diese zu analysieren und ein Frühwarnsystem für einen qualitätsbedingten, potenziellen Feldausfall zu entwickeln. Dies ermöglicht beispielsweise eine präventive Instandsetzung noch bevor wir mit kundenseitigen Gewährleistungskosten konfrontiert sind. Das in Kombination mit der Möglichkeit der Rückverfolgbarkeit aller produktions- und beschaffungsseitigen Informationen jeder Komponente ermöglicht die Begrenzung der finanziellen Auswirkungen im Fall eines Feldausfalls auf ein absolutes Minimum.

Alle zuletzt erwähnten Einsatzgebiete haben gemein, dass die Verkettung von Informationen und Daten über Abteilungsgrenzen hinweg notwendig ist. Es braucht also die funktionsübergreifende Zusammenarbeit, die durch die vertikale und horizontale Vernetzung von Daten, entsprechende Datenqualität und ein prozessorientiertes QM-System unterstützt wird.

Im folgenden Abschnitt wird eine Systematik beschrieben, mit der wir in der Lage sein werden, unsere Vorhaben in der Digitalisierung ganzheitlich zu betrachten, um einen entsprechenden nachhaltigen Erfolg unseres Tuns sicherzustellen.

2.9 Die neun Handlungsfelder im digitalen Qualitätsmanagement

Da uns nun die Grundbegriffe des Qualitätsmanagements klar sind und wir die zunehmenden Herausforderungen der Digitalisierung kennen, stellen sich dem Leser vermutlich viele Fragen, die bisher noch nicht beantwortet wurden. Zuallererst möchten wir daher auf die Möglichkeiten eingehen, richtig beurteilen zu können, „wo“ wir aktuell mit unserem Qualitätsmanagementsystem stehen und wie wir uns zielgerichtet auf die Digitalisierung vorbereiten können.

2.9.1 Das St. Galler Digital-Maturity-Modell

Gemeinsam mit dem Strategieberatungsunternehmen Crosswalk und weiteren Experten wurde von der Universität St. Gallen (Institut für Wirtschaftsinformatik) ein Instrument erarbeitet, mit dem Unternehmen ihre digitale Reife einschätzen können. Dieses sogenannte „Digital Maturity Model" basiert wiederum auf dem „St. Galler Business Engineering Framework".

Das „Digital Maturity Model" (Bild 2.11) stützt sich auf neun unterschiedliche **Dimensionen**, die in einem Kriterienkatalog weiter präzisiert werden. Der aktuelle Status quo und die Erfüllung dieser Reifekriterien werden mit einem Fragebogen ermittelt. Der ausgewertete Fragebogen kann auch sehr gut dafür verwendet werden, um die interne Diskussion zu stärken und den digitalen Wandel einzuleiten (Berghaus & Back, 2016).

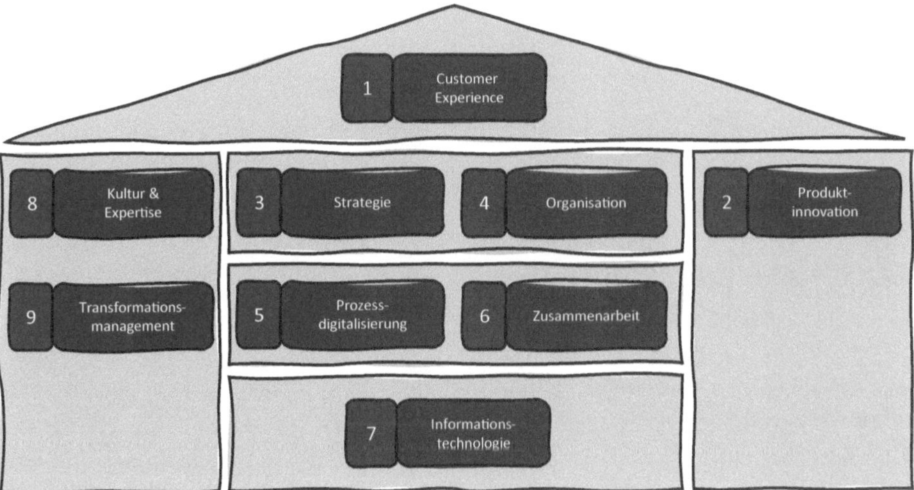

Bild 2.11 Digital Maturity Model (Berghaus & Back, 2016) und (Crosswalk Management Consultants; Institut für Wirtschaftsinformation St. Gallen, 2017)

In weiterer Folge werden die neun Dimensionen kurz erläutert (Berghaus & Back, 2016):

1. **Customer Experience:** Inwieweit ist das Unternehmen in der Lage, die Bedürfnisse und Erwartungen der Kunden zu verstehen und die Produkte und Dienstleistungen auf das veränderte Verhalten der Kunden auszurichten.
2. **Produktinnovation:** Digital reife Unternehmen nutzen die Möglichkeiten, bestehende Produkte und Dienstleistungen mit neuen digitalen Lösungen zu ergänzen. Dadurch können Wettbewerbsvorteile geschaffen werden.

3. **Strategie:** Innovation durch digitale Technologien ist fest in der Strategie verankert und wird aktiv vorangetrieben.
4. **Organisation:** Die Organisation ist so aufgestellt, dass digitale Projekte flexibel und agil realisiert werden können. Die digitalen Kompetenzen und Ressourcen werden effizient eingesetzt.
5. **Prozessdigitalisierung:** Die Chancen der Digitalisierung werden genutzt, um Prozesse zu automatisieren und Effektivität und Effizienz zu verbessern.
6. **Zusammenarbeit:** Digitale Technologien werden eingesetzt, um Kommunikation und Zusammenarbeit der Mitarbeitenden zu verbessern.
7. **Informationstechnologie**: IT-Infrastruktur und Informationssysteme unterstützen die Entwicklung von neuen digitalen Produkten, Dienstleistungen und Kommunikationslösungen. Agile Methoden werden verwendet, um digitale Projekte abzuwickeln.
8. **Kultur und Expertise:** In digital reifen Unternehmen zeichnen sich Mitarbeitende durch hohe digitale Affinität aus. Es besteht Offenheit und Verständnis für den digitalen Wandel.
9. **Transformationsmanagement:** Der digitale Wandel wird vom Topmanagement geplant und mithilfe einer Roadmap gesteuert.

2.9.2 Neun Handlungsfelder im digitalen Qualitätsmanagement

Aus der Vielzahl von digitalen Reifegradmodellen hat uns das Modell der Universität St. Gallen am meisten beeindruckt. Daher haben wir es aufgegriffen, für das konkrete Thema des Qualitätsmanagements gefiltert und anschließend weiter konkretisiert. Daraus wurden letztendlich die folgenden neun Handlungsfelder im digitalen Qualitätsmanagement abgeleitet (Bild 2.12).

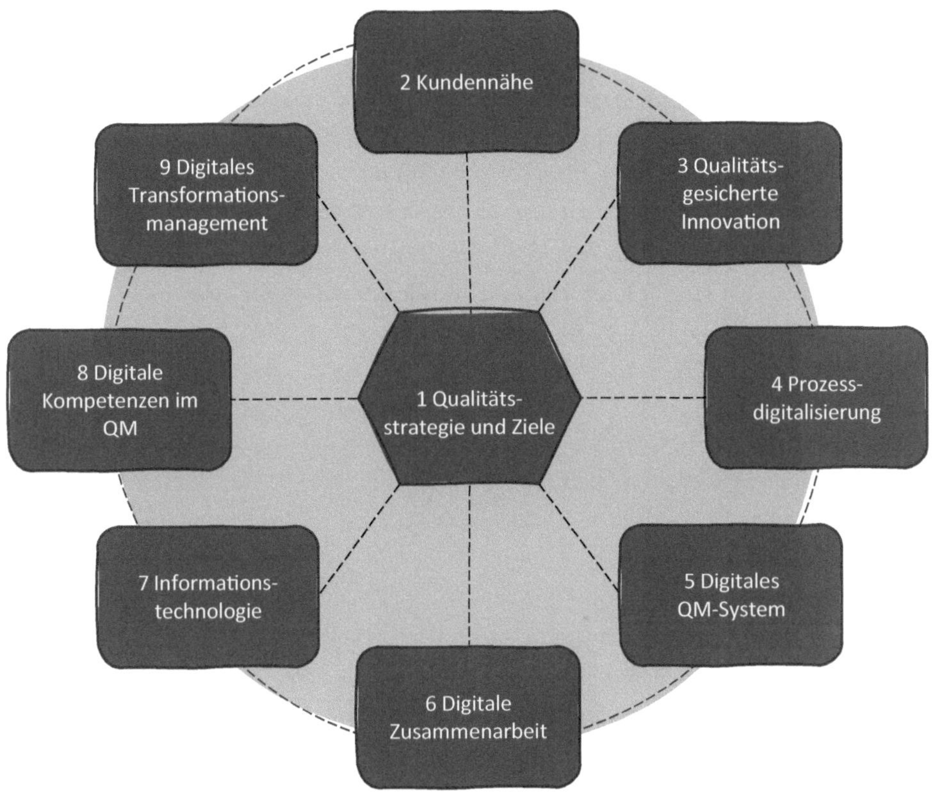

Bild 2.12 Die neun Handlungsfelder im digitalen Qualitätsmanagement

Handlungsfeld 1 – Qualitätsstrategie und -ziele: Basis im digitalen Qualitätsmanagement ist eine Strategie, die konsequent darauf ausgerichtet ist, die neuen Möglichkeiten von digitalen Technologien bestmöglich zu nutzen. Darauf basierend sollten Qualitätsleitsätze und -ziele abgeleitet werden.

Handlungsfeld 2 – Kundennähe: Erfolgreiche Unternehmen sind in der Lage, Wertversprechen und Angebote konsequent auf das veränderte digitale Verhalten der Kunden auszurichten, um die Kundenzufriedenheit sicherzustellen. Digitale Möglichkeiten des Kundenfeedbacks werden genutzt, um zu lernen.

Handlungsfeld 3 – qualitätsgesicherte Innovation: Die digitalen Möglichkeiten (z. B. Informationen aus dem Feld) und agile Vorgehensweisen werden genutzt, um insbesondere softwareintensive Innovationen zuverlässig und robust zu entwickeln.

Handlungsfeld 4 – Prozessverbesserung durch Digitalisierung: Die Prozesse werden nutzenbringend in Richtung digitaler Reifegrad weiterentwickelt. Methoden des Machine Learning und der künstlichen Intelligenz werden verwendet, um die Fähigkeit und Beherrschbarkeit von Prozessen zu verbessern. Durch Workflow-

und Prozessautomatisierung wird nicht nur die Effizienz von Prozessen verbessert, sondern es werden auch Prozesse nachhaltig abgesichert.

Handlungsfeld 5 – digitales QM-System: Das QM-System wurde prozessorientiert aufgebaut und wird mithilfe von digitalen Technologien und Methoden wirksam verwirklicht, aufrechterhalten und fortlaufend verbessert. Das QM-System ist stets aktuell und wird in der betroffenen Organisation „gelebt".

Handlungsfeld 6 – digitale Zusammenarbeit: Das QM-System umfasst auch die (interdisziplinäre) Zusammenarbeit, die durch die neuen digitalen Möglichkeiten der Kommunikation und Schulung laufend verbessert wird.

Handlungsfeld 7 – IT-Architektur: Die Infrastruktur der Informationstechnologie (IT) ist auf die neuen Herausforderungen im Qualitätsmanagement eingestellt, um durch vertikale und horizontale Vernetzung die Umsetzung digitaler/datengetriebener Use Cases zu ermöglichen.

Handlungsfeld 8 – digitale Kompetenzen im QM: Die für die digitale Transformation notwendigen Kompetenzen im QM werden systematisch geplant und realisiert.

Handlungsfeld 9 – digitale Transformation: Die digitale Transformation im Qualitätsmanagement ist ein von der obersten Führungsebene geplanter und gesteuerter Prozess, der durch eine klare Roadmap geführt wird.

Durch die strukturierte Auseinandersetzung mit den neun Handlungsfeldern des digitalen Qualitätsmanagements arbeiten wir fokussiert an der Erfüllung der übergeordneten Ziele im QM, nämlich die **Anforderungen unserer Kunden zu erfüllen sowie Verschwendung in unseren Prozessen systematisch zu reduzieren.**

In weiterer Folge wollen wir in diesem Buch die einzelnen Handlungsfelder, die dazugehörigen Methoden und praxiserprobten Vorgehensweisen genauer erläutern, wobei wir mit dem Thema digitale QM-Systeme beginnen.

3 Digitale QM-Systeme

Das letzte Kapitel setzte sich mit den aktuellen Herausforderungen im Qualitätsmanagement und den aus der Digitalisierung entstehenden Möglichkeiten und Chancen auseinander. Mit diesen Informationen sind wir nun bereit, einen tieferen Einblick in das digitalisierte Qualitätsmanagement zu bekommen. Wir wollen in diesem Kapitel die Frage beantworten, wie moderne, digitale QM-Systeme aufzubauen und zu gestalten sind.

Bevor wir genauer in dieses Thema einsteigen, wollen wir den Begriff des Qualitätsmanagementsystems (kurz QM-System oder QMS) in Erinnerung rufen. Dieses ist in der ISO 9000:2015 definiert:

„Ein QM-System umfasst Tätigkeiten, mit denen die Organisation ihre Ziele ermittelt und die Prozesse und Ressourcen bestimmt, die zum Erreichen der gewünschten Ergebnisse erforderlich sind. Das QMS führt und steuert in Wechselwirkung stehende Prozesse und Ressourcen, die erforderlich sind, um Wert zu schaffen und die Ergebnisse für relevante interessierte Parteien zu verwirklichen.“

In Normpunkt 4.4.1 der ISO 9001, dem weltweit bedeutendsten Standard bezüglich Anforderungen an ein QM-System, ist festgehalten, dass ein entsprechendes Qualitätsmanagementsystem aufzubauen, zu verwirklichen, aufrechtzuerhalten und fortlaufend zu verbessern ist, einschließlich der benötigten Prozesse und ihrer Wechselwirkungen.

Das QM-System besteht also aus einem Netzwerk von Prozessen, die so gemanagt werden, dass primär der externe Kunde zufrieden ist. Genau darum soll es auch im Folgenden gehen: Wie kann diese Zielsetzung im Zeitalter von Qualität 4.0 realisiert werden und wie können uns Softwarelösungen und moderne Methoden dabei unterstützen?

3.1 Die Kunst, ausgewogene QM-Systeme zu gestalten

Im QM-System wird im Wesentlichen das gesamte Wissen eines Unternehmens beschrieben, das den Mitarbeitenden (hoffentlich) bekannt ist, sowie von ihnen akzeptiert und gelebt wird. Wenn wir die im vorherigen Absatz angeführte Zielsetzung kurz auf uns wirken lassen, wird schnell klar, dass das Qualitätsmanagement sowohl durch eine statische als auch eine dynamische Komponente bestimmt ist. Die **statische Seite** stellt sicher, dass die bestmöglichen Praktiken im Unternehmen beschrieben, verwirklicht (geschult) und aufrechterhalten (z. B. durch Audits) werden. Die **dynamische Seite** beinhaltet die Messung, Analyse und Verbesserung von Prozessen.

Die gestalterische Kunst besteht darin, diese beiden Aspekte **möglichst im Gleichgewicht** zu halten. Beispielsweise können sehr detaillierte Prozessbeschreibungen, welche in mühevoller Arbeit erstellt wurden, dazu führen, dass die Prozesse und deren Inhalte gar nicht mehr infrage gestellt werden und damit die statische Komponente zu stark wird. Auf der anderen Seite hat es keinen Sinn, zu viele Kennzahlen zu haben und viele Verbesserungen einzuführen, wenn sie in der Organisation nicht entsprechend abgesichert werden können. In diesem Fall wäre die dynamische Komponente zu dominant ausgeprägt.

Ein gut funktionierendes QM-System sollte sich demnach durch eine ausgewogene Balance der Aspekte Absichern, Messen und Verbessern auszeichnen (Bild 3.1). Nur in diesem Fall kann die nachhaltige Qualitätssteigerung im Sinne der Kundenzufriedenheit erzielt werden.

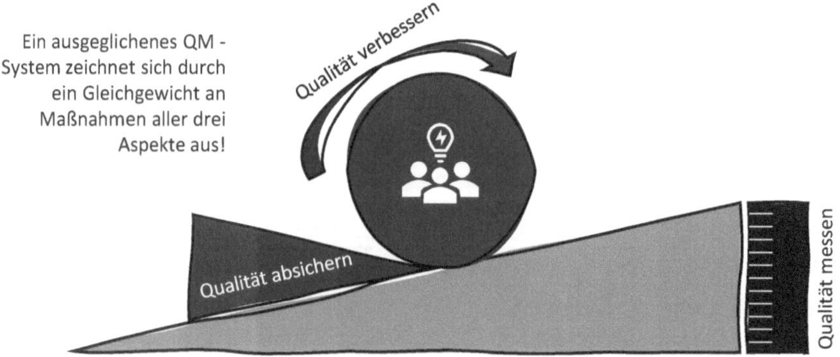

Bild 3.1 Ausgewogenheit im QM

Das im Bild 3.2 dargestellte empirische Modell erläutert die zuvor beschriebene Thematik der zu genauen Beschreibung von Prozessen anhand des Verlaufs von Nutzen und Aufwand mit zunehmender Detaillierung. Demnach nimmt der Aufwand mit zunehmendem Detaillierungsgrad exponentiell zu. Dies ist insofern plausibel, als die detaillierte Aufnahme und Abbildung von Vorgängen innerhalb eines Prozesses mühsame Kleinarbeit mit Spezialisten erfordert. Auch der dazu erforderliche Pflegeaufwand steigt mit zunehmender Änderungshäufigkeit überproportional an. Im Modell bleibt die hundertprozentige Strukturtransparenz unerreichbar, weil dies hieße, dass jeder noch so kleine Handgriff in der Organisation beschrieben ist.

Der zusätzliche Nutzen bei der Schaffung der Prozessstrukturtransparenz ist außerdem schwer abschätzbar und hängt unter anderem von mehreren Größen ab:

- Qualifikation der betroffenen Mitarbeitenden
- Komplexität der Prozesse
- Fehleranfälligkeit von Prozessen

Der Nutzen wird zunächst mit steigendem Detaillierungsgrad rasch zunehmen. Die Mitarbeitenden empfinden Prozessbeschreibungen als Hilfe, denn diese geben ihnen Sicherheit und helfen, mögliche Fehler zu vermeiden. Ab einem bestimmten Detaillierungsgrad wird der Nutzen jedoch wieder abnehmen, da die Prozessbeschreibungen als einengend empfunden werden und aufgrund des hohen Pflegeaufwands die Aktualität der Prozessbeschreibungen auch nicht mehr abgesichert gegeben ist. Die Akzeptanz für das System und damit auch der Nutzen sinken, während der Dokumentationsaufwand steigt.

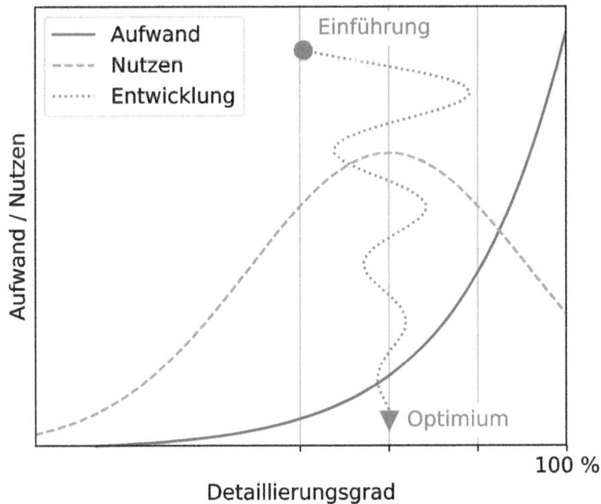

Bild 3.2 Den optimalen Detaillierungsgrad finden

Somit gilt es für die Organisation, den **optimalen Detaillierungsgrad** zu ermitteln, welcher das jeweils günstigste Aufwand-Nutzen-Verhältnis aufweist. Dieser wird aber je nach betroffenem Prozess unterschiedlich sein, zudem lässt sich der Nutzen in der Praxis nur schwer quantifizieren. Die Organisation wird daher lernen müssen, sich im Laufe der Zeit an den optimalen Zustand anzunähern. Zu Beginn der Einführung eines Prozessmanagementsystems wird man eher versuchen, eine zu hohe Detaillierung zu vermeiden. Somit hat man annähernd denselben Nutzen wie bei geringer Detailtiefe, allerdings ist der dafür einzubringende Aufwand wesentlich niedriger.

3.2 Moderne QM-Systeme sind prozessorientiert

Nach der Definition von QM-Systemen in der ISO 9000 sind moderne QM-Systeme prozessorientiert aufgebaut. Unter einem **Prozess** versteht man eine Folge logisch zusammenhängender Aktivitäten zur Erstellung einer Leistung oder Veränderung eines Objekts mit definiertem Anfang und Ende. Prozessorientierung bedeutet aus unternehmerischer Sicht die Abkehr vom funktionsorientiertem Abteilungsdenken hin zur ablaufsorientierten, abteilungsübergreifenden Zusammenarbeit. Der Vorteil der prozessorientierten Struktur wird in Bild 3.3 verdeutlicht, er liegt einerseits in **den klaren Zuständigkeiten im Ablauf** und andererseits in der Zeitersparnis durch die strukturierten Abläufe. Dies führt zu hoher Zufriedenheit bei Kunden und Mitarbeitenden und fördert zudem das Miteinander unter Kollegen.

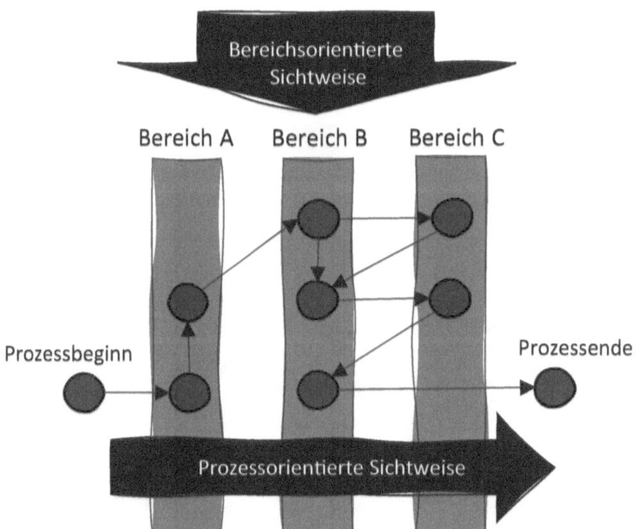

Bild 3.3 Prozessorientierte Sichtweise

Durch die Prozessorientierung soll verhindert werden, dass sich jede Abteilung autark optimiert (unter Umständen auf Kosten einer anderen Abteilung). Ziel muss es sein, dass die **Prozesse gesamtheitlich betrachtet** und verbessert werden.

Wenn die Prozessorientierung ernst genommen wird, muss auch das QM-System nach Prozessen gegliedert sein und nicht nach Normkapiteln. Der normgerechte Aufbau bietet zwar bei einem Zertifizierungsaudit gewisse Vorteile, die reine Normensicht benötigen im Wesentlichen jedoch nur zwei Parteien für ihre Arbeit: einerseits der QM Beauftragte im Unternehmen und andererseits der externe Auditor. Alle anderen Mitarbeitenden des Betriebs sollen möglichst in ihren Prozessen denken und nicht in Normen. Unterstützend hilft eine Normerfüllungsmatrix als Übersetzungstabelle zwischen Prozess und Normkapitel (Bild 3.4).

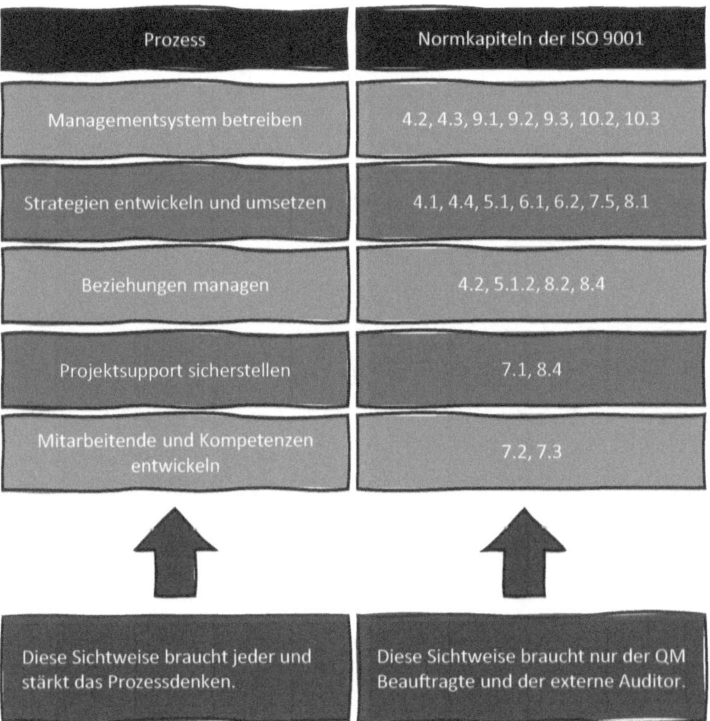

Bild 3.4 Sichtweisen im QM

Auch in der ISO 9001 wird explizit betont, dass ein **prozessorientierter Ansatz** zur Entwicklung, Verwirklichung und Verbesserung der Wirksamkeit eines Systems zu wählen ist. Die Norm enthält dafür spezifische Anforderungen, die für die Umsetzung eines prozessorientierten Ansatzes von wesentlicher Bedeutung sind und die nachfolgend im Original aus der Normschrift zitiert werden (ISO, ISO 9001:2015: Qualitätsmanagementsysteme - Anforderungen, 2015):

„Die Organisation muss die Prozesse bestimmen, die für das Qualitätsmanagementsystem benötigt werden, sowie deren Anwendung innerhalb der Organisation festlegen, und muss:

a) die erforderlichen Eingaben und die erwarteten Ergebnisse dieser Prozesse bestimmen;
b) die Abfolge und die Wechselwirkung dieser Prozesse bestimmen;
c) die Kriterien und Verfahren (einschließlich Überwachung, Messungen und die damit verbundenen Leistungsindikatoren), die benötigt werden, um das wirksame Durchführen und Steuern dieser Prozesse sicherzustellen, bestimmen und anwenden;
d) die für diese Prozesse benötigten Ressourcen bestimmen und deren Verfügbarkeit sicherstellen;
e) die Verantwortlichkeiten und Befugnisse für diese Prozesse zuweisen;
f) die in Übereinstimmung mit den Anforderungen nach 6.1 bestimmten Risiken und Chancen behandeln;
g) diese Prozesse bewerten und jegliche Änderungen umsetzen, die notwendig sind, um sicherzustellen, dass diese Prozesse ihre beabsichtigten Ergebnisse erzielen;
h) die Prozesse und das Qualitätsmanagementsystem verbessern."

Grundsätzlich sind alle diese Forderungen sinnvoll, da diese wesentlichen Aspekte auch im Prozessmanagement beschrieben sind: Die Beschreibung, Messung und Verbesserung von Prozessen mit dem zusätzlichen vorbeugenden Aspekt des Risikomanagements. Unklar bleibt aber, auf welcher Abstraktionsebene Prozesse zu definieren sind und wie durchgängig das normgerechte Prozessmanagementsystem aufzubauen ist.

Dies hat bisweilen in der Praxis dazu geführt, dass zwar auf sehr hoher Flughöhe Prozesse definiert wurden, das bestehende QM-System aber auf den tieferen Abstraktionsebenen, also etwa auf der Ebene von Arbeitsvorschriften, unverändert einer anderen Struktur folgte und somit der prozessorientierte Ansatz weitestgehend unerfüllt und wirkungslos blieb.

Wir sind daher Verfechter eines **durchgängigen** prozessorientierten QM-Systems, das den Grundsätzen von Systems Engineering folgt. Diesen Ansatz wollen wir im weiteren Verlauf ein wenig genauer erläutern, weil er auch die Grundlage für eine erfolgreiche Digitalisierung im Qualitätsmanagement bildet.

3.2.1 Das Gestaltungsprinzip vom Groben ins Detail

Das Wort „System“ wird im normalen Sprachgebrauch in vielerlei Hinsicht verwendet: EDV-System, Datenbank-System, Wirtschaftssystem und auch Prozessmanagementsystem. Allgemein kann man festhalten, dass ein System aus Teilen bzw. Elementen besteht, die durch Beziehungen miteinander verknüpft sind, wobei die Art der Beziehung unterschiedlich sein kann: Materialfluss, Informationen, Lagebeziehung, Wirkzusammenhang usw.

Von einer **Black-Box-Betrachtung** spricht man, wenn der innere Aufbau eines Systems vorläufig noch ohne Betrachtung ist, es interessiert lediglich die Funktion (der Zweck), sowie die vorhandenen Inputs (Eingänge) und Outputs (Ausgänge, Ergebnisse). Die **Systemgrenze** ist eine mehr oder weniger willkürliche Abgrenzung zwischen System und seiner Umwelt, in die es eingebettet ist. Unter **Umwelt** versteht man Systeme, die außerhalb der Systemgrenzen liegen. Ein Element eines Systems kann wiederum selbst als System aufgefasst werden, indem man weitere Elemente auf noch tieferer Ebene bildet und diese durch Beziehungen miteinander verbindet. Man spricht in diesem Zusammenhang von einem Untersystem (Subsystem, Teilsystem). Bild 3.5 verdeutlicht diese Begriffe.

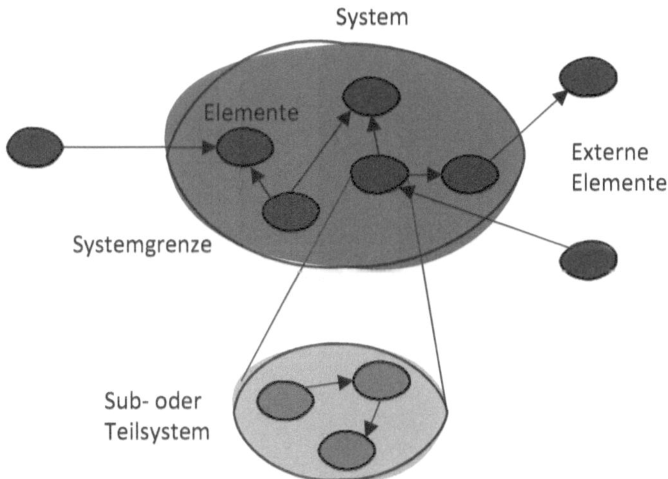

Bild 3.5 System und Elemente

Ein wesentlicher Bestandteil des Systemdenkens besteht darin, durch modellhafte Abbildungen Systeme und damit komplexe Zusammenhänge auf einfache Art und Weise zu veranschaulichen. **Modelle** sind hierbei Abstraktionen und Vereinfachungen der Realität und zeigen deshalb stets nur Teilaspekte auf.

Das **systemhierarchische Denken** gestattet es, in Verbindung mit dem Black-Box-Prinzip, die Komplexität von Systemen zu reduzieren. Dazu wird ein System zunächst grob skizziert, indem man eine überschaubare und bewusst eingeschränkte Anzahl an Untersystemen bildet und vorerst nur die vorrangigen Beziehungen darstellt. Dabei werden Untersysteme vereinfacht als Black-Box betrachtet, um eine zu detaillierte Betrachtung zu Beginn zu vermeiden. Auf diese Weise wird es möglich, je nach augenblicklicher Fragestellung, die Systemebenen und damit die Komplexität des Systems zu variieren oder zu vereinfachen. Auf dieser Vorgehensweise basiert auch das äußerst praktikable Vorgehensprinzip vom Groben ins Detail (Haberfellner R., Vössner, Fricke, & de Weck, 2020).

Mit diesem Wissen um den Aufbau von Systemen können wir uns nun dem gestalterischen Aspekt des Prozessmanagementsystems widmen.

Das **Prozessmanagementsystem** einer Organisation enthält als Systemelemente die entsprechenden Prozesse der Organisation. Die Verbindungen zwischen den einzelnen Elementen sind interne oder externe Kunden-Lieferanten-Beziehungen, die ihrerseits wiederum vielfältiger Natur sein können.

Beim gestalterischen Aufbau von Prozessmanagementsystemen ist aufgrund des zuvor beschriebenen Effekts der Komplexitätsreduktion wiederum großer Wert darauf zu legen, das Prinzip vom Groben ins Detail einzuhalten, da sich die Struktur eines Prozesses je nach Systemhierarchieebene deutlich ändert. Anders ausgedrückt: Prozesse existieren auf verschiedenen Ebenen, welche als Detaillierungs- oder Abstraktionsgrad oder auch als Flughöhe bezeichnet werden (Bild 3.6).

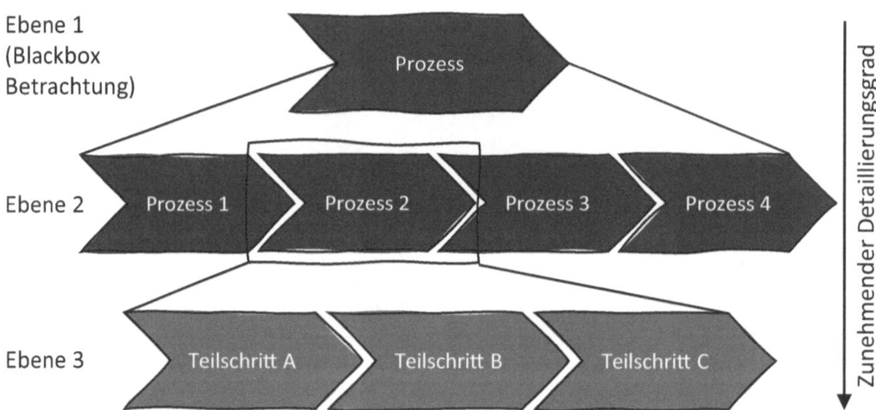

Bild 3.6 Verschiedene Ebenen von Prozessen

Die Gestaltung von Prozessmanagementsystemen auf unterschiedlichen Betrachtungsebenen ist auch deshalb von Bedeutung, da je nach Zielgruppe ein Systemmodell mit individuellem Abstraktionsgrad benötigt wird. Der Geschäftsführer einer Organisation beispielsweise denkt in der Ebene 1, der Mitarbeitende vor Ort braucht eine andere, adäquate und verständliche Darstellung desselben Systems.

Nur wenn jeder Mitarbeitende seinen Beitrag im Prozessmanagementsystem erkennen kann, wird er das System auch akzeptieren und mit Leben befüllen.

3.2.2 Die Prozesslandkarte als Basis

Die Prozesslandkarte (Bild 3.7) ist ein dem Prozessmanagementsystem übergeordnetes Modell auf niedrigstem Detaillierungsgrad und spiegelt den Gesamtüberblick aller Prozesse einer Organisation wider, wobei für die einzelnen Prozesse wiederum die Black-Box-Betrachtung gilt. Typischerweise unterscheidet man in der Prozesslandkarte zwischen drei Prozesskategorien:

- **Führungsprozesse** dienen der Koordination aller im Unternehmen stattfindenden Prozesse und beinhalten alle Managementfunktionen.
- **Kernprozesse** sind wertschöpfende Prozesse, die beim Kunden starten und enden.
- **Unterstützungsprozesse** dienen dazu, Ressourcen bzw. Dienstleistungen für alle anderen Prozesse im Unternehmen bereitzustellen.

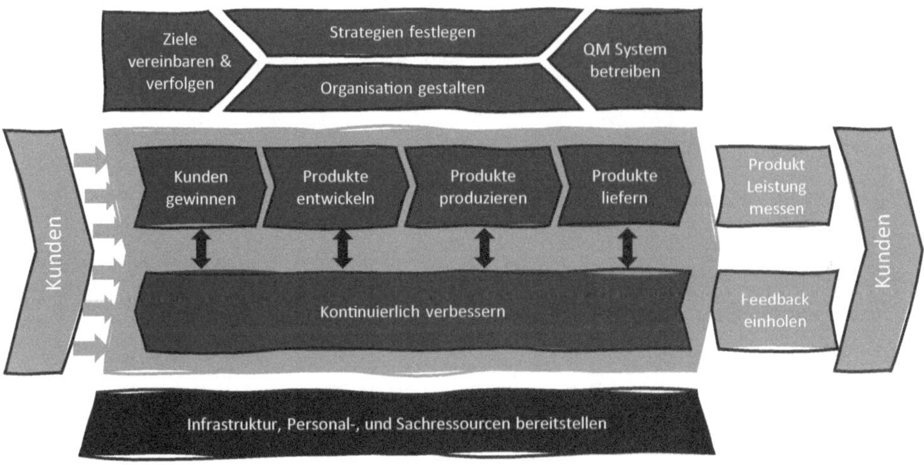

Bild 3.7 Beispiel einer Prozesslandkarte

Im Bereich der Führungsprozesse finden wir unter anderem Elemente wie die Strategieentwicklung, die Zielverfolgung, die kontinuierliche Verbesserung und das Betreiben des QM-Systems. Die Kern- oder Leistungsprozesse beinhalten beispielsweise die Entwicklung und Produktion von Produkten oder die Bereitstellung von Dienstleistungen. Zu den Unterstützungsprozessen zählen etwa die Beschaffung von Personal- und Sachressourcen sowie die Sicherstellung des Informationsflusses.

3.2.3 Die Strategieanbindung sicherstellen

Größter Wert ist darauf zu legen, dass die Erstellung der Prozesslandkarte nicht losgelöst von der aktuellen Strategie im Unternehmen gesehen wird. Die strategierelevanten Prozesse verdienen daher besondere Aufmerksamkeit. Mithilfe einer Matrix, welche den Zusammenhang zwischen den Prozessen und der strategischen Ausrichtung abbildet, können jene Prozesse identifiziert werden, die besonders stark mit Politik und Strategie korrelieren und daher als **Schlüsselprozesse** bezeichnet werden.

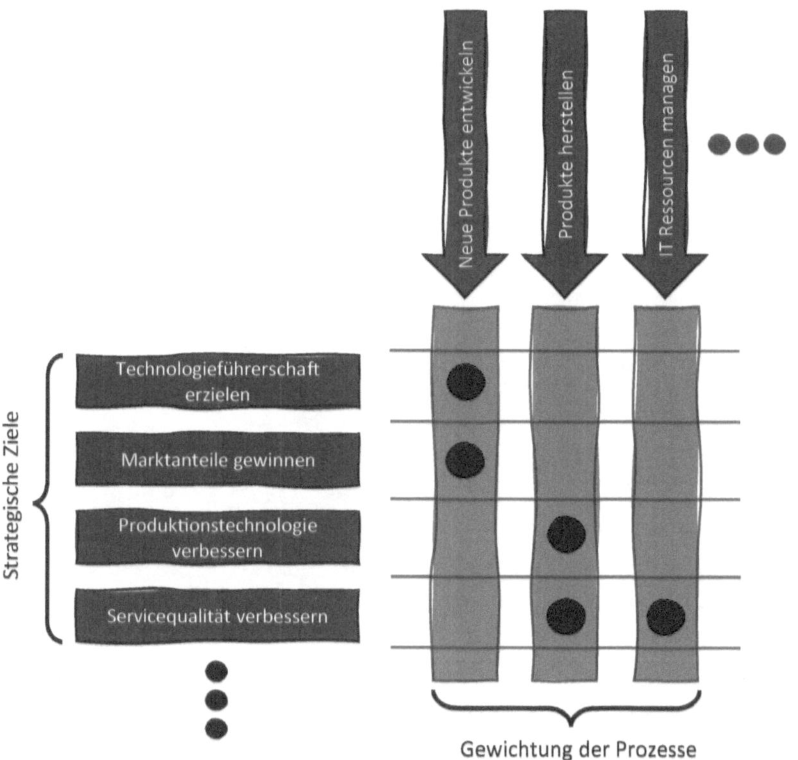

Bild 3.8 Strategieausrichtung

In Bild 3.8 wird der potenzielle Einfluss der Prozesse auf die Strategieausrichtung beurteilt und entsprechend gekennzeichnet. So hat der Innovationsprozess einen erheblichen Einfluss auf das Unternehmensziel, die Technologieführerschaft zu erlangen. Außerdem ermöglicht Innovation den Zugewinn an Marktanteilen. Der Innovationsprozess gehört in diesem Beispiel somit eindeutig zu den Schlüsselprozessen der Unternehmung.

3.2.4 Eine gelebte Prozessinhaberschaft als Schlüssel zum Erfolg

Abschließend wird an dieser Stelle noch auf die Relevanz der Prozessinhaber hingewiesen: Es sind dies jene Personen einer Organisation, die sich um die prozessübergreifende Optimierung über Abteilungsgrenzen hinweg kümmern. Die Rollen und Kompetenzen der Prozessinhaber sind organisationsspezifisch festzulegen, typische Aufgaben eines Prozessinhabers sind in diesem Zusammenhang:

- Aktualisieren der Prozessdokumentation.
- Einweisen von neuen Mitarbeitenden in ihren Prozess.
- Überwachen der Einhaltung des Prozesses (z.B. Beauftragung von Audits) sowie Eskalation bei Nichtkonformität.
- Einführen geeigneter Kennzahlen, Vereinbaren von Prozesszielen (Zielwerte) und Führen des Prozesses auf Basis von Zahlen, Daten, Fakten - Ergebnisverantwortung.
- Initialisieren und Koordinieren von Verbesserungen zur Steigerung der Effizienz und Effektivität des Prozesses sowie Beurteilung der Wirksamkeit von Verbesserungsmaßnahmen.

Der Prozessinhaber managt dabei aktiv die internen und externen Kunden-Lieferanten-Beziehungen und berichtet zumeist direkt an die oberste Leitungsebene.

Wir haben in diesem Abschnitt die Relevanz der Prozessorientierung im Rahmen von modernen Qualitätsmanagementsystemen erkannt, im folgenden Abschnitt gilt es nun, diese Systematik in die digitale Welt zu übertragen.

3.3 Moderne QM-Systeme sind digital

Bereits zu Beginn dieses Kapitels haben wir festgehalten, dass ein QM-System aus einem Netzwerk von Prozessen besteht. Das System ist zu entwickeln, zu verwirklichen und die Wirksamkeit ist kontinuierlich zu verbessern. Die größte Herausforderung liegt aus Sicht der Autoren darin, die tatsächliche Umsetzung sicherzustellen, also ein lebendes, tagesaktuelles QM-System zu schaffen, das jederzeit auditfähig ist.

Wenn Aufbau, Verwirklichung, Aufrechterhaltung und fortlaufende Wirksamkeitsverbesserung des QM-Systems durch geeignete digitale Technologien und Softwarelösungen unterstützt werden, dann sprechen wir von einem digitalen QM-System oder genauer von einem durch digitale Technologien unterstütztem QM-System. Derartige Softwarelösungen sind unter der Bezeichnung QMS (Qualitätsmanagementsystem)-Software verbreitet.

Im weiteren Sinn verbessern die Digitalisierung und Automatisierung von Prozessen bereits die Wirksamkeit des QM-Systems. In diesem Abschnitt legen wir jedoch bewusst den Fokus auf das Gestalten des QM-Systems selbst, das heißt, wie es mittels digitaler Unterstützung aufgebaut, gepflegt und verbessert werden kann.

Im Folgenden stellt sich die Frage, welche typischen Prozesse, die zur Planung, Aufrechterhaltung und Verbesserung des QM-Systems notwendig sind, sinnvollerweise durch eine QMS-Software unterstützt werden können.

3.3.1 Interaktiver digitaler Aufbau des Prozessmanagementsystems

Die Kernfunktionalität einer QMS-Software besteht darin, das Erstellen, Modellieren, Verteilen und Aktualisieren von Dokumenten des QM-Systems mit digitalen Mitteln zu unterstützen. Ein digitales QM-System hat digitale hocheffiziente Lösungen für das Verteilen, das Zugreifen und das Abspeichern von relevanten Vorgabedokumenten. Dies umfasst das Erfassen und automatische Abspeichern von Qualitätsaufzeichnungen, Kundenberichten, Dokumenten über die Wirksamkeit des QM-Systems, die Generierung von Abweichungsmeldungen und die Dokumentation aller Prozessänderungen.

Dafür ist eine gemeinsame **digitale Quelle** zu entwickeln, mit der alle Mitarbeitenden des QM-Systems auf die entsprechenden Daten und Dokumente zugreifen können. Die Mitarbeitenden können sich intuitiv und interaktiv per Mausklick durch die unterschiedlichen Abstraktionsebenen und Prozessbeschreibungen bewegen und die entsprechend benötigte Detailtiefe frei auswählen. Dadurch wird die Zusammenarbeit beschleunigt und bei Bedarf (z. B. Auditierung) stehen alle notwendigen Dokumente auf Knopfdruck zur Verfügung.

Wichtig ist auch, dass Mitarbeitende auf einfache Weise und unmittelbar ihre eigenen Verbesserungsvorschläge in das System einbringen können. Damit werden **alle Mitarbeitenden einbezogen**, wodurch die erfolgsentscheidende Akzeptanz für das QM-System entsteht. Das Resultat ist eine lebendige prozessorientierte Wissensplattform.

Der **Freigabeprozess von Änderungen** muss im digitalen QM automatisch und workflowunterstützt erfolgen, um einen Wildwuchs an Dokumenten und deren Revisionen zu vermeiden und die Anforderung hinsichtlich der Nachvollziehbarkeit zu erfüllen: Zu jedem Zeitpunkt muss eindeutig sein, welche Vorgabe und welcher Revisionsstand gerade einzuhalten ist.

Auch das **Erstellen von Prozessbeschreibungen** wird digital unterstützt, indem entsprechende Flussdiagramme etc. in einer digitalen Bibliothek verfügbar sind. Üblicherweise können den Prozessen dabei auch die entsprechenden Normanforderungen direkt hinterlegt werden, sodass die in Bild 3.4 beschriebene Matrix zwischen Prozessen und Normanforderungen automatisch erstellt und gepflegt wird.

Zusammengefasst können digitale Technologien die Lebendigkeit von QM-Systemen erheblich unterstützen. Die Grundlagen und Prinzipien, die wir im vorhergehenden Abschnitt 3.2 erfahren haben, sind grundsätzliche Voraussetzungen, die nicht durch entsprechende Tools sichergestellt oder ersetzt werden können.

An dieser Stelle machen wir einen kleinen Exkurs, um zu sehen, wie es unserem Johannes Rasch - wir kennen ihn, seine Frau Maria und seine Tochter Andrea bereits aus Kapitel 1 - mit dem Thema Digitalisierung im Qualitätsmanagement aktuell geht.

„Johannes, bist du das?“, fragt seine Frau Maria, als sie das Geräusch des Wohnungsschlüssels hört, der sich im Schloss dreht. „Ja, ich bin's!“, antwortet er seiner Frau. „Wieso bist du denn heute schon so zeitig zu Hause? Heute Morgen hast du noch erzählt, dass praktisch dein gesamter Tag für die Durchführung einer Teileerstbemusterung eines Kunden verplant ist. Mein Eindruck dabei war, dass dein Arbeitstag vielleicht sogar länger sein wird als normalerweise, da diese Tätigkeit sehr zeitaufwendig und umfangreich ist.“

„Ja, meine Liebe, da hast du absolut recht. Der Arbeitsaufwand für die Durchführung einer Bemusterung ist einigermaßen komplex. Dazu müssen auf einer technischen Zeichnung zuerst alle Messmerkmale mit Nummern versehen werden, wir sagen dazu, dass wir die Zeichnung stempeln. Dabei komme ich mir immer vor, wie ein Postbeamter im letzten Jahrhundert. Danach bekomme ich die zugehörigen Messprotokolle aus dem Messraum, aus denen ich die einzelnen Messwerte händisch in eine Tabelle übertrage. In dieser muss ich anschließend die Bewertung der Konformität durchführen und wenn alles passt, drucke ich die Zeichnung, die Protokolle und die Tabelle aus. Dazu kommen auch noch Bemusterungsunterlagen von Komponenten, die wir von Lieferanten zukaufen, die ich nach der Überprüfung auf Konformität ebenfalls ausdrucke. In Summe kommen da manchmal mehr als 50 Seiten zusammen. Meine vorletzte Aufgabe ist dann die Erstellung eines Bemusterungsformulars, in dem ich für den Kunden die Übereinstimmung sämtlicher produktrelevanter Vorgaben mit meiner Unterschrift bestätige. Alle Papiere scanne ich danach ein und sende sie per Mail an meinen Chef und ein paar andere Kollegen. Nach deren individueller Prüfung geht alles an den Verkauf und der schickt die freigegebenen Bemusterungsunterlagen anschließend zur Gegenprüfung an unseren Kunden.“

„Danke für deine Beschreibung, das erklärt mir aber noch nicht, warum und wie du es dennoch geschafft hast, deine Arbeit heute früher zu beenden als geplant“, hakt Maria nach.

„Unser System wurde verändert, das war der Schlüssel zum Erfolg. Die IT hat kürzlich den gesamten Prozess digitalisiert und teilautomatisiert. Ich bekomme nun die Bemusterungszeichnung bereits fix und fertig gestempelt aus der Konstruktionsabteilung. Die haben dort ein Tool eingeführt, das es ermöglicht, die

Stempelungen automatisch, also ohne Aufwand für den Konstrukteur, durchzuführen. Und die Messprotokolle übertragen die Kollegen aus dem Messraum jetzt auch digital, direkt von der Messmaschine in das digitale Prüfprotokoll. Die Beurteilung der Konformität gegen die Zeichnungsvorgaben erfolgt ebenfalls automatisch, ohne Zutun eines Menschen. Mir bleibt dann nurmehr die finale Verantwortung, alle Dokumente durchzusehen und zu bestätigen. Allerdings mache ich das nun nicht mehr nach dem Ablauf: Ausdrucken - Unterschreiben - Einscannen - Senden, sondern mit meiner digitalen Unterschrift, die ich jetzt über ein ‚Pad' leiste. Schau, ich habe ein Foto davon gemacht (Bild 3.9).

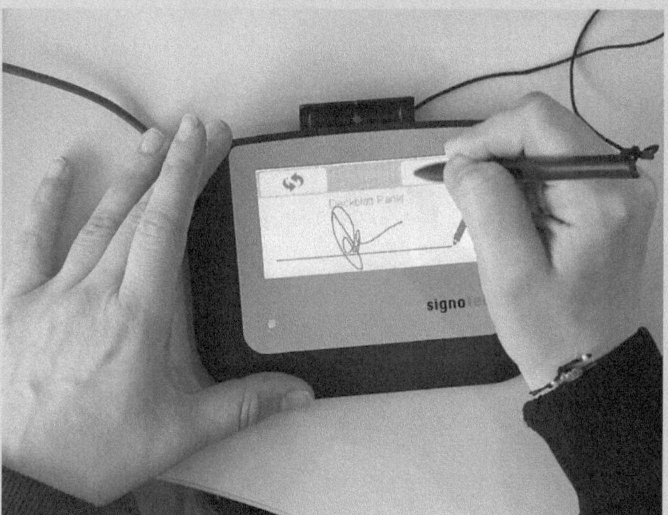

Bild 3.9 Digitale Unterschrift

Und dann lege ich nur noch schnell einen sogenannten ‚Workflow' an, das ist ein digitaler Dokumentenumlauf. Damit lege ich fest, wer in welcher Reihenfolge welche Aufgabe zu erledigen hat, bis der Verkauf eine Nachricht erhält, dass alle verantwortlichen Personen die finale Prüfung abgeschlossen und ihre Freigabe erteilt haben. Alle Vorgänge sind elektronisch dokumentiert und lassen daher eine lückenlose Rückverfolgbarkeit der Vorgänge zu."

„Wahnsinn", sagt Maria, „wenn ich dich richtig verstehe, sparst du also nicht nur sehr viel Zeit, sondern ihr tut auch etwas für die Umwelt, da ihr jetzt viel weniger Papier verbraucht als in der Vergangenheit." „Da hast du absolut recht, liebe Maria. Und da wir heute mehr Freizeit miteinander verbringen können, würde ich vorschlagen, dass wir jetzt in die Stadt fahren und uns dort einen netten Abend machen. Ich lade dich zum Essen ein."

3.3.2 QMS-Softwarelösungen

Neben dem interaktiven digitalen Aufbau des Prozessmanagements braucht es eine Reihe von zusätzlich im Unternehmen etablierten Vorgehensweisen, die für das Funktionieren eines QM-Systems notwendig sind und durch QMS (Qualitätsmanagementsystem)-Softwarelösungen digital realisiert werden können.

Bild 3.10 gibt einen Überblick über die Möglichkeiten am Beispiel der Software Q.wiki, die insbesondere für kleine und mittelgroße Unternehmen eine sehr flexible und praktikable Lösung darstellt (Q.wiki modell aachen Gmbh, 2021).

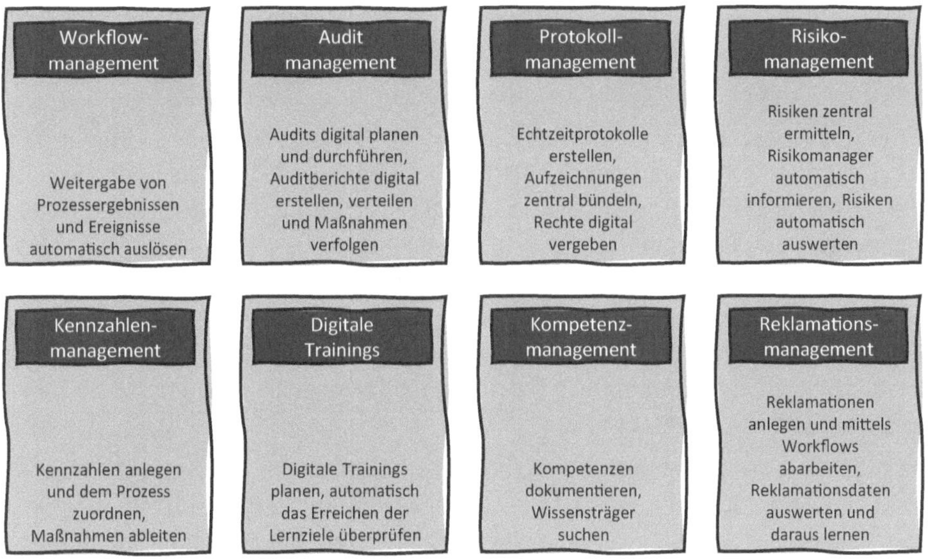

Bild 3.10 Funktionalitäten von QMS-Softwarelösungen am Beispiel Q.wiki (Q.wiki modell aachen Gmbh, 2021)

Workflowmanagement

Wie wir wissen, sind interne Abläufe oftmals nicht besonders effizient, teilweise werden Dokumente oder Formulare per Hand unter den Mitarbeitenden weitergereicht. QMS-Softwarelösungen bieten hierfür sehr einfache Lösungen an, diese Weitergabe zu automatisieren. Mit dem Workflowmanagement von QMS-Lösungen kann ohne Programmierkenntnisse ein elektronischer Dokumentendurchlauf erstellt werden, welcher nach Freigabe automatisch in Kraft gesetzt wird. Somit kann der QMS-Verantwortliche selbst einen aktiven Beitrag zur Automatisierung und Digitalisierung von Prozessen leisten. Beispiele für digitale Workflows, die besonders QM-relevant sind, sind Reklamationsmanagement, Investitions-, Urlaubs- oder Reisekostenanträge, Kennzahlenmanagement, Onboarding, Schulungsnachweise und das Verbesserungswesen.

Protokollmanagement

Die Effektivität und Effizienz von Besprechungen sind oftmals verbesserungsfähig, weil die Resultate zuvor erlangter Ergebnisse nicht mehr auffindbar sind oder der Überblick über die vielen offenen Aufgaben verloren gegangen ist. QMS-Softwarelösungen bieten einfache digitale Lösungen an, mit denen Protokolle angelegt, Agenda-Punkte eingetragen, Maßnahmen verfolgt und Beschlüsse wiedergefunden werden können. Damit entfällt die oft zeitaufwendige Nachbereitung von Meetings, da bereits während der Besprechung online mitprotokolliert wird. Die Protokolle entstehen sozusagen in Echtzeit. Diese Aufzeichnungen sind an einem zentralen Ort gebündelt und leicht wiederzufinden. Bei Bedarf können Rechte vergeben werden, die steuern, welcher Personenkreis Protokolle lesen bzw. bearbeiten darf.

Digitales Audit-Management

Eine weitere wichtige Aufgabe des QM-Systems besteht darin, dass aktuelle Prozessvorgaben schnell mit der tatsächlichen Leistung und dem realen Leben des Prozesses verglichen werden können. Es soll jederzeit und einfach überprüft werden können, ob bestimmte Anforderungen erfüllt werden bzw. in der Vergangenheit eingehalten wurden. Es wird damit die Vision verfolgt, dass das Unternehmen kontinuierlich auditiert wird und somit vor dem Termin eines externen Audits überhaupt kein weiterer Vorbereitungsaufwand notwendig ist. Man ist quasi permanent zertifizierungsfähig, da Korrekturmaßnahmen laufend identifiziert und systematisch abgearbeitet werden.

In digitalen QM-Systemen werden alle geplanten internen und externen Auditierungen in einem zentralen System erfasst. Neue Auditberichte können mit wenigen Mausklicks angelegt werden, abgeleitete Maßnahmen aus Audits werden entsprechend definiert, gesteuert und bis zum Abschluß der Wirksamkeitsprüfung verfolgt. Dies ist die Voraussetzung für permanente und kurze Audits, die auf allen relevanten Hierarchieebenen von den Führungskräften selbst durchgeführt werden. In der Praxis führt dies beispielsweise zu wiederkehrenden Arbeitsplatz-Auditierungen, auch bekannt unter dem Begriff „Layered Process Audit" (LPA).

Digital unterstütztes Risikomanagement

Der bewusste Umgang mit Risiken als präventiver Ansatz im Qualitätsmanagement ist ein Kernelement der ISO 9001:2015. Softwarelösungen unterstützen dabei die zentrale Eingabe von Fehlerpotenzialen in einfacher Art und Weise. Die Software sendet nach dem Input eine automatische Benachrichtigung an den Risikomanager, der z. B. gemäß der FMEA-Logik Fehlerfolge, Auftretenswahrscheinlichkeit und Entdeckungswahrscheinlichkeit ergänzt und danach entsprechende Vorbeugemaßnahmen definieren und verfolgen kann.

Digitales Kennzahlenmanagement

Prozessleistungen müssen gemäß ISO 9001 über entsprechende Kennzahlen messbar sein. In digitalen QM-Systemen wird das Anlegen von Kennzahlen, das Verknüpfen zum zugehörigen Prozess und die Ableitung von Maßnahmen digital unterstützt. Entsprechende Kennzahlensteckbriefe können mit wenig Aufwand angelegt werden. Sie erklären unter anderem folgende Aspekte:

- Wer erhebt die Kennzahl in welchem Intervall?
- Für welchen Prozess gilt die Kennzahl (Verlinkung)?
- Wie lautet die genaue Berechnungsformel?
- Gibt es Zusammenhänge mit anderen Kennzahlen?
- Wer ist für die Kennzahl verantwortlich?
- Wie hoch ist der Zielwert?
- Wo liegen die Eingriffsgrenzen?

Digitale Trainings

Trainingsfunktionalitäten helfen sicherzustellen, dass alle Mitarbeitenden und auch die QM-Auditoren optimal auf ihre Tätigkeiten geschult und vorbereitet sind. Digitale Trainings, die asynchron durchführbar sind, können einfach geplant und realisiert werden. Die abschließende Wissensüberprüfung erfolgt am Ende des Trainings mithilfe von standardisierten Tests. Es wird automatisch erfasst und dokumentiert, wer welche Ausbildungen bereits absolviert hat. Neue Mitarbeitende erhalten unaufgefordert die zu absolvierenden Schulungen zugewiesen.

Digitales Kompetenzmanagement

In QM-Systemen ist nachzuweisen, dass jene Mitarbeitenden, die qualitätsrelevante Tätigkeiten ausüben, für diese entsprechend geschult wurden bzw. die entsprechenden notwendigen Kompetenzen vorweisen können. Durch die Zusammenfassung der digitalen Trainingsdaten aller Mitarbeitenden kann eine zentral gepflegte, digitale Kompetenzmatrix der gesamten Organisation erstellt und automatisch aktuell gehalten werden. QMS-Softwarelösungen unterstützen das einfache Anlegen von Mitarbeitendenprofilen aus einem Nutzerverzeichnis, ermöglichen die Ergänzung von nutzerspezifischen Daten wie beispielsweise Schulungen und auch das Suchen von Wissensträgern mithilfe einer Volltextsuche. Im Idealfall aktualisieren die Mitarbeitenden sogar selbstständig ihre eigenen Profile.

Auch die Prozessverantwortlichen werden automatisch in der digitalen Kompetenzmatrix geführt. Somit ist es in digitalen QM-Systemen aufgrund einer automatischen Verlinkung möglich, per Mausklick den Prozessinhaber im QM-System aufzufinden und dessen Qualifikationen einzusehen.

Lernen aus internen und externen Reklamationen

Ein weiterer wesentlicher Prozess, der in QM-Systemen digital unterstützt werden sollte, ist der Beschwerdebehandlungsprozess, wobei sich Reklamationen auch auf intern erkannte Fehler beziehen können. Viele Unternehmen scheuen die Kosten, diesen Prozess mittels Lösungen der Computer Aided Quality (CAQ-Systeme) zu automatisieren. QMS-Softwarelösungen bieten oftmals preisgünstigere Varianten zur digitalen Unterstützung dieses Prozesses, indem auf einfache Weise Reklamationen angelegt sowie die aus der Fehleranalyse resultierenden Maßnahmen definiert und überwacht werden können. Auch die Fehlerursachenforschung kann in digitaler Art und Weise entsprechend unterstützt werden. Durch einen Workflow unterstützt, wird der Anwender bei Bedarf durch entsprechende Methoden wie beispielsweise 8D-Reports geführt. Zur vollen Transparenz können zahlreiche Auswertungen über Reklamationen standardisiert realisiert werden.

3.4 BPMN 2.0 als Basis für Automatisierung

Zu Beginn dieses Kapitels haben wir uns bereits mit der Ausgewogenheit von dynamischen und statischen Anteilen im Qualitätsmanagement beschäftigt und dabei erfahren, dass moderne Systeme prozessorientiert gestaltet sind und sich durch die Digitalisierung neue Chancen für eine Organisation eröffnen. Im Folgenden werden wir nun tiefer in die Modellierung von Prozessen eintauchen.

Business Process Model and Notation (BPMN) gilt als der wichtigste Standard zur Modellierung von Prozessen (Signavio, 2021). BPMN ist eine junge Notation und wurde 2002 ursprünglich vom Konsortium „BPMI.org“ entwickelt. Es baut daher auf den Stärken von Vorgängern auf: etwa auf die Ereignisgesteuerte Prozesskette (EPK) von August-Wilhelm Scheer, bekannt geworden durch das Tool ARIS (Schiltz, 2021).

Aufbau der BPM-2.0-Notation

Bei BPMN handelt es sich im Wesentlichen um ein Flussdiagramm, das besonderen Regeln unterliegt und Prozesse beschreibt. Bild 3.11 gibt einen Überblick über die wichtigsten zur Verfügung stehenden standardisierten Modellierungsregeln, die nachfolgend näher erläutert werden (Signavio, 2021).

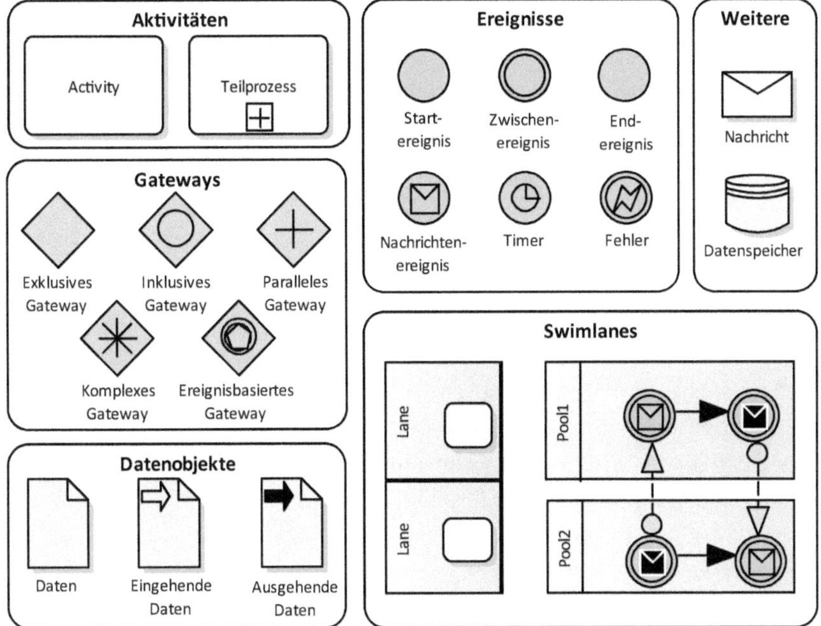

Bild 3.11 BPMN 2.0 - Business Process Model and Notation

Swim Lanes und Pools

Für die Darstellung von Prozessen wird die Funktion der „Swim Lanes" genutzt. Dabei wird zwischen Lanes und Pools unterschieden. Ein Pool ist eine Einheit mit klar voneinander abgegrenzten organisatorischen Grenzen, wie etwa ein Unternehmen oder eine Organisation. Eine Lane repräsentiert dagegen verschiedene Abteilungen, Rollen oder Personen innerhalb eines Prozesses, also die Prozessteilnehmer. Lanes, die sich im selben Pool befinden, können ohne Einschränkungen miteinander interagieren.

Aktivitäten

Aktivitäten sind Tätigkeiten, die ein Prozessteilnehmer sequenziell ausführt, um das Ziel seines Prozesses zu erreichen. Daher wird eine Aktivität immer einer bestimmten Lane zugewiesen. Wichtig ist, dass Aktivitäten in ihrer Bezeichnung immer aus einem Verb und einem Objekt bestehen, zum Beispiel „Angebot erstellen". Sequenzflüsse definieren die organisierte Abfolge der Ausführung, daher werden die einzelnen Aktivitäten von Sequenzflüssen jeweils durch einen Pfeil miteinander verbunden und somit der gesamte Prozess dargestellt.

Das Beispiel in Bild 3.12 zeigt: Die Einzelteile müssen vorher im Zentrallager gesammelt werden, bevor der Container beladen wird.

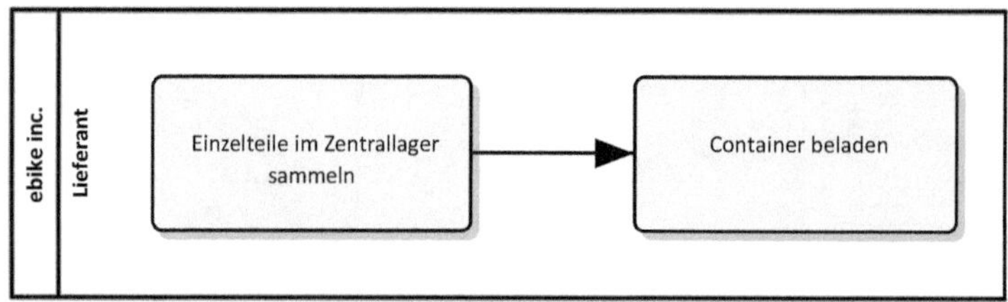

Bild 3.12 BPMN-Aktivitäten

Wie bereits erwähnt, ist es bei der Gestaltung von Prozessen von großer Bedeutung, in verschiedenen Prozesshierarchien (auch Flughöhen oder Abstraktionsebenen) zu denken. Dieses Denken wird durch BPMN unterstützt, weil es einfach ist, einen Prozess in mehrere Teilprozesse zu unterteilen, die per Mausklick aufklappbar sind. Ein zusätzliches Plus am unteren Rand des Prozessschritts visualisiert eine Aktivität als zugeklappten Teilprozess wie in Bild 3.13 gezeigt.

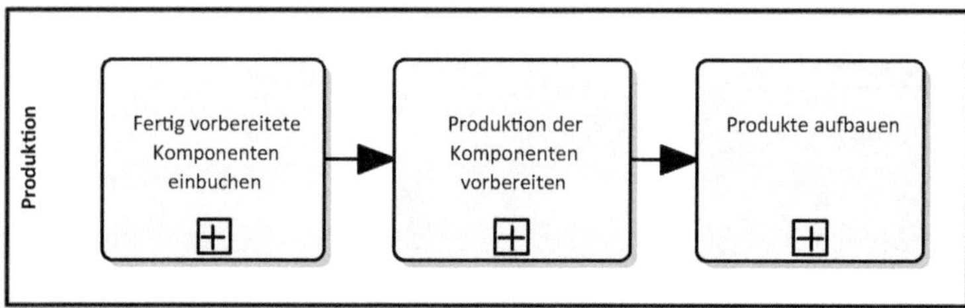

Bild 3.13 BPMN-Teilprozesse

Start und Ende von Prozessen

Das Startereignis markiert den Beginn eines Prozesses. Es wird durch die erste Aktivität ausgelöst und mit einem Sequenzfluss (Pfeil) verbunden. Neben einem Startereignis sollte ein Prozess auch immer ein definiertes Endereignis aufweisen. Dieses charakterisiert den Output, also das Ergebnis des jeweiligen Prozesses. Es wird erreicht, sobald die Prozessteilnehmer die entsprechende Sequenz abgeschlossen haben.

Bild 3.14 beschreibt den Ablauf, der als Ziel hat, den Prozess bis zur versandten Bestellung abzuschließen. Nach dem Prozessstart erhält man eine Bestellung, bereitet die verpackte Ware vor und versendet das Produkt an den Kunden.

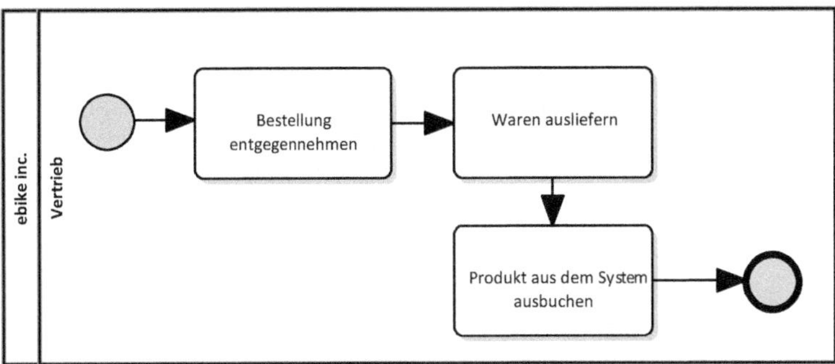

Bild 3.14 BPMN, Start- und Endereignis

Gateways

Mithilfe von Gateways können **Verzweigungen in Prozessen** modelliert werden. Hierzu gibt es verschiedene Varianten:

Exklusive Gateways: Dies ist der am häufigsten verwendete Entscheidungstyp „entweder/oder“: Exklusive Gateways beschränken die möglichen Resultate einer Entscheidung auf einen einzigen Pfad, der durch die begleitenden Umstände determiniert wird. Bild 3.15 zeigt einen solchen „entweder/oder“-Pfad, das vorliegende Prüfergebnis entscheidet, ob das Produkt nochmals nachgearbeitet werden muss oder bereits kommissioniert werden kann.

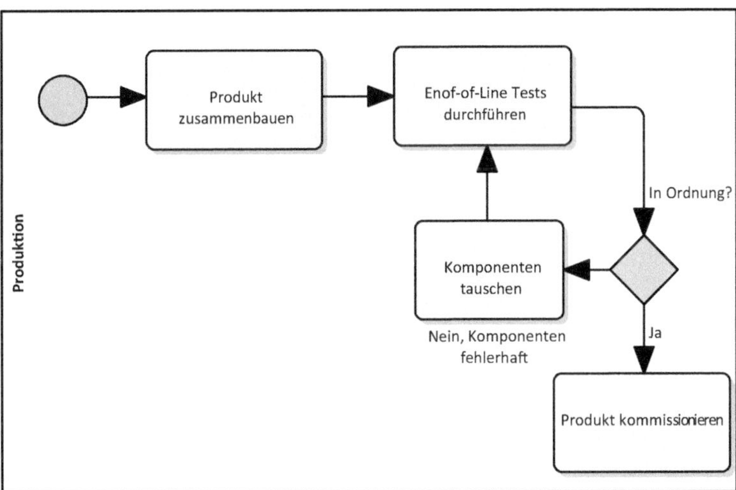

Bild 3.15 BPMN, exklusives Gateway

Bei **parallelen Gateways** können Aktivitäten in einem Prozess gleichzeitig ausgeführt werden. Dies führt zu Sequenzflüssen, die ebenfalls parallel erledigt werden.

Ereignisbasierte Gateways werden verwendet, wenn verschiedene Ereignisse im Prozess unterschiedliche Aktivitäten auslösen können. Sie führen erst dann zu einer Auslösung, wenn Ereignisse tatsächlich eintreten - und zwar ohne den direkten Einfluss der Prozessteilnehmer.

Im Beispiel in Bild 3.16 wird ein ereignisbasiertes Gateway veranschaulicht: Der Vertrieb wartet auf eine Bestellung, wobei diese vom Kunden via E-Mail oder über das Internet möglich ist. Nachdem der Auftrag getätigt wurde, startet der Ablauf zur Konfiguration. Wird die Bestellung über eine E-Mail getätigt, gibt es noch eine Bestätigung via E-Mail zu Konfiguration. Im Fall einer Internetbestellung ist dies nicht der Fall, jedoch gibt es aufgrund des geringeren Aufwands einen Rabatt von 5%.

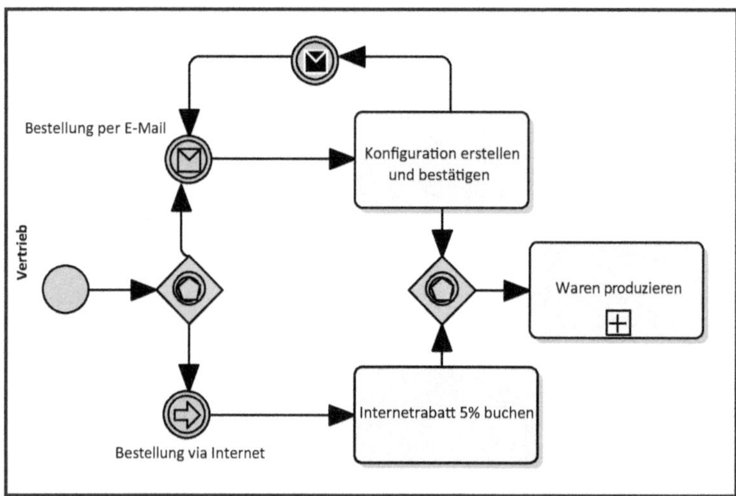

Bild 3.16 BPMN, ereignisbasiertes Gateway

Darstellung von Zwischenereignissen

Der Zusammenhang zwischen zwei Aufgaben (Funktionen) kann ebenfalls wieder durch ein Ereignis dargestellt werden. Anders als bei der ereignisgesteuerten Prozesskette (EPK) im Softwaretool ARIS besteht in BPMN keine Pflicht, nach jedem Arbeitsschritt ein Ereignis einzufügen. Das Einarbeiten eines Zwischenergebnisses ist aber eine Möglichkeit, Ereignisse gezielt in der Prozessmodellierung zu integrieren.

Ereignisse werden gerne verwendet, um Schnittstellen des Prozesses mit seiner Umwelt zu modellieren. Ein Ereignis kann einerseits dem Umfeld des Prozesses den aktuellen Zustand mitteilen, aber andererseits auch ein Vorkommnis außerhalb des Prozesses einfließen lassen. Das Beispiel in Bild 3.17 erklärt die Verwendung von Zwischenergebnissen: Der Sender schreibt eine E-Mail in seinem Prozess und sendet diese E-Mail dann an den Empfänger. Diese E-Mail fließt als Zwischenergebnis beim Prozess des Empfängers als Input ein.

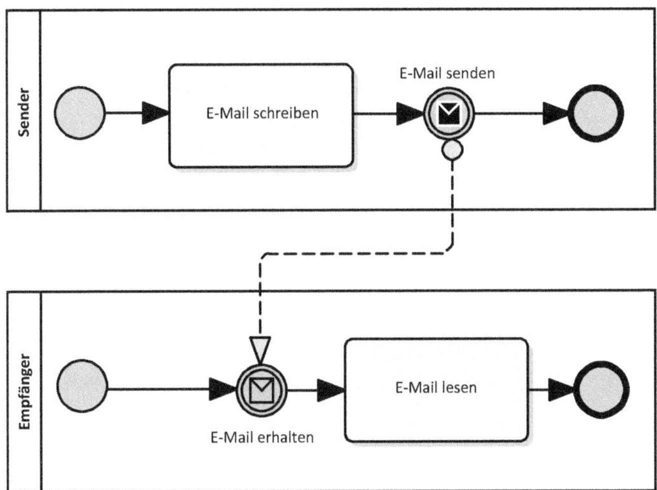

Bild 3.17 BPMN-Zwischenereignisse

In BPMN werden Ereignisse als Kreis dargestellt, die je nach Ausprägung mit einem einfachen, doppelten, gestrichelten oder fetten Rand versehen sind. Die Bibliothek sieht optional weitere zwölf Symbole vor, um die Art des Ereignisses genauer zu beschreiben. Einige dieser Ereignisarten sind als Beispiele bereits in der BPMN-Übersicht in Bild 3.11 enthalten.

Schulterschluss zwischen Fachexperten und IT-Spezialisten und Basis für Automatisierung

Ein großer Vorteil von BPMN besteht darin, dass sich die Beschreibungen sowohl für Fach- als auch IT-Spezialisten eignen. Die Autoren wissen aus Erfahrung, dass gerade der Graben zwischen Fachbereich und IT in vielen Digitalisierungsprojekten für erhebliche Schwierigkeiten sorgen kann. Wir werden in den folgenden Absätzen sehen, dass die Vereinheitlichung auch dazu beiträgt, einander besser zu verstehen.

Aus Sicht des QMS-Verantwortlichen sollen Prozessbeschreibungen leicht lesbar sein und dennoch die wesentlichen qualitätsrelevanten Aspekte beinhalten, die notwendig sind, um die Prozesse primär in der entsprechenden Effektivität ausführen zu können. Prozessbeschreibungen sollten intuitiv und möglichst auf einer Seite darstellbar sein. Diese zu studieren, soll Freude bereiten, sodass Mitarbeitende gerne im QM-System nachlesen. Dies wird erreicht, indem sie die Inhalte leicht verstehen und akzeptieren können. Für die Automatisierung von Prozessen, die meist von der IT getrieben wird, muss der Sollprozess primär präzise, vollständig und ohne Logikfehler in der entsprechenden Detailtiefe dargestellt werden.

Dieses Spannungsfeld zwischen Einfachheit und Präzision wird aufrecht bleiben und lässt sich auch nicht immer gänzlich auflösen, allerdings kann die BPM-Notation hierzu einen positiven Beitrag leisten. Durch die klaren Regeln von BPMN ist eindeutig festgelegt, was richtig und was falsch modelliert ist. Die fachliche Darstellung von Prozessen wird somit einheitlicher, sie beinhaltet weniger implizites Wissen der Modellierer und ist nur geringfügig bis gar nicht von den individuellen Vorlieben der beteiligten Modellierer abhängig. Dies verbessert die Lesbarkeit für alle, auch für die Mitarbeitenden der IT.

Zusätzlich dient BPMN nicht nur der Definition von Prozessen, sondern schafft die Voraussetzung dafür, diese auch direkt mittels Software ausführen zu lassen. Denn BPMN-Diagramme werden XML-basiert gespeichert und sind somit maschinenlesbar. Inzwischen sind vielfältige Prozessengines verfügbar, die mittels BPMN spezifizierte Prozesse ausführen können. Es sei aber explizit darauf hingewiesen, dass ein aus QM-Sicht modellierter Geschäftsprozess in der Regel nicht direkt ausführbar ist, sondern noch um IT-Details ergänzt werden muss.

Dennoch bietet BPMN die Möglichkeit, dass Fachpersonal und IT auf derselben Modellbasis und in einer gemeinsamen Notation arbeiten. Dies verbessert die Kommunikation zwischen Fachabteilung und IT und vor allem auch das gegenseitige Verständnis erheblich (Schiltz, 2021).

3.5 Digitale QM-Systeme ermöglichen „Augmented Workers"

Die vorangegangenen Abschnitte haben gezeigt, dass wir Prozesse auf digitalem Weg beschreiben und sogar automatisiert exekutieren können. Welche Rolle spielt der Mensch zukünftig in diesem Zusammenhang? Sprechen wir bereits von einer computergesteuerten Organisation? Im Gegenteil, wir werden zeigen, dass der Mensch durch die Digitalisierung einen erweiterten Handlungsspielraum erfährt. Er wird dadurch zum „Augmented Worker", was so viel bedeutet wie vergrößert, vermehrt, oder auch angereichert (Tulip, 2021).

Unter dem Begriff „Worker Augmentation" versteht man den gezielten Einsatz von unterstützenden Technologien, welche die Qualität der Arbeitsleistung der Mitarbeitenden vor Ort verbessern können. Der Mitarbeitende wird durch zusätzliche Hilfsmittel und Ressourcen in seiner Leistungsfähigkeit gestärkt. Er erfährt **Unterstützung durch eine digitale Hilfe**.

Die Technologien, die hierbei zum Einsatz kommen, besitzen eine Assistenzfunktion und stellen einen natürlichen Teil der Arbeitsumgebung des Mitarbeitenden dar. Die Assistenzfunktion reduziert Störgrößen, die unweigerlich zu einer verminderten Arbeitsleistung des Mitarbeitenden führen würden.

Der große Vorteil dieser Technologie besteht darin, dass die natürliche Intelligenz von Menschen gewürdigt und verstärkt genutzt wird. Die multiplen Eigenschaften von Menschen werden durch Hilfsmittel entsprechend erweitert („augmented“).

3.5.1 Warum gerade jetzt?

Die meisten Lösungen im Bereich „Augmentation“ funktionieren, indem sie es dem Menschen ermöglichen, auf intelligente Weise mit Maschinen zusammenzuarbeiten. Die Lösungen sind etwa in der Lage, Maschinendaten in Echtzeit zu erfassen und diese in einer bestimmten Art und Weise an den Bediener weiterzugeben, damit dieser bessere Entscheidungen treffen kann. Die IoT-Konnektivität mit entsprechender Infrastruktur (WLAN, Cloud, ...) hat diese Art der Kommunikation möglich gemacht.

Ein weiteres Merkmal moderner Lösungen im Bereich Augmentation ist die **nahtlose Integration in die Fertigungsumgebung**. Dies ist möglich, weil die Leistungsfähigkeit von Sensoren, gemessen an ihrer Größe, in den letzten Jahren signifikant zugenommen hat. Mittlerweile können diese flexiblen, reaktionsschnellen Sensoren auf Kleidung, am Körper oder an zahlreichen Stellen in einer Produktionsstation angebracht werden, um die Umgebung zu interpretieren und Ereignisse aufzuzeichnen. Die von Sensoren gesammelten Daten werden über das IoT kommuniziert, was zu einer digitalen Fabrik führt, in der sich Menschen und Objekte in einem ständigen „Dialog“ miteinander befinden. Durch KI und Maschinelles Lernen können den Menschen zusätzlich selbstlernende Systeme zur Seite gestellt werden, die in der Lage sind, sich selbst kontinuierlich zu verbessern (Tulip, 2021).

3.5.2 Warum ist Augmentation sinnvoll?

Wir wissen aus Erfahrung, dass viele menschliche Fehlhandlungen nicht systematisch bedingt sind, sondern rein zufällig entstehen. Ein systematischer Fehler ist dadurch charakterisiert, dass er ständig vom Mitarbeitenden verursacht wird, weil dieser der Meinung ist, eigentlich das Richtige zu tun. Zur Vermeidung solcher Fehler können entsprechende Schulungen Abhilfe leisten.

Bei zufälligen menschlich bedingten Fehlhandlungen weiß der Mitarbeitende sehr wohl, wie die Tätigkeit richtig auszuführen wäre, allerdings kann es bei einer großen Anzahl gleicher Aktionen vorkommen, dass dennoch ein einzelner Fehler unterläuft. Ursächlich dafür können beispielsweise Müdigkeit oder mangelnde Konzentration sein, die ihrerseits wiederum viele Begründungen haben können (Monotonie der Arbeit, Probleme zu Hause, ein harter Kegelabend am Vortag etc.). Schulungen können hier nur bedingt Hilfe bieten, vielmehr müssen die Arbeitsbedingungen so verändert werden, dass derartige Fehler nicht oder kaum mehr auftreten können.

Wie aber können augmentative Technologien die Rahmenbedingung für eine möglichst optimale menschliche Leistung schaffen? Betrachten wir dazu die beiden häufigsten Ursachen, nämlich Müdigkeit und mangelnde Konzentration, die zu zufälligen Fehlhandlungen führen, um zu verstehen, wie Augmentation dabei unterstützen kann.

Müdigkeit bekämpfen

Es ist einleuchtend, dass ermüdete Arbeitskräfte dazu neigen, vermehrt Fehler zu begehen. Zudem sind sie in diesem Zustand auch anfälliger für Arbeitsunfälle. Um Ermüdung präventiv zu bekämpfen, können beispielsweise augmentative Technologien erkennen, wenn ein Mitarbeitender beginnt, erste erkennbare Ermüdungserscheinungen zu zeigen. Sie können dem Mitarbeitenden dann automatisch vorschlagen, eine Pause einzulegen. Zudem können in der Fertigung Sensoren, welche in die persönliche Schutzausrüstung des Personals integriert sind, erkennen, wenn ein Mitarbeitender beispielsweise eine ungünstige Körperhaltung einnimmt, während er eine schwere Last hebt, was ebenfalls ein Zeichen von Ermüdung sein kann.

Konzentration erhöhen

Trotz ihrer Vorzüge sind menschliche Arbeitskräfte noch immer anfällig für Konzentrationsschwächen. Selbst die bestgeschulten und erfahrensten Arbeitskräfte können manchmal einen schlechten Tag haben. Die daraus resultierenden Qualitätsfehler sind oft auch auf die Art der Produktion zurückzuführen: lange Arbeitszeiten mit kurzen Pausen und sich ständig wiederholende Arbeitsinhalte.

Augmentative Technologien können dazu beitragen, Ausdauer und Konzentration zu verbessern, indem sie die Arbeitskräfte an ihren Aufgaben beteiligen. Lösungsansätze dazu wären beispielsweise ein „Gamifizieren" der Arbeit - Aspekte der sich wiederholenden Arbeit werden in ein Spiel verwandelt, in dem man ständig mit sich selbst konkurriert. Möglich ist auch der Einsatz interaktiver Geräte als Ersatz für statische Anweisungen. Wenn also Fehler auftreten, helfen IoT-unterstützte Inline-Qualitätsprüfungen den Menschen dabei, ihre Nichtübereinstimmungen zu erkennen (Tulip, 2021).

3.5.3 Technologien der Augmentation

Augmentative Technologien können sowohl bei körperlicher als auch bei geistiger Arbeit helfen. In den letzten Jahren wurden durch intelligente und intuitive Bedieneroberflächen bereits große Fortschritte erzielt, die sich durch eine nahtlose Integration in die Fertigungsumgebung auszeichnen. Augmentative Technologien können vielfältig sein, wie auch Bild 3.18 zeigt:

- Augmented-Reality-Headsets – visuelle Displays, die maschinelles Lernen, KI und andere Formen der Kontextanalyse verwenden, um neue Informationen in das Sichtfeld des Anwenders zu übertragen.
- Umwelt- und Bioinformatiksensoren, welche die Umgebungsbedingungen und die Gesundheit der Mitarbeitenden in Echtzeit überwachen und die Arbeitnehmer warnen, wenn ein Gefahrenpotenzial besteht.
- Computer-Vision-Systeme, die mit ihren Bedienern interagieren, während sie arbeiten.
- Analyse und Visualisierung von Echtzeitdaten in Form von Dashboards und interaktive Arbeitsanweisungen zur Reduktion der kognitiven Belastung der Mitarbeitenden.

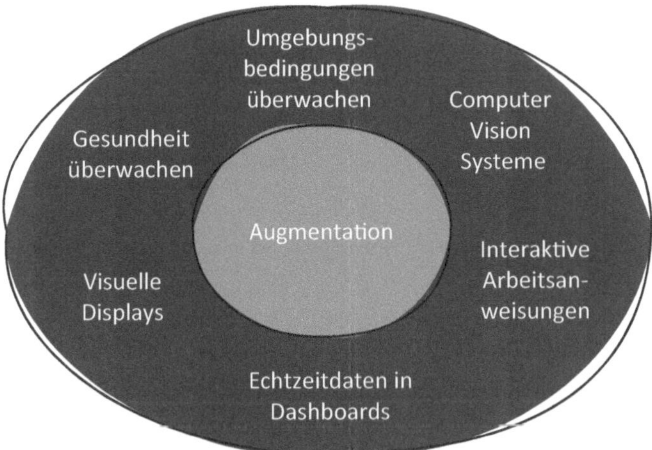

Bild 3.18 Augmented Worker (Tulip, 2021)

In diesem Buch wollen wir unter Augmentation jedes externe, unterstützende System verstehen, mit dem Mitarbeitende ihre Arbeit besser, effizienter und sicherer erledigen können. Anbei einige Beispiele zur Verdeutlichung.

Beispiel 1: Verbesserung der Qualität durch interaktive digitale Arbeitsanweisungen

Wiederholende manuelle Aufgaben von Mitarbeitenden – insbesondere Montagetätigkeiten – sind oftmals zu kompliziert oder zu variabel für die Umsetzung einer wirkungsvollen Automation. Wie kann dabei aber dennoch die Qualität der Tätigkeiten sichergestellt werden?

Ein möglicher Lösungsansatz hierfür sind interaktive digitale Arbeitsanweisungen, die den Menschen direkt am Arbeitsplatz zur Verfügung gestellt werden.

Diese führen den Mitarbeitenden auf sehr anschauliche Weise Schritt für Schritt durch komplexe Prozesse. Eingebettete Medien wie Videos und Fotos verdeutlichen leicht verständlich, wie die einzelnen Schritte in korrekter Art und Weise auszuführen sind. IoT-Lösungen wie Pick-to-Lights führen die Mitarbeitenden zielgerichtet zu den richtigen Teilen und verhindern somit Fehler in der Montage.

Digitale Arbeitsanweisungen erweitern somit die einzigartigen mechanischen Fähigkeiten des Menschen, indem sie es ihnen ermöglichen, ihre Aufmerksamkeit vollständig auf die anstehende Aufgabe zu legen.

Beispiel 2: Fehlhandlungssicherheit mit Inline-Qualitätsprüfung

Unser oberstes Ziel muss die Vermeidung von Qualitätsfehlern sein. Es ist jedoch auch wichtig, Qualitätsfehler zuverlässig zu identifizieren, wenn diese dennoch auftreten. Viele Qualitätsmängel sind für Menschen äußerst schwierig zu erkennen, insbesondere wenn diese ermüdet oder abgelenkt sind.

Moderne QM-Systeme anerkennen, dass der Mensch niemals in der Lage sein wird, alle erdenklichen Qualitätsprobleme abzufangen. Wir erweitern daher unsere bestehenden Qualitätsprüfungen durch IoT-Geräte wie etwa Waagen oder Kameras. Es ist dabei nicht das Ziel, den Menschen zu ersetzen, vielmehr bekommt er unterstützende digitale Hilfsmittel zur Verfügung gestellt.

Beispiel 3: Vermeidung von Qualitätsfehlern durch Computer-Vision-Systeme

Computer Vision ist eine außergewöhnliche Technologie, die uns im Zeitalter der Digitalisierung zur Verfügung steht. Durch die Kombination traditioneller Bildverarbeitungstechniken mit fortgeschrittenem maschinellem Lernen und KI können Computer-Vision-Systeme die Aktionen von Bedienern während ihrer Arbeit steuern und analysieren.

Beispielsweise können derartige Lösungen die Gesten und Bewegungen des Bedieners identifizieren und auf diese reagieren. Wenn etwa eine bestimmte Handgeste erkannt wird, kann eine Computer-Vision-Lösung automatisch eine digitale Arbeitsanweisungs-App auslösen, um den Ablauf für den nächsten Arbeitsschritt anzuzeigen. Unserer Fantasie sind hierbei fast keine Grenzen gesetzt: diese Systeme sind in der Lage, Texte und Barcodes zu lesen oder Objekte im Sichtfeld des Mitarbeitenden zu erkennen. Auch können Abweichungen von Spezifikationen automatisch identifiziert und als solche gekennzeichnet werden. Damit wird das Thema der Fehlervermeidung durch digitale Unterstützung auf ein völlig neues Niveau gehoben.

Beispiel 4: Qualität von Entscheidungen durch Echtzeitanalysen erhöhen

Wie bereits im Vorfeld erwähnt, ist die Prozessmessung – insbesondere in Echtzeit – eine wichtige Voraussetzung dafür, Schwachstellen in Prozessen zu erkennen und diese zu verbessern.

Im industriellen Umfeld erfordert das Abrufen von Daten aus verschiedenen Quellen und Abteilungen, die nachfolgende Analyse dieser Informationen und schließlich das Auffinden der Grundursache eines Problems sowie die Ableitung von Verbesserungsmaßnahmen viel Zeit. Im digitalen Zeitalter ist es möglich, dass die kontinuierlichen Ströme von Fertigungsdaten automatisch erfasst und in Form von Dashboard-Lösungen zur Verfügung gestellt werden (Bild 3.19). Dies versetzt Prozessingenieure in die Lage, schnellere und genauere Entscheidungen zu treffen – sie werden dadurch „augmented“.

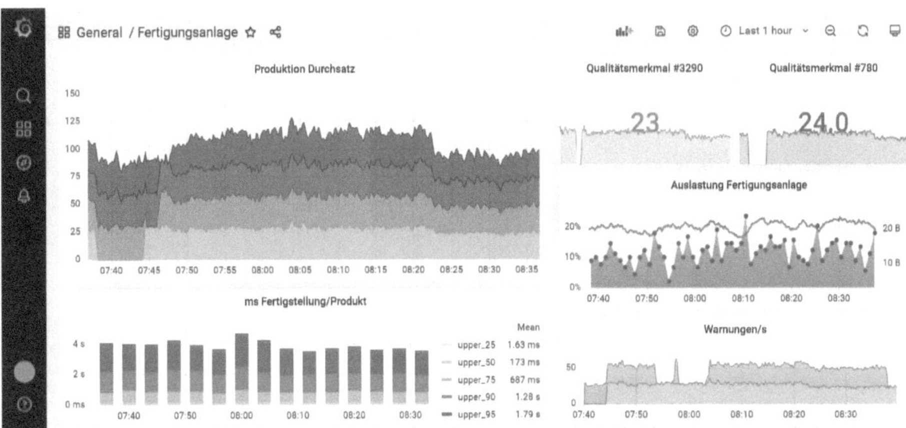

Bild 3.19 Darstellung von Informationen – Grafana Dashboard

Beispiel 5: Effektive Schulungen mithilfe von augmentativen Technologien

Neue augmentative Technologien helfen uns auch bei der Schulung und Umschulung von Mitarbeitenden. Beispielsweise können Fertigungs-Apps bei der Einschulung eines neuen Kollegen Schritt für Schritt durch einen Prozess führen. Mit medienreichen und interaktiven Schulungsmodulen können diese Apps so konzipiert werden, dass sie allen Lernstilen gerecht werden und Bedienern somit helfen, vom ersten Tag an zu lernen. Darüber hinaus ermöglichen IoT-Verbindungen und eingebettete Sensoren diesen Apps die Erkennung, ob ein Mitarbeitender die neu erlernten Fähigkeiten danach auch ordnungsgemäß ausführt. Dies ermöglicht ein frühzeitiges, präventives Eingreifen und stellt sicher, dass Bediener falsch erlernte Techniken nicht weiter verstärken (Tulip, 2021).

Zusammenfassend kann man sagen, dass sich durch die digitale und virtuelle Unterstützung der Mitarbeitenden große Chancen für uns bieten, die allesamt in einen Kundennutzen münden. Wir möchten abschließend an einem Beispiel beschreiben, wie diese Systematik in der Praxis realisiert werden kann.

3.5.4 Gelebte Praxis: Der Augmented Worker in der Getriebemontage

Wir betrachten einen klassischen Montageprozess, in unserem konkreten Fall geht es um den Zusammenbau eines Motorradgetriebes in moderater Stückzahl und hoher Produktvarianz (Bild 3.20).

Bild 3.20 Getriebemontage

Der Zusammenbau wird auch zukünftig nur von Menschenhand darstellbar sein, da viele unterschiedliche, feinmotorische Handgriffe erforderlich sind, die von einem Mitarbeitenden in einer kurzen Taktzeit erfolgen müssen. Es entfällt also die wirtschaftliche Möglichkeit, den Prozess vollumfänglich durch Robotersysteme zu automatisieren. Jedoch ist der Mensch an diesem Arbeitsplatz mit hohen Anforderungen an seine Tätigkeit konfrontiert, die einerseits seitens des Arbeitsgebers vorgegeben sind:

- Einhaltung der vorgegebenen Taktzeit (Kosten)
- Fehlerfreiheit der Arbeit (Qualität)

Andererseits hat er mit arbeitspsychologischen und gegebenenfalls arbeitsergonomischen Einflussfaktoren zu kämpfen, die das langfristige Gelingen der Faktoren Kosten und Qualität maßgeblich beeinflussen können:

- Die zunehmende Monotonie der wiederkehrenden Arbeitsinhalte mit fortschreitender Arbeitszeit.
- Der Stress, welcher durch diverse (voneinander unabhängige) Einzelfaktoren beeinflusst sein kann, etwa durch Nichteinhaltung des Takts aufgrund technischer Probleme.

Diese Rahmenbedingungen laden uns förmlich ein, zu prüfen, mit welchen technologischen Mitteln aus den zuvor beschriebenen Möglichkeiten der „Augmented Worker" das Leben unseres Montagepersonals unterstützt und dadurch nachhaltig erleichtert werden kann.

Die **Bereitstellung der Einzelkomponenten für die Montage** stellt die erste große Herausforderung dar. Während in der rein analogen Welt der Mitarbeitende stets mit seinem Fachwissen gefragt ist, die richtigen Komponenten aus den entsprechenden Gebinden zu entnehmen, können uns moderne, vollintegrierte Lagersysteme die Kommissionierung und Materialzuführung vollständig abnehmen. Es braucht dazu in unserem Beispiel ein systemisch geführtes Einzelteillager sowie ein intelligentes Transportsystem, das die für den jeweiligen Auftrag benötigte Ware am Montageplatz termin- und mengengerecht zur Verfügung stellt.

Nun ist nurmehr jenes Material direkt am Arbeitsplatz verfügbar, welches zu einem bestimmten Zeitpunkt gemäß der definierten Montagereihenfolge benötigt wird. Das Material für den darauffolgenden Schritt „ruht“ aber bereits vor dem Montageplatz und bewegt sich automatisch dort hin, sobald der vorhergehende Vorgang abgeschlossen wurde, um die Assemblierung unterbrechungsfrei fortzusetzen. Solche Systeme, unterstützt durch visuelle Anzeigen wie beispielsweise „pick to light“, ermöglichen es, dem Mitarbeitenden Sicherheit in seinem Tun zu geben, Qualität zu produzieren und gleichzeitig indirekt den Takt für die Tätigkeit vorzugeben.

Zur **Verbesserung der Qualität durch interaktive digitale Arbeitsanweisungen** bietet es sich an, die zum jeweiligen Produkt und Montageschritt zugehörigen Arbeitsinformationen online am Arbeitsplatz bereitzuhalten, um jederzeit bei Unsicherheit über die Richtigkeit des Tuns entsprechende Soll-zu-Ist-Abgleiche durchführen zu können. In unserem einfachen Fall genügt dafür die 3D-Darstellung der montierten Getriebewelle auf einem separaten Monitor, für komplexere Anwendungen könnte man die Anweisungen auch mittels Datenbrille realisieren.

Nun geht es darum, sicherzustellen, dass der erfolgte **Arbeitsschritt auch in qualitativer Weise den Vorgaben entspricht**. Dazu haben sich in der Vergangenheit oftmals Lösungen etabliert, die die Möglichkeit des Auftretens von Fehlern per se unterbinden. Sogenannte „Poka Yoke“-Hilfsmittel oder -Vorrichtungen sind so gebaut, dass etwa ein Teil nicht verkehrt herum montiert werden kann oder optisch ähnliche Komponenten unverbaubar sind. Nehmen wir stattdessen nun digitale Hilfsmittel wie ein **Computer-Vision-System** zur Hilfe, so beurteilt jetzt eine intelligente Kamera kontinuierlich die aktuell erzeugte Qualität (Bild 3.21). Sie vergleicht online den Ist-Zustand mit der Vorgabe und kann damit nicht nur den gemachten Fehler an sich aufzeigen, sondern auch den weiteren Materialfluss unterbinden, indem sie dem automatisierten Bereitstellungssystem keine Freigabe erteilt. Erst wenn der Fehler behoben wurde und eine erneute Prüfung durch die Kamera die Richtigkeit bestätigt, wird auch der Logistikprozess wieder angeworfen. Ein weiterer Nebeneffekt dieser Systematik ist, dass eine abschließende Überprüfung der produzierten Qualität unterbleiben kann, da diese bereits online für jeden einzelnen Arbeitsschritt durchgeführt wurde.

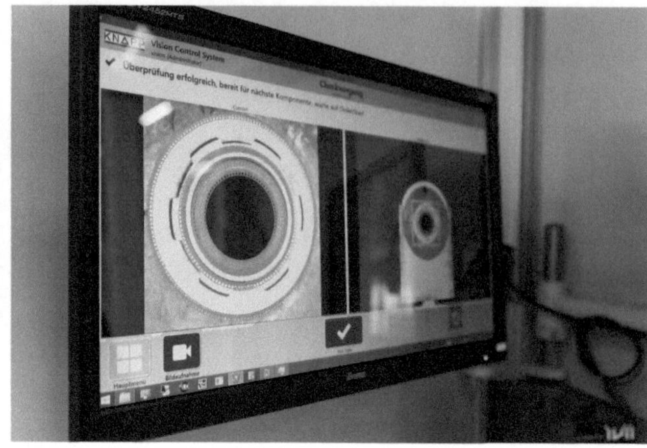

Bild 3.21 Computer-Vision-System in der Getriebemontage

Durch den Einsatz der zuletzt beschriebenen Systeme und Methoden können nicht nur das Wohlbefinden des Mitarbeitenden an seinem Arbeitsplatz gesteigert werden und ihm Sicherheit in seiner Arbeit gegeben werden, es lassen sich auch Nebeneffekte wie beispielsweise die Online-Verfügbarkeit von Lagerbeständen erzielen, da mit jedem Arbeitsschritt auch eine entsprechende Materialbuchung aus dem ERP-System getriggert werden kann.

Abschließend und zusammenfassend können wir sagen, dass diese neue Technologie des Augmented Workers sowohl für das Qualitätsmanagement als auch für die Mitarbeitenden enorme Vorteile bietet. Das Qualitätsmanagement und die Fertigung profitieren von einer Fehlerreduktion und somit von einer Qualitätssteigerung, von verbessertem Durchsatz und schnelleren Rüstvorgängen.

Der Mitarbeitende erhält angenehmere Arbeitsbedingungen und bekommt mehr Zeit für kreative innovative Denkleistungen (Bild 3.22).

Vorteile für die Fertigung	Vorteile für die Menschen
↑ Fehler vermeiden	↑ Belastung reduzieren
↑ Höhere Produktqualität	↑ Angenehmere Bedingungen
↑ Verbesserter Durchsatz	↑ Mehr Zeit für Kreativität
↑ Schnelleres Rüsten	↑ Erhöhung des Wohlbefindens
↑ Anlagenproduktivität erhöhen	

Bild 3.22 Vorteile durch Augmentation (Tulip, 2021)

3.6 Digitale QM-Systeme nutzen Process Mining

Process Mining ist eine Methode, die es ermöglicht, die **Prozesse auf Basis digitaler Spuren in IT-Systemen zu rekonstruieren** (Wikipedia, Digitalisierung, 2021). Die in den Systemen rückgemeldeten Informationen wie beispielsweise Fertigstellungsmeldungen während der Prozessdurchführung werden zusammengefügt und der Prozess in seiner Gesamtheit visualisiert. Damit können **Schleifen im Prozess, Wartezeiten, Bestände und Engpässe sehr einfach ausgewertet, analysiert und systematisch beseitigt** werden. Die Erhebung der zuletzt genannten Aspekte zur Ableitung von Verbesserungsaktivitäten ist keinesfalls neu und unter dem Titel der Wertstromanalyse in der Industrie weit verbreitet. In der Vergangenheit, also in der zumeist analogen Welt, mussten jedoch Durchlaufzeiten oftmals geschätzt werden, die Bestände als Basis zur Ermittlung von Wartezeiten und Engpässen konnten nur anhand von Stichproben erhoben werden, indem man in die Produktion direkt vor Ort ging. Bei nicht-technischen Prozessen waren die Informationen oftmals gar nicht verfügbar, daher hat die Technik des Process Mining hierfür besonders große Bedeutung. So gesehen kann die Kombination von Process Mining mit der traditionellen Wertstromanalyse auch als die digitale Weiterentwicklung im Sinne von „**Wertstromanalyse 4.0**" gesehen werden, die nun nicht mehr ausschließlich auf technische Prozesse beschränkt ist. Die Realität ist, dass durch Process Mining aufwendige und mühsame „Process Mapping"-Workshops deutlich effizienter durchgeführt werden können. Der große Vorteil besteht darin, dass die Darstellung des **Ist-Prozesses nun anhand von realen Daten in Echtzeit** und nicht mehr auf Vermutungen aufbaut. Dies ist die solide Basis, um Prozesse zu verstehen, zu analysieren und Verbesserungsmaßnahmen abzuleiten. In der Praxis finden hauptsächlich kostenpflichtige Process-Mining-Tools Verwendung, die es mittlerweile in großer Anzahl gibt. Nachfolgend sind einige gängige Produkte und Anbieter aufgelistet, die auch damit werben, Schnittstellen zu praktisch allen relevanten IT-Systemen wie SAP, IBM, Google, Salesforce etc. aufzuweisen:

- ARIS Process Performance Manager, Process-Mining-Tool der Software AG
- Celonis Process Mining von Celonis
- Disco Process Mining von Fluxicon
- LANA Process Mining & Conformance Checking von Lana Labs
- Minit Process Mining
- MPM Process Mining, Process-Mining-Tool der Mehrwerk AG auf Basis von Qlik
- QPR Process Analyzer, Process Mining für die automatisierte Business Process Discovery (ABPD)
- PAFnow Process Mining, Process-Mining-Tool von der Process Analytics Factory

- ProcessGold, Process-Mining-Software von ProcessGold
- SNP Business Process Analysis (BPA) der SNP AG

Die Funktionalitäten dieser Softwarelösungen beinhalten entsprechende Überblicksdarstellungen der Prozessleistung mit definierten Kennzahlen und Trendanalysen. Des Weiteren wird eine Vielzahl von weiterführenden Analysen wie Durchlaufzeitanalysen, Prozessreihenfolgeanalysen, Vergleich von Prozessvarianten, Termintreueauswertungen oder Analyse des vorliegenden Automatisierungsgrads angeboten. Aus Sicht des Qualitätsmanagements besonders relevant sind die sogenannten **Loop-Analysen**. Eine Loop (auf Deutsch: Schleife) ist die Wiederholung einer oder mehrerer Aktivitäten aufgrund von Nichtkonformitäten, welche interne Nacharbeit und damit Mehrkosten verursacht.

In Bild 3.23 ist ein Screenshot der Softwarelösung „Celonis" abgebildet. Dargestellt ist der Zahlungsprozess an Lieferanten. Aus Liquiditätsgründen besteht ein wesentliches Prozessziel darin, möglichst spät zu zahlen. Daher wurde der Prozess einer DPO Analyse unterzogen. DPO steht hierbei für „days payable outstanding" und meint die Kreditorenlaufzeit, d. h. der Zeitraum zwischen Rechnungseingang und Bezahlung. Wir sehen, dass in dem Betrachtungszeitraum die durchschnittliche Kreditorenlaufzeit 12 Tage beträgt und 4,8 Milliarden Dollar an Rechnungen zu früh bezahlt wurden. Mithilfe der Softwarelösung Celonis können beliebige Auswertungen nach Ursachen oder verschiedenen Lieferanten etc. durchgeführt werden, um entsprechende Verbesserungsmaßnahmen einzuleiten.

Zudem sehen wir an dem Beispiel, dass von insgesamt 265 297 eingelangten Rechnungen, bei 50 300 der Preis und bei 93 804 die Menge geändert werden musste. Dies entspricht einer internen Nacharbeitsquote von rund 55 %, die offensichtlich verbesserungswürdig ist.

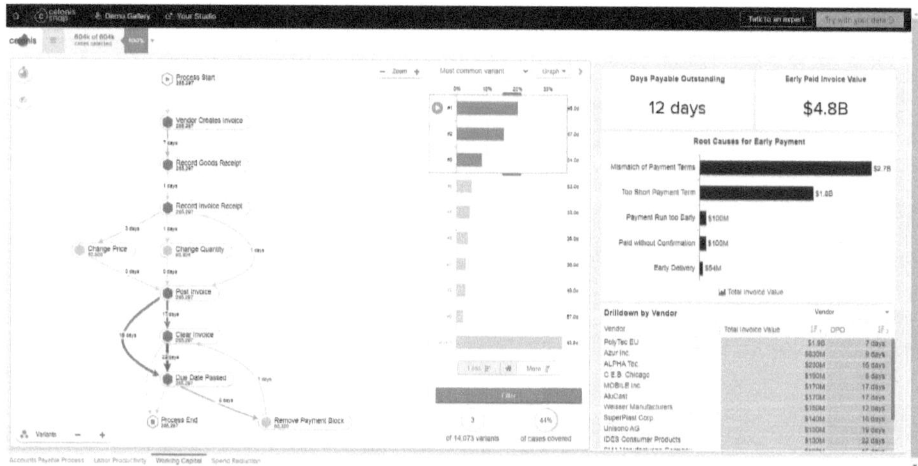

Bild 3.23 Celonis Screenshot

Es wird in diesem Zusammenhang explizit darauf hingewiesen, dass Softwarelösungen keinesfalls im Sinne von „plug and play" auf Knopfdruck die richtigen Ergebnisse liefern können. Die durch Process Mining generierten Daten sind zu analysieren, zu verstehen und entsprechend zu bereinigen (weiterführende Informationen dazu in Kapitel 5). Dies ist harte Arbeit, braucht Zeit und gelingt nur dann, wenn sie gemeinsam mit den Domänenexperten bzw. Prozessinhabern durchgeführt wird.

Zusätzlich muss festgehalten werden, dass Process Mining nicht automatisch den Prozess verbessert. Die Prozessinhaber bekommen durch Process Mining Informationen in Echtzeit zur Verfügung gestellt, die sie bisher nicht hatten. Aber nur wenn Prozess Mining mit systematischen Prozessverbesserungsaktivitäten (siehe beispielsweise Abschnitt 8.5) verknüpft wird, kann es sein volles Potenzial ausschöpfen. Dies ist auch der Grund, warum Softwareanbieter wie beispielsweise Celonis zusätzliche Funktionalitäten anbieten, die unter dem Begriff „Execution Management System" zusammengefasst werden, wo beispielsweise sogenannte „action flows" konfiguriert oder entsprechende Optimierungsalgorithmen verwendet werden können. Die diesbezüglichen Weiterentwicklungen erfolgen in hoher Geschwindigkeit und es ist davon auszugehen, dass Process Mining durch die Digitalisierung in Zukunft an Wichtigkeit und Relevanz noch weiter zulegen wird.

3.7 Digitale QM-Systeme nutzen mobile Kollaborationsplattformen

Wir haben im letzten Abschnitt erfahren, wie wir digitale Systeme einsetzen können, um die Arbeitsleistung und produzierte Qualität positiv zu beeinflussen. Der folgende Abschnitt widmet sich nun der Optimierung der unternehmensinternen Kommunikation mittels digitaler Systeme.

Dafür gibt es mittlerweile viele Softwarelösungen wie beispielsweise die Plattfom „Staffbase", die Unternehmens-Apps und Social Intranets zur Verfügung stellt. Diese können einerseits das bestehende Firmen-Intranet ersetzen und sind zudem in der Lage, auch das QM-System digital zu unterstützen. Derartige Applikationen können für die Mitarbeitenden einen virtuellen Ort schaffen, an dem sie sich gegenseitig austauschen, wo sie wichtige Informationen finden und beispielsweise auch auf Formulare und andere Services zugreifen können. Die App ist auf das jeweilige Unternehmen zugeschnitten, es werden also Farben, Symbole und Namen verwendet, die das Unternehmen repräsentieren. Die so geschaffene Plattform verkörpert somit die digitale Firmenidentität. Zudem können bereits bekannte Tools weitgehend weiterverwendet werden – dies umfasst beispielsweise Kalender,

Dateien, Aufgaben und Team Chats. Eine wichtige Voraussetzung für die Akzeptanz von solchen modernen IT-Lösungen besteht darin, dass sie für den mobilen Einsatz konzipiert sind (Bild 3.24). Die Mitarbeitenden werden auf demjenigen Gerät erreicht, das sie am häufigsten verwenden, d. h. auf ihrem Smartphone (Staffbase, 2021).

Bild 3.24 Smartphone als Kollaborationsplattform (Staffbase, 2021)

Chance 1: Qualitätsleistung anerkennen

Derartige Software-Lösungen können beispielsweise dazu verwendet werden, erhaltene Kundenfeedbacks direkt und zeitnah weiterzugeben. Es wird sozusagen der direkte Draht mit dem Kunden hergestellt, gute Qualitätsarbeit kann dadurch entsprechend zeitnah gewürdigt werden, mangelnde wird schneller in der Organisation transparent gemacht.

Chance 2: Aus Monolog wird Dialog: moderne, interaktive interne Kommunikation

Entsprechende Push- und Mail-Benachrichtigungen sorgen dafür, dass qualitätsrelevante Informationen und Nachrichten alle Mitarbeitenden gleichzeitig erreichen – damit wird in der Regel auch eine höhere Reichweite sichergestellt. Wenn wichtige Qualitätsnachrichten bzw. Updates z. B. der Qualitätspolitik weitergeben werden, kann der QMS-Verantwortliche ermitteln, welche Mitarbeitenden diese Updates übersehen haben, und erneut auf die wichtigen Inhalte hinweisen.

Da die interne Kommunikation möglichst verständlich und einfach sein soll, bieten diese Lösungen in der Regel eine automatische Übersetzung in die vom Anwender gewählte Sprache an.

Mitarbeitende können sich in zielgerichteten Kanälen über sämtliche Unternehmensinitiativen auf den neuesten Stand bringen sowie abteilungs-, standort- und jobspezifische Nachrichten erhalten. Ziel ist es, dass die Mitarbeitenden einfach und schnell genau die Antworten finden, die sie gesucht haben.

Chance 3: Social Wall stärkt das Wir-Gefühl und fördert eine Qualitätskultur

Eine gute Kommunikationsplattform kann den Arbeitsalltag erleichtern. Beiträge von Kollegen und Kolleginnen auf der Social Wall unterstützen das Wir-Gefühl im Unternehmen (Bild 3.25). Mitarbeitende können Erfahrungen teilen, Beiträge liken und durch automatisch übersetzte Kommentare weltweit miteinander interagieren. Lerneffekte und Erfahrungen werden weitergeben und das gegenseitige Lernen stärkt und fördert eine übergreifende Qualitätskultur.

Bild 3.25 Social Wall (Staffbase, 2021)

Chance 4: Die Plattform unterstützt das Leben von Prozessstandards

Eine mobile Kommunikationsplattform kann auch das Leben von Prozessstandards unterstützen (Bild 3.26). Beispielweise können Regelungen wie Urlaubsanträge in der Plattform zur Verfügung gestellt werden. Das Einreichen von Formularen wie z. B. Serviceanfragen kann digital realisiert werden. Auch kann Instant-Messaging für alle Mitarbeitenden genutzt werden.

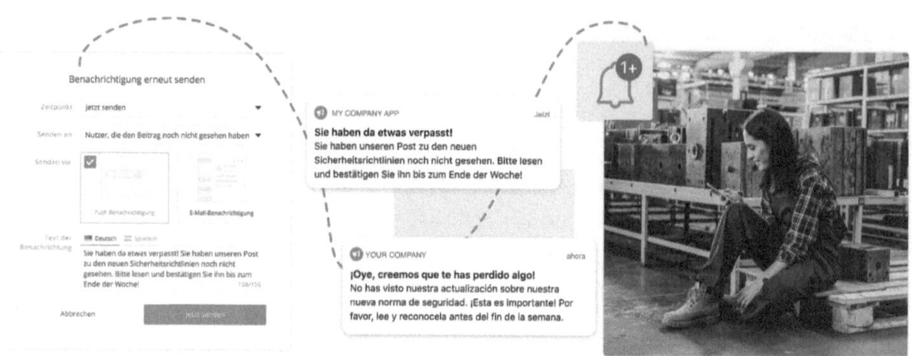

Bild 3.26 Mobile Kommunikationsplattform (Staffbase, 2021)

Chance 5: Den Nutzen der internen Kommunikation messen

Ein weiterer wesentlicher Vorteil besteht darin, dass der Wert der internen Kommunikation transparent wird und gemessen werden kann. Kennzahlen können ermittelt und auch das Engagement der Mitarbeitenden in einem Dashboard dargestellt werden. Ermöglicht wird unter anderem die Verfolgung, wie viele Mitarbeitende die entsprechenden Updates lesen, die Auswertung, welche Zielgruppe man bisher noch nicht erreichen konnte, und die Überprüfung, wer die Beiträge als gelesen bestätigt oder mit ihnen interagiert hat. Somit kann ein Rückschluss darauf gezogen werden, wie groß die Reichweite von übermittelten Themen und wie hoch die Beteiligung der Mitarbeitenden ist. Man kann auf die Akzeptanz des QM-Systems schließen und die interne Kommunikation auf ein höheres Qualitätslevel heben (Staffbase, 2021).

Neben den Chancen gilt es allerdings auch die Risiken eines solchen digitalen Kommunikationssystems zu beachten, da wir mit der Ausrollung der Applikation auf die privaten Endgeräte tiefer als bisher in das Privatleben unserer Mitarbeitenden eintreten.

Risiko 1: Inakzeptanz und Negierung

Ein Gutteil der im Unternehmen beschäftigten Personen ist vermutlich bereits mit Kollegen und Kolleginnen mittels anderer digitaler Medien sozial vernetzt. Für diese stellt sich die Frage, ob sie ihre bestehenden Gruppen auflösen möchten, um die firmeninterne Plattform zu nutzen. Firmenrelevante Informationen werden gegenwärtig bereits über Intranet, E-Mails und Social-Media-Kanäle verbreitet, wozu braucht es daher ein weiteres System?

Risiko 2: Verbreitung fragwürdiger Informationen

Compliance ist in den letzten Jahren ein zunehmendes Thema in Organisationen geworden, das auch die ISO 9001 in ihren Normkapiteln vorsieht. Es braucht daher für ein weiteres, weitgehend offenes Kommunikationssystem starke Richtlinien, um die Organisation nicht durch Nichteinhaltung der Vorgaben in Misskredit zu bringen.

Risiko 3: Überforderung und Überwachung

Für die Mitarbeitenden stellt sich unter Umständen die Frage, ob sie zukünftig mehr Zeit mit der Verarbeitung von Informationen aus dem Unternehmen verbringen müssen, um auf dem Laufenden zu bleiben. Ebenso besteht die Gefahr, dass sich Mitarbeitende durch die Nutzung der App überwacht fühlen, da sie aufgrund des Gruppendrucks laufend Daten von sich preisgeben, die sie lieber nicht mit der restlichen Firma teilen möchten.

Letztendlich ist es die Aufgabe der gesamten Organisation, die Chancen und Risiken in der jeweils betroffenen Unternehmung abzuwägen. Nach der Abschätzung der Faktoren erfolgt die Entscheidung, ob man in ein solches Kommunikationssystem investieren möchte oder nicht.

3.8 Moderne QM-Systeme integrieren Datenqualität

Die neuen Verfahren im Umfeld der Digitalisierung wie Artificial Intelligence, Predictive Analytics, Dashboardlösungen oder Robotic Process Automation sollen helfen, bessere Entscheidungen in hoher Qualität treffen zu können. In diesem Zusammenhang ist es von zentraler Bedeutung, dass Daten, die als Input benötigt werden, in ausreichender Qualität zur Verfügung stehen. Aber was versteht man unter der **Qualität von Daten**?

Die DGIQ (Deutsche Gesellschaft für Datenqualität e. V.) hat sich intensiv mit dieser Fragestellung auseinandergesetzt und 15 Dimensionen der Daten- und Informationsqualität definiert, die in vier Gruppen eingeteilt werden (Bild 3.27) (DGIQ, 2007):

- **Systemrelevante Aspekte:** Wie ist die **Zugänglichkeit und Bearbeitbarkeit der Daten** sichergestellt?
- **Inhaltsbezogene Aspekte:** Inwieweit ist der Inhalt der Daten in Ordnung, beispielsweise hinsichtlich **Fehlerfreiheit, Objektivität oder Glaubwürdigkeit**. Dieser Aspekt beschreibt somit die Datenqualität im engen Sinn.
- **Darstellungsrelevante Aspekte:** Werden die Daten für die Anwender übersichtlich, verständlich, einheitlich und eindeutig dargestellt?
- **Nutzungsbezogene Aspekte:** Werden die Daten tatsächlich wertschöpfend genutzt und inwieweit sind **Umfang und Relevanz der Daten** sichergestellt?

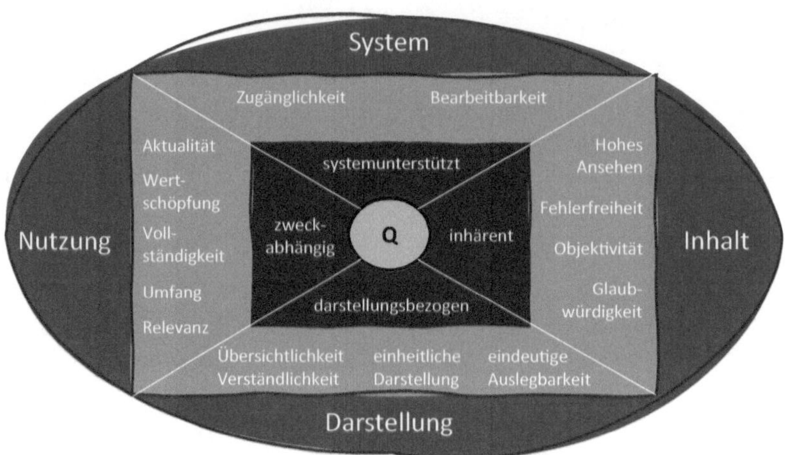

Bild 3.27 Qualität von Daten

Das Modell ermöglicht einen Einblick in die Vielschichtigkeit dieses Themas. Es wird deutlich, dass der Prozessinhaber die Datenqualität für seinen Prozess nicht allein sicherstellen kann, sondern er immer Unterstützung durch ein **Datenqualitätsmanagementsystem** erhalten muss.

Unter einem Datenqualitätsmanagement versteht man sämtliche **organisatorischen Maßnahmen, die eine wertorientierte Nutzung von Daten in einem Unternehmen sicherstellen** bzw. die Aspekte der Datenqualität festlegen und verbessern. Dazu sind die notwendigen Prozesse zu definieren, zu verwirklichen, aufrechtzuerhalten und fortlaufend zu verbessern. Die ISO 8000-61:2016 Data quality - Part 61 liefert einen Vorschlag für ein Prozessreferenzmodell zum Datenqualitätsmanagement und legt somit Schlüsselaktivitäten bei der Umsetzung eines Datenqualitätsmanagementsystems fest (Bild 3.28). Neben den Umsetzungsprozessen sind entsprechende Supportprozesse und Ressourcenprozesse zu definieren, wobei im Folgenden nur die **Umsetzungsprozesse** ein wenig näher erläutert werden sollen (ISO 8000-61:2016 Data quality - Part 61, 2016).

Bei den Umsetzungsprozessen wird zwischen Planung, Lenkung, Sicherung und Verbesserung unterschieden, die entsprechend durch Pfeile als Regelkreis dargestellt sind und der bekannten PDCA-(Plan-Do-Check-Act)-Logik folgen (King & Schwarzenbach, 2020).

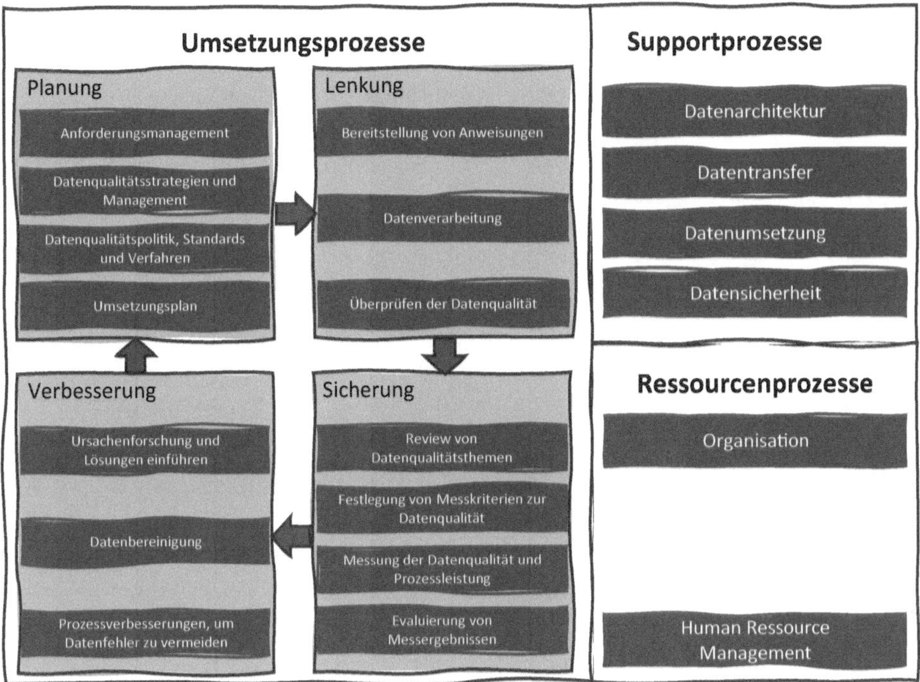

Bild 3.28 Prozessmodell nach ISO 8000 (ISO 8000 61:2016 Data quality - Part 61, 2016), (Schwarzenbach, 2020)

Planung (Plan)

In der Datenqualitätsplanung sind die **Anforderungen** an Daten, entsprechende **Strategien** zur Erreichung von Datenqualität und insbesondere die **Definition eines Umsetzungsplans** inkludiert. Im Umsetzungsplan ist es wichtig, entsprechende Richtlinien, Rollen und Verantwortlichkeiten hinsichtlich der geforderten Datenqualität festzulegen. Dieser Aspekt wird auch als „**Data Governance**" bezeichnet.

Unternehmensweit eingeführt wird ein derartiges System in der Regel durch einen „**Data Owner**". Dazu sollte eine erfahrene Führungskraft mit entsprechender Umsetzungskraft und Reputation bevorzugt werden, die sich des Themas annimmt. Zusätzlich sind die Rollen „**Data Steward**" und „**Data Custodian**" üblich. Während der Data Steward aus „Business-Sicht" für **Datenqualität** zuständig ist, ist es der Data Custodian aus IT-Sicht. Die beiden müssen demzufolge eng zusammenarbeiten. Die Rolle des Data Steward kann auch vom Prozessinhaber wahrgenommen werden, oftmals erfolgt jedoch die Gliederung bzw. Zuordnung von Data Stewards nicht nach Prozessen, sondern nach Datentypen (z. B. Data Steward für alle SAP-Kundendaten).

Kontrolle und Lenkung (Do)

Diese umfasst Aktivitäten wie die regelmäßige **Überprüfung der Datenqualität** oder die Bereitstellung von Datenspezifikationen und Arbeitsanweisungen. Ziel der Kontrolle und Lenkung ist die Identifizierung der Fälle, in denen die Datenverarbeitung nicht den Anforderungen entspricht, damit entsprechend reagiert werden kann.

Datenqualitätssicherung (Check)

Dieser Prozess **bewertet das Datenqualitätsniveau** und die Leistung von Prozessen in Bezug auf die Datenqualität. Ein wesentlicher Aspekt ist hierbei, entsprechende Kennzahlen zur transparenten Aufbereitung der Datenqualitätsmessung zu definieren. Die Messungen sind zu analysieren und die Auswirkungen von schlechter Datenqualität transparent zu machen.

Um entsprechende Metriken hinsichtlich der vorhandenen Datenqualität zu erhalten, kann man beispielsweise **automatisierte Datentests** durchführen, die in SQL (Structured Query Language) oder einer anderen Programmiersprache geschrieben werden. Die Ergebnisse werden danach automatisch in ein Dashboard eingespielt, wo Abfragen hinsichtlich fehlerhafter Daten ausgeführt und alle Zeilen zurückgegeben werden, die den Erwartungen nicht entsprechen. Nicht immer ist eine automatisierte Datenqualitätsbestimmung möglich und es müssen Datenaudits durch Experten durchgeführt werden, die im Sinne eines Supervisors über die Datenqualität entscheiden.

Die Resultate werden in Form von Kennzahlen aufbereitet, wie nachfolgend an beispielhaften Aspekten der Datenqualität verdeutlicht (SMTD, 2021):

- **Duplizierungsrate** = [# Duplikate erkannt] dividiert durch [# Gesamtzahl der Datenpunkte]
- **Korrektheit** = [# Datenpunkte mit korrekten Feldinformationen] dividiert durch [Anzahl der Datenpunkte mit einem Wert im Feld]
- **Aktualität** = [# Datenpunkte, die den aktuellen realen Wert genau darstellen] dividiert durch [# Gesamtzahl der Datenpunkte]

Datenqualitätsverbesserung (Act)

Dieses Vorgehen stellt die nachhaltige Verbesserung der Datenqualität sicher. In systematischer Art und Weise sind die **Ursachen** von Datenqualitätsproblemen zu **identifizieren** und entsprechende **Lösungen** zu **ermitteln**, welche ein neuerliches Auftreten verhindern. Typische Ergebnisse sind manuelle und maschinelle Korrekturen, die Einführung manueller und maschineller Kontrollen entlang von Prozessketten oder die Anpassung von Prozessen, durch die der **Eingang von fehlerhaften oder falschen Daten ins System präventiv vermieden** werden kann. Um die Verbesserung nachhaltig abzusichern, bietet es sich an, eine permanente Messung und damit die Beobachtung von Veränderungen der Datenqualität einzuführen.

Zusammenfassung

Zusammenfassend sei der wichtige Aspekt des prozessorientierten Aufbaus von QM-Systemen in Erinnerung gerufen: Ist das bestehende QM-System bereits nach Prozessen aufgebaut, dann ist es einfach, die Anforderungen der ISO 8000 mit ihren zusätzlichen Prozessen in das bestehende System zu integrieren, indem die Prozesslandkarte entsprechend erweitert wird. Es liegt zudem auf der Hand, dass der Aspekt der Datenqualität immer wichtiger wird und die Erweiterung eines bestehenden QM-Systems um den Aspekt Datenqualität folglich ein logischer Weiterentwicklungsschritt im Rahmen von Qualität 4.0 sein muss.

Mit dem Abschluss dieses Kapitels haben wir ein Basisverständnis erhalten, wie moderne QM-Systeme im digitalen Zeitalter zu gestalten sind. Letzten Endes muss jedoch immer der **Nutzen für unseren Kunden im Vordergrund unseres Denkens und Handelns** stehen, um den langfristigen wirtschaftlichen Erfolg unseres Unternehmens sicherzustellen. Das folgende Kapitel beschäftigt sich daher mit der **qualitätsgesicherten Innovation**, deren Ziel es ist, die Bedürfnisse unserer Kunden zeitgerecht zu erkennen, richtig zu interpretieren und in unsere Entwicklungsprogramme in die richtige Form übersetzt einfließen zu lassen.

4 Qualitätsgesicherte Innovation

Die Zufriedenheit unseres Kunden ist und bleibt das wichtigste Ziel des Qualitätsmanagements. Wenn es im zunehmend komplexen Umfeld immer wichtiger wird, Innovationen umzusetzen, so ist es auch essenziell, diese Innovationen kundenorientiert und mit der erforderlichen Qualität zu entwickeln.

In diesem Kapitel wird daher der **Entwicklungsprozess von Produkten oder Dienstleistungen aus Sicht des digitalen Qualitätsmanagements** beleuchtet und werden dazugehörige Ansätze vorgestellt.

Im Leitfaden „Industrie 4.0 trifft Lean", ausgearbeitet vom VDMA Forum Industrie 4.0 und PTW Institut für Produktionsmanagement, sind drei grundlegende **Innovationsansätze der Digitalisierung** ausgearbeitet (Bild 4.1) (VDMA Forum Industrie 4.0 und PTW Institut für Produktionsmanagement, 2019).

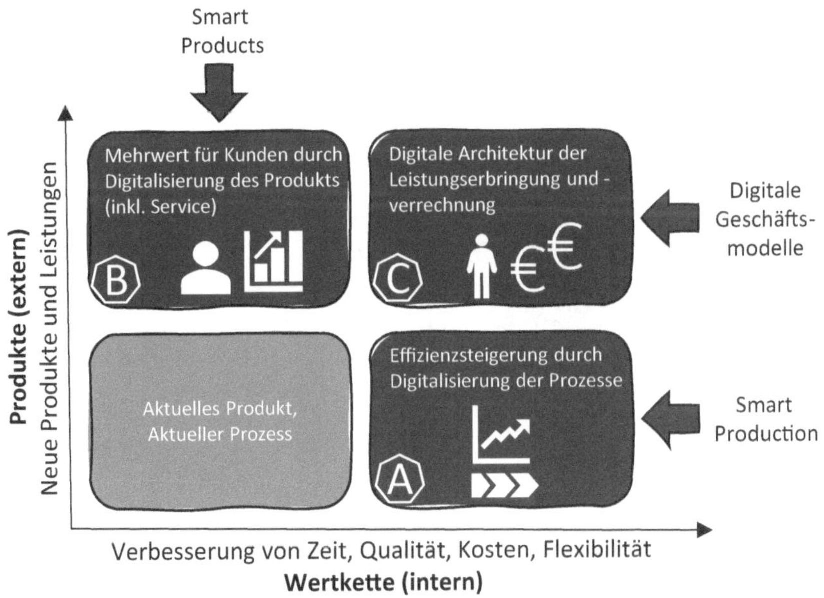

Bild 4.1 Smart Products und Smart Production (VDMA Forum Industrie 4.0 und PTW Institut für Produktionsmanagement, 2019)

Im Feld A, rechts unten dargestellt, ist das Ziel, mittels **„Smart Production“** die internen **Prozesse hinsichtlich Zeit, Qualität und Kosten zu verbessern**. Dabei sei ergänzend erwähnt, dass Themen der Flexibilität und Individualität zunehmend wichtiger werden. Die zweite Ausrichtung (Feld B), im Diagramm links oben dargestellt, sieht mit der Herstellung von **„Smart Products“** die **Erzeugung eines zusätzlichen Kundennutzens durch die Digitalisierung des Produkts oder des Dienstleistungsangebots** vor.

Damit sind wir bei „Industrie 4.0“-Lösungen angekommen, die in der Produktion ein Neudesign von **Systemen** erfordern, in denen softwaretechnische und mechanische Komponenten miteinander verbunden sind. Die Kunst besteht darin, die Systeme so zu entwickeln, dass die digitalen Möglichkeiten der Vernetzung dazu genutzt werden, den Stofffluss von Produktionsprozessen zu optimieren und völlig neue Produkte und Services auf Basis der digitalen Möglichkeiten zu entwickeln.

„Smart Products“ sind in der Lage, sich miteinander zu vernetzen, Daten während der Fertigungs- und Nutzungsphase zu sammeln und damit einen erheblichen Mehrwert für den Kunden zu schaffen. In dieser Disziplin kommen auf traditionelle, konservativ ausgerichtete Unternehmen völlig neue Herausforderungen zu, weil „Smart Products“ zu softwareintensiven Systemen werden und dafür zwangsweise auch die Methoden der Software- und Systementwicklung beherrscht werden müssen.

Durch die **Vernetzungsfähigkeit von smarten Produkten** entsteht für Unternehmen der größte Hebel in Hinblick auf die Verbesserung der Kundenzufriedenheit, nämlich die Möglichkeit, das Produkt zu nutzen, um mit dem Kunden auch über den Verkaufszeitpunkt hinaus in laufender Interaktion zu bleiben. Dies kann die Basis dafür sein, neue datenbasierte Dienstleistungen und Geschäftsmodelle bedarfsgerecht zu entwickeln. In diesem **digitalen Geschäftsmodell** vereinen sich somit digitale Prozesse und digital unterstützte Zusatzleistungen mit einem digitalen Bezahlmodell – dargestellt in Feld C rechts oben.

Die größten Chancen haben sicher jene Unternehmen, die ihr gesamtes **Geschäftsmodell** an den neuen Möglichkeiten und Herausforderungen ausrichten, um damit die digitalen Möglichkeiten allumfassend und wirksam nutzen zu können. Eine dafür sehr gut geeignete Methode ist die Form des **„Business Model Canvas“**, das später in diesem Kapitel vorgestellt wird.

4.1 Kundenorientierung als Basis erfolgreicher Innovation

Allgemein formuliert können wir festhalten, dass Innovationen dann erfolgreich sind, wenn die folgenden drei Kriterien gemeinsam erfüllt sind (Bild 4.2):

1. Das Produkt oder die Dienstleistung muss von jemandem **gebraucht** werden.
2. Die gewünschte Technologie muss herstellbar oder **machbar** sein.
3. Die Lösung muss **profitabel** für den Hersteller sein.

Die Bewertung bezüglich dieser drei Kriterien ist mehrmals im Rahmen der Entwicklung und Produktrealisierung durchzuführen und kann des Öfteren auch entsprechende Kompromisse erfordern. Oder es braucht beispielsweise zusätzliche innovative Ideen, um Zielkonflikte aufzulösen und wirklich alle drei Herausforderungen zu erfüllen.

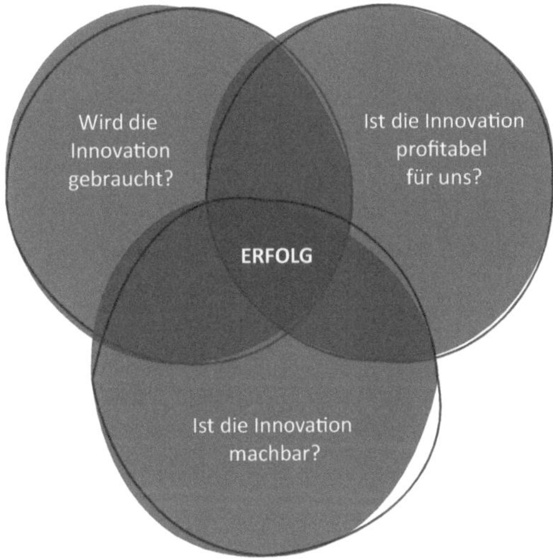

Bild 4.2 Kriterien erfolgreicher Innovationen

Wichtig ist, dass die Faszination bzw. die Begeisterung für digitale Technologien nicht dazu führt, den Kunden aus den Augen zu verlieren. Das Bedürfnis des Kunden muss im Zentrum unseres Denkens und Tuns stehen. Dies bedingt ein ausreichendes **Wissen hinsichtlich der aktuellen Zufriedenheit mit bestehenden Produkten** am Markt als auch ein **Verständnis bezüglich der Probleme, Wünsche und Bedürfnisse der Kunden**. Wie wir dieses erlangen können, wird im Folgenden erläutert.

Gemessene **Kundenzufriedenheit** ist ein Ergebnis eines Bewertungsprozesses, bei dem die subjektiv wahrgenommene Leistung mit der eigenen Erwartung verglichen wird. In die Beurteilung der Erfüllung der Erwartung unserer Kunden fließt neben den **Versprechungen des Anbieters** auch das **Image** des Lieferanten ein. Auch das **Wissen um Alternativen** und das individuelle **Anspruchsniveau des Käufers**, das wiederum wesentlich von den bisherigen Erfahrungen geprägt ist, gehen in die Erwartungsdefinition mit ein. Diese Faktoren machen Kundenzufriedenheit zu einer sehr individuellen Sache: Was den einen begeistert, kann den anderen unzufrieden machen. Bild 4.3 verdeutlich diese Faktoren und Zusammenhänge.

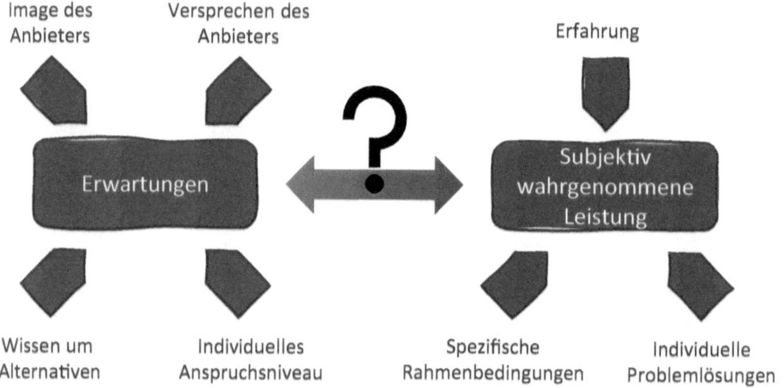

Bild 4.3 Erwartung und wahrgenommene Leistung

Bedingt durch die Digitalisierung und die damit einhergehende Informationstransparenz hat das zuvor erwähnte kundenseitige Wissen um Alternativen stark zugenommen, wodurch tendenziell auch das Anspruchsniveau und die Wechselbereitschaft zu einem alternativen Anbieter seitens unserer Kunden zugenommen haben. Es ist dadurch im digitalen Zeitalter auch schwieriger für uns geworden, unsere Kunden langfristig und nachhaltig zufriedenzustellen.

Wie in Bild 4.4 dargestellt, sind demnach streng genommen **Kundenloyalität und Kundenbindung** das erklärte Ziel, welches sich als Konsequenz einer hohen Kundenzufriedenheit einstellt. Mit der Loyalität unserer Kunden erfolgt auch der wirtschaftliche Nutzen der Kundenzufriedenheit.

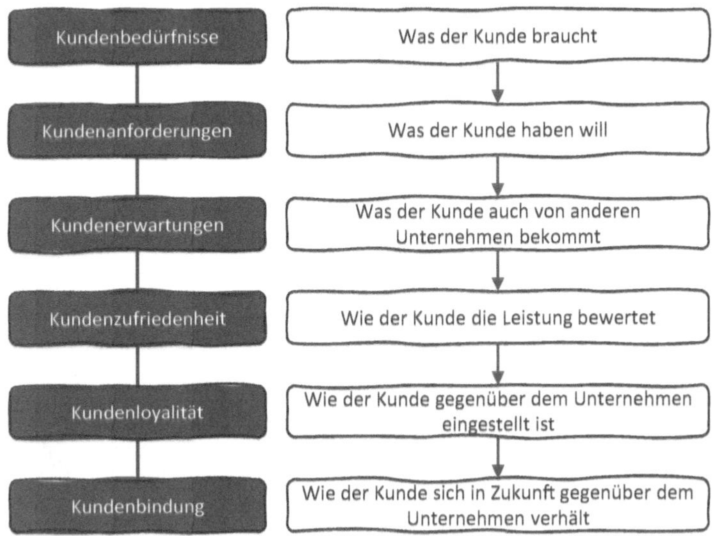

Bild 4.4 Wie entsteht Kundenbindung?

Mit dem Wissen um die Transparenz von Informationen und die Wechselbereitschaft unserer Kunden wird klar, dass die Zufriedenheit unserer Klienten allein nicht ausreicht, um sie langfristig an uns zu binden. Es muss uns demnach gelingen, den **Kunden zu begeistern,** um Kundenbindung und Loyalität zu generieren. Wie aber entsteht Kundenbegeisterung? Das in Bild 4.5 dargestellte „Kano-Modell" liefert dazu die Antwort (Wikipedia, Kano-Modell, 2021).

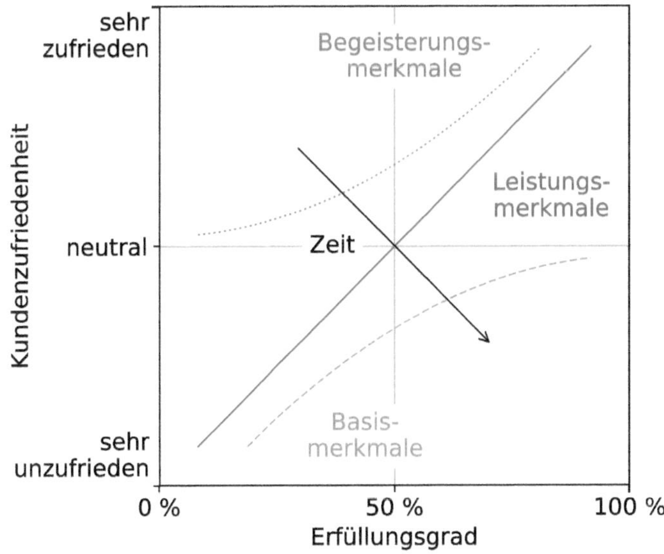

Bild 4.5 Das Kano-Modell

Das Kano-Modell beschreibt den Zusammenhang zwischen dem Erreichen bestimmter Eigenschaften eines Produktes oder einer Dienstleistung und der erwarteten Zufriedenheit von Kunden. Noriaki Kano, Professor an der Universität Tokio, stellte fest, dass zwischen verschiedenen Arten von Kundenanforderungen unterschieden werden muss.

Zum einen gibt es die **Mussanforderungen** (auch Basismerkmale) des Kunden, die so selbstverständlich sind, dass sie den Kunden erst bei Nichterfüllung bewusst werden (implizite Erwartungen). Werden die Grundforderungen nicht erfüllt, entsteht Unzufriedenheit; werden sie erfüllt, entsteht aber noch keine Zufriedenheit. Die **Leistungsmerkmale** sind die Anforderungen, die der Kunde explizit nennt und die je nach Erfüllungsgrad zur Beseitigung der Unzufriedenheit führen, aber auch abhängig vom Ausmaß der Erfüllung für Zufriedenheit sorgen.

Nur wenn der Kunde eine Leistung erhält oder einen Kundennutzen erfährt, den er nicht erwartet hat, wird er auch begeistert sein – in diesem Zusammenhang sprechen wir von den sogenannten **Begeisterungsmerkmalen.** Diese nutzenstiftenden Merkmale zeichnen das Produkt üblicherweise gegenüber der Konkurrenz aus. Begeisterungsmerkmale kann man nur schwer durch Kundenbefragungen ermitteln, weil der Kunde das Unerwartete zu diesem Zeitpunkt noch gar nicht kennt. Dennoch muss das Unerwartete ein Kundenbedürfnis erfüllen, daher braucht es die Fähigkeit, dem Kunden empathisch zuzuhören, sich von eigenen Vorstellungen zu lösen und zwischen **Bedarf** („das was der Kunde als Lösung formuliert") und **Bedürfnis** („warum der Kunde diese Lösung nennt") zu unterscheiden. Hierzu braucht es das Wissen um Methodiken und Techniken aus dem Innovationsmanagement.

Messung der Kundenloyalität

Die gängigste Methode, die Kundenloyalität und -bindung zu messen, ist der **Net Promotor Score (NPS)**, der mit digitalen Fragebögen ermittelt werden kann. Durch die gezielte, einfache Frage, wie wahrscheinlich der Kunde das Unternehmen einem Freund empfehlen würde, kann bereits der NPS berechnet werden. Hierzu wird die Prozentrate jener Kunden, die das Unternehmen sehr wahrscheinlich Freunden empfehlen werden, von der Prozentrate der Abwanderungswilligen subtrahiert (Bild 4.6). Somit gilt: Je höher der Score, desto besser die Loyalität unserer Kunden (DigitalWiki, 2021).

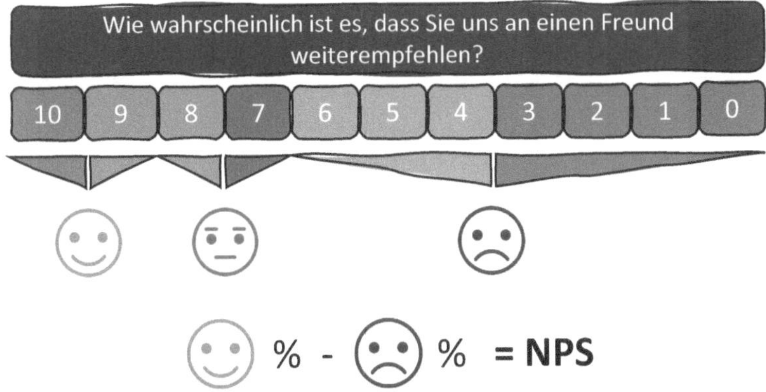

Bild 4.6 Kundenloyalität messen (DigitalWiki, 2021)

Erweiterte Möglichkeiten der Messung der Kundenloyalität im Zeitalter von Qualität 4.0

Bei der Messung der Kundenzufriedenheit und -loyalität ergeben sich durch die Digitalisierung ebenfalls neue Möglichkeiten, die es zu berücksichtigen gilt. Jeder (insbesondere digitale) Kontaktpunkt mit dem Kunden ist eine Gelegenheit, Feedback zu sammeln. Auch die **klassischen Methoden** wie Umfragen per E-Mail, im Internet und am Telefon sind nach wie vor Möglichkeiten, die Kundenzufriedenheit zu messen. Angesichts der wachsenden **Bedeutung von Mobiltelefonen im Bereich der Kunden- und Servicebetreuung** wird auch dieser Kanal immer wichtiger und darf keinesfalls vernachlässigt werden. Mit dem Einscannen eines **QR-Codes per Smartphone** können die Kunden beispielsweise bequem zu einer Umfrage gelangen. Der Fantasie sind dabei kaum Grenzen gesetzt: Man kann einen QR-Code auf einer Rechnung, auf einer Eintrittskarte, am Regal eines Kaufhauses, im Protokoll einer Kundenbesprechung oder auf der Homepage platzieren, um Kundenfeedback zu erhalten. Zu beachten ist, die Befragung möglichst kurz zu halten und einfache Fragen zu stellen, die auch auf mobilen Endgeräten gut darstellbar sind (Netigate, 2021).

Social Media

Die sozialen Medien haben die Kommunikationsmöglichkeiten zwischen Unternehmen und Kunden sehr stark gewandelt. Wenn früher ein großartiges Serviceerlebnis nur mit Freunden oder dem engen Familienkreis geteilt wurde, bieten die sozialen Medien heute die **Möglichkeit, praktisch zeitgleich Millionen von Menschen zu erreichen.** Somit werden die sozialen Medien ein äußerst wertvoller Kanal, um die Kundenzufriedenheit kontinuierlich zu überwachen und zu messen. Wenn beispielsweise die Fluktuation bei Followern oder die Shares und Likes auf den eigenen und relevanten Plattformen verfolgt werden, kann man bereits eine gute Vorstellung von der allgemeinen Zufriedenheit der Kunden erhalten.

Mittlerweile existieren Tools am Markt, mit denen in Echtzeit Updates bezüglich des Images oder der Reputation auf Social Media bzw. Plattformen wie Facebook, Twitter, quora, Yelp oder Tripadvisor abgefragt werden können. Hiermit kann man erfahren, **wie zufrieden sich die Kunden auf sozialen Medien zu Produkten oder Dienstleistungen äußern**. Liest und analysiert man die Kommentare und Empfehlungen aufmerksam, können daraus wertvolle Schlussfolgerungen auf die Verbesserungspotenziale bestehender Produkte und Services sowie auf dahinterliegende Bedürfnisse gezogen werden. Beispielsweise kann man dafür Google-Benachrichtigungen nutzen. Dieser Dienst benachrichtigt, wenn die Marke des Unternehmens an prominenter Stelle erwähnt wird. Ein anderes Tool ist „Socialmention", das Erwähnungen der eigenen Marke im Internet analysiert. Beispielsweise kann das Verhältnis von positiven zu negativen Aussagen aufbereitet oder die Wahrscheinlichkeit ausgewertet werden, dass Menschen die Marke wiederholt positiv erwähnen. Ausdrücklich soll jedoch in diesem Zusammenhang auch auf die gefährlichen Grenzen hingewiesen werden. In den letzten Jahren ist es zu einem Anstieg von Falschmeldungen in sozialen Medien gekommen, nicht zuletzt deshalb, weil die **Verbreitung von unwahren Nachrichten** durch sogenannte „Social Bots" immer einfacher wird. Diese agieren in sozialen Medien so wie echte Nutzer, d.h. sie liken und kommentieren Beiträge. Dahinter stehen jedoch keine Menschen, sondern Algorithmen. „Social Bots" können dazu missbraucht werden, bestimmte Themen zu pushen und Menschen bewusst zu beeinflussen. Es ist daher wichtig, Beiträge in sozialen Medien kritisch zu beurteilen und Hintergründe zu den Accounts zu recherchieren, um deren Seriosität zu hinterfragen (Infos Unter, 2021).

Web Analytics

Auch „Web-Analytics" ist eine wichtige Methode, um über Kundenanforderungen und deren Zufriedenheit zu lernen. Man versteht darunter die **Sammlung von Daten und deren Auswertung bezüglich des Verhaltens von Besuchern auf Websites**. Ein Analytic-Tool, auch Trackingtool genannt, untersucht typischerweise, woher die Besucher kommen, welche Bereiche auf einer Internetseite aufgesucht werden und wie oft und wie lange welche Unterseiten und Kategorien angesehen werden. Somit wird die eigene Website systematisch ausgewertet, um das Kundenverhalten zu verstehen und zukünftige „Conversions" vorauszusehen. Eine Conversion tritt auf, wenn ein Besucher der Website ein gewünschtes Ziel erreicht, z.B. ein Formular ausfüllt oder einen Kauf tätigt.

In-App-Umfragen

Eine weitere sehr elegante Art und Weise, um Feedback von unseren Kunden zu erhalten, ergibt sich, während die Kunden die digitalen Anwendungen (Apps) des Unternehmens nutzen. Initiierte Befragungen unmittelbar nach Kauf oder nach einem Service erhöhen die Antwortraten und das Feedback ist wegen der zeitnahen Erhebung höchstwahrscheinlich ehrlicher und sicher präziser. Diese Umfragen sollten jedoch die Kundenerfahrung bei der Inanspruchnahme des Dienstes nicht behindern. Die Befragung muss daher kurz und präzise und reibungslos in die Anwendung integriert sein (Userlike, 2021).

Wenn wir nun ausreichende Information über die Bedürfnisse unserer Kunden erlangt haben und um die Loyalität und Zufriedenheit unserer Klienten Bescheid wissen, gilt es, dieses Wissen in unsere Entwicklung einfließen zu lassen. Wie das funktioniert, erfahren wir im nächsten Abschnitt, der sich mit „User Experience" (UX) und „Design Thinking" beschäftigt.

4.2 User Experience- und Design-Thinking-Ansätze

User Experience (UX) ist ein Ansatz, der die **kundenorientierte Gestaltung von Produkten und Dienstleistungen** ins Zentrum stellt, um dem Nutzer ein möglichst positives Kundenerlebnis (User Experience) zu bieten. Neben der Funktion des Produkts im Sinne der Nützlichkeit, an die ein Qualitätsmanager vermutlich unmittelbar denkt, stehen dabei auch nicht funktionale Aspekte wie Haptik, Bedienbarkeit, Spaßfaktor oder hochwertiges Design im Fokus.

Im Sinne der UX Philosophie ist ein **tiefgreifendes Verständnis der Bedürfnisse der Benutzer und deren Nutzungskontext die Basis für die Entwicklung von innovativen und begeisternden Produkten**. So gesehen geht es um das Wiederbesinnen auf die grundlegende Aufgabe im Qualitätsmanagement, nämlich Kundenzufriedenheit sicherzustellen. Eine Zielsetzung, die also keineswegs neu für uns ist.

Neu aber ist, dass dem zunehmend komplexen Marktumfeld unter anderem durch die digitale Vernetzung Rechnung getragen wird. Durch die stärkere Vernetzung der Kunden nimmt deren Wissen bezüglich der Konkurrenzprodukte drastisch zu und die **Erfolgswahrscheinlichkeit eines neuen Produkts ist dadurch immer weniger prognostizierbar**. Im Sinne einer iterativen experimentellen Vorgehensweise geht es nicht darum, gleich zu Beginn das perfekte Produkt zu entwickeln. Vielmehr soll möglichst schnell die Frage beantwortet werden, ob der Kunde das neue Produkt auch positiv wahrnimmt und wie die Eigenschaft des bestehenden Produkts bzw. das Kundenerlebnis verbessert werden kann.

UX wird sehr oft auch im Zusammenhang mit dem Begriff **„Design Thinking"** erwähnt. „Design Thinking" ist eine kreative Methodik zur Lösung komplexer Probleme und Entwicklung neuer Ideen, welche die Bedürfnisse der Anwender möglichst gut erfüllen. Die Idee von „Design Thinking" ist, dass Menschen aus unterschiedlichen Disziplinen mit verschiedenen Kompetenzen in einem kreativitätsfördernden

Umfeld in strukturierter Art und Weise zusammenarbeiten (Wikipedia, Design Thinking, 2021). „Design Thinking“ ist somit ein Teil von UX, der die Methodik und Methoden liefert, um UX erfolgreich zu realisieren.

Die Methode besteht typischerweise aus **fünf UX-Phasen**, die mehrmals gemäß einer iterativen Vorgehensweise durchlaufen werden (Bild 4.7). Der von der Stanford School of Design definierte „Design Thinking“-Prozess umfasst folgende fünf Phasen: **Einfühlen, Definieren, Idee, Prototyp und Test**. Die nachfolgende Darstellung zeigt die typische Abfolge der einzelnen Phasen, wobei sehr oft von der Testphase wieder direkt in die Ideenphase zurückgesprungen wird, wie es durch den Pfeil visualisiert wird.

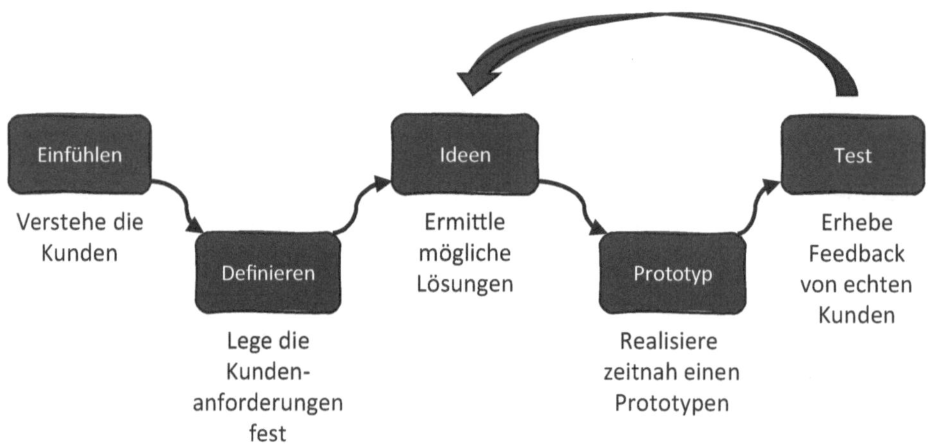

Bild 4.7 Die fünf UX-Phasen

Das erklärte Ziel ist, den Kunden möglichst **zeitnah einen ersten physischen Eindruck des Produkts vermitteln** zu können (z. B. Visualisierung durch 3D-Druck, virtuelles und physikalisches Prototyping), um ein schnelles Kundenfeedback zu erhalten. Die fünf UX-Phasen werden daher idealerweise sehr rasch (möglichst innerhalb von zwei bis drei Wochen) durchgeführt, um einen schnellen Lernprozess zu realisieren und um möglichst zeitnah eine Antwort auf die Frage zu erhalten: „Welche Lösung ist am besten geeignet, um die geforderten Kundenbedürfnisse zu bedienen?“

Um besser zu verstehen, wie diese Methodik in der Praxis funktioniert, wollen wir die einzelnen Phasen mit typischen Methoden erläutern (Wikipedia, Design Thinking, 2021), (msg systems ag, 2021). Viele der in den folgenden Absätzen beschriebenen Methoden wie beispielsweise „5 Warum“, „6W-Methode“ oder „Brainstorming“ sind dabei keineswegs neu, werden aber im Kontext der Entwicklung oftmals nicht konsequent genug eingesetzt. Für uns stellt diese Zusammenstellung einen wertvollen Qualitätsmethodenkoffer für die kundenorientierte Entwicklung dar.

Phase 1: Einfühlen oder Verstehen

Hierbei besteht das Ziel darin, den Kunden mitsamt seinen **Bedürfnissen zu verstehen**. Empathie ist entscheidend, weil es darum geht, die eigenen Annahmen beiseite zu legen und neue Einblicke in den Kunden und seine Wünsche zuzulassen. Wichtig ist dabei, ein **allgemeines Verständnis zu schaffen und alle Beteiligten auf denselben Stand zu bringen**. Konkrete Fragen können zum Beispiel sein: Was soll neu entwickelt werden? Für wen soll die Entwicklung relevant sein? Welche wesentlichen (aktuellen oder zukünftigen) Rahmenbedingungen müssen berücksichtigt werden? Welcher Endzustand soll durch die Lösung erreicht werden? Wir müssen also beobachten und versuchen, uns in den Kunden hineinzuversetzen. Typische Methoden, die beim Verstehen Anwendung finden, sind:

- *5Warum-Methode*: den Dingen wird schrittweise auf den Grund gegangen.
- *6W-Methode*: wichtige Fragen werden gestellt, um ein besseres Verständnis für den Kunden zu erhalten.
- *Customer Journey*: die Reise des Kunden wird mit den Kontaktpunkten und den Emotionen des Nutzers erarbeitet.
- *Interviews*: Fragen werden gestellt und dabei gut zugehört.
- *Schatten*: der Kunde wird unauffällig beobachtet und aus seinem Verhalten gelernt.
- *Stakeholder-Analyse*: eine Darstellung aller relevanten Stakeholder mit ihren Bedürfnissen wird erarbeitet.

Sehr zu empfehlen in dieser Phase ist die Methode der **Customer Journey**, welche in sequenzieller Reihenfolge die sogenannten Touchpoints (also Begegnungen und Interaktionen) mit dem Kunden während der Anschaffung und Nutzung eines Produkts darstellt. Der Kunde wird dabei gebeten, sein Kundenerlebnis an den verschiedenen Touchpoints zu beschreiben und auch seine Zufriedenheit zu formulieren. Das Ziel besteht darin, die Bedürfnisse, Emotionen und Vorlieben des Kunden herauszufinden.

Phase 2: Definieren

In der nächsten Phase ist es wichtig, dass die während der Empathize-Phase gesammelten Informationen aufbereitet und strukturiert werden. Das Ziel ist ein gutes **Verständnis für das Problem des Kunden und die dahinterliegenden Bedürfnisse**. Typische Methoden, den Standpunkt bildlich wie schriftlich zu definieren, sind:

- *Personas:* die Nutzer werden in Form von Personas beschrieben.
- *Interviews:* Fragen werden gestellt und dabei gut zugehört.
- *Customer Journey:* die Reise des Kunden wird mit den Kontaktpunkten und den Emotionen des Nutzers erarbeitet.
- *Mindmapping:* die Kundenanforderungen werden strukturiert.

In dieser Phase wird insbesondere gerne auf das Konzept der Personas zurückgegriffen. **Personas** kann man als Nutzermodelle verstehen, welche eine Gruppe von Nutzern anhand von konkret ausgeprägten Eigenschaften und einem konkreten Nutzungsverhalten möglichst präzise darstellt. Dazu werden anhand von Beobachtungen, qualitativen Umfragen und Nutzerinterviews an realen Menschen einige fiktive Personen geschaffen, die stellvertretend für den größten Teil der späteren tatsächlichen Anwender stehen sollen. Die Anwendung wird dann entworfen, indem das Designer- und Entwicklerteam die Bedürfnisse dieser fiktiven Personen aufgreift und dementsprechend unterschiedliche Bedienungsszenarien durchspielt (Wikipedia, Persona, 2021).

Dieser Ansatz hilft insbesondere, einen sehr großen anonymen Markt greifbar zu machen. Er fördert die Fähigkeit der Entwickler, sich in die Lage der Kunden zu versetzen und diese Perspektive während des gesamten Innovationsprozesses nicht zu verlieren.

Phase 3: Ideen

Nun ist man bereit, neue Ideen zu generieren. Das grundlegende Verständnis für die Kundenbedürfnisse aus den ersten beiden Phasen ermöglicht es, über den Tellerrand hinaus zu denken, nach alternativen Möglichkeiten zu suchen und **innovative Lösungen für das beschriebene Problem** zu identifizieren. Hierzu werden klassische Kreativitätsmethoden wie Brainstorming eingesetzt, in denen jegliche Ideen, seien sie noch so verrückt oder utopisch, zusammengetragen werden. Andere Methoden sind:

- Die *6-3-5-Methode*: Sechs Personen erarbeiten drei Ideen in fünf Runden.
- *Bodystorming*: Der Kundenkontext wird am eigenen Leib erfahren und dadurch werden neue Erkenntnisse gewonnen.
- *Brainwriting*: Brainstorming in schriftlicher Form.
- *Dotmocracy*: Ideen werden demokratisch bewertet und ausgewählt.
- *How-Wow-Now-Matrix*: Ideen werden nach Umsetzbarkeit und Neuheitsgrad ausgewertet.
- *Ja, außerdem…*: Gemeinsam werden zusätzliche Ideen erarbeitet.

Die Resultate werden strukturiert und nach Prioritäten sortiert. Dabei sind Fragen nach der Effizienz, der Umsetzbarkeit oder der Wirtschaftlichkeit der einzelnen Ideen ebenfalls von Bedeutung. Zudem ist ein Blick zur Konkurrenz nicht unüblich.

Phase 4: Prototyp

Nach diesen Vorüberlegungen startet die für den Design-Thinking-Ansatz so charakteristische **experimentelle Phase**. Ziel ist, für jedes gefundene Problem die **bestmögliche Lösung** zu finden. Das Team sollte dabei seiner Kreativität freien

Lauf lassen und auch bereits einige kostengünstige Versionen des Produkts (oder spezifische Funktionen innerhalb des Produkts) zu Anschauungszwecken erstellen. Perfektion und Vollendung sind dabei unbedeutend. Frei nach dem Motto „je einfacher, desto besser", kann es sich beispielsweise auch um Papier-Prototyping handeln. Des Weiteren sind folgende Methoden möglich:

- *Darkhorse Prototyp*: Bewusst werden die verrücktesten Ideen mit dem höchsten Gewinnpotenzial umgesetzt.
- *Mock-Ups*: Attrappen oder Produkte mit eingeschränkter Funktionalität werden zum Testen verwendet.
- *Papierprototypen*: Das Gesamtkonzept bzw. die Produktidee wird dargestellt.
- *Rollenspiel*: Der Prototyp wird durch die Augen des Nutzers erfahren und getestet.
- *Storyboard*: Ein Comic über die Nutzererfahrung mit den Prototypen wird erarbeitet.

Phase 5: Test

Zuletzt muss das Erarbeitete noch getestet werden. In der letzten Phase geht es darum, dass die **Benutzer die Prototypen erproben und ihr Feedback dazu abgeben**. Kunden werden bei Tests mit den Prototypen genau beobachtet. Anhand ihrer Reaktion entwickeln sich weitere Ideen und Verbesserungen. Wie bereits erwähnt ist der Design-Thinking-Ansatz iterativ: Teams verwenden die Ergebnisse, um ein oder mehrere weitere Probleme neu zu definieren. Sie werden also, wenn eine Idee nicht funktioniert, zu früheren Phasen zurückkehren, um weitere Iterationen, Änderungen und Verfeinerungen vorzunehmen und um alternative Lösungen zu finden oder auszuschließen. Folgende Vorgehensweisen sind dafür anwendbar:

- *Nutzertests*: Der Prototyp wird durch ausgewählte Nutzer bedient.
- *Test Capture Grid*: Die Erkenntnisse aus der Testphase werden strukturiert und dokumentiert.
- *Testing Card*: Das Testszenario für den Prototypen wird geplant.
- *Wizard-of-Oz-Prototyp*: Funktionalitäten werden getestet, bevor es sie wirklich gibt.

Als „**Wizard-of-Oz-Experiment**" wird in der Mensch-Computer-Interaktion ein Experiment bezeichnet, bei dem eine Person annimmt, mit einem fertig entwickelten System zu kommunizieren. In Wirklichkeit erzeugt aber ein anderer Mensch im Verborgenen die Reaktionen des Systems (Wikipedia, Wizard-of-Oz-Experiment, 2021). Im UX-Bereich werden diese Experimente durchgeführt, um mögliche Reaktionen von potenziellen Benutzern eines Systems zu sammeln, das noch gar nicht fertig entwickelt wurde. Dadurch kann man zuerst die Notwendigkeit einzelner

Funktionalitäten nachweisen, bevor in eine zeit- und kostenintensive Entwicklung investiert wird (msg systems ag, 2021).

Werden **Nutzertests** durchgeführt, dann ist es wichtig, dem Kunden den Prototyp nur zu zeigen, ohne ihn weiter zu erklären. Der Kunde bekommt damit nur jenen Kontext, welchen er benötigt, um zu verstehen, was er tut. Während des Tests wird der Nutzer gebeten, zu erklären, was er gerade macht. Der Test wird aufmerksam beobachtet, aber es wird nicht unterstützend eingegriffen. Es werden gezielte Fragen gestellt wie beispielsweise „Was fühlst du dabei?“ oder „Würdest du diese Funktion nutzen und wenn ja, warum oder warum nicht?“. Damit kann der Entwickler vorurteilsfrei vom Kunden lernen (msg systems ag, 2021).

Wenn Nutzer die Prototypen nicht nur testen, sondern aktiv in den Prozess der Ideen- und Lösungsfindung einbezogen werden, spricht man von „**Co-Creation**“. Durch dieses wichtige Gestaltungsprinzip des partizipativen Designs mit den Kunden als Impulsgeber bietet sich dabei allen Beteiligten die Möglichkeit, die Zukunft des Produkts oder der Dienstleistung selbst mitzugestalten und wertvolle Impulse zu geben.

Mit den zuletzt beschriebenen Methoden sind wir in der Lage, zu verstehen, welche Bedürfnisse unser Kunde hat und wie wir diese mithilfe von digitalen Möglichkeiten befriedigen können, um seine Loyalität und Zufriedenheit sicherzustellen und beizubehalten. Lassen Sie uns mit diesem Wissen einen Blick auf innovative Geschäftsmodelle werfen, die wir mit dieser Strategie generieren können.

4.3 Innovative Geschäftsmodelle entwickeln

Wie man aus den im letzten Abschnitt vorgestellten UX- und Design-Thinking-Ansätzen erahnen kann, bieten sich vielfältige Ansätze, neue und innovative Geschäftsmodelle auf Basis der digitalen Transformation zu entwickeln. **Digitale Geschäftsmodelle zeichnen sich dadurch aus, dass sie auf digitalen Technologien beruhen**. Man kennt diese beispielsweise von den Unternehmen „Uber“ und „Airbnb“. Das eigentliche Geschäftsfeld der beiden ist nicht neu: Taxifahren und das Anmieten von Wohnungen gibt es bereits seit einer Ewigkeit, beides existierte auch schon vor dem Beginn der digitalen Revolution. Aber das gegenwärtig weltweit größte Taxiunternehmen besitzt keine eigenen Autos mehr und dem größten globalen Übernachtungsanbieter gehören keine eigenen Ferienwohnungen mehr. Derartige Unternehmen sind Betreiber digitaler Plattformen, die lediglich Anbieter und Kunden zusammenbringen und die Prozesse für alle Beteiligten dabei schlank, einfach und transparent gestalten.

Anbei ein Überblick über typische digitale Geschäftsmodelle mit kurzer Erläuterung:

E-Commerce

Diese Geschäftsmodelle basieren auf elektronischem Handel, auch **Internet- oder Onlinehandel**. Ein- und Verkaufsvorgänge erfolgen ausschließlich in Online Shops mittels des Internets oder anderer Formen von Datenfernübertragung. Im engeren Sinn umfasst der elektronische Handel eine durch Datenübertragung unmittelbar hergestellte Geschäftsbeziehung zwischen Anbietern (sogenannte Internethändler, also Handelsunternehmen, die das Internet ausschließlich oder zusätzlich zum stationären oder zum angestammten Versandgeschäft nutzen) und Abnehmern (Internet-Nachfrager) auf für beide Seiten bequeme und einfache Art und Weise. Waren aus dem präsentierten Angebot können, analog zum Einkauf bei einem stationären Handelsbetrieb, ausgewählt und in einen sogenannten Warenkorb aufgenommen werden. Der Bestellvorgang wird abgeschlossen, indem der Auftrag online übermittelt und bestätigt wird. E-Commerce ist bereits sehr populär im „Business to Customer“ (B2C), wird aber auch im „Business to Business“-(B2B)-Bereich immer wichtiger.

Digitale Plattformen

Dies sind **Online-Marktplätze,** die eine virtuelle Schnittstelle zwischen Unternehmen und Kunden zur Verfügung stellen, in denen Angebot und Nachfrage in Einklang gebracht werden. Vorteile ergeben sich dabei aus den **Interaktionen der Nutzer**. Je mehr Akteure aktiv sind, umso höher ist auch der Nutzen für alle Teilnehmer (Netzwerkeffekt). Ein Alleinstellungsmerkmal von digitalen Plattformen ist der direkte Austausch von Daten über die Plattform selbst. Zu den digitalen Plattformen im B2C zählen unter anderem **Marktplätze, Suchmaschinen und soziale Netzwerke**. Die Unternehmen mit dem größten disruptiven Potenzial sind *Google, Apple, Facebook* und *Amazon*. Aber auch im B2B entwickeln sich digitale Plattformen, vorangetrieben durch das Internet der Dinge. Informationen sind dabei gleichzeitig die Grundlage und der Treiber von digitalen Plattformen. Hersteller und Händler, wie beispielsweise Conrad Electronic, nutzen digitale Plattformen, um ihren Kunden zusätzliche Services anbieten zu können. In den letzten Jahren haben sich verschiedene Kategorien entwickelt. Es wird zwischen digitalen Plattformen als Marktplätzen, sozialen Netzwerken und *Industrie-Plattformen* unterschieden, wobei auch hybride Formen existieren (Herrera, 2018).

Free und Freemium

Free bezeichnet kostenlose Apps, die durch Werbeanzeigen oder aber auch durch Verkauf von kundenbezogenen Daten finanziert werden („Wenn Du nicht für das Produkt bezahlst, bist Du das Produkt“). Der Begriff Freemium setzt sich aus den Komponenten „Free“ und „Premium“ zusammen: Basisfunktionalitäten kann man kostenlos nutzen, die attraktiven Features sind zu bezahlen.

Sharing Economy

Sharing Economy ist ein Sammelbegriff für Firmen, Geschäftsmodelle, Plattformen, Online- und Offline-Communitys und Praktiken, die eine **geteilte Nutzung von ganz oder teilweise ungenutzten Ressourcen** ermöglichen. Das Prinzip dahinter ist einfach und seit langem beispielsweise aus der *Landwirtschaft* bekannt (Genossenschaft). Das in jüngster Zeit zunehmende Interesse an der Sharing Economy lässt sich besonders auf die verstärkte Nutzung von Informationstechnologien in sozialen Netzwerken und elektronischen Marktplätzen zurückführen. Die Informationstechnologie ermöglicht nicht nur direkte Interaktion zwischen Nutzern und Organisationen, sondern trägt auch maßgeblich zur Skalierbarkeit und Verbreitung des Phänomens bei. Darüber hinaus geht die Digitalisierung einher mit einem Wertewandel. Es spielen soziale Aspekte wie Konsumentenverhalten und -gewöhnung, Wertschätzung von Eigentum bzw. Verzicht darauf (die Nutzung wird wichtiger als der Besitz) eine entscheidende Rolle. Dies ist die Basis für innovative Geschäftsmodelle wie etwa das „Carsharing".

Peer-to-Peer

Im Zentrum dieses Trends steht die Wiederbelebung der Gemeinschaft und der damit einhergehenden **gemeinschaftlichen Nutzung von Ressourcen**. In diesem Geschäftsmodell können Nutzer ein Produkt zu einem selbst ausgewählten Preis anbieten. Der Betreiber greift nur ein, wenn es Probleme gibt. Zu den Peer-to-Peer-Pionieren zählt das Online-Auktionsportal eBay, welches Menschen in über 30 Ländern erlaubt, ihre ausgedienten Privatgegenstände zu versteigern. Heute werden auf eBay weltweit täglich über zwölf Millionen Auktionen abgewickelt. Ein anderes Modell ist das Unternehmen Zopa. Es handelt sich um die weltweit erste sogenannte „Social-Lending-Plattform", auf der sich Privatpersonen gegenseitig untereinander Kredite verleihen können. Zu diesem Zweck geben potenzielle Kreditnehmer den benötigten Kreditbetrag sowie eine Spanne für die gewünschten Konditionen an. Zopa vermittelt die Kreditsuchenden daraufhin an willige Kreditgeber. Durch dieses Konzept findet die Kreditvergabe unter Ausschaltung jeglicher Form von Banken statt. Davon profitieren sowohl Kreditgeber als auch Kreditnehmer in Form von verbesserten Zinskonditionen (Stange-Benz, 2018).

Hidden-Revenue-Generation

Hidden Revenue bedeutet auf Deutsch **versteckte Einnahmen.** Die größten Online-Dienste wie Suchmaschinen oder Social-Media-Plattformen sind für die Nutzer kostenlos. Umsatz und Gewinn werden dadurch erwirtschaftet, dass die persönlichen Daten der User (mehr oder weniger ungefragt) dazu genutzt werden, um auf sie zugeschnittene Werbung zu platzieren. Es ist also nicht mehr der Nutzer des Produkts derjenige, der die Umsätze vorantreibt. Vielmehr sind die **Nutzer hier das wirkliche Produkt**. Eines der weltweit bekannten Unternehmen, das nach diesem Geschäftsmodell wirtschaftet, ist Facebook. Es finanziert sich nicht über Mitgliedsbeiträge, sondern über Werbeeinblendungen.

Wenn man sich die zuletzt beschriebenen Modelle und Beispiele ansieht, wird klar, dass Unternehmen ihre Wertschöpfungsketten und Geschäftsmodelle grundlegend hinterfragen müssen, um sie an die neuesten technologischen, aber auch gesellschaftlichen Entwicklungen anpassen zu können. Klar ist auch, dass die **Kundenerwartungen aufgrund des mannigfaltigen Angebots im digitalen Zeitalter massiv gestiegen** sind. Neue digitale Geschäftsmodelle sind eine Möglichkeit, dem Kunden eine außergewöhnliche User Experience zu bieten, sich damit von Mitbewerbern abzuheben und somit die Zukunftsfähigkeit des eigenen Unternehmens abzusichern.

Eine Möglichkeit, in systematischer Art und Weise neue Geschäftsmodelle zu entwickeln, ist das „**Business Model Canvas**", welches die Abhängigkeiten der wichtigen, zu klärenden Fragen darstellt (Bild 4.8). Das Modell wird in neun Schritten durchlaufen und kann somit zur strukturierten Planung eines neuen Geschäftsmodells verwendet werden. Es kann auch eingesetzt werden, um ein bestehendes Geschäftsmodell auf Verbesserungspotenziale hin zu untersuchen (Osterwalder & Pigneur, 2010) und (Diehl, 2019).

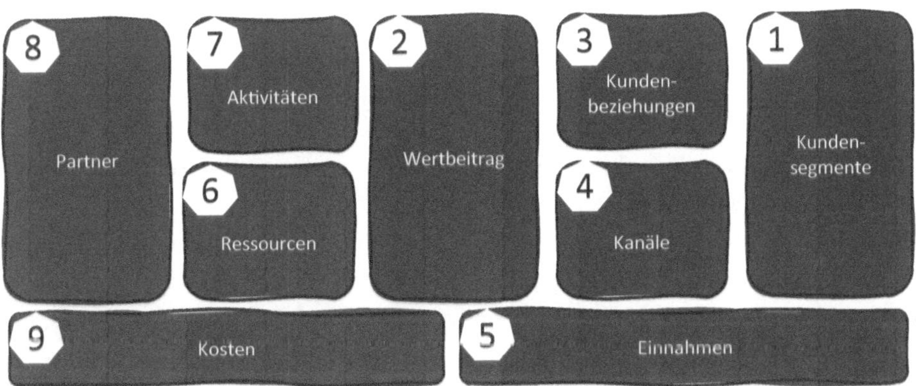

Bild 4.8 Business Model Canvas

Der **rechte Teil im Business Model Canvas** mit den Aspekten „Kundensegment (1)", „Wertversprechen (2)", „Kundenbeziehung (3)", „Kundenkanäle (4)" und „Einkommensströme (5)" stellt die Anforderungen des Kunden in den Mittelpunkt und beschäftigt sich primär mit der Fragestellung der **Marktfähigkeit und Kundenorientierung**. Wie auch im UX-Ansatz bildet diese den Startpunkt der Entwicklung.

Schritt 1 – die Kunden und Zielgruppen: Zuerst werden die potenziellen Kunden, für die ein Mehrwert geschaffen werden soll und Kundenzufriedenheit sicherzustellen ist, festgelegt. Dazu werden klassische Informationen wie soziodemografische Daten und statische Attribute (Größe, Alter, Ort etc.) genauso erhoben wie deren Einkaufsfrequenz sowie der Ablauf des Einkaufsprozesses des Kunden.

Schritt 2 – mit welchem Leistungsversprechen tritt das Unternehmen am Markt auf: Das Leistungsversprechen ist das Herzstück des Business Model Canvas. Es werden darin Punkte gesammelt, die das Wertangebot des Unternehmens kennzeichnen. Auf dem festgelegten Kundensegment wird das passende Werteversprechen definiert, wobei insbesondere die Frage zu beantworten ist, welches Kundenproblem gelöst werden soll oder welches Bedürfnis befriedigt wird.

Schritt 3 – wie pflegen wir unsere Kundenbeziehungen: Der nächste Schritt besteht darin, die Art der Beziehung zu den Kunden zu definieren: beispielsweise anonym, locker oder sehr persönlich und betreuungsintensiv. Wollen wir einen Neukunden gewinnen (was um ein Vielfaches teurer ist) oder einen Bestandskunden wieder zu einem Kauf bringen (das setzt voraus, dass wir bereits erfolgreich in die Kundenbeziehung investiert haben)? Somit wird an dieser Stelle auch festgelegt, wie viel Arbeit man in den Aufbau, die Pflege und die Erweiterung der Kundenbeziehung stecken möchte.

Schritt 4 – auf welchen Kanälen erreichen wir unsere Kunden: Die Kundenkanäle legen zum einen fest, wie der Kunde angesprochen wird, wobei neben den klassischen Vertriebskanälen auch die digitalen Möglichkeiten zu berücksichtigen sind. Es sind aber auch Fragestellungen zu beantworten, wie der Kunde informiert wird, damit er auf uns aufmerksam wird, wie er bei uns kaufen kann, wie es den Kunden ermöglicht wird, Feedback über die erhaltene Leistung zu geben, auch wie die Leistung zum Kunden gelangen kann und wie entsprechende After-Sales-Leistungen erbracht werden können. Setzt man dafür beispielsweise auf digitale Plattformen oder eher auf eine Peer-to-Peer-Lösung?

Schritt 5 – wie verdienen wir Geld: Im letzten Block auf der rechten Seite tragen wir ein, mit welchen Erlösmodellen wir Geld verdienen möchten. Hier machen wir uns Gedanken über potenzielle Einnahmequellen. Es wird also die Finanz- und Preisstrategie des Geschäftsmodells beantwortet und damit im engen Sinn das Geschäftsmodell wie beispielsweise „Freemium“ oder „Hidden-Revenue-Generation“ definiert. Besonders im digitalen Zeitalter haben sich alternative Bezahlmethoden etabliert, bei denen der Kunde nicht mehr für den Erwerb des Produkts bezahlt, sondern nur für dessen Benutzung (z. B. „Pay-per-use“). Grundsätzlich ist die Frage zu beantworten, für welche Leistungen der Kunden zu zahlen bereit ist und wie der Kunde gerne bezahlen würde.

Damit schließen wir die rechte, wertschaffende Seite des Business Model Canvas ab und widmen uns der linken Seite, in der es mit den Elementen „Ressourcen (6)“, „Aktivitäten (7)“, „Partner (8)“ und abschließend „Kosten (9)“ um die Machbarkeit geht.

Schritt 6 – welche Ressourcen braucht unser Geschäftsmodell: Zunächst sind die Ressourcen und die Infrastruktur zu bestimmen, welche für das Geschäftsmodell benötigt werden. Dabei gilt es zu analysieren, welche physischen, personellen und finanziellen Schlüsselressourcen es braucht, um das Wertversprechen zu realisieren. Diese materiellen und immateriellen Mittel ergeben sich meist schon aus den vorherigen Blöcken des Geschäftsmodells.

Schritt 7 – was müssen wir tun, damit der Laden läuft: Die Kernaktivitäten sind alle Vorgänge, die besonders wichtig für den Erfolg des Geschäftsmodells, also für das Erbringen des Wertversprechens notwendig sind. In den Kernaktivitäten sollten die wichtigsten Aktivitäten stehen, ohne die eine weitere Entwicklung des Unternehmens nicht möglich ist. Hier sind die für das Qualitätsmanagement wichtigen Prozesse zu beschreiben, wie beispielsweise die Erbringung des Services, aber auch Prozesse wie Verkauf, Entwicklung, Produktion und Beschaffung.

Schritt 8 – auf welchen Partnerschaften basiert unser Geschäftsmodell: Eine weitere wichtige Frage ist die nach den Schlüsselpartnern und Schlüssellieferanten, die man braucht, um mit dem neuen Geschäftsmodell erfolgreich sein zu können. Strategische Partner können etwa Lieferanten, Zulieferer, Joint Ventures oder Technologiepartner sein. Im ersten Schritt werden diese Partner aufgelistet und im zweiten Schritt entsprechende Schlüsselaktivitäten daraus abgeleitet. Gerade bei neuen digitalen Geschäftsmodellen sind hier Forschungseinrichtungen und auch der Staat mitzuberücksichtigen.

Schritt 9 – was sind die wichtigsten Ausgaben: Wie auch bei den geplanten Umsätzen definiert man die wesentlichen Kostenblöcke und Kostentreiber in unserem Unternehmen wie etwa Akquisitionskosten, Personalaufwände usw. Dieser letzte Schritt umfasst damit die Finanzplanung, also die Kostenstruktur des Geschäftsmodells. Schon in der frühen Phase sollen die kritischsten Kostenfaktoren (z. B. IT, F&E etc.) identifiziert und optimiert werden.

Zusammenfassend kann man sagen, dass man durch das Business Model Canvas sehr systematisch durch die zentralen Leitfragen einer Innovation (Was wird gebraucht? Was ist machbar? Was ist profitabel?) durchgeführt wird und damit in einer sehr frühen Phase Ideen praktikabel evaluieren kann. Dies ist in Bild 4.9 auch dargestellt.

Bild 4.9 Business Model Canvas und die drei Kriterien erfolgreicher Innovationen

Es schließt sich damit der Kreis zu der Darstellung in Abschnitt 4.1, in dem wir die drei Muss-Bedingungen für das Gelingen kennengelernt haben, nämlich dass das Produkt oder die Dienstleistung von jemandem gebraucht wird, die gewünschte Technologie herstellbar oder machbar ist und die Lösung profitabel für den Hersteller ist. Rechtzeitig kann damit die Frage beantwortet werden, ob die Idee Früchte trägt. Essenziell aus Sicht des Qualitätsmanagements ist es, dass stets die wichtige Frage der Kundenorientierung und des Werteversprechens an den Kunden den Startpunkt bildet.

4.4 Design for Six Sigma

Wie bereits in Abschnitt 2.7 erwähnt, müssen die Ziele im digitalen Qualitätsmanagement immer auf die Erhöhung des wirtschaftlichen Erfolgs ausgerichtet sein. Um diesen zu erreichen, können wir entweder die Kundenzufriedenheit steigern oder unsere Fehlerrate senken. Mit dem ersten Tätigkeitsfeld haben wir uns im letzten Abschnitt tiefgehend beschäftigt, als es um die gezielte Ausrichtung an den Kundenwünschen ging. In diesem Abschnitt steht nun die **fehlerfreie Entwicklung unserer Produkte und Dienstleistungen** im Vordergrund.

Design for Six Sigma (DFSS) ist eine präventive Entwicklungsmethodik, die das Ziel verfolgt, durch den Einsatz geeigneter Qualitätsmethoden die Produkte primär in der richtigen Qualität zu entwickeln. Der Ansatz von DFSS hat methodisch den Ursprung im klassischen reaktiven Six Sigma, das unter Zuhilfenahme entsprechender datengetriebenen Methoden einen bestehenden Prozess in der Fehlerfreiheit verbessert (siehe auch Abschnitt 8.5.1). DFSS verwendet die Six Sigma Methoden, die jedoch präventiv in den einzelnen Phasen im Entwicklungsprozess zum Einsatz kommen (Gamweger, Jöbstl, Strohrmann, & Suchowerskyj, 2009). Viele der DFSS Prinzipien, wie beispielsweise „Kundenorientierung“, „Denken in Funktionen“, „frühe Fehlereliminierung und Fokussierung“ oder „rechtzeitiger Einbezug aller Organisationseinheiten“ sind nach wie vor wichtige Grundlagen des präventiven Qualitätsmanagements, welche an dieser Stelle nicht weiter vertieft werden.

Im digitalen QM verdient das Prinzip **„Tiefgehendes Produkt- und Prozesswissen als Basis für richtige Entscheidungen“** jedoch eine genauere Betrachtung. In der Produktentwicklung ist es nur dann möglich, Produktfehler präventiv zu vermeiden sowie Robustheit und Zuverlässigkeit zu generieren, wenn ein ausreichend tiefes Wissen über die Produkttechnologie vorhanden ist. Das notwendige Know-how umfasst beispielsweise die Wirkzusammenhänge zwischen Designparametern und der Funktion des Produkts oder die Empfindlichkeit von Störfaktoren auf die Funktionsfähigkeit des Produkts. Um zu diesem Wissen zu gelangen, werden im DFSS-Ansatz drei Möglichkeiten aufgezeigt, die gleichberechtig sind und widerspruchsfreie Ergebnisse liefern müssen (Bild 4.10).

1. Die **relevanten Wirkzusammenhänge** über mechanische, chemische, elektronische etc. Grundgesetze und Formeln sind **aus der Theorie** abzuleiten. Dies ist die sogenannte „White-Box"-Betrachtung.
2. Die so generierten Hypothesen müssen nun **mit den vorhandenen Daten** (beispielsweise aus dem Feld) **abgeglichen** werden. Unter Umständen müssen zusätzlich synthetische Lerndaten generiert werden, es gilt also **Experimente zu planen**. Sämtliche Daten sind anschließend mit entsprechenden mathematischen und statistischen Methoden auszuwerten. In der DFSS-Welt werden diese Auswertungen als „Blackbox"-Modelle bezeichnet.
3. Die dritte Möglichkeit besteht darin, die **Experimente virtuell durchzuführen**, indem entsprechende Simulationsmöglichkeiten genutzt werden. Im zunehmend komplexen Umfeld, d.h. wenn es noch kaum theoretisches Wissen zum vorhandenen Problem gibt, muss man eventuell mit der Blackbox-Betrachtung starten, um sich darauf basierend die entsprechenden Theorien zu erarbeiten. Wo der Startpunkt in der Entwicklung ist, muss individuell für den Einzelfall festgelegt werden.

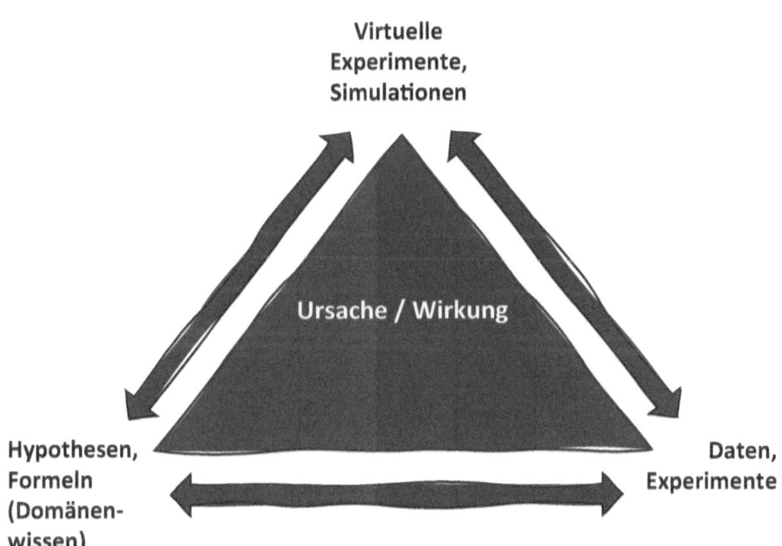

Bild 4.10 Zusammenhang von Ursache und Wirkung (Gamweger, Jöbstl, Strohrmann, & Suchowerskyj, 2009)

Bild 4.11 verdeutlicht ergänzend den **Unterschied zwischen White-Box- und Black-Box**-Modellen.

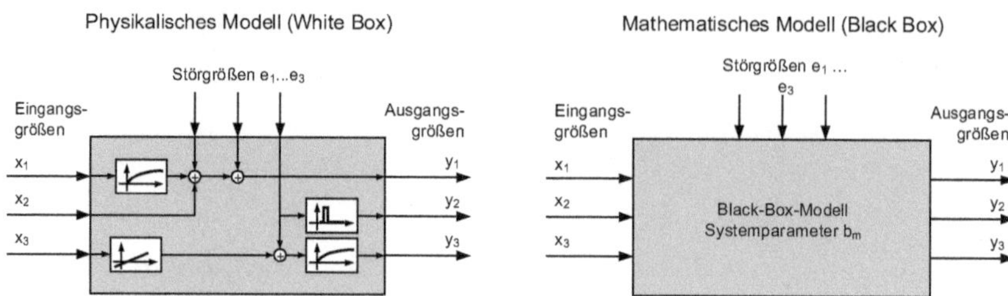

Bild 4.11 Whitebox- und Blackbox-Modellierung (Gamweger, Jöbstl, Strohrmann, & Suchowerskyj, 2009)

Im digitalen QM hat die Black-Box-Modellierung aufgrund der Datenverfügbarkeit in letzter Zeit stark an Bedeutung zugenommen. Des Weiteren haben datengetriebene Modellierungsmethoden zu enormen Fortschritten geführt und dadurch an Popularität gewonnen. Dieser Trend wird sich auch zukünftig noch weiter verstärken. Dies hat für die Entwicklung den Vorteil, dass komplexe Themen nun anhand einer Datenanalyse gelöst und mit den Resultaten anschließend die White-Box-Modelle auf Richtigkeit überprüft und verbessert werden können. Eine Gefahr besteht allerdings darin, dass sehr schnell nurmehr auf die Lösung mittels Black-Box-Modellen gesetzt wird und das Domänenwissen über Formeln und bestehende Gesetzmäßigkeiten tendenziell zu wenig eingefordert oder berücksichtigt wird. Aus Sicht der Autoren ist daher die **Kombination und die richtige Balance zwischen White-Box- und Black-Box-Denken der Erfolgsfaktor für eine gute Modellbildung** und insbesondere im Zeitalter von Qualität 4.0 der Schlüssel zum Erfolg.

Somit ist DFSS eine nach wie vor aktuelle und umfassende Methodenbox für gute Entwicklung, weil neben den teamorientierten kreativen Methoden wie VOC (Voice of Customer), FMEA (Fehlermöglichkeits- und Einflussanalyse) oder TRIZ (Theorie des erfinderischen Problemlösens) auch die daten- und statistikgetriebenen Methoden wie statistische Tests, Regression, statistische Tolerierung oder Design of Experiments den hohen Stellenwert genießen, der den Herausforderungen und Möglichkeiten im digitalen Qualitätsmanagement Rechnung trägt.

■ 4.5 Agile Methoden in der Entwicklung

Für viele geht der Ursprung agiler Methoden auf den japanischen Automobilhersteller Toyota zurück. Dort hat man sich bereits Anfang des letzten Jahrhunderts mit der Vermeidung von Verschwendung beschäftigt und daraus das **Toyota Produktionssystem** (TPS) entwickelt, welches 1992 publiziert wurde (Toyota Motor Corporation, 2021). Die Bausteine des TPS basieren im Wesentlichen auf zwei Prinzipien, dem Jidōka-Prinzip und dem Just-in-Time-Prinzip (JIT).

Jidōka beschreibt die Fähigkeit eines Systems, Fehler selbstständig zu erkennen und damit den Menschen die Möglichkeit zu geben, sofort das Problem zu beseitigen. Qualität geht somit bereits mit dem Herstellungsprozess eines Produkts einher. Auf die Softwareentwicklung adaptiert, bedeutet dies, Fehler in der Software möglichst schnell zu erkennen, wodurch Fehlerbehebungen, kompliziertes Reproduzieren von Fehlverhalten und lange Bug-Fixing-Phasen entfallen.

Just-in-Time bedeutet, Dinge nur dann herzustellen, wenn sie direkt benötigt werden. Das Just-in-Time-Prinzip findet sich auch in einem der Hauptprinzipien des Urvaters agiler Softwareentwicklungsmethoden wieder, dem Extreme Programming (XP), welches Ende der 1990er-Jahre entwickelt wurde. Es ist eine Methode, die das Lösen einer Programmieraufgabe in den Vordergrund der Softwareentwicklung stellt und sich den Anforderungen des Kunden in kleinen Schritten annähert. Dieses „Incremental Design"-Prinzip fokussiert darauf, ein System klein zu starten und kontinuierlich nach Bedarf weiterzuentwickeln, ohne dabei zu hohen Kosten zu führen (Beck & Andres, 2004).

4.5.1 Das agile Manifest

Motiviert von der Idee und dem Erfolg des zuvor beschriebenen Toyota Production Systems und dem Umstand, dass Softwareteams in ihren Unternehmen bildlich gesprochen in einem Sumpf ständig zunehmender Prozesse feststecken, fasste eine Gruppe von Branchenexperten die Grundsätze von erfolgreich agierenden Teams zusammen. Das Ergebnis ist eine Sammlung von Werten und Prinzipien für effizientes und effektives Arbeiten im Rahmen der Softwareproduktentwicklung, das sogenannte „**Manifest für agile Softwareentwicklung**" (Beck, et al., 2001).

Kern des Manifests sind vier Werte, die für erfolgreiches agiles Arbeiten notwendig sind. Bei genauer Analyse zeigt sich, dass sie im Wesentlichen aus einer neuen Priorisierung bereits bekannter Werte bestehen.

1. **Individuen und Interaktionen zählen mehr als Prozesse und Werkzeuge**

   Agile Methoden stellen den Menschen und seine Kommunikation in den Mittelpunkt. Eine Gruppe sehr gut ausgebildeter und erfahrener Entwickler kann scheitern, wenn sie nicht im Team arbeiten - und zwar auch dann, wenn sehr gute Prozesse vorhanden sind. Bei der Arbeit im Team sind **gemeinsame Erfahrungen und effektive Kommunikation** die wichtigsten Aspekte, denn sie wirken sich positiv auf den Teamprozess und die Teamleistung aus. Aus diesem Grund kann ein Team von durchschnittlichen Entwicklern mit sehr guter Interaktion und Kommunikation bessere Ergebnisse erzielen als ein Team von ausgewiesenen Experten, bei welchem die Kommunikation und das Teamgefüge weniger gut funktionieren.

2. **Funktionierende Software ist wichtiger als umfassende Dokumentation**

   Das Ziel jedes Software-Projekts ist ein funktionierendes Produkt. Bei klassischen Entwicklungsmethoden wird oft zuerst die Spezifikation vollständig abgeschlossen, bevor mit der eigentlichen Implementierungsarbeit begonnen wird. Dabei vergeht viel Zeit. **In agilen Projekten wird ebenfalls eine Spezifikation benötigt, allerdings wird diese iterativ verfeinert.** Es kommt zu Schleifen mit den Einzelschritten Spezifikation, Implementierung und Test, welche immer wieder durchlaufen werden.

3. **Zusammenarbeit mit dem Kunden ist wichtiger als Vertragsverhandlung**

   Fragen Sie den Benutzer regelmäßig nach Feedback zum Produkt. Im agilen Manifest geht man davon aus, dass es nicht möglich ist, ein Produkt zu Beginn in allen Details fertig zu definieren. **Daher ist die Rückmeldung vom Kunden bzw. Benutzer, ob das Produkt die Anforderungen erfüllt, viel wichtiger als die Fokussierung auf einen Vertrag.** Diese neue Priorisierung ist stark durch die gestiegene Komplexität getrieben, wodurch auch die Anforderungen immer unübersichtlicher werden.

4. **Reagieren auf Veränderung ist wichtiger als das Befolgen eines Plans**

   Anforderungen an ein System können sich heutzutage schnell und dynamisch ändern. Dies kann durch Marktveränderungen oder Änderungen der verwendeten Technologie verursacht werden. **Daher muss das gesamte Projekt an mögliche Veränderungen anpassbar sein und darf nicht an einem starren Plan festhalten.**

Neben diesen agilen Werten hat die Gruppe von Branchenexperten zwölf Prinzipien zusammengefasst, die das agile Manifest ergänzen:

1. Unsere höchste Priorität ist es, den **Kunden durch frühe und kontinuierliche Auslieferung wertvoller Software zufriedenzustellen.**
2. Heiße Anforderungsänderungen selbst spät in der Entwicklung willkommen. **Agile Prozesse nutzen Veränderungen zum Wettbewerbsvorteil des Kunden.**
3. Liefere **funktionierende Software regelmäßig innerhalb weniger Wochen** oder Monate und bevorzuge dabei die kürzere Zeitspanne.
4. **Fachexperten und Entwickler müssen während des Projekts täglich zusammenarbeiten.**
5. Errichte Projekte rund um motivierte Individuen. Gib ihnen das **Umfeld und die Unterstützung, die sie benötigen, und vertraue darauf, dass sie die Aufgabe erledigen.**
6. Die effizienteste und effektivste Methode, **Informationen an und innerhalb eines Entwicklungsteams zu übermitteln, ist das Gespräch von Angesicht zu Angesicht.**

7. **Funktionierende Software ist das wichtigste Fortschrittsmaß.**
8. Agile Prozesse fördern nachhaltige Entwicklung. **Die Auftraggeber, Entwickler und Benutzer sollten ein gleichmäßiges Tempo** auf unbegrenzte Zeit halten können.
9. Ständiges Augenmerk auf **technische Exzellenz und gutes Design** fördert Agilität.
10. **Einfachheit** - die Kunst, die Menge nicht zu erledigender Arbeit zu maximieren - ist essenziell.
11. Die besten Architekturen, Anforderungen und Entwürfe entstehen durch **selbstorganisierte Teams.**
12. In regelmäßigen Abständen **reflektiert das Team, wie es effektiver werden kann und passt sein Verhalten entsprechend an.**

Obwohl alle zuletzt genannten Punkte des agilen Manifests aus den Erfahrungen der Softwareentwicklung Ende des letzten Jahrtausends entwickelt wurden, sind **die Werte und Prinzipien aktueller denn je.** Letztlich beschreiben sie **Erfolgsfaktoren** im Umgang mit steigender **Unsicherheit und Komplexität**, denen sich Unternehmen im digitalen Zeitalter ausgesetzt sehen (Abschnitt 2.4). Die iterative Annäherung an ein Qualitätsoptimum, die Verfeinerung der Lösung in kleinen Schritten sowie eine dennoch in frühen Phasen verfügbare Lösung mit Mehrwert für den Kunden wird durch agile, iterative Methoden bestmöglich erreicht. Dies entspricht auch der UX Philosophie, die in Abschnitt 4.2 erläutert wurde. Wir sind überzeugt davon, dass uns die Methoden, die auf dem agilen Manifest basieren, helfen, qualitätsgesichert zu entwickeln und nicht auf die Anwendung in Softwareprojekten beschränkt sind.

4.5.2 Methoden der Softwareentwicklung

Die Disziplin der Softwareentwicklung hat sich im Lauf der Zeit verändert und wird auch zukünftig immer ausgereifter werden. Daraus ergeben sich unterschiedliche Entwicklungsmethoden, welche sich auch an den Möglichkeiten und Umständen der jeweiligen Zeit orientieren. Nachfolgend sind die wichtigsten und gängigsten Methoden beschrieben.

Wasserfall (klassisch)

Winston W. Royce beschrieb als erster die Wasserfallmethode zur Verwaltung großer Softwareentwicklungen. Mithilfe eines einfachen **Stufenmodells** definierte er alle notwendigen Schritte, die für die Entwicklung von Software in großen Projekten erforderlich sind (Royce, 1970).

Das Schema in Bild 4.12 zeigt ein solches Wasserfallmodell in der Softwareentwicklung. Das Kernelement besteht darin, dass alle Arbeiten in einem bestimmten Schritt abgeschlossen sein müssen, bevor die Arbeit am nächsten Schritt beginnt.

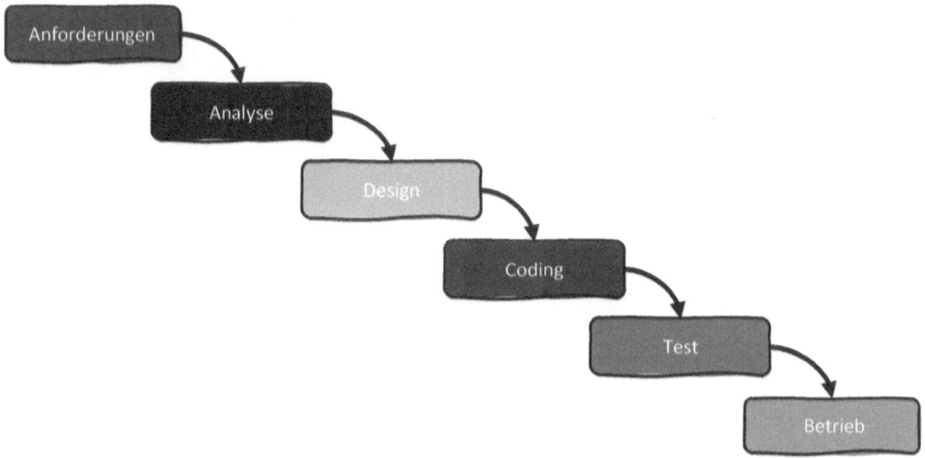

Bild 4.12 Wasserfallmethode (Royce, 1970)

Einige Schwächen entdeckte Royce bereits selbst bei der Definition der reinen Wasserfallmethode. Werden beim Testen Fehler gefunden, müssen diese bereinigt werden. Dazu ist es notwendig, zu einem vorherigen Schritt zurückzukehren (z. B. zur Analyse oder bis zu den Anforderungen). Aufgrund dieser Erkenntnis definierte er nachfolgend einen komplexeren Prozess, welcher bereits einige iterative Aspekte abdeckte.

V-Modell (klassisch)

Die Weiterentwicklung der Wasserfallmethode ist das V-Modell. Das V-Modell unterteilt sich in zwei Bereiche, die **Dekomposition und Definition sowie die Integration und Verifikation**. Es beginnt mit den Anforderungen oben links und endet mit dem freigegebenen Produkt oben rechts (Bild 4.13).

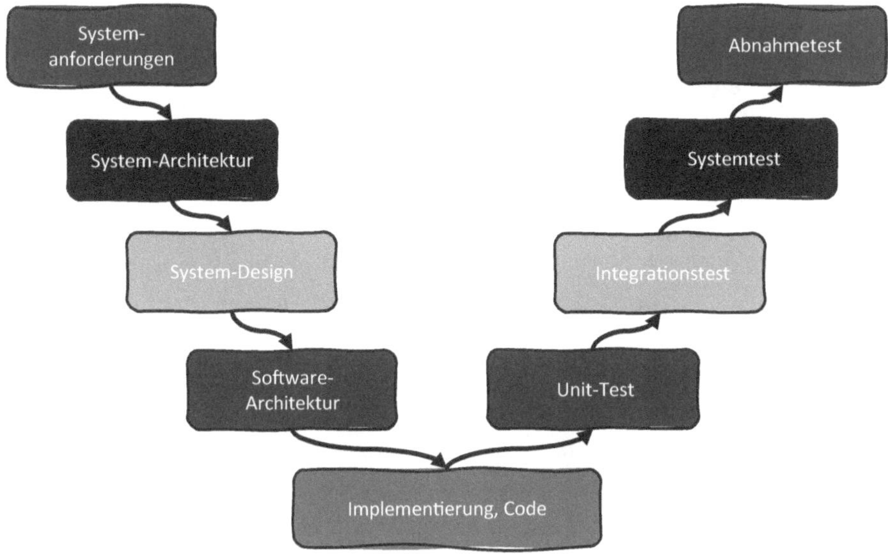

Bild 4.13 V-Modell (Forsberg & Mooz, 1996)

Eine spezielle Eigenschaft des V-Modells ist, dass es für jeden Schritt in der Definition eines Produkts auf der linken Seite einen Schritt zur Überprüfung auf der rechten Seite des Modells vorsieht. Dadurch wird die Wahrscheinlichkeit minimiert, dass Anforderungen in einer Weise spezifiziert werden, die nicht getestet und überprüft werden können (Forsberg & Mooz, 1996). Im Vergleich zum Wasserfallmodell bietet das V-Modell den Vorteil in der **Nachvollziehbarkeit der Verifikation jeder einzeln spezifizierten Funktionalität**. Dies ist eine sehr wichtige Eigenschaft, die auch in Zeiten schneller Veränderung ihre Gültigkeit beibehält. In jedem Softwareprojekt sind Spezifikation, Design und Implementierung zu überprüfen, dafür gibt es verschiedene Methoden wie Unit Tests, Funktions- oder System-Tests. Autark betrachtet ist das V-Modell jedoch nicht geeignet, um als vollständige Methode alle Aspekte der modernen Softwareentwicklung abzudecken. Zu diesem Zweck werden in neuen Projekten agile Methoden wie Scrum und Kanban angewandt, die in den folgenden Absätzen beschrieben werden. Diese Methoden besitzen in ihrem Kern die Konzepte des V-Modells, wenden dieses jedoch iterativ wiederkehrend und agil an.

Scrum (agil)

Als Scrum (englisch für „Gedränge“) wird ein agiles Projektmanagement-Framework mit dem **Fokus auf Effektivität und Effizienz bezeichnet, das auf iterativer und inkrementeller Entwicklung** basiert (Bild 4.14). Im Vergleich zu traditionellen Entwicklungsansätzen wie Wasserfallmethode oder V-Modell stellt Scrum das Wissen des Teams in den Mittelpunkt, begrüßt Änderungen und ermöglicht, schnell auf diese zu reagieren. Die Teams sind dabei selbstorganisiert und für ihre

Arbeit und die Ergebnisse im Projekt verantwortlich (Gloger & Häusling, 2011). Ein Scrum-Team ist cross-funktional, was heißt, dass es für jede notwendige Tätigkeit eine oder mehrere Personen mit der entsprechenden Expertise gibt. Zusätzlich zu den inhaltlichen Kompetenzen, welche von Projekt zu Projekt unterschiedlich sind und im **Entwicklungsteam** zusammengefasst werden, definiert Scrum zwei weitere Rollen. Der **Product Owner** ist verantwortlich für den Inhalt und die Priorisierung des Produkts und der **Scrum Master** unterstützt das Team bei der Arbeit am Produkt. Durch diese **Fokussierung auf den Menschen** und die Rollen werden die Teammitglieder angeregt, für sich selbst zu denken und Entscheidungen zu treffen. So wie Fredmund Malik in seinem Buch „Richtig denken - wirksam managen" erläutert hat (Malik, 2010), geht Scrum auch davon aus, dass Teamarbeit und Vertrauen die Grundlage für jede Art von wirksamer Führung sind.

Zusätzlich zu den beschriebenen Rollen definiert Scrum drei Artefakte: das **Produkt Backlog, Sprint Backlog** und **Produktinkrement**. Das Produkt Backlog ist eine sortierte Liste aller Funktionen (User Stories), die das zu entwickelnde Produkt enthalten soll. Der Produkt Owner ist verantwortlich für die Pflege des Produkt Backlogs. Das Sprint Backlog besteht aus den Elementen des Produkt Backlogs, die für den aktuellen Sprint ausgewählt wurden. Ein Sprint ist ein Arbeitsabschnitt, in dem ein Inkrement einer Produktfunktionalität (Produktinkrement) implementiert wird (Bild 4.14). Er beginnt mit einem Sprint Planning und endet mit dem Sprint Review und der Retrospektive.

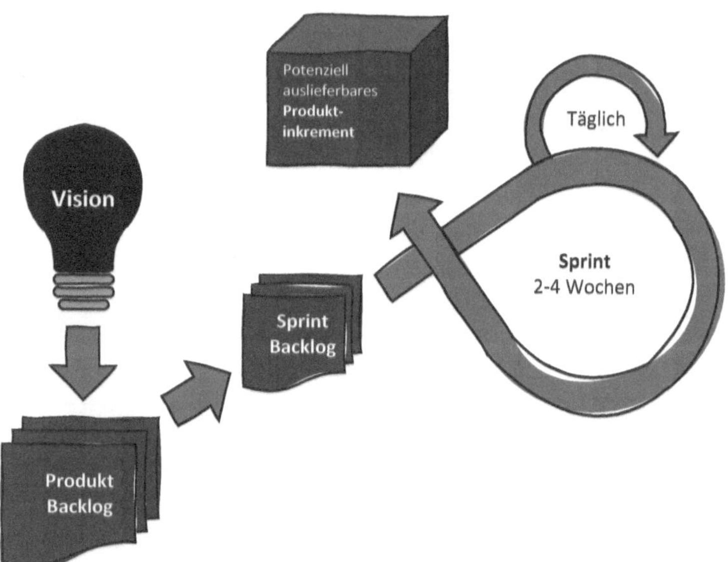

Bild 4.14 Scrum Framework (Lacey, 2012)

Eine elementare Eigenschaft in Scrum ist das sogenannte „**time-boxing**“. Die Sprints dauern nämlich immer gleich lang, sehr gängig ist ein Zeitraum von zwei Wochen und diese „time-box“ wird auch nie verändert. Dies hat zur Folge, dass die einzelnen Sprints miteinander vergleichbar werden. Damit ist es möglich, auf bestehenden Erfahrungen aufzubauen und mit diesem Wissen eine Prognose über den Zeitpunkt der Fertigstellung der noch verbleibenden Tätigkeiten durchzuführen. Zu diesem Zweck gibt es Darstellungen wie „Burn-Up“-Diagramme, welche den Schnittpunkt zwischen dem prognostizierten Fortschritt und dem gesamten Arbeitsvolumen darstellen.

Als leichtgewichtige Methode definiert Scrum innerhalb eines Sprints wenige regelmäßige Meetings, welche aber genauso „time-boxed“ sind, also mit Ablauf der vorgegebenen Dauer beendet werden. Auch dies hat einen guten Grund. Da es bei agilen Methoden wie Scrum um eine **möglichst effektive und effiziente Abwicklung eines Projekts** geht, ist das Verhältnis zwischen Planung, Abstimmung und der Arbeit auf Erfahrungswerten basierend abgestimmt. Gerade in komplexen Projekten, in denen wir uns im Bereich der Softwareentwicklung fast immer wiederfinden, ist Vorbereitung wichtig. Diese darf aber wiederum nicht zeitlich ausarten und zum Selbstzweck werden. Um dies abzubilden, wird jeder Sprint mit den nachfolgend beschriebenen Meetings abgebildet. Die angegebene Dauer bezieht sich hierbei auf einen zweiwöchigen Sprint und wird für eine andere Sprint-Dauer entsprechend angepasst.

- **Sprint Planungsmeeting** 1 und **Sprint Planungsmeeting 2** (je zwei Stunden)

  Die Sprint-Planung findet am Beginn eines jeden Sprints statt. Im ersten Teil präsentiert der Product Owner die User Stories mit **hoher Priorität aus dem Produkt Backlog**, welche für den kommenden Sprint geplant sind. Danach werden offene Fragen gemeinsam geklärt.

  Im zweiten Teil werden diese **User Stories vom Team in Tätigkeiten unterteilt** und am Ende dem Product Owner zugesagt. Sollte sich nach der Detailplanung herausstellen, dass nicht alle User Stories im Sprint erledigt werden können, wird dem Product Owner ein Vorschlag gemacht und vereinbart, zu welchem das Team steht. Nach diesem sogenannten „Commitment“ startet der Sprint.

- **Daily Scrum** (15 Minuten)

  Das Daily Scrum, auch bekannt als Standup-Meeting, ist eine **kurze tägliche Besprechung des Teams**, welches optimalerweise am Beginn der Arbeitstag stattfindet, um einen **Abgleich für den jeweiligen Tag** zu machen. Im Daily Scrum beantwortet jeder Teilnehmer die folgenden drei Fragen:

  a) Was habe ich seit dem letzten Daily Scrum Meeting erledigt?

  b) Was werde ich bis zum nächsten Daily Scrum Meeting tun?

c) Welche Hindernisse oder Risiken gibt es?

Im Sinne der „time-box", sollten nach 15 Minuten alle Teammitglieder diese Fragen beantwortet haben. Gibt es weiteren Klärungsbedarf bzw. die Notwendigkeit zur Unterstützung, finden diese Gespräche, meist in kleineren Gruppen, nach dem Daily Scrum statt. Damit ist gewährleistet, dass nicht das gesamte Team mit Detailfragen aufgehalten wird.

- **Review Meeting** (zwei Stunden)

  Am Ende des Sprints übergibt das gesamte Team das **Ergebnis des Sprints an die Stakeholder**, also die am Projekt interessierten Parteien. Neue Funktionen werden dabei bereits im realen System gezeigt. Alle Funktionen, welche abgenommen werden, können sofort in Betrieb genommen werden, da diese bereits alle notwendigen Schritte in der Spezifikation, der Implementierung, aber auch der Verifikation durchlaufen haben. Da die Sprints immer nur einen kurzen Zeitraum abdecken, kann damit Feedback von den Stakeholdern sehr schnell eingeholt und bereits im nächsten Sprint darauf reagiert werden.

- **Retrospektive** (90 Minuten)

  Nachdem das Review Meeting beendet wurde, ist Zeit für einen **Rückblick, um aus den Erkenntnissen des letzten Sprints zu lernen**. In der Retrospektive ist entscheidend, dass man belastbare Zahlen und Fakten zu der Anzahl erledigter und noch offener User Stories vorliegen hat. Dadurch soll die Zusammenarbeit im Team und somit die Abläufe weiter verbessert werden. Ebenso geht es um das Zusammenspiel zwischen einzelnen Teammitgliedern und um das Wirken des Scrum Masters. Somit ist die Retrospektive ein wichtiger Teil eines kontinuierlichen Verbesserungsprozesses. Die Retrospektive soll auch den Raum für offenes Feedback im Team bieten, um Frust zu vermeiden und zur Beseitigung von Missverständnissen beitragen.

Zusätzlich zu den beschriebenen Meetings gibt es noch weitere **Abstimmungen zwischen dem Product Owner und den Stakeholdern,** um Potenziale zu erkennen und zukünftige Aufgaben zu definieren. Diese kommen in das Produkt Backlog und der Product Owner ist fortan für die Priorisierung zuständig. Diese neuen „User Stories" sind während zukünftiger Sprints gemeinsam mit dem gesamten Team zu klären und abzuschätzen, um ein entsprechendes „Backlog Refinement" zu betreiben. Hierzu gibt es keine genauen Vorgaben, da diese von der jeweiligen Phase des Projekts abhängig sind. Der geplante Zeitaufwand ist mit ein bis sechs Stunden je Sprint angegeben, sollte aber 10 % der Team-Kapazität keinesfalls übersteigen.

In der Zeit zwischen zwei Sprints arbeitet das Scrum-Team an den in der Planung festgelegten Tätigkeiten. Ziel ist es dabei, alle Tätigkeiten nach einer vereinbarten Definition fertigzustellen, 90 % ist dabei unzureichend, auch wenn etwa nur noch finale Tests oder die Dokumentation ausstehen sollten. In Scrum gibt es nur einen

binären Status, entweder ist etwas fertig oder eben nicht. Nicht abgeschlossene Tätigkeiten können jedoch in zukünftigen Sprints wieder aufgenommen werden.

Kanban (agil)

Kanban ist neben Scrum eine weitere, sehr verbreitete Methode der agilen Softwareentwicklung. Anders als Scrum ist Kanban **offener** und kann auf nahezu jeden bestehenden Prozess angewendet werden. Mit dem Begriff Kanban wird eine Technik aus dem Toyota-Produktionssystem beschrieben, mit der ein gleichmäßiger Fluss in der Fertigung hergestellt und so Lagerbestände reduziert werden sollen. Kanban in der Informationstechnik (IT) übernimmt zwar den Namen, beschränkt sich aber nicht auf die alleinige Übertragung einzelner Techniken aus der Produktion auf die IT. Vielmehr werden einige grundlegende Prinzipien aus Lean Production und mehr noch aus Lean Development übernommen und ergänzt durch die Theory of Constraints (auch Engpasstheorie oder Durchsatz-Management) und das klassische Risikomanagement.

Kanban bedeutet vereinfacht „**Signalkarte**", die jeweils für ein einzelnes Arbeitspaket steht. In einem Kanban-System wird jede Arbeit durch eine eigene Karte repräsentiert, die das System Schritt für Schritt durchläuft und damit den Prozess abbildet. Zur Visualisierung der Arbeit und des Fortschritts verwendet das Kanban-System Kartenwände, auf denen die einzelnen Signalkarten zusammengeführt werden.

David J. Anderson definierte die folgenden sechs Kanban-Kernpraktiken (Anderson D.J., 2010):

1. **Visualisiere den Fluss der Arbeit.**

   Die Wertschöpfungskette mit ihren verschiedenen Prozessschritten (zum Beispiel Anforderungsdefinition, Programmierung, Dokumentation, Test, Inbetriebnahme) wird gut sichtbar für alle Beteiligten visualisiert. Dafür wird ein **Kanban-Board** verwendet, auf dem die unterschiedlichen Stationen als Spalten dargestellt werden (Bild 4.15). Die einzelnen Anforderungen (Tasks, Features, User Stories) werden auf Karteikarten oder Haftnotizen festgehalten und durchwandern mit der Zeit als sogenannte Tickets das Kanban-Board von links nach rechts.

2. **Begrenze die Menge angefangener Arbeit.**

   Die Anzahl der Tickets (Work in Progress - WiP), die gleichzeitig an einer Station bearbeitet werden dürfen, wird limitiert. Wenn beispielsweise die Programmierung gerade zwei Tickets bearbeitet und das Limit für diese Station zwei beträgt, darf sie kein drittes Ticket annehmen, auch wenn die Anforderungsdefinition ein weiteres bereitstellen könnte. Hierdurch entsteht ein **Pull-System**, bei dem sich jede Station ihre Arbeit bei der Vorgängerstation abholt, anstatt fertige Arbeit einfach an die nächste Station zu übergeben.

3. **Miss und steuere den Fluss.**

   Die Mitglieder eines Kanban-Prozesses messen typische Größen wie **Längen von Warteschlangen, Zykluszeit und Durchsatz**, um festzustellen, wie gut die Arbeit organisiert ist, wo man etwas verbessern kann und welche Versprechen man an die Partner geben kann, für die man arbeitet. Dadurch wird die Planung erleichtert und die Verlässlichkeit gesteigert.

4. **Mache die Regeln für den Prozess explizit.**

   Um sicherzustellen, dass alle Beteiligten des Prozesses wissen, unter welchen Annahmen und Gesetzmäßigkeiten man arbeitet, werden möglichst alle Regeln, die es gibt, explizit gemacht. Dazu gehören z. B. eine Definition des Begriffs „fertig", die Bedeutung der einzelnen Spalten, Antworten auf die Fragen: wer zieht, wann zieht man, wie wählt man das nächste zu ziehende Ticket aus der Menge der vorhandenen Tickets aus usw.

5. **Implementiere Feedbackzyklen.**

   In festgesetzten Terminen geben sich das Team - oder die Teams untereinander - gegenseitig Feedback, um beispielsweise die Zusammenarbeit Revue passieren zu lassen, Abhängigkeiten anstehender Aufgaben anzusprechen oder den Fluss zu koordinieren.

6. **Verbessere den Prozess gemeinsam und optimiere die Zusammenarbeit.**

   Wichtiger Grundsatz von Kanban ist es, offen zu sein für neue Ideen und sich ständig zu verbessern. Eventuell kann man Kanban weiterentwickeln oder Kanban mit anderen Methoden kombinieren.

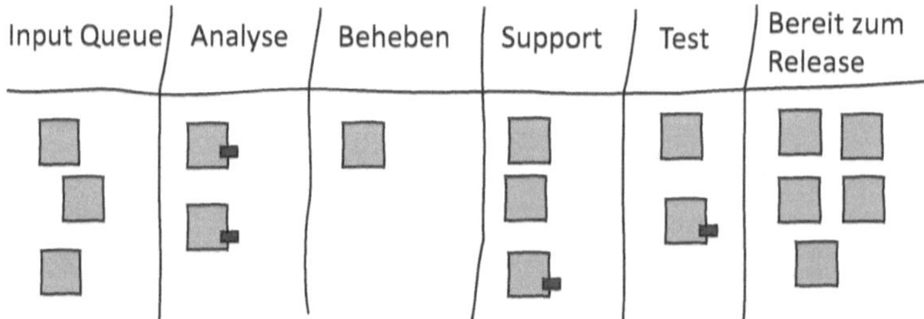

Bild 4.15 Beispielhafte Visualisierung einer Kanban-Kartenwand (Leopold & Kaltenecker, 2012)

Bild 4.15 zeigt einen beispielhaften Aufbau einer Kanban-Kartenwand, welche entweder physisch mit Merkzetteln, aber auch digital existieren kann. Von links beginnend, werden in der sogenannten „**Input Queue**" alle **noch zu erledigenden Aufgaben** gesammelt. Danach **laufen sie durch die einzelnen Spalten** und damit durch den Prozess, bis sie erledigt sind und auf ein **neues (Software-) Release** warten. Die Visualisierung und die Begrenzung des WiP (Work in progress) sind einfache Mittel, mit denen rasch sichtbar wird, **wie schnell die Tickets die ver-**

schiedenen Stationen durchlaufen und wo sich Tickets stauen. Die Stellen, vor denen sich Tickets häufen, während an den nachfolgenden Stationen freie Kapazitäten vorhanden sind, werden als **Bottlenecks** bezeichnet. Durch Analysen des Kanban-Boards können immer wieder Maßnahmen ergriffen werden, um einen möglichst **gleichmäßigen Fluss** zu erreichen. Beispielsweise können die Limits für einzelne Stationen verändert werden, es können Puffer eingeführt werden, die Anzahl der Mitarbeitenden an den verschiedenen Stationen kann verändert werden, technische Probleme werden beseitigt usw. Dieser **kontinuierliche Verbesserungsprozess** ist wesentlicher Bestandteil von Kanban.

Als Methode kann Kanban basierend auf den oben genannten Eigenschaften auch für jeden beliebigen Prozess verwendet werden. Die Idee nach Anderson (Anderson D.J., 2010) besteht darin, dass Kanban minimalinvasiv ist und den Wertstrom, die Arbeitsrollen und die Verantwortlichkeiten so wenig wie möglich ändert. Neben der Definition nach Anderson gibt es weitere Beschreibungen für Kanban, beispielsweise: Kanban ist eine Veränderungsinitiative, bei der die gesamte Arbeitskultur berücksichtigt wird und Menschen immer wichtiger sind als Prozesse und Werkzeuge (Leopold & Kaltenecker, 2012). Diese Aussage korreliert auch mit den in Abschnitt 4.5.1 erwähnten agilen Werten und Prinzipien.

In vielen Fällen wird die Teamgröße in agilen Organisationen für **große Projekte** den Rahmen übersteigen, der allein mit den zuvor beschriebenen Mitteln erfolgreich realisierbar ist. Dennoch ist es wichtig, Kommunikation und Beziehungen mit einer hohen Bandbreite aufrechtzuerhalten. In solchen Fällen können uns Skalierungsmethoden für die agile Softwareentwicklung helfen. Verbreitete Methoden dafür sind beispielsweise das **Scaled Agile Framework (SAFe), Large Scale Scrum (LeSS) oder Nexus**. Was alle diese Methoden gemeinsam haben, ist dieselbe Grundidee und ein gemeinsames Werteverständnis entsprechend dem agilen Manifest.

4.6 Qualität in softwareintensiven Systemen

Um das Thema der Qualität in softwareintensiven Systemen näher betrachten zu können, ist ein allgemeines Verständnis digitaler Technologien, insbesondere dem grundsätzlichen Wesen von Software notwendig. Nach der ISO 24765 ist Software wie folgt definiert.

> *Software ist ein Programm oder eine Menge von Programmen, die dazu dienen, einen Computer zu betreiben.*

In anderen Worten kann man sagen, dass Software den Treibstoff für unsere digitale Transformation darstellt, da Computer und computernahe Systeme erst durch

Software nutzbar werden. Software ermöglicht unser modernes, digitales Leben und ist für viele Innovationen maßgeblich. Bei genauerer Betrachtung von Software werden wir feststellen, dass diese im Gegensatz zu Computern oder Speichermedien **nicht physisch greifbar** ist - Software ist immateriell. Software besitzt auch keine natürliche Visualisierung, keine Haptik, Software **ist nicht leicht vorstellbar**, und genau dadurch unterscheidet sich Software von vielen Dingen, die uns sonst umgeben. Dieser Umstand macht Software speziell, was sich bei der Entwicklung von digitalen Produkten sowie im Betrieb dieser Technologien zeigt. Dabei gibt es weitere essenzielle Unterschiede von Software zu mechanischen oder elektronischen Systemen:

- **Software kann einfach kopiert werden.**

  Die erstellten Kopien sind absolut identisch mit der Ausgangsversion, dadurch entstehen bei der Vervielfältigung von Software auch keine Produktionskosten.

- **Software kann auch im herkömmlichen Sinn nicht physisch altern**, es gibt bei Software z. B. keine Korrosion.

- **Software ist unstetig.**

  Software ist digital und diskontinuierlich, Sprungfunktionen (neues Release) sind jederzeit möglich. Damit sind **Vorhersagen über zukünftige Funktionen tendenziell schwierig** und es existiert weder ein vollständiges noch ein generisches Zuverlässigkeitsmodell. Daher ist Software nicht vollständig überprüfbar und es sind besondere Methoden für die Qualitätssicherung notwendig.

- **Software ist reine Logik.**

  Software besitzt dieselben Einschränkungen wie Logik und kaum Einschränkungen durch die Physik. Die größten **Einschränkungen von Software sind daher der Mangel an gesundem Menschenverstand und natürlicher Intelligenz.** Mit Methoden wie maschinellem Lernen und selbstlernenden Algorithmen werden diese Systeme immer besser, es bleibt aber auch in diesem Fall immer bei einer reinen Logik.

- **Software besteht aus kleinen und generischen Bausteinen**

  Bei der Erstellung von Software besteht eine sehr hohe Gestaltungsfreiheit. Es gibt keine natürliche „Nachbarschaft", Software kann oft beliebig miteinander verbunden werden. Dadurch ergibt sich ein System mit kaum vorhersehbaren Eigenschaften, also ein System mit sehr hoher Komplexität, was sich in hohen Entwicklungskosten und in der Qualitätssicherung niederschlagen kann.

Trotz der zuletzt beschriebenen Freiheitsgrade unterliegt Software gewissen Gesetzmäßigkeiten und Einschränkungen, die bei der Entwicklung zu berücksichtigen sind. Auf die wichtigsten davon wollen wir im nächsten Abschnitt eingehen.

4.6.1 Alterung von Software

Software ist, so wie wir das von materiellen Produkten gewohnt sind, einem gewissen Alterungsprozess ausgesetzt. Dieser entsteht aber nicht durch Schädigungsmechanismen wie beispielsweise Korrosion (Rost) bei materiellen Gegenständen, sondern ist viel mehr **durch die Umgebung, in der die Software betrieben wird, verursacht** (beispielsweise kann auf einem einigermaßen alten Smartphone die aktuellste Revision des Betriebssystems nicht mehr installiert werden, das Smartphone muss weiter mit einer veralteten Software betrieben werden). Diese Kontextänderung führt dazu, dass die Software nicht mehr zu den Anforderungen oder auch der Laufzeitumgebung (Begriffserklärung siehe Glossar Abschnitt 12.3) passt. Oft wird in diesem Fall die Software als „outdated" oder veraltet bezeichnet. Die Folgen dieses Alterungsprozesses sind ein **vermehrtes Auftreten von Fehlern** durch die geänderten Umgebungsparameter, aber auch vermehrt Fehler, welche durch die notwendigen Änderungen der Software selbst verursacht werden. Auch steigen die **Änderungskosten der Software**, da viele unterschiedliche Laufzeitumgebungen beim Test berücksichtigt werden müssen.

Zusammenfassend kann man sagen, dass die **Qualität der Software** durch diese Kontextveränderungen immer schlechter wird, und zwar durch Ausführung der Software in einer Umgebung, welche in dieser Form während der Entwicklung der Software nicht im Fokus stand oder noch gar nicht existiert hat.

Fehlerhäufigkeit und Komplexität

Grundsätzlich ist kein Produkt perfekt und es besteht immer die Wahrscheinlichkeit eines Fehlers. Insbesondere für Software ist aufgrund ihrer Komplexität eine vollständige Sicherstellung der Fehlerfreiheit nicht möglich, es kann lediglich der Erfüllungsgrad mit Testmethoden verifiziert werden. **Komplexität** kann als eine Mischung aus Struktur (mangelnde Verständlichkeit durch Anzahl und Vielfalt der Elemente) und Verhalten (mangelnde Vorhersagefähigkeit aufgrund der Dynamik) verstanden werden (Bild 4.16). Bei einem **einfachen System ist die Struktur verständlich sowie das Verhalten vorhersagbar**. Zum einen werden mit zunehmender Dynamik, d.h. Veränderlichkeit im Zeitablauf, Systeme komplizierter (Feld B in Bild 4.16), zum anderen steigt mit zunehmender Anzahl und Vielfalt der Systemelemente ebenfalls die Kompliziertheit (Feld C in Bild 4.16).

Wenn diese beiden Eigenschaften kombiniert auftreten, spricht man von einem komplexen System (Feld D in Bild 4.16). Diese Systeme weisen insgesamt viele Systemkomponenten und Schnittstellen auf, zusätzlich sind die Verbindungen zwischen den Komponenten dynamisch, entweder durch bereits geplante Konfigurationsmöglichkeiten oder einfach durch Änderung der Rahmenbedingungen.

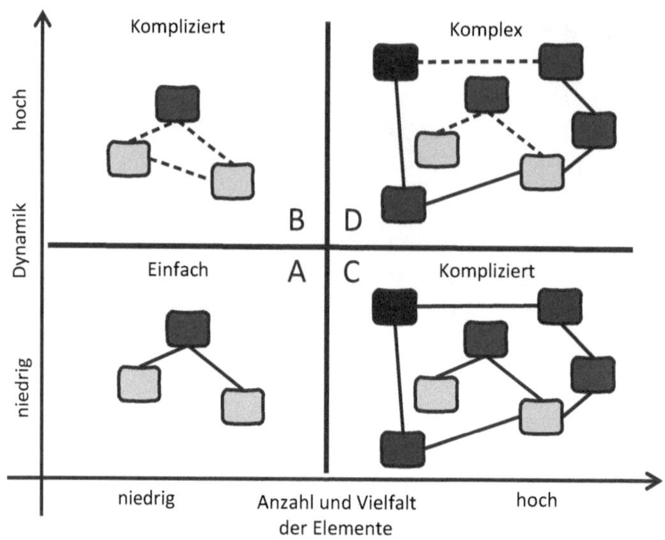

Bild 4.16 Kompliziert vs. komplex (Haberfellner R., Vössner, Fricke, & de Weck, 2020)

Fehlerrate als Funktion der Zeit

Bei der Betrachtung der Fehlerrate eines physischen Produkts als Funktion der Zeit kann man eine Kurve erkennen, die in ihrer Form einer Badewanne gleicht (Bild 4.17). Sie deutet darauf hin, dass Hardware zu Beginn des Lebenszyklus eine hohe Ausfallrate aufweist, welche oft auf Konstruktions- oder Herstellungsfehler zurückzuführen ist. Im weiteren zeitlichen Verlauf werden Fehler korrigiert und die Ausfallrate sinkt auf ein zufriedenstellendes Niveau. Mit zunehmender Lebensdauer steigt die Ausfallrate wieder an, da Hardwarekomponenten unter den kumulativen Auswirkungen von Staub, Vibrationen, Missbrauch, extremen Temperaturen und vielen anderen Umwelteinflüssen leiden. Man sagt, das Produkt beginnt zu verschleißen.

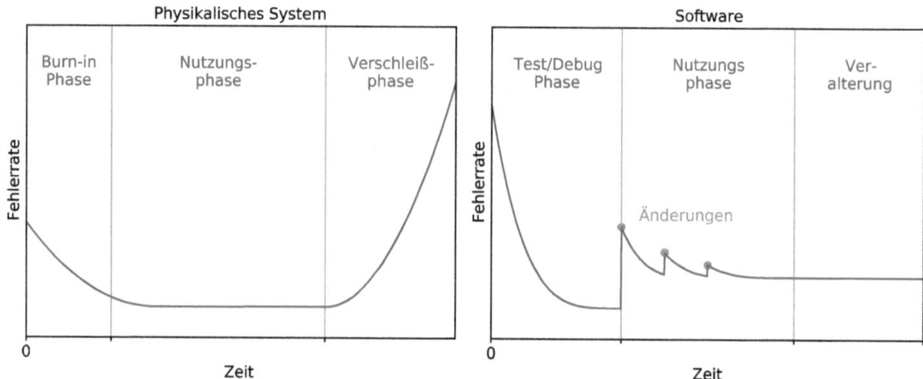

Bild 4.17 Fehlerrate über den Lebenszyklus eines physischen Produkts (links) im Gegensatz zur Fehlerrate über den Lebenszyklus von Software (rechts)

Software zeigt im Gegensatz dazu ein völlig anderes Verhalten der Fehlerrate über der Zeit. Da Software keinem Verschleiß unterliegt, sind andere Kriterien für die Veränderung der Fehlerrate verantwortlich. Zu Beginn des Lebenszyklus verhält sich Software in ähnlicher Form wie eine Hardwarekomponente, wobei durch iterative und agile Ansätze die anfängliche Fehlerrate deutlich reduziert werden kann. Die Fehlerrate von Software steigt allerdings bei jeder Änderung (auch bei bereits erprobter Software) wieder kurzeitig an, da Änderungen durchgeführt werden und es zu entsprechenden Nebeneffekten kommt. Auch gibt es bei Software wie bereits erwähnt keinen Verschleiß, doch es gibt die Obsoleszenz (Veralterung), das ist jene Phase im Lebenszyklus, in der sich die Technologie oder die Laufzeitumgebung dermaßen geändert hat, dass der Einsatz der bestehenden Software nicht mehr sinnvoll ist.

Technische Schulden (Technical Debt)

Während der Entwicklung von Produkten kommt es immer wieder zu Situationen, in denen der **erreichte Fortschritt der Entwicklung nicht der geplanten Geschwindigkeit zum Projektstart** entspricht. Gründe hierfür sind Änderungen in den Anforderungen oder technische Probleme, welche man in dieser Weise nicht erwartet hatte. Damit entspricht der aktuelle Projektfortschritt nicht mehr dem ursprünglich geplanten, was zu einem **verspäteten Fertigstellungszeitpunkt** führt, wie in Bild 4.18 ersichtlich.

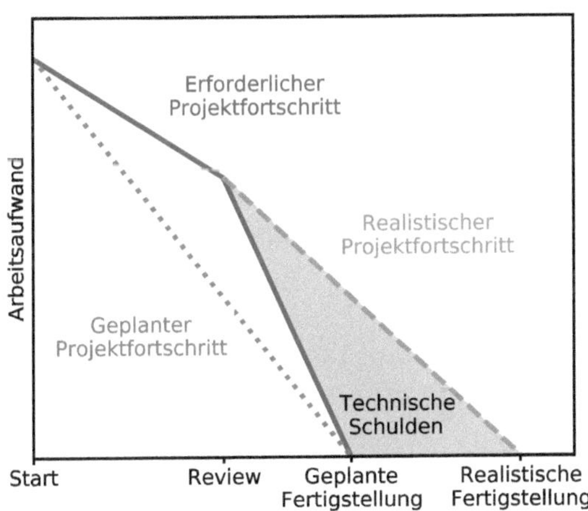

Bild 4.18 Technische Schulden im Verlauf eines Projekts

Wird diese Situation während eines Projekts erkannt, so ergeben sich daraus mehrere Möglichkeiten. Man könnte keine **Änderung am Terminplan des Projekts vornehmen und die Fertigstellung verzögern**. Und manchmal ist dies auch möglich. **In vielen Fällen jedoch ist für die Fertigstellung ein definiertes Zeit-**

fenster vorgegeben, das nicht mehr verhandlungsfähig ist. Als Resultat daraus wird oft die Möglichkeit genutzt, die noch zu erledigende Arbeitslast zu reduzieren. Wenn diese Adaption nicht mehr über Funktionalitäten gemacht werden kann, müssen bewusst qualitätsrelevante Aspekte wie die Dokumentation oder Tests reduziert werden. Daher kommt es in solchen Situationen oftmals zu Workarounds oder technisch nicht ausgereiften Lösungen. Genau diese zeitlichen Abkürzungen führen dann zu entsprechenden **technischen Schulden** (siehe graue Fläche in Bild 4.18), die nach dem Release oder auch vor einem neuen Projekt aufgearbeitet werden müssen. Grundsätzlich sind technische Schulden nicht weiter schlimm. Sie sind einfach Teil unserer Bewegungsfreiheit in Projekten und die Auswirkung von Reaktionen auf Änderungen innerhalb eines Projekts. Wichtig bei den technischen Schulden ist ein angemessenes Management sowie entsprechende Transparenz. Problematisch allerdings sind versteckte technische Schulden.

Eine weitere Lösung des oben beschriebenen Dilemmas wäre die Möglichkeit, **zusätzliches Personal in der Entwicklung hinzuzuziehen, um den Fortschritt im Projekt zu beschleunigen**. Genau diese Strategie ist aber gefährlich. Fred Brooks hat bereits 1975 in seinem Buch „The Mythical Man-Month“ beschrieben, dass das Hinzufügen von zusätzlichen Personen in einer späten Phase das Projekt nur noch weiter verzögert (Brooks, 1975). Diese Gesetzmäßigkeit ist auch bekannt unter **Brooks's Law**. Deshalb ist es zumeist besser, technische Schulden aufzubauen, welche aber bei der nächsten Gelegenheit wieder abgebaut werden müssen.

4.6.2 Qualitätsmodelle

In Abschnitt 2.1 sind wir bereits darauf eingegangen, dass Qualität der Grad der Erfüllung von Anforderungen ist, was natürlich auch für Software gilt. Um Qualität zu spezifizieren und damit messbar zu machen, sind Qualitätsmodelle hilfreich, welche die zu erfüllenden Anforderungen anhand von Kriterien beschreiben. Besonders in der Software erfreuen sich solche Qualitätsmodelle hoher Beliebtheit. Das wichtigste Qualitätsmodell ist in der **ISO 25010 als „Systems and Software Quality Requirements and Evaluation“ (SQuaRE)** beschrieben. Die Norm geht dabei auf die Randbedingungen ein, unter denen die Qualität zu betrachten ist. In der ISO 25010 wird nicht nur das System bzw. die Software an sich betrachtet sondern auch die dahinterstehende Prozess- bzw. Projektqualität. Bild 4.19 gibt einen Überblick über diese Abhängigkeiten.

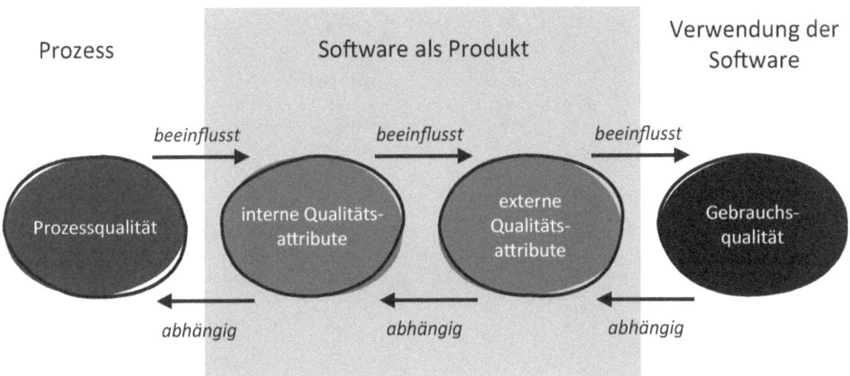

Bild 4.19 Verschiedene Ebenen der Qualität gemäß ISO 25010

Das Qualitätsmodell besteht aus den folgenden Elementen:

- **Projektqualität**

  Sie beeinflusst die Produktqualität, zählt aber nicht zu SQuaRE, da diese die Qualität des Produkts beurteilt.

- **Interne Qualität**

  Betrachtung von Merkmalen des isolierten Produkts, ohne dass es ausgeführt wird, z.B. Untersuchung von Quelltext oder Spezifikationen.

- **Externe Qualität**

  Betrachtung von Merkmalen, wenn das Produkt in einer definierten Umgebung, z.B. Labor, Simulation, Erprobung, ausgeführt wird, häufig basierend auf Tests.

- **Gebrauchsqualität**

  Betrachtung von Merkmalen, wenn das Produkt von einem Endbenutzer in dessen Umgebung benutzt (ausgeführt, gewartet, portiert) wird, die Umgebung kann je nach Benutzer variieren.

Im Wesentlichen kann zu diesem Qualitätsmodell festgehalten werden, dass jede Ebene der Qualität durch die vorhergehende beeinflusst wird. Um die für den Benutzer oder Kunden sichtbare Gebrauchsqualität zu erzielen, ist es also bereits notwendig, Qualität innerhalb des Prozesses und der Projektorganisation sicherzustellen. Dazu zählen die richtigen Personen mit der entsprechenden Ausbildung und den notwendigen Kompetenzen, die Nachvollziehbarkeit sowie das angemessene Management der technischen Schulden.

Die ISO 25010 enthält eine genaue Definition der Qualitätsmerkmale von Software, welche in Bild 4.20 dargestellt sind. Diese Merkmale unterteilen sich in acht Gruppen mit weiteren detaillierteren Unterkriterien.

Bild 4.20 Merkmale von Softwarequalität gemäß ISO 25010

Die Betrachtung dieser Kriterien ist für die Qualitätssicherung in Softwareprojekten zentral. Jedoch sind nicht immer alle Kriterien von gleicher Bedeutung. Es gibt Eigenschaften, welche maßgeblich die Softwarearchitektur prägen. Diese werden als **Architekturtreiber** bezeichnet und dienen dazu, Architekturentscheidungen in der Softwareentwicklung zu treffen und damit die richtige Lösung auszuwählen.

In diesem Zusammenhang lohnt sich ein Blick auf die Begriffe funktionale und nicht-funktionale Anforderungen. Funktionale Anforderungen beschreiben, was die Software tun soll und definieren somit die Funktionalität. Nicht-funktionale Anforderungen charakterisieren unter welchen Bedingungen bzw. mit welchen Eigenschaften die Funktionen zu erfüllen sind. Der Großteil der Qualitätskriterien in der ISO 25010 sind somit nicht-funktionale Anforderungen. Diese werden oft vergessen, sind aber sehr wichtig, weil sie zumeist die Architekturtreiber darstellen und die Kundenzufriedenheit maßgeblich prägen.

Wenn wir beispielsweise teilautonome Systeme oder solche, die in Zukunft weitgehend autonom agieren sollen, betrachten, muss das erklärte Ziel in der absoluten Zuverlässigkeit und Vertrauenswürdigkeit liegen (Wolf, 2014).

Ein der ISO 25010 ähnliches Qualitätsmodell, das den Fokus auf das Thema Zuverlässigkeit und Vertrauenswürdigkeit legt, ist in der IEC 60050-191 definiert (IEC, 1990). Darin wird der Überbegriff Verlässlichkeit („Dependability") verwendet und definiert als die Fähigkeit, die erforderliche Leistung immer dann zu liefern, wenn notwendig („ability to perform as and when required"). Die IEC 60050-191 unterteilt Verlässlichkeit in folgende Unterkriterien:

- **Zuverlässigkeit (Reliability):** Das System verhält sich wie erwartet, es arbeitet mit sehr wenigen Fehlern.
- **Verfügbarkeit (Availability):** Das System und die Dienste sind größtenteils verfügbar, mit sehr geringen oder keinen Ausfallzeiten.
- **Wartbarkeit (Maintainability):** Die Wartung von Systemen ist gewährleistet und nicht übermäßig teuer.
- **Betriebssicherheit (Safety):** Die Systeme stellen keine unannehmbaren Risiken für die Umwelt oder die Gesundheit der Benutzer dar.
- **Integrität (Integrity):** Systemdaten können nicht ohne Absicht und Autorisierung geändert werden.
- **Vertraulichkeit (Confidentiality):** Daten und andere Informationen werden nicht ohne Genehmigung weitergegeben.

Zusätzlich wird der Aspekt der Privatsphäre wichtiger. Die Privatsphäre ist dabei kein offizielles Unterkriterium der Dependability, sie wird jedoch immer öfter genannt und gewinnt gerade durch die Entwicklungen im Datenschutz (z. B. DSGVO) sowie durch das Bekanntwerden von Überwachungsmethoden immer weiter an Bedeutung.

- **Privatsphäre (Privacy):** Das System achtet die Privatsphäre der Nutzer und ist dahingehend gestaltet, dass keine persönlichen Daten an Dritte weitergegeben werden.

Zusammengefasst sind Qualitätsmodelle eine große Hilfe, um für ein Projekt die qualitatskritischen Merkmale zu identifizieren, in eine Teststrategie und einen Testplan überzuführen und danach die entsprechenden Qualitätssicherungsmaßnahmen durchzuführen. Ein wesentlicher Aspekt von Tests in der Software ist die Betrachtung unterschiedlicher Gruppen und Ebenen von Tests - von kleinteiligen Unit-Tests über Funktions-Tests bis hin zu vollständigen System-Tests. All diese Ebenen weisen in den meisten Testplänen einen unterschiedlichen Automatisierungsgrad auf, wobei das Dogma gilt, je mehr automatisiert abläuft, desto nachhaltiger ist auch die entsprechende Qualitätssicherungsmaßnahme.

■ 4.7 Systematische Entwicklung von Industrie-4.0-Lösungen

Unser Ansatz zur systematischen Entwicklung von Industrie-4.0-Lösungen orientiert sich am Referenzarchitekturmodell Industrie 4.0 (RAMI 4.0). Es wurde von mehreren in Deutschland ansässigen Industrieverbänden BITKOM, VDMA und ZVEI entwickelt und eingeführt. RAMI 4.0 wurde geschaffen, um ein einfaches und anschauliches Architekturmodell als Referenz für den gesamten Industrie 4.0-Lösungsraum zu generieren. Zusätzlich bestand die Zielsetzung darin, die anwendungsspezifischen Zusammenhänge mit bestehenden Normen und Standards herzustellen, diese zu harmonisieren und damit die Zahl an Normen und Standards zu minimieren (Heidel, Hoffmeister, Hankel, & Döbrich, 2017). Bild 4.21 zeigt das Referenzarchitekturmodell Industrie 4.0.

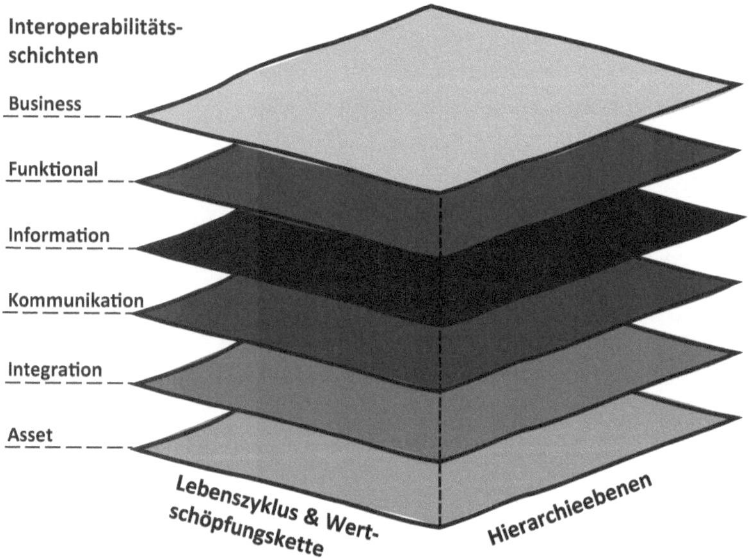

Bild 4.21 Referenzarchitekturmodell Industrie 4.0 (BITKOM, VDMA; ZVEI, 2021)

In den folgenden Abschnitten werden die drei Dimensionen des Modells

- Hierarchieebenen,
- Interoperabilitätsschichten sowie
- Lebenszyklus und Wertschöpfungskette

näher erläutert. Wie die praktische Anwendung des Referenzmodells aussehen kann, wird anhand einer Fallstudie in Abschnitt 4.8 beschrieben.

4.7.1 Hierarchieebenen

Die Hierarchieebenen des RAMI 4.0 spiegeln ein hierarchisches Modell wider, welches auf dem Purdue-Referenzmodell für computerintegrierte Fertigung aufbaut und dieses um die Ebenen der **vernetzten Welt (Connected World)** am oberen Ende sowie um das **Feldgerät (Field Device)** und das **Produkt (Product)** am unteren Ende erweitert (Bild 4.22).

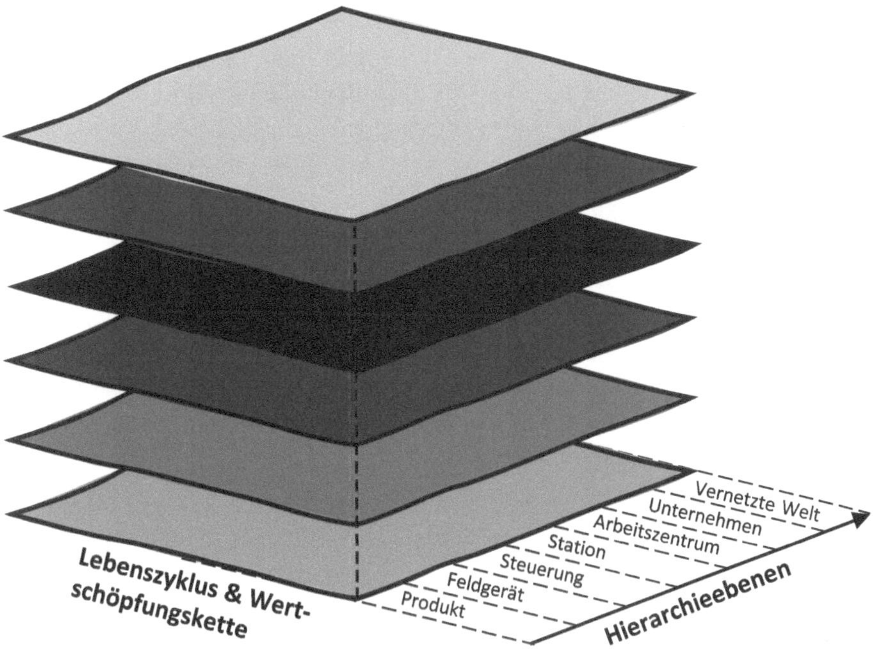

Bild 4.22 Hierarchieebenen des Referenzarchitekturmodells Industrie 4.0 (BITKOM, VDMA; ZVEI, 2021)

Diese Erweiterung um das Produkt ist notwendig, damit die Steuerung der Fertigungsanlage durch das Produkt im Modell abgebildet werden kann, was ein wesentliches Merkmal von Industrie 4.0 darstellt (Schwebe, 2016). Zusätzlich wird mit der Erweiterung der vernetzten Welt eine Schnittstelle hin zu vernetzten Systemen gebildet.

4.7.2 Interoperabilitätsschichten

Diese Dimension, die auch als Architektur-Achse bezeichnet wird, ist in Schichten oder englisch in „Layer" aufgeteilt. Diese Schichten sind wie folgt definiert:

- **Organisation und Geschäftsprozesse (Business Layer):** Beschreibt die Geschäftsprozesse und die geschäftlichen Rahmenbedingungen mit dem Fokus auf Anforderungen der relevanten Stakeholder (Heidel, Hoffmeister, Hankel, & Döbrich, 2017). Im Business Layer werden üblicherweise Business Case und Use Cases der Industrie 4.0 Lösung beschrieben. Der Business Case ist das, was ein Akteur erreichen möchte. Er beschreibt den **Nutzen aus Sicht der Stakeholder** und beinhaltet eine **Wirtschaftlichkeitsrechnung**. Die Use Cases beschreiben, was ein Akteur (Nutzer) erledigen will, beschreibt somit die angestrebte Industrie 4.0 Lösung und die grobe Funktion, welche das System erfüllen muss. Im Business Layer wird der Use Case nicht im Detail beschrieben, sondern lediglich dem Namen nach identifiziert (High-Level-Betrachtung).
- **Funktionen (Functional Layer):** Die Funktionen einschließlich ihrer Beziehungen werden unabhängig von Akteuren und physikalischen Implementierungen in Anwendungen, Systemen und Komponenten dargestellt. Die Ableitung der Funktionen erfolgt durch die Präzisierung des Use Cases. Die Ergebnisse werden typischerweise in Form eines Ablauf- oder Sequenzdiagrammes dargestellt.
- **Notwendige Daten (Information Layer):** Beschreibt die Informationsflüsse zwischen den zur Realisierung der Use Cases beteiligten Komponenten. Dies beinhaltet die Beschreibung der Informationsobjekte (z.B. Cloud) und der zugrundeliegenden Datenmodelle.
- **Zugriff auf Informationen (Communication Layer):** Der Schwerpunkt dieser Schicht liegt in der technischen Umsetzung der Schnittstellen. Dies beinhaltet insbesondere die Beschreibung von Kommunikationsprotokollen (Vereinbarungen, nach denen die Datenübertragung zwischen zwei oder mehreren Komponenten abläuft) und Mechanismen für den Informationsaustausch.
- **Integration (Integration Layer):** Stellt den Übergang von der physischen Welt (den Assets) und ihrer Abbildung in der digitalen Welt dar. Dieser wird im RAMI 4.0 mittels sogenannter Verwaltungsschalen umgesetzt, welche den Datenaustausch zwischen den Funktionen systemübergreifend sicherstellen. Die Integrationsschicht bietet auch die Möglichkeit zur Integration von Netzwerkkomponenten wie Router, Switches, Terminals oder auch passiven Komponenten wie Barcodes und QR-Codes.
- **Asset (Asset Layer):** Diese Schicht stellt die realen Dinge in der physischen Welt dar. Dies können Anwendungen, reale Komponenten ebenso wie Dokumente und Menschen sein.

Ein großer Vorteil in der Betrachtung eines Systems in diesen Schichten liegt in dem unterschiedlichen Detailgrad und Fokus. Die Geschäftsprozessschicht beschäftigt sich noch primär mit den Anforderungen und dem Ziel des Systems. Darauf aufbauend können in den Informations-, Kommunikations- und Integrationsschichten das Design der Lösung und die notwendigen Schnittstellen entworfen und spezifiziert werden. Einerseits bringt dieses Vorgehen den Vorteil, das Problem zuerst grob zu betrachten und dann weiter zu verfeinern. Zusätzlich sind die Schichten aber auch miteinander verbunden und in Use Cases identifizierte Systemkomponenten aus der Funktionsschicht in den darunterliegenden Schichten verfügbar. Damit wird eine wichtige Eigenschaft des modellbasierten Systems Engineering, die Nachvollziehbarkeit und Rückverfolgbarkeit (Traceability) erfüllt.

4.7.3 Lebenszyklus und Wertschöpfungskette

Durch die immer stärker werdende horizontale Vernetzung über Unternehmensgrenzen hinweg wird die Betrachtung in Wertschöpfungsketten und Lebenszyklen immer wichtiger. Diese stellt die dritte Dimension in RAMI 4.0 dar.

Jedes Asset, also jeder Gegenstand, jede Maschine, jede Software, durchläuft während seiner Lebenszeit vier Phasen (Tabelle 4.1). Es wird dabei nach Typ (Plan oder Bauplan) und Instanz (Herstellung) unterschieden. Während der Entwicklung eines Assets entsteht der „Typ“, während der Herstellung die „Instanzen“.

Tabelle 4.1 Referenzarchitekturmodell Industrie 4.0, Lebenszyklus und Wertschöpfungskette

	Lebenszyklus	Beschreibung
Typ (Bauplan)	Entwicklung	Stellt die erste **Idee** eines Produkts dar. In dieser Phase werden alle Aspekte rund um das Produkt dargestellt, von der **Entwicklung**, der **Konstruktion** und **Tests** bis hin zur Erstellung der ersten **Prototypen**.
	Instandhaltung/ Gebrauch	Bereitstellung von **Softwareupdates** und **Bedienungsanleitung** sowie die Definition von **Wartungszyklen**.
Instanz (Bau)	Produktion	Produktion oder Bau des Produkts. Dabei wird das **Produkt** selbst generiert oder auch Daten zur Produktion wie **Seriennummer**, **Qualitätsmerkmale** etc. generiert.
	Instandhaltung/ Gebrauch	Stellt den eigentlichen Einsatz des Produkts dar. Damit werden der **Gebrauch**, der **Service** und die **Wartung** sowie das **Recycling** bzw. die **Verschrottung** der Instanzen abgebildet.

Mit diesen drei Dimensionen stellt RAMI 4.0 ein umfassendes Konzept zur Beschreibung und Verortung von Industrie-4.0-Lösungen zur Verfügung. Aufgrund seiner Komplexität erweist sich die Verwendung von RAMI 4.0 als Herausforderung (Schwebe, 2016). Eine mögliche Unterstützung bietet sich in der Verwendung von für RAMI 4.0 optimierten Tools an. Eines dieser Tools ist die sogenannte RAMI 4.0 Toolbox (Josef Ressel Center for Dependable System-of-Systems Engineering, 2021), eine frei verfügbare Erweiterung für das Modellierungswerkzeug Enterprise Architect von Sparx Systems. Damit ist insbesondere die Architekturentwicklung von Industrie-4.0-Lösungen über die Interoperabilitätsschichten hinweg in einer gesteuerten Weise möglich.

■ 4.8 Case Study: E-Bikes

Die Firma Bikee als Hersteller von E-Bikes plant zur lückenlosen Rückverfolgbarkeit qualitätskritischer Bauteile die **Einführung eines Systems zur Erfassung und Verfolgung von fremd- und eigengefertigten Komponenten**. Die Anforderungen an das dazu notwendige IT-System und dessen Architektur wurden mittels der in der RAMI-Toolbox enthaltenen Diagramme modelliert. Die in den nachfolgenden Abschnitten beschriebenen Sichtweisen auf das System wurden gemeinsam mit Mitarbeitenden von Bikee im Zuge von Workshops erarbeitet und im Tool Enterprise Architect dokumentiert.

4.8.1 Business Layer

Der Fokus des Business Layers liegt in der **Abgrenzung des Systems, der Ableitung von Anforderungen** sowie der **Identifikation von Verbesserungspotenzialen** des aktuellen Prozesses. Daraus wird der Business Case abgeleitet.

Context Analysis Diagram

Die Kontextanalyse dient dazu, das **System**, welches im Fokus der weiteren Betrachtung steht, **abzugrenzen** und die **Schnittstellen** darzustellen. Bild 4.23 zeigt das System „Zulieferkette verfolgen und steuern“. Es ist ersichtlich, in welcher Form die interessierten Parteien (Business Actor) mit dem System interagieren. Beispielsweise ist dargestellt, dass der Lieferant für Spezialkomponenten Material in Form von Einzelteilen (Controller, Motor, Akku) liefert und Information in Form von Statistiken über fehlerhaft gelieferte Teile zurückerhält.

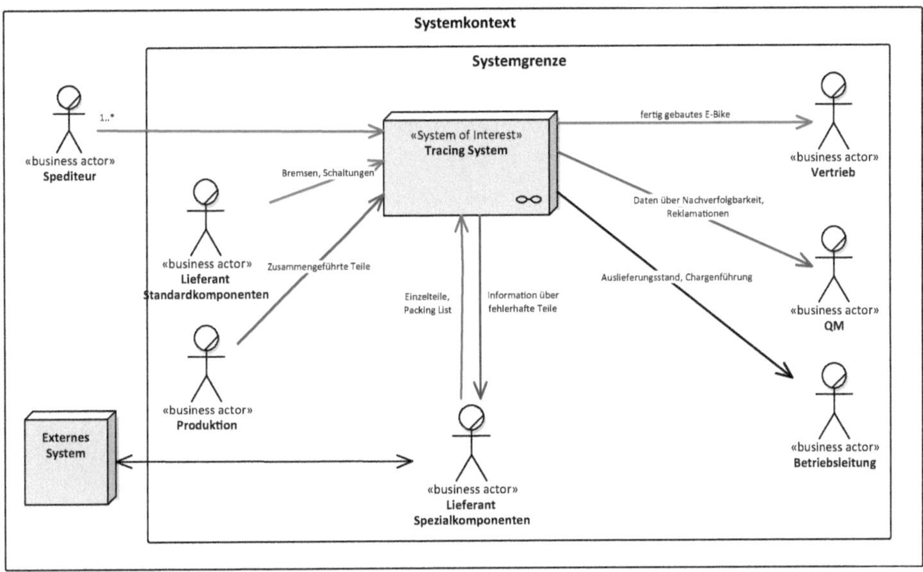

Bild 4.23 Context-Analysis-Diagramm zur Abgrenzung des zu betrachtenden Systems

Prozessanalyse und Business Case

Im nächsten Schritt wurde eine detaillierte **Prozessanalyse durchgeführt** und nach **BPMN2.0** (Abschnitt 3.4) dokumentiert. Bild 4.24 zeigt den Prozess mit seinen Teilschritten vom Sammeln der Einzelteile in einem Zentrallager bis zum Ausbuchen von fertigen E-Bikes aus dem System. Da dieser Prozess im Unternehmen noch nicht existierte, wurde der Soll-Zustand modelliert.

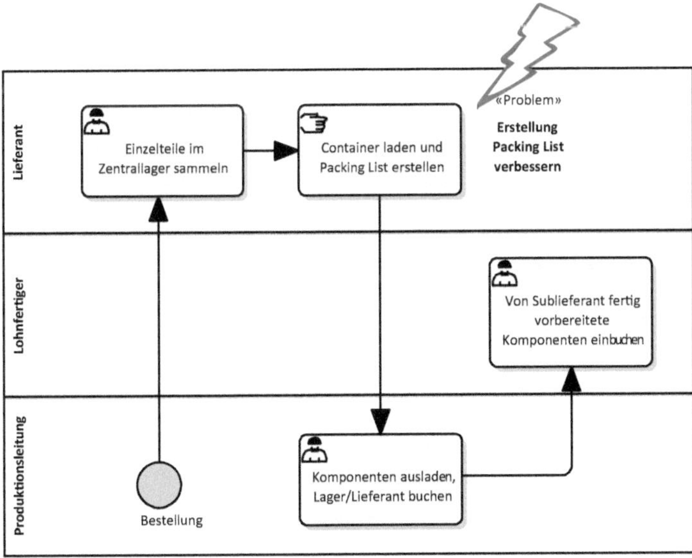

Bild 4.24 Prozessdarstellung „Zulieferkette verfolgen und steuern"

Aus dieser Analyse leiteten sich zwei Business Cases ab: „E-Bikes eindeutig identifizieren“ und „Teilebeschaffung digitalisieren“ Das Ziel dabei ist, um die Verfolgbarkeit von E-Bikes in der Produktion und bei der Auslieferung gewährleisten zu können. Im Anschluss wurden bereits bekannte Probleme bei der Umsetzung dieser Business Cases unter den derzeitigen Rahmenbedingungen identifiziert und die betroffenen Prozessschritte mit Kaizen-Blitzen markiert. Beispielsweise wurde erkannt, dass es im bestehenden Lagerverwaltungssystem noch kein Fertigungslager oder Kommissionslager gibt, um Halbfabrikate oder Fertigteile zu verwalten. Das Business Analysis Diagram in Bild 4.25 zeigt die identifizierten Problemstellungen mit deren Wirkung auf die Business Cases.

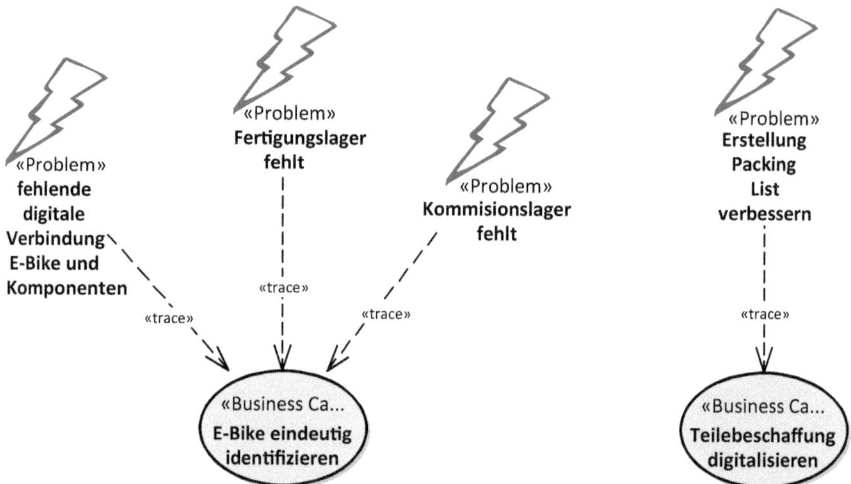

Bild 4.25 Business Analysis Diagram zur Identifikation von Problemstellungen

Use Case Decomposition Diagram

Über das Use Case Decomposition Diagram (Bild 4.26) werden die identifizierten Business Cases in Use Cases heruntergebrochen. Es zeigt sich beispielsweise, dass der Business Case „E-Bike eindeutig identifizieren“ über die folgenden Use Cases umgesetzt werden kann:

- Eindeutige Fahrrad-ID generieren und anbringen
- Verbaute Komponenten verlinken
- Digitales Prüfprotokoll erstellen

Dabei beschreiben die Use Cases die **Funktionalitäten des zu entwickelnden Systems** aus Anwendersicht und werden in den nachfolgenden Abschnitten bis hin zu einer technischen Umsetzungsebene detaillierter beschrieben.

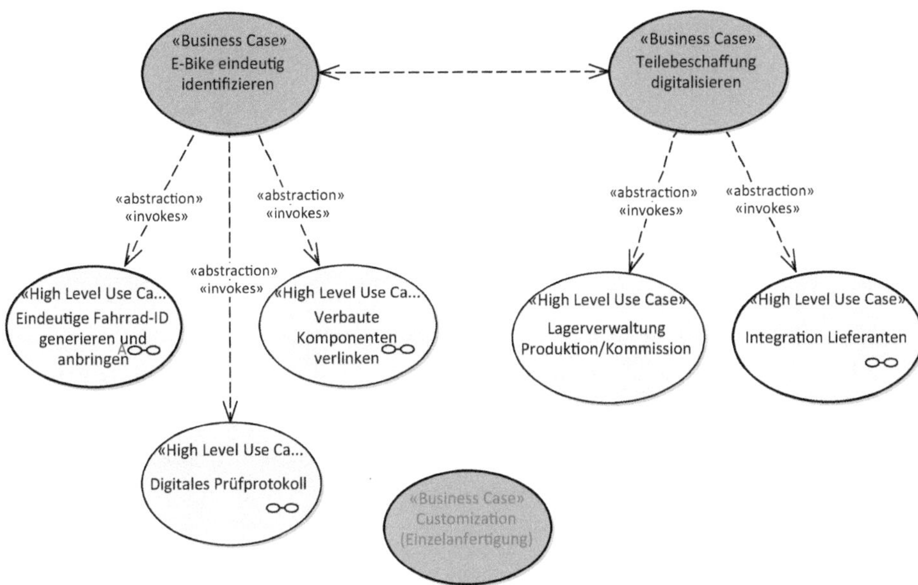

Bild 4.26 Use Case Decomposition Diagram zum Herunterbrechen der Business Cases in Use Cases

Business Actors and Goals

Das Business Actors and Goals Diagram stellt die Verbindung der von den Stakeholdern verfolgten **Ziele** zu den Use Cases her (Bild 4.27). Für den Business Case „E-Bike eindeutig identifizieren" verfolgen die Stakeholder Betriebsleitung und Produktion verschiedene Ziele. Die Betriebsleitung nennt als Erwartungshaltung an den Business Case, dass fehlerfreie Produkte geliefert werden und allen Komponenten Räder zugeordnet werden, damit Chargen rückverfolgbar sind. Die Produktion möchte für jedes Rad eine eindeutige Nummer zur Nachverfolgbarkeit in der Produktion und eine automatische Identifikation der für jedes Rad verbauten Komponenten.

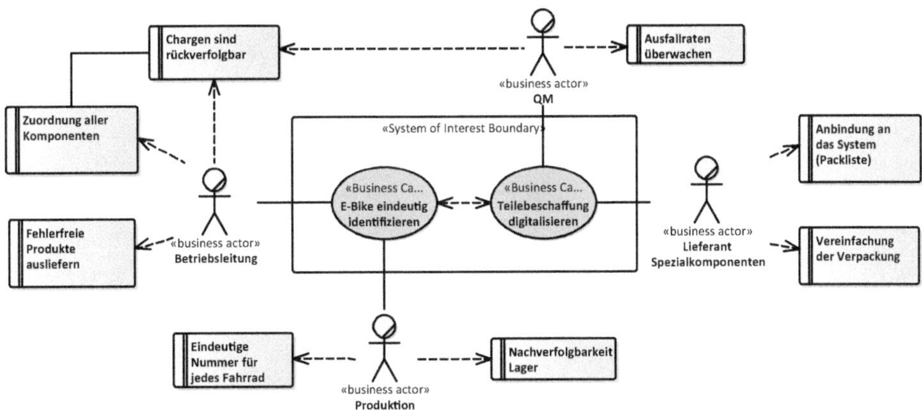

Bild 4.27 Business Actors and Goals Diagram zur Darstellung der Ziele

Requirements Analysis Diagram

Im Requirements Analysis Diagram werden für die zuvor definierten Ziele **funktionale und nicht-funktionale Anforderungen für die Industrie 4.0 Lösung** abgeleitet. So wurden für das Ziel „E-Bike-ID generieren" u. a. folgende funktionale Anforderungen formuliert (Bild 4.28):

- Zeitstempel an ID hinterlegen: Das System muss die Möglichkeit bieten, die ID mit einem Zeitstempel zu versehen. Entweder ist dieser Zeitstempel bereits in die ID „codiert" oder es gibt ein weiteres Feld, in welchem diese Information abgelegt wird und ausgelesen werden kann.
- E-Bike-ID von außen ablesbar: Die E-Bike-ID muss am Rahmen von außen lesbar sein. Vorschlag: Anbringung der ID am Unterrohr des Rahmens.
- ID generieren, sobald Bestellung im Haus: Das System muss die Möglichkeit bieten, dass die ID bereits generiert wird, sobald die Bestellung im System erstellt wird.

Zusätzlich wurden u. a. folgende nicht-funktionalen Anforderungen identifiziert:

- RFID-Transponder temperaturbeständig: Der RFID Transponder muss die Hitze beim Beschichten (200 °C) unbeschädigt überstehen.
- Lauffähig auf unterschiedlichen Endgeräten: Das System muss auf unterschiedlichen Endgeräten sowie Betriebssystemen (iOS, Android, Windows etc.) lauffähig sein.
- System bei Lieferanten verfügbar: Das System muss auch bei Lieferanten verwendbar sein, damit die Lieferanten diese Komponenten bereits vor der Verladung in das System einbuchen können.
- Offline-fähig: Das System muss auch offline funktionieren und die Daten nach Wiederherstellung der Verbindung synchronisieren können. Dies ist primär für die Anbindung von Lieferanten notwendig, da hier keine vollständige Online-Schnittstelle gewährleistet werden kann.

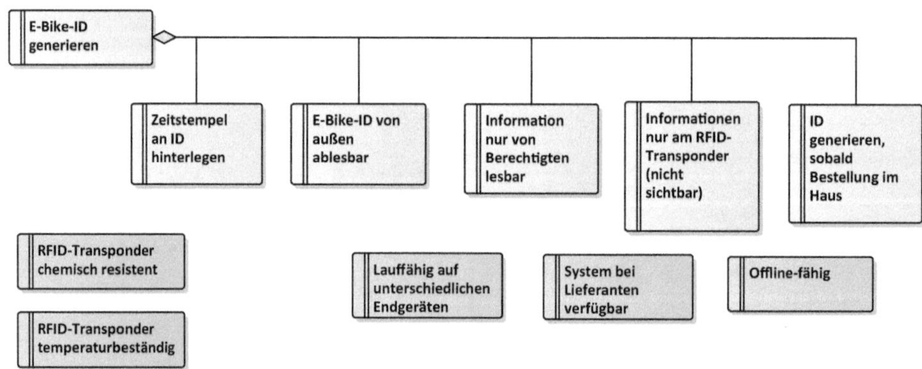

Bild 4.28 Requirements Analysis Diagram zur Bestimmung von Anforderungen

4.8.2 Function Layer

Nachdem im Business Layer die Anforderungen an die Lösung geklärt wurden, wird im zweiten Schritt der Function Layer modelliert. Dazu werden zunächst, wie in Bild 4.29 dargestellt, die **Abhängigkeiten der Stakeholder** untereinander sowie zu den Business Cases und Use Cases definiert.

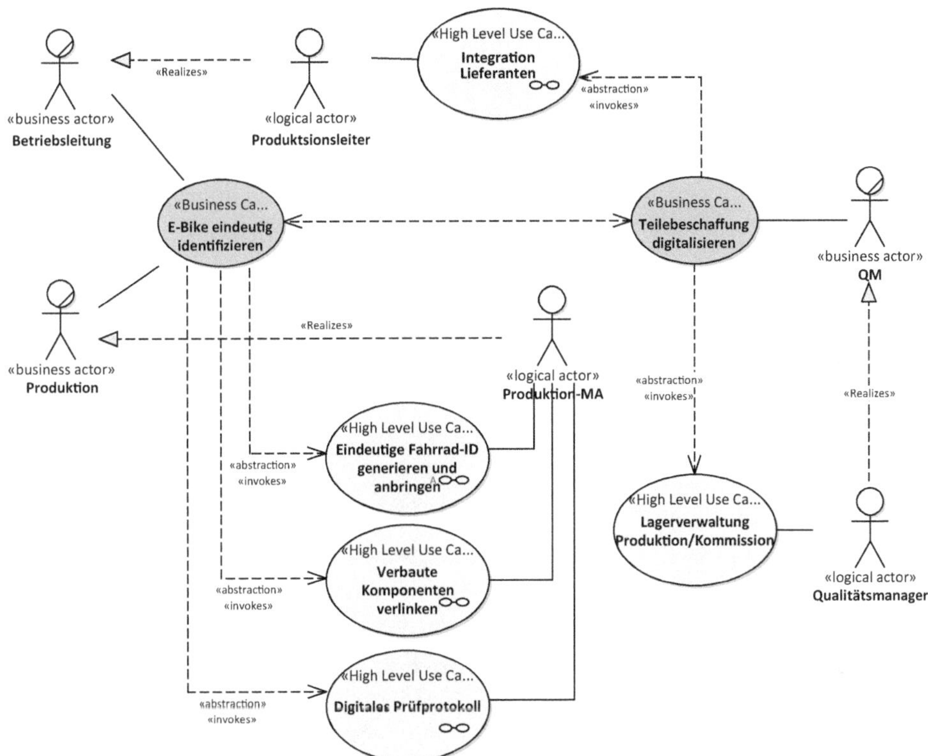

Bild 4.29 Abhängigkeiten der Stakeholder zu Business Cases und Use Cases im Use Case Overview Diagram

Activity Diagram

Das Ableiten der Funktionalitäten erfolgt, indem die Use Cases beispielsweise mit Hilfe eines Activity Diagram im Detail beschrieben werden. Bild 4.30 beschreibt das Activity Diagram für den Use Case „Eindeutige Fahrrad-ID generieren und anbringen“. Der Prozess startet damit, dass ein neues E-Bike im System angelegt werden muss. Im nächsten Schritt wird eine eindeutige ID für das Rad generiert. Danach wird die Rahmennummer über ein Bilderkennungssystem vom Rahmen gelesen. Nach diesem Schritt wird parallel ein RFID-Transponder am Rahmen angebracht und ein Etikett zur Nachverfolgung des Rads in der Produktion ausgedruckt und am Rahmen angebracht, um das Rad auch ohne Lesegerät schnell identifizieren zu können. Dieses Etikett wird vor der Auslieferung des Rads wieder entfernt. Im letzten Schritt werden die eindeutige Fahrrad-ID sowie die Rahmennummer mit der Nummer des RFID-Transponders verknüpft.

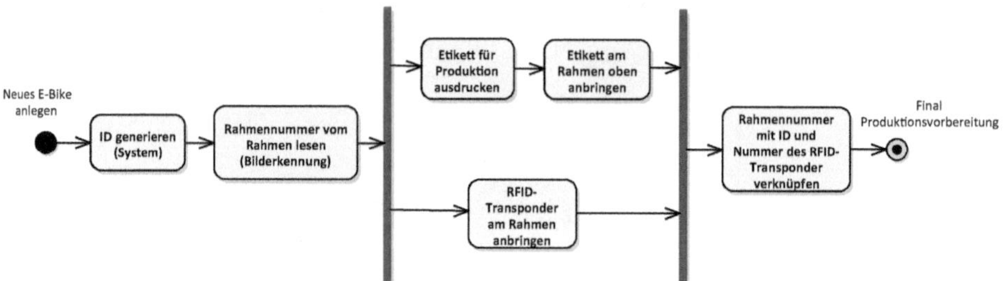

Bild 4.30 Activity Diagram zur Detaillierung eines Use Case

4.8.3 Information Layer

Über das in Bild 4.31 dargestellte Information Layer Diagram werden die **Informationsflüsse** zwischen den zur Realisierung der Use Cases beteiligten Komponenten beschrieben. Für den Use Case „Eindeutige Fahrrad-ID generieren und anbringen" zeigt sich, dass über eine Kamera mittels Bilderkennung die Teilenummer der Rahmen und Komponenten eingelesen und mit der über einen RFID-Reader erfassten ID des E-Bikes zu Baugruppen zusammengeführt wird. Bei Lieferanten gefertigte Komponenten werden bereits vor der Auslieferung mit einem Barcode versehen. Mittels eines Barcodelesers werden die Barcode-Daten der Komponenten der Baugruppe zugeordnet. Über einen NFC-Reader können dem RFID-Transponder bei Bedarf weitere Komponenten zugeordnet oder aber auch fehlerhafte Teile getauscht werden. Diese Informationen werden bei der abschließenden Prüfung in einem Prüfprotokoll zusammengefasst, um das E-Bike für die Auslieferung freizugeben.

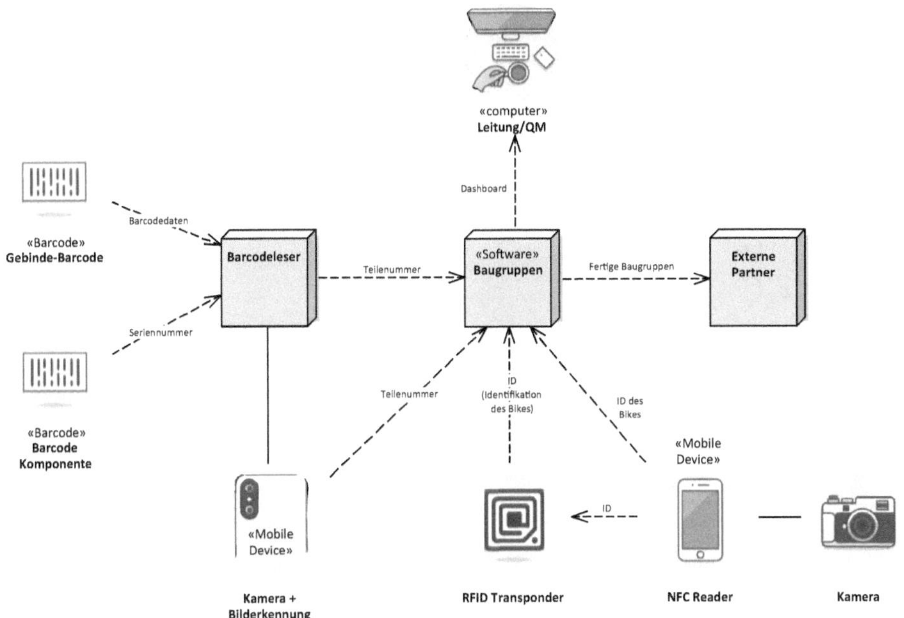

Bild 4.31 Information Layer zur Gestaltung des Informationsflusses

4.8.4 Communication Layer

Im Communication Layer wird die **technische Umsetzung der Schnittstellen** zwischen den Komponenten modelliert (Bild 4.32). Von den in Abschnitt 4.8.3 beschriebenen Informationsflüssen wird beispielsweise das Einlesen der Barcodes mittels eines optischen Erkennungssystems realisiert. Das Einlesen der RFID-Transponder wird über ein mobiles Endgerät mittels NFC-Interface eingerichtet. Das Zusammenführen der Komponentendaten zu Baugruppen erfolgt über eine Applikation, welche die Maschine-Maschine-Kommunikation für verteilte Systeme über REST (Abschnitt 9.3.3) ermöglicht.

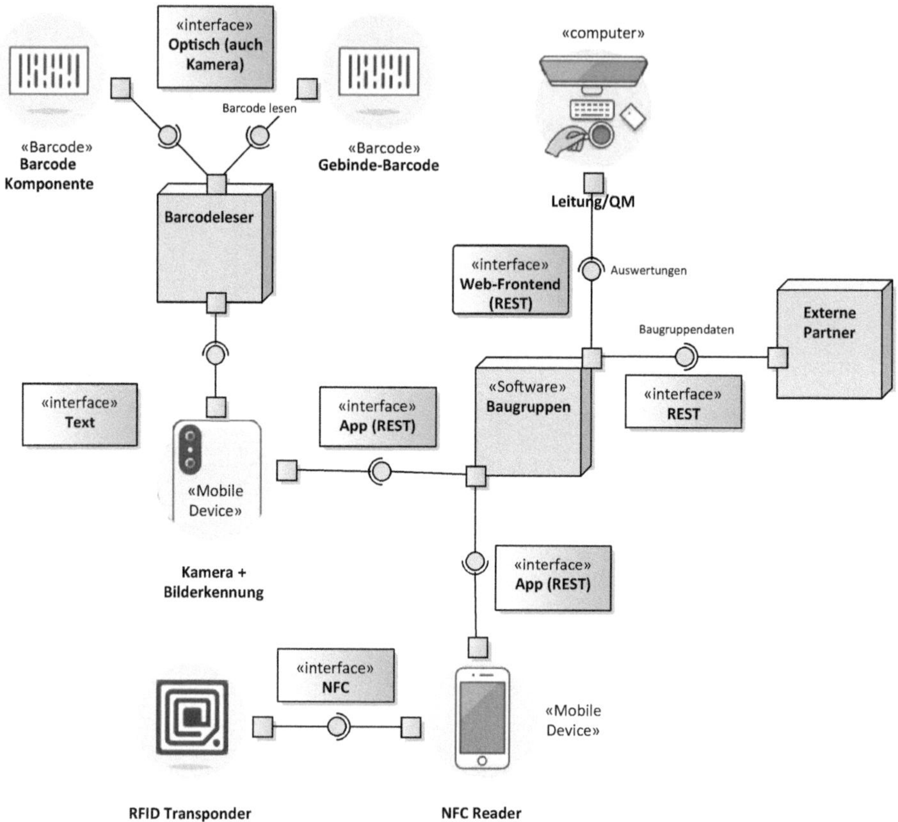

Bild 4.32 Communication Layer

4.8.5 Integration Layer

Der Integration Layer stellt die tatsächliche Realisierung der Use Cases in Form von **Hardware- und Softwaresystemen** aus den zuvor abgeleiteten Modellen dar. Bild 4.33 zeigt, dass zur konkreten Umsetzung der Lösungen ein Mobiltelefon mit Kamerasystem und NFC-Lesegerät, ein Barcode-Lesegerät sowie eine Mobile App und ein zentrales Backendsystem notwendig sind. Die Mobile App wird über eine Wireless-Verbindung an das Backend angebunden. Die im Backend erforderlichen Softwarelösungen zur Verwaltung der Baugruppen, Prüfprotokolle, Stücklisten und Lagerlisten werden per Ethernet miteinander verbunden.

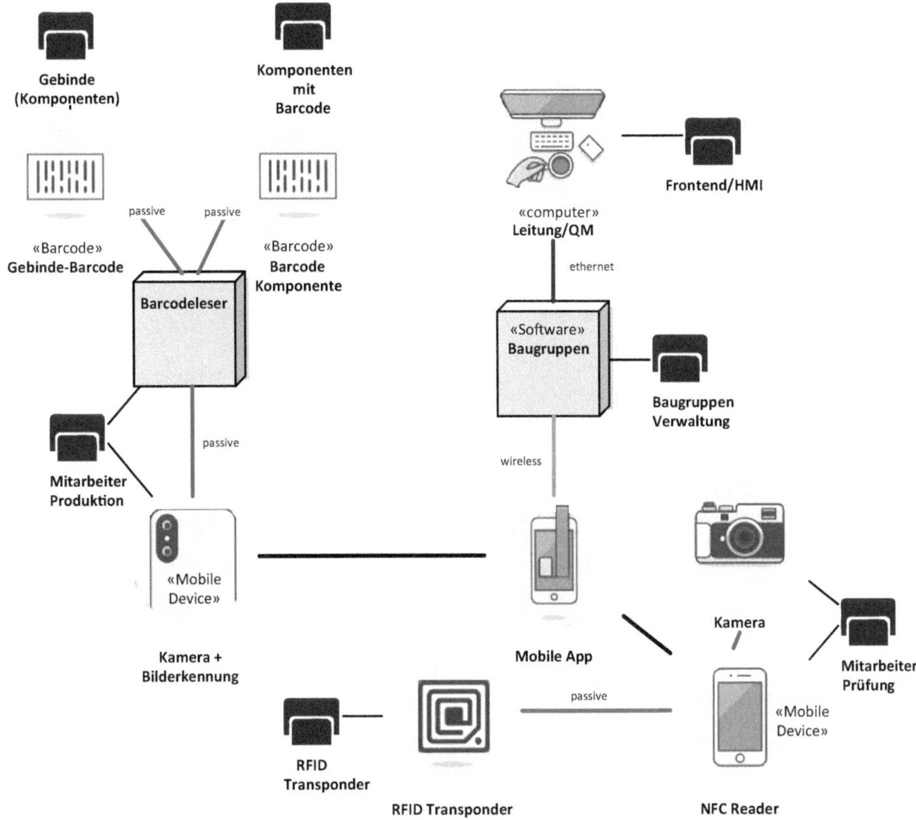

Bild 4.33 Der Integration Layer zur Darstellung der notwendigen Hardware- und Softwaresysteme

4.8.6 Asset Layer

Bild 4.34 zeigt den Asset Layer, welcher die zur Lösung gehörenden **Systemelemente** über eine sogenannte „Administrative Shell" verwaltet. Die „Administrative Shell" (Verwaltungsschale) beinhaltet alle zu einem Element zugeordneten Artefakte. So zeigt sich, dass zu den Komponenten mit den Seriennummern die Rahmen, Motoren und Gabeln zusammengefasst werden. Für den Barcodeleser muss ein Controller und ein Display implementiert werden. Um im Backend die Lagerverwaltung, Stücklistenverwaltung, Baugruppenverwaltung und die Prüfprotokollverwaltung zu realisieren, sind Softwaresysteme umzusetzen. Ebenso sind für die Mobile App ein Frondend mit einem HMI (Human-Machine-Interface) sowie einem Dashboard zu entwickeln.

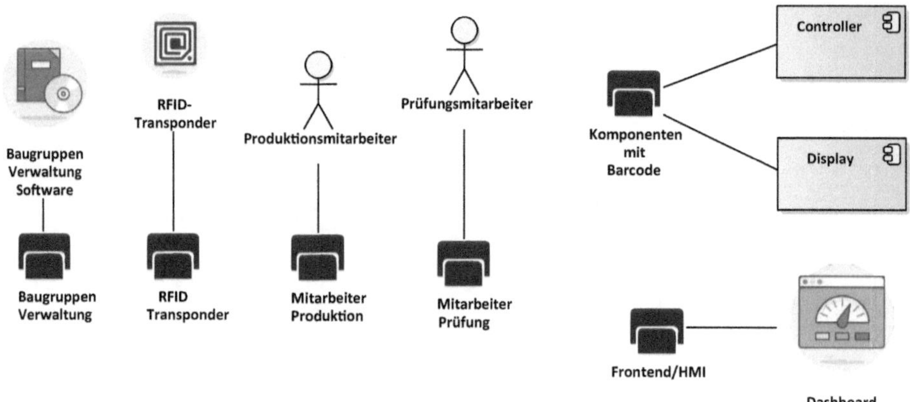

Bild 4.34 Asset Layer

4.8.7 Zusammenfassung

Durch die **systematische Ableitung der Anforderungen** aus der Betrachtung des Prozesses und der Use Cases ist es in diesem Projekt gemeinsam mit Bikee auf effiziente Art und Weise gelungen, die für die Umsetzung des Systems **notwendigen Systemelemente** zu identifizieren und zu beschreiben. Über die Erarbeitung der verschiedenen Diagramme unter Verwendung der RAMI 4.0 Toolbox wurden in interdisziplinären Workshops die unterschiedlichen **Stakeholder-Interessen** berücksichtigt. Ein weiterer Vorteil ist eine zielgerichtete und effektive Kommunikation mit den Entwicklern bzw. Lieferanten des Systems, da nicht nur Anforderungen, sondern auch Zusammenhänge und Abläufe von Soft- und Hardware betrachtet und visualisiert werden.

5 Die Kunst, die richtigen Daten zu verwenden

Wir haben bereits in mehreren vorhergehenden Abschnitten diskutiert, dass das Kernelement einer erfolgreichen Digitalisierung des Qualitätsmanagements im professionellen Umgang mit Daten liegt. Dazu wollen wir einführend erklären, was der Begriff „digitale Daten“ bedeutet. **Digitale Daten sind in der Informationstheorie und -technik diskret dargestellte Informationen.** In dieser Form können Daten von Computern oder anderen Geräten zur digitalen Signalverarbeitung gelesen oder verarbeitet werden. Um digitale Daten zu erhalten, müssen diese zuvor digitalisiert werden. Anschließend können sie effizient und fehlertolerant übertragen, gespeichert und verarbeitet werden. Umgangssprachlich versteht man unter digitalen Daten oft digitale Dokumente, Bilder und Videos (Wikipedia, Digitale Daten, 2021).

Der richtige Umgang mit Daten beinhaltet neben ausreichendem **Statistikwissen** insbesondere den manchmal unterschätzten Aspekt, für ausreichende **Datenqualität** zu sorgen. Gemäß dem Prinzip „garbage in, garbage out“ wird die Qualität der Schlussfolgerungen aus Daten (Output) wesentlich von der Qualität der Inputdaten bestimmt (Bild 5.1). Daten dürfen daher keinesfalls einfach ungeprüft übernommen werden.

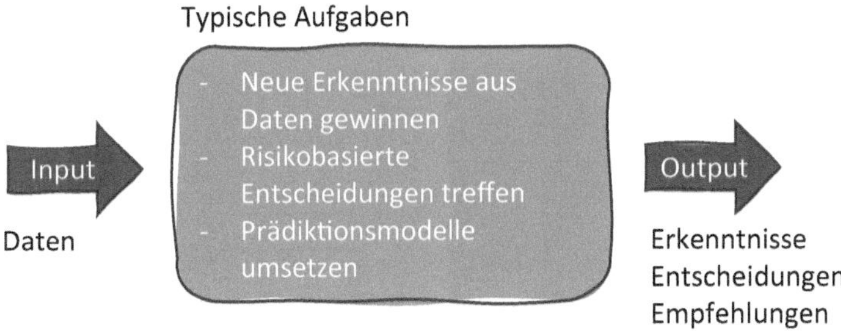

Bild 5.1 Qualität der Eingangsdaten bestimmt maßgeblich das Ergebnis

In diesem Kapitel möchten wir daher die Rolle der Statistik im digitalen QM beleuchten und danach die Methoden und Prinzipien erläutern, um Daten zu erheben, zu verstehen, zu bereinigen, zu kodieren, zu konstruieren und zu komprimieren. Wir bezeichnen dies als die Kunst, die richtigen Daten zu verwenden.

Zum einen sei darauf hingewiesen, dass diese Methoden für sich schon einen großen Nutzen haben, weil bereits durch die Beschäftigung mit den Daten im Rahmen der professionellen Aufbereitung neue Erkenntnisse gewonnen werden können. Zum anderen schaffen die in diesem Kapitel genannten Systematiken die Voraussetzung dafür, statistische Methoden wie entsprechende Tests und auch Machine-Learning-Modelle nutzenbringend anzuwenden (Bild 5.2).

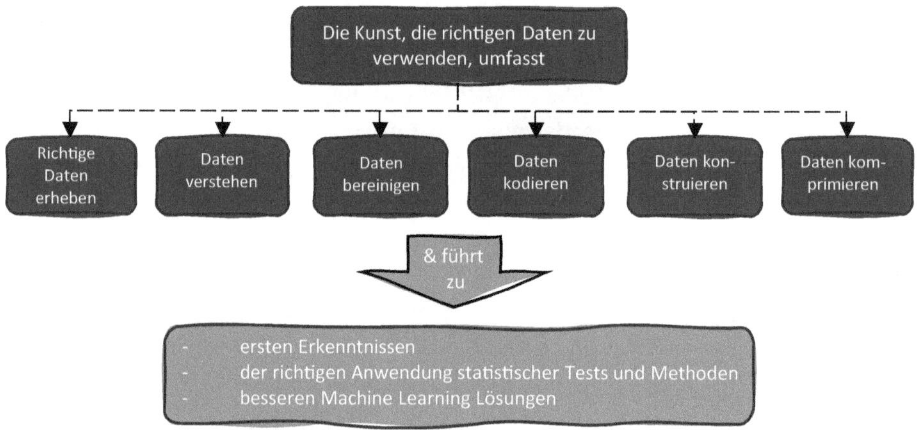

Bild 5.2 Die Kunst, die richtigen Daten zu verwenden

■ 5.1 Rolle der Statistik im digitalen QM

Statistik kann als die Fähigkeit angesehen werden, **Daten zu gewinnen, darzustellen, zu analysieren und zu interpretieren, um zu neuem Wissen zu gelangen**. Sie wird auch als die Wissenschaft der Erfassung, Organisation und Auswertung numerischer Informationen bezeichnet. Dazu gehören:

- Planung und Auswertung von **Experimenten** und andere **Methoden der Datensammlung.**
- Zusammenfassen der generierten Informationen mit dem Ziel, zu **lernen und zu verstehen.**
- **Schlüsse aus den Daten ziehen und Prognosen ableiten** (Prädiktion).

Statistik ist somit eine Zusammenfassung von Methoden, die uns erlauben, vernünftige und möglichst optimale Entscheidungen im Fall von Ungewissheit zu treffen und aus der Vergangenheit (Erlangen von Erkenntnissen aus Daten der Vergangenheit) zu lernen (Rinne, 2008).

Cassie Kozyrkov von Google schlägt eine zusätzliche Form der Klassifizierung der Disziplinen der Statistik vor und nähert sich dem Thema über die Beschreibung von Entscheidungssituationen (Bild 5.3).

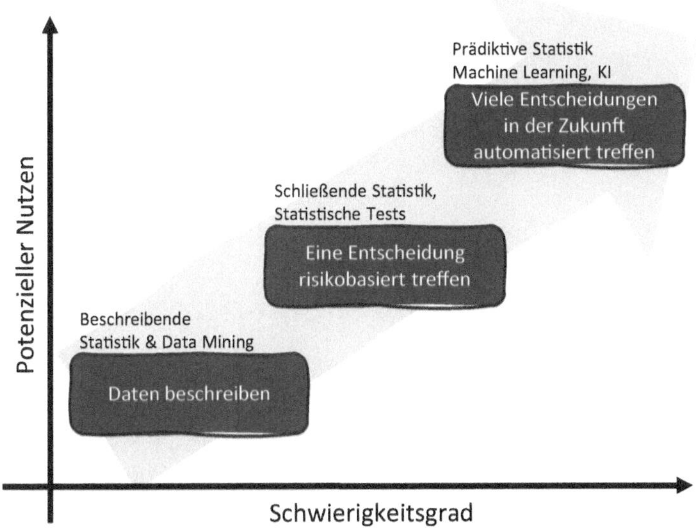

Bild 5.3 Interessante Anwendungsfälle der Statistik im digitalen QM

Besteht die Aufgabe darin, Daten anschaulich aufzubereiten, um Menschen zu inspirieren und neue Aspekte zu lernen, so befinden wir uns in der Disziplin der **beschreibenden Statistik**. Diese ist eng verwandt mit dem Begriff „Data Mining". Daten werden aufbereitet, ohne dass vorher eine bestimmte Entscheidungssituation definiert wurde. Es wird das grobe Ziel verfolgt, Verbesserungspotenziale zu finden und zu realisieren. Entscheidungen ergeben sich im Nachhinein aufgrund der Daten und werden basierend auf den Erkenntnissen, die aus den Daten gezogen werden konnten, getroffen. Ein typischer Anwendungsfall im digitalen Qualitätsmanagement besteht darin, dass qualitätsbezogene Produkt- und Prozessmerkmale mithilfe der beschreibenden Statistik aufbereitet werden. Der Entscheider gewinnt aufgrund der Daten neue Erkenntnisse, beispielsweise über relevante Einflussgrößen auf den produzierten Ausschuss.

Besteht das Problem darin, wenige sehr wichtige, wohlüberlegte Entscheidungen zu treffen, dann sind wir im Bereich der **schließenden Statistik**, in der statistische Tests eine große Rolle spielen. Hierbei gilt es, das Risiko von Entscheidungen bewusst zu managen, indem entsprechende Irrtumswahrscheinlichkeiten aufgrund von bestehenden Daten berechnet werden. Typische Beispiele im Qualitätsmanagement sind Entscheidungen darüber, ob ein bestimmtes Werkzeug einen signifikanten Einfluss auf den Nacharbeitsanteil hat oder ob eine Maßnahme, die bereits umgesetzt wurde, tatsächlich eine signifikante Verbesserung der Ergebnisse liefert. Die dazu notwendigen Grundlagen und Anwendungsfälle werden in Kapitel 6 erklärt.

Der dritte Anwendungsfall ist dadurch charakterisiert, dass mathematische Modelle zu entwickeln sind, die viele zukünftige Entscheidungen treffen bzw. Empfehlungen geben sollen. Die Fertigkeit besteht darin, dass aus Daten der Vergangenheit gelernt und das daraus abgeleitete Modell für zukünftige Daten und Entscheidungen verwendet wird. Wir befinden uns damit im Bereich des Machine Learning bzw. der **prädiktiven Statistik**. Typische Anwendungsbeispiele im Qualitätsmanagement und entsprechende Grundlagen werden in Kapitel 7 erläutert.

5.2 Statistische Grundlagen: Merkmalstypen

Vor dem Einsatz statistischer Methoden ist es notwendig, Merkmale in unterschiedliche Typen zu klassifizieren, da sie einen Einfluss auf die Methodik und die Genauigkeit der Aussage haben. Grundsätzlich kann man zwischen **quantitativen** und **qualitativen** Merkmalen unterscheiden (Bild 5.4).

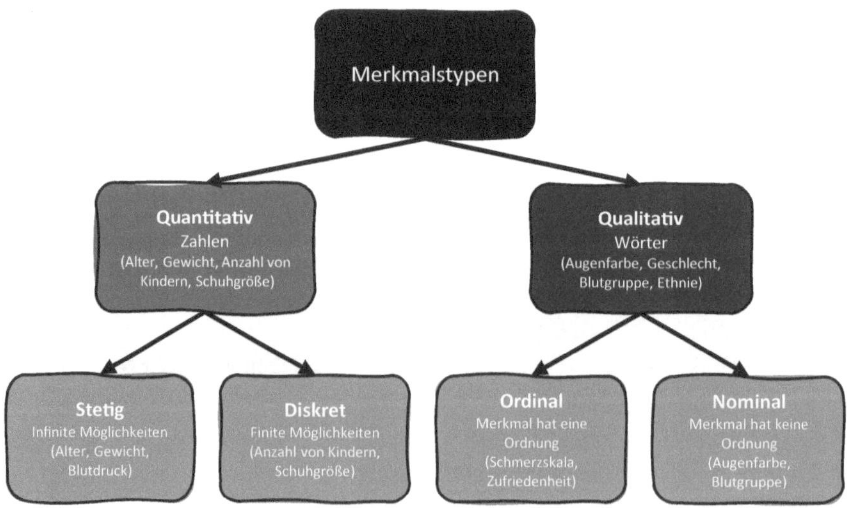

Bild 5.4 Übersicht Merkmalstypen (Aprilliant, 2020)

Quantitative Merkmale sind messbare Größen, die einen numerischen Wert haben. Mit ihnen können mathematische Berechnungen durchgeführt werden. Sie werden wiederum in stetige und diskrete Merkmale unterteilt.

Stetige Merkmale können eine Eigenschaft in beliebig feiner Auflösung wiedergeben. Es entsteht kein Fehler durch die Darstellung des Ergebnisses, allenfalls durch die begrenzte Auflösung bei der Aufzeichnung des Messergebnisses. Beispiele für stetige Merkmale sind Temperaturen, elektrische Spannungen und Ströme, geometrische Maße wie Strecken oder Flächeninhalte sowie die Zeit. Stetige Merkmale werden für die Verarbeitung der Werte im Computer diskretisiert, sie werden Intervallen endlicher Auflösung zugeordnet, die digital abgebildet werden können. Die Einteilung ist dabei so fein, dass von quasikontinuierlichen Merkmalen gesprochen wird.

Diskrete Merkmale haben nur endlich viele Ausprägungen. Beispielsweise kann ein Wurf mit einem Würfel nur die Zahlen eins bis sechs annehmen, und er weist auch nur endlich viele unterschiedliche Ereignisse auf. Ein diskretes Merkmal entsteht auch bei der Klassenbildung von stetigen Merkmalen. Zum Beispiel können die Rohwerte einer Widerstandsmessung in Klassen zusammengefasst werden, die einem Widerstandsbereich entsprechen. Nach der Klassenbildung kann jedoch nicht mehr entschieden werden, ob der jeweilige Widerstand am unteren oder oberen Ende der jeweiligen Klasse lag. Aus dem stetigen Merkmal ist durch die Klassenbildung ein diskretes Merkmal entstanden.

Qualitative Merkmale nehmen keinen exakten mathematischen Wert an, sondern sie teilen eine Eigenschaft in unterschiedliche Kategorien ein. Qualitative Merkmale werden in Worten oder Zahlen beschrieben (beispielsweise 0 = rot, 1 = grün). Qualitative Merkmale sind immer diskret, da sie von Natur aus nur eine abzählbare Menge möglicher Merkmalswerte haben. Qualitative Merkmale unterteilen sich wiederum in ordinale und nominale.

Ordinale Merkmale werden für Daten verwendet, die systematisch nach ihrer Ausprägung geordnet werden, deren Abstände aber nicht interpretiert werden können. Ein typisches Beispiel dafür sind Kontrollergebnisse, die zu einer Aussage „gut, mäßig oder schlecht“ führen. Diese Aussage kann in Zahlen wiedergegeben werden, zum Beispiel kann der Eigenschaft gut der Zahlenwert 1, mäßig die Zahl 2 und schlecht der Wert 3 zugeordnet werden.

Ein Merkmal skaliert **nominal**, wenn seine möglichen Ausprägungen zwar unterschieden werden können, aber keine natürliche Rangfolge aufweisen. Typisches Beispiel für ein nominales Merkmal im Qualitätsmanagement sind unterschiedliche Zulieferer. Sie sind ein unterscheidendes Merkmal, weisen jedoch keine natürliche Rangfolge auf.

Merkmalstypen und deren Aussagesicherheit

Aus der Beschreibung der unterschiedlichen Merkmalstypen ergibt sich, dass die Genauigkeit bei Messungen von stetigen Merkmalen zu nominalen Merkmalen kontinuierlich abnimmt. Ordinalen und nominalen Datentypen kann keine mathematisch berechnete Kenngröße wie etwa ein Mittelwert sinnvoll zugeordnet werden. Aus diesem Grund unterscheiden sich auch die statistischen Methoden für stetige und diskrete Datentypen von denen, die für die ordinalen und nominalen Datentypen verwendet werden.

5.3 Die richtigen Daten erheben

Ging es im letzten Abschnitt um die grundlegende Charakterisierung unterschiedlicher Datentypen, so beschäftigt sich dieser mit der Thematik der Datenerfassung und Analyse der gewonnenen Informationen.

5.3.1 Konfirmatorische und explorative Datenanalyse

Die **systematische Erfassung und Analyse von Daten zur Bestätigung von kausalen Ursache-Wirkungsbeziehungen** (z. B. erarbeitet mithilfe eines Ishikawa-Diagramms) wird als **konfirmatorische Datenanalyse** bezeichnet. Es werden dafür mithilfe von „Design of Experiments"-Methoden (DoE) effiziente multifaktorielle Versuche geplant, und alle Einflussgrößen werden mit entsprechend großer Hebelwirkung erfasst. Es wird beispielsweise darauf geachtet, dass Orthogonalität sichergestellt ist, d. h. alle Einflussgrößen voneinander unabhängig und unverzerrt geschätzt werden können. Probleme, wie etwa fehlende Datenpunkte oder nicht gewollte Abhängigkeiten, die häufig in vorhandenen Datensätzen bestehen, treten durch diese Vorgehensweise gar nicht oder nur in geringem Umfang auf. Die mathematischen Modelle haben hohe statistische Aussagekraft und Ursache-Wirkungsbeziehungen können somit mit hoher Sicherheit nachgewiesen werden.

Bei **Projekten des Machine Learning** werden oft **große Datenmengen** verwendet, die aus der Vergangenheit zur Verfügung stehen. Die Daten sind häufig kostengünstig und quasi als Nebenprodukt zu bekommen. Im Rahmen einer **explorativen Datenanalyse** (EDA) besteht das Ziel darin, die **Daten zu beschreiben und Muster in ihnen aufzufinden**. Aus diesen Mustern lassen sich ebenfalls **mathematische Modelle ableiten**. Die große Herausforderung besteht darin, dass die Datensammlungen oftmals fehlerbehaftet sind und damit Ursache-Wirkungsbeziehungen nur ungenügend belegt werden können. Datensammlungen erfassen nämlich oft nicht alle wichtigen Einflussgrößen, zudem fehlen oftmals viele Einzelwerte und die Einflussfaktoren sind nicht unabhängig voneinander (Victor, Lehmacher, Wolfgang, van Eimeren, Willhelm, 1980).

In Bild 5.5 sind zwei Wirkungsflächendiagramme mit denselben zugrundeliegenden Ursache-Wirkungs-Prinzipien dargestellt (zwei Einflussparameter x und y und eine Zielgröße z). Das **linke Bild** zeigt die **konfirmatorisch** generierte Wirkungsfläche durch gezielt durchgeführte Versuche. Das **rechte Bild** verdeutlicht die Probleme, welche häufig bei der **explorativen Analyse** bestehender Datensätzen auftreten. Die Wirkungsfläche kann aus der Datensammlung nicht vollständig rekonstruiert werden, da sie nicht vollständig mit Datenpunkten erfasst wurde.

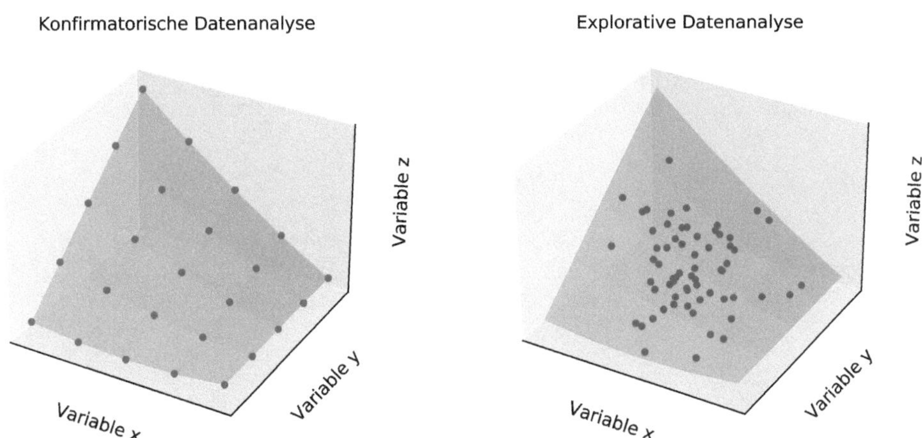

Bild 5.5 Konfirmatorische und explorative Datenanalyse (Victor, Lehmacher, Wolfgang, van Eimeren, Willhelm, 1980)

5.3.2 Grundgesamtheit und Stichprobe

In einem ersten Schritt der Datenerhebung wird der Umfang einer initialen Datenerfassung geklärt. Dabei muss entschieden werden, ob die Grundgesamtheit oder nur eine daraus gezogene Stichprobe erhoben werden soll.

Die Grundgesamtheit (Population) ist die Menge aller potenziell untersuchbaren Einheiten, die ein gemeinsames Merkmal aufweisen. Meistens ist es jedoch nicht möglich bzw. wirtschaftlich sinnvoll, die Grundgesamtheit zu erfassen, weshalb man zur Stichprobe greift. **Zieht man aus der Grundgesamtheit eine Stichprobe, so muss die ausgewählte Stichprobe zwei Anforderungen erfüllen**:

- Die Stichprobe muss **repräsentativ** sein. Es sollten in ihr alle für das Modell relevanten Fälle enthalten sein.
- Der Probenumfang muss **ausreichend groß** sein.

Es gibt keine einfache Regel, die besagt, wie viele einzelne Untersuchungen man für die Ermittlung einer geeigneten Stichprobe benötigt. Der notwendige Stichprobenumfang hängt von der Aufgabe, dem Merkmalstyp, der Streuung des Merkmals und dem akzeptablen Risiko ab (Abschnitt 6.3.2).

In Tabelle 5.1 sind verschiedene **Stichprobenstrategien** dargestellt. In weiterer Folge wird dann entweder die Grundgesamtheit oder nur eine nach den unten beschriebenen Strategien entnommene Stichprobe weiter analysiert (Küchenhoff & Kauermann, 2011).

Tabelle 5.1 Gegenüberstellung von Stichprobenstrategien (Küchenhoff & Kauermann, 2011)

Methode	Beschreibung
Einfache Zufallsstichprobe	Jede Zeile der Grundgesamtheit hat die gleiche Wahrscheinlichkeit, sich in der Stichprobe zu befinden.
n-te Beobachtung	Es wird nur jede n-te Zeile des Rohdatensatzes verwendet.
Erste n-Beobachtungen	Die ersten n-Zeilen des Rohdatensatzes werden verwendet. Nicht anwendbar für sortierte Daten.
Cluster-Stichprobe (Klumpenstichprobe)	Die Grundgesamtheit wird in Teilgesamtheiten zerlegt, die sogenannten Cluster. Die Cluster sollen bzgl. des zu untersuchenden Merkmals ein möglichst ähnliches (nur verkleinertes) Abbild der Grundgesamtheit darstellen. Für die Stichprobe wird nur ein Teil der Cluster zufällig ausgewählt.
Stratifizierte Zufallsstichprobe (geschichtete Stichprobe)	Die Grundgesamtheit wird in sinnvolle Gruppen, die sogenannten Schichten, unterteilt. Man schränkt die zufällige Auswahl der Stichprobenelemente insofern ein, als man sie pro Gruppe vorgibt und danach in jeder Gruppe eine reine Zufallsstichprobe zieht. Erfordert eine angemessene Kenntnis der Daten.

■ 5.4 Daten verstehen

Um aus Daten zu lernen, ist es unerlässlich, die zur Verfügung stehenden **Daten mittels Grafiken und statistischer Kennwerte aufzubereiten, um sie ausreichend zu verstehen**. Nachfolgend werden Möglichkeiten der Aufbereitung für die verschiedenen zuvor beschriebenen Merkmalstypen erläutert (Strohrmann, Design For Six Sigma Online, 2021).

5.4.1 Grafische Beschreibung eindimensionaler Datensätze

Statistische Daten werden durch das Aufzeichnen von Beobachtungsergebnissen gewonnen. Die dabei entstehende Datenliste wird auch als **Urliste** bezeichnet. Die Größen der Urliste bilden eine **Stichprobe mit dem Umfang N**, die einzelnen **Messwerte werden allgemein als Stichprobenwerte bezeichnet**. Zur ersten Übersicht können die Daten in einem sogenannten **Streudiagramm** dargestellt werden (Bild 5.6). Dabei wird der Stichprobenindex als Abszisse und der zugehörige Stichprobenwert als Ordinate dargestellt.

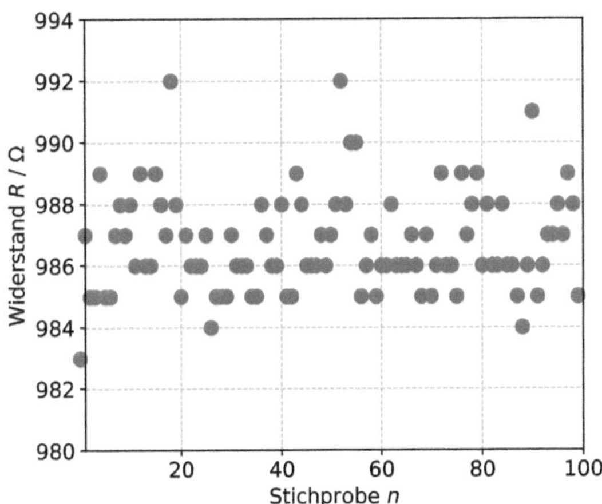

Bild 5.6
Darstellung der Stichprobe als Streudiagramm

Aus diesem Urwertdiagramm können bereits erste Erkenntnisse gezogen werden, wie etwa die Größe der Stichprobe, die absolute Streuung des Merkmals oder die Kenntnis über einzelne Ausreißer. Um weitere Informationen aus den vorhandenen Daten generieren zu können, bietet es sich an, diese je nach Merkmalstyp entsprechend weiter zu verarbeiten.

5.4.2 Absolute und relative Häufigkeit diskreter Merkmale

Zur übersichtlichen Darstellung der Stichprobenwerte diskreter Merkmalstypen kann die **Stichprobe der Größe nach geordnet** und die **Häufigkeit der einzelnen Werte** ausgewertet werden. Es ergibt sich eine **Häufigkeitsverteilung der Stichprobe.**

Die absolute **Häufigkeit** gibt an, wie oft der entsprechende Messwert x in der Stichprobe die Ausprägung x_n annimmt. Diese Anzahl wird als absolute Häufigkeit $h_A(x)$ bezeichnet. Die relative Häufigkeit h(x) ergibt sich aus dem Quotienten von absoluter Häufigkeit $h_A(x)$ und dem Stichprobenumfang N.

$$h(x) = \frac{h_A(x)}{N} \tag{5.1}$$

Zur besseren Übersicht können die absolute oder die relative Häufigkeit in Form von Stab- oder Liniendiagrammen dargestellt werden. Bild 5.7 stellt die relative Häufigkeit für die Stichprobe in Bild 5.6 als Histogramm dar.

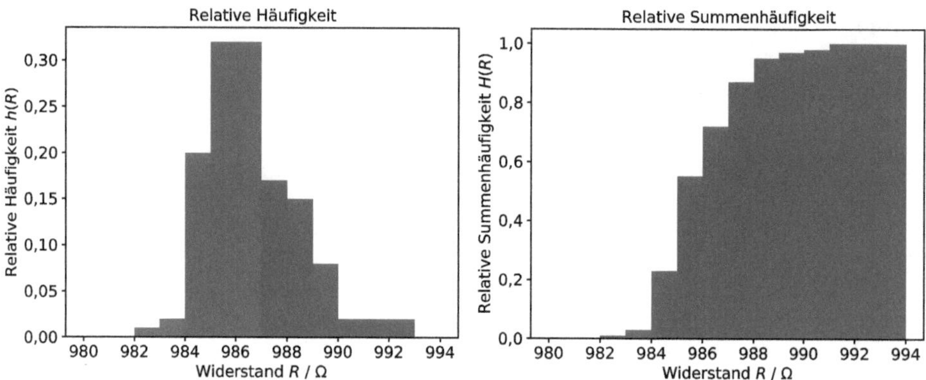

Bild 5.7 Darstellung der relativen Häufigkeiten als Histogramm

Bei sehr vielen unterschiedlichen Zahlenwerten der Stichprobe wird die Häufigkeitsverteilung zunehmend unübersichtlich. Aus diesem Grund können die **Stichprobenwerte in Klassen von Wertebereichen** zusammengefasst werden. Nehmen wir beispielsweise die Werte der Widerstände von 992 - 994 Ω in einer Klasse zusammen, so reduziert sich die Anzahl der Linien in der Häufigkeitsverteilung, allerdings nimmt auch der Informationsgehalt der Darstellung damit ab.

Die Häufigkeitsverteilung h(x) der Stichprobe in Bild 5.7 **gibt links die relativen Häufigkeiten** an, mit der die einzelnen Zahlenwerte in der Stichprobe vorkommen. Oft stellt sich die Frage, wie viele Stichprobenwerte unter oder auf einem Grenzwert liegen. Soll für das Beispiel aus Bild 5.6 die Frage beantwortet werden, wie viele Widerstände kleiner oder gleich 985 Ω sind, muss die Summe

$$h(R \leq 985\Omega) = h(R = 983\Omega) + h(R = 984\Omega) + h(R = 985\Omega) = 0{,}23 \tag{5.2}$$

ausgewertet werden. Wird diese Summe für beliebige Werte x durchgeführt, ergibt sich die **relative Summenhäufigkeit H(x) der Stichprobe** (Bild 5.7 rechts).

$$H(x) = \sum_{x_n=-\infty}^{x} h(x_n) \tag{5.3}$$

H(x) ist die Summe der relativen Häufigkeiten aller Stichprobenwerte, die kleiner oder gleich dem Wert x sind. Die relative Häufigkeit der Widerstände bis 986 Ω beträgt demnach knapp unter 0,6, das heißt, dass etwa 60 % der Widerstandsmessungen unter diesem Schwellenwert liegen.

Die relative Summenhäufigkeit erscheint zunächst weniger anschaulich. Es wird sich aber im Folgenden zeigen, dass sie beim Übergang zu kontinuierlichen Stichprobenwerten einige entscheidende Vorteile hat. Grundsätzlich ist der Informationsgehalt der relativen Häufigkeit und der relativen Summenhäufigkeit identisch, die Summenhäufigkeit kann auf einfache Weise aus der relativen Häufigkeit berechnet werden.

5.4.3 Beschreibung stetiger Merkmale

Die anschauliche Beschreibung von Merkmalen mit einer relativen Häufigkeit versagt bei stetigen Merkmalstypen, weil die **Messwerte beliebig fein aufgelöst** sind und **jeder Messwert typischerweise nur einmal** vorkommt. Liegen Stichproben mit stetigen Merkmalen vor, müssen die Werte daher gruppiert werden. Damit ergibt sich eine der Auswertung diskreter Merkmale ähnliche Darstellung, wie sie zuletzt beschrieben wurde. Natürlich gehen mit der Gruppierung der Merkmale auch in diesem Fall Informationen verloren.

Alternativ können stetige Merkmale auch mit der relativen Summenhäufigkeit beschrieben werden. Jeder Stichprobenwert einer Stichprobe mit stetigen Merkmalen kommt wegen der beliebig hohen Auflösung nur ein einziges Mal vor. Bei einem Stichprobenumfang von N Werten weist jeder dieser Werte eine relative Häufigkeit von 1/N auf. Alle anderen Werte weisen die relative Häufigkeit von 0 auf. Durch Sortieren der Werte x nach der Größe ergibt sich eine geordnete Stichprobe. Die relative Summenhäufigkeit der Stichprobe ergibt sich aus:

$$H(x)=\sum_{x_n=-\infty}^{x} h(x_n)=\sum_{x_n=-\infty}^{x} \frac{1}{N} \tag{5.4}$$

Je nach Werteverlauf der Stichprobe ergibt sich eine relative Summenhäufigkeit, die grafisch als Liniendiagramm dargestellt werden kann. Bild 5.8 vergleicht die beiden Vorgehensweisen. Im **linken Bildteil** werden die Toleranzwerte einer stetigen Stichprobe mit N = 1 000 Sensoren **in Klassen eingeteilt** und die relative Summenhäufigkeit als Balkendiagramm dargestellt. Im **rechten Bildteil** ist die relative **Summenhäufigkeit ohne Gruppierung** der Merkmale als Liniendiagramm eingezeichnet.

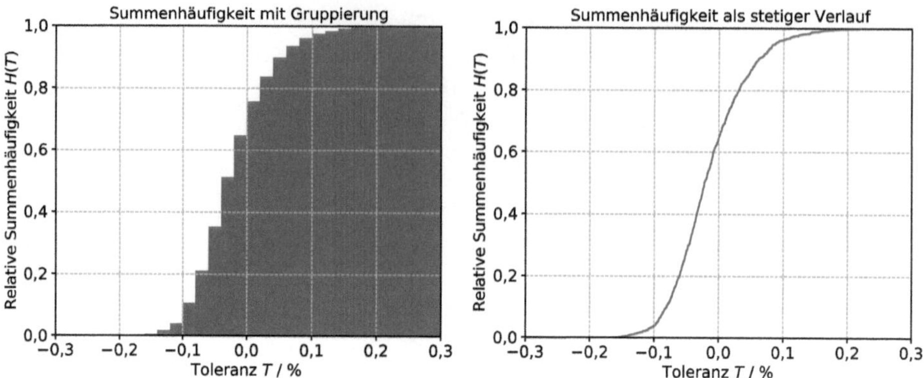

Bild 5.8 Darstellung der Toleranzwerte eines Sensors

Anhand der Darstellung in Bild 5.8 wird unmittelbar klar, dass durch die Klassenbildung Information verloren gegangen ist, die Auflösung der Summenhäufigkeit ist dadurch schlechter. Aus diesem Grund wird bei stetigen Merkmalstypen, wenn möglich die Klassenbildung vermieden.

5.4.4 Beschreibung qualitativer Merkmale

Qualitative Merkmale können nicht so wie quantitative Merkmale als Stabdiagramm dargestellt werden, da keine numerische Einteilung der Abszissenachse möglich ist. Deshalb werden diese Merkmale meist **in Form von Kreis- oder Balkendiagrammen visualisiert**.

Ein Beispiel für einen nominalen Datensatz ist die Aufteilung einer Gesamtliefermenge auf vier Zulieferer. In Bild 5.9 ist links die grafische Darstellung der relativen Liefermengen der einzelnen Zulieferer Z als Kreisdiagramm zu sehen. Jeder Teilsektor entspricht dabei einer relativen Liefermenge, die dem einzelnen Zulieferer zugeordnet werden kann. Die Fläche der einzelnen Kreissektoren ist dabei proportional zu der relativen Häufigkeit der gesamten Liefermenge h(Z). Der gesamte Kreis stellt die Summe aller Teilwerte dar, die Fläche bei der Darstellung von relativen Häufigkeiten ist damit 1.

Bei Darstellungen mithilfe von Kreisdiagrammen sollte darauf geachtet werden, dass der Kreis nicht in zu viele Sektoren unterteilt wird, da sonst die Übersichtlichkeit des Diagramms verloren geht. Es empfiehlt sich in diesem Fall, mehrere Sektoren zusammenzufassen. Ein Vergleich der einzelnen Zulieferer lässt sich am besten mit einem einfachen Balkendiagramm erzielen. Dieses ist in Bild 5.9 rechts dargestellt.

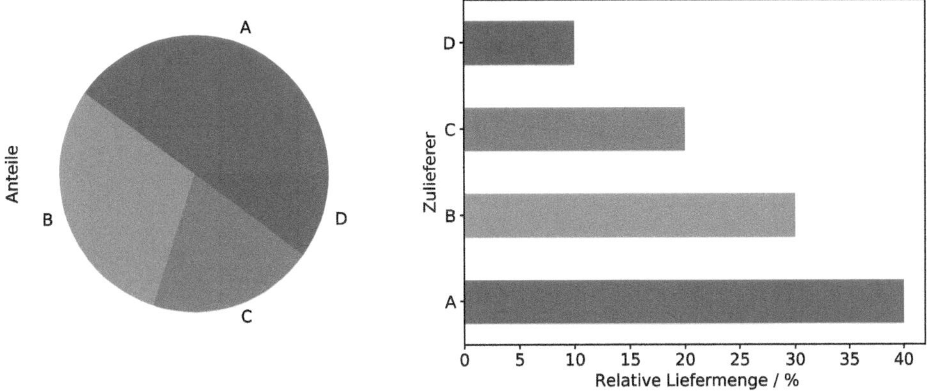

Bild 5.9 Darstellung der relativen Liefermenge als Kreisdiagramm und als Balkendiagramm

5.4.5 Kennwerte von quantitativen Merkmalen

Jede Stichprobe wird mit ihrer Häufigkeitsverteilung oder Summenhäufigkeitsverteilung in allen Einzelheiten beschrieben. Beim Vergleich größerer Datenmengen sind diese Häufigkeitsverteilungen aber relativ unhandlich. Die **Methoden der beschreibenden Statistik** werden daher dazu verwendet, **Stichproben über charakteristische Kenngrößen oder Maßzahlen abstrakt zu beschreiben.**

Lagekennwerte beschreiben die Lage des Zentrums einer Verteilung durch einen numerischen Wert. Der arithmetische Mittelwert einer Stichprobe ist die bekannteste aller Lagekenngröße. Er ist definiert als:

$$\overline{x} = \frac{x_1 + \ldots + x_N}{N} = \frac{1}{N} \cdot \sum_{n=1}^{N} x_n \tag{5.5}$$

Der arithmetische Mittelwert ist eine Kenngröße, die gerade bei kleinem Stichprobenumfang stark von einzelnen Ausreißern abhängig sein kann.

Ein Lagemaß, das weniger empfindlich auf Ausreißer reagiert als der arithmetische Mittelwert, ist der Median. Der Median x_{MED} ist der Wert, bei dem die Hälfte der Stichprobenwerte x größer und die Hälfte der Stichprobenwerte x kleiner ist.

$$H\left(x_{MED}\right) = 0{,}5 \tag{5.6}$$

Bei ungeradem Stichprobenumfang N ist der Median x_{MED} der mittlere Wert der nach Größe geordneten Stichprobe. Bei geradem Stichprobenumfang ergibt sich der Median aus dem Mittelwert der beiden Stichprobenwerte, die in der Mitte der geordneten Stichprobe liegen.

Mittelwert und Median sind Kennwerte für die Lage einer Stichprobe. Für eine umfassendere Beschreibung ist es notwendig, zusätzlich die **Streuung der Stichprobe** zu berechnen. Dazu können etwa die Spannweite, Varianz und Quantile der Verteilung verwendet werden. Die **Spannweite einer Stichprobe** ergibt sich aus der Differenz von größtem und kleinstem Stichprobenwert.

$$\Delta x = x_{MAX} - x_{MIN} \tag{5.7}$$

Die Spannweite reagiert offensichtlich sehr stark auf Ausreißer und besitzt damit bezüglich der Streuung aller Stichprobenwerte nur eine relativ geringe Aussagekraft. Die Kennzahl, welche diesbezüglich mehr Information bietet, betrachtet die **Streuung aller Stichprobenwerte um den Mittelwert**. Die Summe der einzelnen Abweichungen hebt sich auf. Der Mittelwert kann deshalb nicht zur Bewertung der Streuung herangezogen werden.

$$\sum_{n=1}^{N} \left(x_n - \overline{x} \right) = \sum_{n=1}^{N} x_n - N \cdot \overline{x} = 0 \tag{5.8}$$

Eine sinnvolle Möglichkeit zur Bestimmung der Streuung einer Stichprobe ergibt sich aus der **Summe der quadrierten Abweichungen**. Durch das Quadrieren werden alle Elemente der Summe positiv und können sich nicht mehr gegenseitig kompensieren. Es ergibt sich die **Varianz** s^2, die definiert ist als:

$$s^2 = \frac{1}{N-1} \cdot \sum_{n=1}^{N} \left(x_n - \overline{x} \right)^2 \tag{5.9}$$

Im Gegensatz zum Mittelwert wird bei der Varianz nicht durch die Anzahl N der Stichprobenwerte, sondern durch den Wert (N - 1) geteilt. Dadurch wird bei der Schätzung der Varianz die sogenannte **Erwartungstreue** sichergestellt.

Auch wenn die Empfindlichkeit der Varianz gegenüber Ausreißern kleiner ist als die der Spannweite einer Stichprobe, **reagiert die Standardabweichung auf Ausreißer ähnlich stark wie der arithmetische Mittelwert**. Aus diesem Grund werden Streuungskenngrößen definiert, die sich an der Definition des Medians orientieren und als **Quantile** bezeichnet werden. Das P-Quantil x_P einer Verteilung trennt die Daten so in zwei Teile, dass ein Anteil P unterhalb des Quantils liegt und ein Anteil (1 - P) über dem Quantil liegt.

$$H\left(x_P \right) = P \tag{5.10}$$

Der **Median entspricht dem 50%-Quantil**. Wenn die Quantile die Stichprobe in vier Intervalle teilen, werden Sie als Quartile bezeichnet. Die **Quartile** eine Stichprobe lassen sich ähnlich wie der Median einer Stichprobe bestimmen. Der Abstand zwischen dem 75%- und dem 25%-Quartil wird als Interquartilabstand (inter quartile range) IQR bezeichnet.

$$IQR = x_{0,75} - x_{0,25} \tag{5.11}$$

Der **Interquartilabstand** ist **unempfindlich gegen Ausreißer**, weil er von der absoluten Lage der Stichprobenwerte, die am Rand der Verteilung liegen, unabhängig ist.

5.4.6 Boxplot

Alle wesentlichen Größen aus der Kennwertberechnung können aus dem sogenannten Boxplot abgelesen werden. **Der Boxplot fasst fünf charakteristische Punkte einer Verteilung zusammen**:

- Minimaler Stichprobenwert x_{MIN}
- 25%-Quartil $x_{0,25}$
- Median x_{MED}
- 75%-Quartil $x_{0,75}$
- Maximaler Stichprobenwert x_{MAX}

Die Idee des Boxplots ist in Bild 5.10 dargestellt. Anfang und Ende der Box stellen die 25%- und 75%-Quartile dar. Die Höhe der Box repräsentiert damit den Interquartilabstand. Der Median wird als Balken in der Box eingezeichnet. Zwei Linien außerhalb der Box, die sogenannten Whisker, zeigen die minimalen und maximalen Werte x_{MIN} und x_{MAX} der Stichprobe. Ausreißer werden nicht zur Bestimmung des minimalen und maximalen Werts verwendet. Als Ausreißer gelten Werte, die erheblich kleiner als das 25%-Quartil oder erheblich größer als das 75%-Quartil sind. Mathematisch wird diese Aussage durch die Bedingungen

$$x_{OUT} < x_{0,25} - 1{,}5 \cdot \left(x_{0,75} - x_{0,25}\right) \tag{5.12}$$

beziehungsweise

$$x_{OUT} > x_{0,75} + 1{,}5 \cdot \left(x_{0,75} - x_{0,25}\right) \tag{5.13}$$

formuliert. Ausreißer werden als separates Kreuz dargestellt.

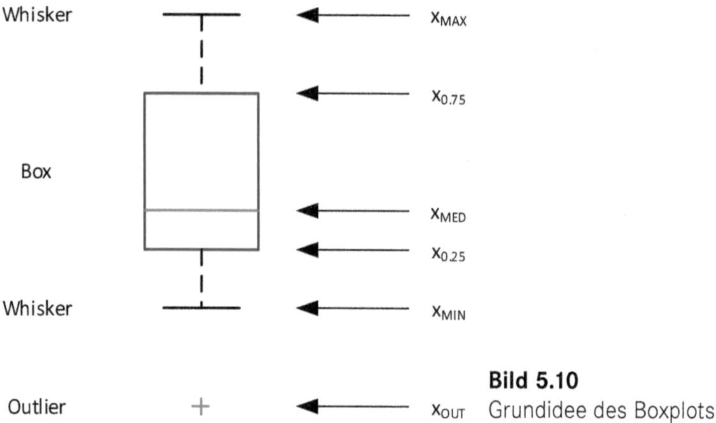

Bild 5.10
Grundidee des Boxplots

Neben der grafischen Darstellung eignet sich der Boxplot für eine Interpretation der Stichprobenkennwerte und zur Identifikation von Ausreißern, was für die folgenden Schritte der Datenbereinigung eine wichtige Information darstellt.

5.4.7 Grafische Beschreibung mehrdimensionaler Datensätze mit qualitativen Merkmalen

In den bislang dargestellten Datenreihen handelt es sich um eine Variable x, die mehrfach ermittelt wird, sodass viele Messwerte x_n einer Größe x vorliegen. Die Größe wird entsprechend als **eindimensionale oder univariate Größe** bezeichnet.

Im Folgenden werden Aufgabenstellungen betrachtet, bei denen der **Zusammenhang mehrerer Merkmale** analysiert wird. Derartige Datensätze werden als **multivariate Daten** bezeichnet. Zur Vereinfachung der Darstellung wird zunächst von einem zweidimensionalen Datensatz ausgegangen, anschließend werden die gewonnenen Erkenntnisse auf mehrere Dimensionen verallgemeinert.

Wie bereits bei univariaten Daten muss auch bei der zwei- oder mehrdimensionalen Betrachtung zwischen den verschiedenen Merkmalstypen unterschieden werden. Zunächst wird auf die Darstellung ordinaler oder nominaler Datensätze eingegangen. Im Anschluss daran wird eine Darstellungsform mit stetigen Datentypen vorgestellt.

Als Beispiel für einen zweidimensionalen Datensatz mit ordinalen Datentypen zeigt Tabelle 5.2 eine Fertigungsstatistik. Für jedes produzierte Teil wurde der Wochentag, an dem es gefertigt wurde, und die Fertigungsschicht, in der es hergestellt wurde, dokumentiert. Die Tabelle 5.2 fasst die Fertigungsstatistik für ein

Produkt als Funktion des Wochentags und der Fertigungsschicht tabellarisch zusammen.

Tabelle 5.2 Kontingenztafel der Fertigungsstatistik eines Produkts als absolute Häufigkeit

	Mo	Di	Mi	Do	Fr	Summe
Schicht 1	1008	991	1036	971	1109	5115
Schicht 2	1042	1159	1160	1098	1116	5575
Schicht 3	893	906	953	903	895	4550
Summe	2943	3056	3149	2972	3120	15240

Tabelle 5.2 stellt die absolute Häufigkeit eines Ereignisses, nämlich der Fertigung eines Produkts, als Funktion des Wochentags und der Fertigungsschicht dar. Dabei wird allgemein eine Variable x mit den Ausprägungen $x_1, x_2, \ldots, x_J$ bezeichnet. Die einzelnen Ausprägungen sind hier die unterschiedlichen Fertigungsschichten 1 - 3. Eine andere Variable y mit den Ausprägungen $y_1, y_2, \ldots, y_K$ repräsentiert entsprechend die Wochentage „Montag" bis „Freitag". In die Tabelle werden die absoluten Häufigkeiten h_A eingetragen, mit der die Ereignisse eingetreten sind. Die absolute Häufigkeit eines Bauteils mit den Merkmalen (x_j, y_k) wird mit $h_A(x_j, y_k)$ bezeichnet. Tabelle 5.2 wird **Kontingenztafel** genannt. Der Name weist auf die Kontingenz, also auf den **Zusammenhang zwischen den Größen x und y**, hin. **Für die Darstellung der Daten in einer Kontingenztafel müssen beide Merkmale gruppiert, ordinal oder diskret sein**.

Die Kontingenztafel wird mit den Reihen- und Spaltensummen der einzelnen Häufigkeiten ergänzt. Zum Beispiel ist die Summe aller in Schicht 1 gefertigter Bauteile 5115 und die Summe aller am Dienstag gefertigten Produkte 3056. Die Summe aller gefertigten Teile ergibt sich zu 15240. **Die Reihen- und Spaltensummen werden als absolute Randhäufigkeiten bezeichnet**.

Die **absoluten Häufigkeiten können nun als Säulendiagramme mit mehreren Säulen** dargestellt werden. Ist die Summenhäufigkeit einzelner Merkmalsausprägungen von Interesse, so kann der Datensatz auch als gestapeltes Säulendiagramm dargestellt werden. Aus dieser Darstellung kann direkt abgelesen werden, welche Randhäufigkeit sich für eine bestimmte Merkmalsausprägung ergibt. Bild 5.11 stellt die absolute Randhäufigkeit der Fertigungsschicht dar.

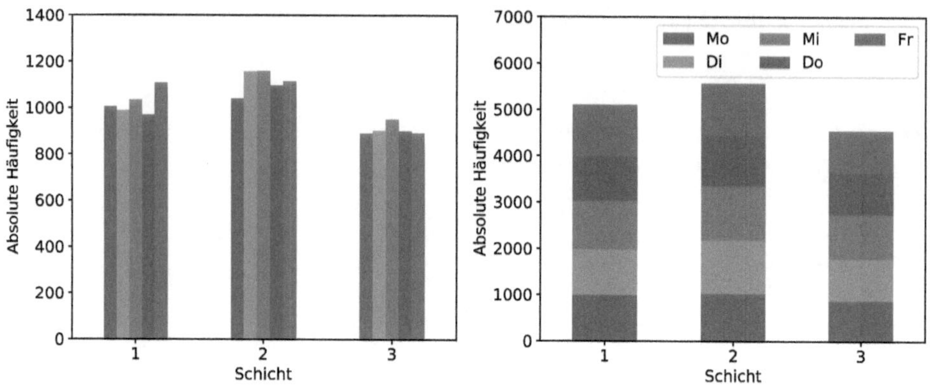

Bild 5.11 Grafische Darstellung der absoluten Randhäufigkeit der Fertigungsschicht eines Produkts

Alternativ kann ein multivariater Datensatz auch als **Sunburst-Diagramm** dargestellt werden. Dabei werden die unterschiedlichen Kategorien auf unterschiedlichen Schalen dargestellt und farblich kodiert. Bild 5.12 zeigt die Anwendung an dem Beispiel der Fertigungsstatistik und an einem Beispiel zur Analyse von Fertigungsfehlern optischer Masken.

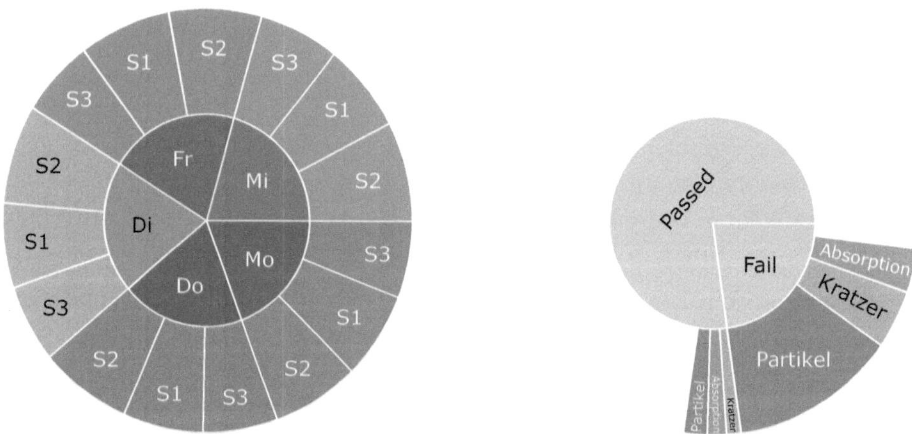

Bild 5.12 Sunburst-Diagramm zur Fertigungsstatistik in Tabelle 5.2 und für die Analyse von Fertigungsfehlern optischer Masken

Sowohl das Säulendiagramm als auch das Sunburst-Diagramm können Erkenntnisse über die Verteilung von Klassen liefern, welche wiederum in die weiteren Datenaufbereitungsschritte einfließen können. So gilt es, sogenannte **spärliche Klassen**, also Klassen mit wenigen Beobachtungen, zu identifizieren, welche in den weiteren Betrachtungen keine Rolle spielen, da sie im Datensatz unterrepräsentiert vorkommen.

Für den Fall, dass ein Merkmal des Datensatzes ordinal, das andere stetig ist, bietet sich eine Darstellung der Stichproben als Streudiagramm mit der entsprechenden Anzahl von Kategorien an. Bild 5.13 stellt die Bolzendurchmesser von Stichproben dar, die in Fertigungsschicht 1...3 gefertigt wurden. Ergänzend ist der Mittelwert jeder Schicht eingetragen.

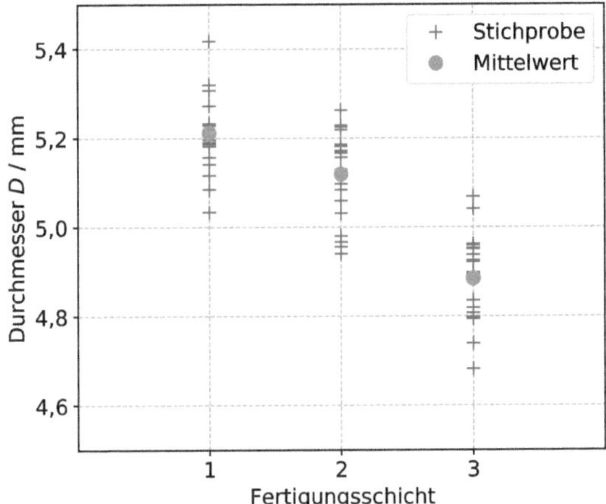

Bild 5.13 Bolzendurchmesser von Stichproben in Abhängigkeit der Fertigungsschicht

5.4.8 Grafische Darstellung mehrdimensionaler Datensätze mit quantitativen Merkmalen

Zweidimensionale Datensätze lassen sich wegen der räumlichen Vorstellung noch vergleichsweise einfach darstellen. Auch bei dreidimensionalen Datensätzen ergeben sich noch vernünftige Möglichkeiten der grafischen Darstellung. Beispielsweise wird dazu ein Datensatz verwendet, bei dem die Ausbeute A eines chemischen Prozesses als Funktion der Temperatur T und der Katalysatorkonzentration K dargestellt wird.

Soll die Fertigungsausbeute A in Abhängigkeit von Temperatur T und Katalysatorkonzentration K dargestellt werden, kann das in Form eines dreidimensionalen Streudiagramms erfolgen. Dabei wird die räumliche Darstellung in die Ebene projiziert. Bereits die Darstellung von dreidimensionalen Datensätzen führt aber im Streudiagramm zu Messpunkten, deren Lage wegen der Projektion nicht mehr eindeutig erkennbar sind. Steigt die Dimension des Datensatzes auf einen Wert größer drei, ist auch eine quasiräumliche Darstellung der Daten nicht mehr möglich, sodass andere Wege der grafischen Darstellung gefunden werden müssen.

Eine einfache Darstellungsmöglichkeit mehrdimensionaler Datensätze besteht darin, jeweils für zwei Größen ein Streudiagramm zu bilden. Es ergibt sich somit eine Matrix von Streudiagrammen, bei der der Zusammenhang zwischen zwei Größen dargestellt ist. Alle übrigen Größen werden nicht eingeschränkt, sind also beliebig. Auf der Hauptdiagonalen werden die Häufigkeitsverteilungen der Größen platziert.

Bild 5.14 stellt eine solche **Streudiagramm-Matrix** der Messwerte eines chemischen Prozesses dar. Die Matrix ist symmetrisch zur Hauptdiagonalen. An der grafischen Darstellung kann abgelesen werden, welche Kombinationen von Temperatur und Katalysatorkonzentration verwendet wurden. Es wird außerdem deutlich, dass die Ausbeute von der Temperatur und der Katalysatorkonzentration abhängig ist. Sowohl eine Erhöhung der Temperatur als auch der Katalysatorkonzentration könnte in dem untersuchten Parameterbereich somit zur Steigerung der Ausbeute verwendet werden.

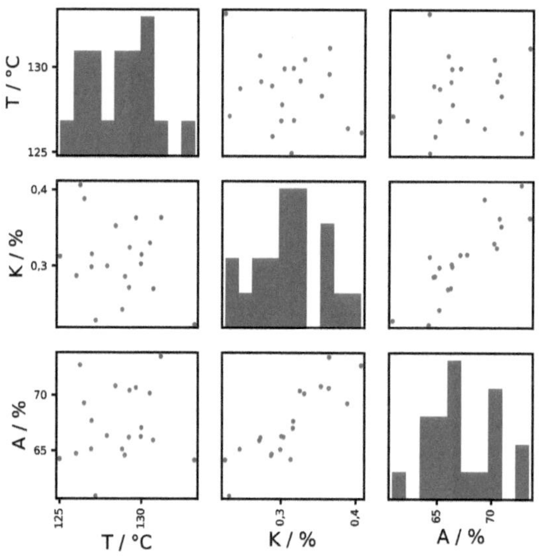

Bild 5.14 Streudiagramm-Matrix der Messwerte eines chemischen Prozesses

5.4.9 Korrelation eines zweidimensionalen Datensatzes

Der Wert des **Korrelationskoeffizienten r ist ein Maß dafür, wie stark Merkmale linear voneinander abhängig sind**. Bild 5.15 stellt Stichproben mit unterschiedlichen Werten für den Korrelationskoeffizienten r dar.

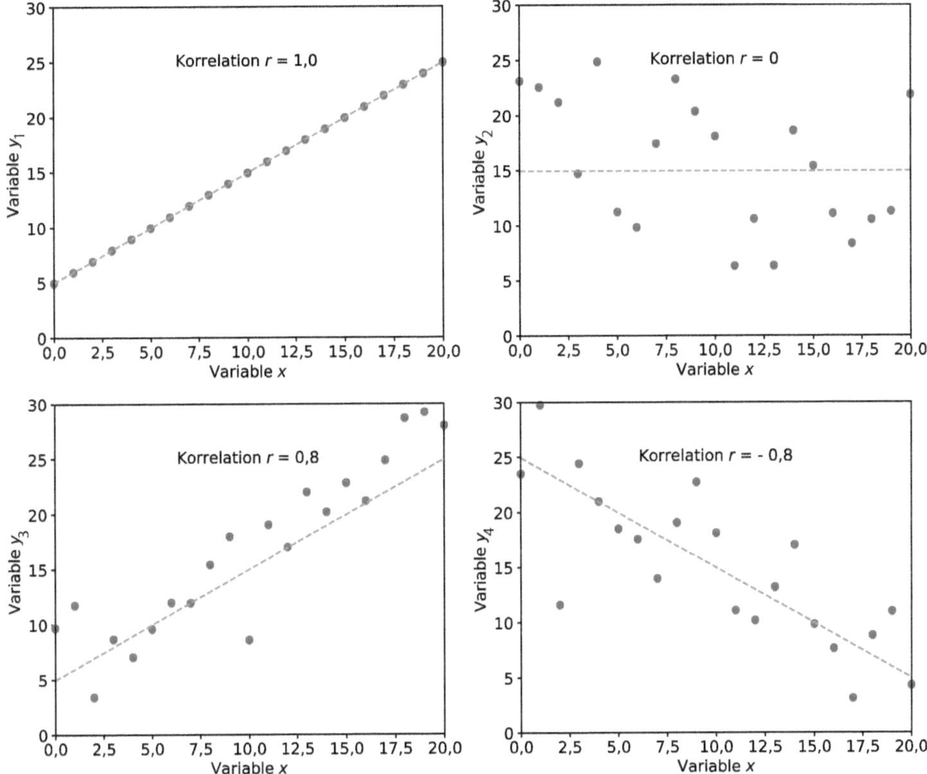

Bild 5.15 Stichproben mit unterschiedlichen Werten für den Korrelationskoeffizienten r und der entsprechenden linearen Approximation

Im ersten Schaubild ist r = 1 und die Wertepaare liegen auf einer Geraden mit positiver Steigung. Im zweiten Diagramm ist der Korrelationskoeffizient r = 0, es existiert kein signifikanter Zusammenhang zwischen den Werten x_n und y_n der Stichprobe. Die übrigen Diagramme zeigen den Zusammenhang zwischen Streuungsdiagramm und Korrelationskoeffizient auf. Ein Betrag des Korrelationskoeffizienten r nahe dem Wert 1 weist auf einen nahezu linearen Zusammenhang der beiden Größen x und y hin. Je linearer der Zusammenhang ist, desto größer ist der Betrag des Korrelationskoeffizienten r. Bei positivem Vorzeichen des Korrelationskoeffizienten steigen die Werte für y mit steigenden Werten für x an. Bei einem negativen Korrelationskoeffizienten fallen die Werte für y mit steigenden Werten für x.

Die Korrelation kann je nach Betrag des Korrelationskoeffizienten r in eine schwache, mittlere oder starke Korrelation eingeteilt werden. Die einzelnen Intervalle sind in Tabelle 5.3 aufgelistet.

Tabelle 5.3 Einstufungen des Korrelationskoeffizienten

Korrelationskoeffizient	Interpretation
$\|r\| \leq 0{,}5$	schwache Korrelation
$0{,}5 < \|r\| \leq 0{,}8$	mittlere Korrelation
$0{,}8 < \|r\|$	starke Korrelation

Die Untersuchung von Korrelationen bietet nicht nur Erkenntnisse über Abhängigkeiten, sondern liefert auch notwendige Informationen für die weitere Vorgehensweise, z. B. der Anwendung von Algorithmen bei der Modellbildung, für welche Korrelationen zwischen Merkmalen problematisch sein könnten.

5.4.10 Korrelation mehrdimensionaler Datensätze

Um die Korrelationen von vielen Merkmalen miteinander paarweise zu beschreiben, wird eine Matrix von Korrelationskoeffizienten aufgestellt. Bei einer Anzahl von M Merkmalen ergibt sich eine Korrelationsmatrix R der Dimension M x M.

$$\boldsymbol{R} = \begin{pmatrix} r_{11} & r_{12} & \dots & r_{1M} \\ r_{2,1} & r_{22} & \dots & r_{2M} \\ \dots & \dots & \dots & \dots \\ r_{M1} & r_{M2} & \dots & r_{MM} \end{pmatrix} = \begin{pmatrix} 1 & r_{12} & \dots & r_{1M} \\ r_{21} & 1 & \dots & r_{2M} \\ \dots & \dots & \dots & \dots \\ r_{M1} & r_{M2} & \dots & 1 \end{pmatrix} \tag{5.14}$$

Auf der Hauptdiagonale wird die Korrelation der Größen mit sich selbst berechnet. Da der Zusammenhang zwischen jeder Größe mit sich selbst streng linear ist, ist die Korrelation hier immer 1. Für das Beispiel des chemischen Prozesses aus Bild 5.14 ergibt sich die Korrelationsmatrix zu

$$R = \begin{pmatrix} 1 & -0{,}2635 & 0{,}1458 \\ -0{,}2635 & 1 & 0{,}8581 \\ 0{,}1458 & 0{,}8581 & 1 \end{pmatrix} \tag{5.15}$$

Um die Korrelation grafisch zu veranschaulichen, können die Werte der Korrelationsmatrix einem Farbwert zugeordnet und dann als Matrix dargestellt werden. Bild 5.16 zeigt wiederum das Ergebnis für das Beispiel des chemischen Prozesses, bei dem die Ausbeute A in Abhängigkeit von der Temperatur T und der Katalysatorkonzentration K untersucht wird.

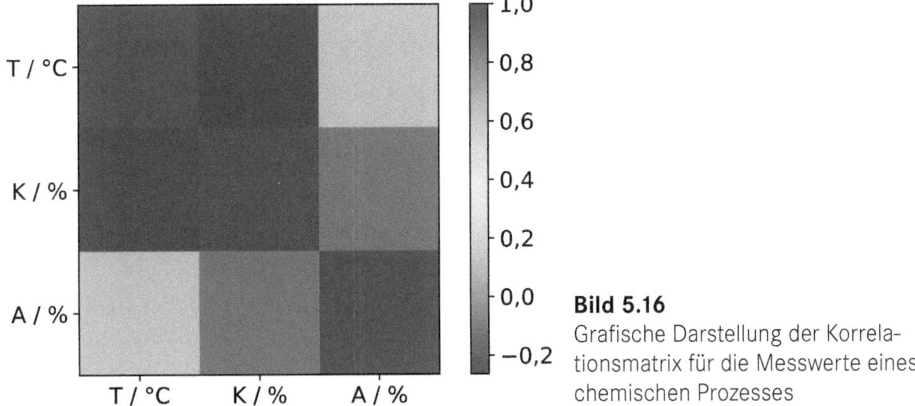

Bild 5.16
Grafische Darstellung der Korrelationsmatrix für die Messwerte eines chemischen Prozesses

5.5 Daten bereinigen („data cleaning“)

Das Ziel der Datenbereinigung besteht in der **Erhöhung der Datenqualität** auf das Niveau, das die ausgewählten Analysetechniken oder Machine-Learning-Algorithmen benötigen.

5.5.1 Konsistenz der Einträge

Datensätze werden typischerweise aus **unterschiedlichen Datenquellen** zusammengeführt. Diese Quellen müssen weder dasselbe Betriebssystem haben noch aus denselben Ländern kommen. Dadurch ist nicht automatisch sichergestellt, dass die Einträge auch konsistent sind.

Zahlenformate

Bei verschiedenen Zahlenformaten werden oftmals unterschiedliche Dezimaltrennzeichen und Arten der Zifferngruppierung verwendet. Es kann vorkommen, dass ein Punkt teilweise als Dezimaltrennzeichen und teilweise zur Zifferngruppierung verwendet wird. Der unterschiedliche Gebrauch von Punkten und Kommas als Dezimaltrennzeichen ist ebenfalls ein Aspekt, der ohne weitere Formatierung zu nicht konsistenten Daten führt.

Derart erkannte Unstimmigkeiten können typischerweise einfach beseitigt werden. Zur Erkennung nicht konsistenter Dateneinträge können Funktionen eingesetzt werden, die den Datentyp der Einträge prüfen.

String-Bezeichnungen

Qualitative Merkmale werden typischerweise über Text-Ausdrücke klassifiziert. Bei manuellen Einträgen kann es vorkommen, dass unterschiedliche Bezeichnungen für denselben Sachverhalt verwendet werden. Wird zum Beispiel ein Prüfergebnis eingetragen, können bei manueller Eingabe die Begriffe „ja“, „OK“ oder einfach ein „X“ als Synonym verwendet werden. Allein die Groß- und Kleinschreibung verhindert beispielsweise bei der Anwendung von Klassifizierungsalgorithmen ein korrektes Ergebnis. Daher müssen die Daten auf unterschiedliche Einträge kontrolliert werden. Dabei entsteht eine Menge unterschiedlicher Ausdrücke, mit der doppelte Einträge für denselben Sachverhalt einfach identifiziert und harmonisiert werden können.

Zeit- und Datumsangaben

Die Formatierung von Zeit- und Datumsangaben unterscheiden sich von Land zu Land oft erheblich. Deshalb müssen auch diese Informationen vereinheitlicht werden.

5.5.2 Fehlende Einträge

Trotz Digitalisierung und Datenbanken wird es in der Praxis vorkommen, dass in Datensätzen einzelne Einträge fehlen.

Entfernen von Datensätzen mit fehlenden Einträgen

Liegt ein großer Datensatz mit wenigen fehlenden Einträgen vor und weisen diese keine systematische Struktur auf, können die Teile mit fehlenden Einträgen entfernt werden, ohne dadurch die Gesamtaussage des Datensatzes zu verändern. Dieses Vorgehen hat den Vorteil, dass der Datensatz nicht durch das nachträgliche Einfügen von Einträgen verfälscht wird. Allerdings wird der Datensatz durch das Löschen von Teilinformationen kleiner, was insbesondere bei vielen fehlenden Einträgen oder kleinen Datensätzen zu schlechten Prognoseergebnissen führt.

Fehlende Einträge im frühen Projektstadium konstruieren

Im frühen Stadium eines Datenprojekts ist noch wenig über den kausalen oder numerischen Zusammenhang bekannt. Trotzdem können im Stadium der Datenaufbereitung fehlende Einträge konstruiert werden.

- Bei quantitativen Daten können fehlende Daten durch einen festen Wert ersetzt werden. Dazu kann der Mittelwert der Zahlenreihe oder der Wert Null verwendet werden. Handelt es sich bei dem Datensatz um eine geordnete Folge oder Zeitreihe, kann der Vorgänger oder der Nachfolger dieser Folge den fehlenden Wert ersetzen. Darüber hinaus lassen sich fehlende quantitative Einträge mithilfe von Regressionsfunktionen rekonstruieren. Auf dieses Verfahren wird beim Thema Zeitreihen in Abschnitt 7.5.3 detaillierter eingegangen.

- Fehlende qualitative Einträge können durch einen eigenen Wert ersetzt werden oder dem Wert zugewiesen werden, der bei diesen Daten am häufigsten vorkommt.

Werden fehlende Informationen ersetzt, so wird der Datensatz und damit eventuell auch die Ergebnisse der mathematischen Modellierung verändert. Deshalb ist bei der Konstruktion vieler Einträge und ganz besonders vieler benachbarter Einträge immer entsprechende Vorsicht geboten.

Fehlende Einträge im späteren Projektstadium konstruieren

Im späteren Projektstadium sind die Datensätze besser bekannt. Zu diesem Zeitpunkt können die Zusammenhänge zwischen einzelnen Merkmalen herausgearbeitet werden, was weitere Imputing-Methoden erlaubt.

- KNN-Imputing: Beim **K-Nearest-Neighbors-Imputing** wird der Mittelwert oder der Median von den dem Wert K nächsten Nachbarn übernommen. Die Auswahl der relevanten Merkmale zur Bestimmung der nächsten Nachbarn erfordert den oben angesprochenen Überblick über das Machine-Learning-Projekt.
- Multivariate Imputing-Verfahren: Mithilfe von **multivariaten Regressionsfunktionen** kann auf Basis der übrigen Merkmale ein Ersatzwert berechnet werden.

5.6 Kodierung von Merkmalen

Viele statistische Verfahren und auch Machine-Learning-Algorithmen brauchen eine numerische Darstellung der Information, die bei quantitativen Merkmalen bereits vorliegt. Qualitative Merkmale müssen mithilfe von Methoden wie One Hot Encoding erst in numerische Formate überführt werden. Aber auch quantitative Merkmale müssen mit Methoden wie Standardisierung und Normalisierung kodiert werden, damit gute Ergebnisse erzielt werden.

5.6.1 Kodierung quantitativer Merkmale

Quantitative Merkmale besitzen bereits ein numerisches Datenformat. Die numerischen Werte repräsentieren technische Größen, die erst zusammen mit der zugehörigen Einheit eine Information liefern. Die beiden Zahlenwerte 1 013 und 1,013 können beide den barometrischen Druck angeben, allerdings gibt der erste Zahlenwert den Druck im mbar und der zweite Zahlenwert den Druck in bar an. Zunächst kann die Einheit eines Zahlenwerts frei gewählt werden. Soll aber zum Beispiel der Abstand zweier mehrdimensionaler Stichproben angegeben werden, ist eine einheitliche Skalierung der Merkmale von großer Bedeutung.

Die **Distanz** ist ein Maß für den absoluten Abstand zweier Stichproben (Datenpunkte) und stellt bei manchen Machine-Learning-Algorithmen, beispielsweise bei distanzbasierten Clusterverfahren, eine wichtige Kenngröße dar. Durch das nachfolgende Beispiel wollen wir zeigen, dass sich die Distanz durch Kodierung maßgeblich ändert und somit auch der Algorithmus, der mit dieser Größe arbeitet, bei Nichtkodierung falsche Ergebnisse liefert.

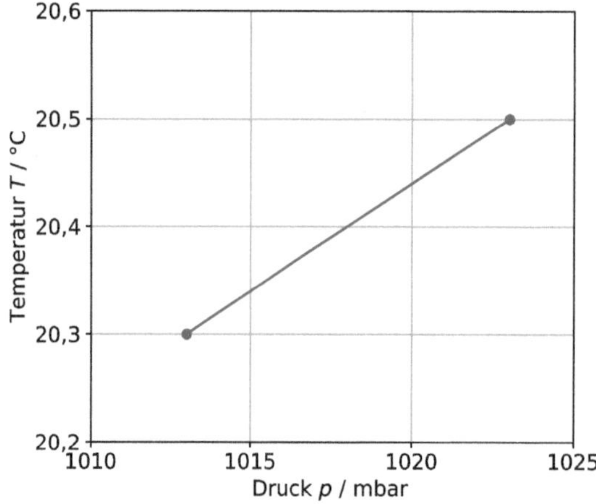

Bild 5.17
Darstellung des Abstands zweier Stichproben in unterschiedlich skalierten Koordinatensystemen

In Bild 5.17 ist der Druck in mbar und die Temperatur in Grad Celsius angegeben. Die Distanz D_1 der beiden Punkte errechnet sich zu

$$D_1 = \sqrt{10^2 + 0{,}2^2} = 10{,}002 \tag{5.16}$$

Sie ist von dem Druckunterschied in mbar geprägt. Wird der Druck in bar angegeben, ändert sich die Distanz zu

$$D_2 = \sqrt{0{,}01^2 + 0{,}2^2} = 0{,}2002 \tag{5.17}$$

Die Distanz weist nicht nur einen kleineren Betrag auf, sie ist nun auch maßgeblich durch die Temperaturdifferenz geprägt. Dieses Beispiel macht deutlich, dass die Skalierung von Größen für die numerische Analyse eine wesentliche Bedeutung hat. Um allen Größen eine vergleichbare Bedeutung zu geben, werden im Machine Learning numerische Größen deshalb immer einheitlich standardisiert oder normalisiert.

Standardisierung quantitativer Merkmale

Zur Standardisierung eines quantitativen Merkmals werden Mittelwert $\overline{x}$ und Standardabweichung s aller in dem Datensatz vorkommenden Werte dieses Merkmals bestimmt. Mit diesen Werten ergibt sich das standardisierte Merkmal zu

$$x_S = \frac{x - \overline{x}}{s} \tag{5.18}$$

Durch den Bruch wird die standardisierte Variable dimensionslos. Der Wert eines standardisierten Merkmals ist unabhängig von der Skalierung. Durch den Bezug auf die Standardabweichung wird der Wertebereich aller Zahlenwerte auf den einheitlichen Bereich begrenzt, der bei normalverteilten Größen und grober Näherung $-6 \leq x_S \leq 6$ beträgt.

Normalisierung quantitativer Merkmale

Alternativ zur Standardisierung kann eine Normalisierung quantitativer Merkmale durchgeführt werden. Dabei werden die existierenden Zahlenwerte auf den Bereich von 0 bis 1 abgebildet.

$$x_N = \frac{x - x_{MIN}}{x_{MAX} - x_{MIN}} \tag{5.19}$$

Das Ergebnis ist ähnlich dem der Standardisierung: der normierte Zahlenwert ist dimensionslos und auf einen festen Bereich begrenzt.

Ein Vorteil der Standardisierung gegenüber der Normalisierung ist, dass die Parameter Mittelwert $\overline{x}$ und Standardabweichung s auf Basis aller Stichprobenwerte ermittelt wurden und damit weniger von Ausreißern abhängig sind als Minimum und Maximum.

Ausreißererkennung

Bei der Standardisierung und Normalisierung von Merkmalen führen Ausreißer immer zu falschen Skalierungen und damit in der Anwendung zu falschen Schlussfolgerungen. Vor der Skalierung ist deshalb unbedingt eine **Prüfung des Merkmals auf Ausreißer** durchzuführen. Ausreißer lassen sich in diesem Stadium des Projekts mit drei Methoden erkennen:

- Vergleich der Lagekennwerte: **Mittelwert und Median weichen stark voneinander ab.**
- **Boxplot:** Ausreißer werden als Outlier identifiziert.
- **Histogramm:** Ausreißer werden grafisch erkannt.

Bei normalverteilten Stichproben kann außerdem ein **Hypothesentest** durchgeführt werden. Dies ist ein häufig angewendetes statistisches Verfahren, um anhand von Daten zu prüfen, mit welcher Sicherheit man einen Sachverhalt als richtig oder falsch annehmen kann.

Ausreißer können **unterschiedliche Ursachen** haben. Es kann sich um falsch eingetragene Werte, Tippfehler, Messfehler oder Übertragungsfehler handeln. In jedem Fall ist das Entfernen sinnvoll. Ausreißer können aber auch wichtige Hinweise für temporäre Prozessprobleme sein, die sporadisch auftreten. In dem Fall sind Ausreißer wertvoll und müssen unbedingt hinsichtlich ihrer Ursache analysiert werden.

Diskretisierung kontinuierlicher Merkmale

Manche Verfahren der Statistik und auch Machine-Learning-Algorithmen arbeiten mit ordinalen Größen. Daher kann es notwendig sein, auch quantitative Merkmale zu diskretisieren, d.h. **in Klassen einzuteilen**. Dies wird auch als Binning bezeichnet. Durch die Wahl der Klassen wird die Anzahl der Ausprägungen definiert, die das resultierende qualitative Merkmal aufweist.

Durch die Einteilung des Merkmals in Klassen **gehen jedoch Informationen verloren**, deshalb sollte die Einteilung in Klassen nur dann durchgeführt werden, wenn das eingesetzte Verfahren dies explizit erfordert und zu dem Verfahren keine Alternative existiert, die mit quantitativen Merkmalen arbeitet.

5.6.2 Kodierung qualitativer Merkmale

Zur numerischen Verarbeitung qualitativer Merkmale - beispielsweise für einen Regressionsalgorithmus - ist es erforderlich, die Merkmale numerisch zu skalieren. Dabei wird zwischen One Hot Encoding und Ordinal Encoding unterschieden.

One Hot Encoding

Beim One Hot Encoding wird für jedes Merkmal der Merkmalsmenge eine Spalte generiert. Sie weist den Wert 1 auf, wenn das Merkmal der Spalte entspricht, ansonsten ist der Wert 0. Tabelle 5.4 zeigt ein Beispiel für One Hot Encoding.

Tabelle 5.4 Beispiel für One Hot Encoding

Teil	Merkmal	Kodierung Zulieferer		
		A	B	C
1	Zulieferer A	1	0	0
2	Zulieferer B	0	1	0
3	Zulieferer C	0	0	1
4	Zulieferer B	0	1	0
5	Zulieferer C	0	0	1

Insbesondere bei Datensätzen mit vielen qualitativen Merkmalen wird die Anzahl der Spalten im Datensatz durch das One Hot Encoding groß. Einige der Spalten können außerdem nur wenige Einträge aufweisen, weil das entsprechende Ereignis nur selten vorkommt.

Ordinal Encoding

Beim Ordinal Encoding werden allen Ausprägungen eindeutige Zahlen zugeordnet. Bei nominalen Merkmalen, wie zum Beispiel den Zulieferern in Tabelle 5.4 ist die Reihenfolge dabei beliebig. Ordinale Merkmale haben eine natürliche Reihenfolge, die zu berücksichtigen ist. Tabelle 5.5 zeigt ein Beispiel für Ordinal Encoding. In dem Beispiel sinkt eine Güte mit steigender Kodierung. Mit der Zahl, die das Merkmal kodiert, ist in dem Beispiel also eine Eigenschaft korreliert. Das Beispiel zeigt, dass die Anzahl an Spalten gleichgeblieben ist und damit der Datensatz übersichtlich bleibt.

Tabelle 5.5 Beispiel für Ordinal Encoding

Merkmal	Ordinale Kodierung
sehr gut	1
gut	2
schlecht	3
sehr schlecht	4

Bei der ordinalen Skalierung wird Merkmalen eine Zahl zugeordnet, beim One Hot Encoding wird für jede Ausprägung eine eigene Spalte erzeugt. Am Beispiel der Distanz zweier qualitativ beschriebener Stichproben wird gezeigt, dass sich die Kodierung unmittelbar auf die berechnete Distanz auswirkt. Die Daten für das Beispiel sind in Tabelle 5.6 aufgeführt.

Tabelle 5.6 Datensatz zur Berechnung der Distanz ordinaler Stichproben

Merkmal	Ordinal Kodierung	One Hot Encoding			
		sehr schnell	**schnell**	**langsam**	**sehr langsam**
sehr schnell	1	1	0	0	0
schnell	2	0	1	0	0
langsam	3	0	0	1	0
sehr langsam	4	0	0	0	1

Die Distanz einer sehr schnellen Bearbeitung und einer langsamen Bearbeitung berechnet sich aus der Differenz der ordinalen Kodierung zu

$$D_{O13} = 3 - 1 = 2 \tag{5.20}$$

Entsprechend gilt für die Distanz einer schnellen Bearbeitung und langsamen Bearbeitung:

$$D_{O23} = 3 - 2 = 1 \tag{5.21}$$

Mit der Distanz ist also die Eigenschaft der Bearbeitungsgeschwindigkeit verbunden. Beim One Hot Encoding wird die Distanz mit den Merkmalsvektoren berechnet. Für die Distanz einer sehr schnellen Bearbeitung und einer langsamen Bearbeitung ergibt sich

$$D_{H13} = \sqrt{\Delta x_1^2 + \Delta x_2^2 + \Delta x_3^2 + \Delta x_4^2} = \sqrt{1+0+1+0} = \sqrt{2} \tag{5.22}$$

und für die Distanz einer schnellen Bearbeitung und einer langsamen Bearbeitung

$$D_{H23} = \sqrt{\Delta x_1^2 + \Delta x_2^2 + \Delta x_3^2 + \Delta x_4^2} = \sqrt{0+1+1+0} = \sqrt{2} \tag{5.23}$$

Die Distanzmaße haben sich nicht geändert. Mit diesem Maß ist damit keine Aussage über den Betrag der Bearbeitungsgeschwindigkeit möglich. Damit ist One Hot Encoding insbesondere bei nominalen Merkmalen anzuwenden, während ordinale Kodierung bei ordinalen Merkmalen sinnvoll ist.

■ 5.7 Daten konstruieren (Feature Engineering)

Features sind die Eingangsgrößen aus einem Datensatz, die ein Machine-Learning-Modell für eine Prognose nutzt. Die Kunst, die **richtigen Eingangsgrößen für das Modell zu finden**, wird unter dem Begriff Feature Engineering zusammengefasst. Zum einen geht es darum, irrelevante Merkmale zu entfernen, und zum anderen beispielsweise darum, durch geschickte Kombination oder eine logische Verknüpfung zusätzliche Merkmale zu konstruieren. In beiden Fällen ist fundiertes Fachwissen der Schlüssel zum Erfolg.

5.7.1 Entfernen irrelevanter Merkmale

Merkmale, die ein Datensatz zu Beginn eines Machine-Learning-Projekts aufweist, ergeben sich nicht allein aus den Erfordernissen des Projekts, sondern vielmehr aus der Verfügbarkeit von Daten. **Nicht alle wichtigen Daten sind verfügbar und nicht alle verfügbaren Daten sind wichtig.**

Irrelevante Merkmale machen den Datensatz einerseits groß und führen damit zu unnötig langen Bearbeitungszeiten. Andererseits verwenden die Algorithmen immer die angebotenen Merkmale und verarbeiten diese. Dazu müssen mathematische Operationen aufwendig parametrisiert werden. Durch das Entfernen irrelevanter Merkmale aus dem Datensatz wird die vom Machine-Learning-Verfahren **gewünschte Prognose schneller und besser.**

Entfernen von Merkmalen ohne kausalen Zusammenhang

Ein Weg, die Relevanz von Merkmalen zu hinterfragen, ergibt sich aus der Diskussion mit den Prozessexperten. Dazu wird die Liste verfügbarer Merkmale in Workshops bewertet. Merkmale, die sicher irrelevant sind, werden direkt aus dem Datensatz gelöscht.

Features, bei denen die Prozessexperten sich hinsichtlich der Relevanz nicht sicher sind, bleiben vorerst im Datensatz, sie werden aber hinsichtlich einer möglichen Irrelevanz gekennzeichnet. Eine endgültige Bewertung erfolgt im Laufe des Projekts über statistische Verfahren.

Entfernen von Merkmalen geringer Varianz

Angenommen ein Machine-Learning-Verfahren soll das Verhalten von Systemen oder Prozessen auf Basis von Merkmalen prognostizieren. An einem Beispiel wird nachfolgend gezeigt, dass der für das Training eingesetzte Datensatz dafür Varianz aufweisen muss.

Zur Bewertung einer plasmaaktivierten Klebeverbindung soll untersucht werden, wie sich die Vorbereitung des Materials und die relative Luftfeuchtigkeit sowie die Raumtemperatur als Umweltbedingungen auf die Zugfestigkeit auswirken. Es wird dazu ein Datensatz aufgenommen, der in Tabelle 5.7 dargestellt ist.

Tabelle 5.7 Prognose der Zugfestigkeit einer Klebeverbindung

Plasmaaktivierung/sec	Temperatur/°C	Relative Luftfeuchtigkeit/%	Zugfestigkeit/N
5	20	45	0,1741
5	25	45	0,1975
10	20	45	0,2324
10	25	45	0,2472

Die Zugversuche wurden alle bei einer relativen Luftfeuchtigkeit von 45 % durchgeführt. Die Luftfeuchtigkeit wurde nicht variiert, sie weist keine Varianz auf. Deshalb kann auf Basis der vorliegenden Daten keine eindeutige Aussage darüber gefällt werden, ob die relative Luftfeuchte einen Einfluss auf die Zugfestigkeit aufweist oder nicht. Das Merkmal wird daher aus dem Datensatz entfernt.

Das beschriebene Prinzip gilt in abgeschwächter Form auch für Merkmale, die nur eine geringe Varianz aufweisen. Dabei stellt sich die Frage, ab welchem Wert die Varianz so klein ist, dass das zugehörige Merkmal entfernt werden kann. Da nicht nur die Varianz allein für eine Relevanz des Merkmals ausschlaggebend ist, kann diese Frage final erst bei der statistischen Auswertung des Modells beantwortet werden. Deshalb werden Merkmale geringer Varianz ähnlich wie Merkmale geringer Kausalität vorerst gekennzeichnet, aber im Datensatz belassen.

Entfernen von Merkmalen hoher Korrelation

Liegen zwei Merkmale vor, die eine hohe Korrelation zueinander aufweisen, kann jedes einzelne für das zu entwerfende Modell von Bedeutung sein. Da aber beide Merkmale dieselben Einstellungen aufweisen, kann das Modell nicht entscheiden, welchem der beiden Merkmale die Wirkung zugeordnet werden soll. Es wird in diesem Fall von einer **Kollinearität (lineare Abhängigkeit) der Merkmale** gesprochen.

Zur Vermeidung dieses Effekts wird von Merkmalspaaren, die eine hohe Korrelation zueinander aufweisen, eines der Merkmale entfernt. Auch hier kann keine allgemeingültige Grenze für die kritische Stärke der Korrelation angegeben werden. Im Zweifelsfall bleiben beide Merkmale im Datensatz, werden aber gekennzeichnet und es wird später im Zug der weiteren Projektbearbeitung der Umgang mit diesem Sachverhalt festgelegt.

5.7.2 Zusätzliche Features generieren

Mit den Methoden des Machine Learnings werden Modelle entwickelt, die das Verhalten eines Prozesses oder eines Systems prognostizieren. Viele dieser Modelle nutzen standardmäßig eine Linearkombination der Merkmale, um daraus das Systemverhalten zu prognostizieren. Um komplizierteres und nichtlineares Systemverhalten zu modellieren, müssen Terme höherer Ordnung, Wechselwirkungen oder andere logische Verknüpfungen von Merkmalen generiert werden. Entscheidend hierbei ist das Wissen über physikalische oder technische Abhängigkeiten.

Physikalische oder technische Abhängigkeiten

Das Berücksichtigen von physikalischen Abhängigkeiten wird an einem Beispiel verdeutlicht. Durch die Messung einer Spannung U und eines Stroms I soll der Widerstand R eines Bauteils bestimmt werden.

$$R = \frac{U}{I} \tag{5.24}$$

Diese Gleichung ist nichtlinear und kann deshalb mit einem linearen Modell nur im Sinne einer Taylorreihe approximiert werden. Da aber die beiden Merkmale Spannung U und Strom I als Merkmale vorliegen, kann ein neues Merkmal R in den Datensatz aufgenommen werden. Das technische oder physikalische Wissen wird also dazu genutzt, gezielte Merkmale abzuleiten, beziehungsweise ein neues Feature zu erzeugen.

Wechselwirkungen und Terme höherer Ordnung zur Modellierung nichtlinearer Effekte

Eine Wechselwirkung zwischen zwei Merkmalen wird bei linearen Modellen nur dann berücksichtigt, wenn sie als eigenes Merkmal im Datensatz vorliegt. Um die Wechselwirkung zwischen dem Faktor A und B zu berücksichtigen, wird eine neue Spalte erzeugt, die sich aus dem Produkt von A und B ergibt. Durch diese Wechselwirkung kann modelliert werden, dass der Effekt von A auf die Zielgröße auch von der Ausprägung des Faktors B abhängt. Ein einfaches Beispiel: Die Wirkung eines alkoholischen Getränks (Faktor A) auf die Beeinträchtigung des Reaktionsvermögens (Zielgröße) hängt auch davon ab, ob vorher viel oder wenig gegessen wurde (Faktor B).

Nach demselben Prinzip kann der quadratische Term A^2 erzeugt werden, indem die Spalte A mit sich selbst multipliziert wird.

Bei vielen Machine-Learning-Softwarelösungen müssen die Features nicht händisch generiert werden, sondern können bequem bei der Modelldefinition ausgewählt werden.

Logische Verknüpfung qualitativer Daten

Nominale Daten werden nach den Überlegungen in Abschnitt 5.6.2 mithilfe des One Hot Encoding kodiert. In diesem Fall können Verknüpfungen von Merkmalen durch einfache Operationen erzeugt werden. Eine UND-Verknüpfung zweier Merkmale ergibt sich aus dem Produkt der Spalten, eine ODER-Verknüpfung aus dem Maximum der Spalten. Tabelle 5.8 verdeutlich die beschriebenen Operationen.

Tabelle 5.8 UND- und ODER-Verknüpfung der Merkmale x_1 und x_2 bei One Hot Encoding

x_1	x_2	x_1 und x_2	x_1 oder x_2
0	0	0	0
0	1	0	1
1	0	0	1
1	1	1	1

Eine Verknüpfung von Merkmalen ist immer dann sinnvoll, wenn Domänenwissen darauf hinweist, dass solche logischen Verknüpfungen existieren.

5.7.3 Zusammenführen von spärlich besetzten Daten

Besitzt ein Datensatz viele qualitative Merkmale, die über One Hot Encoding kodiert wurden, ergeben sich Merkmale, die nur an wenigen Stellen von null verschieden sind. Es wird dann von spärlich besetzten Merkmalen gesprochen. **Spärlich besetzte Merkmale erschweren eine Verallgemeinerung von Eigenschaften**. In diesen Fällen ist es empfehlenswert, mehrere Merkmale ähnlicher Aussage zusammenzufassen. Lassen sich für einige Merkmale keine übergeordneten Kategorien finden, so bietet sich ein Merkmal „Sonstige" an, in dem diese Merkmale zusammengefasst werden. Tabelle 5.9 und Tabelle 5.10 verdeutlichen diese Zusammenführung von Merkmalen an einem Beispiel.

Tabelle 5.9 Spärlich besetzte Merkmale am Beispiel von Holzoberflächen

Massivholz	Furnier Buche	Furnier Eiche	Furnier Esche	Kunststoff-beschichtung
0	1	0	0	0
0	0	0	0	1
0	0	1	0	0
1	0	0	0	0
0	0	0	0	1
1	0	0	0	0
0	0	0	1	0
0	0	0	0	1
1	0	0	0	0
0	0	1	0	0

Die Spalten mit den Furnieren sind spärlich besetzt und lassen sich zu in Tabelle 5.10 im Oberbegriff Furniere zusammenfassen.

Tabelle 5.10 Zusammenführung spärlich besetzter Merkmale am Beispiel von Holzoberflächen

Massivholz	Furnier	Kunststoffbeschichtung
0	1	0
0	0	1
0	1	0
1	0	0
0	0	1
1	0	0
0	1	0
0	0	1
1	0	0
0	1	0

Nach der Zusammenführung sind die Spalten zu vergleichbaren Anteilen besetzt, sodass der Datensatz eine gute Ausgangsbasis für das Training von Machine-Learning-Modellen ist.

5.8 Dimensionsreduktion

Die in Abschnitt 5.7 beschriebene Auswahl von Merkmalen basiert auf dem Fachwissen, das über den zu modellierenden Prozess bekannt ist. Die Merkmale werden intuitiv ausgewählt. Abschnitt 5.7.1 widmete sich unter anderem dem intuitiven Entfernen von Merkmalen geringer Varianz, verweist bezüglich der endgültigen Bewertung aber auf den laufenden Projektfortschritt.

Alternativ dazu können **mathematische Verfahren** eingesetzt werden, um die Anzahl der Merkmale (Dimensionen) zu reduzieren. Ein entsprechendes Verfahren ist die Hauptkomponentenanalyse beziehungsweise Principal Component Analysis (PCA). Es bewertet die Varianz der einzelnen Merkmale und berechnet daraus neue Features, die den Datensatz mit weniger Dimensionen effizient abbilden.

5.8.1 Hauptkomponentenanalyse

Die Hauptkomponentenanalyse identifiziert in Datensätzen mit D Dimensionen die Richtung maximaler Varianz. Das Verfahren führt zu einer Koordinatentransformation, bei der die neuen Basisvektoren orthogonal zueinander sind und mit steigender Ordnung immer weniger Varianz im Datensatz abbilden. Zur Abbildung der wesentlichen Information reichen deshalb typischerweise $M \leq D$ Dimensionen aus. Bild 5.18 verdeutlicht die Grundidee anhand eines zweidimensionalen Datensatzes.

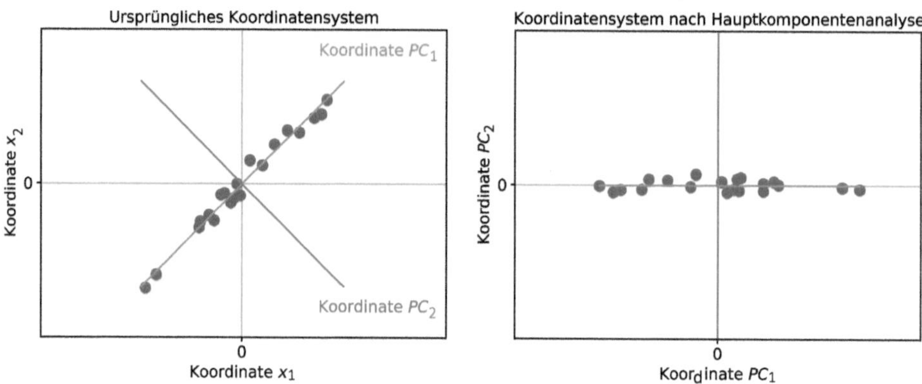

Bild 5.18 Abbildung eines Datensatzes in den ursprünglichen Koordinaten ($x_1 | x_2$) und den Koordinaten der Hauptkomponentenanalyse ($PC_1 | PC_2$)

In dem ursprünglichen Koordinatensystem links werden beide Koordinaten x_1 und x_2 für die Beschreibung der Datenpunkte benötigt. Die Datenpunkte weisen aber eine Vorzugsrichtung auf, die durch die eingezeichnete Gerade „Koordinate PC_1" (PC = Principal Component = Hauptkomponente) visualisiert wird. In dieser Richtung ist die Streuung der Daten groß. In Richtung der dazu orthogonalen Achse Koordinate PC_2 ist die Streuung deutlich kleiner. Um alle Punkte zu erreichen, sind trotzdem beide Koordinaten PC_1 und PC_2 erforderlich.

Durch die Hauptkomponentenanalyse wird ein neues Koordinatensystem bestimmt, das aus den genannten Koordinaten PC_1 und PC_2 besteht und in Bild 5.18 rechts dargestellt ist. Auch in diesem Koordinatensystem werden beide Koordinaten für eine vollständige Beschreibung der Daten benötigt. Die Dimensionsreduktion ergibt sich aus einer Vereinfachung des Datensatzes. Dabei wird der Einfluss der Koordinate PC_2 vernachlässigt. Bild 5.19 vergleicht die Datensätze vor und nach der Dimensionsreduktion.

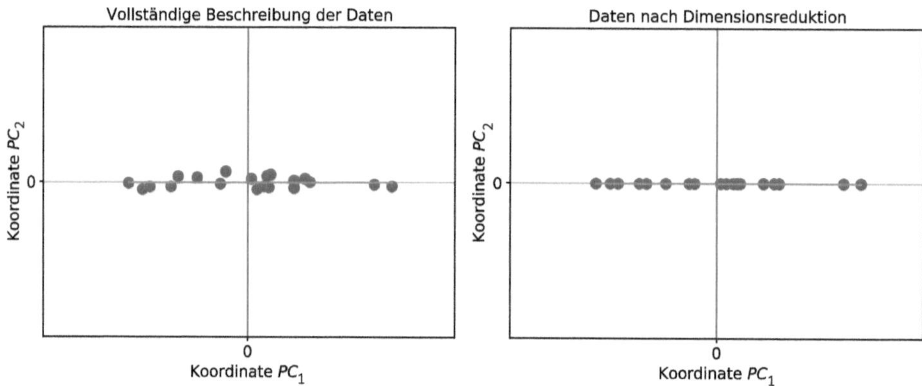

Bild 5.19 Vergleich der Datensätze einer Hauptkomponentenanalyse vor und nach der Dimensionsreduktion

Die Bedeutung der Koordinaten der PCA nimmt mit steigender Dimension ab. Bild 5.20 zeigt ein Pareto-Diagramm, bei dem der Anteil der Varianzaufklärung eines Datensatzes als Funktion der beteiligten Hauptkomponenten dargestellt ist.

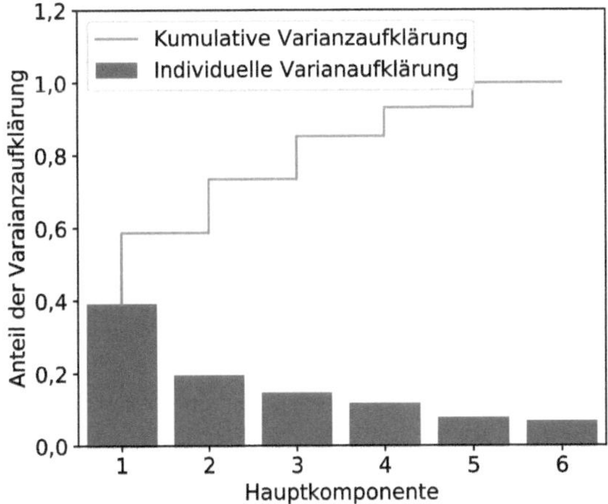

Bild 5.20
Varianzaufklärung bei einem Datensatz mit D=6 Dimensionen

Man sieht, dass die ersten Hauptkomponenten mit großen Eigenwerten maßgeblich zur Varianzaufklärung beitragen. Hauptkomponenten mit niedrigen Eigenwerten leisten nur einen geringen Beitrag. Zur Dimensionsreduktion werden Hauptkomponenten, die nur einen geringen Beitrag leisten, nicht weiter berücksichtigt. Aus einem Datensatz mit D Dimensionen wird dadurch ein Datensatz mit $M_{PCA} < D$ Dimensionen.

Beispiel: Ausreißererkennung

Die PCA kann auch dazu genutzt werden, Ausreißer besser zu identifizieren. Die Hauptkomponenten repräsentieren mit den Richtungen maximaler Varianz das typische Verhalten eines Prozesses. Weist ein Datensatz signifikante Komponenten mit Koordinaten niedriger Eigenwerte auf, sind diese Anteile Hinweise auf Ausreißer. Bild 5.21 verdeutlich das an dem modifizierten Eingangsbeispiel.

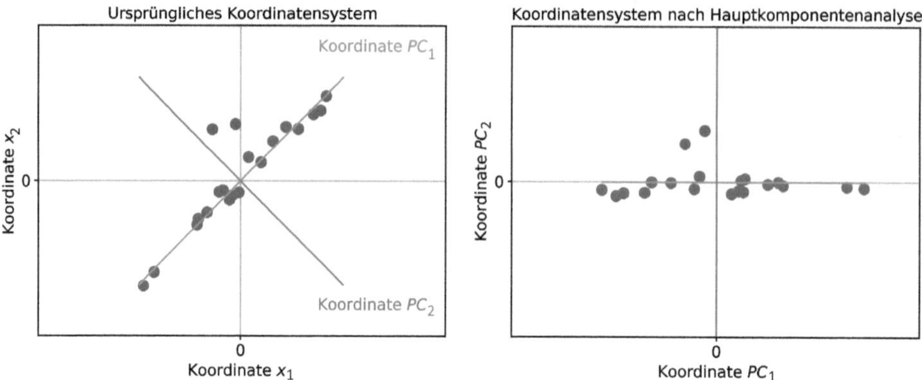

Bild 5.21 Hauptkomponentenanalyse zur Identifikation von Ausreißern

Im ursprünglichen Koordinatensystem sind die beiden schwarz eingezeichneten Ausreißer schwer zu identifizieren. Im Koordinatensystem der Hauptkomponentenanalyse weisen sie einen signifikanten Betrag in Richtung der Koordinate PC_2 auf, die das untypische Verhalten des Datensatzes repräsentiert. Sie lassen sich über eindimensionale Verfahren wie zum Beispiel dem Boxplot erkennen.

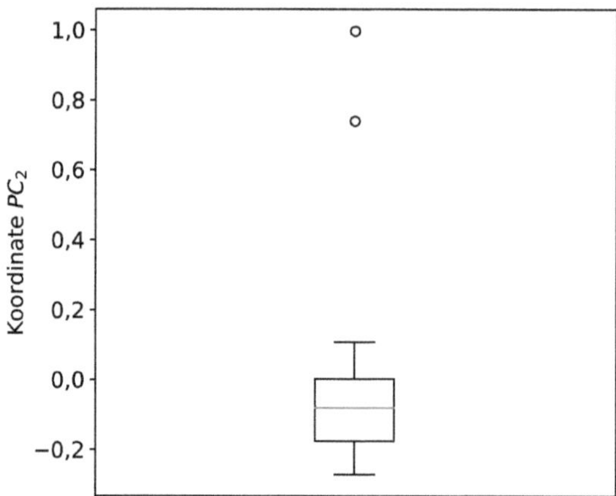

Bild 5.22 Boxplot zur eindimensionalen Ausreißererkennung nach der Hauptkomponentenanalyse

Wir haben in diesem Kapitel erfahren, welche Mittel und Fähigkeiten wir benötigen, um vorliegenden Daten so aufzubereiten, dass sie gewinnbringend verwendet werden können, beispielsweise um risikobasierte Entscheidungen zu treffen. Mit diesem Thema beschäftigt sich das nun folgende Kapitel sehr ausführlich.

6 Mit Daten risikobasierte Entscheidungen treffen

Wir wollen uns in diesem Kapitel dem Thema der risikobasierten Entscheidungen im digitalen Zeitalter des QM widmen, insbesondere wenn nur wenige Daten zur Verfügung stehen. Eine typische Entscheidung im Qualitätsmanagement könnte darin bestehen, die Maßnahmen zur Verbesserung von Fertigungsanlagen auf Wirksamkeit zu prüfen. Tabelle 6.1 zeigt die Fertigungsausbeuten in Prozent (Yield) vor und nach einer Verbesserungsmaßnahme. Der durchschnittliche Yield konnte von 84,24 % auf 85,54 % gesteigert werden. Das kann als Indiz für eine signifikante Verbesserung gesehen werden, allerdings streuen die Fertigungsausbeuten innerhalb der beiden Gruppen, sodass die Frage der Wirksamkeit nicht ohne weiteres beantwortet werden kann. Hypothesentests zum Vergleich zweier Mittelwerte (t-Test) berücksichtigen die Varianz innerhalb der Stichprobe und können diese Frage beantworten.

Tabelle 6.1 Fertigungsausbeuten vor und nach einer Verbesserungsmaßnahme

vorher	89,7	81,4	84,5	8,8	87,3	79,7	85,1	81,7	83,7	84,5
nachher	84,7	86,1	83,2	91,9	86,3	79,3	82,6	89,1	83,7	88,5

Eine weitere typische Aufgabenstellung im Qualitätsmanagement besteht darin, hinsichtlich der Relevanz von Einflussgrößen auf die Qualität eines Produkts zu entscheiden. Zum Beispiel kann bei zwei verfügbaren Fertigungsanlagen die Auswahl der Anlage einen signifikanten Einfluss auf die Produktqualität haben. Die Qualität des Produkts kann sich in einem unterschiedlichen Mittelwert oder einer unterschiedlichen Varianz von Qualitätsmerkmalen äußern. Statistische Verfahren wie der Test auf gleiche Mittelwerte (t-Test) und der Test auf gleiche Varianz (F-Test) können dazu eingesetzt werden, diese Fragen auf Basis von Stichprobenergebnissen zu beantworten (Strohrmann, Design For Six Sigma Online, 2021).

Bei den erwähnten Aufgabenstellungen geht es somit darum, eine Entscheidung auf Basis von Stichprobenergebnissen **zu objektivieren** und damit die Wahrscheinlichkeit einer falschen Aussage zu minimieren. Einer Entscheidung liegt dafür eine **Hypothese** zugrunde, welche es zu beweisen oder zu widerlegen gilt.

Unter einer Hypothese wird in der Statistik eine **Annahme über einen Sachverhalt** verstanden, der **mittels der Verteilung einer Zufallsvariable beschrieben** werden kann. Der **Test einer Hypothese** ist ein Prüfverfahren, das angewendet wird, um **die These anzunehmen oder zu verwerfen.** Er ist also kein wissenschaftlicher Beweis, sondern ein statistisches Verfahren, um anhand von Daten zu prüfen, mit welcher Sicherheit man einen Sachverhalt als richtig oder falsch annehmen kann.

Nach der Vermittlung der theoretischen Grundlagen anhand eines Beispiels und der Darstellung des allgemeinen Vorgehens wird der Fokus auf die Varianzanalyse gelegt, die als eine Art Verallgemeinerung von statistischen Tests gesehen werden kann (Behnke & Behnke, 2006). Am Ende des Kapitels wird die Methodik an einem Fallbeispiel beschrieben.

■ 6.1 Einführendes Beispiel und theoretische Grundlagen

Zur Lenkung von Fertigungsprozessen ist die statistische Prozesskontrolle (SPC) seit mehreren Jahrzehnten im Qualitätsmanagement etabliert. Hierzu werden für kritische Qualitätsmerkmale stichprobenartig Qualitätsprüfungen durchgeführt. Signifikante Abweichungen der Merkmale von dem Soll-Zustand sollen erkannt werden und eine Nachregelung des Prozesses auslösen. Aber was heißt signifikante Abweichung?

Als Beispiel wird das Gewicht einer Kleberaupe betrachtet. Zur Prozesskontrolle wird eine Stichprobe von $N = 5$ Teilen ausgewählt und das Gewicht der Kleberaupe gemessen. Das Gewicht aller gefertigten Teile soll als Mittelwert μ das spezifizierte Klebergewicht μ_0 aufweisen. Falls das Gewicht signifikant abweicht, muss bei den Maschineneinstellungen die Kleber-Sollmenge korrigiert werden. Eine signifikante Abweichung soll auf Basis des Stichprobenmittelwerts $\overline{x}$ erkannt werden. Die Standardabweichung σ für den Prozess ergibt sich aus der Fertigungseinrichtung, sie wird als bekannt vorausgesetzt.

Die Aufgabe kann mit einem Hypothesentest gelöst werden, der mit den folgenden Annahmen arbeitet:

- Nullhypothese H_0: Mittelwert stimmt mit dem spezifizierten Wert überein, $\mu = \mu_0$
- Alternativhypothese H_1: Mittelwert weicht signifikant von dem spezifizierten Wert ab, $\mu \neq \mu_0$

Eine starke Abweichung des Stichprobenmittelwerts $\overline{x}$ vom spezifizierten Sollwert μ_0 würde signalisieren, dass der Fertigungsprozess überprüft werden muss. Zur Bestimmung des Grenzwerts, bei dem die Hypothese gerade eben noch akzeptiert werden kann, wird davon ausgegangen, dass die Null-Hypothese H_0 gilt. In diesem Fall weist der Stichprobenmittelwert eine Normalverteilung mit dem Mittelwert μ_0 und der Varianz σ^2/N auf. Die Verteilung ist in Bild 6.1 dargestellt.

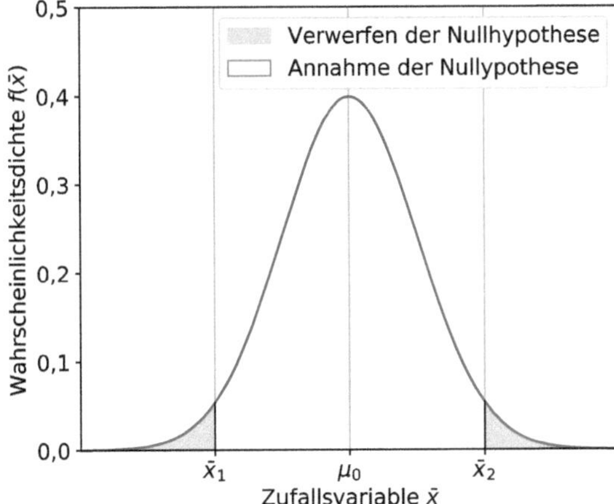

Bild 6.1
Darstellung des Hypothesentests in der Wahrscheinlichkeitsdichte der Normalverteilung, die grauen Flächen entsprechen der Wahrscheinlichkeit $P(\bar{x} < \bar{x}_1)$ und $P(\bar{x} > \bar{x}_2)$

Damit ein über die Stichprobe geschätzter Mittelwert $\bar{x}$ mit einer spezifizierten Wahrscheinlichkeit zu der Normalverteilung mit dem Mittelwert μ_0 und der Varianz σ^2/N gehört, muss dieser in dem Intervall $\bar{x}_1 < \bar{x} \leq \bar{x}_2$ liegen. Wird die Wahrscheinlichkeit dafür mit γ bezeichnet, gilt die Gleichung

$$P\left(\bar{x}_1 < \bar{x} \leq \bar{x}_2\right) = \gamma \tag{6.1}$$

Das Intervall mit den Grenzen $\bar{x}_1$ und $\bar{x}_2$ wird als Annahmebereich für die Hypothese H_0 bezeichnet. Liegt ein geschätzter Mittelwert $\bar{x}$ außerhalb des Intervalls $\bar{x}_1 < \bar{x} \leq \bar{x}_2$, so wird die Hypothese H_0 verworfen, obwohl der geschätzte Mittelwert $\bar{x}$ mit der Irrtumswahrscheinlichkeit

$$\alpha = 1 - \gamma \tag{6.2}$$

zu der in Bild 6.1 dargestellten Verteilung gehören kann. Die Irrtumswahrscheinlichkeit wird auch als Signifikanzniveau α des statistischen Tests bezeichnet und zur Berechnung der Grenzen $\bar{x}_1$ und $\bar{x}_2$ herangezogen.

Das Vorgehen zur Berechnung des Annahmebereichs beruht darauf, eine Zufallsvariable mit einer bekannten Verteilung zu finden, in deren Beschreibung die Hypothese H_0 und der bekannte Parameter der Stichprobe vorkommen. Für das Beispiel des Gewichts von Kleberaupen gilt dies für die standardnormalverteilte Zufallsvariable

$$z = \frac{\bar{x} - \mu_0}{\sigma / \sqrt{N}} \tag{6.3}$$

Mit dieser Verteilung wird die Wahrscheinlichkeit γ, mit der die Variable z innerhalb des Intervalls $c_1 \dots c_2$ liegt, definiert als

$$\gamma = P(c_1 < z \leq c_2) = F(c_2) - F(c_1) \tag{6.4}$$

Bei Annahme eines symmetrischen Tests ergeben sich die Konstanten c_1 und c_2 aus den Bedingungen

$$F(c_1) = \frac{1-\gamma}{2} = \frac{\alpha}{2} \tag{6.5}$$

und

$$F(c_2) = 1 - \frac{1-\gamma}{2} = 1 - \frac{\alpha}{2} \tag{6.6}$$

Auflösen nach c_1 und c_2 führt zu

$$c_1 = F^{-1}\left(\frac{\alpha}{2}\right) \tag{6.7}$$

und

$$c_2 = F^{-1}\left(1 - \frac{\alpha}{2}\right) \tag{6.8}$$

Durch Umformungen von Formel 6.4 ergibt sich ein Ausdruck für den Annahmebereich der Nullhypothese, nämlich dass der geschätzte Mittelwert $\bar{x}$, mit einer spezifizierten Wahrscheinlichkeit γ zu der Normalverteilung mit dem Mittelwert μ_0 und der Varianz σ^2/N gehört.

$$\gamma = P\left(c_1 < \frac{\bar{x} - \mu_0}{\sigma / \sqrt{N}} \leq c_2\right) = P\left(\mu_0 + \frac{c_1 \cdot \sigma}{\sqrt{N}} < \bar{x} \leq \mu_0 + \frac{c_2 \cdot \sigma}{\sqrt{N}}\right) \tag{6.9}$$

Für das Beispiel der Prozesskontrolle von Kleberaupen soll der Annahmebereich dafür berechnet werden, dass der Mittelwert aus einer Stichprobe mit N = 5 Teilen dem spezifizierten Mittelwert von μ_0 = 5,3 g entspricht. Die Standardabweichung des Prozesses beträgt σ = 0,23 g. Für den Hypothesentest wird ein Signifikanzniveau von α = 5 % festgelegt, zu dem die kritischen Parameter c_1 = -1,96 und c_2 = 1,96 gehören. Damit ergibt sich der Annahmebereich der Hypothese H_0 zu

$$\mu_0 + \frac{c_1 \cdot \sigma}{\sqrt{N}} = 5{,}0984 < \bar{x} \leq 5{,}5016 = \mu_0 + \frac{c_2 \cdot \sigma}{\sqrt{N}} \tag{6.10}$$

Im Beispiel liegt der aus der Stichprobe berechnete Mittelwert $\bar{x}_0$ = 5,142 g innerhalb dieser Grenzen, die Nullhypothese wird deshalb angenommen. Bei einem Wert außerhalb des berechneten Intervalls, muss die Nullhypothese auf

Basis der vorliegenden Stichprobenwerte verworfen und die Alternativhypothese angenommen werden.

Alternativ zur Bewertung des Annahmebereichs kann eine Unterschreitungswahrscheinlichkeit p der Prüfgröße $\bar{x}_0$ bestimmt werden und mit dem Signifikanzniveau α verglichen werden. Bei Hypothesentests mit beidseitigem Verwerfungsbereich $\mu \neq \mu_0$ müssen dazu die Bedingungen

$$p = F(\bar{x}_0) > \frac{\alpha}{2} \tag{6.11}$$

und

$$p = F(\bar{x}_0) < 1 - \frac{\alpha}{2} \tag{6.12}$$

erfüllt werden. Je zentraler der Wert p zwischen den Grenzen α/2 und 1 - α/2 liegt, desto sicherer wird auch die Hypothese H_0 bestätigt. Bild 6.2 stellt die Überschreitungswahrscheinlichkeit p mit den unterschiedlichen Annahme- und Verwerfungsszenarien grafisch dar.

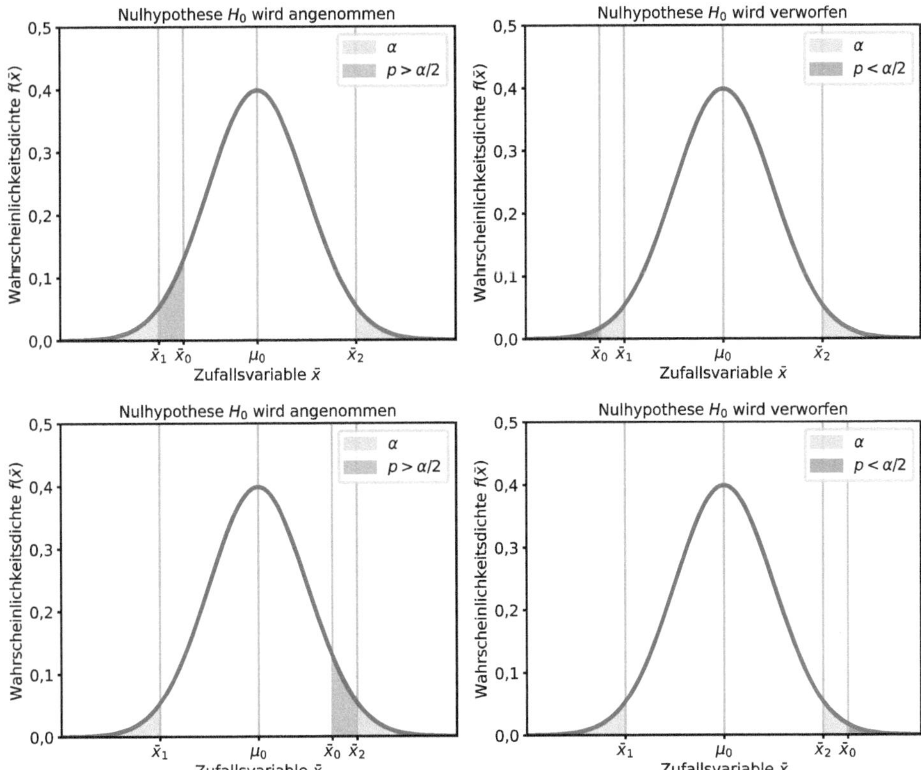

Bild 6.2 Überschreitungswahrscheinlichkeit p beim Hypothesentest mit zweiseitigem Verwerfungsbereich $\mu \neq \mu_0$

Mit dem Mittelwert der vorliegenden Stichprobe von $\overline{x}_0$ = 5,142 g ergibt sich ein p-Wert von

$$p = F\left(\frac{\overline{x}_0 - \mu_0}{\sigma / \sqrt{N}}\right) = F\left(\frac{5{,}142 - 5.3}{0{,}23 / \sqrt{5}}\right) = 0{,}3793 > 0{,}025 \tag{6.13}$$

Damit wird die Hypothese, dass die Grundgesamtheit ein Gewicht von 5,3 g besitzt, angenommen.

Aus Gründen der Übersichtlichkeit wird der p-Wert von Statistikprogrammen so umgerechnet, dass ein Vergleich mit dem Signifikanzniveau α ausreicht. **Liegt der umgerechnete p-Wert oberhalb des Signifikanzniveaus ($p > \alpha$), wird die Nullhypothese H_0 angenommen, andernfalls ($p \geq \alpha$) wird sie verworfen.**

6.2 Durchführung von Hypothesentests

Die Durchführung eines Hypothesentests teilt sich in folgende Schritte auf:

Schritt 1: Aufgabenstellung

Ein Hypothesentest baut auf einer inhaltlich klar formulierten Aufgabenstellung mit einem **quantifizierten Ziel** auf.

Schritt 2: Modellannahmen

Im zweiten Schritt werden die **Modellannahmen formuliert**. Dazu gehört die Unabhängigkeit der Stichprobe, die Rückführung der Aufgabenstellung auf eine bekannte Verteilung und die Frage nach bekannten Parametern.

Schritt 3: Festlegen des Signifikanzniveaus

Im nächsten Schritt wird das Signifikanzniveau festgelegt. Es legt die **Wahrscheinlichkeit** fest, **mit der die Hypothese H_0 verworfen wird, obwohl sie richtig gewesen wäre**. Das Signifikanzniveau ergibt sich aus der Aufgabenstellung und beträgt typischerweise 1 oder 5 %. Bei der Definition des Signifikanzniveaus ist die Kenntnis über die Auswirkungen des Fehlers erster und zweiter Art notwendig, auf sie wird in Abschnitt 6.3.1 eingegangen.

Schritt 4: Bestimmung des Verwerfungsbereichs

Die Bestimmung des Verwerfungsbereiches wird nachfolgend exemplarisch für den Mittelwert aufgezeigt und kann auch auf jede andere Prüfgröße angewandt werden. Ist die Verteilung der Prüfgröße $\overline{x}$ bekannt, kann die **Nullhypothese** $\mu = \mu_0$ getestet werden. Als Alternative sind generell drei Varianten denkbar:

$$\mu > \mu_0 \tag{6.14}$$

Eine **Alternativhypothese** $\mu > \mu_0$ ergibt sich zum Beispiel bei der Überwachung von Schadstoffbelastungen. Wird ein Grenzwert deutlich unterschritten, ist das unkritisch, vielleicht sogar gewünscht.

$$\mu < \mu_0 \tag{6.15}$$

Die Variante $\mu < \mu_0$ tritt zum Beispiel bei Festigkeitsuntersuchungen auf, bei denen eine zu große Festigkeit unproblematisch ist, eine Festigkeit unterhalb eines Grenzwerts jedoch direkt zum Versagen des Werkstoffs führen kann.

$$\mu \neq \mu_0 \tag{6.16}$$

Die zweiseitige Variante $\mu \neq \mu_0$ ist die am häufigsten verwendete Alternativhypothese. Sie tritt zum Beispiel bei Maßen auf, die weder zu groß noch zu klein sein dürfen, wie etwa beim Durchmesser einer Welle. Bei dem zweiseitigen Test werden zwei Grenzwerte $\overline{x}_{C1}$ und $\overline{x}_{C2}$ benötigt und der Verwerfungsbereich besteht aus zwei Teilbereichen. Die Summe der Wahrscheinlichkeiten für beide Verwerfungsbereiche entspricht dem Signifikanzniveau α.

Bild 6.3 verdeutlicht die unterschiedlichen Annahme- und Verwerfungsbereiche beim Hypothesentest.

Verwerfungsbereich $\mu > \mu_0$

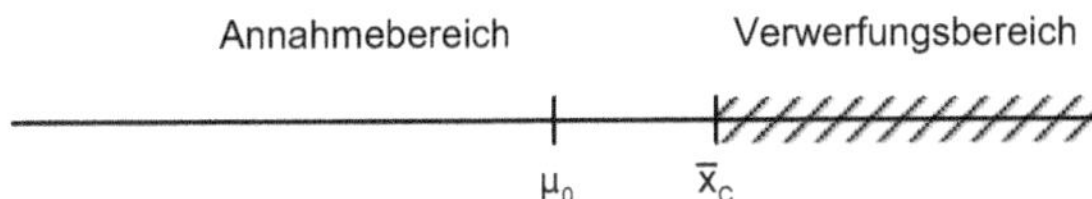

Verwerfungsbereich $\mu < \mu_0$

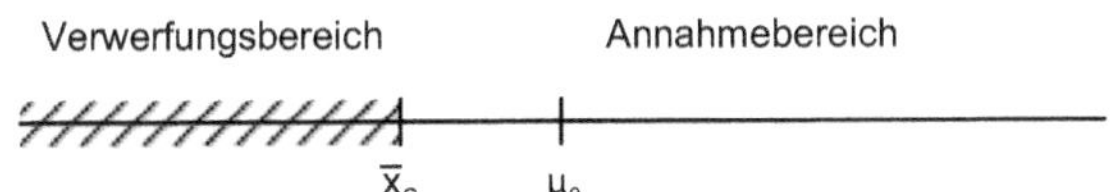

Verwerfungsbereich $\mu \neq \mu_0$

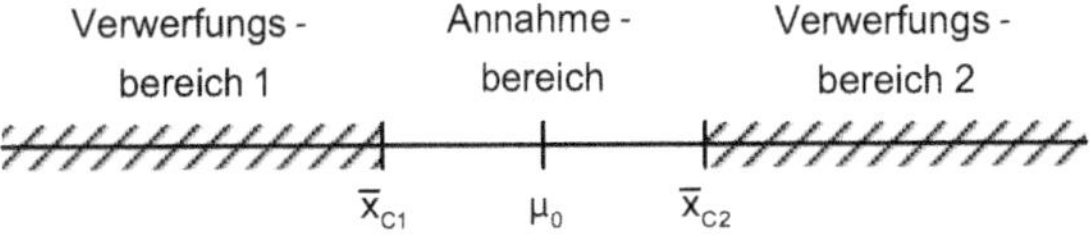

Bild 6.3 Grafische Darstellung von Verwerfungsbereichen und Annahmebereichen für einen Test mit den Alternativhypothesen $\mu > \mu_0$, $\mu < \mu_0$ und $\mu \neq \mu_0$

Nach der Festlegung des Verwerfungsbereichs und dem Signifikanzniveau können auf Basis der zugrunde liegenden Verteilung die Grenzen $\bar{x}_C$ beziehungsweise $\bar{x}_{C1}$ und $\bar{x}_{C2}$ bestimmt werden.

Schritt 5: Vergleich der Prüfgröße mit den Grenzwerten

Für die konkret vorliegende Stichprobe wird abschließend die Prüfgröße $\bar{x}_0$ berechnet und mit den Grenzwerten $\bar{x}_C$ beziehungsweise $\bar{x}_{C1}$ und $\bar{x}_{C2}$ verglichen. Liegt die Prüfgröße im Annahmebereich, wird die Null-Hypothese angenommen, andernfalls verworfen. Alternativ wird der p-Wert mit dem Signifikanzniveau α verglichen.

6.3 Sicherheit und Risiko bei Hypothesentests

Der Hypothesentest **basiert auf einer Stichprobe** und ist deshalb **nicht absolut sicher**. Es kann daher zu Fehlentscheidungen kommen. Zur Bewertung der Aussagesicherheit wird an einem übersichtlichen Paar von Nullhypothese und Alternativhypothese die Definition von **Fehlern erster und zweiter Art** eingeführt. Darauf aufbauend wird die **Gütefunktion** eines Hypothesentests erläutert.

6.3.1 Fehler erster und zweiter Art

Zur Einführung der Fehler erster und zweiter Art wird wieder der Mittelwert einer Grundgesamtheit herangezogen. Ausgehend von der Nullhypothese

$$\mu = \mu_0 \tag{6.17}$$

wird zunächst gegen die Alternativhypothese

$$\mu = \mu_1 \tag{6.18}$$

getestet, wobei der Wert μ_1 größer ist als der Wert μ_0. Bild 6.4 stellt die Situation mit zwei Wahrscheinlichkeitsdichten mit gleicher Varianz, aber unterschiedlichen Mittelwerten μ_0 und μ_1 dar. Es existiert eine kritische Grenze $\bar{x}_C$, die zwischen den Werten μ_0 und μ_1 liegt. Aus der vorliegenden Stichprobe $x_1, x_2, \ldots, x_N$ wird ein Schätzwert für den Mittelwert berechnet.

$$\bar{x}_0 = \frac{1}{N} \cdot \sum_{n=1}^{N} x_n \tag{6.19}$$

Ist der berechnete Stichprobenmittelwert $\overline{x}_0$ größer als die Grenze $\overline{x}_C$, wird die Nullhypothese verworfen. Liegt der berechnete Stichprobenmittelwert unterhalb der kritischen Grenze $\overline{x}_C$, wird die Nullhypothese angenommen.

Bei dem Hypothesentest können zwei Arten von Fehlern auftreten, die als Fehler erster und zweiter Art bezeichnet werden. Bild 6.4 verdeutlicht diese Zusammenhänge grafisch.

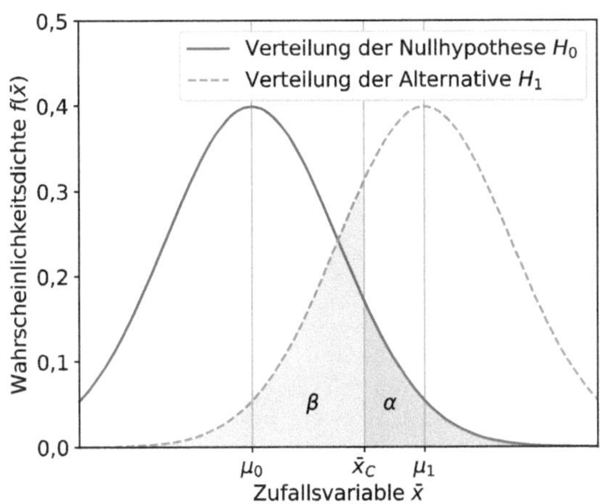

Bild 6.4
Darstellung des Fehlers erster und zweiter Art beim Hypothesentest

Fehler erster Art

Beim Fehler erster Art wird die Nullhypothese verworfen, obwohl sie richtig ist. Die Wahrscheinlichkeit, einen solchen Fehler zu begehen, entspricht der Irrtumswahrscheinlichkeit α, die auch als Signifikanzniveau des Tests bezeichnet wird. Ein solcher Fehler wird begangen, wenn die Hypothese richtig ist und der berechnete Stichprobenwert $\overline{x}$ trotzdem einen Wert annimmt, der oberhalb der kritischen Grenze μ_C liegt. In diesem Fall gilt die bedingte Wahrscheinlichkeit

$$P\left(\overline{x} > \mu_C \mid \mu = \mu_0\right) = \alpha \tag{6.20}$$

Als Beispiel aus der Prozesskontrolle ist ein Fehler erster Art, dass der Stichprobenmittelwert $\overline{x}$ den Grenzwert überschreitet, obwohl die Grundgesamtheit den richtigen Mittelwert μ_0 besitzt.

Fehler zweiter Art

Beim Fehler zweiter Art wird die Nullhypothese angenommen, obwohl diese falsch ist. Die zugehörige Wahrscheinlichkeit wird mit β bezeichnet. Ein Fehler zweiter Art wird begangen, wenn die Nullhypothese falsch ist, der berechnete Stichprobenwert aber dennoch einen Wert annimmt, der unterhalb der kritischen Grenze $\overline{x}_C$ liegt. In diesem Fall gilt

$$P(\overline{x} \leq \mu_C \mid \mu = \mu_1) = \beta \tag{6.21}$$

Der Wert (1 – β) ist die Wahrscheinlichkeit, einen Fehler zweiter Art zu vermeiden. Der Wert wird als Güte (Trennschärfe, Power) des Hypothesentests bezeichnet.

Diskussion von Fehlern erster und zweiter Art

Tabelle 6.2 stellt die Situation von Annahme und Ablehnung einer Nullhypothese beim Hypothesentest und die damit verbundenen Fehler tabellarisch zusammen.

Tabelle 6.2 Übersicht über richtige und falsche Entscheidungen beim Hypothesentest mit der entsprechenden Wahrscheinlichkeitsangabe

Testergebnis	Unbekannte Wirklichkeit	
	$\mu = \mu_0$	$\mu = \mu_1$
$\mu = \mu_0$	richtige Entscheidung $p = 1 - \alpha$	Fehler 2. Art $p = \beta$
$\mu = \mu_1$	Fehler 1. Art $p = \alpha$	richtige Entscheidung $p = 1 - \beta$

Die Wahl des Parameters $\overline{x}_C$ bestimmt die Wahrscheinlichkeit der Fehlentscheidung. Der Parameter $\overline{x}_C$ sollte daher so gewählt werden, dass die Fehlerwahrscheinlichkeiten α und β möglichst klein werden. Bild 6.4 zeigt, dass diese Forderungen sich gegenseitig widersprechen. Um α zu minimieren, muss die kritische Grenze $\overline{x}_C$ nach rechts verschoben werden. Dann wird aber die Fehlerwahrscheinlichkeit β größer. Bei der praktischen Durchführung von Hypothesentests wird zunächst das Signifikanzniveau α festgelegt. Daraus ergibt sich die Grenze des Annahmebereichs und mit dem Parameter $\overline{x}_C$ wird die Fehlerwahrscheinlichkeit β des Fehlers zweiter Art berechnet.

6.3.2 Gütefunktion und notwendiger Stichprobenumfang

Die Gütefunktion eines Hypothesentests erlaubt, Aussagen über die Qualität des statistischen Tests zu machen. Sie kann deshalb zum Vergleich unterschiedlicher Tests zu einem Testproblem herangezogen werden.

Für die Alternativhypothese

$$\mu_1 \neq \mu_0 \tag{6.22}$$

wird die Güte (1 – β) als Funktion der alternativen Prüfgröße μ_1 beschrieben. Es wird deshalb nicht mehr von der Güte, sondern von einer Gütefunktion gesprochen.

Die Gütefunktion eines Hypothesentests wird am Beispiel einer normalverteilten Grundgesamtheit und bekannter Varianz $\sigma^2 = 9$ diskutiert. Unter Verwendung einer Stichprobe mit einem Umfang von N = 10 Messwerten und dem Stichprobenmittelwert $\bar{x}$ soll die Nullhypothese $\mu = \mu_0 = 24$ gegen die Alternativhypothese aus Formel 6.22 getestet werden. Für die weiteren Betrachtungen wird ein Signifikanzniveau von $\alpha = 5\%$ gewählt. Bild 6.5 stellt die Güte des Hypothesentests mit der Alternativhypothese $\mu_1 \neq \mu_0$ als Funktion des alternativen Mittelwerts μ_1 dar.

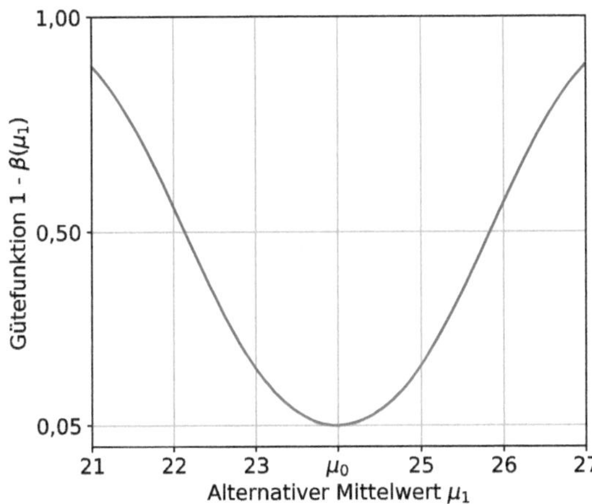

Bild 6.5
Darstellung der Gütefunktion für die Alternative $\mu_1 \neq \mu_0$

Je weiter der Wert μ_1 von dem Wert μ_0 abweicht, desto sicherer ist erwartungsgemäß die Aussage, dass die Mittelwerte voneinander abweichen. Für $\mu_1 = \mu_0$ besitzt die Güte den Wert des Signifikanzniveaus α. Angenommen der wahre Mittelwert liegt bei $\mu_1 = 26$, dann ist die Güte dieses Tests ca. 55 %. Ein Mittelwert $\mu_1 = 26$ wird also nur mit einer Wahrscheinlichkeit von ca. 55 % als Fehler erkannt.

Wird der Test mit einem größeren Stichprobenumfang von N = 100 durchgeführt, so würde sich die Varianz des Mittelwerts verkleinern und die kritischen Grenzen ergäben sich zu $\bar{x}_{C1} = 23{,}41$ und $\bar{x}_{C2} = 24{,}59$. Bild 6.6 verdeutlicht für die Alternativhypothese $\mu_1 \neq \mu_0$, dass mit größerer Stichprobe die Gütefunktion des Hypothesentests einen steileren Verlauf bekommt, also eine größere Trennschärfe besitzt als bei kleinerem Probenumfang. Wird der Stichprobenumfang erhöht, wird ein wahrer Mittelwert von $\mu_1 = 26$ mit einer Güte von praktisch 100 % erkannt.

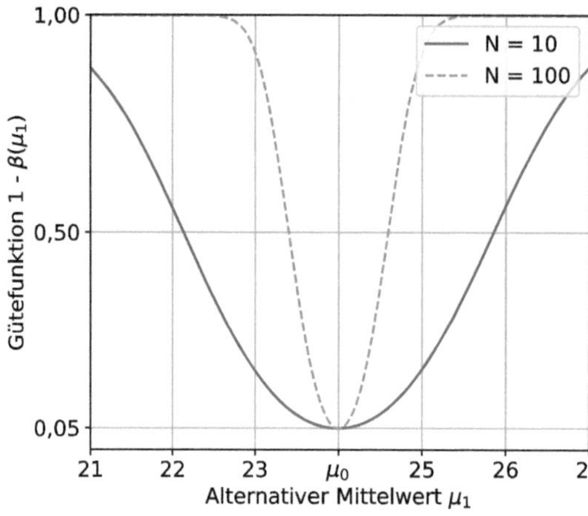

Bild 6.6
Güte für die Alternativhypothese $\mu_1 \neq \mu_0$ mit unterschiedlichen Stichprobenumfängen

Allerdings muss der Stichprobenumfang in der Praxis aus Kostengründen so klein wie möglich gehalten werden. Interessiert zum Beispiel eine Abweichung von ± 2 Einheiten, so ist für dieses Beispiel eine Stichprobe vom Umfang von N = 10 Werte zu gering, denn für die Werte μ = 22 und 26 beträgt das Risiko eines Fehlers zweiter Art noch fast 50 %. Mit einem Probenumfang von N = 100 Werte reicht die Aussagesicherheit sicher aus, die Wahrscheinlichkeit für einen Fehler zweiter Art beträgt für die Werte μ = 22 und 26 weniger als 1 ppm. Realistisch ist daher ein Stichprobenumfang zwischen 10 und 100 Werten. **Die Gütefunktion dient somit dazu, einen notwendigen Stichprobenumfang unter Berücksichtigung von Fehler 1. Art und 2. Art festzulegen.**

Die Eigenschaften der Gütefunktion lassen sich wie folgt zusammenfassen:

- Mit sinkendem Signifikanzniveau α sinkt die Güte des Tests und die Wahrscheinlichkeit für den Fehler zweiter Art steigt an.
- Die Güte wird mit wachsendem Abstand der Parameter μ_0 und μ_1 größer.
- Mit wachsendem Stichprobenumfang N wird die Trennschärfe eines Hypothesentests größer.

6.4 Varianzanalyse

Multivariate Datenanalysen beschäftigen sich damit, den Einfluss von mehreren Merkmalen auf eine Zielgröße zu untersuchen. Korrelationskoeffzienten (Abschnitt 5.4.10) und Regressionsfunktionen (Abschnitt 7.1) beschreiben die Abhängigkeit von Zielgrößen als Funktion kontinuierlicher oder diskreter Eingangsgrößen. Leider versagt diese mathematische Beschreibung bei ordinalen Eingangsgrößen.

Zum Beispiel lässt sich die Frage, ob Spritzgussteile aus vier unterschiedlichen Formnestern („A“ bis „D“) gleiche Abmessungen besitzen, nicht mit Regressionsfunktionen beantworten.

Mithilfe eines Hypothesentests (t-Test zum Vergleich von zwei Mittelwerten aus Stichproben) kann lediglich bewertet werden, ob die Teile aus **zwei** Formnestern dieselbe Geometrie haben. Die Varianzanalyse (ANOVA, Analysis of Variance) schließt diese Lücke und bewertet den Einfluss einer oder **mehrerer ordinaler Eingangsgrößen** mit zwei oder **mehreren Ausprägungen** auf eine diskrete oder stetige Ausgangsgröße (Strohrmann, Design For Six Sigma Online, 2021).

Nehmen wir an, dass bei der Fertigung von zylindrischen Bolzen sichergestellt werden muss, dass unterschiedliche Fertigungseinrichtungen zu beliebigen Zeitpunkten dieselbe Qualität liefern. Als kritisches Qualitätsmerkmal der Bolzen wird der Bolzendurchmesser d gemessen, der normalen Fertigungsschwankungen unterliegt. Bei der Auswertung jeweils einer Stichprobe pro Fertigungscharge variiert der Mittelwert der Stichproben. Bild 6.7 zeigt die Ergebnisse für die vier Fertigungschargen („1“ bis „4“). Es ist nicht eindeutig, ob die Fertigungscharge einen Einfluss auf den Bolzendurchmesser hat. Genau diese Fragestellung kann die Varianzanalyse beantworten. In diesem Beispiel handelt es sich um eine einfache Varianzanalyse, weil nur ein ordinales Merkmal (Fertigungscharge) untersucht wird.

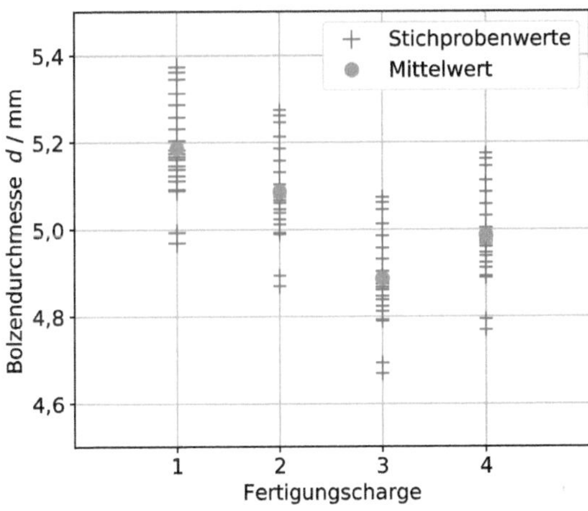

Bild 6.7
Streuung der Stichprobenwerte bei der Fertigung von Bolzen und unterschiedlichen Fertigungschargen

Um zu entscheiden, ob die unterschiedlichen Chargen einen signifikanten Unterschied besitzen, muss versucht werden, den Einfluss der unterschiedlichen Chargen von der normalen Varianz des Prozesses zu trennen. Mathematisch gesehen beruht die Berechnung auf Quadratsummen, die mit ihrer entsprechenden Anzahl von Freiheitsgraden normiert und deshalb als standardisierte Quadratsummen bezeichnet werden. Die gesamte Varianz des Datensatzes wird über die Quadratsumme M_x charakterisiert. Sie kann aufgeteilt werden in den Anteil M_ε innerhalb der Gruppen und einen Anteil M_α, der die Varianz von Gruppe zu Gruppe beschreibt. **Um die Signifikanz eines Einflusses zu bewerten, wird das Verhältnis der Varianz zwischen den Gruppen mit der Varianz innerhalb der Gruppe verglichen.** Für die Nullhypothese, dass es keinen signifikanten Unterschied zwischen den Gruppen gibt, wird der p-Wert berechnet. Liegt er unterhalb des Signifikanzniveaus, wird die Hypothese verworfen, der Unterschied von Gruppe zu Gruppe ist signifikant.

Das Vorgehen wird in einer sogenannten ANOVA-Tabelle zusammengefast, die in Tabelle 6.3 dargestellt ist. Dabei bezeichnet die Variable q die Quadratsummen, die Größe M die über die Freiheitsgrade normierten Quadratsummen und die Größe v_0 das Verhältnis der normierten Quadratsummen zueinander. Die Größe J entspricht der Anzahl von Gruppen, die Größe N gibt die Anzahl der Stichproben pro Gruppe an.

Tabelle 6.3 Bewertung der Homogenität als ANOVA-Tabelle

Streuungs-quelle	Quadrat-summe	Freiheits-grade	Standardisierte Quadratsumme	Wert der Testvariable	p-Wert
Zwischen den Gruppen (Homogenität)	q_α	$J - 1$	M_α	M_α/M_ε	P $(v > v_0)$
Innerhalb der Gruppen (Genauigkeit)	q_ε	$J \cdot (N - 1)$	M_ε		
Gesamtstreuung	q_x	$J \cdot N - 1$			

Bei der Optimierung von Fertigungsprozessen muss oftmals der Einfluss mehrerer Parameter auf die Zielgröße untersucht werden. Dies ist die Aufgabe der mehrfaktoriellen Varianzanalyse.

6.5 Case Study: Homogenitätsprüfung eines Luftflusses

Ein wesentliches Ziel des Umweltschutzes ist es, schädliche Emissionen möglichst abzustellen oder so weit wie möglich zu reduzieren, um die Umwelt vor Luft-, Boden- oder Gewässerverschmutzung zu bewahren und Menschen vor Belastungen zu schützen. In dem deutschen Bundes-Immissionsschutzgesetz werden daher Grenzwerte für den Ausstoß von Schadstoffen aus großen Feuerungsanlagen wie Kohlekraftwerken definiert.

Die Einhaltung dieser Grenzwerte muss in regelmäßigen Abständen durch zertifizierte Überwachungsstellen überprüft werden. Um den Aufwand zu minimieren, ist es vorteilhaft, nur an einer Stelle im Abluftkanal messen zu müssen. Voraussetzung dafür ist, dass die Emissionsverteilung über den Querschnitt des Abluftkanals ausreichend homogen ist. Der Homogenitätstest entspricht einer einfaktoriellen Varianzanalyse. Das Abgas wird als homogen über den Querschnitt angesehen, wenn sich der Messwert zwar zeitlich ändert, jedoch nicht von Messpunkt zu Messpunkt (Bild 6.8). Es wird deshalb überprüft, ob die Abweichungen der Messwerte zufällig sind oder ob durch die Inhomogenität des Luftflusses der Gehalt der Messgröße in der Abluft variiert.

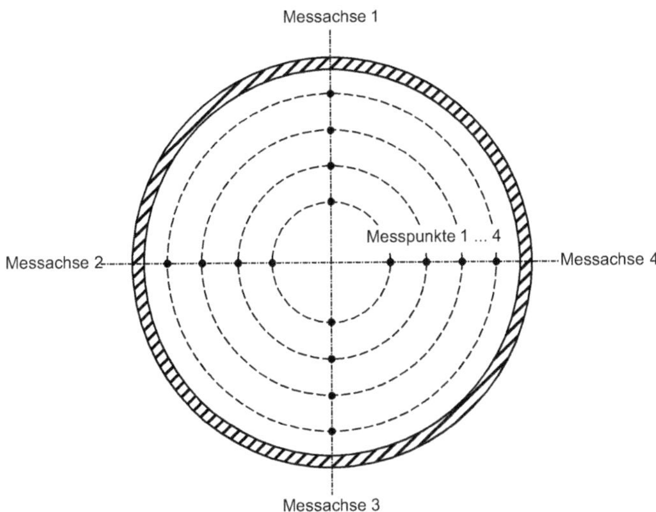

Bild 6.8 Querschnitt durch den Abluftkanal mit unterschiedlichen Messachsen und Messpunkten

Liegt für die Anlage keine gültige Homogenitätsprüfung vor, ist die Homogenität der Verteilung der Messgröße beziehungsweise eines Ersatzparameters im Messquerschnitt mithilfe von Netzmessungen und zusätzlicher Vergleichsmessungen mit einer unabhängigen Messeinrichtung an einem festen Punkt innerhalb der Messstrecke zu ermitteln. Dabei werden an mehreren Stellen des Abluftkanals Messsonden eingebracht und bei unterschiedlicher Eindringtiefe der Messwert erfasst. Die Homogenitätsbestimmung wird in diesem Beispiel für Stickoxide (NO_x) durchgeführt. Hierzu wurden die in Tabelle 6.4 aufgelisteten Messwerte aufgenommen. Parallel wird ein Referenzwert aufgenommen.

Tabelle 6.4 Messreihe zur Homogenitätsbestimmung für Stickoxide

Messort		Messung 1	Messung 2
Messachse	Messpunkt		
1	1	127	125
1	2	132	129
1	3	132	131
1	4	109	127
2	1	136	126
2	2	148	121
2	3	160	118
2	4	152	126
3	1	113	107
3	2	132	96
3	3	125	101
3	4	125	100
4	1	119	98
4	2	127	105
4	3	127	105
4	4	134	112

Netzmessung und Referenzmessung bilden eine Gruppe mit einem Stichprobenumfang von zwei Messungen. Die Differenz der Messwerte oder die Varianz innerhalb der Gruppe ist damit ein Maß für die Genauigkeit der Messung selbst. Die Messungen werden an 16 Orten durchgeführt, sie bilden die Gruppen der Varianzanalyse. Die Varianz zwischen den Gruppen ist ein Maß für die Homogenität des Abluftstroms.

Bei einem homogenen Abluftstrom müsste die Varianz von Messort zu Messort kleiner sein als die Varianz zwischen Netzmessung und Referenzmessung. Diese Annahme kann mit einer Varianzanalyse mit $J = 16$ Stichproben mit je einem Umfang von $N = 2$ Messwerte überprüft werden. Die Auswertung ergibt die in Tabelle 6.5 dargestellte ANOVA-Tabelle.

Tabelle 6.5 Bewertung der Homogenität als ANOVA-Tabelle

Streuungsquelle	Quadratsumme	Freiheitsgrade	Standardisierte Quadratsumme	Wert der Testvariable	p-Wert
Zwischen den Gruppen (Homogenität)	3274,72	15	218,315	0,87	0,6043
Innerhalb der Gruppen (Genauigkeit)	4016,5	16	251,031		
Gesamtstreuung	7291,22	31			

Mit dem Signifikanzniveau α = 0,05, den Freiheitsgraden (J - 1) = 15 beziehungsweise J·(N - 1) = 16 und der inversen F-Verteilung ergibt sich für

$$F(c) = 1 - \alpha = 0{,}95 \tag{6.23}$$

die kritische Grenze c = 2,3522. Der Vergleich mit v_0 zeigt, dass $v_0 < c$ ist. Die Hypothese, dass alle Mittelwerte gleich sind, wird deshalb bestätigt. Aufgrund der vorliegenden Stichprobe kann also angenommen werden, dass die Abluft homogen ist. Die Messwerte schwanken nur zufällig um den tatsächlichen NO_x-Gehalt.

Die Signifikanz des Messorts kann auch durch die Berechnung des p-Werts geprüft werden.

$$p = 1 - F\left(\frac{s_\alpha^2}{s_\varepsilon^2}\right) = 60{,}43\% \tag{6.24}$$

Da die Wahrscheinlichkeit p mit 60,43 % über dem gewählten Signifikanzniveau von α = 5 % liegt, kann die Nullhypothese nicht verworfen werden. Dies stimmt mit der Einschätzung aus dem Vergleich der Größe v_0 mit der berechneten Grenze c überein. **Durch die Auswertung der Messwerte ist die Homogenität des Luftflusses nachgewiesen.** Der Messpunkt kann somit frei gewählt werden.

Lassen Sie uns abschließend kurz die Inhalte dieses Kapitels zusammenfassen. Wir haben erfahren, wie wir **basierend auf uns vorliegenden Daten in der Lage sind Entscheidungen zu treffen** und dabei das **Risiko einer Falschaussage möglichst geringhalten.** Theorie und die angeführten Praxisbeispiele zeigen, dass **Hypothesentests und insbesondere Varianzanalysen** dafür ein sehr gut geeignetes Mittel sind. Wenn wir uns dieser Möglichkeiten bewusst sind und den Umgang mit Hypothesen beherrschen, können wir im nächsten Kapitel die Frage behandeln, wie es möglich ist, aus Daten zu lernen - wir widmen uns nun dem Thema Machine Learning.

7 Die Kunst, aus Daten zu lernen

Nach der beschreibenden Statistik und der Erläuterung von statistischen Tests kommen wir zum dritten wesentlichen Anwendungsfall der Statistik im digitalen Qualitätsmanagement: nämlich zur prädiktiven Statistik im Sinne von Machine Learning.

In Kapitel 1 haben wir die Begriffe Machine Learning und künstliche Intelligenz bereits kurz erwähnt, sie werden nun nachfolgend nochmals in Erinnerung gerufen und umfassender erläutert.

Maschinelles Lernen steht für die Generierung von Wissen aus Vergangenheitsdaten. Mithilfe von Algorithmen werden in einer Trainingsphase Muster und Gesetzmäßigkeiten erkannt und als Funktion modelliert. Diese Modelle werden danach auf neue Daten angewandt, um Prognosen zu erstellen (Bild 7.1). Man spricht in diesem Zusammenhang daher auch gerne von „Predictive Analytics".

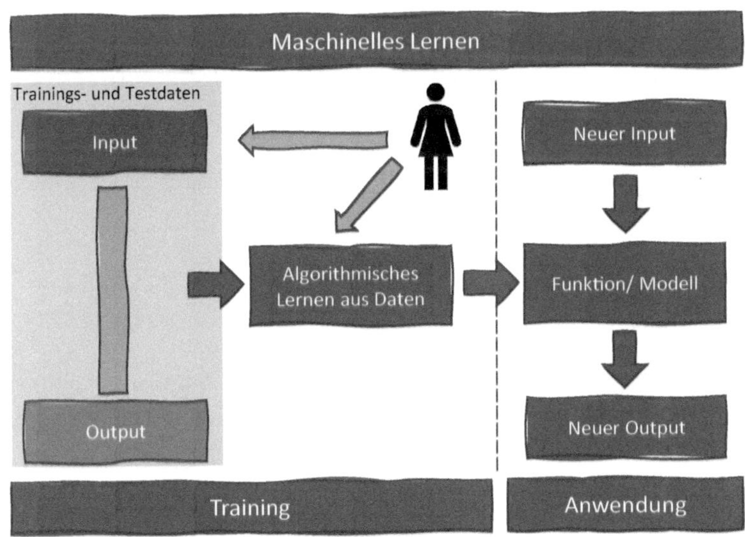

Bild 7.1 Generierung von Wissen aus Vergangenheitsdaten durch Machine Learning

Man könnte nun annehmen, dass der Prozess des maschinellen Lernens völlig automatisch abläuft. Dem ist aber nicht so. Nach wie vor spielt der Mensch eine zentrale Rolle, da er beispielsweise entscheiden muss, welche Daten für das Training herangezogen werden, und er auch das algorithmische Training entsprechend gestaltet.

Der Begriff **künstliche Intelligenz** wird dann verwendet, wenn ein Computer Fähigkeiten aufweist, die normalerweise nur dem Menschen vorbehalten sind. Bei Systemen mit künstlicher Intelligenz werden Informationen verarbeitet (sense), darauf basierend ein Output modelliert (think) und schließlich eine Prognose oder eine Handlungsempfehlung generiert (act). Um von künstlicher Intelligenz zu sprechen, zeichnet sich diese **Sense-Think-Act-Kette** üblicherweise durch **hohe Autonomie und kontinuierliches Lernen** aus (Bild 7.2).

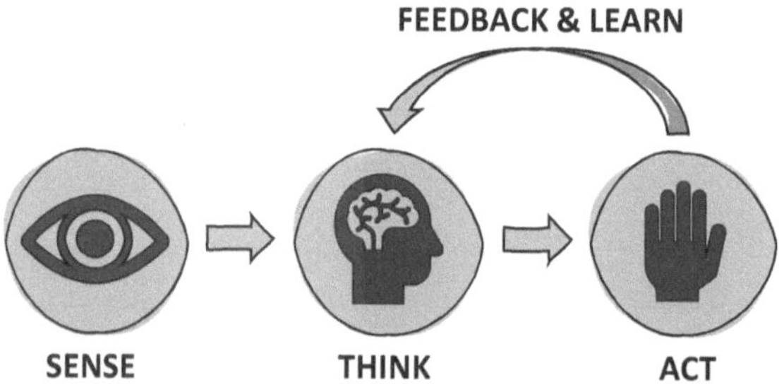

Bild 7.2 künstliche Intelligenz: Autonomie und kontinuierliches Lernen

Der Begriff maschinelles Lernen ist insofern eng verwandt mit künstlicher Intelligenz, als der „think"-Teil in Lösungen der künstlichen Intelligenz oftmals mit Methoden des Machine Learnings realisiert wird.

In den letzten Jahren entstand ein regelrechter Hype um das Thema maschinelles Lernen und künstliche Intelligenz. Die Gründe dafür lassen sich mit der Abkürzung ABC zusammenfassen:

- A = Algorithmen
- B = Big Data
- C = Computing Power

Heutzutage stehen die entsprechenden **Algorithmen**, die notwendig sind, vielfach als kostenlose Open-Source-Lösungen beispielsweise in Python zur Verfügung. Durch die zunehmende Digitalisierung sind sehr große **Datenmengen** (Big Data) für das Training von Prädiktionsmodellen durch Machine Learning verfügbar, die aufgrund des Vorhandenseins entsprechender **Rechnerleistung** auch verarbeitet werden können.

Im Qualitätsmanagement bietet der Einsatz von Prädiktionsmodellen äußerst vielversprechende Anwendungsmöglichkeiten, die anhand von Beispielen in den folgenden Abschnitten dieses Kapitels erläutert werden (Bild 7.3).

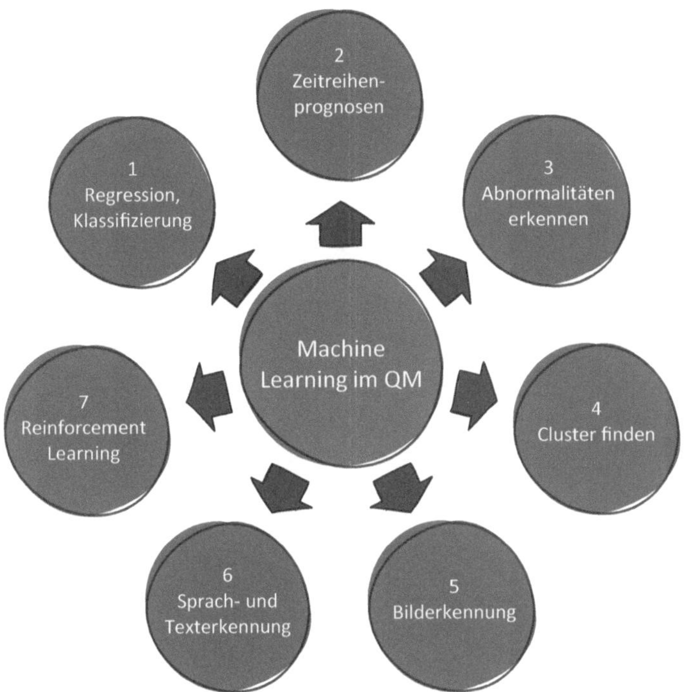

Bild 7.3 Anwendungsfälle für Machine Learning im Qualitätsmanagement

1. Supervised Learning: Regression und Klassifizierung

Mit den Verfahren des Supervised Learnings werden Aufgaben bearbeitet, bei denen sowohl die Eingangsgrößen (Features) als auch die Ausgangsgrößen des zugrundeliegenden Prozesses vorliegen. Jeder durchgeführten Beobachtung wurde der wahre Wert der Zielgröße zugeordnet. Daraus ergibt sich die Bezeichnung Supervised Learning oder überwachtes Lernen, weil sozusagen ein „Supervisor" den wahren Wert festgestellt hat. Der zur Anwendung kommende Algorithmus kalkuliert (lernt), was richtig ist, um eine Vorhersage für neue Beobachtungen berechnen zu können. Wesentliche Verfahren des Supervised Learnings sind **die Regression und die Klassifikation**. Bei Regressionsfunktionen wird eine **quantitative** Ausgangsgröße prognostiziert, während bei Klassifikationsaufgaben eine **qualitative** Vorhersage getroffen wird.

Typischerweise werden diese Modelle in der Produktion verwendet, um die Ausprägung von Qualitätsmerkmalen zu prognostizieren und somit Qualitätsfehler zu vermeiden. In der Produktentwicklung kann mit der Methodik beispielsweise systematisch aus Felddaten gelernt werden, um innovative und kundenorientierte Produkte zu entwickeln.

2. Zeitreihenprognosen

Zeitreihen werden verwendet, um aus dem zeitlichen Trend der Vergangenheit den zukünftigen Verlauf von Qualitätsmerkmalen zu prognostizieren. Typische Anwendungen im Qualitätsmanagement sind die zuverlässige Prognose von bevorstehenden Qualitätsfehlern, von zukünftigem Kundenverhalten oder des Verschleißes von Maschinen.

3. Abnormalitäten erkennen

Das Anwendungsgebiet der Erkennung von sogenannten Ausreißern ist im Qualitätsmanagement besonders relevant. Die statistische Prozesslenkung (Statistical Process Control – SPC) ist eine einfache und etablierte Möglichkeit der Ausreißererkennung, indem Datenpunkte außerhalb von +/- 3 Standardabweichungen (Sigma) eines sonst prozessfähigen Qualitätsmerkmals als Abnormalität ausgewiesen werden. Durch Machine Learning gibt es eine Reihe weiterer Möglichkeiten zur Erkennung von Ausreißern, wobei drei wesentliche Verfahren unterschieden werden:

- **Unsupervised**: Die eingesetzten Algorithmen lernen in der Regel Muster ohne Zusatzinformation direkt aus den Daten. Wir sprechen daher von Unsupervised Learning oder unüberwachtem Lernen. Features werden an einen Clustering-Algorithmus übergeben und Ausreißer werden als abnormale Datenpunkte identifiziert, weil sie beispielsweise keinem Cluster zugeordnet werden können.
- **Semi-supervised**: Eine normale Beziehung zwischen Ein- und Ausgangsgrößen oder auch zwischen mehreren Eingangsgrößen wird modelliert und jede signifikante Abweichung von diesem Modell wird als Ausreißer identifiziert.
- **Supervised**: Wenn Ausreißer in einem Datensatz als solche gekennzeichnet wurden und ausreichend Ausreißerdaten zur Verfügung stehen, können Klassifizierungsalgorithmen zur Ausreißererkennung verwendet werden.

All diese Verfahren sind in der Lage, multivariate Ausreißer, d.h. unübliche Kombinationen von Qualitätsmerkmalsausprägungen, als Abnormalitäten zu erkennen, was mittels gewöhnlicher SPC üblicherweise nicht möglich ist.

4. Cluster finden

Als Cluster (Gruppe oder Anhäufung) bezeichnet man in der Informatik und Statistik eine Gruppe von **Datenobjekten mit ähnlichen Eigenschaften**. Die Verfahren zur Berechnung einer solchen Gruppierung werden Clustering oder Clusteranalysen genannt. Im Qualitätsmanagement werden Clusterverfahren oftmals eingesetzt, um Ausreißer zu erkennen.

5. Bilderkennung

Durch die vielfältigen Möglichkeiten der modernen Bildverarbeitung lässt sich beispielsweise die Sichtprüfung im Qualitätsmanagement maßgeblich verbessern. Hierzu kommen üblicherweise Neuronale Netze als Machine-Learning-Verfahren zur Anwendung. Auch die automatische Detektion von Objekten in der Fertigung ist eine mögliche Anwendung der Bilderkennung.

6. Sprach- und Texterkennung

Die digitale Verarbeitung von Texten bietet ein weites Feld an Anwendungen im Qualitätsmanagement:

- Zusammenfassung z. B. von Artikeln oder Dokumenten (z. B. Qualitätsstandards, Normen)
- Analyse von Anforderungsdokumenten (Unterschiede zwischen verschiedenen Versionen von Dokumenten wie etwa Lastenheften)
- Maschinelle Sprachübersetzung, z. B. Google Translate
- Stimmungsanalyse in sozialen Medien z. B. zur Bestimmung der Kundenzufriedenheit
- Automatische Online-Suche oder Analyse von Social-Media-Daten zur frühen Erkennung von Qualitätsproblemen
- Übersetzung von Fachbegriffen wie etwa dem juristischen Fachjargon in Verträgen in eine vereinfachte Sprache

7. Reinforcement Learning

Reinforcement Learning liegt zwischen überwachtem und unüberwachtem Lernen. In einer meist simulierten Umgebung wird ein Agent (ein Computerprogramm, das zu eigenständischem und eigendynamischem Verhalten fähig ist) durch Ausprobieren und Feedback in Form von Belohnungen angelernt. Es wird typischerweise dann verwendet, wenn **eine Abfolge von Entscheidungen erlernt werden soll und Feedback über Erfolg oder Misserfolg einer Aktion zeitverzögert erfolgt.**

Die Anwendungsmöglichkeiten von Reinforcement Learning im Qualitätsmanagement sind vielfältig: Planungsprozesse, die optimiert werden, weil ein Agent die richtige Belegung von Produktionsanlagen lernt oder Logistikprozesse, die deutlich verbessert werden, weil ein Agent den richtigen Bestellzeitpunkt erlernt hat.

In den folgenden Abschnitten werden die zuletzt angeführten Machine-Learning-Verfahren einzeln näher beschrieben. Nach der Einführung und Diskussion der Charakteristika des jeweiligen Verfahrens werden dem Leser Praxisbeispiele als mögliche Anwendungsfälle im Qualitätsmanagement vorgestellt.

7.1 Regressionsverfahren im Qualitätsmanagement

Eines der zentralen Ziele des Qualitätsmanagements besteht darin, Qualitätsfehler zu vermeiden. Dazu braucht es ein fundiertes Verständnis hinsichtlich Ursache-Wirkungsbeziehungen, um das **Verhalten von Produkten und Prozessen prognostizieren** zu können.

Während in der klassischen Modellbildung das physikalische Modell analytisch hergeleitet wird, wird im Rahmen der mathematischen Modellbildung das zu untersuchende System als Black-Box betrachtet. Dieser Ansatz führt zu einem Modell, bei dem das Zusammenwirken der Eingangsgrößen und Ausgangs- oder Zielgrößen mathematisch über sogenannte Regressionsfunktionen beschrieben wird (Bild 7.4).

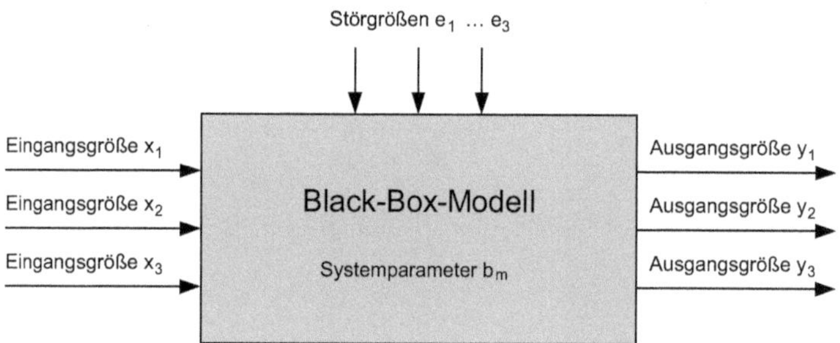

Bild 7.4 Parameter-Diagramm zu Regressionsverfahren

Aus der Literatur sind unterschiedliche Verfahren zur Regression bekannt. Sie unterscheiden sich insbesondere hinsichtlich der Merkmalstypen am Eingang, des erforderlichen Stichprobenumfangs und der Hyperparameter. Das sind Parameter, die den Lernprozess eines Algorithmus beeinflussen, nicht aus Daten gelernt werden können und daher vom Anwender selbst festgelegt werden müssen (Details siehe Abschnitt 8.3.3). Tabelle 7.1 stellt eine Übersicht über unterschiedliche Regressionsmethoden dar.

Tabelle 7.1 Übersicht über unterschiedliche Regressionsverfahren

Verfahren	Eingangsgrößen	Hyperparameter	Bemerkungen
Lineare Regression	Quantitativ	Regressionsfunktion, Regularisierung	Auch für kleine Datensätze ist eine statistische Bewertung möglich
Regressionsbäume	Qualitativ oder quantitativ	Maß für Unreinheit, Entscheidungsebenen	Anwendung insbesondere bei gemischten Eingangsgrößen

Verfahren	Eingangsgrößen	Hyperparameter	Bemerkungen
Regressions-netze	Qualitativ oder quantitativ	Netzarchitektur, Trainingsparameter	Erfordert große Datensätze, eignet sich auch für gemischte Eingangsgrößen

In diesem Abschnitt werden die Grundsätze der linearen Regression zunächst für zweidimensionale Datensätze erläutert. Das Vorgehen wird anschließend auf mehrdimensionale Datensätze verallgemeinert. Zur Bewertung und zum Vergleich von unterschiedlichen Formen der Regression werden Kenngrößen eingeführt und erläutert. Darüber hinaus wird die Lösbarkeit von Regressionsaufgaben bewertet, die sich durch den Einsatz von Regularisierungsverfahren verbessern lässt. Am Beispiel einer Regelung der Prozesssicherheit mit Algorithmen des Machine Learning wird gezeigt, wie Regressionsverfahren im Qualitätsmanagement praktisch eingesetzt werden können.

7.1.1 Konstruktion einer Regressionsfunktion

Liegt eine Beobachtung mit einer Stichprobe

$$(x_1, y_1), (x_2, y_2), \ldots, (x_N, y_N) \tag{7.1}$$

aus einer zweidimensionalen Grundgesamtheit vor, so können diese Punkte oftmals in guter Näherung durch eine **Geradengleichung** der Form

$$y(x) = b_0 + b_1 \cdot x \tag{7.2}$$

beschrieben werden. Der Parameter b_0 charakterisiert den Schnittpunkt mit der y-Achse, während der Parameter b_1 die Steigung der Geraden beschreibt. Der durch die Funktion geschätzte Wert wird mit y(x) bezeichnet.

Um insbesondere bei großen Datenmengen eine Funktion eindeutig berechnen zu können, wird das **Prinzip der kleinsten Fehlerquadrate** verwendet. Nach diesem Prinzip ist die Gerade so zu legen, dass die Summe der Quadrate aller Abstände von den Stichprobenwerten zu der Geraden möglichst klein wird. Die durch dieses Verfahren bestimmte Funktion wird als Regressionsfunktion, der Abstand eines Stichprobenwerts von der Regressionsgerade als **Residuum** bezeichnet. Wird die Regressionsgerade über die Gleichung

$$y(x) = b_0 + b_1 \cdot x \tag{7.3}$$

beschrieben, ergibt sich für das Wertepaar (x_n, y_n) das Residuum r_n zu

$$r_n = y_n - y(x_n) = y_n - (b_0 + b_1 \cdot x_n) \tag{7.4}$$

Die Parameter b_0 und b_1 sollen so bestimmt werden, dass die Summe a der Abstandsquadrate minimal wird. Sie errechnet sich zu

$$a = \sum_{n=1}^{N} r_n^2 = \sum_{n=1}^{N} \left(y_n - b_0 - b_1 \cdot x_n\right)^2 \tag{7.5}$$

Damit diese Funktion ein Minimum aufweist, müssen die partiellen Ableitungen von a nach den Parametern b_m der Regressionsfunktion verschwinden. Damit ergeben sich die notwendigen Bedingungen

$$\frac{\partial a}{\partial b_1} = 0 \tag{7.6}$$

und

$$\frac{\partial a}{\partial b_0} = 0 \tag{7.7}$$

Sie führen zu einem linearen Gleichungssystem, das zu den Bestimmungsgleichungen der beiden Parameter b_0 und b_1 führt.

Polynome höherer Ordnung als Regressionsfunktion

Analog zum Vorgehen zur Bestimmung einer Regressionsgerade können Polynome höherer Ordnung als Regressionsfunktion verwendet werden, um mathematische Zusammenhänge von Ein- und Ausgangsgrößen zu beschreiben. Im allgemeinen Fall ergibt sich ein Polynom M-ter Ordnung der Form

$$y\left(x_0\right) = b_0 + b_1 \cdot x + \ldots + b_M \cdot x^M \tag{7.8}$$

Zur Bestimmung der Koeffizienten b_m wird wiederum gefordert, dass die Summe der quadratischen Fehler a ein Minimum aufweist. Über die partiellen Ableitungen von a nach den Regressionsparametern

$$\frac{\partial a}{\partial b_m} = 0$$

ergeben sich die Bestimmungsgleichungen für die Koeffizienten b_m.

Mehrdimensionale Regressionsfunktionen

Dasselbe Konzept kann für mehrdimensionale Regressionsaufgaben genutzt werden. Typischerweise werden neben linearen Modellen auch lineare Modelle mit Wechselwirkungen und vollquadratische Modelle verwendet. Die Modellfunktionen sind in Tabelle 7.2 zusammengefasst. Für mehr als zwei Eingangsgrößen gelten sie entsprechend, wobei die Wechselwirkungen auf das Produkt zweier Eingangsgrößen beschränkt ist.

Tabelle 7.2 Ansätze für Regressionsfunktion für zwei Eingangsvariablen x_1 und x_2

Lineares Modell	$y = b_0 + b_1 \cdot x_1 + b_2 \cdot x_2$
Lineares Modell mit Wechselwirkung	$y = b_0 + b_1 \cdot x_1 + b_2 \cdot x_2 + b_3 \cdot x_1 \cdot x_2$
Vollquadratisches Modell	$y = b_0 + b_1 \cdot x_1 + b_2 \cdot x_2 + b_3 \cdot x_1 \cdot x_2 + b_4 \cdot x_1^2 + b_5 \cdot x_2^2$

Wir machen an dieser Stelle einen kleinen Exkurs, um zu sehen, wie es Herrn Rasch mit dieser für ihn neuen Methodik im Rahmen der Digitalisierungsvorhaben seines Unternehmens geht.

„Bitte entschuldige, liebe Andrea, dass ich dich zu später Stunde noch anrufe!" „Kein Problem, Papa!" „Du, ich hatte heute in der Firma eine Statistik-Schulung, darin wurde über Regression vorgetragen und ich hatte keine Ahnung, worum es geht. Nachdem aber alle anderen Schulungsteilnehmer keine Fragen dazu gestellt haben, war ich ehrlicherweise zu feige, um meine Hand zu heben und mein Unwissen preiszugeben. Daher wollte ich dich fragen, ob du mir eine kleine Nachhilfestunde zu diesem Thema geben kannst?" „Das mache ich sehr gerne, lieber Papa, denn eigentlich klingt das Wort kompliziert, was dahintersteckt ist aber recht einfach. Mit der Regressionsanalyse kann man den **Wert einer abhängigen Variablen** (Zielgröße) mit vorliegenden Daten mehrerer voneinander unabhängiger Eingangsgrößen (Prädiktoren) **vorhersagen** (Bild 7.5).

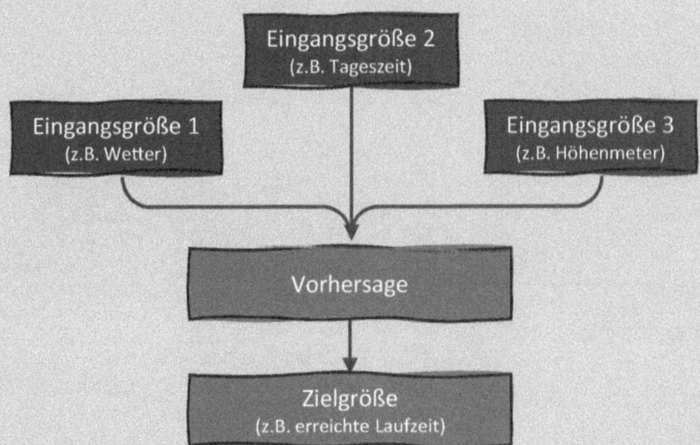

Bild 7.5 Ziel- und Eingangsgrößen

Lass es mich anhand eines Beispiels erläutern, mit dem du in deiner Freizeit täglich konfrontiert bist. Wenn du deine Streckenzeit für den nächsten Zehnkilometerlauf optimieren möchtest, kannst du dafür Datenaufzeichnungen deiner vergangenen Laufrunden verwenden und statistisch auswerten. Nehmen wir als voneinander unabhängige Variablen beispielsweise das Wetter, die Tageszeit, und die jeweils überwundenen Höhenmeter. Dann ergibt sich für das Kriterium die Gleichung:

$$y = b_0 + b_1 \cdot x_1 + b_2 \cdot x_2 + b_3 \cdot x_3$$

Die Messwerte x_m sind die der unabhängigen Variablen und die Faktoren b_m bezeichnet man als Regressionsgewichte, diese beschreiben die Stärke der Prädiktoren. Der Wert b_0 ist die Regressionskonstante.

Nehmen wir zur weiteren Vereinfachung nur eine einzige Variable, nämlich die Außentemperatur x_1, bei der du gelaufen bist in Relation zur jeweils erreichten Laufzeit. Wenn du die aufzeichnest und in eine Tabelle einträgst, erhältst du:

Tabelle 7.3 Messwerte der Laufanalyse

Nr.	1	2	3	4	5	6	7	8	9	10
C	14	22	18	30	16	23	31	28	21	25
Zeit	55	53	55	57	52	54	56	56	53	55

Aus diesen Daten lässt sich in erster Instanz kein erkennbares Muster ablesen und wenn wir uns den Punktefriedhof in einem Diagramm (Bild 7.6) ansehen, werden wir daraus auch nicht viel schlauer.

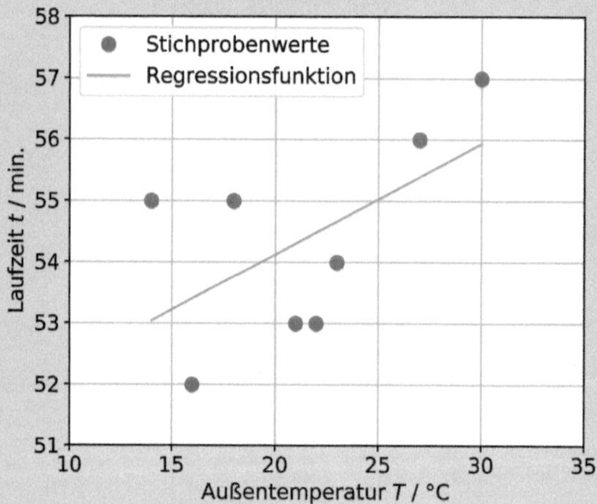

Bild 7.6 Diagramm der Laufanalyse

Wenn es draußen wärmer ist, scheinst du tendenziell langsamer zu laufen. Wenn du nun aber wissen möchtest, welche Zeit du vermutlich bei einer Aussentempertur von 10 Grad erreichen kannst, kann dir die lineare Regression helfen. Ich zeig dir bei meinem nächsten Besuch dann, wie man dies in Excel lösen kann, vorab aber schon die Information, dass die Regressionsgleichung für deinen Fall lautet:

$$y = 0{,}18 \cdot x_{Temp.} + 50{,}6 \tag{7.9}$$

Bei einer Temperatur von 10 Grad Celsius wird deine Laufzeit, gemessen an deinen Daten also 52,4 Minuten betragen. Ich habe dir die Regressionsgerade auch gleich in das Diagramm eingetragen."

„Vielen Dank, liebe Andrea, jetzt kenne ich mich schon etwas besser aus, und das mit der Laufzeit werde ich gleich morgen in der Früh ausprobieren. Die Wettervorhersage passt dafür genau." ■

7.1.2 Bewertung von Regressionsmodellen

Die Bewertung von Regressionsmodellen kann mit **unterschiedlichen Verfahren** erfolgen, die aber teilweise normalverteilte Daten und orthogonale Eingangsgrößen voraussetzen. Diese Annahmen sind bei gezielt durchgeführten Versuchen mit Methoden der statistischen Versuchsplanung typischerweise in guter Näherung erfüllt. Im Machine Learning werden aber zufällig entstandene Daten analysiert, sodass von dieser Annahme im Allgemeinen nicht ausgegangen werden kann. Damit konzentriert sich die Bewertung der Regressionsmodelle auf das **Bestimmtheitsmaß** und die **Reststreuungsanalyse**. Ergänzend wird die **Signifikanzbewertung** von Regressionstermen beschrieben, die allerdings eine Normalverteilung der Residuen voraussetzen.

Bestimmtheitsmaß

Ein bewährtes Maß der Statistik für die Bewertung von Streuungen ist die Varianz einer Zufallsvariable. Aus diesem Grund wird die Varianz der Stichprobenwerte y_n analysiert. Abgeleitet aus der Varianzanalyse ergibt sich das Bestimmtheitsmaß. Es gibt an, welcher Anteil der Streuung mit der Regression beschrieben wird, und liegt im Bereich $0 \leq R^2 \leq 1$. Ein Bestimmtheitsmaß $R^2 = 1$ zeigt, dass die Prognosewerte mit den Stichprobenwerten perfekt übereinstimmen. Bei einem Bestimmtheitsmaß von $R^2 = 0$ besteht kein Zusammenhang zwischen den über die Regressionsfunktion geschätzten Werten und den vorliegenden Stichprobenwerten.

Signifikanz der Regressionsterme

Die Schätzung der Regressionsparameter β_m mit den Parametern b_m basiert auf den Messwerten y_n. Sie weisen einen zufälligen Messfehler auf und sind damit Zufallsgrößen. Aus diesem Grund sind auch die mit den Messwerten bestimmten Parameter b_m Zufallsgrößen. Ist der Messfehler normalverteilt, kann die Varianz der Prognosewerte und der Regressionskoeffizienten b_m berechnet werden. Diese Ansätze können dazu genutzt werden, die Signifikanz von Regressionstermen zu bewerten.

Die Analysen für die Signifikanz von Regressionskoeffizienten werden, wie auch die Bestimmung der Regressionskoeffizienten selbst, mit entsprechenden Software-Paketen durchgeführt.

Reststreuungsanalyse

Die Reststreuungsanalyse dient dazu, die durch das Modell nicht erklärte Streuung eingehender zu untersuchen. Sie basiert auf den Residuen r_n, also den Abweichungen zwischen den Stichprobenwerten und den entsprechenden Werten der Regressionsfunktion.

Die Residuen spiegeln die in der Regression nicht abgebildeten Abweichungen wider. Mit ihnen lässt sich entscheiden, ob die Modellannahmen korrekt sind, und es lassen sich eventuelle Besonderheiten erkennen. Bild 7.7 stellt für das Beispiel eines Öltemperatursensors die Residuen für eine lineare Regressionsfunktion dar.

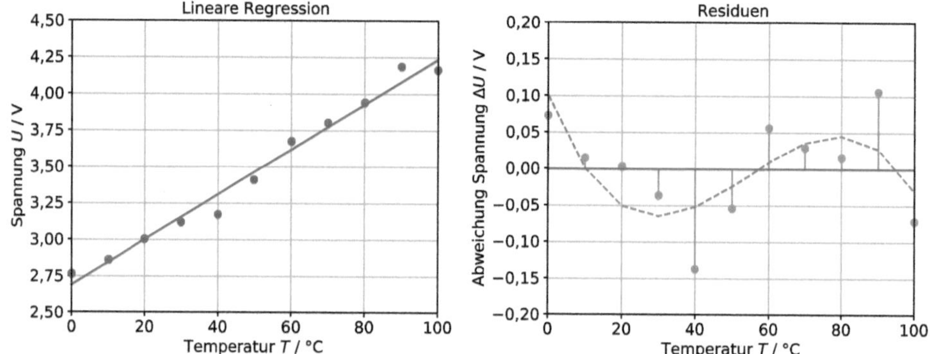

Bild 7.7 Approximation der Residuen für das Beispiel eines Öltemperatursensors durch ein Polynom höherer Ordnung

Die Residuen des Beispiels zeigen einen Verlauf, der durch ein Polynom dritter Ordnung beschrieben werden kann. Die Reststreuungsanalyse gibt damit einen Hinweis darauf, dass eine Regressionsfunktion höherer Ordnung das Regressionsergebnis weiter verbessern könnte.

Vergleich der Bestimmtheitsmaße für Trainings- und Testdatensatz

Ziel der Regressionsanalyse ist es, den **Zusammenhang von Ein- und Ausgangsgrößen über eine Regressionsfunktion** zu beschreiben. Obwohl die Schätzung auf Basis einer Stichprobe erfolgt, soll das Ergebnis allgemeingültig sein. Um dieses Ziel zu bewerten, wird der Datensatz in einen Trainings- und einen Testdatensatz aufgeteilt. Mit dem Trainingsdatensatz wird die Regressionsfunktion bestimmt und mit dem Testdatensatz wird anschließend geprüft, ob die Regressionsfunktion auch für neue Daten gültig ist. Als Maß dafür wird das **Bestimmtheitsmaß** herangezogen. Weisen Trainings- und Validierungsdatensatz ähnliche Bestimmtheitsmaße auf, wird von einer guten Generalisierbarkeit ausgegangen. Andernfalls ist die Regressionsanalyse mit einem Regularisierungsverfahren (Abschnitt 7.1.3) zu wiederholen.

Am Beispiel eines Öltemperatursensors werden zwei Regressionsfunktionen mit den Ordnungen M = 1 und M = 4 durchgeführt. Es ergeben sich die in Bild 7.8 dargestellten Regressionsfunktionen.

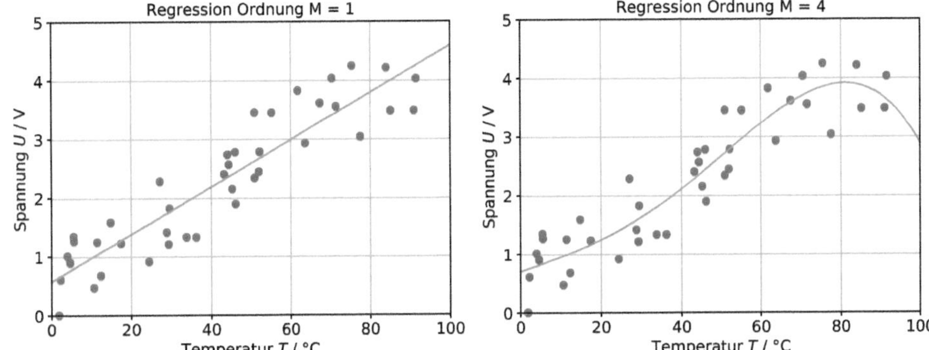

Bild 7.8 Ausgangsspannung eines Öltemperatursensors: Regression mit den Ordnungen M_1 = 1 und M_2 = 4

Die Regressionsfunktion der Ordnung M = 4 folgt detaillierter dem Stichprobenverlauf. Für beide Regressionsfunktionen wird das Bestimmtheitsmaß für Trainings- und Testdatensatz bewertet. Das Ergebnis ist in Tabelle 7.4 zusammengefasst.

Tabelle 7.4 Bestimmtheitsmaße für die Test- und Trainingsdaten sowie eine Regressionsfunktion der Ordnung M = 1 und M = 4

	Trainingsdaten	Testdaten
M = 1	0,868	0,713
M = 4	0,935	0,626

Erwartungsgemäß weist die Regressionsfunktion höherer Ordnung beim Training ein höheres Bestimmtheitsmaß auf als die Regressionsfunktion niedriger Ordnung. Allerdings nimmt es beim Testdatensatz erheblich ab. Ein großer numerischer Unterschied von Bestimmtheitsmaß für Training und Test ist ein deutliches Zeichen für Overfitting, also der übertriebenen Abbildung zufälliger Messeffekte.

7.1.3 Regularisierung

In Abschnitt 5.7.1 wurde bereits thematisiert, dass die Kollinearität von Eingangsgrößen ein Problem darstellt. In der Regressionsanalyse führt die lineare Abhängigkeit von Eingangsgrößen dazu, dass die Schätzung der Korrelationskoeffizienten unsicherer wird. Die Regressionskoeffizienten sind instabil, d. h. sie sind stark von der jeweiligen Stichprobe abhängig. Die Modellinterpretation ist nicht mehr eindeutig.

Multikolllinearität kann dadurch gelöst werden, dass die kollinearen Eingangsgrößen identifiziert werden und eine der kollinearen Eingangsgrößen aus dem Datensatz entfernt wird (Abschnitt 5.7.1). Eine andere Lösung besteht darin, sogenannte Regularisierungsverfahren einzusetzen. Sie grenzen das Regressionsmodell durch Zusatzbedingungen ein.

Ridge-Regression

Bei Multikollinearität entstehen zu große Regressionskoeffizienten, die sich gegenseitig weitgehend kompensieren, um die Ausgangsgröße bestmöglich zu approximieren. Es zeigt sich, dass diese Terme schon bei geringen Schwankungen der Zielgröße (z.B. durch Messfehler) stark variieren. Aus diesem Grund wird bei der Ridge-Regression gefordert, dass die Koeffizienten so klein wie möglich sein sollen. Zur Umsetzung dieses Ziels wird eine mit α gewichtete Summe der Koeffizienten-Quadrate in das Optimierungskriterium mit aufgenommen. Dadurch werden hohe Koeffizienten „bestraft" und bei der Optimierung ein Ergebnis erzielt, das im Vergleich zur Standard-Regression kleinere Koeffizienten b_m besitzt.

$$Q_{RIDGE} = \sum_{n=1}^{N} \left(\underline{x}_n^T \cdot \underline{b} - y_n \right)^2 + \alpha \cdot \sum_{m=0}^{M} b_m^2 \tag{7.10}$$

Lasso-Regression

Auch die Lasso-Regression nutzt einen zusätzlichen Term bei der Definition des Gütekriteriums. Allerdings wird statt der Quadratsumme eine Betragssumme der Regressionskoeffizienten verwendet.

$$Q_{LASSO} = \sum_{n=1}^{N} \left(\underline{x}_n^T \cdot \underline{b} - y_n \right)^2 + \alpha \cdot \sum_{m=0}^{M} \left| b_m \right| \tag{7.11}$$

Die Lasso-Regression bestraft die absolute Höhe der Koeffizienten. Dies führt dazu, dass Koeffizienten auch Null werden können und manche Eingangsgrößen gar nicht in das Regressionsmodell aufgenommen werden. Regularisierungsverfahren dienen somit auch der Vermeidung von Overfitting (siehe hierzu beispielsweise Abschnitt 8.3.3).

Optimierung der Regularisierungsparameter (Hyperparameter)

Eine Vorhersage, welche Regularisierungsparameter für das vorliegende Regressionsproblem richtig sind, kann nicht getroffen werden. Stattdessen wird auf Basis von Trainings- und Testdaten ein Optimum für den Testdatensatz gesucht und verwendet. Grafische Darstellungen unterstützen dabei.

Streichung nicht signifikanter Regressionsterme

In Abschnitt 7.1.2 wurde gezeigt, wie nicht signifikante Koeffizienten der Regressionsfunktion erkannt und eliminiert werden können. Dieses Verfahren führt zu einer besseren Generalisierbarkeit der Regressionsfunktion und ist deshalb ebenfalls als Maßnahme zur Regularisierung zu verstehen.

7.1.4 Beispiel: Einsatz von Machine-Learning-Algorithmen zur Prozessregelung

Industrielle Fertigungsprozesse weisen eine Vielzahl von Parametern auf. Sie werden automatisch erfasst und können dazu genutzt werden, die Fertigung zu steuern. Bild 7.9 zeigt als Beispiel ein Stanz-Biegewerkzeug, das über eine verkettete Abfolge von Stanz- und Biegeprozessen ein Bauteil erstellt. Das Werkzeug ist insbesondere bei hohen Stückzahlen starken Beanspruchungen ausgesetzt und nutzt sich ab. Die Kosten für die entsprechenden Werkzeuge sind hoch, sodass versucht wird, diese Arbeitsmittel möglichst lange zu nutzen.

Bild 7.9 Beispiel für ein verkettetes Stanz-Biegewerkzeug und fertiges Produkt

In unserem Beispiel wird ein Fertigungsprozess mit acht Einstellparametern E1 ... E8 analysiert. Das Fertigungsergebnis wird anhand von vier Qualitätsmerkmalen (Qualitätskenngrößen) Q1 ... Q4 bewertet.

Es zeigt sich, dass die manuelle Einstellung der Parameter das Fertigungspersonal aufgrund der Vielzahl und der Wechselwirkungen von Einstellmöglichkeiten überfordert. Entsprechend lang wird an der Einstellung der Fertigungseinrichtung zum Beispiel zur Kompensation von Werkzeugverschleiß gearbeitet, bis die Produktspezifikationen eingehalten werden. In dieser Zeit werden keine Teile gefertigt, die Fertigung liegt brach. Um diesen Zustand zu vermeiden, werden frühzeitig Werkzeuge getauscht, statt den Werkzeugverschleiß durch eine geeignete Kombination von Einstellparametern zu kompensieren. Diese Vorgehensweise hat hohe Werkzeugkosten zur Folge. Aufgrund der Komplexität werden die Einstellparameter außerdem immer nur dann geändert, wenn die vorgegebenen Toleranzgrenzen überschritten werden. Das Fertigungsergebnis ist dadurch oftmals nicht perfekt zentriert (Lageabweichung der Qualitätsmerkmale).

In diesem Anwendungsfall sollen Machine-Learning-Algorithmen dazu genutzt werden, die

- Fertigung zu zentrieren,
- Brachzeiten zu reduzieren,
- Werkzeugstand zu maximieren.

Dazu soll auf Basis eines Vergleichs von Soll- und Ist-Werten der Qualitätsmerkmale eine intelligente Handlungsempfehlung gegeben werden, die zu einer Zentrierung der Fertigung führt. Idealerweise soll diese Anpassung durch geänderte Einstellparameter stattfinden. Im Bedarfsfall soll der Algorithmus auf das zu tauschende Werkzeug hinweisen.

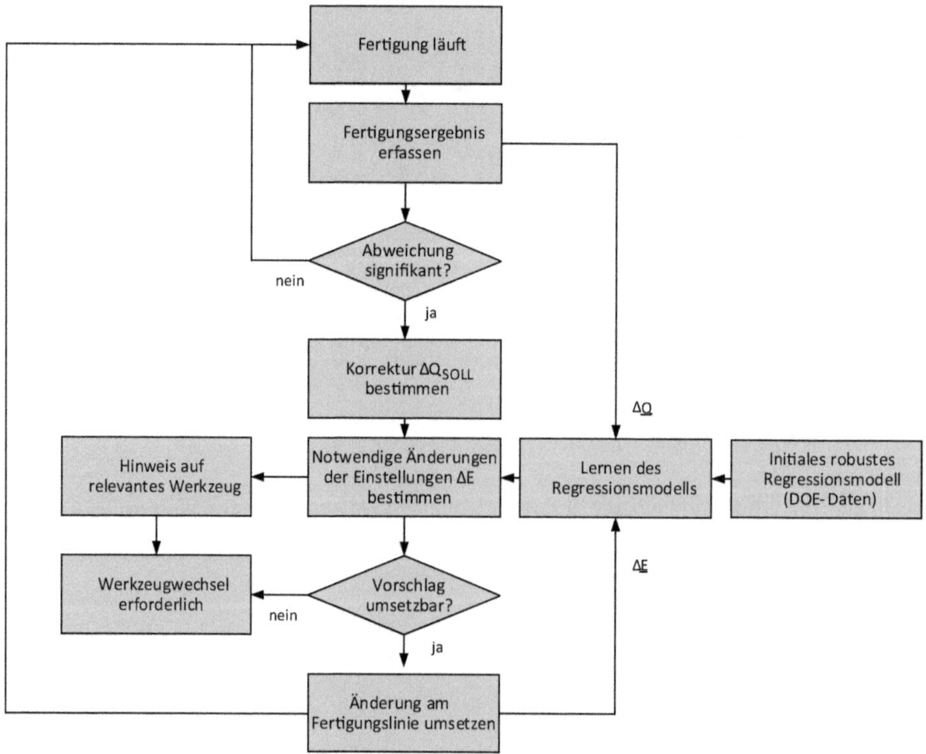

Bild 7.10 Übersicht über den Machine-Learning-Algorithmus zur Prozessregelung

Bild 7.10 zeigt den Algorithmus zur Prozessregelung als vereinfachtes Ablaufdiagramm. Das Fertigungsergebnis wird mit den entsprechenden Soll-Werten verglichen. Bei signifikanten Abweichungen werden Korrekturen der Einstellparameter über ein Regressionsmodell bestimmt. Ist eine Korrektur durch Einstellparameter nicht möglich, wird ein Werkzeugwechsel vorgeschlagen.

Regressionsmodell als Basis zur Prozessregelung

Der Fertigungsprozess weist eine der Vielzahl von Einstellparametern E_m auf, die auf Qualitätsmerkmale Q_k wirken. Um diese Effekte mathematisch beschreiben zu können, wird für jedes Qualitätsmerkmal eine Regressionsfunktion der Form

$$Q_k = b_{k0} + \sum_{m=1}^{8} b_{km} \cdot E_m \tag{7.12}$$

aufgestellt. Als Ausgangspunkt für das Lernen der Regressionsparameter b wurde ein Versuchsplan erstellt, bei dem die Einstellungen der Fertigungsparameter systematisch variiert wurden. Diese synthetisch generierten Lerndaten weisen wegen ihrer orthogonalen Auslegung eine hohe Robustheit auf und eignen sich damit perfekt als Ausgangspunkt für die angestrebte Prozessregelung.

Mit den Daten aus der statistischen Versuchsplanung ergeben sich die in Bild 7.11 dargestellten Regressionsparameter. Die Regressionsparameter b_{1m} und b_{3m} der Qualitätsmerkmale Q1 und Q3 sind nahe null. Eine Änderung der Einstellparameter E_m wirkt sich deshalb kaum auf Q1 und Q3 aus. Die Qualitätskenngröße Q2 ist von den Einstellparametern E2, E5 und E6, die Qualitätskenngröße Q4 von den Einstellparametern E2, E4, E6 und E7 abhängig.

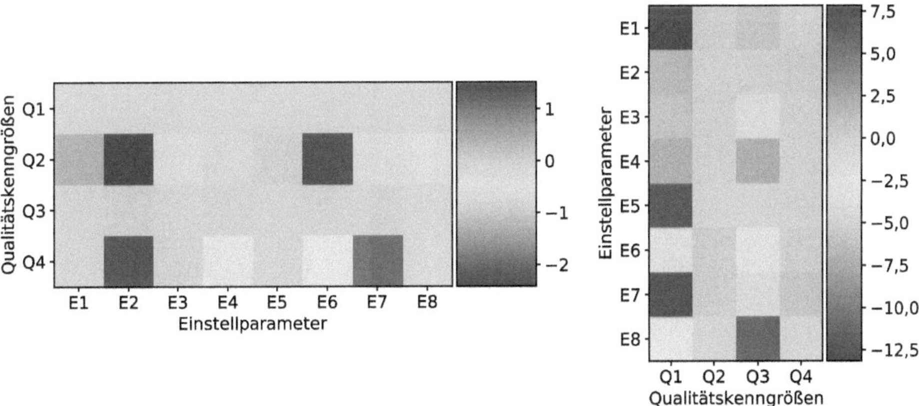

Bild 7.11 Auswertung des Versuchsplans: Regressionsparameter zur Beschreibung des Zusammenhangs der Einstellgrößen und Qualitätsmerkmale sowie des inversen Zusammenhangs

Ziel des Algorithmus ist eine systematische Änderung ΔQ der Qualitätskenngrößen durch eine Änderung ΔE der Einstellparameter. Aus diesem Grund wird eine aus der Regelungstechnik bekannte Linearisierung im Arbeitspunkt durchgeführt, wobei der Center Point als Arbeitspunkt verwendet wird. Die Konstanten b_{k0} fallen durch das Ableiten weg. Die partiellen Ableitungen entsprechen den Koeffizienten b_{km}. Es ergeben sich die Gleichungen

$$\Delta Q_k = \sum_{m=1}^{8} \frac{\partial Q_k}{\partial E_m} \cdot \Delta E_m = \sum_{m=1}^{8} b_{km} \cdot \Delta E_m \tag{7.13}$$

Um den Fehler der Qualitätskenngrößen zu kompensieren, wird eine notwendige Korrektur ΔQ_{SOLL} bestimmt, die mit den Einstellgrößen ΔE eingestellt werden soll. Zur analytischen Bestimmung der Einstellgrößen muss Formel 7.13 invertiert werden. Das Ergebnis der Invertierung zeigt Bild 7.11 rechts. Die großen Beträge in den Spalten für die Qualitätskenngrößen Q1 oder Q3 zeigen, dass mit der Korrektur dieser Größen sehr große Änderungen der Einstellparameter E_m verbunden sein werden. Diese Vermutung bestätigt die Berechnung der Einstellparameter E_m für den Fall, dass alle Qualitätsmerkmale um 10 % korrigiert werden müssen. Das Ergebnis ist in Bild 7.12 dargestellt. Beispielsweise führt bereits eine Drift der Qualitätskenngrößen von 10 % des zulässigen Toleranzbereiches zu Einstellungen, die über das erlaubte Limit der Einstellparameter hinaus gehen.

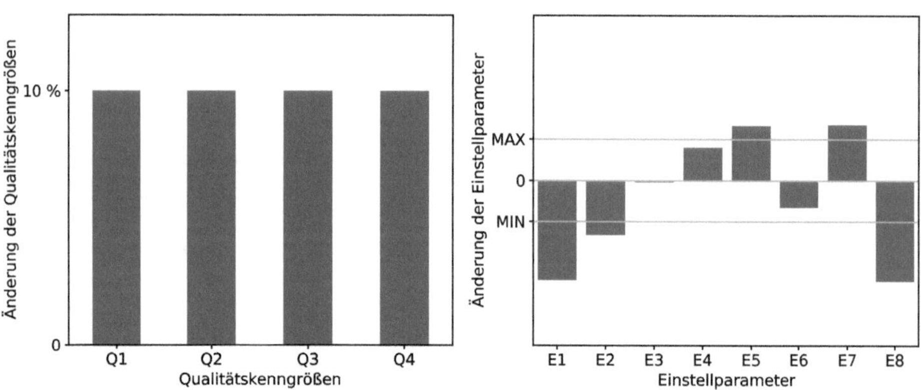

Bild 7.12 Einstellparameter zur Kompensation einer Drift von 10 % des zulässigen Toleranzbereiches

Dieses Vorgehen führt im Sinne des mittleren quadratischen Fehlers zu optimalen Einstellgrößen ΔE. Allerdings berücksichtigt die analytische Invertierung nicht den verfügbaren Einstellbereich. Bei diesem Beispiel liegen die Einstellparameter E1, E2, E5, E7 und E8 bereits außerhalb des zulässigen Einstellbereichs, diese Lösung ist damit mathematisch korrekt, aber physikalisch nicht umsetzbar.

Optimierungsalgorithmen zur Bestimmung realisierbarer Einstellparameter

Um bei der Invertierung die Einstellgrenzen berücksichtigen zu können, wird statt der analytischen Invertierung ein **numerischer Optimierungsalgorithmus** zur Minimierung des mittleren quadratischen Fehlers eingesetzt. Es ergibt sich das in Bild 7.13 gezeigte Ergebnis.

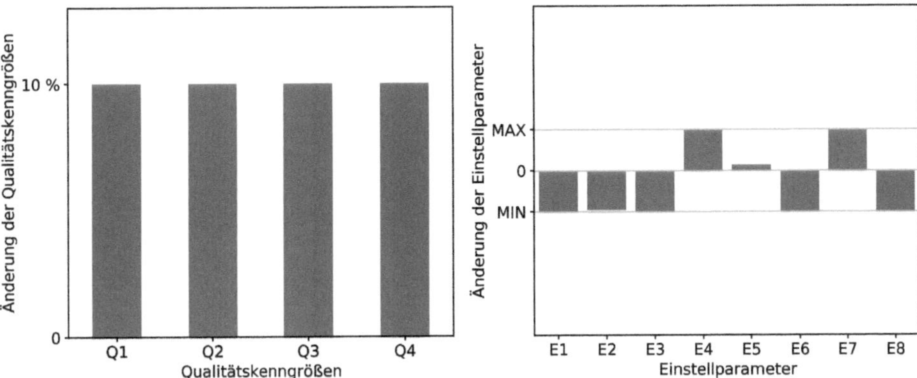

Bild 7.13 Einstellparameter zur Kompensation einer Drift von 10 % des zulässigen Toleranzbereiches unter Berücksichtigung der Einstellgrenzen

Die Einstellparameter befinden sich bei diesem Verfahren nun innerhalb der festgelegten Einstellgrenzen, allerdings führt eine Abweichung der Qualitätskenngrößen von 10 % bereits zu einem Vollausschlag der Einstellparameter E1, E2, E4, E6, E7 und E8. Verantwortlich dafür sind die in Bild 7.11 gezeigten hohen Koeffizienten der inversen Regression. Eine sinnvolle Korrektur der Qualitätsmerkmale Q1 und Q3 ist deshalb nicht möglich.

Im Rahmen eines Projekt-Reviews wird dieses Ergebnis durch das Fertigungspersonal bestätigt. Sie bekräftigen, dass keine Kausalität zwischen den Einstellparametern und den Qualitätsmerkmalen Q1 und Q3 existiert. Die beiden Kennwerte müssen über andere Mechanismen kontrolliert werden. Q1 und Q3 werden deshalb im Folgenden von der Korrektur ausgeschlossen, und der Korrekturalgorithmus konzentriert sich auf die Kennwerte Q2 und Q4.

Das Beispiel unterstreicht damit die Notwendigkeit, mathematische Korrelationen und bekannte Kausalitäten in Workshops mit Fachexperten zusammenzuführen. Wir nennen diese Meetings **2K-Workshops**, wobei die beiden K für **Korrelation** und **Kausalität** stehen. Die Bewertung der mathematischen Ergebnisse führt einerseits zu der gewünschten Plausibilisierung, andererseits wird der Algorithmus für die späteren Anwender transparent und verständlich. Aufgrund des 2K-Workshops wird das oben beschriebene Vorgehen mit einem Datensatz wiederholt, der weiterhin alle Einstellparameter E_m, allerdings nur noch die Qualitätsmerkmale Q2 und Q4 aufweist. Es ergeben sich die in Bild 7.14 dargestellten Regressionsparameter.

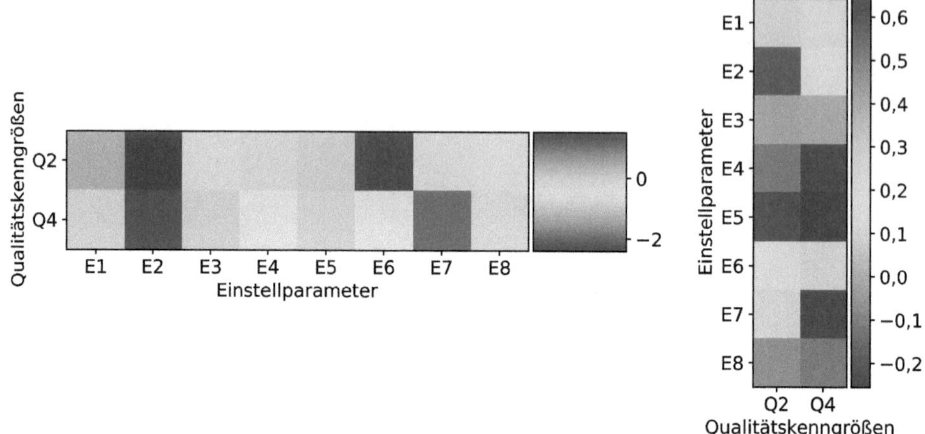

Bild 7.14 Parameter der Regressionsgleichung und der inversen Regressionsgleichung für das reduzierte Regressionsmodell

Sowohl die Regressionskoeffizienten der links dargestellten Matrix B auch die der inversen Matrix rechts liegen in einem Zahlenbereich von -1 ... 1. Es wird deshalb vermutet, dass bei dem reduzierten Modell eine kleinere Änderung der Einstellparameter ausreicht, um eine Korrektur der Qualitätsmerkmale von 10 % zu erreichen. Das in Bild 7.15 dargestellte Simulationsergebnis bestätigt diese Vermutung. Untersuchungen zeigen, dass die Grenzwerte der Einstellparameter eine Kompensation der Qualitätsmerkmale bis zu 50 % erlauben.

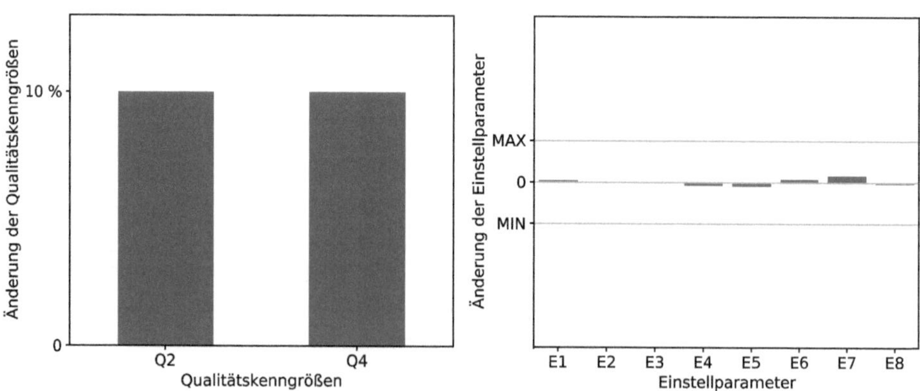

Bild 7.15 Einstellparameter zur Kompensation einer Drift von 10 % des zulässigen Toleranzbereiches für das reduzierte Regressionsmodell

Simulation der Reaktion des Algorithmus auf den Werkzeugverschleiß

Der Fertigungsprozess, das Messsystem und somit die Ergebnisse der Qualitätskenngrößen Q2 und Q4 sind einerseits zufälligen Schwankungen unterworfen, andererseits führt Werkzeugverschleiß zu einer Drift der Kenngrößen. Der beschriebene Algorithmus soll dazu eingesetzt werden, den Werkzeugverschleiß durch Nachstellen der Einstellparameter so lange wie möglich zu kompensieren und damit die Lebensdauer des Werkzeugs zu verlängern. Um diesen Prozess zu simulieren, werden typische Verläufe generiert und die Eingriffe des Algorithmus simuliert. Bild 7.16 den Verlauf der Qualitätskenngrößen Q2 und Q4 mit und ohne Korrektur sowie den Verlauf einiger Einstellparameter.

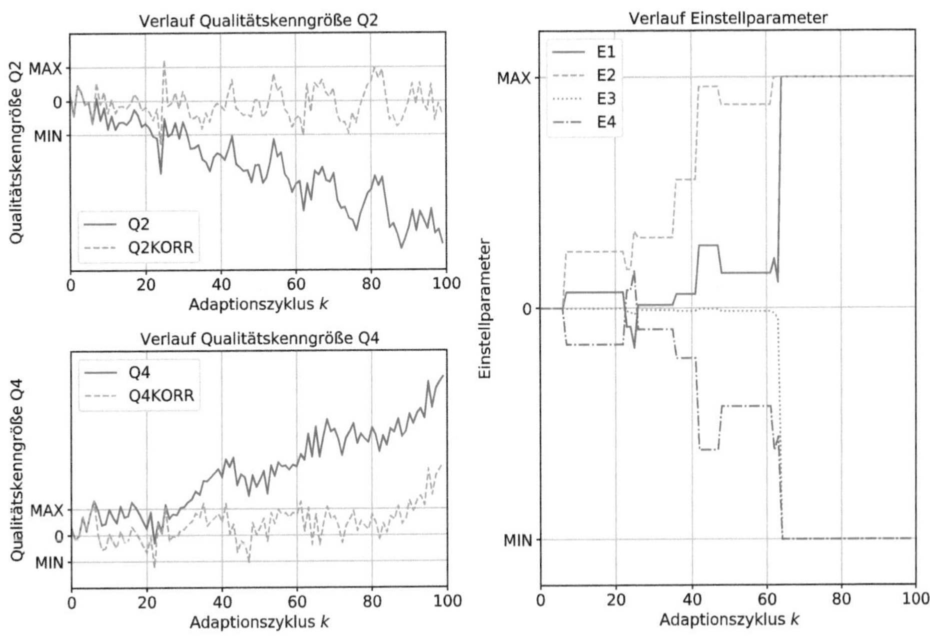

Bild 7.16 Verlauf der Qualitätskenngrößen Q2 und Q4 mit und ohne Korrektur sowie der Einstellparameter

In den beiden Diagrammen auf der linken Seite sind die Verläufe der Qualitätskenngrößen Q2 und Q4 dargestellt. Ohne Korrektur der Einstellparameter verlassen die Kenngrößen bereits recht bald den Spezifikationsbereich. Der Algorithmus zur Prozessregelung verhindert dies. Überschreitet eine Qualitätskenngröße eine Eingriffsgrenze, so berechnet der Algorithmus einen neuen Satz von Einstellparametern. Je enger die Grenzwerte definiert werden, desto öfter werden die Parameter angepasst und desto geringer ist die Streuung der Qualitätsmerkmale, was zu einer höheren Prozessfähigkeit führt. Solange die Einstellparameter innerhalb der erlaubten Grenzen liegen, können die Qualitätskenngrößen in den Bereich der

Eingriffsgrenzen geführt werden. Werden die Grenzen der Einstellparameter erreicht, ist eine vollständige Kompensation nicht mehr möglich. Dieser Effekt ist in Bild 7.16 am Verlauf der Größe Q4KORR zu erkennen. Das Werkzeug muss in diesem Simulationsbeispiel deshalb im Adaptionszyklus k = 88 getauscht werden.

Zur Kompensation von Änderungen der Qualitätsmerkmale schlägt der Algorithmus eine Änderung der Einstellparameter vor. Jeder Einstellparameter ist mit einem bestimmten Teil der Fertigungseinrichtung und mit einem bestimmten Werkzeug verbunden. Ist eine vollständige Kompensation von Änderungen der Qualitätsmerkmale nicht möglich, geben die Einstellparameter, die ihre Grenzen erreichen, einen Hinweis auf die zu tauschenden Werkzeuge.

In der Simulation in Bild 7.16 entsprechen die Grenzen der Qualitätsmerkmale den vorgegebenen Toleranzvorgaben. Eine kontinuierliche Anwendung des Algorithmus mit Eingriffsgrenzen, die deutlich unter den Toleranzgrenzen liegen, würde aus zwei Gründen zu einer weiteren Qualitätsverbesserung führen. Zum einen lägen die Qualitätsmerkmale näher an ihrem Sollwert, die Fertigung wäre also besser zentriert. Zum anderen wird der Arbeitspunkt, für den die Linearisierung gilt, nicht verlassen und die Genauigkeit des Regressionsmodells würde steigen. Diese vollautomatische Prozessregelung wird aber erst in einer höheren Ausbaustufe umgesetzt, wenn das dafür notwendige Vertrauen in den Algorithmus zur Prozessregelung zu 100 % vorhanden ist.

Integrierte Ausreißererkennung über den Prognosebereich der Regressionsfunktion

Der Algorithmus schlägt bei Überschreiten von Eingriffsgrenzen ΔQ eine Änderung der Einstellparameter ΔE vor. Zur Absicherung dieses Prozesses werden alle realisierten Kombinationen von Änderungsvorschlag ΔE und realisierter Änderung ΔQ auf Ausreißer geprüft. Dazu zeigt Bild 7.17 symbolisch die Regressionsfunktion und ihren Prognosebereich.

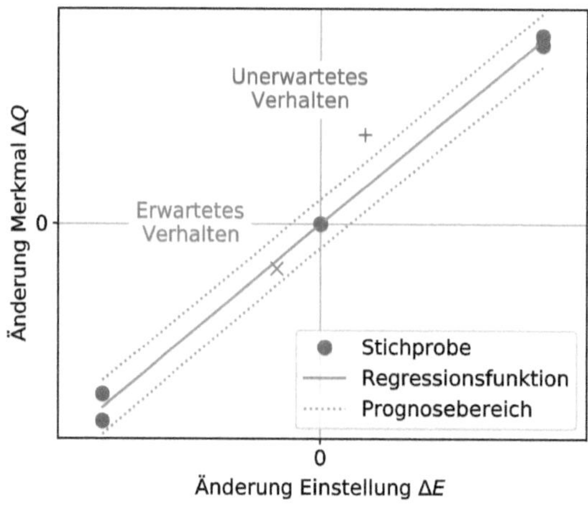

Bild 7.17 Ausreißererkennung über den Prognosebereich der Regressionsfunktion

Auf Basis des Datensatzes, der der Regressionsfunktion zugrunde liegt, ergibt sich zu der Regressionsfunktion ein sogenannter Prognosebereich. Er gibt den Wertebereich an, in dem zukünftige Kombinationen mit einer vorgegebenen Wahrscheinlichkeit γ liegen.

Liegt die aktuelle Kombination von Änderungsvorschlag ΔE und realisierter Änderung ΔQ in dem Prognosebereich, wird das Modell bestätigt. Liegt eine Kombination außerhalb, widerspricht das Verhalten der Erwartung und das Modell muss zumindest im Wiederholungsfall überprüft oder neu aufgesetzt werden. Durch diese Ausreißererkennung wird das Modell stetig überwacht.

Kontinuierliches Lernen durch Auswertung von Parameteränderungen

Das in den vorangegangenen Abschnitten beschriebene Konzept baut zunächst auf einem robusten Datensatz auf, der über einen Versuchsplan gezielt erstellt wird. Durch jede Änderung der Einstellparameter ΔE wird in dem Fertigungsprozess eine Änderung der Qualitätskenngrößen ΔQ festgestellt. Dadurch erweitert sich das Wissen über den vorliegenden Prozess. Diese Erfahrung führt bei dem linearisierten Regressionsmodell dazu, dass die Schätzung der Regressionsparameter auf einer steigenden Anzahl von Beobachtungen basiert. Die Prognose des Machine-Learning-Algorithmus wird genauer und passt sich an die Prozessrealität an. Zur Entscheidung, ob eine neue Stichprobe in das Modell aufgenommen wird, wird die beschriebene Ausreißererkennung durchgeführt.

Mit der steigenden Anzahl von Beobachtungen wird die Vorhersage realistischer, der Algorithmus lernt bei jeder plausiblen Änderung selbstständig dazu. Die Anzahl an Datenpunkten geht in die Berechnung des Prognosebereichs ein und führt bei sonst gleichen Bedingungen zu einer Verkleinerung des Prognosebereichs. Bild 7.18 visualisiert diesen Effekt, in dem es die initiale Situation mit den Datenpunkten aus der statistischen Versuchsplanung und dem Datensatz nach mehreren Adaptionen vergleicht.

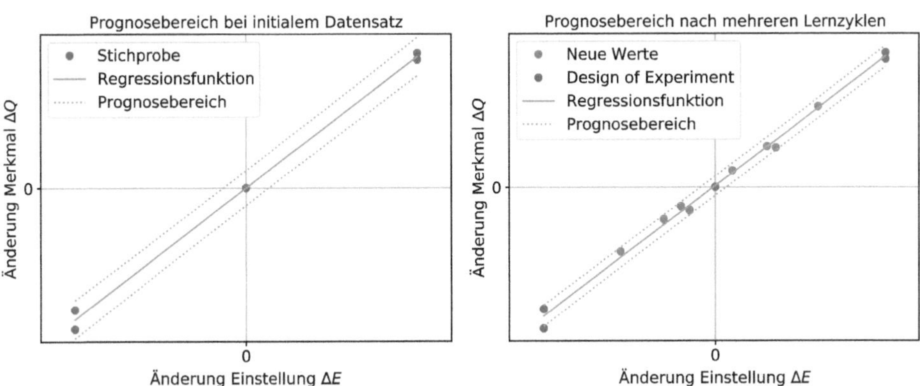

Bild 7.18 Vergleich der Prognosebereiche

Das Verfahren wird für den in Bild 7.9 gezeigten Prozess eingesetzt. Das Verhalten einer Ausgangsgröße ist in Bild 7.19 zusammen mit dem Prognosebereich dargestellt.

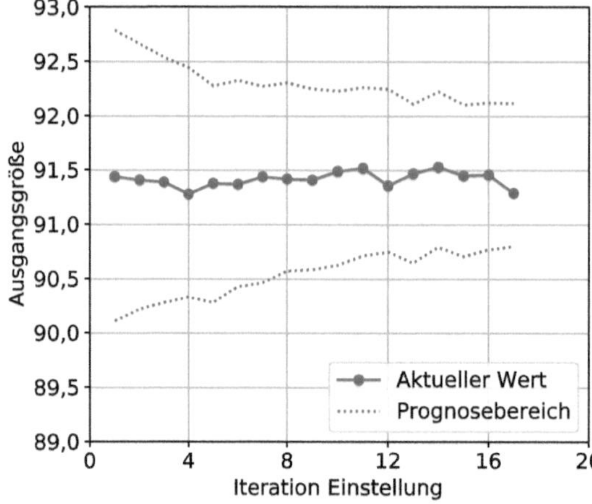

Bild 7.19
Verhalten einer Ausgangsgröße mit Prognosebereich bei Einsatz des beschriebenen Regressionsverfahrens

Mit steigendem Stichprobenumfang wird das Modell genauer und der Prognosebereich wird kleiner. Entsprechend wird die Ausreißerüberwachung mit steigendem Einsatz des Verfahrens kritischer.

7.2 Klassifikationsverfahren

Regressionsverfahren liefern eine mathematische Beschreibung von Prozessen mit einer quantitativen Ausgangsgröße. Für Prozesse mit qualitativen Ausgangsgrößen werden Klassifikationsverfahren eingesetzt (Bild 7.20). Mit ihnen lassen sich zum Beispiel folgende Fragestellungen behandeln:

- Entspricht ein Produkt mit bekannten Merkmalen der Spezifikation?
- Kauft ein Kunde mit bekannten Eigenschaften das angebotene Produkt?
- Ist ein Patient mit bekannten Symptomen an einer bestimmten Krankheit erkrankt?

Klassifikationsverfahren fällen **Prognosen** über eine Spezifikation, einen Kauf oder eine Krankheit **auf Basis von Informationen**, die in Form von Merkmalen, Kundeneigenschaften oder Symptomen vorliegen. Sie lassen sich damit über dasselbe Black-Box-Modell beschreiben wie Regressionsverfahren, mit der Ausnahme, dass die Ausgangsgrößen y qualitativer Natur sind.

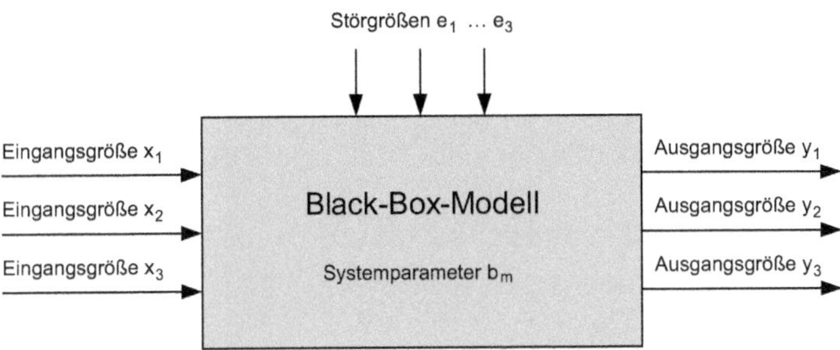

Bild 7.20 Black-Box-Modell zur Beschreibung von Klassifikationsverfahren

Im Machine Learning werden unterschiedliche Klassifikationsverfahren eingesetzt. Tabelle 7.5 gibt eine Übersicht über die wesentlichen Methoden und einige Eigenschaften.

Tabelle 7.5 Übersicht über unterschiedliche Klassifikationsverfahren

Verfahren	Eingangsgrößen	Hyperparameter	Bemerkungen
Naive-Bayes	Qualitativ oder quantitativ	Auswahl Verteilungsfunktion	Eingangsgrößen sind idealerweise unabhängig
K-Nearest-Neighbors	Quantitativ	Anzahl erforderlicher Nachbarn, Distanzmaß	Auch für kleinere Datensätze tauglich, Tendenz zu Overfitting
Entscheidungsbäume	Qualitativ oder quantitativ	Maß für Unreinheit, Entscheidungsebenen	Auch für kleinere Datensätze tauglich, Tendenz zu Overfitting
Logistische Regression	Qualitativ oder quantitativ	Optionale Regularisierung	Regressionsverfahren
Support Vector Machines	Quantitativ	Schlupfvariable, Kernelfunktion	Effizient bei Einsatz der Kernelfunktion
Neuronale Netze	Qualitativ oder quantitativ	Netzarchitektur, Trainingsparameter	Erfordert große Datensätze

Der folgende Abschnitt beschreibt das K-Nearest-Neighbor-Klassifikationsverfahren, wobei auf die Grundidee und die mathematische Beschreibung eingegangen wird. Außerdem wird die Bewertung von Klassifikationsergebnissen diskutiert. Die theoretischen Grundlagen werden anschließend am Beispiel einer Klassifikation von elektronischen Modulen angewendet.

7.2.1 K-Nearest-Neighbors-Klassifikation

Die als „K-Nearest-Neighbors" bezeichnete Klassifikation gruppiert Stichproben direkt auf Basis eines Trainingsdatensatzes. Zur Verdeutlichung der Grundidee zeigt Bild 7.21 einen Trainingsdatensatz mit den Klassen A, B und C. Eine neu generierte Stichprobe soll nun klassifiziert werden. Dazu wird um die neue Stichprobe herum ein Kreis geschlagen, der die Distanz zu ihr symbolisiert.

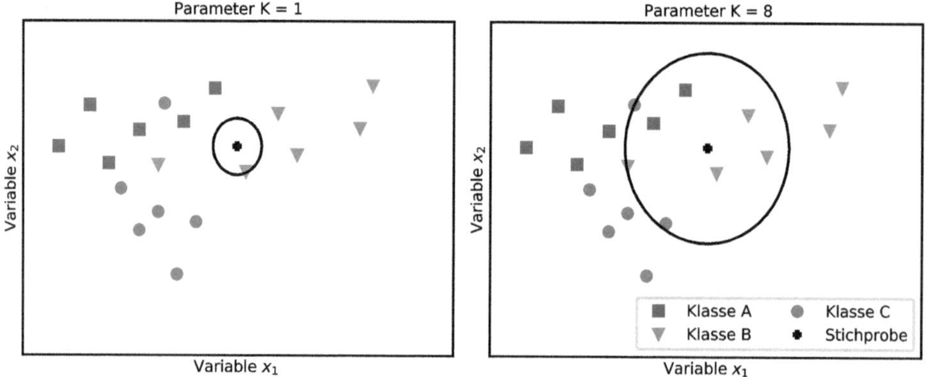

Bild 7.21 Klassifikation mit dem K-Nearest-Neighbor für K = 1 und K = 8

Im linken Bildteil liegt eine einzige Stichprobe (K = 1) innerhalb des Kreises. Der nächste Nachbar ist daher ein Element der Klasse B. Die untersuchte Stichprobe wird deshalb der Klasse B zugeordnet. Im rechten Bildteil werden K = 8 nächste Nachbarn zur Klassifikation herangezogen. In dem entsprechenden Kreis befinden sich Elemente aller Gruppen. Die meisten Elemente stammen aus der Gruppe B, sodass die Stichprobe auch in diesem Fall der Gruppe B zugeordnet wird.

Der K-Nearest-Neighbors-Algorithmus hat den Vorteil, dass er vor Gebrauch nicht trainiert werden muss und daher direkt eingesetzt werden kann. Das Verfahren hat damit einhergehend aber auch den Nachteil, dass der Datensatz für jede neue Stichprobe neu ausgewertet werden muss. Bei großen Datenmengen und einer großen Anzahl zu bewertenden Stichproben kann das zu langen Rechenzeiten führen.

Wahl der Anzahl K nächster Nachbarn

Die Wahl der Anzahl K nächster Nachbarn hat einen starken Einfluss auf das Klassifikationsergebnis. Bei kleinen Werten K wird die lokale Umgebung der Stichprobe ausgewertet, entsprechend lokal ist die Zuordnung zu einer Klasse. Mit steigender Anzahl K wächst der Bereich, der für die Klassifizierung herangezogen wird. Dadurch werden die Klassifikationsgrenzen gleichmäßiger. Insbesondere bei kleinen Datensätzen wächst damit aber auch die Gefahr, weit entfernte Elemente mit in die Klassifikation einzubeziehen. Die konkrete Wahl von K ist von der Dimension des Datensatzes, der Streuung der Koordinatenwerte und des Umfangs der Training-Daten abhängig. Bild 7.22 zeigt das Klassifikationsergebnis für den Datensatz aus Bild 7.21 und K = 1 sowie K = 8 nächste Nachbarn.

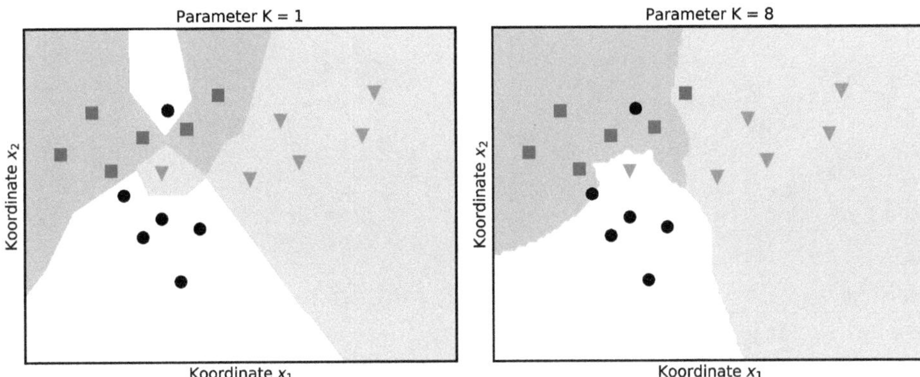

Bild 7.22 Klassifikationsergebnis für K = 1 sowie K = 8 nächste Nachbarn.

Das Beispiel bestätigt den oben beschriebenen Zusammenhang. Je weniger nächste Nachbarn zur Klassifikation herangezogen werden, desto lokaler reagiert der Klassifikationsalgorithmus. Er neigt zu Overfitting. Mit steigender Anzahl nächster Nachbarn reagiert der Algorithmus wegen der zugrundeliegenden Mittelung globaler. Allerdings werden Stichprobenwerte des Training-Datensatzes teilweise falsch klassifiziert.

Auswahl des Distanzmaßes

Bei orthogonalen Koordinatensystemen ergibt sich die Euklidische Distanz aus dem Satz des Pythagoras (Bild 7.23). Mit ihr wird die Länge der direkten Verbindung zwischen zwei Punkten assoziiert. Sie berechnet sich damit aus der Wurzel der Abstandsquadrate.

$$\Delta \underline{x}_{EU} = \sqrt{\sum_{m=1}^{M} \Delta x_m^2} = \sqrt{\Delta x_1^2 + \Delta x_2^2 + \ldots + \Delta x_M^2} \tag{7.14}$$

Neben dieser üblichen Distanzdefinitionen sind aber auch andere Distanzmaße denkbar. Bild 7.23 zeigt auf der rechten Seite die Manhattan-Distanz. Sie ergibt sich aus der Straßenstruktur in Manhattan, die nur orthogonale Bewegungen erlaubt. Die Distanz im Sinne des Laufwegs berechnet sich durch

$$\Delta \underline{x}_{MA} = \sum_{m=1}^{M} \left|\Delta x_m\right| = \left|\Delta x_1\right| + \left|\Delta x_2\right| + \ldots + \left|\Delta x_M\right| \tag{7.15}$$

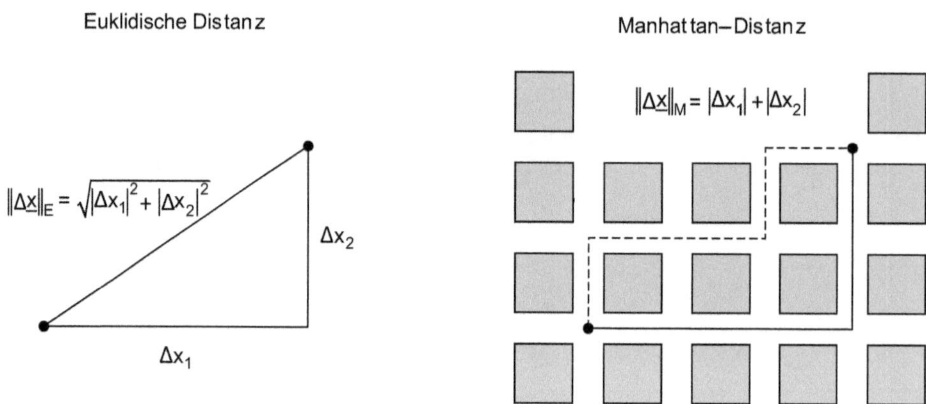

Bild 7.23 Euklidische Distanz und Manhattan-Distanz im zweidimensionalen Koordinatensystem

Bei der K-Nearest-Neighbors-Klassifikation wird das Distanzmaß verwendet, das am besten zur jeweiligen Anwendung passt.

7.2.2 Bewertung von Klassifikationsmodellen

Bei einer Klassifizierung werden Stichproben anhand von Merkmalen in Klassen zugeordnet. Diese Zuordnung erfolgt in aller Regel nicht fehlerfrei, sodass sich die Frage stellt, **welches Verfahren die besten Ergebnisse erzielt und daher verwendet werden soll**. Die dazu notwendige **Bewertung der Verfahren** erfolgt anhand von Kennwerten, die in diesem Abschnitt vorgestellt werden.

Viele Aufgabenstellungen weisen zwei mögliche Klassen auf. Sie werden als dichotom oder binär bezeichnet. Aufgabenstellungen mit mehr als zwei Klassen werden als Multiklassen-Klassifikation benannt.

Bewertung dichotomer oder binärer Klassifikationsaufgaben

Die Bewertung binärer Klassifikationsverfahren wird an dem Beispiel diskutiert, bei dem Baugruppen anhand verschiedener Merkmale gruppiert werden. Werden sie als defekt klassifiziert, so werden sie verschrottet. Werden sie als funktionsfähig eingestuft, werden sie ausgeliefert und verbaut.

Ausgangspunkt für die Berechnung von Kenngrößen ist eine Wahrheitstabelle, die auch als Klassifikations- oder Konfusionsmatrix bezeichnet wird. Dabei steht die Variable r für die Anzahl richtiger und f für die Anzahl falscher Einstufungen, der Index p für positive und der Index n für negative Einstufungen. Mit der oben gestellten Fragestellung wäre eine defekte Baugruppe der positive Fall, eine funktionstüchtige Baugruppe der negative Fall.

Tabelle 7.6 Bewertung von Klassifikationsaufgaben mit der Klassifikations- oder Konfusionsmatrix

Prognose	Endprüfung	
	defekt	Funktionsfähig
Prognose defekt	$r_p = 32$	$f_p = 0$
Prognose funktionsfähig	$f_n = 17$	$r_n = 1315$

Durch die Klassifizierung soll die Frage beantwortet werden, ob die vorliegende Baugruppe defekt ist. Es ergeben sich folgende Möglichkeiten:

- **Richtig positiv** (r_p):

  Die Baugruppe ist defekt und der Test hat dies auch richtig angezeigt.

- **Falsch negativ** (f_n):

  Die Baugruppe ist defekt, aber der Test hat sie fälschlicherweise als funktionsfähig eingestuft.

- **Falsch positiv** (f_p):

  Die Baugruppe ist funktionsfähig, aber der Test hat sie fälschlicherweise als defekt eingestuft.

- **Richtig negativ** (r_n):

  Die Baugruppe ist funktionsfähig und der Test hat dies richtig angezeigt.

Auf Basis des Testergebnisses und den Werten der Klassifikationsmatrix können unterschiedliche Kennwerte gebildet werden. Die daraus abgeleiteten Kennwerte sind relative Häufigkeiten, die als Schätzwerte für die entsprechenden Auftretenswahrscheinlichkeit interpretiert werden können.

Der Anteil der richtig klassifizierten Stichproben wird als Korrektklassifikationsrate bezeichnet und ergibt sich aus der Summe der richtig klassifizierten Stichproben bezogen auf die Summe aller Stichproben.

$$P(richtigklassifiziert) = \frac{r_p + r_n}{r_p + f_n + f_p + r_n} \tag{7.16}$$

Im oben angeführten Beispiel beträgt sie 98,74 %, was heißt, dass 1,2 % der Prognosen falsch getroffen wurden.

Die **Korrektklassifikationsrate** wird in vielen Software-Paketen auch als Genauigkeit bzw. Accuracy bezeichnet. In Abhängigkeit von der Aufgabenstellung sind neben der Korrektklassifikationsrate Kennwerte von Interesse, die sich nur auf eine Teilmenge der untersuchten Stichproben beziehen.

Die **Sensitivität** (Recall) bezeichnet die Wahrscheinlichkeit, mit der defekte Baugruppen als defekt erkannt werden. Die Bezugsgröße ist damit nicht die Summe aller Baugruppen, sondern die Anzahl der defekten Baugruppen.

$$\textit{Sensitivität bzw. Recall} = P\left(\textit{richtigklassifiziert} \mid \textit{defekt}\right) = \frac{r_p}{r_p + f_n} \tag{7.17}$$

Die Sensitivität ist aus Qualitätssicht im Sinne der Kundenzufriedenheit wichtig. Eine hohe Sensitivität stellt sicher, dass defekte Baugruppen erkannt und nicht ausgeliefert werden. Sie beträgt in unserem Beispiel nur 65,3 %, es besteht also eine einigermaßen große Wahrscheinlichkeit, dass an den Kunden ein defektes Teil ausgeliefert wird.

Die **Spezifität** bezeichnet die Wahrscheinlichkeit, mit der funktionsfähige Baugruppen als funktionsfähig erkannt werden. Die Bezugsgröße ist damit die Summe aller funktionsfähigen Baugruppen.

$$\text{Spezifität} = P\left(\textit{richtigklassifiziert} \mid \textit{funktionsfähig}\right) = \frac{r_n}{r_n + f_p} \tag{7.18}$$

Eine hohe Spezifität ist aus interner Kostensicht wichtig. Ein Unternehmen möchte möglichst wenig Baugruppen verschrotten, die eigentlich funktionsfähig sind. Eine hohe Spezifität, idealerweise 100 %, wie in unserem Beispiel stellt das sicher.

Der **positive Vorhersagewert** (Relevanz, Precision) gibt den Anteil der korrekt als positiv klassifizierten Ergebnisse an der Gesamtheit der als positiv klassifizierten Ergebnisse an. In dem obigen Beispiel entspricht das der Diskussion der Zeile mit der Prognose, dass die Baugruppe defekt ist. Der positive Vorhersagewert gibt an, welcher Anteil der Baugruppen bei positiver Klassifikation auch tatsächlich defekt ist.

$$\textit{Relevanz bzw. Precision} = P\left(\textit{defekt} \mid \textit{defektklassifiziert}\right) = \frac{r_p}{r_p + f_p} \tag{7.19}$$

In unserem Beispiel beträgt auch dieser Wert 100 %.

Der **negative Vorhersagewert** (Segreganz) gibt den Anteil der korrekt als negativ klassifizierten Ergebnisse an der Gesamtheit der als negativ klassifizierten Ergebnisse an. In dem obigen Beispiel entspricht das der Diskussion der Zeile mit der Prognose, dass die Baugruppe funktionstüchtig ist. Der negative Vorhersagewert gibt an, welcher Anteil der Baugruppen bei negativer Klassifikation auch tatsächlich funktionsfähig ist.

$$P\left(\textit{funktionsfähig} \mid \textit{defektfunktionsfähig}\right) = \frac{r_n}{r_n + f_n} \tag{7.20}$$

In unserem Fall beträgt die Segreganz 98,7 %.

Bewertung von Multiklassen-Klassifikationsaufgaben

Die in den vorangegangenen Abschnitten beschriebenen Klassifikationsverfahren erlauben direkt oder durch wiederholte Anwendung eine Klassifizierung von Stichproben in mehr als zwei Klassen. Die in Abschnitt 7.2.2 eingeführten Kenngrößen können nach kleinen Änderungen auch in diesem Fall angewendet werden.

Ausgangspunkt ist wieder die Klassifikations- oder Konfusionsmatrix. Sie ist in Tabelle 7.7 für den Fall einer Klassifizierung von Baugruppen in die Klassen defekt, gut und perfekt dargestellt.

Tabelle 7.7 Bewertung von Multiklassen-Klassifikationsaufgaben mit der Klassifikations- oder Konfusionsmatrix

Testergebnis	Realität		
	defekt	gut	perfekt
Prognose defekt	r_1	f_{12}	f_{13}
Prognose gut	f_{21}	r_2	f_{23}
Prognose perfekt	f_{31}	f_{32}	r_3

Die Bestimmung der einzelnen Kenngrößen erfolgt wie bei binären Klassifikationsaufgaben. Allerdings muss berücksichtigt werden, dass sich richtige und falsche Klassifikationen aus mehreren Teilgruppen zusammensetzen können. Zum Beispiel errechnet sich die Korrektklassifikationsrate zu

$$P(\mathit{richtigklassifiziert}) = \frac{r_1 + r_2 + r_3}{r_1 + f_{21} + f_{31} + r_2 + f_{12} + f_{32} + r_3 + f_{13} + f_{23}} \tag{7.21}$$

und die Sensitivität zu

$$\mathit{Sensitivität} = P(\mathit{richtigklassifiziert} \mid \mathit{defekt}) = \frac{r_1}{r_1 + f_{21} + f_{31}} \tag{7.22}$$

7.2.3 Beispiel: Klassifikationsverfahren zur Prognose einer Ausbeute

Multi-Chip-Module erlauben die Integration mehrerer Chips unterschiedlicher Fertigungstechnologien in einem Gehäuse. Durch die kompakte Anordnung sowie die flexible Bestückung und Kontaktierung sind die Module vielseitig einsetzbar. Eine Kombination unterschiedlicher Technologien und unterschiedlicher Aufbau- und Verbindungstechniken erlaubt die Herstellung von Mikrosystemen, die zum Beispiel als chemische Sensoren oder zur Spektralanalyse eingesetzt werden können.

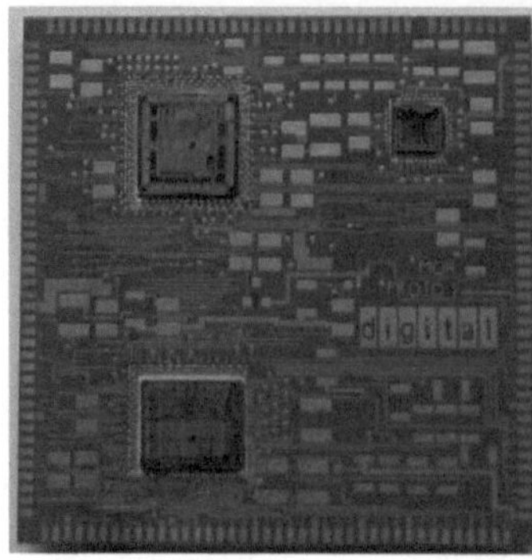

Bild 7.24
Multi-Chip-Modul (Spingal, 2021)

Bei der Bestückung der Komponenten auf die Platine findet eine deutliche Wertsteigerung statt. Deshalb wird vor der Bestückung der einzelnen Bauteile eine Prüfung der einzelnen Komponenten durchgeführt. Viele Funktionen der Mikrosysteme lassen sich allerdings erst nach der Montage aller Systemkomponenten prüfen, also erst nach der beschriebenen Erhöhung der Wertschöpfung. Deshalb wird versucht, die Funktionsfähigkeit der Mikrosysteme bereits auf Basis von Zwischenprüfungen zu prognostizieren. Diese Tests finden auf Wafer-Ebene statt und sind entsprechend kostengünstig umzusetzen. Bei der Fertigung werden üblicherweise mehrere Wafer zu einem Los zusammengefasst.

Mit diesen Vorüberlegungen ergibt sich für das Klassifikationsverfahren zur Prognose einer Ausbeute das in Bild 7.25 dargestellte P-Diagramm.

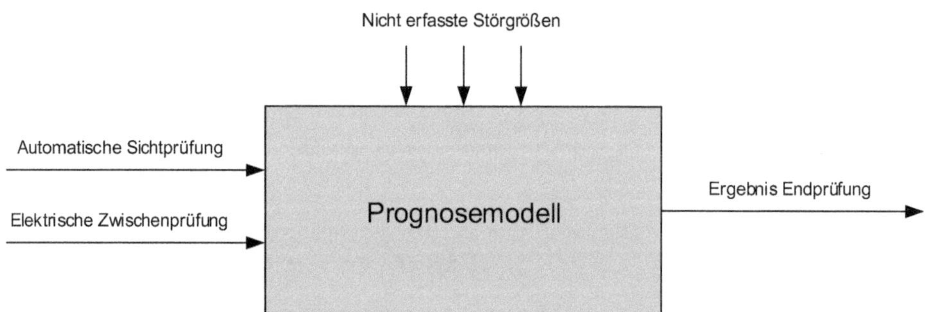

Bild 7.25 P-Diagramm für die Prognose der Ausbeute bei der Fertigung von Mikrosystemen

In das Modell gehen zum einen Ergebnisse automatischer Sichtprüfungen ein, bei denen beim Handling entstandene Kratzer sowie durch Fremdpartikel erzeugte Defekte registriert werden. Zum anderen werden Ergebnisse von elektrischen Zwischenprüfungen wie Stromverhältnisse, Impedanzen und Referenzspannungen genutzt. Das Prognosemodell soll das Ergebnis der Endprüfung des gesamten Systems prognostizieren.

Vorbereitung und Datenkonzept

Für das Training und den Test des zu entwerfenden Klassifikationsverfahrens werden fünf Test-Wafer eines Prototypen-Loses den erforderlichen Sichtprüfungen und den elektrischen Zwischenprüfungen ausgesetzt. Außerdem werden alle Teile für den Aufbau von Mikrosystemen genutzt und alle Fertigteile einer Endprüfung unterzogen. Die dabei entstehenden Daten müssen für das Machine Learning aufbereitet werden.

Die einzelnen unverpackten Schaltkreise eines Wafers werden als „Die" (Nacktchip) bezeichnet. Jedes Die durchläuft den kompletten Prüfprozess. Dabei werden drei unterschiedliche Datensätze generiert: die Datenbank mit den Ergebnissen der automatischen Sichtprüfung, die Ergebnisse der elektrischen Zwischenprüfungen und die Datenbank mit den Ergebnissen der Endprüfung. Für die Kombination der Daten ist ein einheitliches Koordinatensystem erforderlich.

Die Formatierung der Daten ist wegen der verschiedenen Datenquellen unterschiedlich. Deshalb müssen die Dezimaltrennzeichen sowie die Klein- und Großschreibung vereinheitlicht werden. Am Ende der Datenbereinigung ergibt sich eine Matrix, in der jede Zeile ein Die mit allen erforderlichen Informationen oder Features repräsentiert.

Der dabei entstehende Datensatz ist in Bild 7.26 für einen Wafer visualisiert. Jeder Punkt in der Wafer-Kontur repräsentiert einen Die. Auf der linken Seite sind auffällige Sichtprüfungen sowie auffällige elektrische Prüfungen als Fertigungsdefekte in unterschiedlichen Graustufen dargestellt. Mehrfache Fehler sind hier vereinfachend als einfache Fehler eingezeichnet. Auf der rechten Seite sind für denselben Wafer die Ergebnisse der Endprüfung dargestellt.

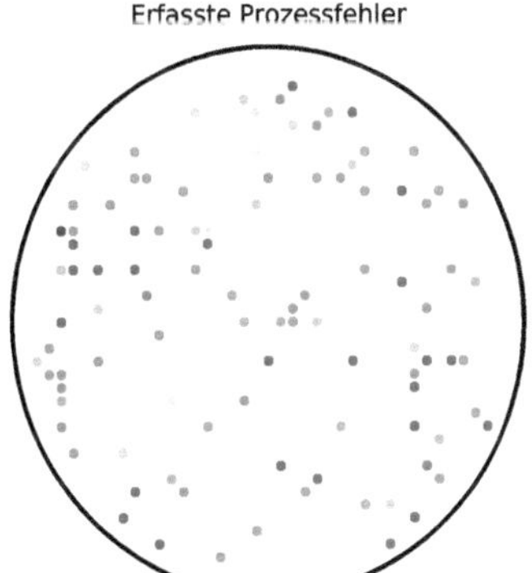

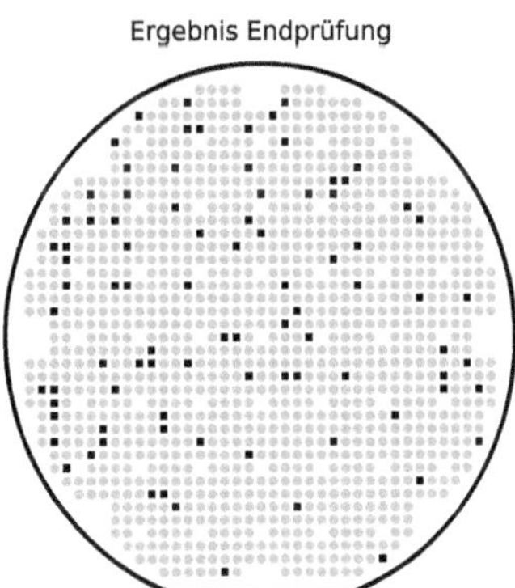

Bild 7.26 Visualisierung des Datensatzes zur Prognose defekter Dies für einen Wafer, Prozessfehler sind in unterschiedlichen Graustufen, Ergebnis Endprüfung: helle Bereiche = Erfolg, dunkle Bereiche = Fehler

Der generierte Datensatz wird in vier Gruppen aufgeteilt, die in Tabelle 7.8 zusammengefasst sind. Perfekte Teile weisen keine Prozessfehler auf und passieren die Endprüfung erfolgreich. Nicht erkennbare Fehler weisen keine Prozessfehler auf, werden bei der Endprüfung aber als fehlerhaft erkannt. Sie können wegen der fehlenden Hinweise nicht als defekt prognostiziert werden. Teile mit nicht relevanten Defekten sind bei der Endprüfung funktionsfähig. Die letzte Gruppe von Teilen weist Fehler im Prozess und bei der Endprüfung auf.

Tabelle 7.8 Aufteilung des Datensatzes in Gruppen

Name	Anzahl	Beschreibung
Perfekte Teile	6291	Dies ohne Prozessfehler und ohne Fehler bei der Endprüfung
Nicht erkennbare Fehler	64	Dies ohne Prozessfehler, aber mit Fehlern bei der Endprüfung
Nicht relevante Defekte	277	Dies mit Prozessfehlern, aber ohne Fehler bei der Endprüfung
Relevante Defekte	183	Dies mit Prozessfehlern und mit Fehlern bei der Endprüfung

Es liegen in Summe 6815 Testergebnisse von fünf Wafern vor, die zu 80 % zum Trainieren und zu 20 % zum Testen des Klassifikationsverfahrens genutzt werden. Beide Gruppen bestehen zu gleichen Anteilen an den in Tabelle 7.8 aufgeführten Gruppen. Dieses Verfahren wird als geschichtete Aufteilung oder Stratified Shuffle Split bezeichnet.

Training und Auswertung

Mit dem K-Nearest-Neighbor-Verfahren soll auf Basis der erfassten Prozessfehler eine Prognose erstellt werden, welche Teile sich bei der Endprüfung als fehlerhaft erweisen werden. Zur Auswahl einer geeigneten Parametrierung wird die Anzahl der erforderlichen Nachbarn sowie das Distanzmaß variiert (Bild 7.27).

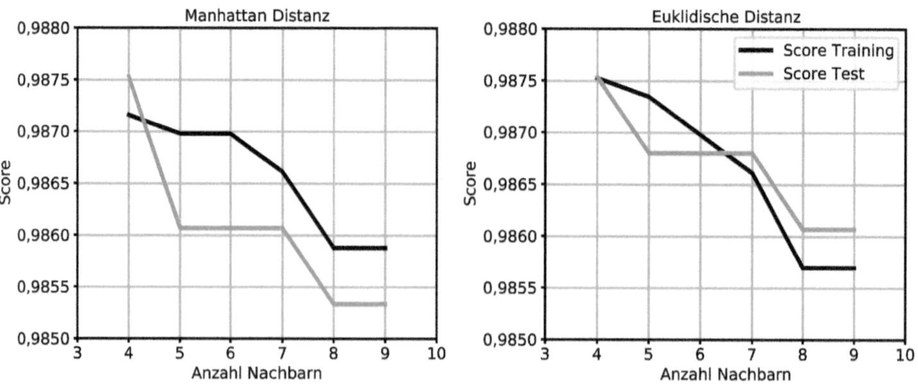

Bild 7.27 Auswirkung der Distanzmaße und der Anzahl Nachbarn auf Trainings- und Test-Score

Trainings- und Testscore sind mit über 98% vergleichbar gleich hoch. Sie sinken leicht mit steigender Anzahl Nachbarn. Der Algorithmus ist damit für die Klassifikation geeignet.

Mit dem Klassifikationsverfahren sollen defekte Teile aussortiert werden, um den Aufwand der Weiterverarbeitung zu sparen. Deshalb wird die Sensitivität berechnet, die in der Wafer-Fertigung als **Capture-Rate** bezeichnet wird. Sie beschreibt, wie viele defekte Teile auf Basis der Prozessfehler als defekt erkannt werden, und errechnet sich zu

$$Capture-Rate = \frac{r_p}{r_p + f_n} \tag{7.23}$$

In der Wafer-Fertigung wird die Relevanz als Hit-Rate bezeichnet. Sie bewertet, wie viele von den als defekt klassifizierten Modulen wirklich defekt sind, und errechnet sich zu

$$Hit-Rate = \frac{r_p}{r_p + f_p} \tag{7.24}$$

Beide Kenngrößen sind in Bild 7.28 als Funktion der Anzahl Nachbarn und der Distanzmaße dargestellt.

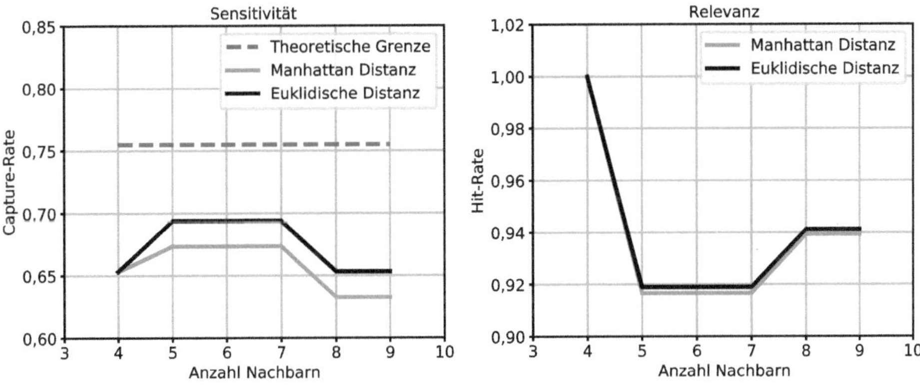

Bild 7.28 Capture-Rate als Funktion der Anzahl Nachbarn und der Distanzmaße

Die Capture-Rate liegt bei allen Varianten über 60%. Das Maximum von 69,39% wird für eine Euklidische Distanz und K = 5 bis 7 Nachbarn erreicht. Durch die Klassifikation werden demnach nicht alle defekten Teile identifiziert. Eine Analyse der Daten in Tabelle 7.8 zeigt, dass einige Teile keine erkennbaren Prozessfehler aufweisen, bei der Endprüfung aber trotzdem als fehlerhaft identifiziert werden. Diese Daten können durch die Klassifikation nicht als fehlerhaft identifiziert werden. In dem Testdatensatz sind das zwölf Teile, sodass das Klassifikationsergebnis mit einer Capture-Rate von 69,39% bereits sehr nahe an der theoretischen Obergrenze von

$$Capture-Rate-Limit = \frac{r_n}{f_p + r_n} = \frac{37}{37+12} = 75{,}51\% \tag{7.25}$$

liegt. Zur Steigerung der Capture-Rate ist es deshalb notwendig, die entsprechenden Teile zu analysieren und zu prüfen, warum sie bei den Sichtprüfungen und elektrischen Zwischenprüfungen nicht als fehlerhaft erkannt wurden. Gegebenenfalls ist das Messsystem mit einer Mess-System-Analyse (MSA) zu untersuchen. Die **Hit-Rate** beträgt bei K = 2 bis 4 Nachbarn 100 %, es wird in dem Bereich also kein funktionsfähiges Teil als defekt eingestuft. Sie sinkt für eine größere Anzahl von Nachbarn auf 92 % ab. Für die Fertigung ist die Relevanz wichtiger als die Sensitivität, deshalb wird in diesem Beispiel die Hit-Rate maximiert und eine Anzahl von K = 4 Nachbarn bei Euklidischer Distanz gewählt. Für diese Parametrierung ist die Klassifikationsmatrix in Tabelle 7.9 dargestellt.

Tabelle 7.9 Klassifikationsmatrix für die Testdaten bei einer Klassifikation integrierter Schaltkreise

Prognose	Endprüfung	
	defekt	Funktionsfähig
Prognose defekt	r_p = 32	f_p = 0
Prognose funktionsfähig	f_n = 17	r_n = 1315

Wir sehen an diesem Beispiel, wie wir die Methodik der Klassifizierung nützen können, um die Effizienz in der Produktion zu erhöhen und Verschwendung zu vermeiden.

7.3 Cluster-Verfahren

Das Ziel von Cluster-Verfahren ist es, **Muster in Daten** zu finden. Dazu zählt das **Ermitteln von Klassen** oder **Gruppen in Daten**. Dabei sollen die Beobachtungen innerhalb einer Gruppe so ähnlich wie möglich sein und die Beobachtungen aus verschiedenen Gruppen sollten möglichst große Unterschiede aufweisen.

In den meisten Fällen ist es unrealistisch zu erwarten, dass Beobachtungen eindeutig in Gruppen unterteilt werden können. Clustering kann jedoch nützlich sein, um bestimmte **Trends in den Daten zu erkennen**.

Ein praktischer und allgegenwärtiger Ansatz ist „Das könnte auch gefallen…“. Wenn man beispielsweise an einem Buch aus der Google Books Library interessiert ist, schlägt Google gleichzeitig „ähnliche Bücher“ vor. Es gibt mehrere Szenarien, wie diese Empfehlungen zustande gekommen sein können. Eine davon ist, dass Google die Bücher gewissen Clustern zugeordnet hat. Wenn man ein Buch aus einem Cluster betrachtet, werden dem Leser weitere Bücher desselben Clusters vorgeschlagen.

In der Praxis wird eine Vielzahl von Cluster-Verfahren angewandt. In Tabelle 7.10 ist eine Auswahl von **Cluster-Verfahren** aufgeführt. Die verschiedenen Methoden werden dabei nach ihren Hyperparametern und den verwendeten Distanzmaßen unterschieden (scikit-learn developers, 2021).

Tabelle 7.10 Übersicht über unterschiedliche Cluster-Verfahren

Verfahren	Hyperparameter	Geometrie (Distanzmaß)
K-Means	Anzahl der Cluster	Distanz von Stichprobe zu Cluster-Zentrum
Spektrales Clustering	Anzahl der Cluster	K-Means-Verfahren mit Kernelfunktion
DBSCAN	Abstand zu Nachbarn, Mindestanzahl von Nachbarn für Cluster	Distanz zwischen nächsten Beobachtungen
Gaussian Mixtures	Diverse	Mahalonobis-Distanz zu Zentren
Hierarchisches Clustering	Anzahl der Cluster	Distanz zwischen Beobachtungen
Birch	Branching Factor, Threshold, optional global Cluster	Euklidische Distanz zwischen Beobachtungen

Als Vertreter der Cluster-Verfahren wird nachfolgend der sogenannte DBSCAN-Algorithmus beschrieben. An einem Beispiel werden dafür die Hyperparameter des Verfahrens diskutiert und das Cluster-Ergebnis bewertet. Das Verfahren wird abschließend zur Erkennung von Ausreißern eingesetzt.

7.3.1 DBSCAN-Algorithmus

Der DBSCAN-Algorithmus (Density-Based Spatial Clustering of Applications with Noise) ist ein Vertreter der dichtebasierten Cluster-Verfahren. Der Algorithmus prüft, ob und welche Stichprobenwerte sich in der Umgebung anderer Stichprobenwerte befinden. Dazu wertet der Algorithmus eine sogenannte ε-Umgebung um ihn herum aus. In Abhängigkeit der Anzahl von Stichproben werden die Stichprobenwerte in Kern-, Rand- und Rauschpunkte eingeteilt.

Kern-, Rand- und Rauschpunkte

Bild 7.29 zeigt, wie die Einteilung in Kern-, Rand- und Rauschpunkte erfolgt. Befinden sich um einen Stichprobenwert zusammen mit dem Punkt selbst mindestens

K_{MIN} Stichprobenwerte, wird der Wert als Kernpunkt bezeichnet. Liegen weniger Werte der Stichprobe in der ε-Umgebung, handelt es sich um einen Randpunkt. Liegt in der ε-Umgebung kein weiterer Stichprobenwert, ist dieser Wert ein Rauschpunkt, der als Ausreißer klassifiziert werden kann.

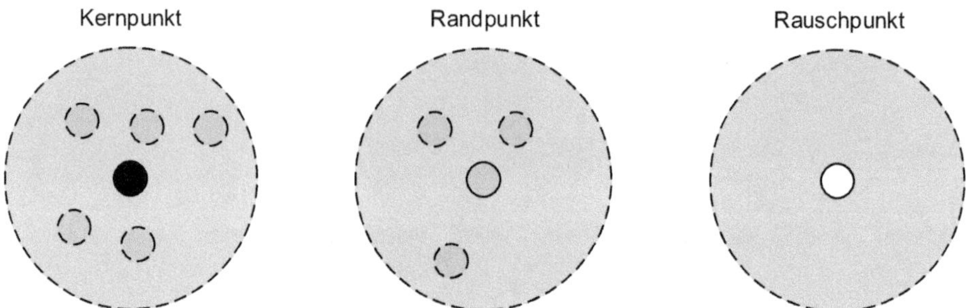

Bild 7.29 Einteilung der Stichprobenwerte in Abhängigkeit der benachbarten Punkte in Kern-, Rand- und Rauschpunkte, Beispiel mit $K_{MIN} = 5$

Für die Einteilung sind damit zwei Parameter wesentlich: die Ausdehnung der ε-Umgebung und die Mindestanzahl K_{MIN}, die für einen Kernpunkt erforderlich ist. Zur Einteilung der Punkte wird ein Kernpunkt gesucht und alle anderen Punkte innerhalb der ε-Umgebung als Randpunkte gekennzeichnet. Anschließend wird jeder dieser Punkte darauf geprüft, ob er ebenfalls ein Kernpunkt ist. Dieses Konzept wird wiederholt, bis alle Punkte charakterisiert sind.

Erkennung von Clustern

Zur Erkennung von Clustern werden Kernpunkte gesucht, die in derselben ε-Umgebung liegen. Sie und alle zugehörigen Randpunkte bilden mit ihren ε-Umgebungen ein Cluster. Bild 7.30 zeigt einen Datensatz mit 15 Stichprobenwerten, die als Punkte dargestellt sind. Nach dem oben beschriebenen Verfahren bilden sich zwei Cluster 1 und 2. Ein Punkt besitzt keinen anderen Stichprobenwert in seiner ε-Umgebung, er wird als Rauschpunkt oder Ausreißer klassifiziert.

Die Zuordnung der Punkte verläuft iterativ, sodass ein Punkt zunächst einem Cluster und bei erneuter Bewertung in Bezug auf andere Kernpunkte einem anderen Cluster zugeordnet werden kann. Die Zuordnung der Randpunkte muss deshalb nicht eindeutig sein, sondern kann von der Reihenfolge der Cluster-Bildung abhängen.

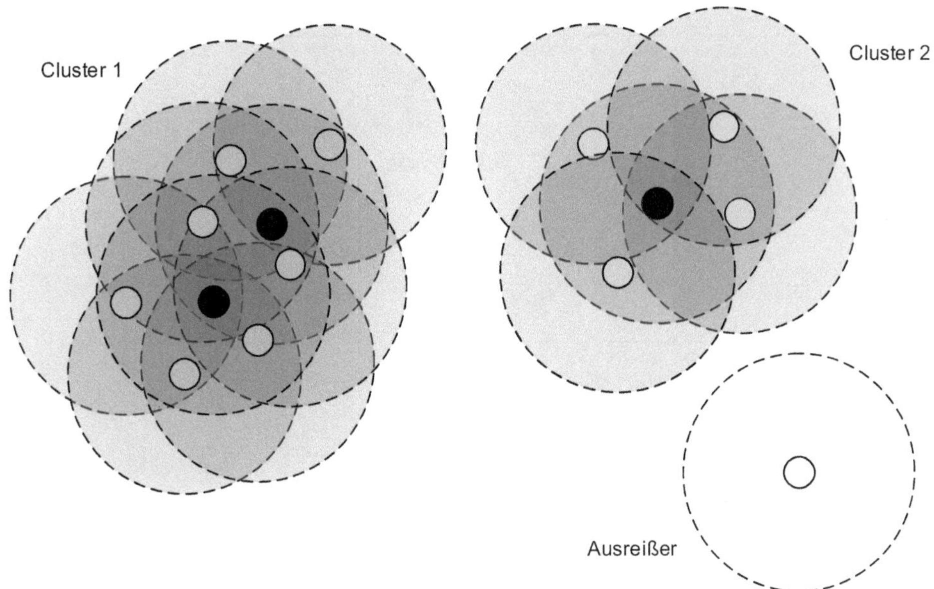

Bild 7.30 Verbinden von Kernpunkten zu Clustern

Im Gegensatz zu anderen Cluster-Algorithmen muss die Anzahl von zu erkennenden Clustern nicht vorab bekannt sein, außerdem identifiziert der Algorithmus auch komplexe Cluster-Strukturen. Der DBSCAN-Algorithmus identifiziert darüber hinaus Ausreißer, was einerseits zu einer größeren Robustheit führt, andererseits für eine Erkennung von Ausreißern von Bedeutung ist.

7.3.2 Optimierung (Tuning) der Hyperparameter

Für die Einteilung der Daten in Cluster ist die Größe der Umgebung und damit der Parameter ε von großer Bedeutung. Um den Zusammenhang zu demonstrieren, wird ein übersichtlicher Datensatz mit unterschiedlicher Parametrisierung in Cluster aufgeteilt. Bild 7.31 zeigt das Ergebnis.

Ist die Umgebung ausreichend klein ($\varepsilon = 0{,}5$), werden die einzelnen Punktewolken voneinander getrennt, und es entstehen drei Cluster. Einige Stichprobenwerte sind zu weit von den Clustern entfernt und werden als Rauschpunkte klassifiziert. Bei einer ε-Umgebung von $\varepsilon = 1$ werden die beiden oberen Punktewolken zu einem großen Cluster verbunden. Aufgrund der größeren ε-Umgebung werden auch die abseits liegenden Stichproben jeweils zu einem der beiden Cluster zugeordnet.

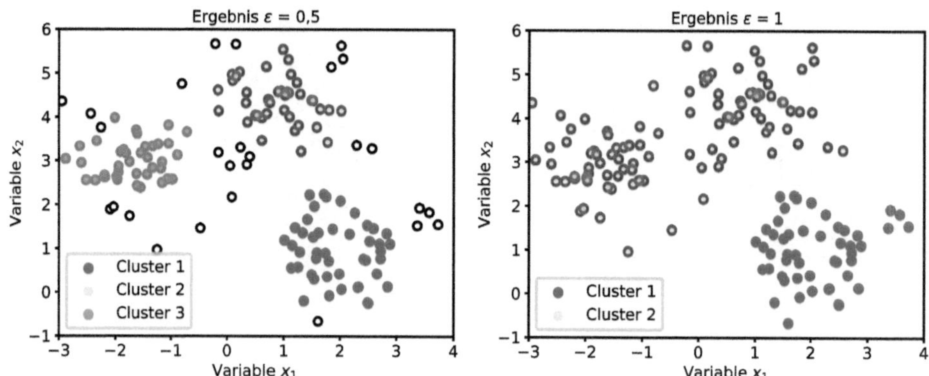

Bild 7.31 Einteilung einer Stichprobe in Cluster mit dem DBSCAN-Verfahren und unterschiedlichen Umgebungsgrößen ε = 0,5 und ε = 1, K_{MIN} = 5

In Bild 7.32 wird gezeigt, wie sich die minimale Anzahl von Nachbarn für einen Kernpunkt K_{MIN} bei identischer ε-Umgebung auf das Cluster-Ergebnis auswirkt. Wird die Anzahl erforderlicher Nachbarn reduziert, bilden Gruppen von Ausreißern neue Cluster, sodass die Anzahl von Clustern erhöht und die Anzahl von Ausreißern verringert wird.

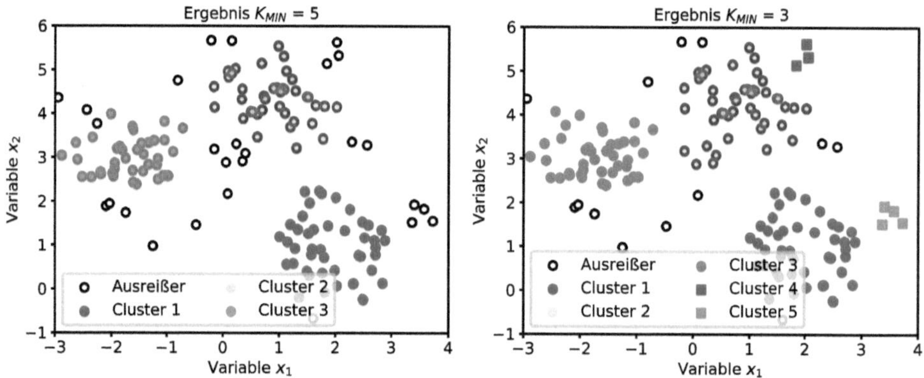

Bild 7.32 Einteilung einer Stichprobe in Cluster mit dem DBSCAN-Verfahren und unterschiedlichen Umgebungsgrößen K_{MIN} = 3 und K_{MIN} = 5, ε = 0,5

Zur Optimierung des Cluster-Ergebnisses ist es erforderlich, die beiden Parameter ε und K_{MIN} an den zu clusternden Datensatz anzupassen.

Analyse der Distanz

Für eine erste Einschätzung sinnvoller Werte des Parameters ε kann die Distanz der Punkte zueinander analysiert werden. Bild 7.33 zeigt für den Datensatz aus Bild 7.31 das Histogramm der Abstände von Stichprobenwerten zueinander.

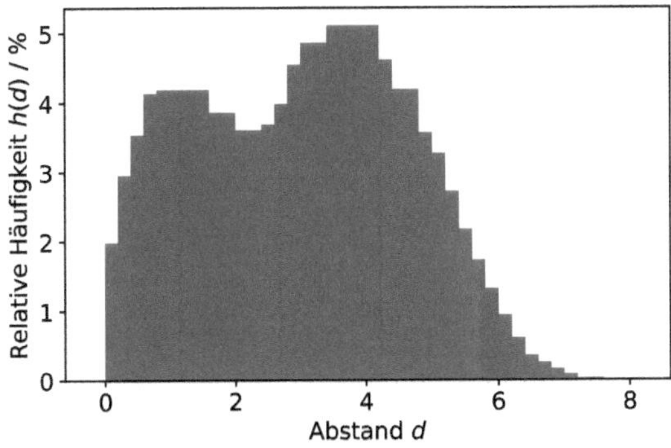

Bild 7.33
Häufigkeitsverteilung des Abstands von Stichprobenwerten

Wesentlich für die Festlegung der ε-Umgebung ist der minimale Abstand mit signifikantem Anteil. In diesem Beispiel weisen 2 % der Teile einen Abstand von 0,2 oder weniger auf. Deshalb wird der Parameter ε etwas oberhalb dieses Bereichs gewählt.

Cluster-Anzahl und Anteil von Rauschpunkten

Die Parameter ε und K_{MIN} beeinflussen den Anteil von Rauschpunkten und die Anzahl an Clustern. Zur Optimierung des Cluster-Ergebnisses werden die Parameter ε und K_{MIN} deshalb gezielt variiert. Bild 7.34 zeigt den Einfluss der ε-Umgebung auf den Anteil an Ausreißern und die Anzahl von Clustern.

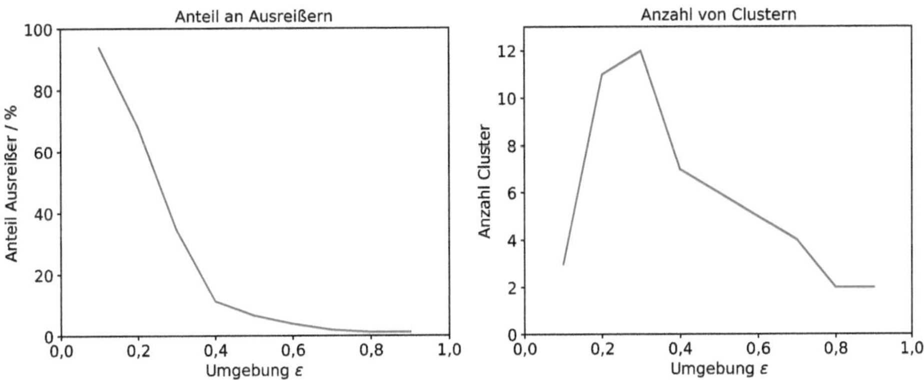

Bild 7.34 Einfluss des Parameters ε auf Cluster-Anzahl und Anteil von Rauschpunkten, $K_{MIN} = 3$

Mit Vergrößerung der ε-Umgebung sinkt der Anteil an Ausreißern, da der Fangbereich der Umgebungen wächst. Die Anzahl von Clustern steigt mit steigender ε-Umgebung zunächst an, weil die kritische Größe von K_{MIN} Punkten öfter in eine Umgebung fällt. Steigt die ε-Umgebung weiter, so kombinieren mehrere kleine

Cluster zu großen und die Anzahl der Cluster sinkt. Bild 7.24 zeigt den Einfluss von K_{MIN} auf den Anteil an Ausreißern und die Anzahl von Clustern.

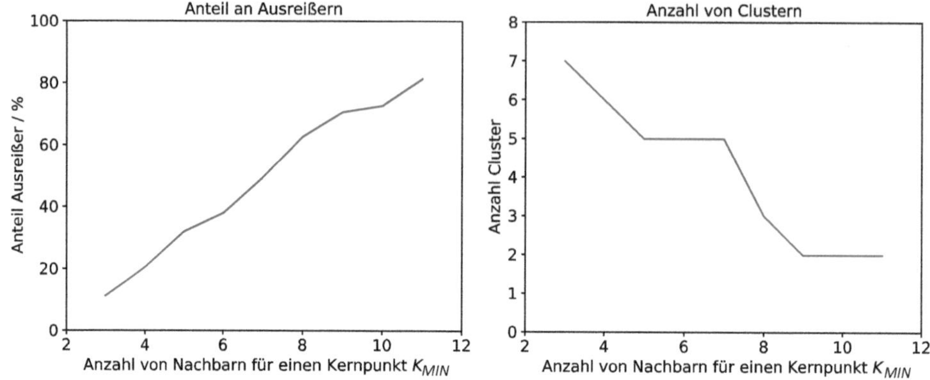

Bild 7.35 Einfluss des Parameters K_{MIN} auf Anteil von Rauschpunkten und Cluster-Anzahl, $\varepsilon = 0{,}4$

Je mehr Nachbarn für einen Kernpunkt benötigt werden, desto wahrscheinlicher wird kein Cluster erreicht. Der Anteil von Ausreißern wächst also mit steigendem K_{MIN}. Die Größe der Cluster steigt mit steigendem K_{MIN}, deshalb nimmt die Anzahl von Clustern mit steigendem K_{MIN} ab (Bild 7.35).

7.3.3 Bewertung von Cluster-Ergebnissen

Cluster-Verfahren gehören zur Gruppe des **Unsupervised Learning**, sie besitzen daher keine Referenzwerte und eine endgültige Bewertung des Cluster-Ergebnisses ist nicht möglich. Die unterschiedlichen Cluster-Verfahren basieren auf unterschiedlichen Optimierungskriterien. Es existiert damit zunächst kein einheitliches Vergleichskriterium zur Bewertung des Cluster-Ergebnisses.

Zur Bewertung der Güte eines Cluster-Verfahrens kann ein sogenanntes **Silhouetten-Diagramm** erstellt werden. Um dieses Diagramm erstellen zu können, müssen zunächst die sogenannte Abgeschlossenheit a_n und die mittlere Distanz b_n berechnet werden. Die beiden Kenngrößen sind in Bild 7.36 verdeutlicht.

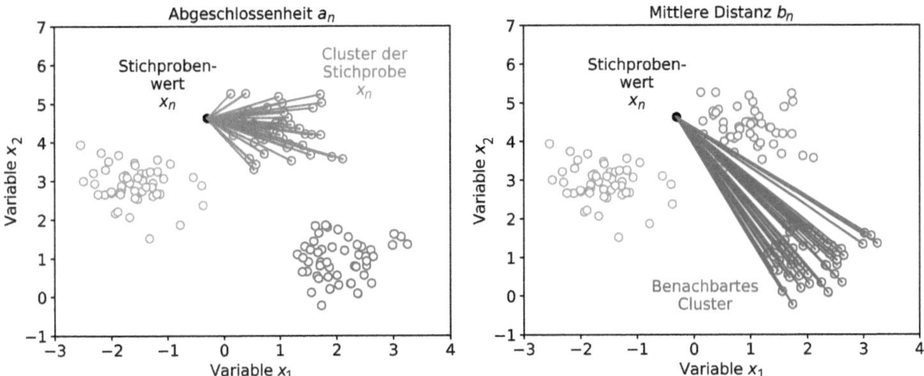

Bild 7.36 Grafische Veranschaulichung der Begriffe Abgeschlossenheit und mittlere Distanz

Die Geschlossenheit a_n ist der Mittelwert der Distanzen zwischen dem Stichprobenwert x_n und allen anderen Elementen desselben Clusters.

$$a_n = \frac{1}{N_k} \cdot \sum\nolimits_{\underline{x}_k \in C_k} \underline{x}_n - \underline{x}_k^{\,2} \tag{7.26}$$

Die mittlere Distanz b_n ist der Mittelwert der Distanzen zwischen dem Stichprobenwert x_n und allen anderen Elementen x_j des am nächsten liegenden Clusters C_j.

$$b_n = \frac{1}{N_j} \cdot \sum\nolimits_{\underline{x}_j \in C_j} \underline{x}_n - \underline{x}_j^{\,2} \tag{7.27}$$

Zur Bewertung des Cluster-Ergebnisses kann anschließend der sogenannte Silhouetten-Koeffizient des Stichprobenwerts x_n verwendet werden. Er errechnet sich mit der Abgeschlossenheit a_n und der mittleren Distanz b_n zu

$$s_n = \frac{b_n - a_n}{\max(b_n, a_n)} \tag{7.28}$$

Der Silhouetten-Koeffizient kann theoretisch Werte zwischen -1 und +1 annehmen. Für $s_n = 0$ ist die mittlere Distanz zum eigenen Cluster C_k genauso groß wie zum am nächsten liegenden Cluster C_j. Ist der Abstand zum am nächsten liegenden Cluster sehr groß ($b_n > a_n$), nähert sich der Silhouetten-Koeffizient dem Wert $s_n = 1$. **Je größer die Silhouetten-Koeffizienten sind, desto besser ist das Ergebnis des Cluster-Verfahrens.** Zur Bewertung des Clusterverfahrens wird der mittlere Silhouetten-Koeffizient bestimmt.

$$\overline{s} = \frac{1}{N} \cdot \sum\nolimits_{n=1}^{N} s_n \tag{7.29}$$

Je höher der mittlere Silhouetten-Koeffizient ist, desto besser ist auch das Klassifikationsergebnis.

7.3.4 Ausreißererkennung mit dem DBSCAN-Algorithmus

Eine wichtige Aufgabe der Qualitätssicherung ist die Erfassung von Ausreißern. Sie weisen nämlich auf ein **Qualitätsproblem des zugrundeliegenden Prozesses** hin. In Qualitätsregelkarten werden Ausreißer univariat erfasst. Jede Qualitätskenngröße wird dafür einzeln hinsichtlich des Mittelwerts und der Streuung bewertet. Das Fehlverhalten komplexer Prozesse ist oftmals aber nicht an der Abweichung einzelner Größen erkennbar, sondern an spezifischen Kombinationen unterschiedlicher Merkmale. Auch wenn sich jede Größe innerhalb der typischen Streubreite befindet, kann die Kombination mehrerer auf ein Fehlverhalten des Prozesses hinweisen.

Am Beispiel einer Gasturbine wird gezeigt, dass Qualitätsprobleme mittels Cluster-Verfahren erkannt werden können. Der verwendete Datensatz wurde an der Fakultät für Ingenieurswissenschaften der Namik-Kemal-Universität aufgenommen (Tüfekci, 2014). Er beschreibt die Emissionen einer Gasturbine als Funktion der abgegebenen Leistung und der Umgebungsbedingungen. Bild 7.37 zeigt eine solche Gasturbine.

Bild 7.37 Bild einer Gasturbine (Wikipedia, Gasturbine GTD-4/6.3/10RM, 2021)

Gesteuert wird die Turbine durch die Forderung nach einer umgesetzten Energie pro Erfassungsintervall. Ausgangssignale sind die umgesetzte Energie pro Zeiteinheit sowie die Stickoxid- und Kohlenmonoxid-Emissionen. Als Umgebungsbedingungen werden Temperatur, Druck und Luftfeuchtigkeit erfasst. Wesentliche und gut zu erfassende Prozessgrößen sind Temperaturen an verschiedenen Orten der Gasturbine. Sie werden vor und nach der Turbine aufgezeichnet. Außerdem werden der Druckabfall am Luftfilter, der Kompressor-Austrittdruck sowie der Abgasgegendruck gemessen. Damit ergibt sich das in Bild 7.38 dargestellte P-Diagramm.

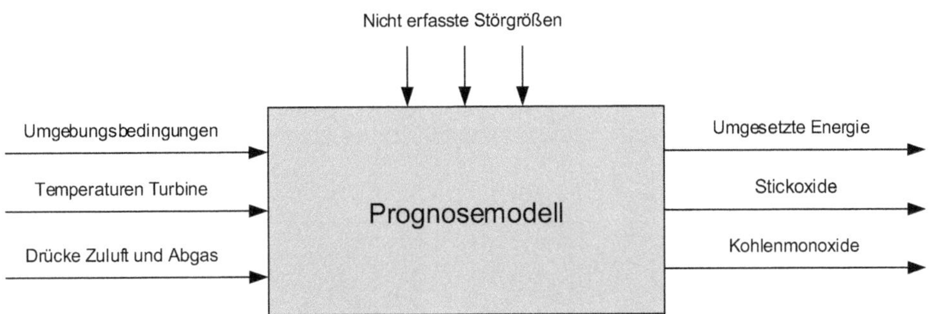

Bild 7.38 P-Diagramm für die Ausreißererkennung an einer Gasturbine

Die einzelnen Messgrößen mit Einheit und Wertebereich sind in Tabelle 7.11 zusammengefasst.

Tabelle 7.11 Messgrößen zur Ausreißererkennung mit Einheit und Wertebereich

Name	Einheit	Minimum	Maximum	Mittelwert
Umgebungstemperatur AT	°C	-6,23	37,10	17,71
Umgebungsdruck AP	mbar	985,85	1036,56	1013,07
Umgebungsfeuchte AH	%	24,08	100,20	77,87
Druckabfall Luftfilter AFDP	mbar	2,09	7,61	3,93
Abgasgegendruck GTEP	mbar	17,70	40,72	25,56
Turbinen Eingangstemperatur TIT	°C	1000,85	1100,89	1081,43
Turbinen Ausgangstemperatur TAT	°C	511,04	550,61	546,16
Kompressor-Austrittdruck CDP	mbar	9,85	15,16	12,06
Umgesetzte Energie TEY	MWh	100,02	179,50	133,51
Kohlenmonoxid CO	mg/m^3	0,00	44,10	2,37
Stickoxide NOx	mg/m^3	25,90	119,91	65,29

Der gesamte Datensatz besteht aus 7384 Messungen der oben aufgeführten Größen. Die einzelnen Messgrößen weisen unterschiedliche Größenordnungen auf. Zum Beispiel liegt die Turbinen-Eingangstemperatur im Bereich von ungefähr 1000 °C, während die Druckdifferenz am Luftfilter wenige mbar groß ist. Deshalb werden alle Datenspalten vor der Cluster-Analyse standardisiert (Abschnitt 5.6.1).

Um mit dem Verfahren untypische Betriebspunkte zu erkennen, wird ein Cluster-Algorithmus trainiert. Das dabei eingesetzte DBSCAN-Verfahren soll so parametrisiert werden, dass ein einziger Cluster mit typischen Betriebspunkten entsteht. Die nicht dazu gehörenden Rauschpunkte repräsentieren dann Ausreißer, die eine weitere Untersuchung erfordern.

Wesentliche Hyperparameter des DBSCAN sind die Größe der ε-Umgebung und die Anzahl erforderlicher Nachbarn für Kernpunkte K_{MIN}. Beide Parameter werden systematisch variiert, um das gewünschte Cluster-Ergebnis zu erhalten. Das Ergebnis der Parameterstudie (auch als Grid-Search bezeichnet) zeigt Bild 7.39.

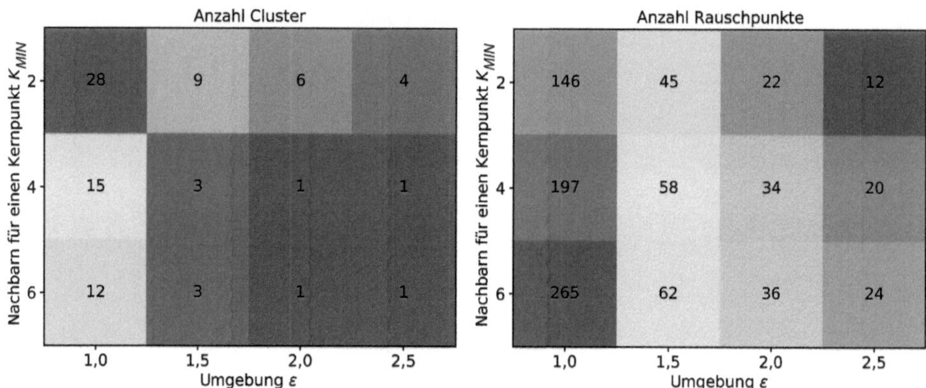

Bild 7.39 Anzahl von Clustern und Rauschpunkten als Funktion der ε-Umgebung und die Anzahl erforderlicher Nachbarn für Kernpunkte

Bei einer Umgebung mit ε = 2 und ε = 2,5 sowie K_{MIN} = 4 oder K_{MIN} = 6 ergibt sich das gesuchte Cluster typischer Betriebspunkte. Je nach Parametrisierung werden zwischen 20 und 36 Rauschpunkte als Ausreißer erkannt. Sie sind in Bild 7.40 für die Parameterkombination, ε = 2,5 und K_{MIN} = 4 kreisförmig hervorgehoben. Es zeigt sich, dass die Ausreißer im Wesentlichen durch die erhöhten Kohlenmonoxid-Emissionen auffallen. Nur wenige Ausreißer weisen erhöhte Stickoxid-Emissionen auf.

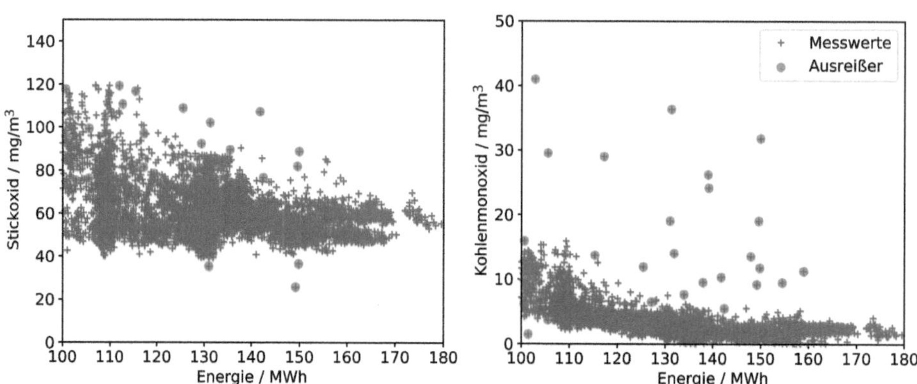

Bild 7.40 Emissionen der Gasturbine als Funktion der abgegebenen Energie pro Zeiteinheit

Durch eine geeignete Betriebsführung sollen die in Bild 7.40 dargestellten stark erhöhten Kohlenmonoxid-Emissionen vermieden werden. Mit der Identifikation kritischer Betriebspunkte können die zugehörigen Betriebsbedingungen analysiert werden. Eine Analyse zeigt ein auffälliges Verhalten bei den Turbinentemperaturen, die in Bild 7.41 als Diagramm dargestellt sind.

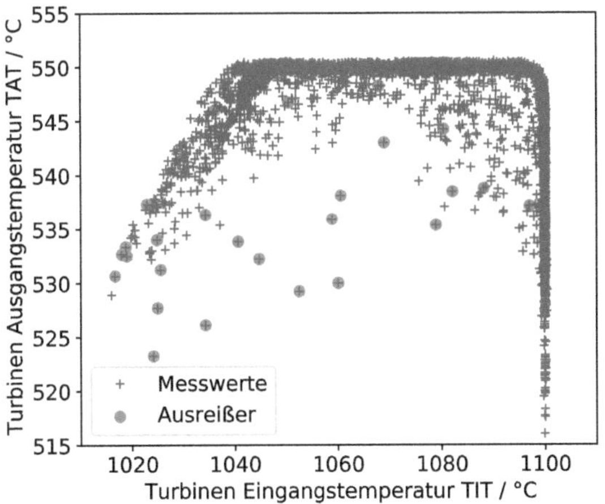

Bild 7.41 Turbinen Ein- und Ausgangstemperatur für die untersuchten Betriebspunkte

Sowohl die Messpunkte bei ordnungsgemäßem Betrieb als auch die Ausreißer liegen in einem Bereich der Turbinen Eingangstemperatur zwischen 1010 und 1100 °C sowie einer Turbinen Ausgangstemperatur zwischen 515 und 552 °C. Die Turbine wird so betrieben, dass die Eingangstemperatur von 1100 °C und die Ausgangstemperatur von 552 °C nicht überschritten werden kann. Betriebspunkte mit niedrigen Emissionen liegen nahe an diesen Grenzen. Im Gegensatz dazu weisen Betriebspunkte mit hohen Kohlenmonoxid-Emissionen Temperaturkombinationen auf, die deutlich unterhalb dieser Grenzen liegen. Sie sind für einen umweltverträglichen Betrieb zu vermeiden.

Dieses Beispiel zeigt, wie Qualitätsmängel oder ungünstige Betriebszustände mithilfe der Cluster-Analyse identifiziert werden können und wie die Informationen über Ausreißer für eine weiterführende Prozessanalyse eingesetzt werden können.

7.4 Automatische Sichtprüfung über Faltungsnetzwerke

Ein wesentliches Element der statistischen Prozesslenkung ist die stetige Bewertung der Fertigungsqualität. In vielen Branchen erfolgt diese Beurteilung über Sichtprüfungen, die derzeit weitgehend noch manuell umgesetzt werden. Wird diese monotone und ermüdende Arbeit über einen längeren Zeitraum ausgeführt, so sinkt die Konzentration der Mitarbeitenden und die Aussagesicherheit der Prüfung leidet. Aufgrund der vielversprechenden Möglichkeiten durch Neuronale Netze im Sinne der künstlichen Intelligenz werden in jüngster Zeit manuelle Sichtprüfungen zunehmend automatisiert. Dadurch können Qualitätsmerkmale schnell, zuverlässig und kostengünstig geprüft werden.

Bevor wir tiefer in die Materie einsteigen, lassen Sie uns sehen, wie es Familie Rasch mit diesem Thema geht.

Einige Wochen nach der letzten Zusammenkunft von Tochter und Vater treffen sie sich bei einer Feier wieder. Andrea ist gespannt, ob ihr Vater sein neues Wissen bereits einsetzen konnte. „Andrea, wir hatten einen Workshop, in dem es um ein Zukunftsprojekt ging. Wir werden tatsächlich die visuelle Kontrolle durch ein Kamerasystem unterstützen, welches in der Lage ist, selbstständig zu lernen, und das sich mittels künstlicher Intelligenz weiterentwickeln kann. Es wird also zukünftig so sein, wie du es mir erklärt hast.", erklärt Johannes voller stolz. „Papa, du sprühst ja direkt vor Begeisterung!" „Du hast völlig recht, Andrea. Und das liegt daran, dass ein externer Berater teilgenommen hat, der mir die Angst vor der digitalen Neuerung genommen hat. Er hat mir in sehr einfacher Sprache erklärt, wie wir zukünftig ein leichteres Leben in der Arbeit haben werden. Dazu hat er mich zu Beginn gebeten, ihm unseren aktuellen Ablauf möglichst genau zu beschreiben.

In unseren Grenzmusterkatalogen werden Defekte, die für unseren Kunden zulässig sind, genauso erfasst, wie Fehler, die nicht an ausgelieferten Bauteilen vorhanden sein dürfen. Mit diesen Informationen schulen wir unsere Mitarbeitenden, sie dienen ihnen nachfolgend als Unterstützung bei der Beurteilung. Dabei verbleibt jedoch immer ein Restrisiko der Fehlbeurteilung, das entweder zur Reklamation des Kunden oder zu unbegründetem Ausschuss führt. In Grenzfällen beurteilt ein Mitarbeitender ein Teil als gut, während sein Kollege es zum Ausschuss legt.

Diese qualitative Klassifizierung kann nun ein modernes Kamerasystem mit entsprechender Software für uns durchführen. Es braucht initial nur die Fähigkeit des Menschen, dem System beizubringen, was ‚gut' und ‚schlecht' anhand einer Vielzahl von Bauteilen (‚Samples') bedeutet. Man spricht in diesem Zusammenhang von einem Lernprozess (Bild 7.42). Die Intelligenz der Maschine liegt darin, selbstständig ‚Features' zu erkennen, die das Bauteil als fehlerfrei oder fehlerbehaftet charakterisieren. Dies macht uns zukünftig von der subjektiven Wahrnehmung des menschlichen Auges und deren individuellen Interpretation unabhängig.

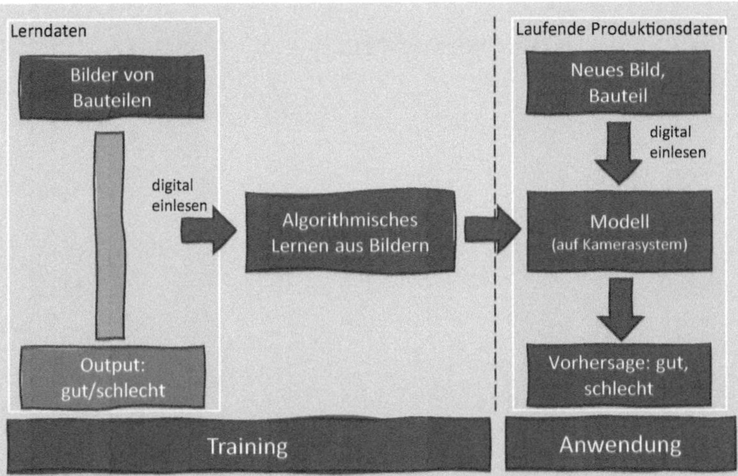

Bild 7.42 Ablauf der automatisierten visuellen Endkontrolle

Dadurch wird die Klassifikation der Teile standardisiert, Entscheidungen sind eindeutig, wodurch sicher auch die Kundenzufriedenheit steigt. Mitarbeitende haben beim Lernen die Verantwortung der initialen Beurteilung der Qualität, werden aber keiner visuellen Dauerbelastung mehr ausgesetzt. Wie Machine Learning im Detail funktioniert, darfst du mich nicht fragen. Aber dass es geht, beweisen Praxisbeispiele. Ich bin gespannt und werde das Projekt jedenfalls tatkräftig unterstützen."

„Papa, du überrascht mich immer wieder aufs Neue! So wie du mir gerade eure Pläne erklärt hast, bleiben meinerseits keine Fragen offen. So, jetzt haben wir aber fast die Zeit vergessen. Wir haben einen Grund, heute gemeinsam an diesem Ort zu sein: Lass uns zum Geburtstagskind gehen und mit ihm anstoßen!" ■

Für die automatische Sichtprüfung können Neuronale Netze eingesetzt werden, wobei zur Klassifikation von Bildern typischerweise sogenannte Faltungsnetze (Convolutional Neural Networks) verwendet werden. Nach einer kurzen Einführung zu Neuronalen Netzen wird das Vorgehen bei automatischen Sichtprüfungen am Beispiel von Solarmodulen beschrieben.

7.4.1 Grundlagen Neuronaler Netze

Ein künstliches Neuron ist eine Nachbildung eines natürlichen Neurons, das auf Basis elektrischer oder chemischer Anregungen aktiviert wird (Bild 7.43). Künstliche Neuronen bestimmen auf Basis von Eingangssignalen eine numerische Ausgangsgröße. Dazu werden die Eingangsgrößen x jeweils mit einem Gewichtungsfaktor w multipliziert. Die Produkte aus **Eingangsgrößen** und **Gewichtungsfaktoren** sowie ein **Bias-Wert** werden addiert. Es entsteht ein numerischer Wert z. Dieser entscheidet mithilfe einer **Aktivierungsfunktion** über das Ausgabeverhalten des Neurons.

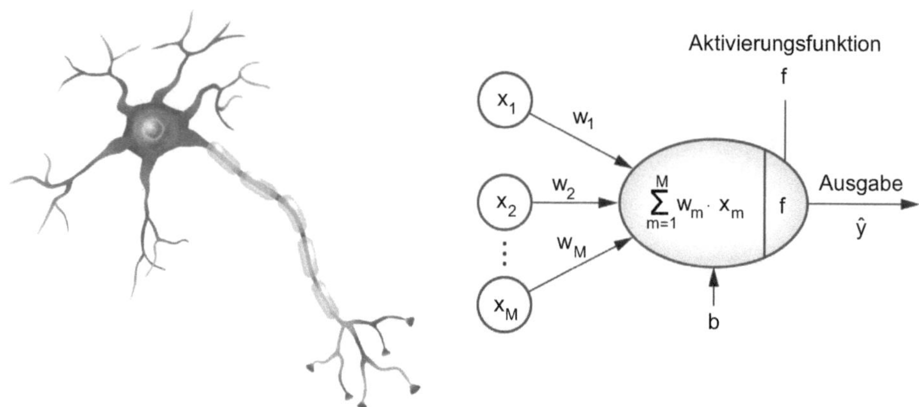

Bild 7.43 Grafische Darstellung eines natürlichen Neurons und Blockschaltbild eines künstlichen Neurons

Künstliches Neuron und Trainingsvorgang

Damit künstliche Neuronen eine definierte Funktion ausführen können, müssen die Parameter (Gewichtungsfaktoren) des Neurons an die konkrete Aufgabenstellung angepasst werden. Dieser Vorgang wird als Training bezeichnet. Diese Anpassung erfolgt wie bei anderen Machine-Learning-Verfahren auch mithilfe eines Trainingsdatensatzes.

Für das Training werden die **prognostizierten Ausgangsgrößen** eines Neuronalen Netzes **mit den realen Ausgangsgrößen eines Trainingsdatensatzes verglichen**. Mithilfe von **Optimierungsalgorithmen** (z.B. Gradientenabstiegsverfahren) werden die Gewichtungsfaktoren des Neurons so modifiziert, dass sich eine **bestmögliche Übereinstimmung** von prognostizierten und realen Ausgangsgrößen ergibt. Dazu werden für den Trainingsdatensatz nach einer Initialisierung der einzelnen Gewichte folgende Schritte ausgeführt:

- **Berechnung des prognostizierten Ausgabewerts** aus Basis der aktuellen Gewichtungsfaktoren
- **Vergleich von prognostizierten und realen Ausgangsgrößen**
- **Anpassung der Gewichtungsfaktoren** des Netzes

Die Größe dieser Anpassung berechnet sich aus der Abweichung des realen Ausgabewerts und des prognostizierten Ausgabewerts und ist proportional zu der sogenannten Lernrate η. Stimmen der reale und der prognostizierte Ausgabewert überein, ist die Differenz null und es findet keine Anpassung der Gewichtungsfaktoren statt. Weichen der reale und der prognostizierte Ausgabewert voneinander ab, werden die Gewichtungsfaktoren in Abhängigkeit der Lernrate geändert.

Eine wiederholte Anwendung dieser Anpassung führt bei geeigneter Wahl der Lernrate η zu einer optimalen Bestimmung von Gewichten, mit denen die Gütefunktion nahe an ihrem Minimum liegt. Bild 7.44 zeigt in vereinfachter Form, dass die Lernrate für den Erfolg und die Geschwindigkeit dieses Vorgangs von entscheidender Bedeutung ist.

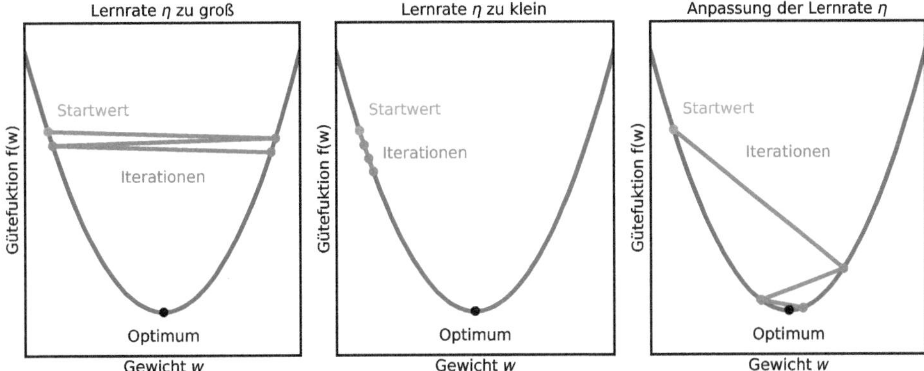

Bild 7.44 Einfluss der Lernrate beim Gradientenabstiegsverfahren

Ist die Lernrate zu groß, schwingen die Iterationsergebnisse für die Gewichte um ihr Optimum, ohne sich signifikant auf das Optimum zuzubewegen. Ist die Lernrate zu klein, werden sehr viele Iterationsschritte benötigt, bis der Endzustand erreicht ist. Idealerweise wird die Lernrate deshalb an den Optimierungsfortschritt angepasst.

Multi-Layer-Perzeptron und Back-Propagation

In technischen Anwendungen werden Neuronale Netze mit vielen Neuronen und mehreren Schichten eingesetzt. Sie werden als Multi-Layer-Perzeptron oder MLP-Netz bezeichnet. Bild 7.45 stellt ein dreischichtiges Multi-Layer-Perzeptron dar. Es besteht aus einer Eingabeschicht (Input-Layer) und einer Ausgabeschicht (Output-Layer). Auf die dazwischen liegende Schicht kann nicht zugegriffen werden, sie wird als versteckte Schicht (Hidden-Layer) bezeichnet.

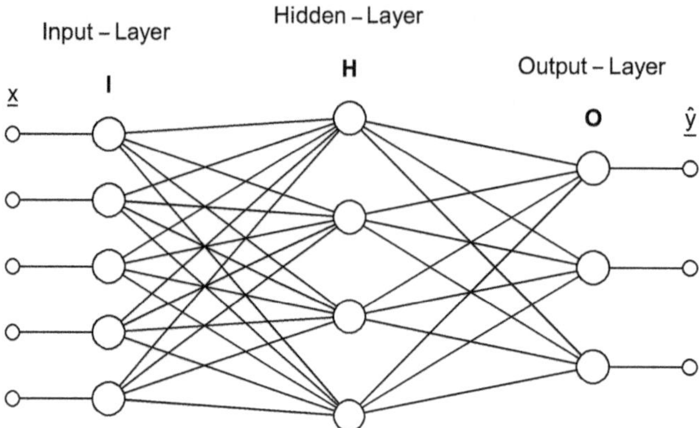

Bild 7.45 Multi-Layer-Perzeptron mit drei Schichten

Jeder Layer besteht aus künstlichen Neuronen und für jeden Layer müssen die Gewichtungsfaktoren w mit dem beschriebenen Verfahren angepasst werden. Für den Hidden-Layer und den Input-Layer kann allerdings kein direkter Vergleich von Soll- und Istwert durchgeführt werden, weil der Sollwert für diese Schichten nicht bekannt ist. Der für die Optimierung erforderliche Fehler wird für diese Schichten deshalb mit der sogenannten Backpropagation abgeschätzt. Dieses Verfahren geht davon aus, dass sich der Fehler am Ausgang aus Fehlern aller davor liegenden Schichten zusammensetzt. Über die aktuellen Gewichtungsfaktoren wird der Fehler am Ausgang auf die versteckten Schichten und die Eingangsschichten zurückgerechnet. Damit liegt für alle Schichten ein Fehlermaß vor, mit dem die Optimierung der Gewichtungsfaktoren durchgeführt werden kann.

7.4.2 Automatische Sichtprüfung - Datenvorbereitung

Am Beispiel der Qualitätskontrolle für Dünnschicht-Solarmodule wird gezeigt, wie Sichtprüfungen durch den Einsatz Neuronaler Netze automatisiert werden können. Ausgangspunkt für diese Automatisierung ist das Bild eines gefertigten Solarmoduls. Helle Stellen im Bild weisen auf hohe Stromdichten hin, dunkle Stellen weisen auf Unterbrechungen hin. Bild 7.46 vergleicht die Aufnahmen eines Solarmoduls hoher Qualität (links) und eines Solarmoduls mit erheblichen Fertigungsfehlern (rechts).

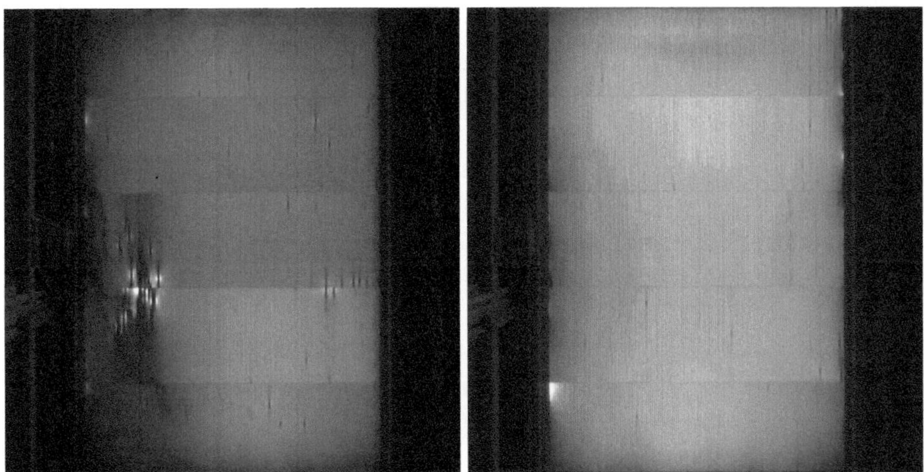

Bild 7.46 Darstellung von zwei Solarmodulen unterschiedlicher Qualität

Bei der manuellen Sichtprüfung bewerten Mitarbeitende die Aufnahmen und ordnen die gefertigten Solarmodule in Kategorien (NOK, OK, PREM) ein. Über einen längeren Fertigungszeitraum wurden diese Aufnahmen mit einer Qualitätsbewertung verknüpft und gespeichert. Der entstandene **Datensatz repräsentiert das Wissen über diese Qualitätsbewertung** und ist Ausgangspunkt für das Trainieren eines Neuronalen Netzes, welches gefertigte Solarmodule am Bandende automatisch in Klassen einteilen soll.

Datenverständnis: Grundlage für die Qualitätsbewertung sind die durch Elektrolumineszenz erzeugten Bilder der Solarmodule. Die Auflösung dieser Bilder bestimmt die Dimension der Eingabedaten für das Neuronale Netz. Jeder Bildpunkt liefert Informationen, die zur Bewertung herangezogen werden können. Damit hat die Auflösung und entsprechend auch die Dimension der Eingangsdaten einerseits einen signifikanten Einfluss auf die Güte der Qualitätsbewertung, andererseits aber auch auf die Größe eines Neuronalen Netzes. Ziel der Signalverarbeitung und Datenaufbereitung ist es, die Daten auf die wesentlichen Informationen zu reduzieren, um dem Neuronalen Netz die erforderlichen Informationen mit einer möglichst geringen Dimension von Eingangsgrößen bereitzustellen.

Datenpräparation: Die Original-Aufnahmen der Solar-Module haben eine Auflösung von 1024x1024 Pixeln. Jeder einzelne Bildpunkt (Pixel) stellt ein Eingangssignal für ein Neuron des Netzes dar. In den vollvernetzen Schichten besteht zwischen jedem Neuron eine Verbindung (inklusive Gewicht) zu den Neuronen der nächsten Schicht. Eine hohe Zahl an Eingängen zieht folglich eine sehr hohe Anzahl an zu lernenden Gewichten nach sich. Dies hat eine lange Trainingszeit und einen hohen Speicherverbrauch zur Folge. Aus diesem Grund wurden die Bilder in der Größe reduziert.

Im ersten Schritt wird der schwarze Rand weggeschnitten, da er keine Aussage über die Qualität der Module liefert. Da die zu erkennenden Defekte außerdem bekannte Mindestmaße aufweisen, konnte die Auflösung auf 225x146 Pixel reduziert werden.

Die aufgenommenen Bilder der Solarmodule weisen starke Helligkeitsunterschiede auf, welche die Generalisierungsfähigkeit des Neuronalen Netzes beeinträchtigten. In einem ersten Signalverarbeitungsschritt erfolgt daher eine Normalisierung der Daten. Hierzu werden die Bilder mithilfe einer linearen Skalierung auf einen Zahlenbereich von 0...255 transformiert. Bild 7.47 verdeutlicht den Unterschied zwischen Bildern mit und ohne Normalisierung. Die einheitliche Anpassung der Kontrastwerte mindert Störeinflüsse infolge unterschiedlicher Skalierungen der Bilder und erleichtert wegen der einheitlichen Datenbereiche das Trainieren des Neuronalen Netzes.

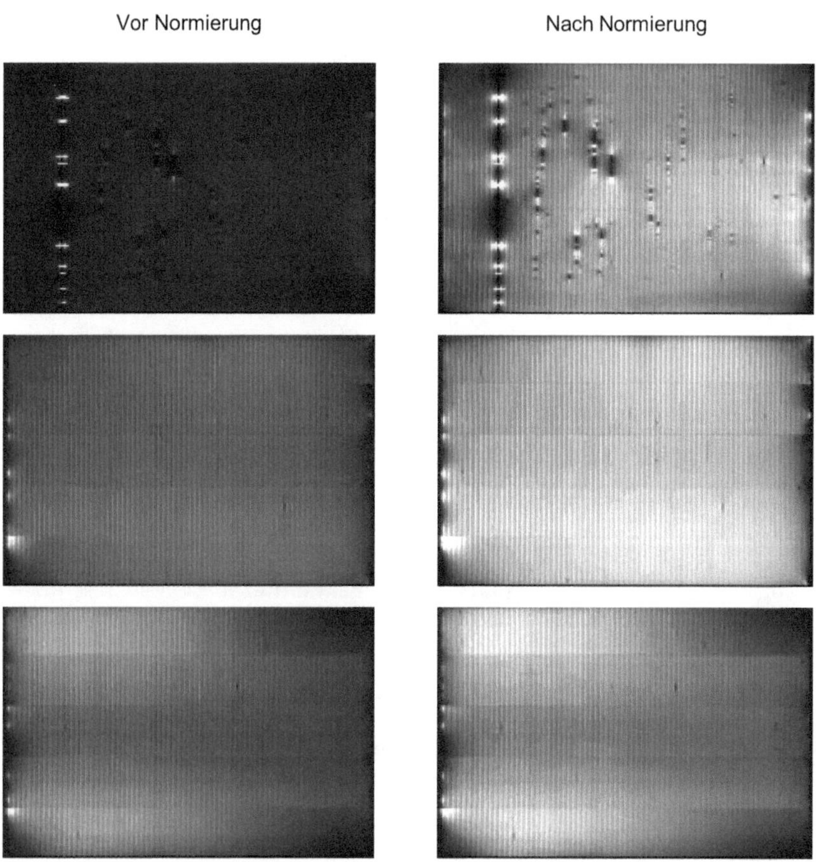

Bild 7.47 Solarmodule unterschiedlicher Qualität vor und nach Normierung der Helligkeit

Beim Training des Neuronalen Netzes werden wiederholt Trainingsdaten verwendet, um auf Basis der darin enthaltenen charakteristischen Ausprägungen ein aussagekräftiges Vorhersagemodell für zukünftige unbekannte Daten zu bestimmen. Setzt sich der vorhandene Datensatz aus wenigen, kaum unterscheidbaren Bildern zusammen, beeinträchtigt dies die Generalisierungsfähigkeit des Neuronalen Netzes und führt zum sogenannten Overfitting. Beim Overfitting lernt das Netz bestimmte Merkmale in den Daten auswendig, wodurch es intoleranter gegenüber Bilddaten wird, die nicht in der Trainingsmenge enthalten sind. Der Datensatz für ein Neuronales Netz sollte sich daher aus vielen unterschiedlichen Bildern zusammensetzen. Zusätzlich ist ein balanciert aufgebauter Datensatz zu verwenden. Durch die gleiche Anzahl von Bilddaten pro Kategorie wird während des Trainings für alle Kategorien eine gleichmäßige Erkennungsrate erreicht.

Der Originaldatensatz setzt sich aus 83 647 Bildern zusammen und weist eine ungleiche Menge an Bildern pro Kategorie (NOK, OK, PREM) auf. Um den Datensatz zu erweitern, wurden die vorhandenen Bilddaten durch zufällige, aber realistische Transformationen verändert und gleichzeitig vervielfältigt, ohne dabei die Aussagesicherheit bei der späteren Klassifizierung zu verschlechtern. Tabelle 7.12 gibt eine Übersicht über die konkret verwendeten Transformationen.

Tabelle 7.12 Übersicht über die verwendeten Transformationen zur Data Augmentation

Qualität	Transformation	Anzahl nach Erweiterung
NOK Qualität unzureichend	Verschiebung des Bilds um zwei Pixel nach rechts/links und oben/unten	161 592
	Drehung des Bilds um 3° nach rechts/links	
	Horizontale Spiegelung	
	Kombination einzelner Maßnahmen	
OK, Qualität ausreichend	Verschiebung des Bilds um zwei Pixel nach rechts/links	159 903
PREM Premium-Qualität	Verschiebung des Bilds um zwei Pixel nach rechts/links	168 800
	Drehung des Bilds um 3° nach rechts/links	

Zwischen den ursprünglichen und den erzeugten Bildern existiert zwar eine gewisse Ähnlichkeit, vom Neuronalen Netz werden sie aber als neue Eingabedaten wahrgenommen. Das beschriebene Vorgehen wird als Data Augmentation bezeichnet und ermöglichte eine Erweiterung des Datensatzes von ursprünglich 83 647 Bildern auf 490 295 Bilder.

7.4.3 Automatische Sichtprüfung - Convolutional Neural Networks

Zur Bild- und Audioverarbeitung mittels künstlicher Intelligenz eignen sich besonders die sogenannten **Faltungsnetze**, die als Convolutional Neural Networks (CNNs) bezeichnet werden. Bei dieser **speziellen Form eines Neuronalen Netzes** wird die Idee der Faltung aus der digitalen Signalverarbeitung aufgegriffen. Sie werden dem Bereich Deep Learning zugeordnet, wobei der Begriff für „tiefe" Neuronale Netze steht, die entstehen, wenn zahlreiche Zwischenschichten verwendet werden. CNNs unterscheiden sich bezüglich Aufbaus und Funktionsweise von klassischen Neuronalen Netzen (Nielsen, 2019).

Input Layer

Im Bereich der Bildverarbeitung sind die Eingangsdaten typischerweise zweidimensional aufgebaut. Im Gegensatz zu den klassischen Neuronalen Netzen wird diese Struktur bei den CNNs berücksichtigt. Dabei entspricht jedes Eingangsneuron einem Pixel des Bilds. Bild 7.48 zeigt einen Input Layer mit 12x16 Pixeln.

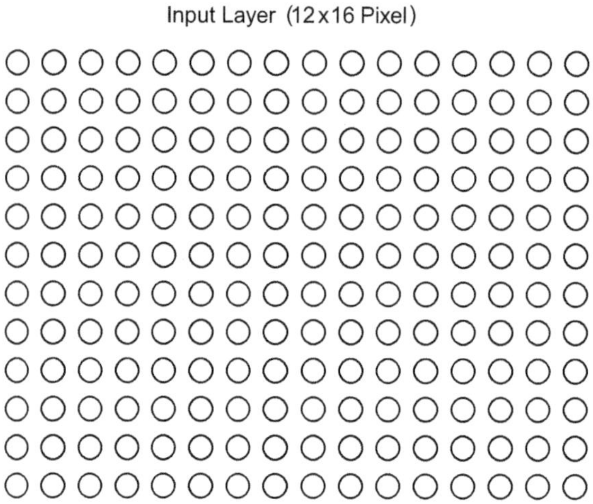

Input Layer (12x16 Pixel)

Bild 7.48 Abbildung eines Input Layers mit 12x16 Pixeln

Feature Maps

Bei Convolutional Neural Networks wird die Eingangsschicht mit der nachgelagerten Schicht nicht vollständig verbunden, sondern es wird nur eine Teilmenge der Neuronen zu einem Neuron der folgenden Schicht verrechnet.

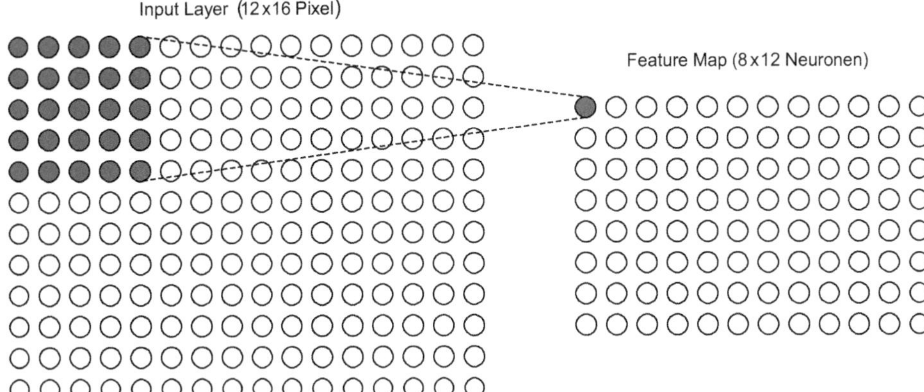

Bild 7.49 Abbildung eines lokalen Bereichs auf ein Neuron des Feature Maps

Die üblicherweise als versteckte Schicht bezeichnete Netzschicht wird bei einem CNN als Convolution Layer bezeichnet. Die Funktionsweise dieser Schicht wird anhand des in Bild 7.49 gezeigten Beispiels mit einer Fenstergröße von 5x5 Pixeln aufgezeigt. Jedes dieser 25 Neuronen innerhalb des Fensters wird mit einem individuellen Gewicht beaufschlagt und dann mit dem ersten Neuron des Feature Maps verbunden. Im nächsten Schritt folgt die Berechnung für das nächste Neuron mit demselben Fenster, jedoch an einer neuen Position des Input Layers. Das 5x5-Pixel-Fenster wird nach und nach über den gesamten Input bewegt, wobei an jeder Position die entsprechenden Neuronen mit einem zugehörigen Neuron des Feature Maps verbunden sind. Das Fenster und die Gewichte bleiben bei diesem Vorgang gleich. Die Größe des Feature Maps berechnet sich aus der Größe des Input Layers und der Fenstergröße. Das Fenster muss stets innerhalb der Eingangsschicht liegen. Bei dem in Bild 7.49 aufgeführten Beispiel kann das 5x5 Pixcl große Fenster auf dem 12x16 Pixel großen Eingangsbild 8-mal zeilenweise und 12-mal spaltenweise verschoben werden. Daraus resultiert ein Feature Map mit 8x12 Neuronen.

Parallelstruktur mehrerer Feature-Maps

Um verschiedene Merkmale aus den Eingangsdaten extrahieren zu können, werden mehrere Filterkerne mit unterschiedlichen Gewichten parallel verwendet. Jeder Filterkern erzeugt dabei eine eigenes Feature-Map. Die dadurch entstehende parallele Struktur stellt eine weitere Abwandlung der klassischen Neuronalen Netze dar. Bild 7.50 zeigt eine aus drei Feature Maps bestehende Struktur, bei der der Eingangsdatensatz durch drei parallele Stränge ausgewertet wird.

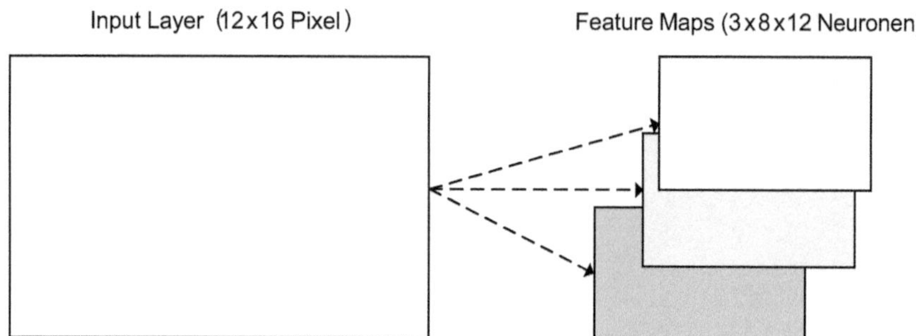

Bild 7.50 Parallelstruktur eines Convolutional Neural Networks

Pooling Layer

Pooling Layer werden zur Verkleinerung der vorherigen Schichten verwendet, was einer Komprimierung der Information entspricht. Dadurch wird die Größe der Feature Maps und die damit verbundene Anzahl der Gewichte reduziert. Sie folgen typischerweise direkt auf ein Convolutional Layer. Zur Berechnung wird ein Fenster definierter Größe über den Convolutional Layer bewegt. Allerdings wird das Fenster nicht um ein Neuron, sondern um die Fenstergröße verschoben. Jedes Eingabe-Neuron der Pooling-Schicht wird so nur einmal betrachtet. Um die gewünschte Reduzierung der Größe zu erreichen, wird meist nur ein Neuron innerhalb des Fensters ausgewählt und zur weiteren Verarbeitung verwendet. Zur Auswahl eines Neurons kann beispielsweise die sogenannte Max-Pooling-Methode verwendet werden, bei der der maximale Wert ausgewählt und gespeichert wird. In der Praxis wird häufig ein Fenster der Größe 2x2 verwendet, wie es in Bild 7.51 dargestellt ist.

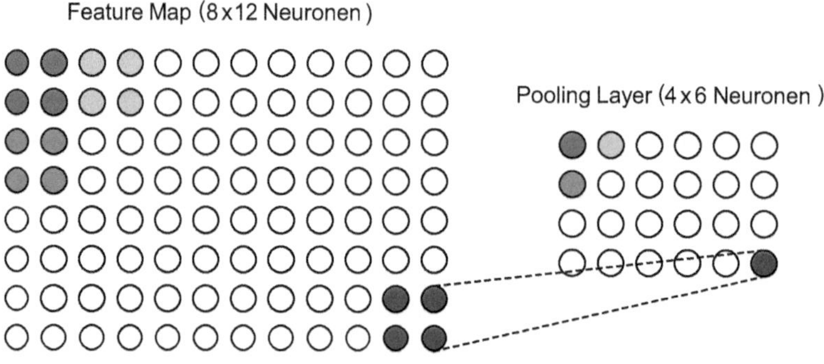

Bild 7.51 Pooling-Schicht eines Convolutional Neural Networks

Convolutional- und Pooling-Schichten können in beliebiger Reihenfolge kombiniert und wiederholt werden. Je mehr Convolutional- und Pooling-Schichten verwendet werden, desto tiefer wird das Netz. So können komplexere Merkmale extrahiert und erkannt werden.

Local Layer

Um die Informationen aus den verschiedenen Strängen zu kombinieren und den Datensatz einer Klasse zuordnen zu können, wird ein sogenannter Local Layer verwendet. Er ist wie ein klassisches, vollvernetztes Neuronales Netz aufgebaut (Fully Connected Layer). In dieser Schicht wird die eigentliche Klassifizierung durchgeführt.

Für den Eingang in den Fully Connected Layer werden alle Neuronen der letzten Pooling-Schicht als Spaltenvektor geschrieben. Diese werden mit allen Neuronen in der ersten Local-Schicht verbunden. Es können auch mehrere Local Layer aufeinander folgen, um beispielsweise die Information über mehrere Stufen vor der Ausgabe zu konzentrieren. Die große Anzahl an Verbindungen zwischen den Neuronen der einzelnen Local-Schichten hat eine Vielzahl an Gewichten zur Folge. Diese Eigenschaft eines klassischen Neuronalen Netzes kann zum Problem werden, wenn nicht ausreichend Trainingsdaten und Rechenkapazität vorhanden sind.

Gesamtstruktur

Bild 7.52 zeigt eine mögliche Konfiguration eines Convolutional Neural Networks mit je einem Convolutional und Pooling Layer sowie zwei Local Layern. Die Anzahl der Gewichte in den beiden Local-Layer-Schichten beträgt bei einer Bildeingangsgröße von 12x16 Pixeln und der beschriebenen Netzkonfiguration bereits

$$3 \cdot 4 \cdot 6 \cdot 20 + 20 \cdot 3 = 1500 \tag{7.30}$$

Das Beispiel zeigt, wie groß die Anzahl der zu trainierenden Gewichte wird.

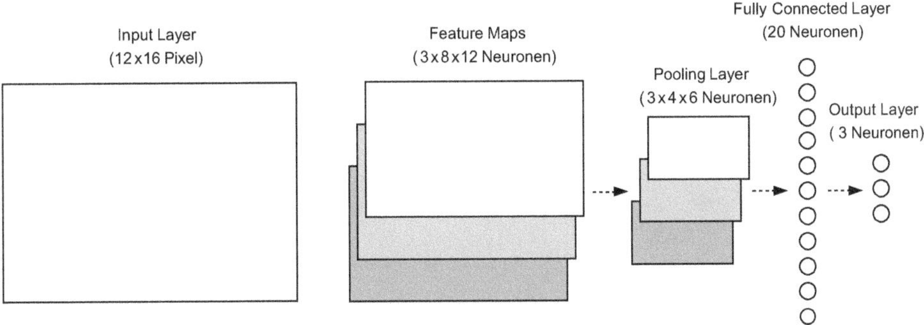

Bild 7.52 Gesamtstruktur eines einfachen Convolutional Neural Networks (CNNs)

Verwendete Netzarchitektur

Nach Voruntersuchungen wird für die Aufgabe der Sichtkontrolle in unserem Beispiel ein Netzwerk verwendet, das aus drei Faltungsschichten besteht. In den beiden ersten Ebenen werden acht Feature Maps mit 5x5 Kernen erstellt, die jeweils anschließend von Pooling Layern komprimiert werden. Die dritte Faltungsebene weist 16 parallele Feature Maps auf, die ebenfalls über 5x5 Kerne erzeugt und über einen Pooling Layer komprimiert werden. Es folgen vier Local Layer mit unterschiedlichen Gewichten und der Output Layer mit drei Ausgangsneuronen. Diese Netzstruktur ist in Bild 7.53 dargestellt.

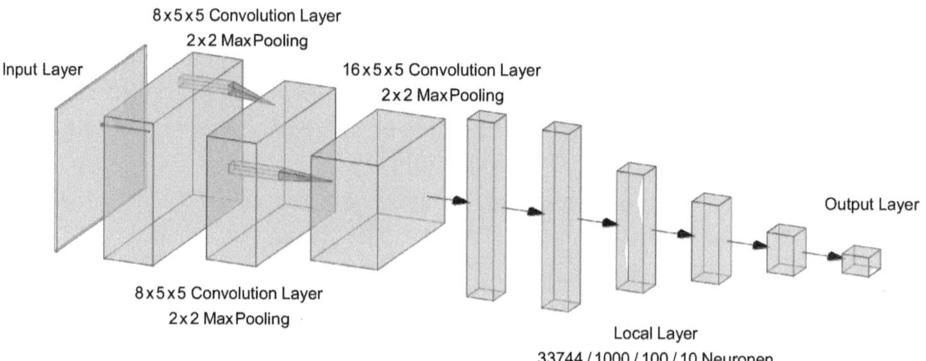

Bild 7.53 Neuronales Netz zur automatischen Sichtprüfung

Implementierung des Netzes

Im Bereich des Maschinellen Lernens stehen verschiedene Open-Source Frameworks zur Verfügung. Aufgrund der plattformunabhängigen Programmbibliotheken und vielfältigen Einsatzmöglichkeiten stellt das von Google entwickelte TensorFlow (TF) Framework eines der wichtigsten Tools für die Programmierung Neuronaler Netze zur Verfügung. Als Programmierumgebung wird Python genutzt, für die TF die High-Level-Anwenderschnittstelle Keras bereitstellt. Diese ermöglicht eine schnelle und einfache Implementierung von Neuronalen Netzen.

Lernfortschritt

Für das Training des Neuronalen Netzes wird der Backpropagation-Algorithmus verwendet. Der Trainingsdatensatz wird mehrfach durchlaufen, jeder Durchlauf wird als Epoche bezeichnet. Bild 7.54 stellt den Verlauf der Genauigkeit des Netzes dar. Sie gibt an, wie viele Trainingsdaten das Netz richtig klassifiziert.

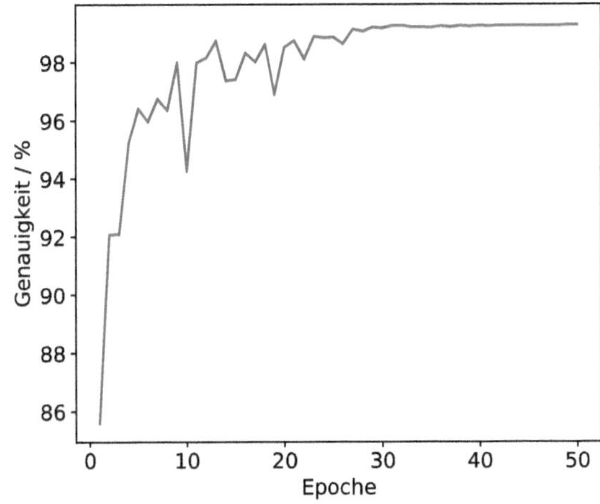

Bild 7.54 Lernfortschritt beim Training des Neuronalen Netzes

Die Genauigkeit des Netzes steigt bereits nach wenigen Epochen auf einen Wert von über 90%. Nach ungefähr 40 Epochen bleibt die Genauigkeit weitgehend konstant. Die größte Genauigkeit beträgt 99,5%.

Ergebnis

Nach dem Training wird das gelernte Neuronale Netz mit einem unbekannten Testdatensatz getestet. Tabelle 7.13 stellt die erzielten Genauigkeiten für alle Qualitätsklassen zusammen.

Tabelle 7.13 Erzielte Genauigkeit in den unterschiedlichen Qualitätsklassen

Wirklichkeit	Klassifikation		
	iO	NiO	Prem
iO	99,48%	0,10%	0,42%
NiO	0,09%	99,05%	0,86%
Prem	0,40%	0,16%	99,44%

Die erreichten Genauigkeiten liegen im Bereich von 99,5% und stimmen damit weitgehend mit dem Ergebnis beim Training überein. Diese Kongruenz zeigt, dass in dem Netz kein Overfitting entstanden ist, ansonsten würden sich die Genauigkeit beim Trainieren und Testen unterscheiden.

Die Zahlen belegen damit zumindest für diesen Fall die Leistungsfähigkeit des Neuronalen Netzes bei der automatischen Sichtkontrolle. Durch den balancierten Datensatz wurde erreicht, dass die Genauigkeiten für alle Qualitätsklassen gleich hoch sind. Aus Qualitätssicht ist insbesondere die Identifikation der NiO-Klasse wichtig, weil sie verhindert, Schlechtteile auszuliefern.

7.5 Zeitreihenanalyse

Viele Informationen in Wirtschaft und Technik liegen als Funktion der Zeit vor. Die Zeitreihenanalyse beschäftigt sich mit der **Analyse** dieser **Zeitverläufe**. Über die grafische Darstellung hinaus werden Muster identifiziert und **Prognosen** erstellt, um Aussagen zu treffen und Prozesse zu steuern. Mit der Zeitreihenanalyse lassen sich zum Beispiel wirtschaftliche Kenngrößen wie Umsatz oder Aktienkurse, aber auch Qualitätsmerkmale beschreiben und prognostizieren.

7.5.1 Grafische Darstellung und mathematische Beschreibung

Bei einer Zeitreihe handelt es sich um einen **multivariaten Datensatz**, bei dem die **Zeit eine diskrete Größe** ist. Zeitreihen können damit als Scatterplot dargestellt werden. Die zeitliche Auflösung bei Zeitreihen kann wesentlich für die Qualität und Übersichtlichkeit der Darstellung sein.

Beispiel: Fahrradzählung Konstanz

Die unterschiedlichen grafischen Darstellungen werden anhand eines Datensatzes vorgestellt, der die Anzahl der Fahrradfahrer pro Tag an der Fahrradzählstelle im Herosé-Park in Konstanz mit Datum, Uhrzeit, Anzahl Fahrradfahrer, Wetter, Temperatur und gefühlte Temperatur tabellarisch zusammenstellt (Stadt Konstanz, 2021). Tabelle 7.14 zeigt einen kleinen Ausschnitt der Daten für das Jahr 2020.

Tabelle 7.14 Fahrradzählung in Konstanz als Beispiel für eine Zeitreihe

Zeit	Anzahl	Wetter	Temperatur	Gefühlte Temperatur
01.01.2020 00:00	104	Leicht bewölkt	1	-1
01.01.2020 01:00	128	Leicht bewölkt	0	-1
⋮	⋮	⋮	⋮	⋮
31.12.2021 23:00	5	leichter Schneefall	-1	-3

Die gesamten Daten sind in Bild 7.55 in unterschiedlichen Abhängigkeiten dargestellt. Die Darstellung aller Stundenwerte ist oben links als Säulendiagramm zu sehen. Der Datensatz weist eine Auflösung von einer Stunde auf. Durch die große Anzahl von Datenpunkten lassen sich einzelne Informationen nicht mehr identifizieren. Durch die Bildung der Monatsmittelwerte oder Tagesmittelwerte zeigen sich in den Daten interpretierbare Abhängigkeiten. Erwartungsgemäß wird im Sommer mehr Fahrrad gefahren als im Winter, außerdem weist die hohe Anzahl von Fahrradfahrern an Wochentagen darauf hin, dass das Fahrrad für den Arbeitsweg genutzt wird. Der Datensatz kann aber auch für die Darstellung anderer Abhängigkeiten genutzt werden, zum Beispiel um den Zusammenhang zwischen Fahrradnutzung und Niederschlagsmenge zu untersuchen: je stärker es regnet, desto weniger Menschen fahren in Konstanz mit dem Fahrrad.

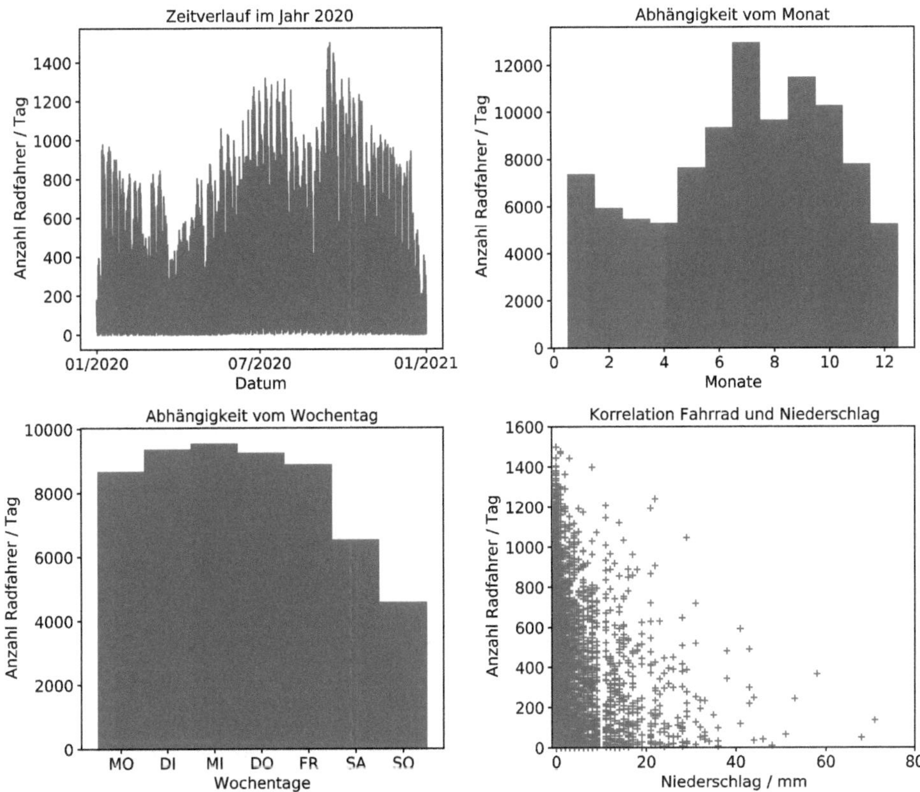

Bild 7.55 Auswertung der Fahrradzählung in Konstanz (Herosé-Park) als Zeitreihe sowie als Funktion des Monats, des Wochentags und der Niederschlagsmenge

Die zeitliche Abhängigkeit eines Merkmals kann als Signal aufgefasst werden und ist typischerweise kontinuierlicher Natur. Der Temperaturverlauf im Herosé-Park in Konstanz ist zu jedem beliebigen Zeitpunkt ablesbar, er ist zeitkontinuierlich. Zur numerischen Auswertung wird diese Größe aber in festen Zeitintervallen, der sogenannten Abtastzeit T_A, erfasst. Durch diesen Prozess wird die Zeitreihe zeitdiskret. Der Wert der Zeitreihe ergibt sich aus dem zeitkontinuierlichen Signal an der Stelle $t = k \cdot T_A$.

$$x[k] = x(t = k \cdot T_A) \tag{7.31}$$

Bild 7.56 zeigt, wie sich aus einem zeitkontinuierlichen Signal x(t) eine Zeitreihe x[k] ergibt.

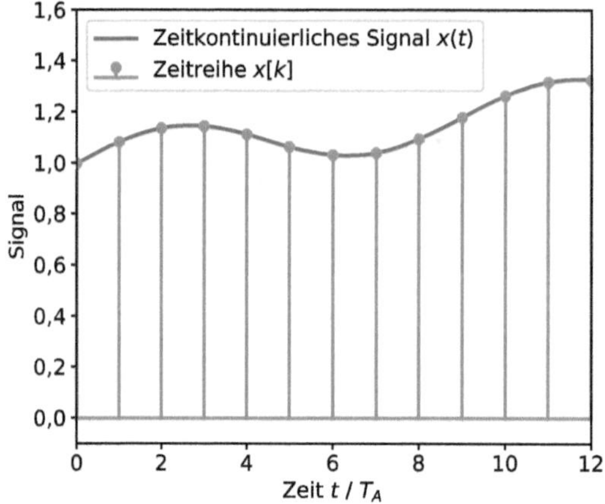

Bild 7.56 Zeitkontinuierliches Signal x(t) und Zeitreihe x[k]

Der Index k repräsentiert die Zeitinformation der Zeitreihe. Er ist wesentlich für die mathematischen Operationen, die mit Zeitreihen durchgeführt werden können.

7.5.2 Elementare Operationen mit Zeitreihen

Zeitreihen unterscheiden sich von allgemeinen statistischen Stichproben dadurch, dass der zeitliche Verlauf der Werte eine Information trägt. Zum Beispiel lässt sich anhand des zeitlichen Verlaufs ein Trend oder eine Periodizität erkennen. Charakteristisch dafür ist, dass sich ein Zusammenhang zwischen dem aktuellen Wert und zeitlich zurückliegenden Werten ergibt. Zur Beschreibung dieser Effekte wird auf die Regressionsfunktion und auf sogenannte Differenzengleichungen zurückgegriffen.

Lineare Regression zur Trendanalyse

Bei der Regressionsanalyse (Abschnitt 7.1) wird der Zusammenhang zwischen zwei quantitativen Größen beschrieben. Dazu wird eine Regressionsfunktion bestimmt, die die abhängige Größe als Funktion der unabhängigen Größe beschreibt. Bei Zeitreihen ergibt sich bei Polynomansätzen eine Funktion der Form

$$x[k] = \beta_0 + \beta_1 \cdot k + \ldots + \beta_m \cdot k^m + \ldots + \beta_M \cdot k^M + e \tag{7.32}$$

Es werden globale und lokale Regressionsansätze unterschieden. Globale werden dazu verwendet, einen ganzheitlichen Trend über die gesamte Zeitreihe nachzubilden. Soll zum Beispiel das Wachstum von Bakterienkulturen beschrieben werden, wird der Trend über eine globale Regressionsfunktion beschrieben.

Eine für die Zeitreihenanalyse typische Aufgabe ist eine Trendanalyse, bei der signifikante Sprünge und sich verändernde Entwicklungen erkannt werden sollen. Dazu kann eine lokale Regressionsfunktion verwendet werden, die auf Basis der letzten N Werte der Zeitreihe berechnet wird. Auf Basis einer Zeitreihe kann ein Prognosebereich für zukünftige Werte berechnet werden (Strohrmann, Design For Six Sigma Online, 2021). Der Prognosebereich sagt dabei aus, dass einzelne Werte mit einer Wahrscheinlichkeit von γ in einem ausgewiesenen Bereich liegen werden, wenn das Modell weiterhin richtig ist. Dieser Prognosebereich wird nicht nur für die letzten N Zeitpunkte bestimmt, sondern auch für einen zukünftigen Zeitpunkt k + 1. Über die Ordnung der Regressionsfunktion kann festgelegt werden, welche Sprünge oder Änderungen des Trends erkannt werden sollen. Bild 7.57 zeigt als Beispiel eine Trendanalyse für eine Buchhaltung.

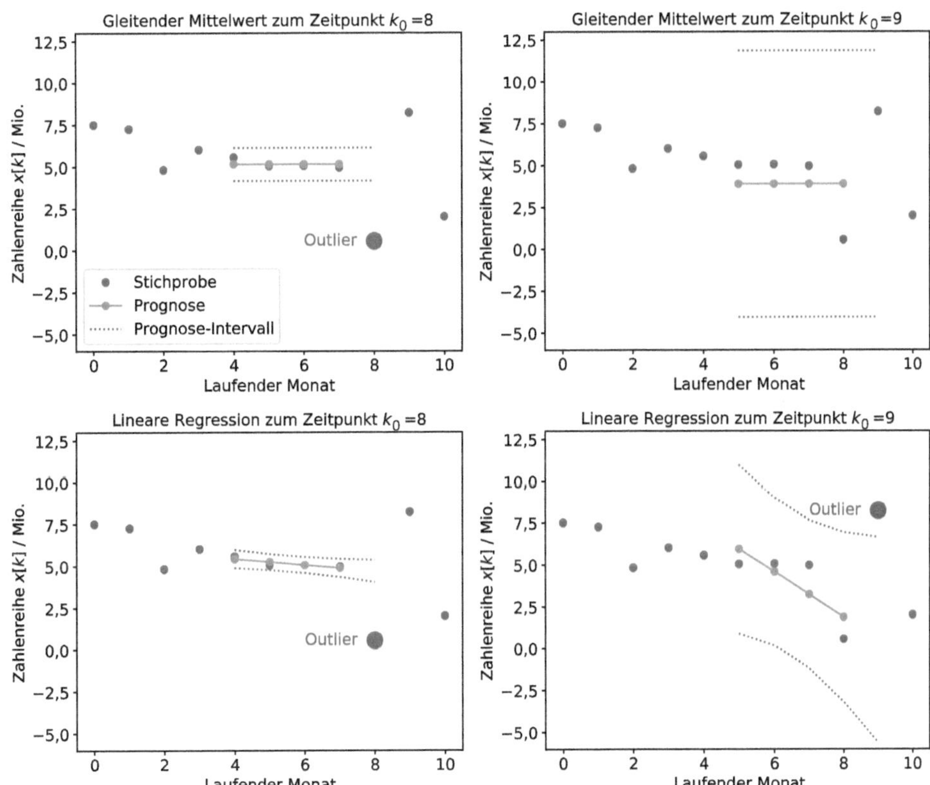

Bild 7.57 Zeitreihe einer Bilanz und lokale Regressionsfunktionen mit Prognosebereich zu unterschiedlichen Zeitpunkten k_0 = 8 und k_0 = 9, γ = 0,95

Zum Zeitpunkt k_0 = 8 findet im Vergleich zu den vorangegangenen Zeitpunkten ein Sprung in der Zeitreihe statt. Er wird sowohl mithilfe des gleitenden Mittelwerts (Ordnung der Regressionsfunktion M = 0) als auch der linearen Regression

(M = 1) über die letzten vier Zeitreihenwerte als Ausreißer erkannt. Die Größe des Prognosebereichs kann über die Konfidenzzahl γ eingestellt werden. Die Konfidenzzahl bestimmt damit die Detektionsgrenzen für Ausreißer.

Zum Zeitpunkt $k_0 = 9$ befindet sich der erkannte Ausreißer innerhalb der letzten vier Zeitreihenwerte. Damit wird der Prognosebereich größer und der Wert x[9] unterschiedlich bewertet. Bei der Bewertung mithilfe des gleitenden Mittelwerts ist dieser Punkt aufgrund der größeren Streuung in der Stichprobe unauffällig. Bei der Trendanalyse wird der Punkt als Ausreißer erkannt, weil er dem lokalen Trend zu kleineren Bilanzwerten widerspricht.

Das Beispiel zeigt, wie die Bewertung durch eine geeignete Wahl der Ordnung M des Regressionspolynoms und der Konfidenzzahl γ an die gestellte Aufgabe angepasst werden kann.

Lags in Zeitreihen

Bei Zeitreihen liegt die Zeitinformation im Index k, der ein Vielfaches einer Abtastzeit T_A zählt. Das Signal x[k] ist der Wert des Signals, der zum Zeitpunkt k vorliegt. Um das Signal des Takts zuvor zu beschreiben, wird der Index um eins reduziert. Es ergibt sich das Signal x[k - 1], das als Lag-1 bezeichnet wird. Ist der Signalwert vor k_0 Takten von Interesse, wird mit $x[k - k_0]$ das Lag-k_0 bestimmt. Dabei ist zu berücksichtigen, dass die durch die Verschiebung entstandenen leeren Felder typischerweise durch Nullen aufgefüllt werden (Tabelle 7.15).

Tabelle 7.15 Signal x[k] und Lag-1 vor und nach dem Auffüllen mit Nullen

k	0	1	2	3	4	5	6	7	8	9
x[k]	1,006	1,019	1,039	1,030	1,013	1,036	1,044	1,012	1,038	1,036
x[k - 1]	NaN	1,006	1,019	1,039	1,030	1,013	1,036	1,044	1,012	1,038
x[k - 1] mit Nullen	0	1,006	1,019	1,039	1,030	1,013	1,036	1,044	1,012	1,038

Eine Kombination von aktuellen und vergangenen Ein- und Ausgangswerten führt zu einer sogenannten Differenzengleichung. Im einfachsten Fall wird ein Signal berechnet, das aus der Differenz von dem Signal und dem Lag-1 bestimmt wird.

$$y_1[k] = x_1[k] - x_1[k-1] \tag{7.33}$$

Bild 7.58 zeigt links, dass mit dieser Differenzbildung lineare Trendeffekte von Signal $x_1[k]$ eliminiert werden können.

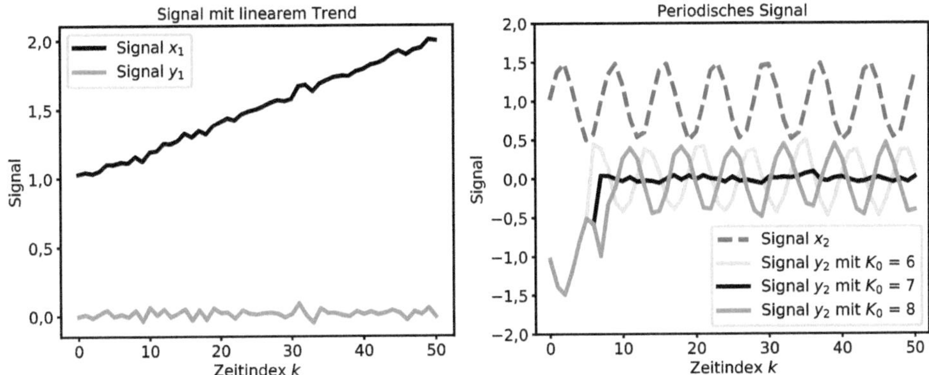

Bild 7.58 Signal $x_1[k]$ mit einem Trend und Signal $x_2[k]$ mit einer Periodendauer K_0 und die Differenz der Signale x[k] und $x[k-K_0]$

Auch periodische Signalanteile können mit der Differenzengleichung entfernt oder zumindest verringert werden. Dazu zeigt Bild 7.58 ein periodisches Signal $x_2[k]$ und für verschiedene Werte K_0 die Differenz der Signale $x_2[k]$ und $x_2[k - K_0]$.

$$y_2[k] = x_2[k] - x_2[k - K_0] \tag{7.34}$$

Es zeigt sich, dass die Periodizität durch die Subtraktion des Signals für $K_0 = 7$ weitgehend verschwindet. Daraus ergibt sich im Umkehrschluss, dass die richtige Periodizität $K_0 = 7$ beträgt. Deutlich zu erkennen ist außerdem ein Einschwingverhalten. Bei der Differenzenbildung stehen erst ab dem Zeitpunkt $k = K_0$ alle Signalanteile zur Verfügung, davor wird mit den Anfangswerten von null gerechnet.

7.5.3 Imputing-Verfahren zur Rekonstruktion fehlender Stichprobenwerte

In Abschnitt 5.5.2 wurde erwähnt, dass Datensätze durch Imputing-Verfahren ergänzt und vervollständigt werden können. Diese Vorgänge können grundsätzlich auch bei Zeitreihen angewendet werden. Allerdings ergeben sich bei Zeitreihen bedingt durch den zeitlichen Zusammenhang auch noch weitere Möglichkeiten zur Vervollständigung.

Lag-N Imputing

Bei Zeitreihen, bei denen ein einzelner Stichprobenwert fehlt, bietet es sich an, den letzten Wert der Zeitreihe als fehlenden Wert zu verwenden (Lag-1 Imputing). Dieses Vorgehen ist insbesondere dann gerechtfertigt, wenn die Signaländerung pro Abtastintervall klein gegenüber dem absoluten Signal ist.

$$x[k] = x[k-1] \tag{7.35}$$

Bei periodischen Signalen wird statt des letzten verfügbaren Wertes ein Wert verwendet, der genau eine Periodendauer zurückliegt (Lag-K_0 Imputing). Dadurch werden periodische Änderungen fortgeschrieben, zufällige und trendbasierte Änderungen bleiben bei diesem Verfahren jedoch unberücksichtigt.

$$x[k] = x[k - K_0] \tag{7.36}$$

Mean und Rolling Mean Imputing

Einzelne Stichprobenwerte weisen oftmals Störungen auf. Um diese zu verringern, werden statt einzelner Werte die Mittelwerte zum Imputing verwendet. Dabei werden globale und lokale Mittelwerte unterschieden. Sind keine Informationen über die Zeitreihe bekannt, kann der globale Mittelwert eines Signals für das Imputing verwendet werden. Besitzt das Signal allerdings Trends oder periodische Änderungen, bietet sich eine Mittelung der Werte an, die sich in der Nähe des fehlenden Werts befinden. Aus Gründen, die nachfolgend in Abschnitt 7.5.5 erläutert werden, ist es dabei zielführend, die gleiche Anzahl von Werten in der Zukunft und der Vergangenheit zu verwenden.

$$x[k] = \frac{1}{N-1} \cdot \sum_{\substack{n=-N/2 \\ n \neq 0}}^{N/2} x[k-n] \tag{7.37}$$

Bei periodischen Signalen kann der Mittelwert der letzten N Perioden verwendet werden.

$$x[k] = \frac{1}{N} \cdot \sum_{n=1}^{N} x[k - n \cdot K_0] \tag{7.38}$$

Imputing durch lineare Regression

Das Rolling Mean Imputing hat den Nachteil, dass es für eine gute Vervollständigung zukünftige Werte benötigt, die nicht immer verfügbar sind. Statt eines Mittelwerts können deshalb die letzten N Werte der Zeitreihe für eine Regressionsfunktion genutzt werden. Die Anzahl N der verwendeten Werte sowie die Ordnung der Regressionsfunktion M werden dabei anwendungsspezifisch gewählt. Bei der Ordnung N des Regressionspolynoms sind kleine Werte zu bevorzugen, weil mit steigender Ordnung der Prognosebereich bei Extrapolation schnell unsicher wird.

7.5.4 Resampling: Down- und Upsampling

Zeitreihen weisen zwischen Datenwerten typischerweise feste Zeitintervalle auf, sodass die Daten von Zeitreihen äquidistante Zeitstempel besitzen. Bei der Kombination von Zeitreihen oder aus Gründen der Datenreduktion kann es erforderlich sein, Daten in größeren Zeitabständen zu speichern. Bild 7.59 stellt den damit verbundenen Begriff des Downsampling an zwei Beispielen grafisch dar.

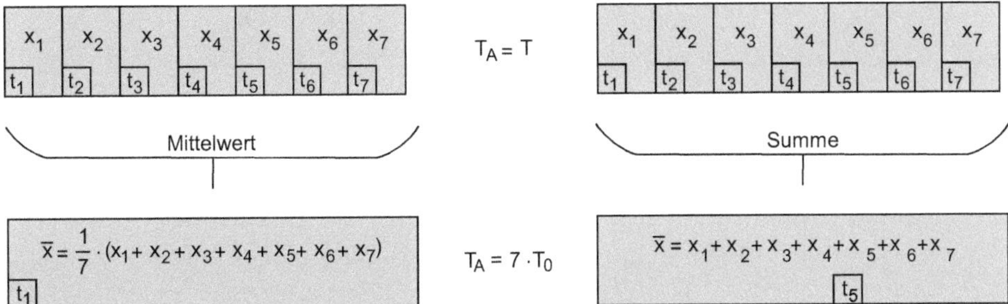

Bild 7.59 Visualisierung des Downsampling einer Zeitreihe

Im ersten Beispiel werden die einzelnen Messwerte x_n vom Tagesrhythmus in einen Wochenrhythmus transformiert. Dabei muss geklärt werden, welche Elemente zu dem neuen Tageswert gezählt werden und welche Uhrzeit t_n der Tageswert bekommen soll. Schließlich muss der zugehörige Wert bestimmt werden. Je nach Aufgabe werden Mittelwert, Summe oder eine andere individuelle Funktion gewählt.

Besteht die Notwendigkeit, Daten mit kleineren Zeitabständen darzustellen, muss ein sogenanntes Upsampling vorgenommen werden. Dabei werden zwischen den vorhandenen Stützstellen Zwischenwerte eingefügt. Bild 7.60 stellt den Prozess des Upsampling grafisch dar.

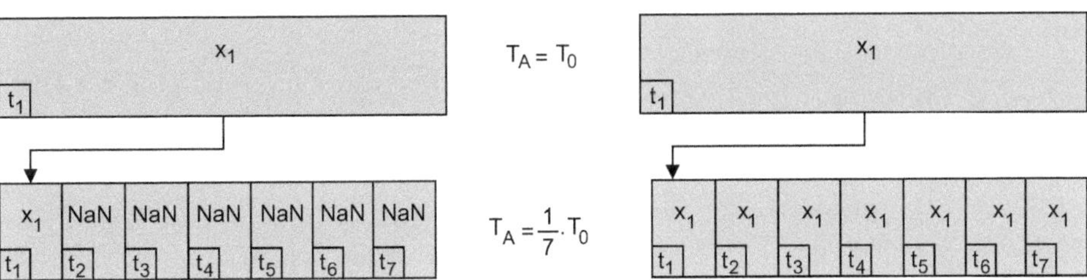

Bild 7.60 Visualisierung des Upsampling einer Zeitreihe

Durch das Einfügen von neuen Zeitpunkten entstehen Platzhalter für das zugehörige Signal, deren Werte zunächst nicht definiert (NaN) sind. Das Füllen dieser Platzhalter kann mit den in Abschnitt 7.5.3 beschriebenen Imputing-Verfahren durchgeführt werden.

Beispiel: Downsampling der Anzahl von Fahrradfahrern

Der Datensatz der Fahrradfahrer an der Fahrradzählstelle in Konstanz weist 8784 Werte auf. Um sie besser abspeichern und darstellen zu können, wird ein Downsampling auf Wochenwerte durchgeführt. Aus Gründen der Vergleichbarkeit zum Originaldatensatz wird der Mittelwert über einen Tag bestimmt (Bild 7.61).

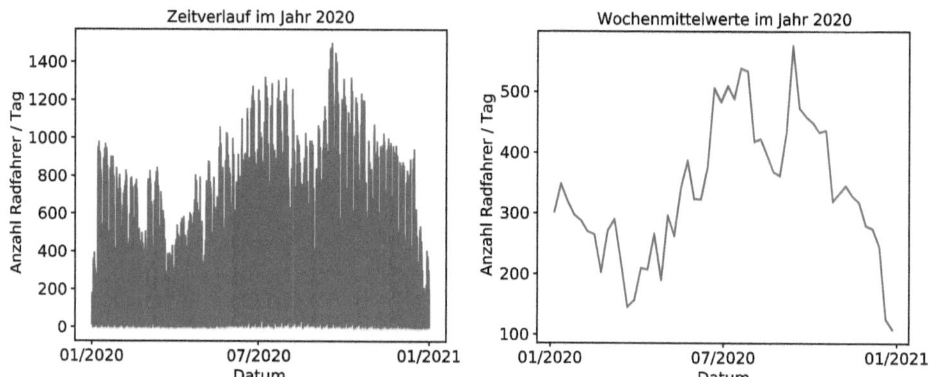

Bild 7.61 Zeitreihe für die Anzahl der Fahrradfahrer im Herosé-Park in Konstanz vor und nach dem Downsampling von einem Stundenrhythmus auf einen Wochenrhythmus

7.5.5 Filterung von Zeitreihen

Zeitreihen weisen aufgrund von Messfehlern und Prozessstreuungen eine Varianz auf, die durch Filteralgorithmen reduziert werden kann.

Filterung durch gleitende Mittelwertbildung

Aus der Signalverarbeitung sind unterschiedliche Filter bekannt. Eine Möglichkeit ist die Berechnung des Mittelwerts von N vergangenen Werten und dem aktuellen Wert. Sie wird als gleitende Mittelung (Moving Average) bezeichnet.

$$y[k] = \frac{1}{N+1} \cdot \sum_{n=0}^{N} x[k-n] \tag{7.39}$$

Die Mittelung ist besonders wirksam, wenn die Anzahl N der Periodizität der Zeitreihe entspricht. Die gleitende Mittelung für die Fahrradzählung in Konstanz ist in Bild 7.62 links für Wochen- und Monatsmittel dargestellt. Es wird deutlich, dass durch die Mittelung vergangener Werte eine Zeitverschiebung oder Phasenverschiebung entsteht. Sie steigt mit der Länge des Mittelungszeitraums an.

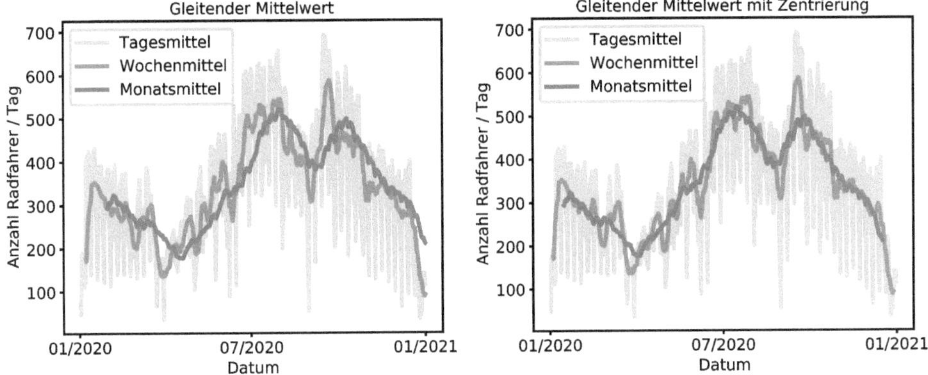

Bild 7.62 Gleitende Mittelwertbildung über verschiedene Zeiträume mit und ohne Zentrierung

Liegt die Zeitreihe komplett vor, so sind auch die Werte x[k + n] bekannt, die in der Zukunft vom aktuell betrachteten Zeitpunkt k liegen. Damit kann in diesem Fall eine Mittelung berechnet werden, die als zentrierte Mittelwertbildung bezeichnet wird.

$$y[k] = \frac{1}{N+1} \cdot \sum_{n=-N/2}^{N/2} x[k-n] \tag{7.40}$$

Bild 7.62 zeigt rechts, dass durch die Zentrierung eine Phasenverschiebung vermieden wird, sodass die Zentrierung immer dann eingesetzt wird, wenn die Zeitreihen komplett vorliegen. Es sei aber noch einmal darauf hingewiesen, dass die zentrierte Mittelung nicht im laufenden Erfassungsprozess eingesetzt werden kann, weil die Voraussetzung der Komplettheit in diesem Fall nicht erfüllt ist.

Rekursive Filterung

Neben der Filterung über den gleitenden Mittelwert existieren rekursive Filteransätze, die unter dem Begriff der Infinite-Impulse-Response-Filter bekannt sind (Strohrmann, Systemtheorie Online, 2021). Ein sehr einfacher Filteransatz ist die gewichtete Mittelung des letzten vergangenen gefilterten Signals y[k - 1] und des aktuellen Signals x[k].

$$y[k] = GF \cdot y[k-1] + (1-GF) \cdot x[k] \tag{7.41}$$

Der Gedächtnisfaktor GF liegt zwischen 0 und 1 und gibt an, welcher Anteil des letzten gefilterten Signals y[k - 1] und welcher Anteil des aktuellen Signals x[k] zur Berechnung des aktuellen gefilterten Signals y[k] verwendet wird. Die Berechnung erfolgt damit rekursiv mit aktuellen und vergangenen Werten, sodass die Filterung auch im laufenden Erfassungsprozess ausgeführt werden kann. Außerdem ist der Aufwand zur Berechnung gering.

In Bild 7.63 sind Signalverläufe dargestellt, die durch die Filterung mit unterschiedlichen Gedächtnisfaktoren entstanden sind. Mit steigendem Gedächtnisfaktor steigt der Mittelungseffekt, aber auch die Zeit- beziehungsweise Phasenverschiebung.

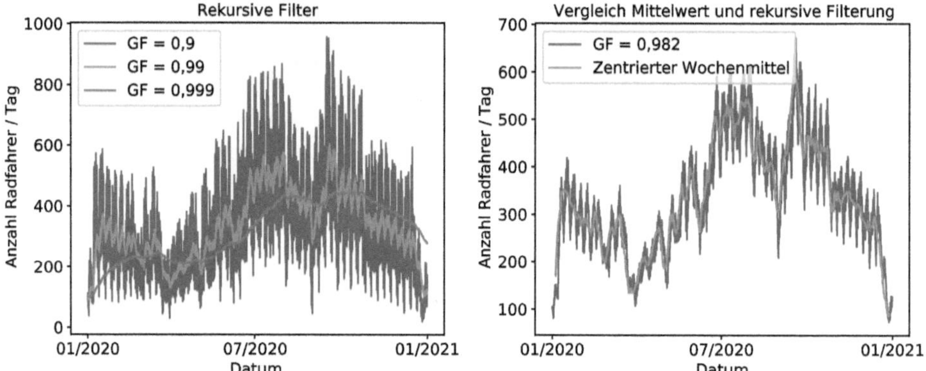

Bild 7.63 Rekursive Filterung mit unterschiedlichen Gedächtnisfaktoren GF und Vergleich mit dem zentrierten Wochenmittelwert

Im Vergleich zur zentrierten Mittelwertbildung zeigt sich, dass die Phasenverschiebung des rekursiven Filters ähnlich wie bei der zentrierten Filterung und damit gering ist. Allerdings wird die Periodizität, die sich aus dem Wochenrhythmus ergibt, weniger gut ausgeglichen.

7.5.6 Zerlegung der Zeitreihe in Trend, periodische Anteile und Residuen

Für eine bessere Analyse von Trends, saisonalem Verhalten und Ausreißern kann eine Zeitreihe in unterschiedliche Anteile aufgeteilt werden:

- **Basiswert und Trend**

  Basiswert b und Trend t[k] beschreiben die Entwicklung des Mittelwerts einer Zeitreihe. Sie kann zum Beispiel von einem Basiswert linear oder exponentiell wachsen.

- **Periodischer Anteil**

  Liegt in der Zeitreihe ein Muster p[k] vor, das sich periodisch wiederholt, wird es im periodischen Anteil abgebildet. Periodische Anteile ergeben sich oftmals aus festen Zeitrastern wie zum Beispiel Tages- oder Wochenrhythmus.

- **Residuen**

  Anteile, die nicht im Trend und nicht im periodischen Anteil abgebildet werden können, werden als Residuen r[k] bezeichnet.

Es werden zwei unterschiedliche Formen der Modellierung unterschieden

- **Additives Modell**

  Beim additiven Modell addieren sich die einzelnen Effekte zur Zeitreihe.

$$x[k] = b + t[k] + p[k] + r[k] \tag{7.42}$$

- **Multiplikatives Modell**

  Beim multiplikativen Modell multiplizieren sich die einzelnen Effekte zur Zeitreihe.

$$x[k] = b \cdot t[k] \cdot p[k] \cdot r[k] \tag{7.43}$$

Bei der Modellierung wird die Variante bevorzugt, deren Residuen klein sind und kein spezifisches Muster aufweisen.

Beispiel: Zerlegung der Zeitreihe von Covid-19-Neuinfektionen in Deutschland vom Frühjahr 2021

Im Rahmen der COVID-19-Maßnahmen hat die Bundesregierung im Frühjahr 2021 von einem exponentiellen Wachstum gesprochen. Auf Basis der in Bild 7.64 gezeigten Zahlen der Johns Hopkins University wird der Trend der Neuinfektionen geprüft (Johns Hopkins University, 2021).

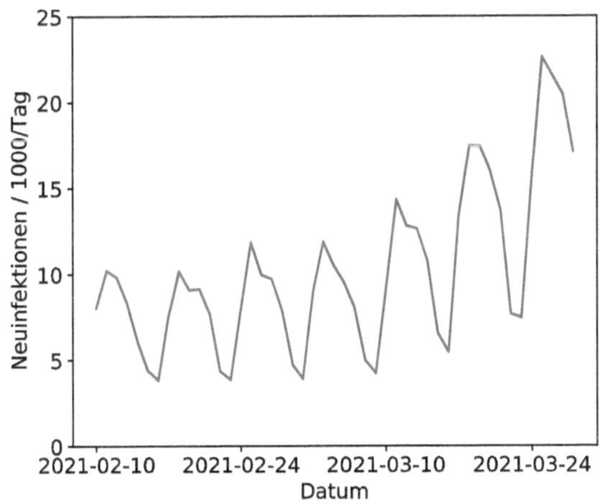

Bild 7.64
COVID-19-Neuinfektionen in Deutschland im Frühjahr 2021

Für die Interpretation der Daten werden Basiswert, Trend und periodischer Anteil additiv und multiplikativ aufgeteilt. Die Ergebnisse dieser Aufteilung zeigt Bild 7.65.

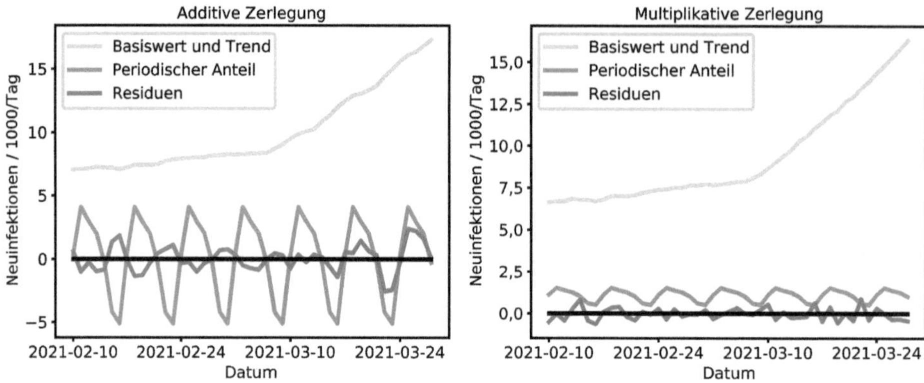

Bild 7.65 COVID-19-Neuinfektionen in Deutschland im Frühjahr 2021, additive und multiplikative Zerlegung in Basiswert, Trend und periodischen Anteil

Nach Trennung der unterschiedlichen Anteile ist der Trend der Neuinfektionen bei beiden Varianten deutlich zu erkennen. Die Residuen sind bei der multiplikativen Zerlegung kleiner und weisen kein erkennbares Muster auf, sodass dieses Modell weiterverfolgt wird. Zur Analyse des Trends wird für die multiplikative Zerlegung eine Regression mit einer Geraden und einer Exponentialfunktion durchgeführt.

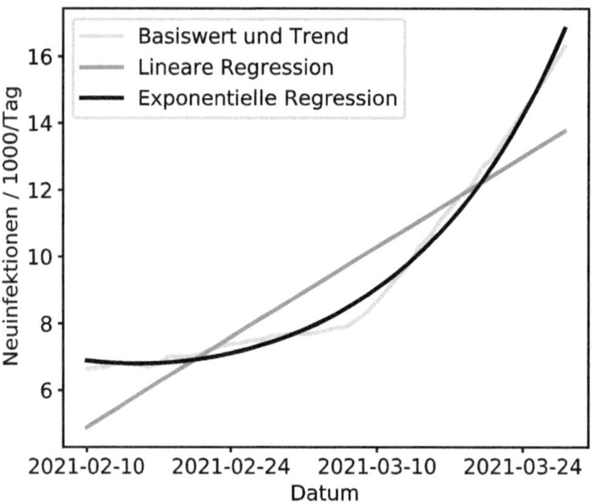

Bild 7.66 Approximation des Trends der COVID-19-Neuinfektionen für die multiplikative Zerlegung mit einer linearen und einer exponentiellen Regression

Es zeigt sich, dass die exponentielle Regression die Zeitreihe erheblich besser approximiert als die Gerade, sodass die Hypothese eines exponentiellen Wachstums nicht verworfen wird (Bild 7.66).

7.5.7 Optimierung der Werkzeugnutzung durch Zeitreihenanalysen

Wir betrachten die Fertigung einer Pleuelstange aus Titan, wie sie beispielsweise im Motorsport eingesetzt wird. In der Fertigung werden verschiedene Maße gefräst und anschließend vermessen. Ein wichtiges Qualitätsmerkmal ist die Kopfbreite der Pleuelstange (Bild 7.67).

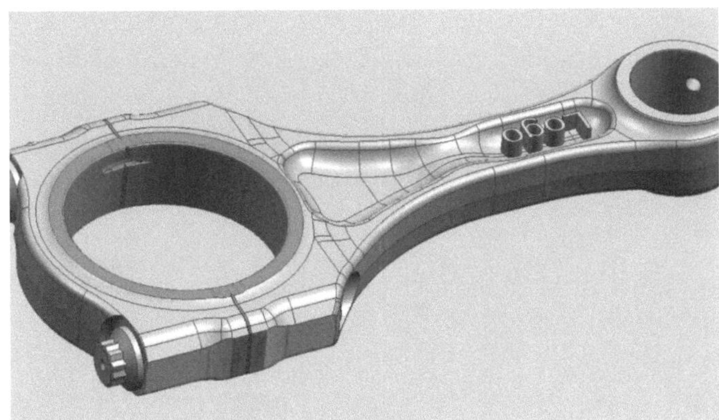

Bild 7.67 3D-Modell einer Pleuelstange

Die Kopfbreite wird mit einem Schaftfräser bearbeitet, dessen Schneide kontinuierlich abbaut. Die Kopfbreite nimmt deshalb mit steigender Standzeit des Fräsers zu. Während des Fertigungsbetriebs oder spätestens bei Erreichen einer Warngrenze wird das Werkzeugmaß korrigiert, indem der Fräser vom Anlagenbediener nachgestellt wird. Es ergibt sich der in Bild 7.68 gezeigte Verlauf.

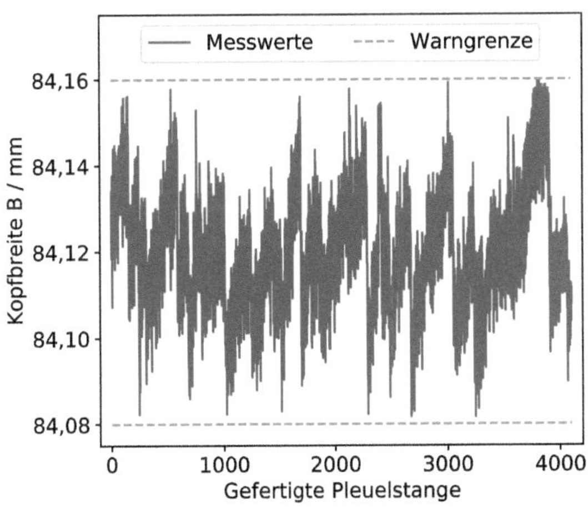

Bild 7.68
Verlauf der Kopfbreite in einer Mittelwert-Regelkarte

Die Korrektur der Werkzeugmaße ist weitgehend kostenneutral. Mit zunehmender Standzeit wird aufgrund der fortgeschrittenen Abnutzung des Fräsers auch die Maßänderung zunehmen, die sich pro gefertigtem Teil ergibt. Mit zunehmender Standzeit muss das Werkzeugmaß demnach immer öfter korrigiert werden. Die Qualität des Fräsers wirkt sich außerdem auf die Güte der Oberfläche aus, sodass er bei einer bestimmten Abnutzung getauscht werden muss.

Wegen der vielen Werkzeugkorrekturen ist die Abnutzung des Fräsers in Bild 7.68 nicht eindeutig zu erkennen. Deshalb werden Zeitpunkte kurz nach einer Werkzeugkorrektur gesucht. Sie sind die Startpunkte für eine Beobachtung der Maßänderung aufgrund des Fräser-Verschleißes. Bild 7.69 zeigt links den Verlauf der Messwerte.

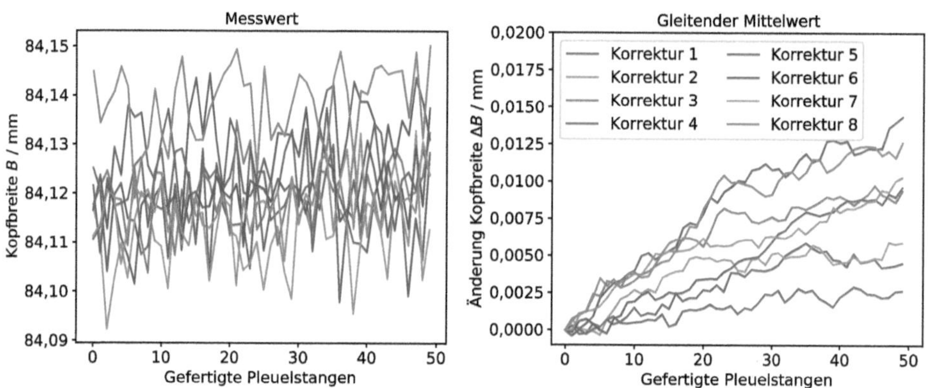

Bild 7.69 Verlauf der Kopfbreite als Messwert und als Ergebnis der gleitenden Mittelwertbildung

Aufgrund der Fertigungs- und Messwertstreuung ist zunächst kein systematisches Verhalten zu erkennen. Um die Streuung der Daten zu reduzieren, wird der gleitende Mittelwert über N = 25 Teile bestimmt. Außerdem wird der Messpunkt für das Teil mit dem Index 1 als Bezugsgröße verwendet, damit alle Verläufe nach der Werkzeugkorrektur an einem Punkt starten. Es ergibt sich Bild 7.69 (rechts). Durch diese Änderungen ist der Anstieg der Kopfbreite durch eine Abnutzung des Fräsers deutlich zu erkennen. Der Anstieg weist unterschiedliche Beträge auf. Sie werden mit einem Regressionsverfahren bestimmt und sind in Bild 7.70 als Funktion der Korrektur aufgetragen.

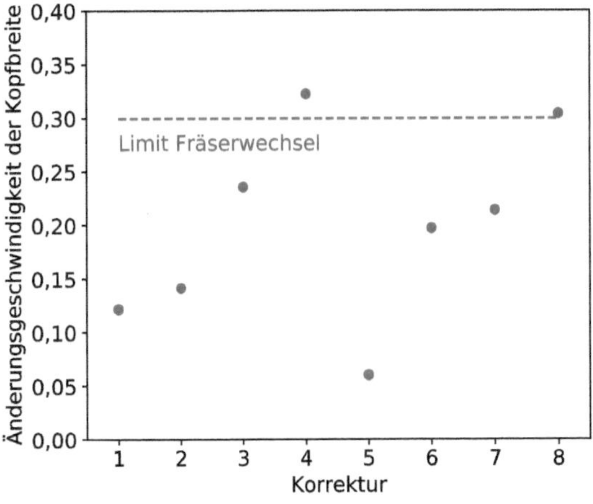

Bild 7.70
Änderungsgeschwindigkeit der Kopfbreite in Abhängigkeit der Korrektur des Werkzeugmaßes

Es zeigt sich, dass die Änderungsgeschwindigkeit der Kopfbreite mit steigender Anzahl an Werkzeugkorrekturen zunimmt. Bei Korrektur 5 sinkt die Änderungsgeschwindigkeit auf einen sehr kleinen Wert, um von dort wieder anzusteigen. Dieser Sprung ist auf einen Werkzeugwechsel zurückzuführen.

Aus der Zeitreihenanalyse ergibt sich somit die folgende neue vielversprechende Möglichkeit der Automatisierung. Überschreitet die mittlere Änderungsgeschwindigkeit der Kopfbreite einen Grenzwert, ist das ein Indiz für ein unzulässig stark abgenutztes Werkzeug. Der Zeitpunkt des notwendigen Werkzeugtausches kann dadurch prognostiziert, rechtzeitig geplant und automatisch empfohlen bzw. ausgelöst werden. Damit können einerseits Werkzeugkosten gespart und andererseits die Produktqualität sichergestellt werden.

7.6 Reinforcement Learning

Reinforcement Learning (RL) ist neben überwachtem und unüberwachtem Lernen **einer von drei grundlegenden Ansätzen des maschinellen Lernens**. Die Vorgehensweise entspricht am ehesten dem Lernverhalten von Menschen. Es werden Aktionen im Sinne eines **Trial-and-Error-Prinzips** ausprobiert. Aktionen mit negativer Rückkopplung werden unterlassen, diejenigen mit positiver werden wiederholt. Das typische Tennistraining ohne Lehrer kann als Beispiel dienen: Wenn man merkt, dass Bälle zu oft im Netz landen (negative Rückkoppelung), werden Maßnahmen ergriffen, wie beispielsweise den Schläger stärker von unten nach oben zu schwingen.

Reinforcement Learning wird dann verwendet, wenn die **folgenden Bedingungen gegeben** sind, die Supervised Learning unmöglich machen:

- **Der Algorithmus lernt** nicht nur eine Entscheidung, sondern **eine Abfolge von Entscheidungen** in Form einer Sequenz von Aktionen.
- Das **Feedback über Erfolg oder Misserfolg einer Aktion kommt zeitverzögert** bzw. erst dann, wenn andere Aktionen getätigt wurden.
- Der zu entwickelnde **Agent (ML-Lösung) beeinflusst die Umgebung**.

Reinforcement Learning liegt somit zwischen überwachtem und unüberwachtem Lernen. Während überwachtes Lernen ein Label für jedes Trainingsbeispiel braucht und unüberwachtes Lernen überhaupt keine Label hat, verwendet Reinforcement Learning zeitverzögerte Label in Form von Belohnungen.

Wir werden in den folgenden Abschnitten den Begriff „Agent" verwenden, welcher die Bezeichnung für ein Softwareprogramm ist, das algorithmusbasiert Regeln lernt, um Menschen automatisierte Dienste zur Verfügung zu stellen.

7.6.1 Grundidee des Reinforcement Learning

Beim Reinforcement Learning reagiert ein Agent auf Zustände seiner Umgebung und Belohnungen, die sich aufgrund vorhergehender Aktionen ergeben haben (Bild 7.71). Basierend auf diesen Informationen leitet der Agent neue Aktionen ein, mit denen das Verhalten der Umgebung verändert wird. Es ergibt sich ein neuer Zustand der Umgebung, aus dem eine neue Belohnung abgeleitet wird. Ziel ist das Lernen einer optimalen Verhaltensstrategie (Policy), die einem Agenten mitteilt, welche Maßnahmen unter welchen Umständen zu ergreifen sind.

Bild 7.71 Grundkonzept des Reinforcement Learning

Credit-Assignment-Problem

Reinforcement Learning wird typischerweise dann eingesetzt, wenn der Agent nicht nur eine, sondern eine Abfolge von mehreren Entscheidungen lernen soll. Das Ziel des Agenten besteht darin, seine Gesamtbelohnung zu maximieren, d. h. nicht nur die Belohnung unmittelbar nach dem Ausführen einer einzelnen Aktion, sondern am Ende der zu lernenden Entscheidungssequenz. Die zu optimierende Belohnung ist somit eine gewichtete Summe der erwarteten Belohnungen aller zukünftigen Schritte ausgehend vom aktuellen Zustand. Die Optimierung der kumulativen Belohnung wird auch als „Credit Assignment"-Problem bezeichnet. Es muss die Frage beantwortet werden, welche der vorangegangenen Aktionen in welchem Umfang für die Gesamtbelohnung verantwortlich ist.

Um dies zu verdeutlichen, wollen wir das Videospiel Breakout heranziehen. Bei diesem Spiel muss mit einem Schläger der Ball so gelenkt werden, dass Mauersteine am oberen Bildschirmrand getroffen werden. Wenn dabei ein Stein getroffen wird, verschwindet dieser und die Punktezahl als Belohnung steigt. Wenn man also im Breakout-Spiel eine Belohnung erhält, hat dies oft nichts mit der Aktion (Schlägerbewegung) zu tun, die kurz vor dem Erhalt der Belohnung durchgeführt wurde. Die entscheidenden Aktionen waren bereits ausgeführt, als man den Schläger richtig positionierte und den Ball traf. Um zu ermitteln, welche der vorangegangenen Aktionen in welchem Umfang für die Belohnung verantwortlich war, braucht es die Lösung des Credit-Assignment-Problems und somit einen Reinforcement-Learning-Algorithmus.

Simulation der Umgebung

Der Agent kann grundsätzlich in der realen Welt oder in einer simulierten Umgebung lernen. Störungsfrei kann er aber nur in der simulierten Umgebung arbeiten. Nehmen wir das Beispiel, dass ein Roboter eine möglichst schnelle Bewegung lernen soll und die Geschwindigkeit als Belohnung gemessen wird. Ist der Boden in der realen Welt uneben oder tauchen andere Störfaktoren auf, so wird die Geschwindigkeitsmessung gestört und daher eventuell Falsches gelernt. Die virtuelle Umgebung bietet den weiteren wesentlichen Vorteil, dass ein schnelleres Lernen möglich ist.

Das ist nicht zuletzt der Grund, warum die spektakulären Erfolge von Reinforcement Learning im Spielbereich erzielt wurden. Dort sind die virtuellen Umgebungen bereits vorhanden bzw. aufgrund von klaren Regeln einfach modellierbar.

Ein prominentes Beispiel für Reinforcement Learning im Spielbereich ist AlphaGo-Zero von Google Deepmind. Dieses System ist in der Lage, selbstlernend innerhalb von 40 Tagen ohne Daten von menschlichen Spielern ein höheres Spielniveau zu erreichen als jeder menschliche Spieler und als alle zuvor existierenden Programme.

Somit wird oftmals die Möglichkeit und das notwendige Wissen, die Umgebung simulieren zu können, zum entscheidenden Faktor, um Reinforcement Learning nutzenbringend einzusetzen. Beim überwachten Lernen im Bereich Bilderkennung wurde der Fortschritt durch große beschriftete Datensätze wie ImageNet ausgelöst. In Reinforcement Learning wäre das eine große und vielfältige Sammlung von Umgebungen. Der Durchbruch von Reinforcement Learning wird somit erwartet, wenn sukzessive Standardsimulationsumgebungen zur Verfügung stehen, die nur noch an die Besonderheiten der jeweiligen Aufgabenstellung angepasst werden müssen. Bereits jetzt äußerst hilfreich ist die Plattform OpenAI gym. Diese bietet eine Sammlung von typischen Umgebungen, mit denen Reinforcement-Learning-Algorithmen realisiert werden können. OpenAI ist ein Forschungslabor für künstliche Intelligenz, welches 2015 in San Francisco u.a. von Elon Musk und Sam Altman gegründet wurde.

Zusätzlich ist davon auszugehen, dass durch die Digitalisierung im Qualitätsmanagement die Möglichkeiten der Simulation von Prozessen stark zunehmen werden. Wenn Prozesse im BPMN 2.0 modelliert, Daten beispielsweise durch Process Mining gesammelt und zur Verfügung gestellt werden, wird es in Zukunft leichter möglich sein, Prozesse zu simulieren, wodurch intelligente Agenten in der Lage sein werden, Abfolgen von Aktionen in dieser virtuellen Umgebung zu erlernen.

7.6.2 Markov-Entscheidungsprozess

Um die Aufgabenstellung, die durch Reinforcement Learning gelöst wird, mathematisch zu beschreiben, wird der Markov-Entscheidungsprozess verwendet (MDP), welcher nach dem russischen Mathematiker Andrei Markow benannt ist. Ein Markov-Entscheidungsprozess beruht auf der Annahme, dass die Wahrscheinlichkeit des nächsten Zustands s_{i+1} nur vom aktuellen Zustand s_i und der Aktion a_i abhängt, nicht aber von vorhergehenden Zuständen oder Aktionen. Die Aktionen transformieren die Umgebung und führen diese zu einem neuen Zustand, in dem der Agent wieder eine andere Aktion ausführen kann. Die Regeln für die Auswahl dieser Aktionen werden als „Policy“ bezeichnet. Je nach erreichtem Zustand s_1 wird der Agent für die Aktion belohnt oder nicht. Dies ist der „reward“ r. Reinforcement Learning funktioniert auch in einer stochastischen Umgebung, was bedeutet, dass mehrere nächste Zustande möglich sind, die mit entsprechenden Wahrscheinlichkeiten belegt sind.

Bild 7.72 verdeutlicht den Prozess mit einem Diagramm.

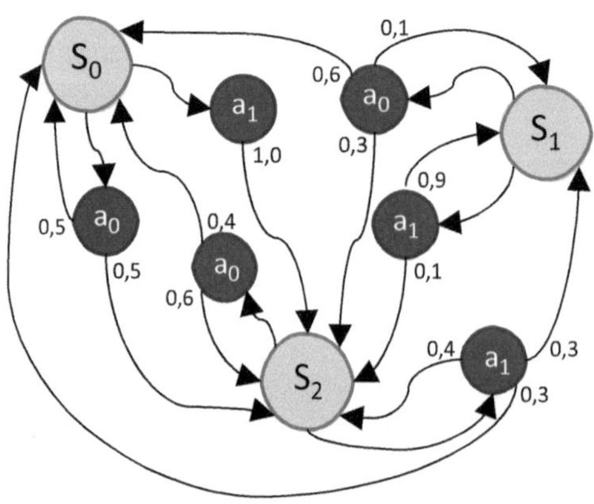

Bild 7.72
Beispiel für einen Markov-Entscheidungsprozess (Matiisen, 2015)

In dem Zustand s_0 führt das Ausführen der Aktion a_0 mit einer Wahrscheinlichkeit von 0,5 wieder zum Zustand s_0 und ebenfalls mit der Wahrscheinlichkeit 0,5 zum Zustand s_2. Die Aktion a_1 führt immer zum Zustand s_2 usw.

Kommen wir zu dem Break-out-Beispiel zurück: Die Umgebung befindet sich in einem bestimmten Zustand, z.B. Position des Schlägers, Position und Richtung des Balls, Existenz jedes Steins usw. Der Agent kann bestimmte Aktionen in der Umgebung ausführen, z.B. den Schläger nach links oder rechts bewegen. Diese Aktionen führen manchmal zu einer Belohnung (z.B. Erhöhung der Punktzahl).

Aufgabenstellungen wie diese können oftmals analytisch durch dynamische Programmiertechniken gelöst werden. Reinforcement Learning ist dann besonders sinnvoll, wenn die mathematisch-analytische Lösung aufwendig oder gar nicht umsetzbar ist. Reinforcement Learning zielt daher auf große Probleme ab und ist der numerisch-experimentelle Ansatz, um den Markov´schen Entscheidungsprozess zu lösen.

Wir wollen uns nun den Markov-Entscheidungsprozess aus mathematischer Sicht ein wenig genauer ansehen. Die Reihe von Zuständen und Aktionen bilden zusammen mit den Regeln für den Übergang von einem Zustand in einen anderen den Markov-Entscheidungsprozess. Eine Episode dieses Prozesses (z.B. ein Spiel) bildet eine endliche Abfolge von Zuständen s, Aktionen a und Belohnungen r:

$$s_0, a_0, r_1, s_1, a_1, r_2, s_2, a_2, r_3, s_3, a_3, r_4, s_4, a_4, \ldots, s_{n-1}, a_{n-1}, r_n, s_n \tag{7.44}$$

Hier steht s_i für den Zustand, a_i ist die Aktion und r_{i+1} ist die Belohnung nach dem Ausführen der Aktion. Die Episode endet mit dem Endzustand s_n (z.B. „Game Over"-Bildschirm).

Um eine gute Sequenz von Aktionen zu lernen, müssen, wie bereits erwähnt, neben den unmittelbaren auch die zukünftigen Belohnungen berücksichtigt werden. Bei einem Durchlauf des Markov-Entscheidungsprozesses kann die Gesamtbelohnung für eine Episode einfach berechnet werden:

$$R = r_1 + r_2 + \ldots + r_n \tag{7.45}$$

Die zukünftige Belohnung ab dem Zeitpunkt t kann wie folgt ausgedrückt werden:

$$R_t = r_t + r_{t+1} + r_{t+2} + \ldots + r_n \tag{7.46}$$

Weil aber die Umwelt stochastisch ist, kann man sich nie sicher sein, die gleichen Belohnungen zu erhalten, wenn das nächste Mal die gleiche Aktion ausgeführt wird. Je weiter man in die Zukunft schaut, desto größer wird die Unsicherheit. Daher ist es üblich, die zukünftigen Belohnungen schwächer zu gewichten, d.h. abgezinste zukünftige Belohnungen zu verwenden:

$$R_t = r_t + \gamma \cdot r_{t+1} + \gamma^2 \cdot r_{t+2} + \gamma^3 \cdot r_{t+3} + \ldots + \gamma^{n-t} \cdot r_n \tag{7.47}$$

Man kann die Gleichung auch umstellen:

$$R_t = r_t + \gamma \cdot \left(r_{t+1} + \gamma \cdot r_{t+2} + \gamma^2 \cdot r_{t+3} + \ldots + \gamma^{n-t-1} \cdot r_n \right) = r_t + \gamma \cdot R_{t+1} \quad (7.48)$$

Dabei ist γ der Abzinsfaktor, der zwischen 0 und 1 liegen kann. Wenn wir den Abzinsfaktor $\gamma = 0$ setzen, dann wird unsere Strategie kurzsichtig sein und wir verlassen uns nur auf die unmittelbaren Belohnungen. Ein geeigneter Kompromiss zwischen sofortiger und zukünftiger Belohnung ergibt sich bei einem Abzinsfaktor von $\gamma = 0{,}9$. Wenn die Umgebung deterministisch ist und die gleichen Handlungen immer zu den gleichen Belohnungen führen, können wir den Abzinsfaktor auf $\gamma = 1$ setzen (Matiisen, 2015).

7.6.3 Q-Learning als einfaches Beispiel für einen RL-Algorithmus

Grundsätzlich kann man zwischen modellbasierten und modellfreien Reinforcement-Algorithmen unterscheiden. Zunächst weiß der Agent nicht, wie sich die Welt als Reaktion auf seine Handlungen verändern wird und welche sofortige Belohnung er dafür erhält. Der Agent wird ausprobieren und beobachten, was passiert. Die modellbasierten Ansätze beruhen darauf, dass sich der Agent ein Modell der Umwelt macht.

Q-Learning ist eine modellfreie Technik, weil der Agent auch nach dem Lernvorgang keine Vorhersagen darüber machen kann, was der nächste Zustand sein wird, wenn er eine Aktion durchführt. Beim Q-Learning wird eine Funktion Q(s, a) ermittelt, welche die maximale zukünftige Belohnung darstellt, wenn eine Aktion a im Zustand s ausgeführt wird.

$$Q(s_t, a_t) = \max R_{t+1} \quad (7.49)$$

Sie wird Q-Funktion genannt, weil sie die „Qualität" einer bestimmten Aktion in einem bestimmten Zustand darstellt. Um die Q-Funktion besser zu verstehen, konzentrieren wir uns auf den Übergang von einem Zustand s in einen Zustand s_{t+1}. Im Zustand s lösen wir eine Aktion a aus, die zum Reward r und zum Zustand s_{t+1} führt. Wir können den Q-Wert von Zustand s und Aktion a in Bezug auf den Q-Wert des nächsten Zustands s_{t+1} mit der sogenannten Bellmann-Gleichung beschreiben:

$$Q(s,a) = r + \gamma \cdot \max Q(s_{t+1}, a_{t+1}) \quad (7.50)$$

Die Bellmann-Gleichung ist nach dem amerikanischen Mathematiker Richard Bellman benannt und besagt, dass sich bei vielen Optimierungsproblemen die optimale Lösung aus einer Sequenz optimaler Teillösungen zusammensetzt. Die maximale zukünftige Belohnung für den aktuellen Zustand und die folgende Aktion ist die sofortige Belohnung zuzüglich der maximalen zukünftigen Belohnung für den nächsten Zustand. Die Hauptidee beim Q-Learning ist, die Q-Funktion mit der Bellman-Gleichung iterativ anzunähern. Im einfachsten Fall wird die Q-Funktion als Tabelle umgesetzt, mit Zuständen als Zeilen und Aktionen als Spalten.

Um einen neuen Q-Wert zu schätzen, verwendet der Q-Learning-Algorithmus die folgende Formel mit den Hyperparametern α (Lernrate) und γ (Abzinsfaktor) (Matiisen, 2015):

$$Q^{neu}(s_t, a_t) = (1-\alpha)\cdot Q(s_t, a_t) + \alpha\left(r_t + \gamma \cdot \max Q(s_{t+1}, a_{t+1})\right) \quad (7.51)$$

Die im Algorithmus verwendete Lernrate α steuert, wie viel von der Differenz zwischen dem vorherigen Q-Wert und dem neu geschätzten Q-Wert berücksichtigt wird. Wenn dieser Wert null gesetzt wird, dann ändert der Agent sein Verhalten nicht mehr. Kleine Werte von α können z. B. dann sinnvoll sein, wenn ein bereits gut trainierter Agent in einer sich langsam ändernden Umgebung agieren und sich dort langsam mit der Umwelt weiterentwickeln soll.

Das max $Q(s_{t+1},a_{t+1})$, das verwendet wird, um $Q(s_t,a_t)$ zu aktualisieren, ist nur eine Annäherung und kann in frühen Stadien des Lernens auch völlig falsch sein. Die Näherung wird jedoch mit jeder Iteration immer genauer, und es hat sich gezeigt, dass die Q-Funktion konvergiert und den wahren Q-Wert darstellt, wenn das Update genügend oft durchgeführt wird.

Exploit-Explore-Dilemma

Eine große Herausforderung beim Reinforcement Learning besteht darin, eine gute Balance zwischen der Erforschung von Neuland (explore) und der Ausbeutung des aktuellen Wissens (exploit) zu finden. Dies wird als Exploit-Explore-Dilemma beschrieben. Sobald eine Strategie gefunden wurde, um eine bestimmte Anzahl von Belohnungen zu sammeln, stellt sich die Frage: Sollte man diese Strategie als Lösung auswählen oder mit etwas experimentieren, das zu noch größeren Belohnungen führen könnte?

Eine Möglichkeit, das Exploit-Explore-Dilemma zu lösen, ist eine Strategie namens ε-greedy. Greedy bedeutet im Englischen gierig und entsprechend geht es um eine teilweise (gierige) Ausbeutung unseres bisherigen Wissens. Die formale Definition von ε-greedy lautet: Wähle im Zustand s mit der Wahrscheinlichkeit ε eine zufällige Aktion und mit 1−ε die Aktion mit dem maximalen Q-Wert (Matiisen, 2015).

7.6.4 Fallbeispiel Reinforcement Learning

Die High-Performance-Metals-(HPM)-Division des voestalpine-Konzerns hat einen sehr anschaulichen Anwendungsfall für Reinforcement Learning gemeinsam mit dem österreichischen Beratungsunternehmen EnliteAI realisiert. High Performance Metals besteht aus sieben Produktionsstandorten und ca. 140 Service- und Lagerstandorten in mehr als 40 Ländern mit einem Lagerbestand von ca. 1 Milliarde EUR. Die meisten der 140 Standorte arbeiten mit SAP/MRP (material requirement planning). Je nach Auftragsstand werden durch die Einkäufer vor Ort unter Berücksichtigung des Markts, der Zuliefersituation, der Effizienz und der Lagerbestandsziele die Bestellungen durchgeführt. Obwohl in den letzten Jahren große Investitionen in Software und Mitarbeiterentwicklung getätigt wurden, konnten keine signifikanten Verbesserungen im Lagerbestandsmanagement erzielt werden.

In der Praxis sieht man sich bei der Optimierung des Bestellprozesses einer Reihe von Herausforderungen ausgesetzt. Ein großes Problem ist der sogenannte Peitscheneffekt (engl. bullwhip effect), der auch in dem vorliegenden Fall auftritt. Er bezeichnet das Phänomen, dass sich Schwankungen in der Nachfrage zum Ursprung der Lieferkette hin vergrößern, was dazu führt, dass der Bestellprozess nicht oder nur mehr schwer beherrscht werden kann.

Eine weitere Herausforderung besteht darin, den richtigen Bestellzeitpunkt und die richtige Bestellmenge festzulegen. Es gibt hierzu, wie nachfolgend dargestellt, etablierte Formeln:

$$\mathit{Bestellmenge} = \mathit{Bedarf} \cdot \mathit{Bestellkosten} + \mathit{Lagerhaltungskosten} \tag{7.52}$$

$$\mathit{Bestellmenge} = \sqrt{2 \cdot \mathit{Bedarf} \cdot \frac{\mathit{Bestellkosten}}{\mathit{Lagerhaltungskosten}}} \tag{7.53}$$

Allerdings beinhalten diese Formeln Inputgrößen wie beispielsweise den monatlichen Bedarf, die Lagerhaltungskosten, Bestellkosten oder den Sicherheitsbestand, die mit hoher Unsicherheit behaftet und daher in der Praxis oftmals nach Gefühl festgelegt werden müssen. Des Weiteren arbeiten diese Formeln mit Durchschnittswerten, was zu weiterer Ungenauigkeit führt. Alles in allem gibt es somit keine ausreichend genaue und zuverlässige mathematische Lösung des Problems.

Zusätzliche Komplexität entsteht dadurch, dass unterschiedliche Produkte zu unterschiedlichen Schneid- und Rüstkosten führen und auch diese Kosten in der Optimierung des Lagermanagements Berücksichtigung finden müssten.

Dies machte es notwendig, einen neuen Ansatz zu finden, der drei große Herausforderungen lösen sollte:

- Berücksichtigung von produktspezifischen Besonderheiten hinsichtlich Schneid- und Rüstkosten.

- Abbildung und Modellierung von Schwankungen und Unsicherheit von bestimmten Inputfaktoren wie beispielsweise Marktbedarf.
- Flexible Anpassung der optimalen Lösung je nach Situation (Szenario): Beispielsweise kann es je nach Marktsituation wichtiger sein, Kosten zu sparen, als einen maximalen Servicegrad beim Kunden zu erzielen. Oder dass beim nächsten Mal die Reduktion von Kapitalbindungskosten im Vordergrund stehen soll usw.

Daher wurde ein Reinforcement-Learning-Ansatz gewählt, mit dem Ziel, dass der Agent zumindest dieselbe oder eine bessere Performance aufweisen muss als der beste vorhandene Einkäufer. Reinforcement Learning wurde nicht zuletzt deshalb gewählt, weil dieser Ansatz sehr flexibel auf verschiedene Szenarien angepasst werden kann und auch das Thema Unsicherheit gut beherrscht.

Wie bereits erwähnt, ist es zunächst essenziell, eine entsprechende Lernumgebung für den Agenten zu generieren. Dazu musste in diesem Fall der bestehende Bestellprozess simuliert werden. Lagerbestandsdaten, Materialdaten, Bestelldauern, die Bestellhistorie, Planungsdaten und Verkaufszahlen wurden verwendet, um die Simulation zu erstellen. Diese Daten wurden als Lernumgebung für den Agenten zur Verfügung gestellt. Wichtig war, dass die entsprechenden Schnittstellen berücksichtigt werden. Beispielsweise wurde die Simulationsumgebung mit dem Kunden- und Produktionszyklus verbunden. Die dazu erforderlichen Systeme waren bereits vorhanden. Der Agent wurde in das bestehendes SAP-System eingebunden (Bild 7.73).

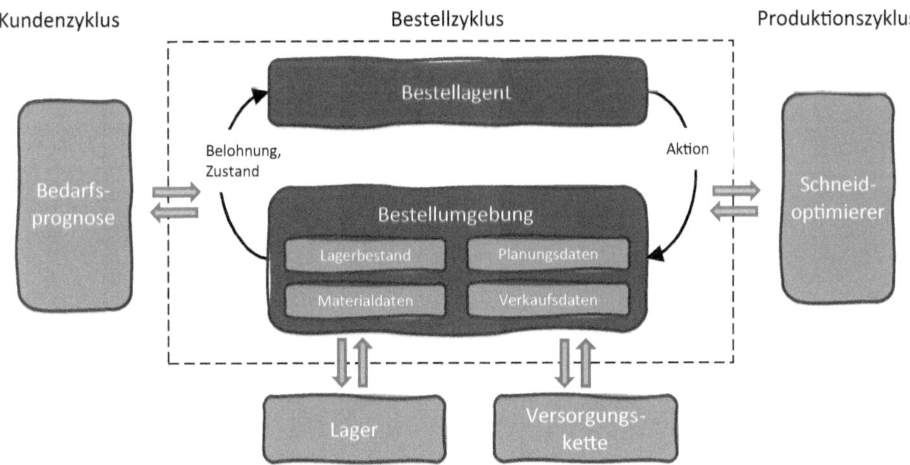

Bild 7.73 Simulationsumgebung des Bestellprozesses

Durch die Simulation der Umgebung wird es möglich, den Agenten innerhalb kürzester Zeit mehrere Millionen Jahre simuliert zu trainieren. Dazu muss die Simulationsumgebung schnell und auch sehr nahe an der Realität sein.

Die nächste Aufgabe bestand darin, den Reward zu definieren. Neben den Lagerhaltungskosten und Kosten bei Nichtverfügbarkeit von Materialien wurden dabei die Schneid- und Rüstkosten berücksichtigt.

Der Agent hatte somit zum einen den Zielkonflikt zwischen Lagerhaltungs- und Fehlbestandskosten zu lösen und zum anderen den Zielkonflikt zwischen Schneid- und Rüstkosten. Dazu wurde ein „Multi-Agent"-Vorgehen gewählt. Diese Möglichkeit ist einer von vielen Aspekten, die das enorme Potenzial von Reinfocement Learning verdeutlichen: Es ist relativ einfach möglich, mehrere Agenten zu trainieren und diese hinsichtlich eines Gesamtoptimums abzugleichen. Auch kann man bei Reinforcement Learning den Reward beispielsweise durch veränderte Gewichtungen der Kosten sehr schnell anpassen und sich somit rasch auf veränderte Rahmenbedingungen einstellen.

Erste Ergebnisse, die erzielt werden konnten, sind äußerst vielversprechend. Der Agent konnte die Lagerhaltungskosten um mehr als 10 % senken und auch den Schneidaufwand um mehr als 5 % reduzieren. Zusätzlich kommt ein sehr wichtiger Faktor dazu: Das Wissen, das der Agent aufgebaut hat, bleibt erhalten und kann relativ einfach über die verschiedenen Länder und auch über Generationen weitergegeben werden.

8 Prozessverbesserung durch Digitalisierung

In den letzten drei Kapiteln wurden bereits ausführlich spezifische Anwendungsfälle der Statistik im digitalen Qualitätsmanagement ausgehend von der beschreibenden bis hin zur prädiktiven Statistik („Predictive Analytics") behandelt. Der Fokus wurde dabei auf die entsprechenden statistischen Grundlagen und praktischen Anwendungsfälle im digitalen QM gelegt. In diesem Kapitel werden nun die Aspekte der **systematischen Vorgehensweise zur erfolgreichen Identifikation und Umsetzung von Use-Case-Ideen** und das dazugehörige Projektmanagement näher beleuchtet. Während in Kapitel 4 (Qualitätsgesicherte Innovation) die Entwicklung von neuen Produkten, Softwarelösungen und Industrie-4.0-Systemen im Vordergrund stand, wird in diesem Kapitel die durch die Digitalisierung **ermöglichte Verbesserung von Prozessen** thematisiert.

8.1 Arten von digitalen Use Cases

Vorgehensmodelle zur Identifikation und Umsetzung von digitalen Use Cases zur Prozessverbesserung können je nach Komplexität, Proaktivität und Innovationsgrad variieren. In Bild 8.1 sind dafür vier Ansätze dargestellt.

Von innen startend besteht die Aufgabenstellung darin, interne und externe Qualitätsreklamationen strukturiert zu lösen. Eine in der Praxis weit verbreitete Methodik dazu ist die **Problemlösung in 8 Disziplinen (8D)**. Diese wird oftmals von Kunden vorgeschrieben, indem im Fall einer Reklamation ein sogenannter 8D-Bericht eingefordert wird. Im digitalen Zeitalter ist es wichtig, neben den klassischen Problemlösungsmethoden auch moderne Data-Analytics-Techniken zu verwenden und den klassischen Ansatz zu ergänzen ($8D^{+}$).

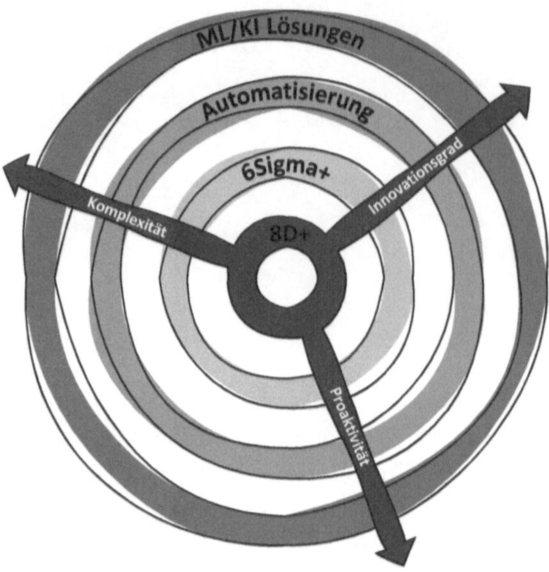

Bild 8.1 Vier Ansätze zur Prozessverbesserung durch Digitalisierung

Die nächste wichtige Verbesserungsaufgabe im Qualitätsmanagement besteht darin, Prozesse systematisch hinsichtlich Fehlerfreiheit nach einer definierten Logik zu verbessern, die als **Six Sigma** bezeichnet wird. Der Betrachtungsumfang dafür ist größer als bei der 8D-Methode, da nicht ein aufgetretener Fehler, sondern ein gesamter Prozess im Fokus der Untersuchung steht. Auch hier ist es wichtig, den klassischen Ansatz durch digitale Möglichkeiten und moderne prädiktive Methoden im Sinne von Six Sigma^{+} zu erweitern.

Der dritte Verbesserungskreis nutzt die neuen Möglichkeiten im digitalen Zeitalter, Prozesse zu automatisieren, indem Technologien wie **Workflow-Automation oder Robotic-Prozess-Automation** eingesetzt werden. Die beiden erstgenannten Verbesserungskreise sind probleminduziert, im Fall von 8D ausgelöst durch eine Reklamation und im Fall von Six Sigma durch eine unzureichende Effektivität eines Prozesses. Bei Robotic-Prozess-Automation spielt das Finden von attraktiven Use Cases eine große Rolle, weil diese Verbesserungen stärker proaktiv induziert werden.

Der vierte Verbesserungskreis nutzt schließlich **Machine Learning** und/oder **künstliche Intelligenz**, um einen Prozess hinsichtlich seiner Effektivität oder Effizienz signifikant zu verbessern.

Nachdem die **Komplexität von innen nach außen zunimmt**, sind Unternehmen gut beraten, auch bei der Einführung von innen nach außen vorzugehen. In diesem Buch wird in umgekehrter Reihenfolge vorgegangen und zunächst auf das Thema der Identifizierung und des Auswählens von Use Cases eingegangen. Darauf basierend wird der umfassendste Ansatz beschrieben, um anschließend in effizienter Form die inneren Verbesserungskreise zu beschreiben. Dabei wird davon ausgegangen, dass die grundsätzlichen Methodiken von Six Sigma und 8D im Qualitätsmanagement weitestgehend bekannt sind. Es wird daher auf eine umfassende Darstellung dieser Methoden verzichtet und primär auf die Weiterentwicklungsmöglichkeiten im Sinne von „8D⁺" und „Six Sigma⁺" im digitalen Zeitalter fokussiert.

8.2 Erfolgsversprechende Use Cases für ML und Automatisierung finden

Wie bereits erwähnt, ist es für die beiden äußeren Verbesserungskreise besonders wichtig, die **richtigen Use Cases zu finden und auszuwählen**. Dies erfordert einen kreativen Prozess, der unbedingt aus der Prozess- und nicht aus der Technologieperspektive zu starten ist. Bereits zu Beginn muss das **Verständnis für die Besonderheiten und Herausforderungen des Prozesses**, für welchen Ideen gefunden werden sollen, im Vordergrund stehen. Nähert man sich dem Thema aus der Technologiesicht und als engagierter Befürworter von modernen Machine-Learning- und KI-Lösungen, besteht die Gefahr, dass der Nutzen zu sehr aus dem Blick verloren geht und damit die falschen Use Cases verfolgt werden.

8.2.1 Identifikation und Abgrenzung des Prozesses

Wenn für einen bestimmten Prozess Use-Case-Ideen gefunden werden sollen, dann ist ein erster Schritt die Abgrenzung des zu betrachtenden Prozesses mittels Anwendung der **LIPOK-Darstellung** (vergleiche auch Abschnitt 2.3) wie in Bild 8.2 dargestellt (Wappis & Jung, 2016). Die Abkürzungen sind folgendermaßen zu verstehen:

- L... Lieferant des Prozesses, der den Input liefert.
- I... Input des Prozesses als Basis für den ersten Teilprozess.
- P... Prozess, der in die einzelnen Prozessschritte aufgegliedert werden kann.
- O... Output des Prozesses.
- K... Kunde des Prozesses, für den der Output bestimmt ist.

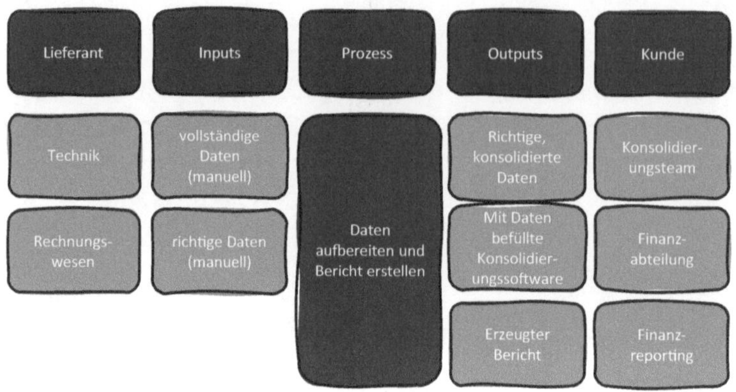

Bild 8.2 Beispielhafte LIPOK-Darstellung zu einem Berichtserstellungsprozess

Die Vorgehensweise bei der Erarbeitung der LIPOK-Darstellung ist folgende:

1. Der Prozess wird benannt.
1. Anfang und Ende des Prozesses werden definiert.
2. Die Kunden des Prozesses mit den entsprechenden Erwartungen werden erarbeitet.
3. Der Output des Prozesses wird festgelegt.
4. Der notwendige Input für den Prozess wird definiert.
5. Die Lieferanten des Prozesses werden festgelegt.

Durch die LIPOK-Darstellung erhält man nicht nur eine gute Abgrenzung des Prozesses, sondern auch eine klare Aussage, was unter der Effektivität des Prozesses zu verstehen ist. Damit ist die Basis gelegt, um später Use Cases zu finden, welche die **Effektivität des Prozesses verbessern**.

In Bild 8.2 ist die LIPOK-Darstellung beispielhaft für einen Berichtserstellungsprozess ersichtlich, wie sie in einem Workshop mit Prozessverantwortlichen und den internen Kunden erarbeitet wurde. Das Konsolidierungsteam und die Finanzabteilung erwarten als interne Kunden fachlich richtige, vollständige und konsistente Daten im Finanzbericht, um daraus fundierte Schlüsse zu ziehen. Das Controlling sowie das Rechnungswesen als Lieferant stellen den Input in Form von manuell bereitgestellten Daten zur Verfügung. Im Zuge dieser Betrachtung können bereits erste Ideen für potenzielle Use Cases entstehen, wie beispielsweise eine Softwarelösung welche die notwendigen Daten automatisiert bereitstellt.

8.2.2 Stakeholder-Analyse – Sammeln und Strukturieren von Anforderungen

Die Stakeholder-Analyse dient dazu, die **Kunden und Stakeholder des Prozesses und deren Anforderungen im Detail zu identifizieren**. Zum Sammeln und Strukturieren der Anforderungen identifizierter Stakeholder kann beispielsweise ein Mind Map oder das Customer Needs Mapping eingesetzt werden.

Das **Mind Map** dient dazu, Sachverhalte strukturiert zu visualisieren. Die Struktur entspricht hierbei der Ansicht eines Baums aus der Vogelperspektive. Das Mind Map ist damit in der Lage, angepasst an die nicht-linearen Strukturen unseres Gehirns umfangreiche Informationen übersichtlich festzuhalten.

Eine andere Möglichkeit, die Kundenanforderungen an den Prozess zu strukturieren, ist die Technik des **Customer Needs Mapping**. Mittels Kartenabfrage werden im Team – bevorzugt gemeinsam mit den Kunden – alle relevanten Anforderungen ermittelt. Hierzu bekommt jedes Teammitglied eine bestimmte Anzahl an Karten, um die wichtigsten Kundenbedürfnisse festzuhalten (Bild 8.3). So haben beispielsweise die Kunden an den Berichtserstellungsprozess die fehlerfreie und termingerechte Bereitstellung der notwendigen Daten als Anforderungen genannt.

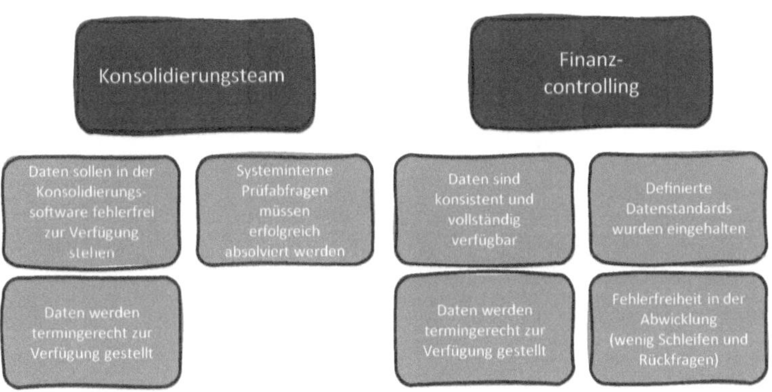

Bild 8.3 Customer Needs Mapping

Mit den ermittelten Hauptkundenanforderungen wird eine systematische verzweigende Auflösung in Unterkundenanforderungen vorgenommen, bis eine weitere Detaillierung nicht mehr sinnvoll erscheint. Es entsteht ein **Baumdiagramm**, das als Endergebnis die Kundenanforderungen systematisch von links nach rechts in einem immer größeren Detaillierungsgrad darstellt (Bild 8.4).

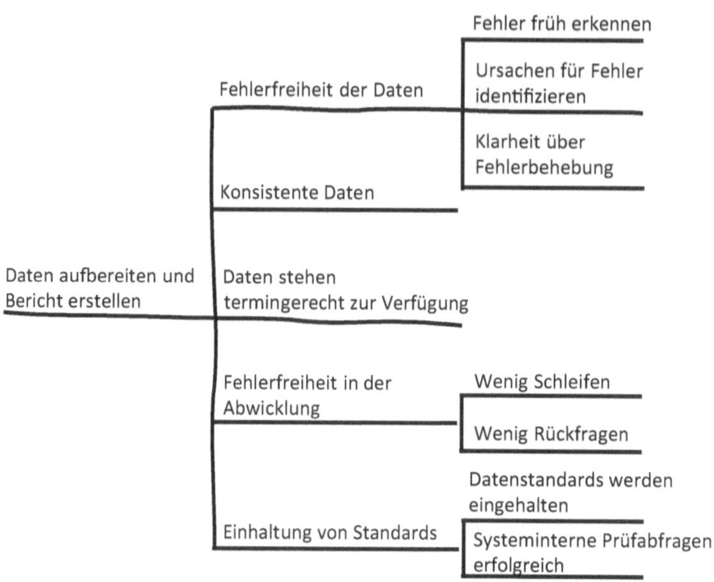

Bild 8.4 Beispiel Kundenanforderungsbaum an den Berichtserstellungsprozess

8.2.3 Vertiefende Prozessanalysen

Um den zu verbessernden Prozess ausreichend zu verstehen, ist es oftmals notwendig, den Prozess im Detail zu erarbeiten. Dazu eignen sich je nach Prozesstyp die gängigen Formen der Prozessdarstellung wie Flussdiagramme, Business Process Model and Notation (BPMN) oder eine Makigami-Analyse. Eine detaillierte Prozessanalyse kann nur unter Einbezug der relevanten Domänen- und Prozessexperten erfolgreich durchgeführt werden.

In Bild 8.5 ist beispielhaft eine **Makigami-Analyse** dargestellt. Der Begriff stammt aus dem Japanischen und bedeutet so viel wie gerolltes (Maki) Papier (Kami), da bei dieser Methode der zu betrachtende Prozess auf einer Papierrolle visualisiert wird. Die Vorgehensweise besteht üblicherweise aus den folgenden Schritten:

- Prozessbezeichnung und Prozessziel definieren (analog zur LIPOK-Darstellung).
- Beteiligte Personen, Abteilungen des Prozesses auflisten.
- Prozessschritte und Tätigkeiten eintragen.
- Verbindungspfeile eintragen (optional: rot/grün für kritische/unkritische Schnittstellen).
- Benötigte Datenträger/Informationsmedien/IT Systeme identifizieren.

- Prozessschritte hinsichtlich Wertschöpfung beurteilen (rot: nicht wertschöpfend, grün: wertschöpfend).
- Verbesserungsideen sammeln

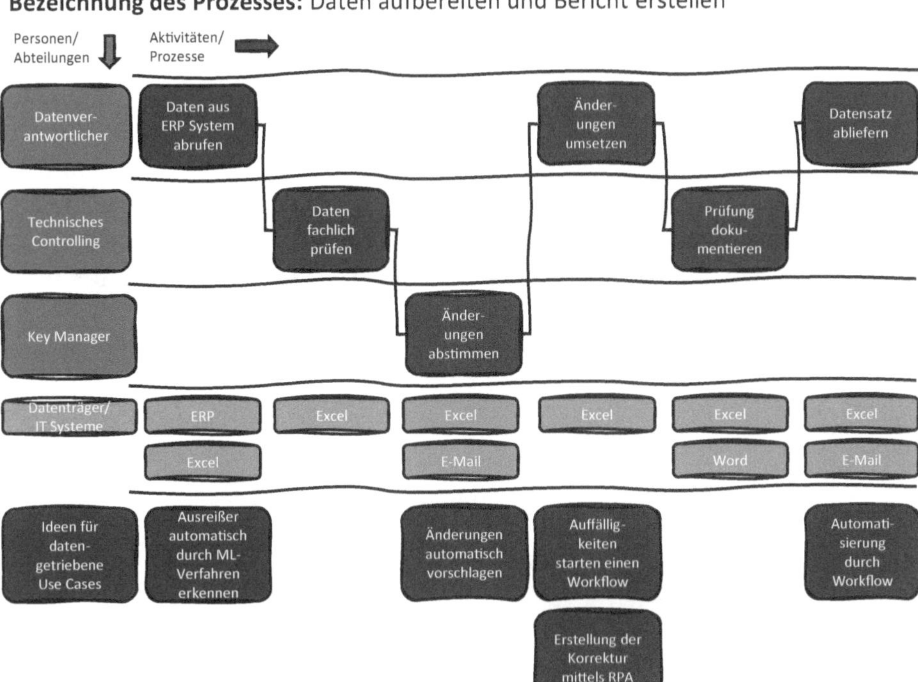

Bild 8.5 Beispiel Makigami-Analyse Berichtserstellungsprozess

Bild 8.5 zeigt die am Prozess beteiligten Personen und die Aktivitäten von der Datenbereitstellung aus dem ERP-System bis hin zum Abliefern des Datensatzes an die Empfänger. Ebenso sind die für den Prozess notwendigen Datenträger und IT-Systeme identifiziert worden. Ein häufiger Bruch zwischen Informationsmedien zeigt dabei oftmals Möglichkeiten zur Optimierung und Automatisierung des Prozesses auf. Im Zuge dieser Analyse wurden bereits erste Ideen für datengetriebene Use Cases generiert. Beispielsweise die automatische Erkennung von Ausreißern in den verwendeten Daten mittels Machine-Learning-Verfahren. Ein weiterer identifizierter Use Case ist die automatisierte Dokumentation von vorgenommenen Datenbereinigungen über RPA (Robotic Process Automation).

Zur Identifikation von möglichen datengetriebenen Use Cases hat sich eine Erweiterung der klassischen Makigami-Analyse bewährt. Beispielsweise lohnt es sich, alle wichtigen Entscheidungen, die im Prozess getroffen werden, systematisch aufzulisten. Darauf basierend kann man die Frage stellen, ob diese mithilfe von Machine Learning oder KI-Lösungen unterstützt werden können. Des Weiteren ist es sinnvoll, alle repetitiven Tätigkeiten zu identifizieren, um Hinweise auf Automatisierungslösungen zu bekommen.

8.2.4 Finden von Use Cases – kreative Phase

Wenn ein ausreichendes Verständnis für den Ist-Prozess sowie die Anforderungen und Herausforderungen erarbeitet wurden, kann die Kreativphase gestartet werden. Hierbei hat es sich bewährt, eine **Kreativsession im Team** durchzuführen, in der zunächst dem Team die Grundlagen von Machine Learning, Robotic Process Automation usw. vermittelt werden. In dem Kurztraining sollten weniger die theoretischen Details, als vielmehr die typischen Anwendungsfälle dieser Technologien im Vordergrund stehen, um das Team hinsichtlich Ideen initial zu inspirieren.

Danach werden die Ergebnisse der vorangegangenen Prozessanalyse wiederholt bzw. vorgestellt und unter Zuhilfenahme klassischer Kreativitätsmethoden **Ideen gesammelt**. Meistens kommen dafür die einfachen Praktiken wie Brainstorming oder Kartenabfrage zum Einsatz. Wichtig ist, wie bei allen Kreativsessions, dass auf die Einhaltung von Regeln wie „keine Kritik“ oder „auch verrückte Ideen sind willkommen“ Wert gelegt wird. Idealerweise werden die Ideen sofort dem Prozessschritt zugeordnet. Weil davon auszugehen ist, dass etablierte Kreativitätsmethoden im Qualitätsmanagement bekannt sind, wird auf eine detaillierte Darstellung der Techniken an dieser Stelle verzichtet.

8.2.5 Beschreibung der Use Cases – Question Zero

Nachdem **Ideen für potenziell interessante Use Cases** generiert wurden, müssen diese ausreichend **gut beschrieben und verstanden** werden, bevor sie ausgewählt werden. Dieser Punkt wird oftmals unterschätzt, ist jedoch absolute Voraussetzung für eine fundierte Bewertung und Auswahl zu einem späteren Zeitpunkt. Durch die Beschreibung der Use-Case-Ideen werden redundante Vorschläge erkannt, ähnliche Ideen können zusammengefasst und umformuliert werden und der Ideengeber hat die Möglichkeit, anderen Teammitgliedern seine Gedanken zu erläutern. Oftmals entstehen dadurch wiederum neue Ideen.

Es gibt viele Techniken, um einen Use Case in strukturierter Form zu beschreiben. Eine Möglichkeit ist die sogenannte Question-Zero-Tabelle (Haufe Akademie, 2021). Dabei sind einfache Fragen zu beantworten, um die grundsätzliche Idee und den Nutzen des Use Case zu präzisieren. Ziel ist es auch, den Nutzer und seine Anforderungen in das Zentrum des Use Case zu stellen und damit den Kunden frühzeitig in den Entwicklungsprozess zu integrieren. Folgende Fragestellungen sind üblicherweise in der Question Zero enthalten:

- **Feature** - was ist die innovative/revolutionäre Funktionalität im Kern des Use Case?
- **Nutzen** - was ist der Vorteil, der aus der neuen Funktionalität resultiert?
- **Kontext** - wo und in welchem Zusammenhang bzw. welcher Umgebung wird die neue Funktionalität genutzt?
- **Nutzer/Kunde** - für wen stellen wir den Use Case zur Verfügung?
- **Status quo** - was ist die Ist-Situation und was wird sich durch den Use Case ändern?
- **Methoden/Technologien** - mittels welcher Methoden/Technologien können wir den Use Case realisieren?

In Bild 8.6 wird ein Use Case zur Optimierung des Berichtserstellungsprozesses aufgegriffen und mittels Question Zero beschrieben. Man sieht deutlich, dass bei Anwendung dieser Technik der für den Kunden entstehende Nutzen im Fokus steht. In diesem expliziten Fall möchte man durch den Einsatz von Machine-Learning-Algorithmen im Bereich Zeitreihenanalysen Ausreißer besser erkennen als bisher und damit die Qualität von Berichten verbessern und Zeit sparen.

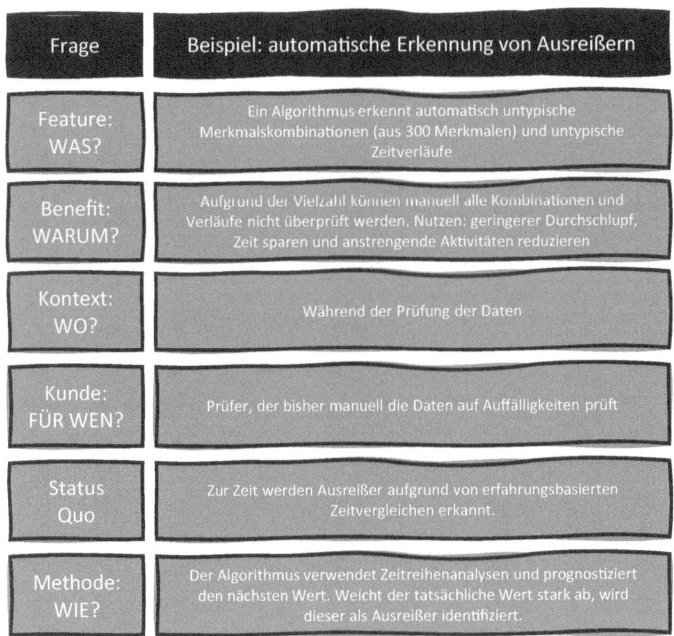

Bild 8.6 Darstellung eines Use Cases mithilfe der Question-Zero-Tabelle

8.2.6 Vorauswahl von Ideen

Bei einer großen Anzahl von Ideen empfiehlt es sich, eine Vorauswahl relevanter Ideen zu treffen. Unterschiedliche Interessen und Einflüsse der Stakeholder machen eine Konsensfindung jedoch häufig schwierig bis unmöglich. Deshalb können einerseits **klassische Priorisierungsmethoden** wie eine Punktbewertung oder Rangreihenmethode verwendet werden, aber auch Techniken aus der agilen Entwicklung wie die White-Elephant-Methode oder ein Priorisierungspoker eingesetzt werden (Tech Agilist, 2021).

Hat man die Anzahl der Ideen auf wenige, aber vielversprechende reduziert, lohnt es sich üblicherweise, die verbleibenden Ideen einer detaillierten Nutzenbetrachtung zu unterziehen, d. h. den Business Case zu rechnen.

8.2.7 Beschreibung und Berechnung des Business Case

Wie bereits in Abschnitt 4.7.2 erläutert wurde, ist der Business Case das, was ein Akteur erreichen möchte. Er beschreibt zum einen den **Nutzen aus Sicht der Stakeholder** und beinhaltet zum anderen eine **Wirtschaftlichkeitsrechnung**. Bei der Berechnung des Business Case wird somit der Nutzen dem Aufwand gegenübergestellt. Hier finden die klassischen Verfahren der Investitionsrechnung Anwendung, wie beispielsweise die statische Amortisationsrechnung (Payback Period) oder die Kapitalwertmethode (Net-Present-Value-Methode), welche zu den dynamischen Verfahren der Investitionsrechnung zählt. Es werden unterschiedlich anfallende Zahlungsströme durch entsprechende Zinsrechnungen berücksichtigt. Einnahmen, die früher anfallen, werden somit stärker gewichtet.

Die richtige Berechnung von Investitionen sollte in Unternehmen bekannt sein und daher keine Herausforderung für Controller darstellen. Wichtiger in diesem Zusammenhang ist, dass man diesen Punkt ernst und sich im Team entsprechende Zeit nimmt, um die zu erwartenden Kosten und den Nutzen im Zeitablauf abzuschätzen. In Tabelle 8.1 ist ein einfaches Beispiel dargestellt, bei dem die kumulierten Kosten und zu erwartenden Einsparungen im Zeitverlauf dargestellt werden. Es ist zu erkennen, dass ab dem dritten Quartal nach der Einführung des Use Cases eine Einsparung von 40 000 EUR erwartet wird. Die Payback Period beträgt nur drei Quartale, daher ist dieser Business Case sicher als äußerst attraktiv zu bewerten.

Tabelle 8.1 Kumulierte abgeschätzte Kosten und Einsparungen als Teil der Business Case Darstellung

Zeitpunkt	Quartal 1	Quartal 2	Quartal 3	Quartal 4
Kosten	-5 000 EUR	-10 000 EUR	-10 000 EUR	-15 000 EUR
Nutzen	-	-	50 000 EUR	75 000 EUR
Einsparung	-5 000 EIR	-10 000 EUR	40 000 EUR	60 000 EUR

8.2.8 Use Cases bewerten und auswählen

Nachdem Aufwand und Nutzen der Use Cases betrachtet wurden, können die Ideen systematisch, beispielsweise in Form einer **Entscheidungsmatrix** (Entscheidungstabelle) bewertet werden. Mithilfe definierter Kriterien und Gewichtungen wird die erfolgversprechendste Use-Case-Idee bestimmt (Tabelle 8.2). Hierzu wird für jede Idee eine Spalte in der Matrix aufgenommen, in diesem Beispiel für drei Ideen. Danach wird jede Idee bezüglich der Erfüllung der Kriterien wie beispielsweise „Datenqualität" oder „Kritikalität" bewertet. Nachdem die **Kriterien** zusätzlich **gewichtet** wurden, wird die Summe der Wertungen gebildet, um daraus eine Rangfolge der Ideen zu ermitteln. In dem Beispiel erhält Use-Case-Idee 1 die meisten Punkte und damit die Rangfolge 1.

Tabelle 8.2 Beispiel Entscheidungstabelle für Berichtserstellungsprozess

		Use Case 1: Auto. Erkennung von Ausreißern		Use Case 2: Auto. Behebung von erkannten Fehlern		Use Case 3: Erstellung der Doku mittels RPA	
Kriterien	Gewichtung	Wertung	Gew. Bewertung	Wertung	Gew. Bewertung	Wertung	Gew. Bewertung
Datenqualität	4	2	8	2	8	2	8
Komplexität	2	3	6	2	4	4	8
Kritikalität	2	2	4	2	4	2	4
Strategiefit	3	4	12	2	6	2	6
Summe			30		24		26

In diesem Zusammenhang wird darauf hingewiesen, dass eine Entscheidungsmatrix theoretisch einfach erscheint, aber in der Praxis große Herausforderungen beinhalten kann. Durch die Anwendung einer Entscheidungsmatrix ist auch keinesfalls Objektivität in der Entscheidung garantiert. Es gibt eine Vielzahl von Möglichkeiten, das Ergebnis bewusst in eine Richtung zu lenken, beispielsweise durch die Gewichtung von Kriterien oder durch die Aufnahme von zusätzlichen Merkmalen, die einer bestimmten Idee nutzen. Nicht zuletzt ist der Erfüllungsgrad der

Kriterien für Machine-Learning-Ideen bestenfalls eine gute Abschätzung. Dennoch sind Entscheidungsmatrizen sehr wertvoll, weil sie dokumentieren, warum das Team zu der Entscheidung gekommen ist, und der Prozess der Bewertung systematisch durchgeführt wird.

Zusätzlich können die vorliegenden Ideen auch hinsichtlich ihrer Machbarkeit und dem Nutzen in einer Matrix übersichtlich dargestellt werden. Bild 8.7 zeigt eine solche Matrix, in welcher die **Use Cases nach ihrer technischen Machbarkeit** auf der x-Achse **und dem zu erwartenden Nutzen** auf der y-Achse **von niedrig bis hoch eingeordnet** werden. Die Stärke dieser Methode liegt in der anschaulichen grafischen Darstellung, die insbesondere in der Diskussion mit Entscheidungsträgern sehr hilfreich sein kann.

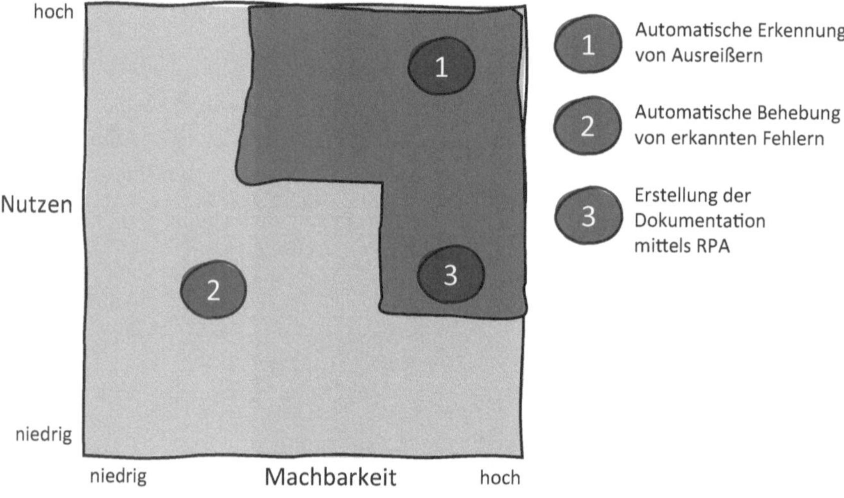

Bild 8.7 Beispiel Machbarkeit-Nutzen-Matrix

8.3 KI und Machine Learning Use Cases systematisch umsetzen

Unter Mithilfe von Michael Eder

Mithilfe einer **standardisierten Vorgehensweise** können Machine-Learning-Projekte effektiver und effizienter durchgeführt werden. Außerdem werden damit die aus einem Projekt gewonnenen Erfahrungen und das **Wissen nachvollziehbar dokumentiert.**

Eine gute Basis für die systematische Vorgehensweise ist der sogenannte CRISP-DM-(Cross Industry Standard Process for Data Mining)-Workflow. Dieser wurde Mitte der 1990er-Jahre durch eine Zusammenarbeit von mehreren Industrieunternehmen entwickelt. Bei dem CRISP-DM-Workflow handelt es sich um einen applikations- und toolneutralen Prozess, welcher einen Leitfaden zur Abwicklung von Data-Mining-Projekten bietet und dabei sowohl die geschäftliche als auch die technische Sichtweise berücksichtigt. Er beschreibt die sinnvollen und logischen Tätigkeiten innerhalb eines Data-Mining-Projekts (Chapman (NCR), et al., 1999).

In Bild 8.8 sind die Phasen des CRISP-DM-Workflows dargestellt: Business Understanding - Data Understanding - Data Preparation - Modeling - Evaluation - Deployment.

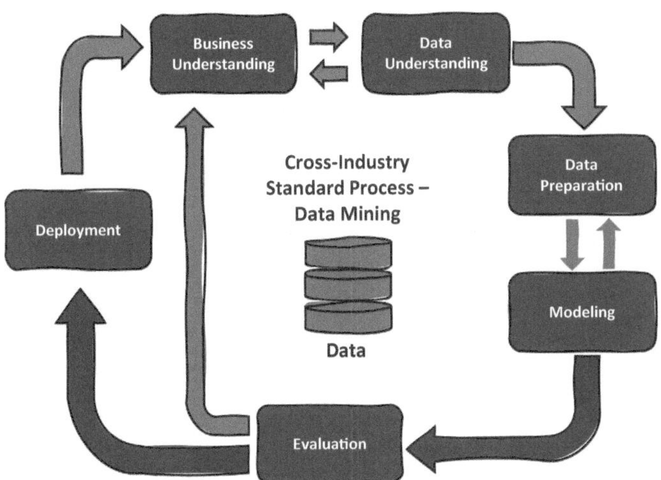

Bild 8.8 CRISP-DM-Workflow (Chapman (NCR), et al., 1999)

Obwohl die Idee des CRISP-DM schon relativ alt ist und sich aus der Disziplin des Data Mining entwickelte, kann er mit entsprechender Adaption auch für Machine-Learning-Projekte angewandt werden. Im Rahmen von zahlreichen Trainings im Bereich Data Science (Ausbildung zum Use-Case-Leader) mit der Voestalpine High Performance Metals DIGITAL SOLUTIONS Gmbh wurde gemeinsam das in Bild 8.9 dargestellte Vorgehensmodell entwickelt. Die wesentliche Adaption besteht darin, dass **neben dem Trainieren von Modellen auch die Umsetzung von Machine-Learning-Lösungen in einem zweiten Regelkreis** beschrieben ist. In diesem werden trainierte und evaluierte Machine-Learning-Modelle über eine Software-Lösung umgesetzt und laufend aktualisiert.

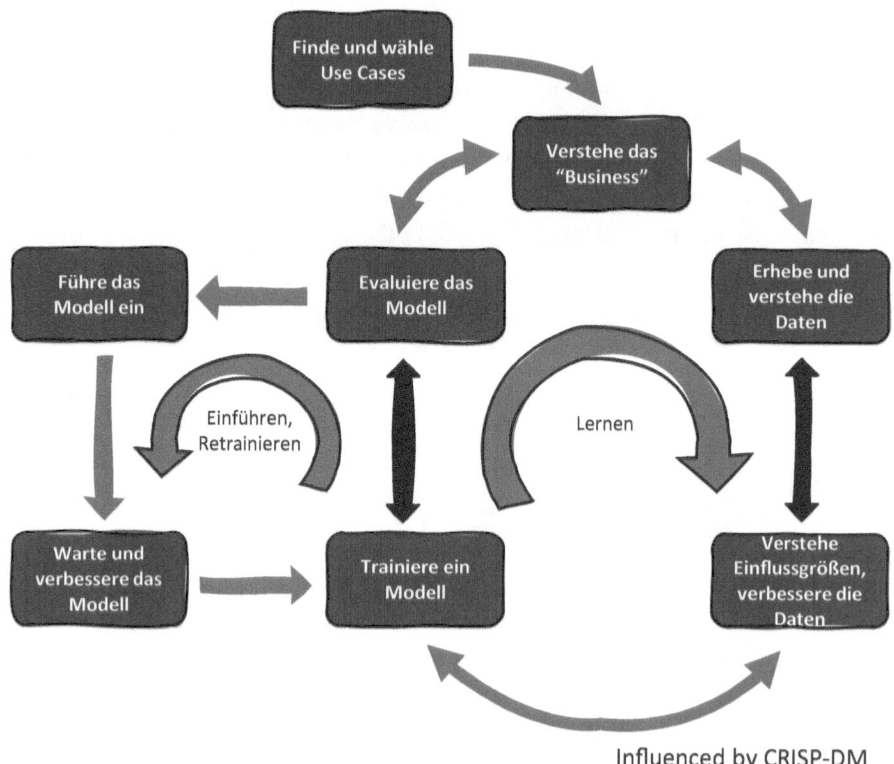

Bild 8.9 Erweiterte Darstellung des CRISP-DM-Workflows

8.3.1 Business Understanding

Der Umfang dieser ersten Phase hängt sehr davon ab, wieviel Zeit für den betroffenen Use Case bereits im Auswahlprozess investiert wurde. Es kann beispielsweise sein, dass dieser bereits im Zuge der Auswahl umfassend mithilfe von Question Zero beschrieben wurde und auch der gerechnete Business Case schon vorliegt. Unabhängig davon sind die typischen Schritte dieser Phase:

1. **Benenne das Team.**
2. **Verstehe den Prozess**, den es zu verbessern gilt.
3. **Ermittle die Anforderungen** der Stakeholder an den Use Case.
4. **Beschreibe den Use Case** und stelle ein einheitliches Verständnis sicher.
5. **Übersetze den Use Case** in ein Parameter-Diagramm.
6. **Leite die Anforderungen an den Use Case ab.**
7. **Rechne den Business Case.**
8. **Erarbeite einen** vorläufigen **Projektplan.**

Eine der wichtigsten Schritte besteht darin, das Team festzulegen. Machine-Learning- und KI-Projekte können nur dann erfolgreich sein, wenn ein interdisziplinär zusammengesetztes Team aus Domänen-/Prozess-Experten sowie eines Data Analyst und Data Engineers gut zusammenarbeitet. Bild 8.10 stellt die erforderliche Teamzusammensetzung grafisch dar.

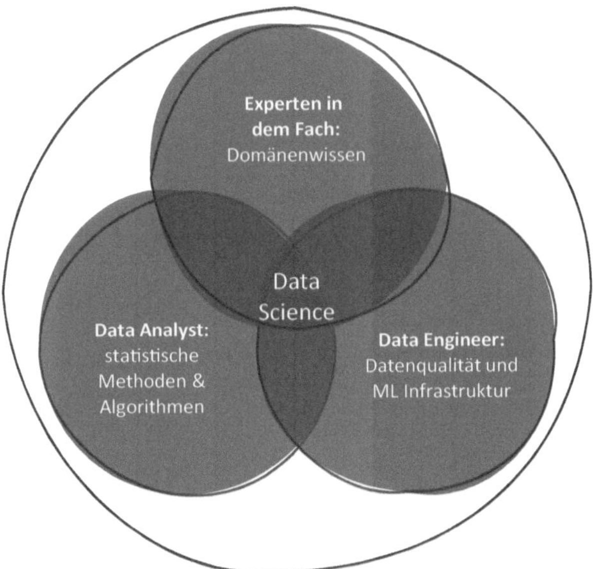

Bild 8.10 Teamzusammensetzung in Machine-Learning-Projekten

Der **Domänen-/Prozessexperte** verfügt über das Wissen der Produktions- oder Geschäftsabläufe, welche im Fokus des Machine-Learning-Projekts stehen. Sein Input ist die Basis für den **Data Engineer**, der die im Zuge des Projekts erforderlichen Daten zur Verfügung stellt. Diese Daten werden dann von einem **Data Analyst** durch Anwendung geeigneter Machine-Learning-Algorithmen modelliert. Die Ergebnisse müssen wiederum gemeinsam mit dem Domänenexperten hinsichtlich deren Genauigkeit, Anwendbarkeit und Zielerreichung evaluiert werden. Diese Vorgehensweise klingt zwar einfach und auch logisch, ist aber in der Praxis herausfordernd, weil unterschiedliche Disziplinen und auch Sprachen aufeinanderprallen (**siehe auch Glossar**). Manchmal braucht es dafür einen Use Case Leader oder Projektleiter, der gleichzeitig auch Übersetzer und Moderator ist und für gute Teamarbeit sorgt.

Die nächsten Schritte 2 - 4 wurden bereits im Abschnitt 8.2 ausführlich erläutert. Wir möchten darauf hinweisen, dass sie nun detaillierter bearbeitet werden müssen als in der Auswahlphase. Neben der Question-Zero-Methode sind die UML-Use-Case-Beschreibungsmethoden wie Use-Case-Diagramm, Aktivitäts- oder Sequenzdiagramm sehr hilfreich.

In Bild 8.11 ist ein Beispiel für ein solches **Sequenzdiagramm** dargestellt. Die Use-Case-Idee besteht darin, dass eine Machine-Learning- bzw. KI-Lösung für einen Maschinenbediener intelligente Handlungsempfehlungen abgibt, sobald ein Qualitätsmerkmal außerhalb eines Grenzbereichs liegt. Damit soll erreicht werden, dass die Anlage schnell wieder die erforderliche Qualität produziert und lange Brachzeiten vermieden werden. Die Art der Interaktion des Anlagenbedieners mit der Machine-Learning-Lösung ist in dem Sequenzdiagramm beschrieben.

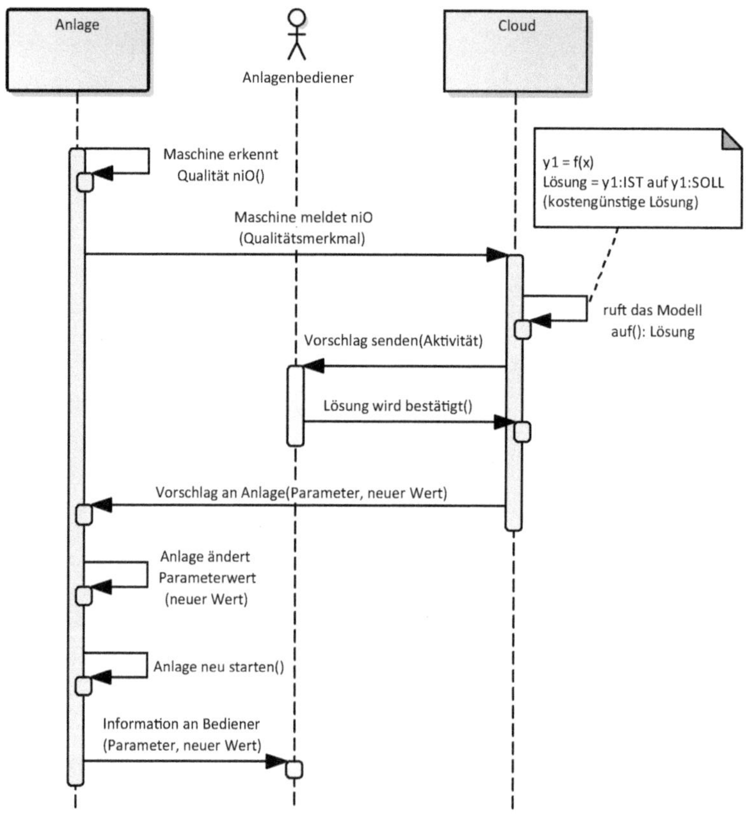

Bild 8.11 Sequence-Diagramm für einen Use Case im Bereich ML

Der nächste Schritt besteht nun darin, das geplante Machine-Learning-Modell mit den entsprechenden Input- und Outputdaten zu beschreiben. Hier ist die Darstellung in Form eines **Parameter-Diagramms** (P-Diagramm) sehr zu empfehlen. Dadurch wird Klarheit geschaffen, welchen Output das Modell liefern soll und welche Inputparameter (Feature) für das Lernen verwendet werden. Somit wird das **Business-Problem in ein Machine-Learning-Problem umgewandelt**. Wichtig ist, dass die Parameter genau beschrieben werden, beispielsweise welche konkreten Merkmalstypen (stetig, diskret, ordinal, nominal) oder welche Ausprägungen bei diskreten Merkmalen zu berücksichtigen sind. Dies stellt bereits in einer frühen Phase ein einheitliches Verständnis für die Machine-Learning-Lösung sicher und legt die Basis für die weiteren Überlegungen. Ein Beispiel dazu wurde bereits in Abschnitt 7.3.4, Bild 7.38 beschrieben.

Darauf basierend sind nun die Anforderungen an den Use Case abzuleiten. Hierbei ist es sinnvoll, zwischen Geschäftszielen und Erwartungen an das Machine Learning zu unterscheiden. Zuerst sind die Geschäftsziele zu definieren, die in der Geschäftsterminologie formuliert sind, wie beispielsweise:

- Reduzierung von Mehraufwand
- Zeitersparnis
- Reduktion von Ausschuss
- Erhöhung des Ausstoßes

Anschließend werden die Ziele für das Machine Learning abgeleitet, die in technischer Hinsicht formuliert sind, wie beispielsweise die notwendige Vorhersagegüte von Modellen:

- Angestrebte Bestimmtheitsmaße bei Regressionsmodellen
- Angestrebte Fehlerquoten bei Klassifikationsmodellen

Machine-Learning-Ziele legen fest, ab wann die technische Lösung als erfolgreich eingestuft werden kann. Es ist äußerst wichtig, dass dieser Schritt zum einen in der frühen Phase und zum anderen abgeleitet von den Geschäftszielen erfolgt. Damit wird das Risiko reduziert, dass das Team im Rahmen der Use-Case-Erarbeitung viel Aufwand investiert und dadurch Begeisterung für das Thema entwickelt, sodass man an der Idee auch dann festhalten möchte, wenn die Anforderungen nicht erfüllt werden können bzw. der wirtschaftliche Nutzen nicht gegeben ist.

Die festzulegenden Anforderungen hängen stark von der Art der Aufgabenstellung des Machine Learnings ab. Beispielsweise ist es üblich, dass bei Klassifizierungsaufgaben die Eigenschaften der Modelle mit Kennzahlen wie beispielsweise Precision (Relevanz) und Recall (Sensitivität) beschrieben werden, die üblicherweise gegenläufig sind (Abschnitt 7.2.2 und Abschnitt 8.3.3). Nehmen wir dazu das einfache Beispiel eines Spam-Filters. Soll die Klassifizierungslösung nach Precision (wenige irrtümlicherweise als Spam eingestufte Mails) oder Recall (wenige Mails, die irrtümlicherweise nicht als Spam eingestuft wurden) optimiert werden? Auf der einen Seite ist es ärgerlich, wenn nicht alle Spam-Mails im Spam-Ordner landen. Wenn aber eine wichtige Mail im Spam-Filter landet und daher unbeantwortet bleibt, ist der Schaden vermutlich größer. Wenn das Team auch derselben Meinung ist, sind höhere Anforderungen an Precision zu stellen. Aus diesem Beispiel sehen wir, dass nur der Domänenexperte, der den Prozess genau kennt, diese Anforderungen festlegen kann. Es sind die Kosten bzw. Auswirkungen von falsch-positiv und falsch-negativ zu erarbeiten und dann die Anforderungen festzulegen.

Als Nächstes ist, gemäß der Beschreibung in Abschnitt 8.2.7, der Business Case zu rechnen. Am Ende dieser Phase muss ein vorläufiger Projektplan erarbeitet werden. Typischerweise beinhaltet dieser neben klaren Zielen auch die Zusammensetzung des Projektteams, Verantwortlichkeiten, Meilensteine und eine Planung der notwendigen Ressourcen. Generell empfiehlt sich aufgrund der zumeist unsicheren Rahmenbedingungen (z. B. Verfügbarkeit bzw. Qualität der Daten) eine Umsetzung des Projekts mittels Methoden des agilen Projektmanagements (Abschnitt 4.5).

Üblicherweise erfolgt die Realisierung von Machine Learning Use Cases in mehreren Stages, innerhalb derer man agil vorgeht (Bild 8.12). Oftmals startet man damit, die **Idee sehr schnell** zu **evaluieren**, insbesondere wenn bereits Lerndaten zur Verfügung stehen. Wenn diese ersten Modelle vielversprechend sind, beginnt Stage 2, die üblicherweise als **Proof of Concept (PoC)** bezeichnet wird. Bei entsprechendem Erfolg kann man mit dem **Deployment eines Produkts** beginnen, das zwar noch nicht alle Funktionen erfüllt, aber bereits einen ersten Nutzen liefert. Dieses Produkt wird als MVP - Minimal Viable Product - bezeichnet.

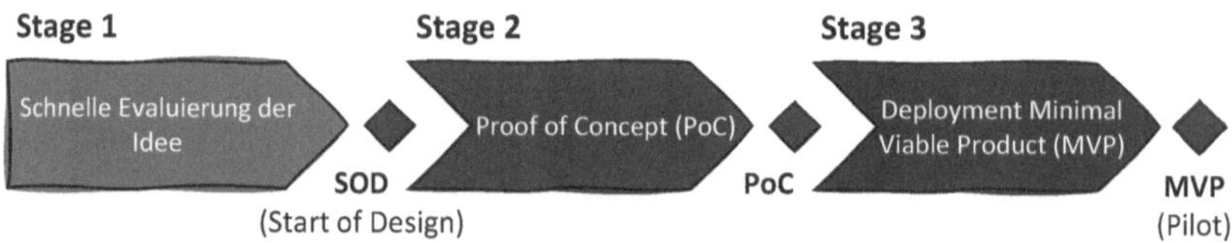

Bild 8.12 Mögliche Stages in Machine-Learning-Projekten

8.3.2 Datenverständnis und Datenpräparation

Ausgangspunkt für Machine Learning sind Informationen, die in Form von Daten vorliegen. Alle folgenden Schritte basieren auf diesen Daten. Mit den Ergebnissen aus „Data Understanding“ und „Data Preparation“ wird der Grundstein für einen qualitativ hochwertigen Datensatz in der Modellierungsphase gelegt. Mit der Güte der Datensätze steigt zum einen die Qualität des Ergebnisses, zum anderen sinkt die Komplexität und der Aufwand der eingesetzten Algorithmen. Damit kommt dem Datensatz, der dem Machine Learning zugrunde liegt, eine hohe Bedeutung zu.

Im Wesentlichen sind in dieser Phase die in Abschnitt 5.3 und Abschnitt 5.4 erläuterten Methoden zur Datenerhebung und zum Datenverständnis anzuwenden. Im Folgenden wird ergänzend beschrieben, wie dies in einem realen Use Case erfolgen kann.

Data Understanding: Erhebe und verstehe die Daten

Zunächst ist es wichtig, die **Datenerfassung zu planen**. Es ist in dieser Phase unerlässlich, einen Data Engineer oder Experten aus der IT-Abteilung einzubinden. Sollten beispielsweise die benötigen Daten aus mehreren Datenquellen stammen, muss die Integration der Daten erfolgen. Unter Umständen muss Zeit und Geld investiert werden, um die entsprechende IT-Infrastruktur aufzubauen (Abschnitt 9).

Eine wesentliche **Voraussetzung für verlässliche Daten** ist ein **fähiges Messsystem**, das keine systematischen Abweichungen aufweist und sich durch eine ausreichende Auflösung, und eine gute Wiederholbarkeit auszeichnet. Diese Eigenschaften können zum Beispiel mittels einer Mess-System-Analyse (MSA) nachgewiesen werden.

Die erfassten **Daten müssen hinsichtlich ihrer Struktur und Qualität verstanden werden**. Ziel ist es, sich mit dem Datensatz vertraut zu machen und Probleme bezüglich der Datenqualität zu identifizieren. Dazu dienen die in Abschnitt 5.4 angeführten statistischen Kennwerte und Grafiken. Dabei möchte man u.a. folgende Fragestellungen beantworten:

- **Sind die Daten vollständig**?
- **Sind die Daten einheitlich formatiert**?
- **Fehlen Werte in den Daten**?
- **Gibt es Anomalien und/oder Ausreißer**?
- **Wie ist die Verteilung von Merkmalen**?
- **Gibt es Beziehungen zwischen zwei oder mehreren Größen**?
- **Müssen Daten transformiert werden** oder sind andere Datenvorbereitungsschritte notwendig?

Diese Fragen sind unter Einbezug der Domänen-Experten zu beantworten, denn Datenverständnis führt zum Domänen-Verständnis, was die Vorgehensweise in den weiteren Phasen erleichtern kann. Gemeinsam mit den Domänen-Experten ist zu überprüfen, ob die Daten korrekt, vollständig, kohärent, repräsentativ und aktuell sind.

Data Preparation: Verbessere die Daten und verstehe die Einflussgrößen

Die Datensätze, die dem Machine-Learning-Verfahren zur Verfügung stehen, sind in den seltensten Fällen perfekt. Sie müssen **bereinigt** (Abschnitt 5.5), **kodiert** (Abschnitt 5.6), **konstruiert** (Abschnitt 5.7) und gegebenenfalls **komprimiert** (Abschnitt 5.8) werden. Unter dem Thema der Konstruktion von Daten ist die essenzielle Aufgabe des Feature Engineering enthalten, das wir an dieser Stelle nochmals in Erinnerung rufen wollen um dessen Bedeutung zu würdigen.

Bevor mit der Modellierung einer Machine-Learning-Lösung begonnen wird, ist ein **Feature-Engineering-Workshop** empfehlenswert. Gemeinsam mit Prozessexperten werden beispielsweise mithilfe eines Ishikawa-Diagramms **alle möglichen Einflussgrößen** auf die zu modellierende Zielgröße erarbeitet. Danach kann man diese gewichten und die Frage stellen, welche dieser Einflussgrößen unbedingt als Features im Machine-Learning-Modell beinhaltet sein sollen. Eventuell muss man dafür neue Möglichkeiten der Datenerfassung schaffen, was zeit- und kostenintensiv sein kann.

Die Erfahrung im Qualitätsmanagement zeigt, dass das Thema Feature Engineering den größten Einfluss auf die Machbarkeit von Machine-Learning-Lösungen hat. Wenn die wesentlichen Einflussgrößen nicht im Modell beinhaltet sind, wird auch der beste Algorithmus bzw. das hochwertigste Neuronale Netz keine brauchbaren Ergebnisse liefern.

8.3.3 Modelltraining

In dieser Phase wird mittels Verfahren des Machine Learnings ein **Prädiktionsmodell** trainiert. Je nachdem, ob es sich um Supervised, Unsupervised oder Reinforcement Learning handelt und basierend auf den definierten Zielen steht eine Vielzahl an Algorithmen bzw. Modellierungsverfahren zur Verfügung.

Es ist von vornherein unmöglich und auch gar nicht notwendig, das „richtige" Modellierungsverfahren auszuwählen. In gängigen Softwarelösungen für Machine Learning stehen mehr oder weniger auf Knopfdruck sämtliche Algorithmen zur Verfügung. Wenn es die Rechenzeit zulässt, werden die häufigsten Algorithmen „ausprobiert" und der mit der besten Performance zu einem späteren Zeitpunkt verwendet.

Unter dem Stichwort „Auto ML" werden Softwarelösungen angeboten, welche die für die Aufgabenstellung möglichen Modelle automatisch auswählen, trainieren, bewerten und das beste Modell ermitteln. Dies ist auf der einen Seite bequem, aber auf der anderen Seite auch gefährlich, wenn das notwendige Hintergrundwissen für das Machine-Learning-Verfahren nicht gegeben ist. Die Mindestanforderung für die erfolgreiche Anwendung eines Algorithmus ist daher ein ausreichendes Verständnis für das grundsätzliche Prinzip des Algorithmus und ein detailliertes Wissen über die entsprechenden Hyperparameter.

Modellbewertung, Overfitting, Underfitting

Jedes Modell hat einen Fehler, der in Bias, Varianz und Rauschen zerlegt werden kann. Der Bias-Fehler des Modells ist sein durchschnittlicher Fehler für verschiedene Trainingssätze. Die Varianz des Fehlers gibt an, wie empfindlich er auf unterschiedliche Trainingssätze reagiert. Das Rauschen ist eine Eigenschaft der Daten, die (hoffentlich) nicht modelliert wurde.

In den Diagrammen in Bild 8.13 sieht man eine Funktion f(x)=cos(32πx) und einige verrauschte Punkte aus dieser Funktion. Wir verwenden drei Regressionsmodelle der Ordnung M = 1, 4 und 15. Wir sehen, dass der erste Schätzer zu einfach ist und somit der Bias mit 4.08E-1 zu hoch ist - dies wird **Underfitting** genannt. Die zweite Schätzung nähert sich der wahren Funktion fast perfekt an und der letzte Algorithmus nähert sich zwar den Trainingsdaten perfekt an, bildet aber nicht die wahre Funktion ab. Er ist sehr empfindlich gegenüber variierenden Trainingsdaten, d.h. er weist eine hohe Varianz auf - dies wird **Overfitting** genannt.

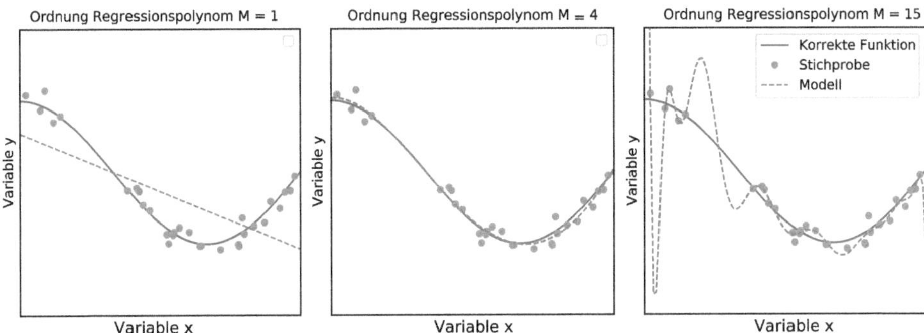

Bild 8.13 Vergleich unterschiedlicher Regressionsfunktionen zur Erklärung von Overfitting (scikit-learn developers, 2021)

Algorithmen mit geringer Varianz, aber hohem Bias sind in der Regel weniger komplex und trainieren Modelle, die zwar konsistent, aber im Durchschnitt ungenau sind. Komplexere Algorithmen, die eine flexible Struktur aufweisen, können Modelle trainieren, die zwar bezogen auf den Trainingsdatensatz genau sind, aber unter Umständen hohe Streuung aufweisen.

Um ein gutes Prädiktionsmodell zu trainieren, muss man daher eine Balance zwischen Bias und Varianz finden. Dieser Sachverhalt kann durch den sogenannten „Bias-Variance Tradeoff" beschrieben werden (Bild 8.14).

Im Machine Learning gibt es mehrere Maßnahmen und Möglichkeiten, um sowohl Under- als auch Overfitting zu vermeiden und die optimale Balance zu finden. Beispielsweise bieten Regressionsalgorithmen die Möglichkeit der Regularisierung und Entscheidungsbäume die Möglichkeit des Prunings an. Pruning ist der englische Ausdruck für Zurechtstutzen, d.h. Vereinfachen von Entscheidungsbäumen. Hier gibt es eine Vielzahl von Möglichkeiten, im einfachsten Fall wird manuell die Anzahl der Knoten z.B. auf fünf begrenzt.

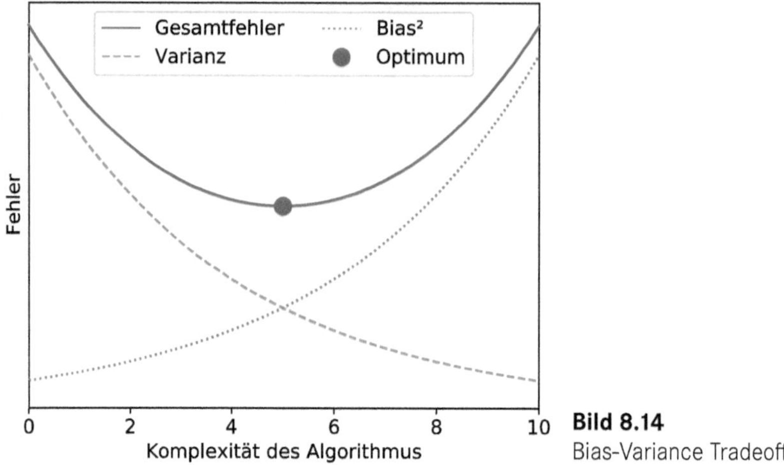

Bild 8.14
Bias-Variance Tradeoff

Die wichtigste Maßnahme, den Bias-Variance Tradeoff zu lösen, lässt sich durch das folgende Prinzip im Machine Learning zusammenfassen: Wenn die Güte eines Modells bewertet wird, dann immer anhand eines neuen Datensatzes, der nicht für das Training verwendet wurde. Die verschiedenen Möglichkeiten und zu beachtenden Grundsätze hierfür werden nun erläutert.

Trainings- und Testdatensatz

Klassischerweise wird der zur Verfügung stehende Datensatz in einen Trainings- und einen Testdatensatz geteilt. Der Trainingsdatensatz wird verwendet, um das Modell zu trainieren und die Parameter des Modells bestmöglich zu bestimmen. Um das Modell an unbekannten Daten testen zu können, wird ein Testdatensatz gebildet. Üblich ist, dass 80 % der Daten für das Training und 20 % für die Validierung verwendet werden.

Die Prognosewerte des Modells werden mit den „wahren" Werten des Testdatensatzes abgeglichen. Basierend auf diesem Vergleich werden die Gütemaße für die verschiedenen Modellierungsverfahren ermittelt.

K-fache Kreuzvalidierung

Manchmal kann es vorkommen, dass durch die Aufteilung in Trainings- und Testdatensatz zu wenig Datenpunkte zur Verfügung stehen. Die Kreuzvalidierung ist eine Methode, um trotzdem eine zuverlässige Schätzung der Modellgüte zu erhalten. Dabei liegt dem Training und der Validierung ein und derselbe Datensatz zugrunde. Bei der k-fachen Kreuzvalidierung wird der Datensatz in k gleiche Teile unterteilt, die zyklisch für Training und Validierung verwendet werden. Zur Erstellung beispielsweise einer 10-fachen Kreuzvalidierung geht man wie folgt vor:

1. Teilung des Datensatzes in zehn gleiche Partitionen.
2. Trainieren des Modells an den ersten neun Partitionen.
3. Bewerten des Modells an der verbleibenden Partition (auch als „Hold-out“ bezeichnet).
4. Die Schritte 2 und 3 werden 10-mal ausgeführt, wobei jedes Mal ein anderer Teil als „Hold-out“ definiert wird.
5. Beurteilung der Gütemaße über alle zehn „Hold-Out“-Partitionen hinweg.
6. Die durchschnittliche Güte über die zehn „Hold-Out“-Partitionen stellt die endgültige Beurteilung der Modellleistung dar.
7. Zusätzlich kann man durch Kreuzvalidierung auch die Streuung der Gütemaße ermitteln und somit die Varianz der Ergebnisse abschätzen.

Bild 8.15 zeigt die Aufteilung der Partitionen für das Beispiel k=10.

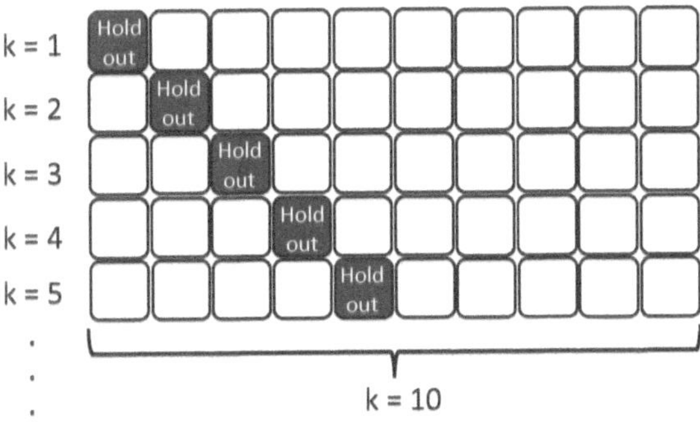

Bild 8.15
K-fache Kreuzvalidierung am Beispiel von k=10

Tuning von Modellen

Beim Training von Machine-Learning-Modellen können oftmals strukturelle Einstellungen eines Algorithmus, die sogenannten **Hyperparameter**, verändert werden. Dies wird als **Modelltuning** oder Hyperparametertuning bezeichnet. Zum Beispiel kann bei Regressionsverfahren der Regularisierungsparameter oder bei Entscheidungsbäumen die Tiefe der Struktur variiert werden. Hierzu wird typischerweise durch **Grid-Search-Methoden** ein Netz von unterschiedlichen Hyperparameterkombinationen aufgespannt, die trainiert werden. Die Ergebnisse mit unterschiedlichen Hyperparametern werden mithilfe eines **Validierungsdatensatzes** verglichen und **das beste Modell ausgewählt**.

In diesen Fällen muss der zur Verfügung stehende Datensatz in einen Trainings-, einen Validierungs- und einen Testdatensatz aufgeteilt werden (Bild 8.16). Der Trainingsdatensatz wird verwendet, um das Modell zu trainieren und die Parameter des Modells bestmöglich zu bestimmen. Um ein Modell mit unterschiedlichen Hyperparametern zu vergleichen, wird der Validierungsdatensatz verwendet. Der Testdatensatz wird zum finalen Test des Machine-Learning-Modells eingesetzt.

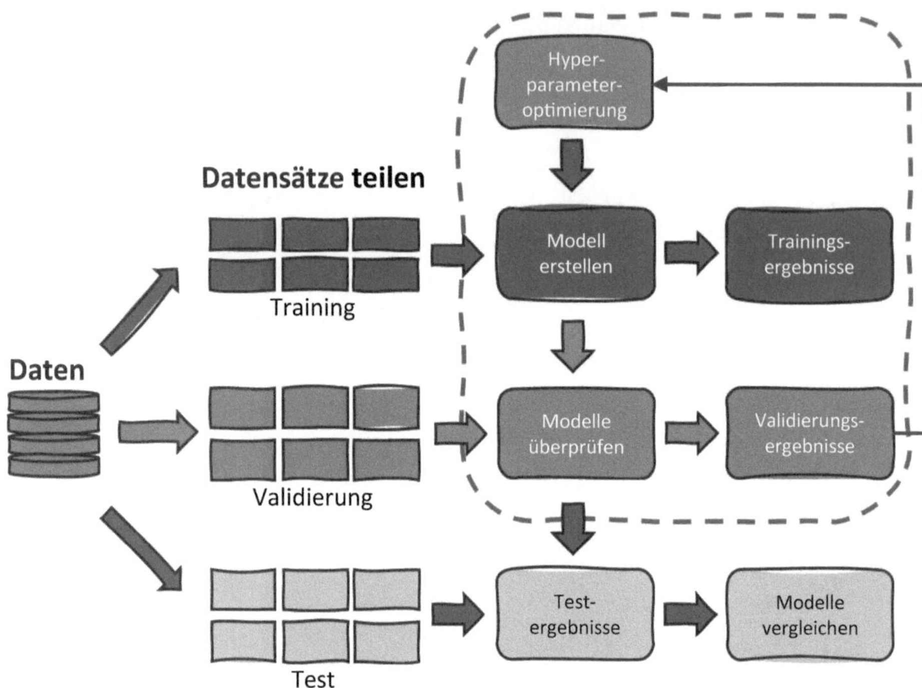

Bild 8.16 Hyperparametertuning erfordert einen Trainings-, Validierungs- und Testdatensatz

Modellbewertung mit Kenngrößen

Welche Kenngrößen zur Modellbewertung herangezogen werden, hängt stark von der Art der Machine-Learning-Aufgabe ab und wurde bereits ausführlich erläutert. Beispielsweise wurde in Abschnitt 7.1.2 die Bewertung von Regressionsmodellen mit dem Bestimmtheitsmaß vorgestellt, in Abschnitt 7.2.2 die Bewertung von Klassifizierungsmodellen mit den Kenngrößen Precision und Recall.

Der Prozessexperte spielt eine wesentliche Rolle bei der Modellbewertung, weil dieser das Modell freigeben muss. Wenn also der Data Scientist die Ergebnisse einer Klassifizierungsaufgabe präsentiert und beispielsweise die Begriffe „Genauigkeit/Accuracy", Präzision, Recall oder AUROC verwendet, müssen diese auch vom Domänenexperten verstanden werden.

Modellbewertung mittels ROC-Kurven

Eine „Receiver Operating Characteristic (ROC)" oder einfach ROC-Kurve ist ein Diagramm, das die Leistung eines binären Klassifizierers veranschaulicht. Die Kurve wird erstellt, indem die Richtigpositivrate für verschiedene Schwellenwerte als Funktion der Falschpositivrate dargestellt wird.

Für den Fall, dass die Performance des Klassifizierers dem puren Zufall entspricht, hat man für jeden möglichen Schwellenwert gleich viele richtig positive und falsch positive Fälle. Die ROC-Kurve ist eine Gerade unter einem Winkel von 45 Grad und in Bild 8.17 gestrichelt eingezeichnet. Je besser das Modell die beobachteten Werte voraussagt, desto stärker weicht die ROC-Kurve nach links oben von der Winkelhalbierenden ab, wie in der Grafik die durchgezogene Linie zeigt.

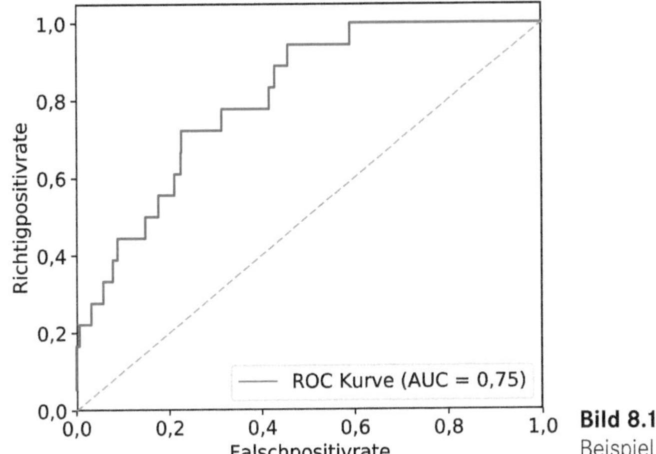

Bild 8.17
Beispiel für eine ROC Kurve

Man sieht in dem Beispiel an der dargestellten ROC-Kurve, welche Möglichkeiten man durch die Variation des Schwellenwerts hat. Bei einer Falschpositivrate von rund 0,2 hat der Klassifizierer eine Richtigpositivrate von 0,6. Soll der Klassifizierer durch Verschiebung des Schwellenwerts auf eine Richtigpositivrate von 1 eingestellt werden, so müsste eine Falschpositivrate von 0,6 in Kauf genommen werden. Die ROC-Kurve eines idealen Klassifizierers geht ausgehend vom Nullpunkt senkrecht nach oben, um am obersten Punkt waagrecht im Punkt (1, 1) zu enden.

Der Bereich unterhalb der ROC-Kurve wird auch AUC (Area Under Curve) oder AUROC bezeichnet. Durch die Berechnung dieser Fläche werden die Kurveninformationen in einer Zahl zusammengefasst. Aufgrund des Wertebereichs der x- und y-Werte hat der rein zufällige Klassifizierer eine Fläche von 0,5 Einheiten. Der ideale Klassifizierer, der in jeder Situation die Zielvariable richtig prognostiziert, hat eine Fläche von 1.

Modellbewertung mittels Lernkurven

Lernkurven werten den aktuellen Zustand eines Modells in Abhängigkeit des Umfangs des Lerndatensatzes aus. Sie können sich auf den Trainingsdatensatz beziehen, um eine Vorstellung davon zu geben, wie gut der Lernfortschritt über die Zeit ist. Sie können sich auch auf den Validierungsdatensatz beziehen, um zu erläutern, wie gut das Modell verallgemeinert.

Um den Zustand des Modells darzustellen, gibt es einerseits Optimierungslernkurven, die sich auf den Algorithmus (die Verlustfunktion) beziehen, mit der die Parameter des Modells optimiert werden. Ein Beispiel ist die Minimierung der quadratischen Abweichung bei einer Regressionsaufgabe. Andererseits gibt es Performancelernkurven, die mithilfe der Metrik berechnet werden, anhand derer das Modell bewertet und ausgewählt wird, z. B. das Bestimmtheitsmaß.

Üblicher in der Praxis sind Optimierungslernkurven, auf die in weiterer Folge Bezug genommen wird. Bei diesen Kurven zeigt üblicherweise eine Punktzahl (Score) von 1 an, dass der Trainingsdatensatz perfekt gelernt wurde und die Verlustfunktion den Wert Null hat.

Beispiel: Underfitting erkennen

Bild 8.18 zeigt links eine Form der Kurven, die man sehr häufig in komplexeren Datensätzen sieht: Der Trainingsscore ist zu Beginn sehr hoch und nimmt mit steigendem Trainingsumfang ab. Der Cross-Validation-Score ist zu Beginn sehr niedrig und steigt danach an. Trotz eines großen Trainingsumfangs bleiben Trainingspunktzahl und die Kreuzvalidierungspunktzahl auf niedrigem Niveau. Der verwendete Algorithmus – in dem Beispiel ein Naive-Bayes-Klassifikator – weist einen zu hohen Bias auf. Wir haben einen Fall von Underfitting. Die Hinzunahme von weiteren Trainingsdaten wird keinen Mehrwert liefern.

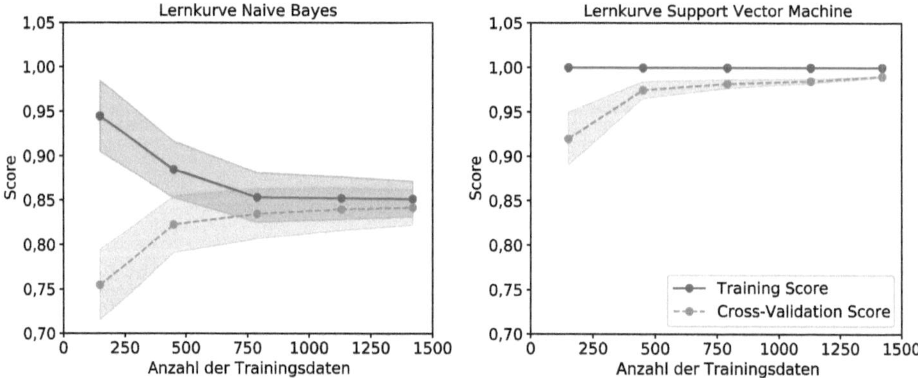

Bild 8.18 Darstellung von unterschiedlichen Lernkurven

Die Lösung muss darin bestehen, einen Algorithmus zu verwenden, der komplexere Zusammenhänge modellieren kann, wie beispielsweise Support Vector Machine (Bild 8.18 rechts). Der Algorithmus lernt durch die Zunahme von Trainingsdaten und konvergiert zu einem hohen Wert.

Interpretierbarkeit und Erklärbarkeit von Modellen als wichtiges Kriterium bei der Auswahl

Dieses Thema hat in letzter Zeit zurecht u. a. unter dem Stichwort XAI (Explainable AI) stark an Bedeutung gewonnen. Gute Interpretierbarkeit bedeutet, dass die Entscheidung des Modells für den Menschen leicht zu verstehen ist. Man könnte sich auch fragen: Wenn ein Machine-Learning-Modell gut funktioniert, warum vertrauen wir dann nicht einfach dem Modell? Müssen wir hinterfragen, warum es eine bestimmte Entscheidung getroffen hat?

Aus unserer Sicht gibt es viele Gründe, warum wir Machine-Learning-Modelle verstehen sollten (Molnar, 2021):

- Eine einzelne Metrik wie beispielsweise die Klassifizierungsgenauigkeit ist eine unvollständige Beschreibung der realen Aufgabe.
- Die Begründung für die Prognose eines Modells liefert oftmals einen Beitrag zur Lösung des ursprünglichen Problems.
- Neugier und der Wunsch zu verstehen und zu lernen, ist eine menschliche Eigenschaft.
- Wenn Menschen ein Modell verstehen, fällt es leichter, Vertrauen aufzubauen und die Lösung später zu akzeptieren.
- Manche Machine-Learning-Modelle übernehmen sicherheitsrelevante Aufgaben: Wir wollen absolut sicher sein, dass das, was das Modell gelernt hat, fehlerfrei ist.
- Wenn wir sicher sein wollen, dass unsere Machine-Learning-Lösung fair agiert und niemanden diskriminiert, ist ein Verständnis für das Modell unabdingbar.
- Machine-Learning-Modelle können nur dann auditiert werden, wenn sie auch interpretiert werden können.

Grundsätzlich gilt somit: Wenn zwei Modelle ähnliche Performance liefern, ist das Modell zu bevorzugen, welches eine bessere Interpretierbarkeit aufweist.

Bei den Methoden zur Bewertung der Interpretierbarkeit kann unterschieden werden, ob sie durch Begrenzung der Komplexität des Machine-Learning-Modells (intrinsisch) erreicht wird oder durch die Anwendung von Techniken, die das Modell nach dem Training analysieren (post hoc). Zu den **intrinsischen** Methoden gehört die Darstellung der erlernten Gewichtungen in linearen Modellen oder die gelernte Struktur in Entscheidungsbäumen. Ein Entscheidungsbaum ist in Bild 8.32 dargestellt. Zu den **Post-hoc-Methoden** zählt beispielsweise die Darstellung der Feature-Wichtigkeit. Eine weitere Möglichkeit besteht darin, die **partiellen Korrelationsdiagramme** darzustellen. Dies sind Kurven, die das durchschnittliche vorhergesagte Ergebnis in Abhängigkeit der Featureausprägung zeigen.

Des Weiteren kann man zwischen **modellspezifischen** und **modellunabhängigen** Methoden unterscheiden. Die Interpretation von Regressionsgewichten in einem linearen Modell ist modellspezifisch. Modellunabhängige Methoden können auf jedes Machine-Learning-Modell angewandt werden und arbeiten normalerweise durch die Analyse von Eingabe- und Ausgabepaaren. Eine letzte Unterscheidung ergibt sich durch **lokale** oder **globale** Methoden: Erklärt die Interpretationsmethode eine einzelne Vorhersage (lokal) oder das gesamte Modellverhalten (global)?

SHAP als Beispiel

SHAP (**Sh**apley **A**dditive Ex**p**lanations) ist eine Post-hoc-Methode, die modellunabhängig sowohl lokales als auch globales Modellverhalten erklären kann.

SHAP basiert auf der Idee, dass das Ergebnis jeder möglichen Kombination von Features berücksichtigt werden sollte, um die Bedeutung eines einzelnen Features zu bestimmen. Es wird untersucht, inwieweit sich der Modelloutput durch systematisches Hinzufügen und Weglassen von Features und Feature-Kombinationen verändert. Darauf basierend wird die Wichtigkeit der Features ermittelt.

Um das Modell zu erklären, wird in einem Diagramm die Wichtigkeit der Features angezeigt. Bild 8.19 zeigt dies am Beispiel einer Weinbewertung. Hier sieht man, dass die beiden Größen Alkohol und Sulfat-Gehalt die größte Wirkung auf die Zielgröße haben. Man kann erkennen, dass in diesem Fall beide Einflussgrößen positiv auf das Klassifikationsergebnis wirken. Je größer der Alkohol- und Sulfat-Gehalt, desto höher ist die Zielgröße (Dataman, 2019).

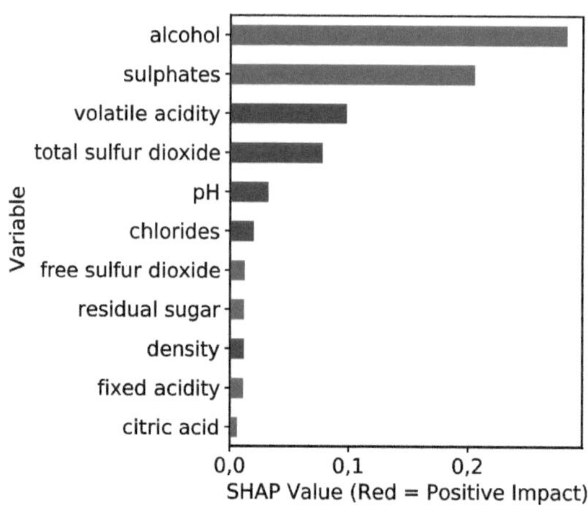

Bild 8.19 Bewertung der Wichtigkeit mit dem SHAP-Value von Eingangsgrößen am Beispiel einer Weinbewertung

Modell auswählen und frei geben

Über die beschriebenen Validierungsverfahren hat man die Güte der Modelle beurteilt und kann die Ergebnisse mit den festgelegten technischen und geschäftlichen Zielen vergleichen.

Bei Modellen im Qualitätsmanagement ist es aus unserer Sicht sehr wichtig, dass die Domänenexperten das Modell ausreichend verstehen und auch kritisch einer Kausalitätsprüfung unterziehen. Beispielsweise muss es Standard sein, dass nicht nur die Modellperformance ermittelt wird, sondern auch dargestellt wird, welche Merkmale den größten Einfluss auf das Ergebnis haben.

Ein Machine-Learning-Modell kann nur Korrelationen erkennen. Unter Kausalität verstehen wir eine logische Überprüfung der erkannten Zusammenhänge bzw. der Stärke der Features. Im Rahmen der bereits erwähnten 2K (Korrelation/Kausalität) Workshops sind die Prozess- und Produktexperten aufgerufen, die Modellergebnisse kritisch zu hinterfragen, mit ihrem Domänenwissen in Einklang zu bringen und entweder weitergehende Modellierungsaufgaben abzuleiten oder das Modell freizugeben.

8.3.4 Modelleinführung (Deployment)

Um den Nutzen der trainierten ML Modelle zu realisieren, muss das Modell produktiv gesetzt werden. Der Output des Modells wird den Anwendern gemäß Use Case zur Verfügung gestellt.

Um hier mit erfolgreich zu sein, sind die folgenden Fragestellungen zu klären:

- Wie sieht die technische Realisierung der Daten-Pipeline aus?
- Wie stelle ich sicher, dass das Modell als Softwarelösung mit entsprechenden Bedienoberfläche qualitativ hochwertig entwickelt wird?
- Welchen Autonomiegrad wähle ich für die Lösung?
- Wie führe ich das Modell bei den betroffenen Personen ein und stelle sicher, dass Vertrauen in die Lösung aufgebaut wird?

Technische Realisierung der Daten-Pipeline

Details bezüglich der technischen Realisierung der Infrastruktur sind in Kapitel 9 beschrieben. Die wesentliche Aufgabenstellung aus technischer Sicht inkludiert die Frage, wie die notwendige Machine-Learning-Infrastruktur gestaltet werden soll. Eventuell ist es notwendig, verschiedene Lösungen systematisch gegenüberzustellen und die für den jeweiligen Use Case passende Variante auszuwählen.

Die Entwicklung der Lösung als Software mit entsprechender Bedienoberfläche

Nicht vergessen werden darf, dass das umgesetzte Modell bestimmte Funktionen erfüllen soll: Das kann die Mitteilung sein, dass ein Ausreißer beobachtet wurde, oder die Information, dass sich die Qualität verschlechtert hat. Gegebenenfalls wird eine entsprechende Handlungsanweisung ausgesprochen, mit der der Zustand verbessert werden kann. In diesem Schritt ist die Softwarelösung mit entsprechender Qualität zu entwickeln, wie in Abschnitt 4.6 dargestellt. Je nach Größe und Ausgangssituation sind moderne Methoden der Softwareentwicklung anzuwenden – beispielsweise agile Methoden. Wir wollen in diesem Zusammenhang nochmals darauf hinweisen dass insbesondere die nicht funktionalen Anforderungen an die Software wie beispielsweise Bedienerfreundlichkeit, Antwortzeiten oder Zuverlässigkeit hohe Aufmerksamkeit verdienen. Und es ist wichtig, die Software ausreichend zu testen, bevor die Lösung eingeführt wird.

Autonomiegrad festlegen

In der Veröffentlichung der Plattform Industrie 4.0 mit dem Titel „Künstliche Intelligenz in der Industrie 4.0" ist dargestellt, wie Machine Learning und KI-Modelle die Autonomie-Stufen in der industriellen Produktion erhöhen. Die Projektgruppe hat eine Stufenbeschreibung für die KI-bedingte Autonomie erarbeitet, die bei der Einführung von ML-Lösungen sehr hilfreich sein kann (Bild 8.20).

Die verschiedenen Autonomiestufen beschreiben eine kontinuierliche Veränderung der Verantwortung vom Menschen hin zum autonomen System. In den Stufen 0 bis 2 ist der Umfang der autonomen Handlungen begrenzt. Wesentlich für diese Stufen ist, dass der Mensch jederzeit die aktive Kontrolle hat und die zentrale Verantwortung trägt. In den Stufen 3, 4 und 5 übernimmt das System sukzessive die Verantwortung – zunächst für Teilbereiche und Teilaspekte, dann für die komplette Anlage. Der Mensch spielt immer mehr eine passive Rolle.

Bei der Einführung von ML-Modellen empfiehlt es sich, zu Beginn eher mit einem niedrigen Autonomiegrad zu beginnen, der – wenn das Modell entsprechend verbessert und Vertrauen aufgebaut wurde – sukzessive erhöht wird.

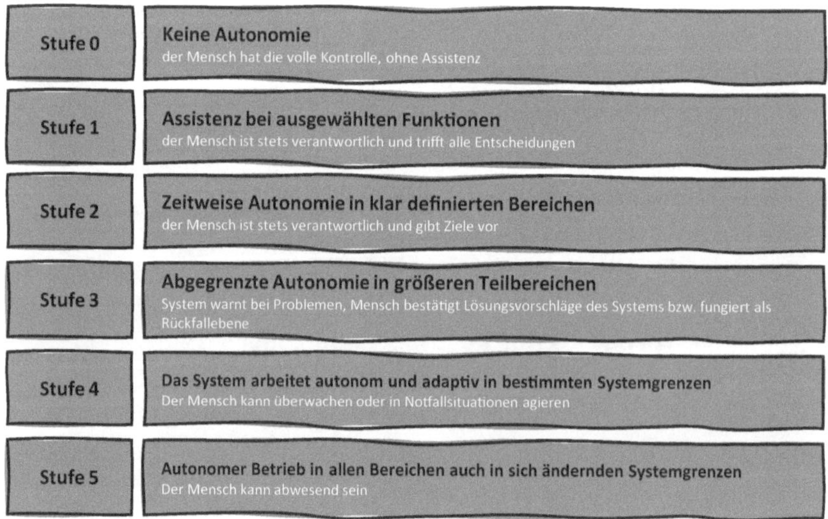

Bild 8.20 Autonomiestufen im Machine Learning (Plattform Industrie 4.0, 2019)

Einführung des Modells und Vertrauen aufbauen

Mit dem Use Case wird man nur dann erfolgreich sein, wenn den **Handlungsempfehlungen** des Modells gefolgt wird, man dem Modell vertraut und es gerne verwendet, weil die Lösung als wertvolle Hilfe gesehen wird. Doch wie entsteht Vertrauen für die ML/KI-Lösung?

Zum einen ist es wichtig, **möglichst einfache und transparente Modelle** zu verwenden. Dies wurde im vorigen Kapitel unter dem Stichwort Interpretierbarkeit von Modellen ausführlich erläutert.

Wichtig ist auch, dass die **Lösung gemeinsam mit den Domänenexperten entwickelt** wurde und auch die **Nutzer der Lösung rechtzeitig einbezogen** wurden. Insbesondere wenn entsprechendes Domänenwissen in die Modellbildung eingeflossen ist und die **2K-Workshops** zur Freigabe der Modelle durchgeführt wurden, sind Akzeptanz und Vertrauen in das Modell viel stärker ausgeprägt.

Darüber hinaus verdient das Thema **Onboarding in das Modell** eine besondere Aufmerksamkeit. Im Rahmen einer umfassenden Einschulung in das System ist es wichtig, den Nutzen, aber auch die Grenzen der Lösung offen anzusprechen.

Es ist auch entscheidend, eine **ausreichend lange Testphase** einzuplanen, in der sich die Anwender vergewissern können, dass das Modell auch tatsächlich richtig arbeitet. Es ist äußerst sinnvoll, diese Testphase als gemeinsame Lernphase zu definieren, in der das Ziel darin besteht, **gemeinsam die angestrebte Lösung zu optimieren**. In diesem Zusammenhang ist zu überlegen, wie das Feedback der Anwender rechtzeitig und systematisch eingeholt werden kann. Im Idealfall wird das System gemeinsam mit den Anwendern verbessert und es wird „ihr" System.

Man ist auch gut beraten, das System zunächst nur als „Recommendation System" einzuführen und nicht sofort einen zu hohen Autonomiegrad zu wählen, da dies unnötigen Widerstand auslösen kann.

8.3.5 Maintenance/Governance

Wurde das Modell erfolgreich produktiv gesetzt, müssen die **Erfahrungen im Betrieb** genutzt werden, um die Wirkung zu hinterfragen und das Modell **weiter zu optimieren**. Es darf dabei nicht vergessen werden, dass Machine-Learning-Modelle einem **Alterungsprozess** ausgesetzt sind. Um die Aktualität des Modells sicherzustellen, ist es notwendig, **Modelle wiederkehrend anzupassen** und neue Muster zu lernen. Dies bedeutet, dass man die neuen Daten analysiert und prüft, ob sie die aktuelle Realität besser widerspiegeln. Dieser Vorgang wird als **Retraining** verstanden: Das Modell wird dafür mit neuen Daten gefüttert, und es wird erneut gelernt. Ein wenig übertrieben formuliert kann man von selbstlernenden Systemen sprechen, die sich adaptiv an neue Gegebenheiten anpassen.

Jedes Modell braucht eine spezifische Retrainingstrategie, weil generelle Aussagen über die Stabilität eines Modells nicht getroffen werden können. Das Altern eines Modells kann mithilfe der Begriffe Modelldrift und Datendrift präzisiert werden.

Modelldrift oder Concept Drift

Modelldrift bezieht sich auf die Vorhersageleistung eines Modells, die sich im Laufe der Zeit aufgrund einer Änderung der Umgebung, die gegen die Annahmen des Modells verstößt, verschlechtert. Modelldrift ist streng genommen eine falsche Bezeichnung, da sich ja nicht das Modell ändert, sondern die Umgebung, in der das Modell betrieben wird. Aus diesem Grund ist der Begriff Concept Drift ein besserer Name, beide Begriffe beschreiben aber das gleiche Phänomen.

Datendrift

Datendrift ist eine Art von Drift, bei der sich die Eigenschaften der für das Modell verwendeten Merkmale (Outputgröße, Features) verändern. Da die Modellleistung voraussichtlich abnimmt, wenn sich die Inputdaten verändern, ist eine Datendrift eine gute Möglichkeit, auf eine Modelldrift zu schließen. Sie kann daher eine Frühwarnindikation für eine zu erwartende Modelldrift sein. Die Überwachung der Datendrift ist besonders dann wertvoll, wenn eine Modelldrift nicht überwacht werden kann, weil keine Supervised-Daten zur Verfügung stehen und die Grundwahrheit („Ground Truth“) eben nicht laufend ermittelt werden kann.

Offline Planung und Festlegung der Retrainingsstrategie

Die Retrainingsstrategie legt fest, **wie oft und mit welchem Datenumfang** das Retraining stattfinden soll. Hierbei ist auch zu definieren, wie mit den alten Daten umzugehen ist: bleiben sie im Modell oder werden sie entfernt?

Den Beginn bildet die Ermittlung, wieviele Daten gebraucht wurden, um das Modell initial zu trainieren. Die Lernkurve des Trainings gibt darauf die Antwort. Hat man beispielsweise Trainingsdaten über fünf Wochen und man stellt fest, dass sich die Modellperformance schon nach einem Umfang von drei Wochen nicht verbessert, können Trainingsdaten eingespart und Aufwand reduziert werden.

Im zweiten Schritt ist zu ermitteln, wie schnell die Performance des Modells sinkt. Ziel ist, ein gutes Verständnis für die Modelldrift zu erhalten. Im Produktionsumfeld altern beispielsweise Modelle, weil das Werkzeug verschleißt. Eventuell gibt es von den Domänenexperten Einschätzungen, wie schnell diese Alterung verläuft.

Wenn Daten zur Verfügung stehen, sollte man diesen Alterungseffekt zusätzlich empirisch bestimmen. Ein Trainingsdatensatz der Vergangenheit wird verwendet, um zu sehen, ab welchem Zeitverzug das trainierte Modell nicht mehr die erforderliche Performance aufweist (Bild 8.21). In dem Diagramm repräsentiert jede Zeile den Status eines Regressionsmodells, jede Spalte eine Zeiteinheit, zum Beispiel einen Monat. Das Modell wurde fünf Monate lang trainiert. In den ersten drei Monaten weist es ein hohes Bestimmtheitsmaß von 0,9 oder höher auf. Nach drei Monaten hat sich das Bestimmtheitsmaß leicht verschlechtert, nach fünf Monaten ist eine signifikante Verschlechterung eingetreten, wie man am Bestimmtheitsmaß des Regressionsmodells mit nur mehr 71 % erkennen kann.

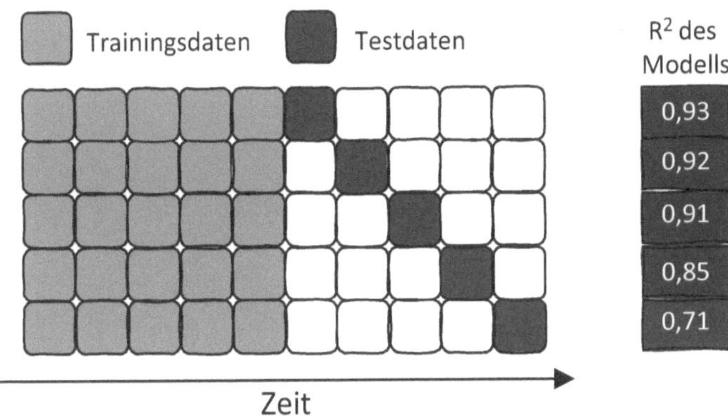

Bild 8.21 Beschreibung der Alterung von Modellen im Machine Learning (Dral & Samuylova, 2021)

Der nächste Schritt besteht darin, zu klären, wie oft neue Daten ermittelt werden können. Eventuell müssen neue Daten erst gelabelt werden und es vergeht viel Zeit. Logischerweise ist es aber wichtig, dass die neuen Daten vor der Alterung des Modells zur Verfügung stehen müssen.

Schließlich gilt es festzulegen, in welchem Intervall das Retraining stattfinden soll. Wenn zu früh retrainiert wird, wird keine Verbesserung erreicht, aber es entstehen Kosten. Wenn zu spät trainiert wird, ist das Modell bereits veraltet. Hierbei darf man nicht vergessen, dass beim Retraining nicht nur Data-Science-Experten involviert sind, sondern auch die Stakeholder und Domänenexperten, die das neue Modell freigeben müssen. Zusammenfassend kann man sagen: **Retrainiere so oft wie nötig und so selten wie möglich**.

Eine Möglichkeit, das optimale Trainingsintervall zu bestimmen, besteht darin, verschiedene Intervalle zu vergleichen, indem historische Daten genutzt werden. Betrachten wir hierzu ein Beispiel: Angenommen, wir haben ein gut funktionierendes Modell und wir wissen, dass es typischerweise drei Monate dauert, bis die Modellperformance abnimmt. Die neuen Daten kommen am Ende jeder Woche und die Aufgabe besteht nun darin, die Retrainingsfrequenz festzulegen. Man wählt dazu ein Testset jenseits der drei Monate. Dann beginnt man weitere Daten in kleineren Schritten hinzuzufügen, um zu erkennen, wann sich die Qualität des Testsatzes zu verbessern beginnt. In Bild 8.22 sieht man, dass sich das Modell nach rund drei Monaten zu berichtigen beginnt (von ursprünglich 0,81 Bestimmtheitsmaß auf 0,91). Somit erscheint eine dreimonatige Retrainingsfrequenz sinnvoll.

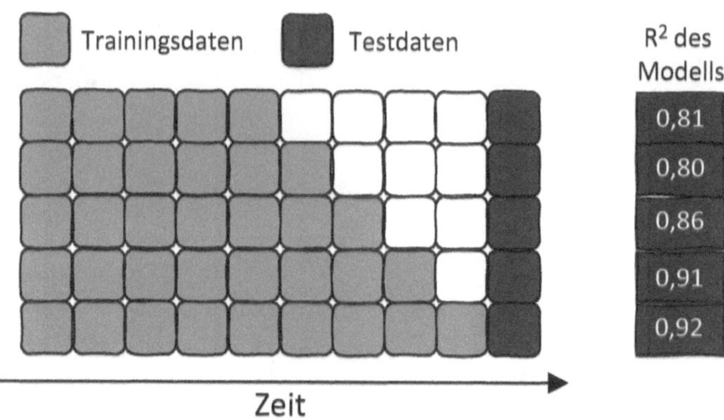

Bild 8.22 Retraining von Modellen (Dral & Samuylova, 2021)

Schließlich bleibt noch die letzte Frage: Sollten wir die alten Daten aus dem Modell entfernen oder nicht? Auch hier lohnt sich ein experimenteller Zugang, indem die verschiedenen Möglichkeiten miteinander verglichen werden. Findet man heraus, dass das Modell durch das Löschen der alten Daten schlechter wird, werden die Daten behalten. Hat das Löschen der alten Daten keinen Einfluss auf die Qualität, ist es vermutlich sinnvoll, die alten Daten zu löschen, weil die Modellupdates dadurch einfacher werden. Wenn das Löschen der alten Daten die Qualität des Modells verbessert, ist dies ebenfalls gut zu wissen. Es bedeutet nämlich, dass unser Modell besser wird, wenn es die alten Muster vergisst. Dann weiß man, dass man sich in einem schnell veränderlichen Umfeld befindet.

Autonomiegrad bei der Freigabe neuer Modelle

Es ist wichtig, auch den Freigabeprozess eines neuen Modells zu designen, wobei hier drei verschiedene Autonomiestufen unterschieden werden können (Plattform Industrie 4.0, 2019). Stufe 1 beschreibt das Retrainieren durch ausschließlich manuelle Erweiterungen, z. B. durch das Erstellen zusätzlicher Regeln oder die Verwendung neuer Trainingsdaten. Level 2 ist charakterisiert durch die kontinuierliche Sammlung von Trainingsdaten, wobei die menschliche Freigabe des Gelernten zwingend erforderlich ist. Level 3 beschreibt autonomes Lernen und automatische Anpassungen durch Datenerfassung innerhalb der festgelegten Systemgrenzen. Menschliches Eingreifen ist zwar möglich, aber nicht unbedingt erforderlich. Typischerweise wird man mit Level 2 beginnen und nur in Ausnahmefällen, wenn entsprechendes Vertrauen in die Lösung aufgebaut wurde, den Autonomiegrad auf Level 3 erhöhen.

Online-Überwachung des Modells

Zusätzlich zu den beschriebenen Vorüberlegungen ist es essenziell, die gewählte Retrainingsstrategie im Online-Betrieb des Modells zu überprüfen. Dies ist der Realitätscheck, um festzustellen, wie gut die geplante Retrainingsstrategie tatsächlich funktioniert.

Überwachung der Performance eines Modells

Ist die Ground Truth (das tatsächliche Ergebnis) (Feldvergleich) zeitnah und zuverlässig bekannt, kann man die tatsächliche Performance des Modells berechnen (z. B. Bestimmtheitsmaß bei der Regression oder Precision/Recall bei Klassifizierungsaufgaben) und mit einem Zielwert vergleichen. Auf diese Weise kann man feststellen, ob früher als geplant eingegriffen werden muss oder ein Retraining übersprungen werden kann, weil alles in Ordnung ist.

Wenn der Fehler zu groß ist, wird automatisch ein Retraining ausgelöst. Die Festlegung des entsprechenden Schwellenwerts kann nur anwendungsspezifisch festgelegt werden und basiert auf einem guten Verständnis für den Use Case und den betroffenen Prozess. Die Domänenexperten wissen, welche Modellverschlechterung noch akzeptabel ist. Eine bestimmte Verschlechterung kann bei manchen Use Cases dramatisch sein, in anderen Fällen kaum eine Rolle spielen. Im Idealfall werden die Schwellenwerte bereits zu Beginn im Business Understanding festgelegt.

Überwachung von Verschiebungen in den Daten

Eine weitere Möglichkeit der Überwachung besteht darin, die Verteilungen der Features mit denen der Trainingsdaten zu vergleichen. Typischerweise werden hierzu Histogramme verwendet. Im Idealfall werden die Ergebnisse über Dashboards zur Verfügung gestellt und automatisch Warnungen angezeigt, wenn die Veränderungen signifikant sind.

Zusätzlich kann man die paarweisen Korrelationen zwischen den Features überwachen, weil viele Modelle davon ausgehen, dass die Beziehungen zwischen Features stabil bleiben müssen.

Nicht zuletzt kann es sich lohnen, die Verteilungen der Zielvariablen zu überwachen. Wenn sich diese signifikant ändern, wird sich die Vorhersageleistung des Modells mit ziemlicher Sicherheit verschlechtern.

Retraining vs. neue Modelliteration

Wir verstehen unter Retraining das erneute Ausführen eines Trainingsprozesses, d. h. ein bestehendes Modell wird mit neuen Daten trainiert. Die Features, der Modellalgorithmus und der Hyperparameter-Suchbereich bleiben unverändert. In diesem Sinne löst Retraining keine Codeänderung aus. Es ändert sich nur der Trainingsdatensatz.

Wenn sich das Modell jedoch stark verschlechtert, muss unter Umständen auch das Modell grundlegend überarbeitet werden. Wir bezeichnen dies als eine neue Iteration des Modells. Derartige Änderungen führen zu einem völlig anderen Modelltyp, der vor der Bereitstellung in der Produktion wieder umfassend getestet werden muss. Solche Änderungen müssen sorgsam eingeführt werden, weil die Auswirkungen des neuen Modells auf die Performance zu ermitteln sind und überprüft werden muss, ob das neue Modell tatsächlich signifikant bessere Ergebnisse liefert (Dral & Samuylova, 2021).

■ 8.4 Automatisierung von Prozessen

Es wurde in diesem Buch bereits sehr oft das Wort **Automatisierung** verwendet und erwähnt, dass die Digitalisierung nicht ohne Automatisierung auskommt. Auch wird mit den Begriffen künstliche Intelligenz und Machine Learning immer auch ein hoher Automatisierungsgrad assoziiert. Für jede industrialisierte Anwendung von Machine Learning ist eine entsprechende Automatisierung notwendig, um ein Modell auszuführen und das Ergebnis entsprechend zu verarbeiten. Dabei ist die Automatisierung jedoch nicht nur im Bereich der künstlichen Intelligenz und Machine Learning notwendig, sondern stellt auch für sich selbst eine eigene Anwendung im Sinne von digitalem Use Case dar, wie in Abschnitt 8.1 beschrieben.

Aber was genau bedeutet nun Automatisierung? Durch sie werden Aufgaben, die bisher von Menschen durchgeführt werden, nun von Robotern, Software oder anderen Systemen erledigt. Wir möchten Automatisierung in drei grundlegende Kategorien einteilen:

- **Workflow-Automatisierung**: Der Fokus liegt auf der Automatisierung der Schnittstellen zwischen den einzelnen Prozessschritten. Beispielsweise werden Dokumente automatisch weitergegeben oder es erfolgt eine automatische Erinnerung, den nächsten Prozessschritt zu starten. Solche Lösungen sind die älteste Form der Automatisierung, wobei die Prozesse zwar selbstständig durchlaufen werden, die Tätigkeiten innerhalb des Prozesses aber unangetastet bleiben. Als Basis für diese Workflows bietet sich BPMN (Abschnitt 3.4) als ausgezeichnete Schnittstelle zwischen dem Fachpersonal und der IT an. Moderne Softwarelösungen für BPMN beinhalten nicht nur die Möglichkeit, Abläufe zu modellieren, sondern auch diese Prozesse automatisch auszuführen und den aktuellen Status zu überwachen.
- **Prozessautomatisierung**: Im Gegensatz zur Workflow-Automatisierung werden bei der Prozessautomatisierung die Prozessschritte, also die Tätigkeiten innerhalb des Prozesses, automatisiert. Meist wird dies mittels einer neuen

Softwarelösung realisiert, welche die vorher manuell ausgeführten Tätigkeiten selbstständig durchführt und Daten mit anderen Systemen über Schnittstellen austauscht. Durch den Einsatz dieser neuen Komponenten wird jedoch das „System" selbst verändert, es benötigt neue Lizenzen, neue Hardware und vor allem definierte Schnittstellen, sogenannte APIs.

- **Robotic Process Automation** (kurz RPA): Diese relativ neue Art der Automatisierung konzentriert sich, so wie die Prozessautomatisierung, auf die Tätigkeiten innerhalb des Prozesses selbst, jedoch ohne das „System" zu verändern. Bei RPA werden die Tätigkeiten durch sogenannte **Software-Robots (Bots)** ausgeführt. RPA wird hauptsächlich bei der Automatisierung von Systemen angewendet, welche keine definierte Systemschnittstelle anbieten. Dabei setzt RPA meist auf bestehenden Benutzerschnittstellen - dem User Interface - auf, ohne die darunter liegenden Systeme zu verändern oder zu ersetzen.

Auch wenn jede dieser Kategorien für sich allein verwendet werden kann, kommt es in modernen Anwendungen der Automatisierung meist zu einer Kombination aus zwei oder allen drei Arten.

8.4.1 Arten von Robotic Process Automation

Gerade durch die fortschreitende Digitalisierung und die Notwendigkeit, **wiederkehrende Tätigkeiten von Computern statt von Menschen erledigen** zu lassen, hat RPA in den letzten Jahren enorm an Popularität gewonnen. RPA ist ein vielversprechender Ansatz, die digitale Transformation im Unternehmen zu forcieren und Kostensenkungspotenziale zu erschließen. Die Menschen in einer Organisation werden dadurch von Routinetätigkeiten entlastet und können sich damit wichtigeren Themen widmen, wie beispielsweise digitale Innovationen voranzutreiben. Wie stark sich dieser Bereich aktuell noch verändert, kann man in der Entwicklung des Gartner Magic Quadrant für RPA erkennen. War 2019 Microsoft noch gar nicht im Quadrant vertreten, hat sich das Softwareunternehmen mit Power Automate Desktop 2021 neben den RPA-Urgesteinen UI-Path, Automation Anywhere und Blue Prism nun zu einem weiteren Leader im Bereich RPA weiterentwickelt (Ray, et al., 2021).

Wie viele andere Digitalisierungsthemen hat RPA seine Wurzeln in der IT und in der Softwareentwicklung und geht auf Tools in der Testautomatisierung zurück. Obwohl es Lösungen gibt, welche sowohl für die Testautomatisierung als auch für RPA einsetzbar sind und Funktionen für beide Bereiche mitbringen, hat sich RPA als eigener Bereich etabliert, für welchen auch vermehrt speziell zugeschnittene Softwarelösungen zu finden sind. Eines dieser übergreifenden Lösungen ist die Open-Source-Software Robot Framework, ein Automatisierungs-Framework mit einer einfachen tabellenartigen Struktur zur Verwaltung der Test- bzw. Automatisierungsdaten. Das Robot Framework selbst baut durch seinen Ursprung in der Testautomatisierung jedoch stark auf die textuelle Beschreibung der Tätigkeiten auf, wodurch es nicht mehr direkt zu den RPA-Lösungen gezählt werden kann. Laut Gartner müssen RPA-Lösungen mindestens folgende Funktionen mitbringen (Ray, et al., 2021):

- Die RPA-Lösung ermöglicht geschulten Domänen-/Prozessexperten, sogenannten Citizen Developern, **Automatisierungsskripte selbst zu erstellen**.
- Die RPA-Lösung erlaubt eine **Integration in Unternehmensanwendungen**, hauptsächlich über UI-Scraping und damit der Verwendung des User Interfaces der Systeme zur automatisierten Interaktion.
- Die RPA-Lösung verfügt über **Orchestrierungs- und Verwaltungsfunktionen** einschließlich Konfiguration, Überwachung und Sicherheit.

Das in diesem Zuge erwähnte **UI-Scraping** beschreibt dabei eine Methode, mit welcher Benutzeraktionen wie Mausklicks und Tastatureingaben auf einem PC aufgezeichnet werden. Diese Aktionen können zu einem späteren Zeitpunkt automatisiert ausgeführt werden, wobei die Eingaben der Benutzer über Bots imitiert werden. Der große Vorteil von RPA besteht damit darin, dass es auf die bestehenden Systeme aufsetzt, ohne diese zu verändern. Damit können Automatisierungen sehr schnell realisiert werden. Außerdem können auch diejenigen Anwendungen automatisiert werden, welche keine definierten Schnittstellen besitzen. Obwohl mit RPA grundsätzlich jede Automatisierung möglich ist, erhöht sich allerdings bei steigender Komplexität der automatisierten Tätigkeit auch der Implementierungs- und Wartungsaufwand. Aus diesem Grund wird RPA auch oft als Zwischenlösung verwendet.

Betrachtet man das Feld der RPA genauer, wird es oft nochmals unterteilt in Robotic Desktop Automation (RDA) und eben Robotic Process Automation (RPA). Tabelle 8.3 zeigt den Unterschied zwischen diesen beiden Ausprägungen von RPA.

Tabelle 8.3 Robotic Desktop Automation und Robotic Process Automation

RDA – „attended"	RPA – „unattended"
Steht dem Benutzer als **Assistent** zur Seite	Arbeitet im Hintergrund wie ein **virtueller Mitarbeitender**
Geeignet für technische und nicht-technische Benutzer	Arbeitet Prozesse vom Anfang bis zum Ende ab
Benutzer löst die Automatisierung aus	Automatisierung wird durch einen Auslöser selbstständig angestoßen
Simple Umsetzung, aufgabenbasiert	Komplexe Umsetzung, projektbezogen

Zusätzlich zu den oben aufgelisteten Funktionen von RPA-Lösungen bringen viele Systeme auch Unterstützung für die Integration von Machine Learning und Natural-Language-Processing-Bibliotheken mit. Damit kann eine RPA-basierende Automatisierung auch zum Ausführen von Machine Learning genutzt werden, was neue Möglichkeiten eröffnet und künstliche Intelligenz schneller einsetzbar macht (Bild 8.23).

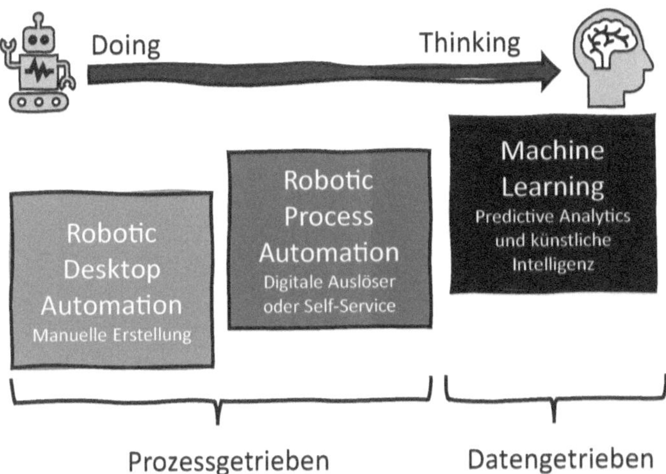

Bild 8.23 RPA, Machine Learning und künstliche Intelligenz (CFB Bots, 2018)

RPA und Machine Learning ergänzen sich: RPA steht in diesem Zusammenhang für das „Doing“, also das Abwickeln der jeweiligen Arbeitsschritte, Machine Learning dagegen befasst sich mit dem „Thinking“ und „Learning“. Man spricht in diesem Zusammenhang auch von **Intelligent RPA**, da die Automatisierung von manuellen Tätigkeiten um kognitive Fähigkeiten erweitert wird.

SAP verwendet in diesem Zusammenhang den Begriff „Intelligent Business Process Management“ und beschreibt drei aufeinander aufbauende Handlungsbereiche mit einem jeweils unterschiedlichen Fokus (Bild 8.24).

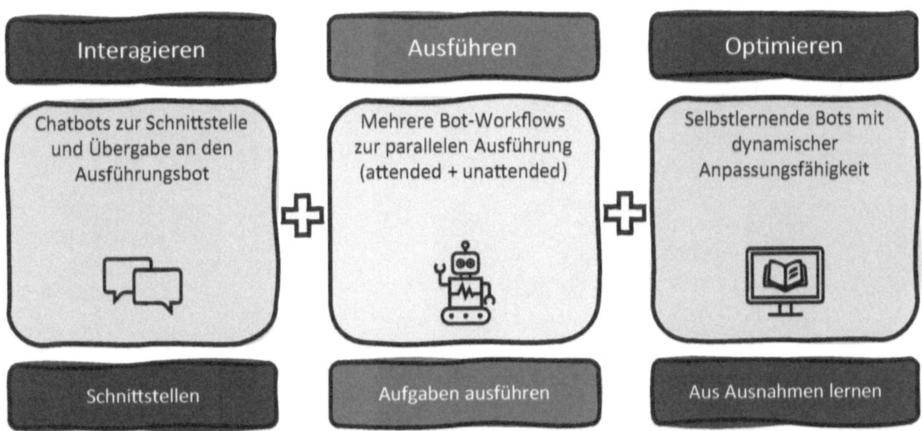

Bild 8.24 SAP Intelligent Business Process Management (Verma, 2020)

Der **Chatbot** nutzt Natural Language Processing (NLP), um geschriebene Nachrichten zu interpretieren, im System nach Antworten zu suchen und mit dem Benutzer zu interagieren. Der zweite Bereich besteht aus der **Verknüpfung mehrerer Bot-Workflows** zur Ausführung von komplexen Geschäftsprozessen. Im dritten Bereich wird RPA um **Machine-Learning-Algorithmen** erweitert, um die mit Bots automatisierten Tätigkeiten immer weiter zu verbessern und auf Änderungen zu reagieren.

8.4.2 Vorgehensmodell zur Umsetzung von Automatisierungslösungen

Wie schon bei der Umsetzung von KI und Machine Learning Use Cases, so ist auch bei Automatisierungslösungen eine systematische Vorgehensweise zum Finden und Verstehen der Use Cases sowie der Umsetzung, Einführung und Weiterentwicklung sinnvoll. Automatisierung setzt dabei den Fokus im Gegensatz zu KI und Machine Learning eben nicht auf Daten, sondern auf den Prozess. Daraus ergibt sich eine abgewandelte Version des erweiterten CRISP-DM-Workflows, wie in Bild 8.25 gezeigt wird.

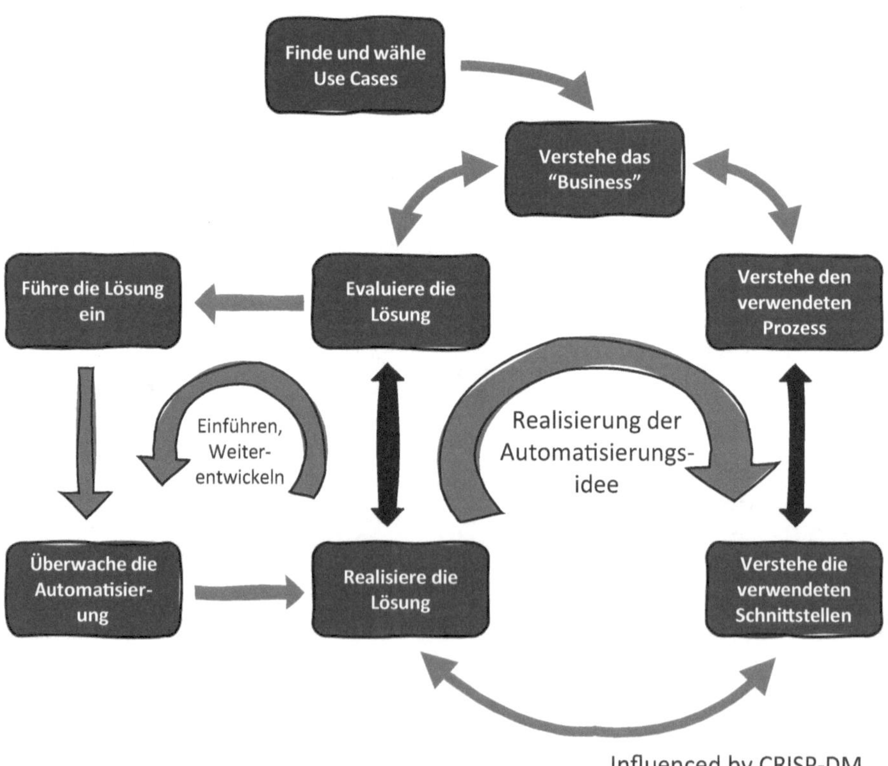

Bild 8.25 Erweiterte Darstellung des CRISP-DM-Workflows für Automatisierungsideen

Dabei sind die Elemente für das Verstehen des „Business“ noch identisch mit anderen Digitalisierungsinitiativen. Im weiteren Verlauf liegt der Schwerpunkt jedoch auf der **Automatisierung von Prozessen**. Daher sind die weiteren Schritte das **Verstehen dieser Prozesse und der zugrundeliegenden Schnittstellen**. Denn erst damit ist es möglich, die Automatisierungslösung in die entsprechende Kategorie einzuordnen und die richtigen Tools auszuwählen. Zum Beispiel hat es wenig Sinn, auf RPA bzw. RDA zu setzen, wenn die im Prozess verwendeten Systeme definierte Schnittstellen aufweisen und kein User Interface besitzen, also auch keine direkte Benutzerinteraktion stattfindet.

Realisierung von Automatisierungslösungen am Beispiel RPA

Die meisten RPA-Lösungen basieren heutzutage auf Software-as-a-Service (Abschnitt 9.1), die Software läuft also zentral in der Cloud. Gerade in Verbindung mit anderen Cloud-Lösungen wie Microsoft 365 bietet diese Servicevariante den Vorteil, dass die RPA-Automatisierungen einfach auf weitere in der Cloud gespeicherte Daten wie E-Mails oder Dokumente zugreifen können. Damit sind Automatisierungslösungen schnell einsetzbar, was aber auch die Gefahr mit sich bringt, dass der Use Case im Vorfeld nicht ausreichend genau erarbeitet und verstanden wurde.

Nicht vergessen werden darf, dass RDA auf nicht definierte Schnittstellen aufsetzt, die sehr instabil werden können, wenn u.a. das zugrundeliegende System aktualisiert wird und sich das User Interface ändert. Gerade in dieser Stärke, schnell Prozesse automatisieren zu können, liegen auch die Gefahren von RPA, insbesondere RDA.

Bei der Umsetzung von RPA ist immer ein Auslöser notwendig. Dies kann im Fall von RPA eine E-Mail oder ein neues Dokument sein, im Fall von RDA ist es immer der Benutzer, der die Automatisierung startet. Bild 8.26 zeigt einen exemplarischen Ablauf zur Genehmigung von neuen Dokumenten. Alle Systeme sind dabei direkt über Schnittstellen angebunden.

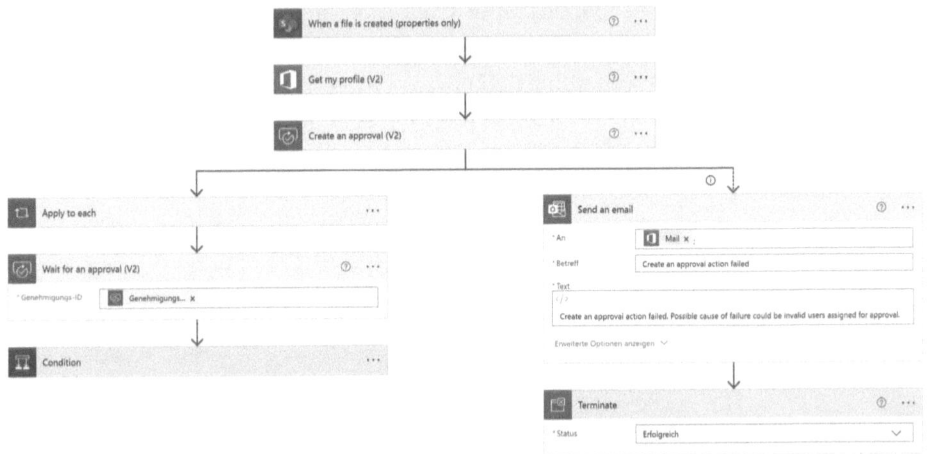

Bild 8.26 Beispiel Prozessautomatisierungsablauf mit Power Automate

Angenommen, die Automatisierung soll um die Freigabe von Dokumenten durch eine Unterschrift erweitert werden. Wenn das Programm zum Editieren von Dokumenten keine Schnittstelle besitzt, dann kann hierfür RPA eine Lösung darstellen. Die notwendigen Schritte für das Hinzufügen der Unterschrift in den Dokumenten werden aufgezeichnet und können danach in den Automatisierungsablauf eingebunden werden. Der in Bild 8.27 gezeigte Ablauf öffnet in diesem Beispiel ein Dokument in Excel und trägt den Wert für die Unterschrift in eine Zelle ein.

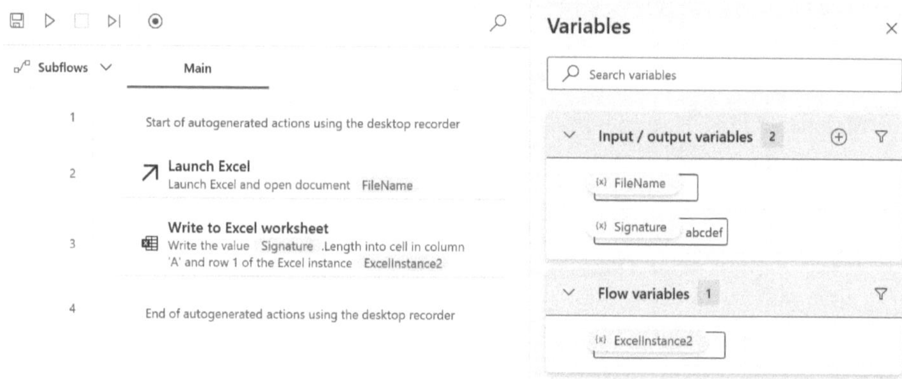

Bild 8.27 Desktop Flow von Power Automate Desktop

Einführung und Überwachung von Automatisierungslösungen

Hat sich eine Lösung in der Evaluierung als gut herausgestellt, kann diese produktiv eingeführt werden. Bei der Verwendung von Automatisierungs- und RPA-Plattformen ist dies meist sehr einfach möglich, da man jede Automatisierung aktivieren und wieder deaktivieren kann. Dennoch darf die laufende Überwachung der Lösung nicht vergessen werden. Kann man die Anzahl der Ausführungen und die Fehler von Automatisierungen noch direkt über die Plattformen analysieren, so sind die zu erzielenden Ergebnisse spezifisch und vom Use Case abhängig. Deshalb hängt auch die gewählte Strategie zur Überwachung der Wirksamkeit der Lösung vom jeweiligen Anwendungsfall ab.

8.5 Systematische Prozessverbesserung durch Six Sigma+

Six Sigma hat sich in vielen Unternehmen als effektive und effiziente Vorgehensweise im Qualitätsmanagement zur Prozessverbesserung mit Fokus auf Effektivität erwiesen, da es messbare Erfolge verspricht. Durch Digitalisierung können diese etablierten Werkzeuge ihre Bedeutung noch weiter ausbauen.

8.5.1 Kurzeinführung in Six Sigma

Six Sigma ist eine Philosophie, die das Ziel verfolgt, besser, schneller und billiger als die Konkurrenz zu produzieren. Sie wurde in den 1980er-Jahren bei Motorola entwickelt. Durch den **konsequenten Einsatz von Qualitätstechniken**, eingebettet in einen **systematischen Problemlösungsprozess**, sollen Fehler in den Prozessen drastisch reduziert werden. **Verbesserungspotenziale** werden im Unternehmen systematisch identifiziert, einem für Problemlösungsprojekte ausgebildeten Projektleiter (Green Belt, Black Belt) übergeben und mit einem Team aus Experten bearbeitet. Damit Six-Sigma-Projekte nicht im Sand verlaufen, ist der Ablauf eines Verbesserungsprojekts standardisiert und folgt dem DMAIC-Ablauf (Define - Measure - Analyse - Improve - Control).

In Six-Sigma-Projekten wird häufig das Sigma-Level (Sigma steht für die Standardabweichung) als Maß für die Effektivität eines Prozesses herangezogen. Aus der Berechnung dieser Kennzahlen wird auf den Fehleranteil geschlossen und umgekehrt. Bei einem normalverteilten Qualitätsmerkmal, bei welchem die Streuung so gering ist, dass der Mittelwert 6σ von den Spezifikationsgrenzen entfernt ist, beträgt der Fehleranteil nur 0,002 ppm (parts per million opportunities) (Harry & Schroeder, 2000).

Dies gilt unter der Annahme, dass keine Verschiebung des Mittelwerts vorliegt, sondern der Prozess nur auf zufälliger Streuung beruht. Die damit verbundene Prozessfähigkeit wird deshalb als Kurzzeitfähigkeit bezeichnet. Über einen längeren Zeitraum können jedoch noch zusätzliche Effekte auf den Prozess Einfluss nehmen, wobei eine Verschiebung des Mittelwerts um $1{,}5\sigma$ zur oberen oder unteren Spezifikationsgrenze angenommen werden kann. Diese $1{,}5\sigma$ Verschiebung ist eine in den 1980er-Jahren bei Motorola auf Basis von Erfahrungen angenommene Schwankung des Mittelwerts einer Messgröße. Wird diese $1{,}5\sigma$ Verschiebung berücksichtigt, so verringert sich das Sigma-Level von 6 auf 4,5, was einen Fehleranteil von 3,4 ppm entspricht (Bild 8.28) (Wappis & Jung, 2016).

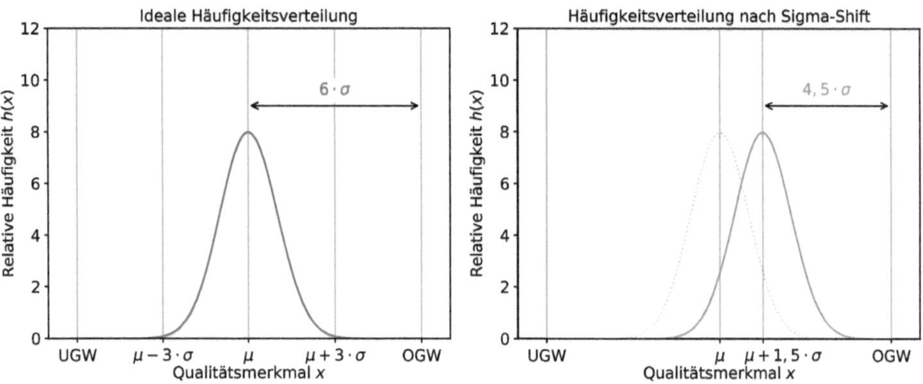

Bild 8.28 Darstellung des Sigma-Levels (Wappis & Jung, 2016)

Entscheidungen auf Basis von Zahlen, Daten und Fakten

„Without data you're just another person with an opinion"

W. Edwards Deming (14. 10. 1900 - 20. 12. 1993)

Dieses Zitat verdeutlicht, dass Entscheidungen häufig auf Annahmen getroffen werden. Diese müssen nicht zwangsweise der Realität entsprechen und sind deshalb mit Zahlen, Daten und Fakten zu bestätigen. Im Zuge von Six-Sigma-Projekten werden deshalb systematisch statistische Methoden zur Datensammlung, Aufbereitung und Analyse angewandt, um zufällige Effekte von relevanten Effekten trennen zu können.

Vor einer Datensammlung und -analyse ist es Standard in Six Sigma, dass gemeinsam mit den Produkt- oder Prozessexperten die Annahmen in Form von Hypothesen beschrieben werden, um Verständnis über das zu betrachtende System und die damit verbundenen Ursache-Wirkungszusammenhänge zu erlangen. Das Formulieren von Hypothesen ist die Basis für eine systematische Datensammlung, da man im Rahmen eines Six-Sigma-Projekts zielgerichtet jene Daten erfasst, welche man zur Bestätigung der vermuteten Ursache-Wirkungszusammenhänge benötigt (Harry & Schroeder, 2000).

8.5.2 Das Vorgehensmodell in Six Sigma – der DMAIC-Zyklus

Define-Phase

Die Define-Phase dient dazu, das Verbesserungsprojekt zu definieren. Ein Fokus besteht darin, den zu verbessernden Prozess abzugrenzen und die Effektivität des Prozesses zu beschreiben. Die zentrale Frage hierbei lautet: Was sind die relevanten Qualitätskriterien, welche den Output des Prozesses in messbarer Form beschreiben? Diese sind beispielsweise in einem Wärmebehandlungsprozess die erzielte Härte, die entsprechende Zähigkeit oder auch Gefügeeigenschaften wie die

Korngröße. Diese Qualitätskriterien sind mit entsprechenden Messverfahren, Toleranzgrenzen etc. in messbarer Form zu beschreiben.

In der Define-Phase ist auch sicherzustellen, dass messbare Projektziele abgeleitet wurden und die Unterstützung in der Organisation für das Projekt gegeben ist. Bei Bedarf sind Rahmenbedingungen zu klären. Unter anderem sind Projektstruktur und -ablauf zu definieren und in einem Projektauftrag zusammenzufassen.

Measure-Phase

Das Ziel eines Six-Sigma-Projekts ist typischerweise, das Sigma-Niveau eines definierten Qualitätsmerkmals auf ein Zielniveau zu heben. In der Measure-Phase geht es somit primär darum, die Ausprägung dieses Merkmals umfassend und vorurteilsfrei zu erheben.

Die Aufgaben und die Anwendung möglicher Tools in der Measure-Phase sind in Tabelle 8.4 zusammengefasst. Zunächst ist die geeignete Stichprobenstrategie bei der Erhebung der Daten festzulegen sowie die Fähigkeit der Messmittel sicherzustellen. Danach ist der notwendige Stichprobenumfang zu bestimmen, um schließlich mit geeigneten Datenerhebungsmethoden die Daten zu erhalten.

Wurden die Daten erhoben, so sind entsprechende Auswertungen und Aufbereitungen durchzuführen. Für die statistische Weiterbehandlung der Daten empfiehlt es sich in vielen Fällen, die Verteilungsfunktion des zu verbessernden Merkmals zu bestimmen und darauf basierend statistische Kennwerte wie Mittelwert, Standardabweichung, Varianz, Konfidenzintervall und das Sigma-Level zu berechnen.

Tabelle 8.4 Aufgaben der Measure-Phase

Aufgaben	Mögliche Tools
Festlegung der Datenerhebung	Verschiedene Stichproben-Strategien (Abschnitt 5.3)
Sicherstellung der Messmittelfähigkeit	MSA-Verfahren
Bestimmung des notwendigen Stichprobenumfangs	Berechnung des notwendigen Stichprobenumfangs (Abschnitt 6.3.2)
Bestimmung der Verteilungsfunktion der betroffenen Qualitätsmerkmale	Histogramme, Test auf Güte der Anpassung
Berechnung von Kennzahlen für die betroffenen Qualitätsmerkmale	Berechnung statistischer Kennwerte wie Mittelwert, Standardabweichung, Varianz, Konfidenzintervalle für Mittelwert und Standardabweichung (Abschnitt 5.4)
Grafische Aufbereitung der Qualitätsmerkmale	Grafiken wie in Abschnitt 5.4 dargestellt: Histogramm, Kreisdiagramm, Liniendiagramm oder Zeitreihendiagramm, Boxplot, Streudiagramm
Berechnung des Sigma-Niveaus und der Prozessfähigkeit	Bestimmung des Sigma-Levels, Prozessfähigkeitskennwerte C_p und C_{pk} oder defects per million opportunities (DPMO)

Analyse-Phase

In dieser Phase besteht die Aufgabe darin, im Team mögliche Einflussgrößen auf die Zielgröße zu identifizieren und deren Relevanz anhand von Zahlen, Daten und Fakten zu beweisen. Die wesentlichen Aufgaben der Analyse-Phase sind in Tabelle 8.5 zusammengefasst.

Tabelle 8.5 Aufgaben der Analyse-Phase

Aufgaben	Mögliche Tools
Identifizieren von möglichen Einflussgrößen	Brainstorming, Mind Map, Ishikawa-Diagramm
Grafische Aufbereitung der Auswertungen nach verschiedenen Einflussgrößen	Die in Abschnitt 5.4 vorgestellten Grafiken zur Analyse multivariater Datensätze wie: Säulendiagramm, Sunburst-Diagramm, Boxplot, Streudiagramm, Streudiagramm-Matrix, Korrelationsmatrix
Bestimmung der Relevanz von möglichen Einflussgrößen	Regressionsmethoden (Abschnitt 7.1) Statistische Tests (Abschnitt 6) wie z. B. Varianzanalyse Design of Experiments (DoE)

Typischerweise werden zunächst im Team mögliche Einflussgrößen auf die Zielgröße systematisch erarbeitet und entsprechend dargestellt. Hierzu werden Techniken wie Brainstorming, Mind Map oder Ishikawa-Diagramm verwendet.

Nach der Erfassung relevanter Einflussfaktoren gilt es, die Relevanz dieser Ursache-Wirkungsbeziehungen mittels statistischer Verfahren zu ermitteln. Hierzu finden Regressionsmethoden Anwendung, aber auch entsprechende Verfahren wie beispielsweise die Varianzanalyse (Abschnitt 6.4). Einige dieser Methoden sind in Kapitel 6 und Kapitel 7 beschrieben.

Die konfirmatorische Datenanalyse zur Bestätigung von vermuteten Ursache-Wirkungszusammenhängen spielt bei Six Sigma eine große Rolle. Die Belts sind in der Regel gut ausgebildet darin, wie mithilfe der statistischen Versuchsplanung (Design of Experiments, DoE) systematisch Versuche geplant werden, um daraus entsprechende Modelle inkl. relevanter Einflussgrößen zu entwickeln (Abschnitt 5.3.1).

Improve-Phase

In dieser Phase besteht die Aufgabe darin, Lösungen für relevante Einflussgrößen zu ermitteln und umzusetzen. In einer kreativen Phase (mittels Brainstormings oder weiterer Kreativitätstechniken) werden zu Beginn mögliche Lösungen ermittelt, die danach systematisch auszuwählen sind. Üblicherweise werden die Lösungen zunächst kollektiv bewertet (Grobauswahl), danach entweder genauer analysiert

(Feinauswahl) oder anhand von Kriterien systematisch ausgewählt (analytische Feinauswahl). Nach der Entscheidung für eine oder mehrere Lösungen sind diese bei Bedarf zu detaillieren und danach umzusetzen. Die Aufgaben der Improve-Phase sind in Tabelle 8.6 zusammengefasst.

Tabelle 8.6 Aufgaben der Improve-Phase

Aufgabe	Mögliche Tools
Finden möglicher Lösungen	Brainstorming, Mind Map
Kollektive Bewertung der möglichen Lösungen - Grobauswahl	Punktbewertungsmethode, Rangreihenmethode, Schiedsrichterverfahren
Analyse der Lösungen - Feinauswahl	Stärken-Schwächen-Bilanz, Kosten-Nutzen-Bilanz
Bewertung der Lösungen anhand von Kriterien	Lösungsportfolio
Planung der detaillierten Umsetzung	Maßnahmenplan, Gantt-Diagramm

Control-Phase

Den Abschluss der Problemlösung bildet die Control-Phase, im Rahmen derer die Maßnahmen auf Wirksamkeit zu überprüfen sind. Die wesentlichen Aufgaben der Control-Phase sind in Tabelle 8.7 zusammengefasst.

In der Control-Phase sind die Zielgrößen erneut zu erheben. Üblicherweise wird das Sigma-Level erneut berechnet, um zu entscheiden, ob das Verbesserungsziel erreicht wurde. Bei Erfolg ist eine dauerhafte Überwachung der Ergebnisse einzurichten, Bei Erfolg ist daran zu denken, Anerkennung auszusprechen und das Wissen - dort wo sinnvoll - an andere weiterzugeben.

Tabelle 8.7 Aufgaben der Control-Phase

Aufgaben	Mögliche Tools
Festlegung der Datenerhebung	Verschiedene Stichproben-Strategien (Abschnitt 5.3)
Bestimmung des notwendigen Stichprobenumfangs	Berechnung des notwendigen Stichprobenumfangs (Abschnitt 6.3.2)
Vergleich des neuen mit dem verbesserten Zustand mittels paarweise zuordenbarer Stichproben	t-Test für abhängige Stichproben
Standardisierung/Absicherung der Maßnahmen	Flow-Chart
Controlling der erreichten Ergebnisse	Liniendiagramm, Qualitätsregelkarten

8.5.3 Six Sigma^{+}: Integration von Machine-Learning-Methoden in den DMAIC-Zyklus

Die große Stärke von Six Sigma besteht darin, dass Entscheidungen vorher hinsichtlich des Risikos quantifiziert werden, indem entsprechende Stichprobenergebnisse durch statistische Tests analysiert werden (Kapitel 6). Damit wird verhindert, dass vorschnell eine Ursache oder eine Verbesserungsmaßnahme als signifikant eingestuft wird. Grob formuliert beherrschen Unternehmen, die Six Sigma eingeführt haben, bereits die Kunst, mit Stichprobenergebnissen richtig umzugehen, und wissen auch, wann sie den Stichprobenumfang erhöhen müssen.

Da sowohl im Produktionsumfeld (z. B. Inline-Prozessmessungen) als auch im administrativen Bereich (z. B. Zeitstempel von SAP-Workflows) immer mehr Daten existieren, gewinnen Verfahren, die mit großen Datenmengen umgehen können, zunehmend an Bedeutung. Und genau hier liegt die Stärke von Machine-Learning-Algorithmen. Es ist somit naheliegend, bei Six-Sigma-Problemlösungsprojekten auch moderne Machine-Learning-Algorithmen anzuwenden.

Wie klassische Six-Sigma-Werkzeuge um Machine-Learning-Methoden erweitert werden können, ist in Bild 8.29 exemplarisch dargestellt. Wir nennen diesen Ansatz Six Sigma^{+}.

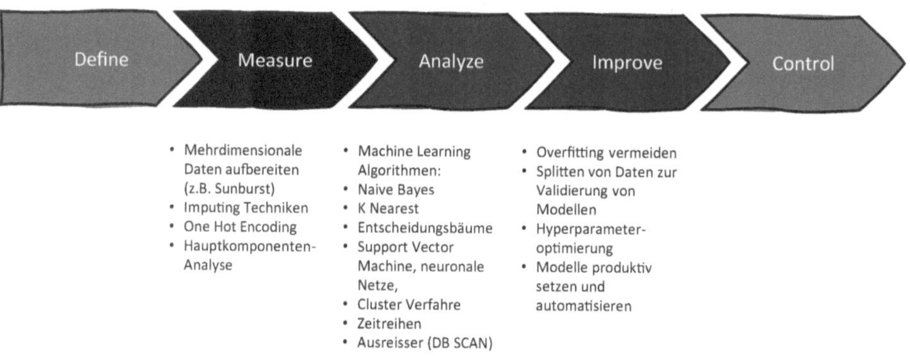

Bild 8.29 Erweiterung des DMAIC-Zyklus um Data-Analytics- und Machine-Learning-Verfahren

Wie bereits erwähnt, besteht das Ziel in der Measure-Phase darin, den zu verbessernden Prozess im Istzustand zu erheben. Im digitalen Zeitalter werden zunehmend Prozessdaten bereits vorhanden sein und damit wird neben der konfirmatorischen auch die explorative Datenanalyse an Bedeutung gewinnen. Viele der in Kapitel 5 dargestellten Inhalte, beispielsweise Daten zu bereinigen, zu kodieren, zu konstruieren oder zu komprimieren, müssen in den klassischen Six-Sigma-Ansatz integriert werden. Dies umfasst beispielsweise moderne Aufbereitungstechniken wie das Sunburst-Diagramm, fortschrittliche Imputingmethoden, das Wissen über One Hot Encoding oder die Anwendung der Hauptkomponentenanalyse.

In der Analysephase geht es darum, die relevanten Ursachen für Probleme zu finden, d.h. Ursache-Wirkungsbeziehungen zu erarbeiten. Die Algorithmen, die im klassischen Six-Sigma-Ansatz zu finden sind, beschränken sich in der Regel auf einfache Verfahren wie Regression und Varianzanalyse. Auch steht zu Recht die Methode DoE (Design of Experiment) im Sinne einer konfirmatorischen Analyse im Fokus. Zu ergänzen ist der Ansatz jedoch sicher durch Machine-Learning-Algorithmen, welche die Stärke in der Modellierung von großen, aber auch unvollständigen Daten haben. Dies umfasst Machine-Learning-Verfahren wie Naive-Bayes-Klassifikation, K-Nearest-Neighbors-Klassifikation, Klassifikations- und Regressionsbäume (CART), Support Vector Machines (SVM), Neuronale Netze oder Cluster-Verfahren.

Übrigens zeigt die Erfahrung, dass umgekehrt Machine-Learning-Projekte von Six-Sigma-Experten sehr profitieren können, die eine umfassende DoE-Erfahrung mitbringen. Machine-Learning-Modelle können schließlich nur dann gut lernen, wenn ausreichend Varianz in den Einflussgrößen vorhanden ist. Oftmals ändern sich Einstellungen in der Fertigung kaum, was dazu führt, dass es sehr lange Zeiträume braucht, bis ein Machine-Learning-Modell ausreichende Vorhersagegenauigkeit aufweist. Das bewusste Erzeugen von Lerndaten nach den Prinzipien von DoE führt dazu, dass innerhalb kürzester Zeit ein Machine-Learning-Modell angelernt wird, welches dadurch schnell eingeführt werden kann und dann mit den laufenden Daten weiterlernt.

In der Improve-Phase werden die gefundenen Modelle validiert und daraus Lösungen abgeleitet. Das Wissen über Overfitting und wie dies zu vermeiden ist, ist ein Thema, welches noch stärker in den klassischen Six-Sigma-Ansatz einfließen muss. Die Belts im Sinne von Six Sigma$^+$ müssen das Splitten von Datensätzen oder auch das Hyperparametertuning beherrschen. Auch wird der Six-Sigma-Belt routinemäßig das Deployment des Modells als Softwarelösung und das kontinuierliche Weiterlernen im praktischen Einsatz als Lösungsmöglichkeit zu wenig im Fokus haben. Daher braucht auch der Six-Sigma-Belt ein Basiswissen bezüglich Deployment von Modellen.

Zusammengefasst kann man sagen, dass die Verfahren des Machine Learnings auch in Problemlösungsprojekten einen wesentlichen Beitrag leisten können. Sie helfen bei der Analyse großer Datensätze und liefern komplexe Modelle zur Beschreibung von Ursache-Wirkungsbeziehungen.

8.5.4 Fallbeispiel Six Sigma$^+$

Ein Hersteller von Haushaltsgeräten hat einen neuartigen Backofen auf den Markt gebracht, welcher die optimale Kombination von Backzutaten vorschlägt. Aufgrund von Reklamationen einzelner Kunden, welche unzufrieden mit dem Backergebnis waren, wurde ein Six-Sigma-Verbesserungsprojekt unter Einbezug von Qualitätsingenieuren, Entwicklern und weiteren Experten gestartet. Das Ziel bestand darin, die Ursache-Wirkungszusammenhänge zur Optimierung des Backergebnisses zu verstehen. Dabei spielen Qualitätsmerkmale wie Aussehen, Geruch und Geschmack und die Textur (u.a. Festigkeit, Weichheit, Elastizität, Klebrigkeit) eine wesentliche Rolle.

Bild 8.30 zeigt die Zielgrößen und die Einflussfaktoren, die im Datensatz zur Modellierung zur Verfügung standen.

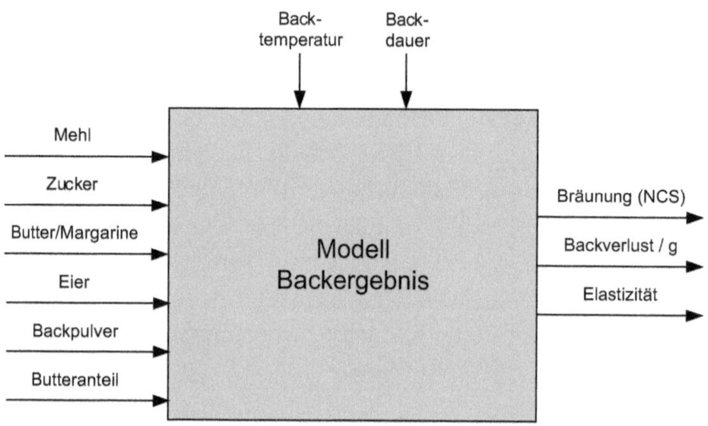

Bild 8.30 P-Diagramm mit Einflussfaktoren und Zielgrößen auf das Backergebnis

Modellbildung und Interpretation

Im Rahmen des Projekts zeigte sich, dass die herkömmlichen Modellierungsmethoden in der Standard-Six-Sigma-Toolbox nicht die gewünschten Ergebnisse lieferten. Aufgrund der Korrelationen zwischen den Einflussgrößen lieferte beispielsweise die Regression kein brauchbares Ergebnis.

Ein Regressionsbaum, der in der Machine-Learning-Welt sehr gebräuchlich ist, konnte schließlich das Modellierungsproblem lösen. Exemplarisch wird das Ergebnis anhand des Qualitätsmerkmals Elastizität in der Statistiksoftware Minitab® gezeigt.

Minitab® bietet eine Reihe von Optionen bei der Gestaltung von Regressionsbäumen an. Beispielsweise wurde die minimale Anzahl von Elementen, bei denen ein interner Knoten noch geteilt wird, mit 10 festgelegt. Der Wert, der die minimale Anzahl von Fällen darstellt, die in einen Endknoten abgeteilt werden können, wurde mit 3 gewählt.

Als Validierungsmethode wurde eine zehnfache Kreuzvalidierung gewählt.

Auf Basis der gewählten Analyseoptionen wurde ein Baum mit zwölf Knoten zur Erreichung eines optimalen Bestimmtheitsmaßes ermittelt. Das Bestimmtheitsmaß erreicht mit 98,5 % einen hohen Wert. Bild 8.31 zeigt die Veränderung des Bestimmtheitsmaßes in Abhängigkeit von der Anzahl der Endknoten.

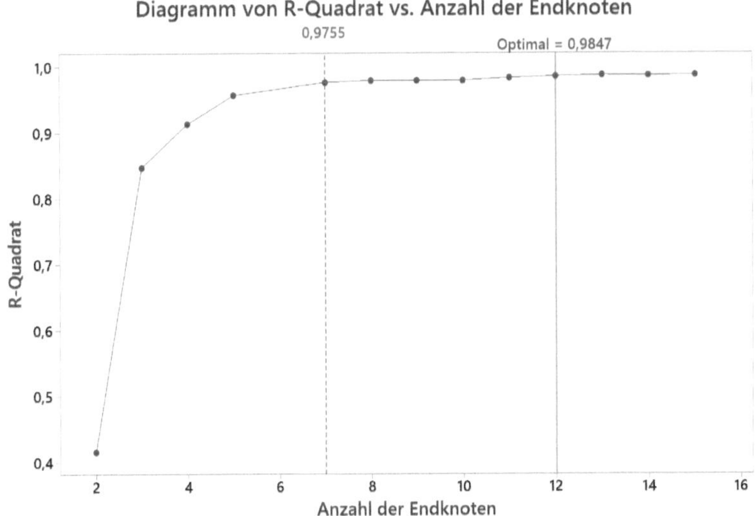

Bild 8.31 Diagramm von R^2 vs. Anzahl der Endknoten

Zur übersichtlichen Darstellung des Baumdiagramms wurde ein Alternativ-Baum mit sieben Endknoten gewählt (Bild 8.32). Es kann gezeigt werden, dass damit ein Bestimmtheitsmaß von 97,5 % erreicht wird und somit die Vorhersagegüte nur geringfügig von einem Baum mit zwölf Endknoten abweicht.

In Bild 8.32 ist auch ersichtlich, dass die eingesetzte Eimenge den größten Einfluss auf den Mittelwert der Elastizität aufweist, da aufgrund dieses Faktors an Knoten 1 geteilt wurde. Bei einer Eimenge ≤ 340 beträgt die Elastizität 4740 bei einer Eimenge > 340 steigt die Elastizität auf 8125.

Im Zweig Eimenge ≤ 340 wird an Knoten 2 aufgrund der Mehlmenge der Baum weiter unterteilt. An Knoten 2 zeigt sich, dass die Kombination der Faktoren Mehlmenge und Eimenge einen wesentlichen Einfluss auf den Mittelwert der Elastizität ausüben, was auf eine Wechselwirkung der beiden Faktoren schließen lässt. Bei einer Mehlmenge ≤ 400 beträgt die Elastizität 7509, bei einer Mehlmenge > 400 sinkt die Elastizität auf 2894.

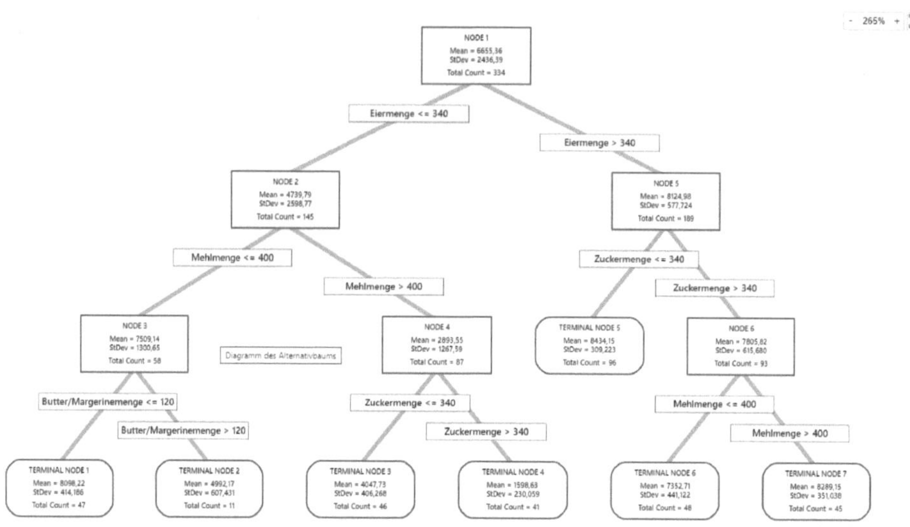

Bild 8.32 CART®-Regression-Baumdiagramm mit sieben Endknoten

Bewertung des Modells

Die Vorhersagegüte des Modells kann über die in Tabelle 8.8 aufgeführten statistischen Kennwerte, geteilt in Trainings- und Testdatensatz, beurteilt werden. Der wesentliche zur Bewertung des Modells herangezogene Kennwert ist das in Abschnitt 7.2.2 beschriebene Bestimmtheitsmaß.

Aus der Betrachtung geht hervor, dass es nur eine geringfügige Abweichung des Bestimmtheitsmaßes zwischen Trainings- und Testdatensatz gibt. Somit kann ein Overfitting des Modells ausgeschlossen und die allgemeine Anwendbarkeit des Modells angenommen werden.

Tabelle 8.8 Statistische Kennwerte zur Beurteilung des Modells

Statistische Kennwerte	Training	Test
Bestimmtheitsmaß (R^2)	0,9768	0,9755

Freigabe des Modells

Besonderer Wert wird auf die Erklärbarkeit des Modells gelegt. Gemeinsam mit Experten muss das Modell hinsichtlich kausaler Zusammenhänge interpretiert werden. Die Ei-, Zucker-, Mehlmenge konnten als die drei wesentlichen Einflussfaktoren auf die Elastizität des Kuchens identifiziert werden. Dies wurde von den Experten bestätigt. Eier beispielsweise ändern bei Erhitzen ihre Konsistenz von flüssig nach fest. Sie sorgen im Teig untergerührt dafür, dass der Kuchenteig fest zusammenhält. Eier sind daher als Bindemittel zu sehen, ähnlich wie das Gluten im Mehl, das durch Eier unterstützt werden kann. Durch diesen kausalen Zusammenhang ist auch die Wechselwirkung zwischen Ei und Mehl im Baumdiagramm erklärbar. Zucker dient primär zum Süßen des Kuchens, hat aber auch die wichtige Funktion eines Füllstoffs. Zucker hat ein gewisses Volumen, das bei der Rezepterstellung berücksichtigt wird, damit der Kuchen auch so groß werden kann, wie er soll und die Konsistenz des Teigs backfähig wird (Meincupcake, 2021).

Anwendung des Modells

Mit den Ergebnissen aus der Modellbildung können Qualitätsingenieure den Anwendern genaue Vorgaben hinsichtlich der Rezeptur geben, um ein optimales Backergebnis zu erzielen.

8.6 Neue Möglichkeiten der Fehlerbehandlung durch Digitalisierung

Die nachhaltige Beseitigung von internen und externen Fehlern ist und bleibt eine zentrale Aufgabe im Qualitätsmanagement. Um dies auf systematische Art und Weise zu erreichen, hat sich die 8D-Methodik etabliert. 8D steht hierbei für eine teamorientierte Methode zur Problemlösung in acht Schritten (Disziplinen). Die Methodik, ursprünglich von der US-Regierung während des 2. Weltkriegs als Korrekturmaßnahme für nicht-konformes Material entwickelt, wurde von der Ford Motor Company übernommen und dort 1987 unter dem Namen „Team Oriented Problem Solving“ (TOPS) standardisiert und eingeführt.

Die 8D-Methodik basiert auf drei Grundsätzen. Dies ist zunächst das **Prinzip der Faktenorientierung**, d. h. bei der Problemlösung soll die Entscheidungsfindung und Planung auf echten Daten basieren. Das zweite Prinzip besteht darin, dass die **Grundursache des Problems** beseitigt wird und nicht nur die Auswirkungen überdeckt werden. Das letzte Prinzip betont die Wichtigkeit eines **standardisierten Berichtswesens** in Form eines 8D-Reports. Das Berichtswesen dient der Fortschrittsverfolgung und der Bericht dient gleichzeitig als Aktionsplan, der die noch ausstehenden Aktionen aufzeigt.

Anzuwenden ist die Methodik primär dann, wenn es den Bedarf der Problemlösung im Team gibt, das Problem mit hohem Risiko oder hohen zu erwartenden Kosten verbunden ist und es eine erkannte Fehlerhäufung gibt.

Die 8D-Methodik unterscheidet zwischen drei Arten von Maßnahmen. Dies sind zum einen temporäre Maßnahmen (Sofortmaßnahmen), welche verhindern, dass die Auswirkungen beim Kunden spürbar sind. Des Weiteren sind Dauerabstellmaßnahmen (Korrekturmaßnahmen) zu definieren, welche die Hauptursachen ausschalten, sodass das spezielle Problem nicht mehr auftreten kann. Und nicht zu vergessen sind Maßnahmen, die das Wiederauftreten ähnlicher Probleme verhindern (Vorbeugemaßnahmen). Diese verändern das QM-System derart, dass auch ähnliche Probleme (z. B. an anderen Produkten) nicht mehr auftreten können.

Bild 8.33 gibt die acht Disziplinen wieder, die im Folgenden kurz erläutert werden sollen. Der Fokus liegt dabei weniger auf einer vollständigen Beschreibung der einzelnen Schritte, sondern vielmehr auf den neuen Möglichkeiten durch die Digitalisierung im Qualitätsmanagement.

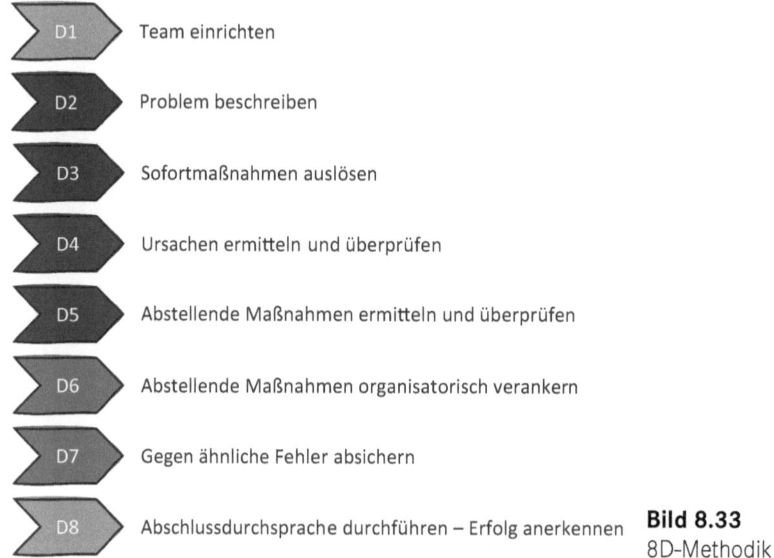

Bild 8.33
8D-Methodik

D1: Team einrichten

Die erste Disziplin besteht darin, ein Team aus Personen zusammenzustellen, die über entsprechende Prozess- und Produktkenntnisse, Zeit, Bereitschaft zur Mitarbeit und Kompetenz verfügen, um das Problem zu lösen und Abstellmaßnahmen einzuführen. Für das Team muss ein offizieller Pate und ein Teamleiter benannt werden.

D2: Problembeschreibung

In dieser Phase gilt es, das Problem bzw. das beobachtete Symptom, das der interne bzw. externe Kunde hat, möglichst genau anhand von Zahlen, Daten und Fakten zu beschreiben: was genau wurde wo, wann und wie beanstandet?

Durch die Digitalisierung im QM gibt es in dieser Phase völlig neue Möglichkeiten. Die Vision im Zeitalter von Qualität 4.0 besteht darin, auf Knopfdruck diese Informationen zu bekommen, indem entsprechende explorative Datenanalysen durchgeführt werden (Abschnitt 5.3.1). Der Fehler kann damit schnell eingegrenzt und seine Symptome genau beschrieben werden. Sofort kann beispielsweise ermittelt werden, ob ähnliche Fehlerbilder schon einmal aufgetreten sind. Es sei in diesem Zusammenhang explizit darauf hingewiesen, dass eine sehr detaillierte Symptombeschreibung die Ursachenforschung und damit den gesamten 8D-Prozess signifikant beschleunigt.

D3: Sofortmaßnahmen auslösen

In diesem Schritt sind temporäre Maßnahmen zur Schadensbegrenzung zu definieren, zu testen und einzuführen, um die Auswirkungen des Problems so lange von internen bzw. externen Kunden fernzuhalten, bis wirksame Dauerabstellmaßnahmen umgesetzt wurden.

Auch hier ist die Datenverfügbarkeit essenziell. Beispielsweise muss in diesem Schritt ermittelt werden, wie viele Produkte bereits ausgeliefert wurden und zurückzuholen sind, und es ist zu erheben, welche fehlerhaften Produkte im Umlauf und im Lager sind. Bei einer Echtzeitverfolgung im Sinne des digitalen QM sind diese Informationen unmittelbar verfügbar und es können sofort zielgerichtete Maßnahmen zum Schutz des Kunden eingeleitet werden.

D4: Ursachen ermitteln

Hierbei ist die Grundursache unter Bezugnahme auf die Problembeschreibung zu isolieren und zu bestätigen. Die gefundene Grundursache muss eindeutig nachgewiesen werden, z. B. durch gezielte Reproduktion des Fehlers oder durch nachgewiesene Wirkzusammenhänge. Ferner ist die Stelle im Prozess zu isolieren und zu bestätigen, an welcher man das Problem hätte erkennen und unter Kontrolle bringen müssen (Durchschlüpfpunkt).

Auch in dieser Phase ist eine gute digitale Datenverfügbarkeit essenziell. Einzusetzen sind viele der Methoden, die unter dem Kapitel 7 „die Kunst aus Daten zu lernen“, beschrieben sind. Beispielsweise können mithilfe von Regressions- und Klassifizierungsmethoden die Ursachen statistisch bewertet werden.

D5: Abstellmaßnahmen finden und auf Wirksamkeit prüfen

In diesem Schritt sind die besten Dauerabstellmaßnahmen für Grundursache und Durchschlüpfpunkt zu wählen. Wichtig ist, den gewünschten Erfolg sicherzustellen und keine unerwünschten Nebenwirkungen zu verursachen. Mögliche Nebenwirkungen sind systematisch zu analysieren und z. B. in einer FMEA (Fehlermöglichkeits- und Einflussanalyse) durch geeignete Maßnahmen auszuschließen.

Wichtig ist in diesem Zusammenhang auch, wirksame Maßnahmen zu definieren. Aktivitäten wie Schulung der Mitarbeitenden sind dabei nach Möglichkeit zu vermeiden. Hoch wirksame Maßnahmen sind Automatisierungslösungen, eingeführte Machine-Learning-Modelle, aber auch alle Lösungen, die unter dem Stichwort „Augmented Workers“ in diesem Buch in Abschnitt 3.5 bereits beschrieben wurden.

D6: Abstellmaßnahmen organisatorisch verankern

Schließlich ist ein Plan zur Einführung der ausgewählten Dauerabstellmaßnahmen zu erstellen und umzusetzen. Die Wirkung der Dauerabstellmaßnahmen ist zu kontrollieren und die Ergebnisse sind langfristig zu überwachen. Hier sind beispielsweise Dashboardlösungen in Echtzeit hilfreich.

D7: Das Auftreten ähnlicher Probleme verhindern

Bei jeder Problemlösung sollte man auch die Fragen stellen: „Was haben wir gelernt und sind diese Erkenntnisse auf ähnliche Probleme übertragbar?“

D8: Leistung anerkennen

Der Teamprozess ist bewusst abzuschließen, die Leistungen des Teams sowie der einzelnen Teammitglieder sind zu würdigen und gebührend zu feiern. Danach kehren die Teammitglieder wieder an ihren normalen Arbeitsplatz zurück.

Zusammenfassend möchten wir betonen, dass die genannten Prinzipien und Schritte der 8D-Methodik zum einen im digitalen QM nach wie vor sehr wichtig sind und zum anderen, dass es durch die Digitalisierung im QM neue Möglichkeiten gibt. Allerdings braucht es auch Menschen in der Organisation, die das Wissen über explorative Datenanalyse, statistische Modellbildung und Lösungskonzepte wie Automatisierung, RPA, Machine Learning und „Augmented Workers“ haben. Die klassische 8D-Vorgehensweise muss erweitert werden, und es benötigt angepasste Schulungskonzepte für 8D. Um dies zu verdeutlichen, bezeichnen wir diesen Ansatz als $8D^{+}$.

9 Systematische Architekturentwicklung und IT-Infrastruktur

Um die technischen Grundlagen für industrielle Lösungen im Bereich künstlicher Intelligenz und Machine Learning zu schaffen, muss die dafür notwendige Infrastruktur entwickelt und bereitgestellt werden.

Dieses Kapitel stellt die Welt der Data Engineers dar und wir haben sorgsam überlegt, welche Inhalte wir darstellen wollen, weil diese Themen für fachfremde Personen bisweilen äußerst schwer zu verstehen sind. Wir wissen aber, dass Data-Science-Lösungen nur im Team erfolgreich umgesetzt werden können und die gute **Kommunikation** zwischen dem Domänenexperten, Data Engineer und Data Analyst **erfolgsentscheidend** ist (Bild 8.10). Es braucht eine gemeinsame Sprache und ein Grundverständnis der Domänenexperten bezüglich Informationstechnologie und Data Engineering. Dieses Kapitel ist somit **für Domänenexperten, Data Analyst und Data Engineers gleichermaßen gedacht**.

Wir setzen den Fokus darauf, einerseits praxiserprobte Vorgehensweisen bei der Gestaltung der IT-Infrastruktur zu vermitteln, andererseits die wesentlichen Technologien in verständlicher Form zu erläutern. In diesem Zusammenhang dürfen wir auch auf Abschnitt 12.3 hinweisen, der die wesentlichen Begriffe im Bereich Data Engineering erläutert.

Wir starten das Kapitel mit der Thematik des Cloud Computings und den dazugehörigen Service- und Verteilungsmodellen, um danach einen Schwerpunkt auf die methodische Architekturentwicklung für Data-Science-Lösungen zu legen. Wir haben es hier im industriellen Umfeld mit **cyber-physischen Systemen** zu tun, wo softwaretechnische Komponenten mit mechanischen und elektronischen Teilen über eine Dateninfrastruktur, wie z. B. das Internet, kommunizieren. Daher wollen wir der Frage nachgehen, wie die Komplexität derartiger Systeme beherrscht werden kann. Hier gehen wir auf Architekturprinzipien, -muster und -treiber ein und erläutern moderne Methoden der Architekturbeschreibung mittels UML (Unified Modeling Language).

Bei der Industrialisierung von Lösungen fokussieren wir auf die technische Gestaltung von Schnittstellen und erläutern u. a. die neuesten Möglichkeiten, mit Big Data umzugehen. Am Ende zeigen wir auf, wie die iterative Weiterentwicklung und der laufende Betrieb von IT-Architekturen gelingen kann. Verdeutlicht werden die Ausführungen mithilfe eines durchgängigen Praxisbeispiels, indem wir die Case Study aus Abschnitt 7.1.4 (Optimierung eines Stanz-Biege-Werkzeugs) aufgreifen.

9.1 Cloud Computing

Im Jahr 2020 haben bereits mehr als ein Drittel der deutschen Cloud-Benutzer ihre Bilder und andere Dateien online gespeichert, rund ein Viertel verwendet Cloud-Dienste wie Google Docs (Statista GmbH, 2020). Diese Zahlen unterstreichen, dass sehr viele Personen die Cloud bereits in ihrem Alltag kennen und aktiv nutzen. Im geschäftlichen Umfeld sind die Zahlen in einigen Bereichen noch wesentlich höher.

Betrachtet man das Cloud Computing etwas genauer, ist es im Grunde die simple **Bereitstellung von Rechenleistung über das Internet**, also nicht lokal auf dem PC, dem Laptop oder Servern, sondern in der Cloud. Dabei sind alle für digitale Operationen notwendigen Komponenten beinhaltet. Dies betrifft Server, Speicher, Datenbanken, Netzwerkkomponenten, aber auch Software und Analysefunktionen sowie vorgefertigte intelligente Lösungen, welche flexibel nutzbar und nach dem tatsächlichen Bedarf skalierbar sind. Nach dem National Institute of Standards and Technology (NIST) besteht Cloud Computing aus fünf wesentlichen Merkmalen (Mell & Grace, 2011).

1. **On-demand self-service**: Jeder Nutzer kann sich Dienste wie Rechenleistung oder Speicher ohne jegliche menschliche Interaktion, je nach Bedarf und automatisch bereitstellen lassen.
2. **Broad network access**: Diese Leistungen sind über das Netzwerk verfügbar und können über Standardmechanismen abgerufen werden, welche die Nutzung von heterogenen Endbenutzergeräten (z. B. Mobiltelefone, Tablets, Laptops oder Workstations) fördern.
3. **Resource pooling**: Die Rechenleistung des Anbieters wird dabei gebündelt, um mehrere Verbraucher basierend auf einem Multi-Mandanten-Modell zu bedienen. Dabei werden je nach Bedarf die notwendigen Ressourcen wie virtuelle Maschinen dynamisch zugewiesen. Der Nutzer hat in der Regel keine Kontrolle und auch keine Kenntnis über den Standort der Ressourcen, er kann jedoch oft den Standort auf einer höheren Abstraktionsebene (z. B. Land, Bundesland oder Rechenzentrum) mitbestimmen.
4. **Rapid elasticity**: Die Rechenleistung kann in einigen Fällen elastisch bereitgestellt werden, um je nach Bedarf schnell nach außen und innen skalieren zu

können. Aus Sicht der Nutzer erscheinen durch diese automatische Skalierung die verfügbaren Kapazitäten oft unbegrenzt.

5. **Measured service**: Cloud-Systeme steuern und optimieren die Ressourcennutzung anhand von messbaren Metriken, welche für die Art des Dienstes geeignet sind (z.B. Speicher oder Bandbreite), automatisch. Der Ressourcenverbrauch kann überwacht und kontrolliert werden, wodurch Transparenz sowohl für den Anbieter als auch für Verbraucher geschaffen wird.

All dies steht im Gegensatz zu Servern, PCs und Laptops, welche sich **On-Premise**, also vor Ort direkt an einer Industrieanlage oder in den Bürogebäuden, befinden und verwendet werden. Im Gegensatz zu Cloud Computing wird bei dieser Art der digitalen Infrastruktur keine Anbindung an das Internet vorausgesetzt. Durch die moderne Vernetzung und unsere Gewohnheit, immer online zu sein, ist dies aber auch bei diesen Systemen meist der Fall. Aus diesem Grund nehmen hybride Systeme immer weiter zu, um beide Welten zu vereinen oder auch um eine stufenweise Überleitung durchführen zu können. Trotzdem gibt es bestimmte Unterschiede sowie Vor- und Nachteile zwischen Cloud Computing und On-Premise-Systemen. Die wichtigsten sind in Tabelle 9.1 dargestellt.

Tabelle 9.1 Vor- und Nachteile von On-Premise- und Cloud-Systemen

On-Premise Vorteile	Cloud Computing Vorteile	On-Premise Nachteile	Cloud Computing Nachteile
Geringere Gesamtkosten betrachtet über mehrere Jahre	Höchster Komfort, keine Updates, keine Hardware, Zugriff von überall	Vorabinvestition notwendig	Über mehrere Jahre betrachtet höhere Gesamtkosten, wenn keine Optimierung der Architektur stattfindet
Einfache Integration, Personalisierung und Anpassung möglich	Keine Software- oder Hardware-Aktualisierungen	Kauf von Hard- und Software notwendig (Betriebssystem- oder andere Lizenzen)	Möglicherweise Vorauszahlung bzw. zusätzliche Integrationskosten
Kosten können aktiviert und abgeschrieben werden	Sehr schnelle Verteilung und Einsatz der Lösung	Längere Implementierungs-zyklen	Die Datensicherheit sowie der Speicherort benötigt zusätzliche Aufmerksamkeit
Daten innerhalb des lokalen Netzwerks gesichert	Der Cloudanbieter ist verantwortlich für Hard- und Software, hohe Kompetenz und Zertifizierung bieten hohe Sicherheitsstandards	Permanenter IT-Support bzw. Betrieb notwendig	Mögliche Unterbrechung der Dienste bei Internetausfällen

Insgesamt lohnt sich bei der Auswahl der Strategie die Abwägung, inwieweit sich die gezeigten Vor- und Nachteile auf das zu entwickelnde System auswirken. Insbesondere das Cloud Computing befindet sich derzeit in einer sehr schnellen Entwicklungsphase, es gibt daher immer wieder neue Dienste und Möglichkeiten, um auch spezifische Geschäftsprozesse mit vorkonfigurierten Lösungen abdecken zu können. Aus diesem Grund ist es erforderlich, den Markt und die verfügbaren Dienste zu beobachten. Konzentriert man sich auf die **Vorteile von Cloud Computing**, sind dabei besonders die folgenden Beurteilungsaspekte zu nennen.

- **Kosten**

  Es fallen keinerlei Vorabinvestitionen für Hard- und Software oder auch den Bau und Betrieb lokaler Rechenzentren an. Damit sind auch keine Serverracks, keine Stromversorgung und keine Kühlung mehr notwendig, welche bei On-Premise zusätzlich betrieben und gewartet werden müssen.

- **Geschwindigkeit**

  Beim Cloud Computing können notwendige Rechenkapazitäten bedarfsgesteuert bereitgestellt werden. Bei veränderten Lasten können durch Hoch- und Herunterskalieren der Anzahl der Computer nicht nur Geschwindigkeiten erhöht, sondern auch die Kosten gesenkt werden.

- **Produktivität**

  Lokale Rechenzentren gehen typischerweise mit einem erheblichen Einrichtungs- und Verwaltungsaufwand einher, da regelmäßig Hardware- und Softwareupdates und andere zeitaufwendige IT-Verwaltungsaufgaben notwendig sind. Beim Cloud Computing müssen viele dieser Aufgaben nicht länger ausgeführt werden, sodass sich IT-Teams auf wichtigere Unternehmensziele konzentrieren können.

- **Zuverlässigkeit**

  Mithilfe von Cloud Computing werden Datensicherung, Notfallwiederherstellung und Geschäftskontinuität vereinfacht und die zugehörigen Kosten gesenkt, da Daten an mehreren redundanten Standorten im Netzwerk des Cloudanbieters gespiegelt werden können.

- **Datensicherheit**

  Cloudanbieter stellen zahlreiche Richtlinien und innovative Technologien bereit, welche die Sicherheit ihrer Umgebungen insgesamt stärken und dazu beitragen, die gespeicherten Informationen der Kunden und ihre Infrastruktur vor potenziellen Bedrohungen zu schützen.

Auch wenn die Vorteile von Cloud Computing überwiegen mögen, gibt es doch auch gute Gründe, Komponenten bewusst vor Ort, also On-Premise, zu betreiben. Gerade bei Industrieanlagen bzw. bei der Kontrolle und Steuerung von Produktionssystemen sind niedrige Latenzzeiten bei Regelungsprozessen, die Unabhängigkeit der Anlage von der vorhandenen Internetverbindung sowie die Datensicherheit wichtige Themen.

9.1.1 Servicemodelle

Für die Migration von bereits vorhandenen lokalen Diensten und Systemen hin zu Cloud Computing ist es notwendig, diese Anwendungen Schritt für Schritt in die Cloud zu übertragen. Basierend auf den immer weiter fortschreitenden technischen Möglichkeiten wurden dafür **drei grundlegende Servicemodelle** entwickelt, um Computerressourcen schnell bereitstellen und freigeben zu können (Mell & Grace, 2011).

- **Infrastructure as a Service (IaaS)**: Es werden Computerressourcen zur Verarbeitung, Speicherung und Vernetzung bereitgestellt. Der Benutzer ist in der Lage, beliebige Software darauf zu installieren und auszuführen, einschließlich des Betriebssystems und weiterer Software. Der Benutzer verwaltet und kontrolliert bei der zugrundeliegenden Cloud nicht die Infrastruktur, hat aber die Kontrolle über Betriebssysteme, Speicher und bereitgestellte Anwendungen sowie eingeschränkte Kontrolle über ausgewählte Netzwerkkomponenten. Meist wird bei IaaS mit virtuellen Computern (Virtual Machines) gearbeitet, welche dieselben Schnittstellen und Möglichkeiten wie normale Computer nur in einer virtualisierten Form bieten.
- **Platform as a Service (PaaS):** Dabei werden neben den Computerressourcen auch Softwareplattformen zur weiteren Programmierung von eigenen Lösungen eingesetzt. In der Regel erfolgt dies auf einer Pay-per-Use-Basis. Diese Softwareplattformen werden vom Cloudanbieter gewartet, Updates werden installiert und auch Lizenzkosten sind für alle Kunden abgedeckt. Der Benutzer ist aber für seine spezifische Implementierung verantwortlich. Ein Beispiel für PaaS ist die Google App Engine, welche es ermöglicht, eigene Anwendungen in der Cloud auszuführen, ohne dafür einen virtuellen Server mit einem Webserver und anderen Komponenten zu betreiben.
- **Software as a Service (SaaS):** Bei SaaS werden dem Benutzer fertige Anwendungen direkt zur Verfügung gestellt. Heutzutage finden die Zugriffe auf diese Services über einen Webbrowser statt, da Webtechnologien zunehmend alle Funktionen von bisherigen Desktop-Anwendungen abdecken können. Software as a Service ist damit alles, was wir heute als Internetdienste kennen, von Dropbox über Facebook bis hin zu Microsoft Office 365. Die meisten SaaS-Dienste kommen dabei in einem Abo-Modell, man bezahlt für die Dauer der Nutzung eine monatliche Gebühr. Darin sind alle Kosten für Softwarelizenzen und Infrastruktur enthalten.

Bild 9.1 zeigt den Vergleich zwischen On-Premise und den drei Cloud-Computing-Servicemodellen als Übersicht. Darin ist sehr gut zu erkennen, dass mit Erweiterung des Servicemodells immer mehr Bestandteile von digitalen Systemen durch den Cloudanbieter verwaltet werden. Sind beim typischen IaaS (nur Infrastruktur) noch alle Teile ab dem Betriebssystem in der Hand des Kunden, so kümmert sich beim SaaS-Modell (Software as a Service) der Anbieter um alle Ebenen. Die Kunden verwenden hierbei nur mehr die Software und müssen sich um Wartung, Sicherung oder Aktualisierungen keine Gedanken machen.

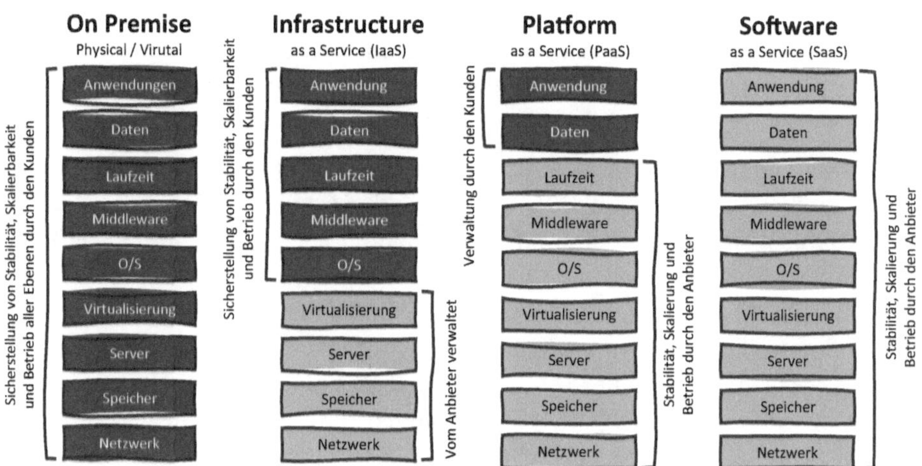

Bild 9.1 On-Premise-Modell im Vergleich zu Cloud-Servicemodellen

Insbesondere die **Verschiebung der Verantwortung der Infrastruktur** (Netzwerk, Speichermedien und Rechenkapazität) vom Kunden auf den Cloudanbieter, welches bei allen Servicemodellen der Fall ist, führt auch zu einer **Änderung des Personals auf Kundenseite**. War es bei On-Premise noch notwendig, dass sich IT-Abteilungen mit der Beschaffung und Wartung von Netzwerk- und Serverkomponenten befasst haben, so ist heute die effiziente und effektive Anwendung von Cloud-Diensten eine der Schlüsselkompetenzen von IT-Spezialisten. Cloud Computing beginnt bei IaaS noch ähnlich zu On-Premise, da die Server in identischer Form als virtuelle Server in der Cloud laufen. Bei SaaS gibt es im Gegensatz dazu eine unzählige Anzahl an Services und Diensten, welche nicht mehr einfach zu überblicken sind. Deshalb ist auch in diesem Bereich eine Spezialisierung der IT-Abteilungen notwendig, da es viele Services für die unterschiedlichsten Geschäftsfelder und -prozesse gibt.

9.1.2 Verteilungsmodelle und die „Private Cloud"

Um spezifischen Anforderungen, oft sind dies Sicherheitsvorschriften oder sehr spezielle Geräte, gerecht zu werden, gibt es die Möglichkeit, eine eigene private Cloud aufzubauen. Diese private Cloud ist als Dienst definiert, welcher nicht für die Allgemeinheit, sondern nur für ausgewählte Benutzer über das Internet oder ein privates internes Netzwerk bereitgestellt wird. **Private Cloud Computing**, auch als interne oder Unternehmens Cloud bezeichnet, stellt für Unternehmen viele Vorzüge einer öffentlichen Cloud zur Verfügung, wie z. B. Self-Service, Skalierbarkeit und Elastizität. Gleichzeitig gibt es zusätzliche Kontroll- und Anpassungsmöglichkeiten, die mithilfe von dedizierten Ressourcen über eine lokale Infrastruktur zur Verfügung gestellt werden. Ein Nachteil ist allerdings, dass die IT-Abteilung des Unternehmens für das Management der privaten Cloud verantwortlich ist. Dementsprechend erfordern private Clouds mindestens die gleichen Personal-, Verwaltungs- und Wartungsausgaben wie das Betreiben von herkömmlichen Rechenzentren, meist sind diese sogar höher, da bei den privaten Cloud Services auch die entsprechende Meta-Schicht, welche der Multi-Mandanten-Verteilung der Dienste in der Cloud dient, notwendig ist. Dadurch ist privates Cloud Computing nur in Ausnahmefällen sinnvoll, viele Cloudanbieter stellen ihre Lösungen aber auch bereits für die eigene Installation zur Verfügung. Damit ist einerseits der Betrieb einer privaten Cloud möglich, andererseits können Services, welche für die Cloud entworfen wurden, auch in einem lokalen Umfeld ausgeführt werden. Zusätzlich zur privaten Cloud bieten hybride Lösung eine Kombination aus beiden Welten.

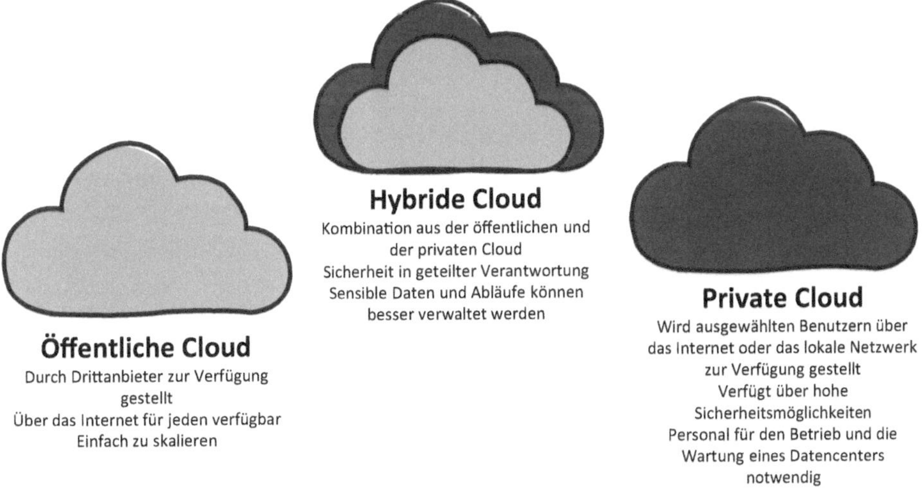

Bild 9.2 Private, hybride und öffentliche Cloud

Wie in Bild 9.2 dargestellt, vereint die **hybride Lösung** Teile aus privaten und öffentlichen Elementen. Damit können Dienste, welche zum Beispiel für eine reibungslose Produktion notwendig sind, direkt vor Ort an der Produktionsanlage errichtet und entsprechend abgesichert werden. Datenzusammenführungen, Auswertungen und z. B. die Planung finden in der öffentlichen Cloud mit all ihren Vorteilen statt. Dadurch ist weniger Personal für den Betrieb der privaten Cloud notwendig, da sich dieser nur auf die als kritisch eingestuften Systeme beschränkt. Die einzelnen Einheiten selbst sind miteinander verbunden, um einen Datenaustausch und die Portierbarkeit von Anwendungen zu ermöglichen (z. B. den Lastenausgleich zwischen der privaten und der öffentlichen Cloud) (Mell & Grace, 2011).

■ 9.2 Methodische Architekturentwicklung

Die Kenntnis und die Auswahl der richtigen Kriterien für die Laufzeitumgebung und Infrastruktur (Abschnitt 9.1) ist der erste Schritt hin zur Entwicklung der richtigen Architektur für eine Lösung. Nichtsdestotrotz ist für die Entwicklung der richtigen IT-Architektur ein **systematisches Vorgehen notwendig**, um nicht nur irgendeine, sondern **die richtige** Architektur für das System auszuwählen. Gerade in diesem Bereich scheuen sich viele Unternehmen, Entscheidungen zu treffen, auch weil es bei der Diskussion immer wieder Konflikte und Meinungsverschiedenheiten gibt. Dies wird durch eine Vielzahl an potenziellen Lösungen befeuert, unabhängig davon, ob diese bereits fertige Dienste, Vorlagen zur Umsetzung von spezifischen Anforderungen oder proprietäre, aber gut integrierte Lösungen von großen Cloudanbietern sind. Daher ist es umso wichtiger, dass gerade zu Beginn des Designs einer IT-Architektur die notwendigen Anforderungen erhoben und jene mit einem signifikanten Einfluss auf das System identifiziert werden.

Als Grundlage für die gesamte Architekturentwicklung ist ein gemeinsames Verständnis von Architektur und entsprechenden Ebenen in der Informationsverarbeitung notwendig. Grundsätzlich ist Architektur nach der ISO/IEC Norm 42010, welche die Anforderungen an die Beschreibung der System-, Software- und Unternehmensarchitektur definiert, wie folgt zu verstehen:

> *Fundamental concepts or properties of a system in its environment embodied in its elements, relationships, and in the principles of its design and evolution (ISO/IEC, 2011).*

Anders formuliert ist Architektur die Zuordnung von Funktionalität zu Struktur. Nimmt man diese Aussage ernst, dann ist Architektur auch die einfachste Lösung für die notwendige Funktionalität. Komponenten, die keine Zuordnung zu einer entsprechenden Anforderung haben, dienen nur dem Selbstzweck. Genau diesen Selbstzweck gilt es in der Architekturentwicklung zu vermeiden.

Architekturpyramide

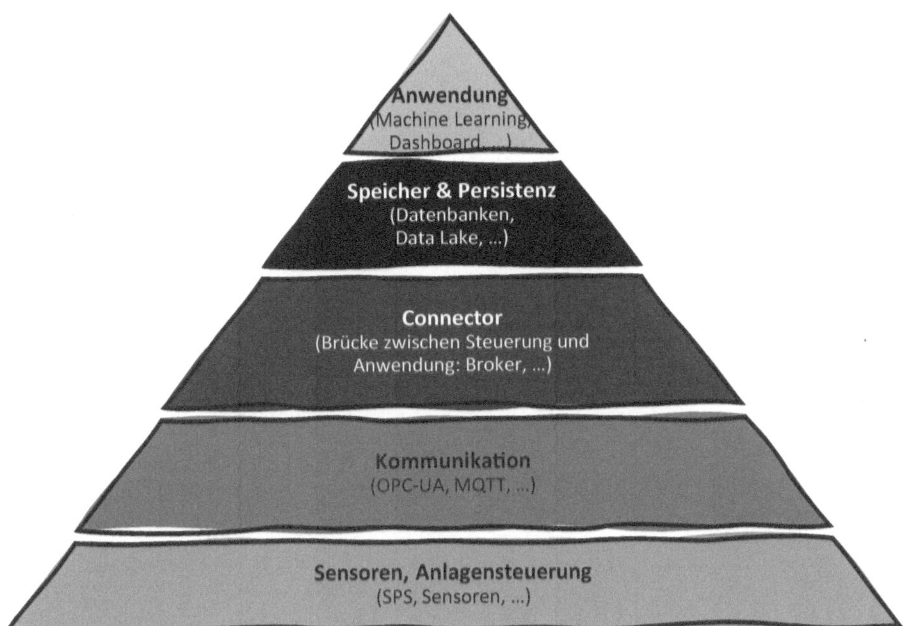

Bild 9.3 Architekturpyramide

Bild 9.3 zeigt die unterschiedlichen Ebenen, auf welchen die Architektur von Industrie-4.0-IT-Systemen basiert. Ganz unten, sozusagen als Fundament, befinden sich die **Sensoren und die Anlagensteuerung**, welche die reale Welt in digitaler Form abbilden. Die darüberliegende Kommunikationsebene bietet die **Konnektivität zwischen Anlagensteuerung und den Sensoren** und stellt damit die physischen Umgebungsparameter in der digitalen Welt zur Verfügung. Die nächste Ebene stellt die **Verbindungsebene zwischen diesen Sensoren und Steuerungsgeräten** dar und schlägt damit die Brücke zwischen den Fertigungsanlagen und den zentralen IT-Systemen zur Datenspeicherung, Auswertung und Überwachung. Auch ist diese Ebene zumeist die Schnittstelle zwischen den lokalen Anlagen und dem Cloud Computing oder dem Rechenzentrum, in welchem die Daten gespeichert werden. Genau dieser Bereich ist in der vierten Ebene dargestellt, wo **Datenbanken in unterschiedlichen Ausprägungen** zum Einsatz kommen. An der Spitze der Pyramide sind **Machine Learning oder auch Dashboards** angesiedelt, da diese Lösungsansätze auf den Daten der darunterliegenden Speicherebenen aufbauen.

Gerade industrielle Fertigungsanlagen weisen eine Vielzahl von Sensoren und Einstellparametern auf, welche in sehr unterschiedlicher Weise dazu genutzt werden, die Fertigung zu steuern oder die Qualität der produzierten Produkte zu bewerten. Das Beispiel aus Abschnitt 7.1.4, bei dem über eine verkettete Abfolge von Stanz- und Biegeprozessen ein Bauteil hergestellt wird, eignet sich sehr gut, um die Entwicklung einer umfassenden Systemarchitektur für die Kontrolle und Steuerung der Anlage darzustellen. Wie bereits erwähnt, wird mit einem Machine-Learning-Algorithmus der Fertigungsprozess analysiert und die Fertigung über Einstellparameter entsprechend justiert, um die Produktqualität sicherzustellen. Wie in der Architekturpyramide zu erkennen ist, sind für ein produktives System noch die beiden weiteren Ebenen der Kommunikation und des Speichers bzw. der Persistenz abzubilden. Persistenz steht hierbei für die Eigenschaft eines Systems, den Zustand seiner Daten über lange Zeit bereitzuhalten. Damit kann der Machine-Learning-Algorithmus einerseits auf die Sensordaten und die Qualitätsmerkmale zugreifen und auf der anderen Seite besteht die Möglichkeit, dass der Algorithmus selbst Steuerbefehle an die Anlage sendet.

Im Grunde stellt sich in dieser und vergleichbaren Situationen immer die Frage, wie man die **richtige Architektur** entwickelt. Dafür gibt es leider kein Allgemeinrezept, viel Erfahrung in der Entwicklung solcher Architekturen ist jedoch sehr hilfreich. Zusätzlich gibt es als Unterstützung sogenannte Architekturprinzipien und Architekturmuster, welche helfen, qualitativ hochwertige und effiziente Architekturen zu entwickeln.

Architekturprinzipien

Prinzipien sind keine konkreten Entscheidungen oder Lösungen, sie sollen aber ein gemeinsames Verständnis im Umgang mit Problemen schaffen. Viele dieser Richtlinien sind aus den Erfahrungen der objektorientierten Programmierung hervorgegangen und sollen eine Einstellung zu Entwurfsentscheidungen vermitteln. Diese Grundsätze sind essenziell und tragen zur Qualität der Architektur bei. Prinzipien sind dabei langlebiger als die Lösungen selbst und gewährleisten durch ihren universellen Charakter die Integrität über mehrere Personen hinweg. Es existieren bereits sehr weit verbreitete Architekturprinzipien, welche sehr generisch sind und auf viele Lösungen angewendet werden können. Beispiele sind unter anderem jene zum Fördern eines bestimmten Arbeitsstils wie DRY (Don't Repeat Yourself) oder KISS (Keep It Simple and Stupid) (Thomas & Hunt, 2019). Gute Architekturprinzipien sind nachvollziehbar, konstruktiv, richtungsweisend, gut ausgedrückt und testbar, weshalb es meist ratsam ist, auf bewährte Prinzipien zu setzen. Ein weit verbreitetes Subset von Design-Prinzipien in der objektorientierten Softwareentwicklung wird mit dem in Tabelle 9.2 beschriebenen Akronym SOLID zusammengefasst.

Tabelle 9.2 SOLID-Design-Prinzipien

Prinzip	Beschreibung
Single-Responsibility-Prinzip	Es sollte nie mehr als einen Grund dafür geben, eine Klasse zu ändern. Mit anderen Worten, jede Klasse sollte nur eine Aufgabe haben.
Open-Closed-Prinzip	Software-Module sollten offen für Erweiterungen, aber geschlossen für Modifikationen sein.
Liskovsches Substitutionsprinzip	Ein Modul, das Objekte einer Basisklasse verwendet, muss auch mit Objekten der davon abgeleiteten Klasse korrekt funktionieren, ohne dabei das Programm zu verändern.
Interface-Segregation-Prinzip	Viele spezifische Schnittstellen sind besser als eine allgemeine Schnittstelle. Clients sollten nicht dazu gezwungen werden, von Schnittstellen abzuhängen, die sie nicht verwenden.
Dependency-Inversion-Prinzip	A. Module hoher Ebenen sollten nicht von Modulen niedriger Ebenen abhängen. Beide sollten von Abstraktionen abhängen. B. Abstraktionen sollten nicht von Details abhängen. Details sollten von Abstraktionen abhängen.

Architekturmuster

Im Gegensatz zu Architekturprinzipien beinhalten Architekturmuster bewährte Lösungen für gängige Aufgabenstellungen und Vorlagen für konkrete Architekturen. Diese Architekturmuster können sich auf unterschiedliche Aspekte beziehen, abhängig davon, ob der Fokus z.B. gerade auf dem Laufzeitverhalten oder der Struktur liegt.

Ein Beispiel für diese Muster ist die **Schichtenarchitektur**, wo die einzelnen Schichten separat ausgetauscht und getestet werden können. Dies hat deutliche Vorteile bei der Weiterentwicklung der Architektur.

Insbesondere für Lösungen im Cloud-Umfeld haben sich **Microservices** etabliert, welche einzelne Dienste weitgehend voneinander entkoppeln und diese somit einfach skalierbar und wiederverwendbar machen. Diese folgen dabei dem **Single-Responsibility-Prinzip**, jedes Service übernimmt also nur eine einzelne Aufgabe. Muster können untereinander auch kombiniert werden.

Ebenso gibt es auch **Anti-Patterns**, sprich Muster, welche ein schlechtes Design geradezu ausstrahlen. Die Kunst ist es, diese Anti-Patterns zu erkennen – dazu ist sehr viel Erfahrung erforderlich. Auch Anti-Patterns bieten einen großen Vorteil, da sich durch Erfahrung aus vielen Projekten mögliche Lösungen als schlecht erwiesen haben und somit Fehler nicht wiederholt werden. Eines der bekanntesten Anti-Patterns ist der **Spaghetti Code**. Tritt dieses Anti-Pattern in Erscheinung, so gibt es im Code wenig bis keine Modularisierung und möglicherweise sogar Sprungmarken zu anderen Zeilen im Code, was die Nachvollziehbarkeit und Änderungen im Code sehr schwierig macht. Ein Test dieser Lösung ist nahezu unmöglich, da die möglichen Kombinationen und damit verbundenen Programmabläufe nicht überblickt werden können (Gamma, Helm, Johnson, & Vlissides, 1994).

9.2.1 Architekturtreiber

Eine große Rolle bei der Architekturentwicklung spielen die sogenannten Architekturtreiber. Dies sind **Anforderungen, welche einen signifikanten Einfluss auf die auszuwählende Architektur haben**. Sie können einerseits funktionale Anforderungen sein, welche aus den Use Cases abgeleitet wurden, meist sind es aber nichtfunktionale Anforderungen an beispielsweise Performanz, Benutzbarkeit oder Datensicherheit. Deshalb bieten die Qualitätsmerkmale für Software, welche in der ISO 25010 definiert sind, eine sehr gute Grundlage für die Identifikation der relevanten Architekturtreiber (Abschnitt 4.6.2). Dabei werden aus der Summe aller Merkmale für die Software, die Merkmale mit dem größten Einfluss auf die Entscheidungen identifiziert und dokumentiert. Typischerweise gibt es folgende Quellen für Architekturtreiber:

- **Geschäftsziele, Geschäftsmodelle**
- **Softwarequalität** (z. B. ISO 25 000)
- **Hardwareressourcen** des Zielsystems
- **Bestehende Systeme**, Produkte oder Plattformen
- **Drittanbietersoftware** oder Open-Source-Software
- **Gesetzliche Anforderungen** und Normen
- **Organisationsstruktur,** siehe Gesetz von Conway (Conway, 1968)

Wie auch bei der Architekturentwicklung gibt es kein Allgemeinrezept, die Definition der Treiber ist sehr individuell und von den Rahmenbedingungen der Anlage oder des Produkts abhängig. Um einen Überblick behalten zu können, sollte die Anzahl der gewählten Treiber bei ungefähr fünf liegen. Damit lassen sich diese auch im Verlauf des Projekts leicht merken und verbreiten.

Für das zuvor beschriebene Beispiel der Fertigungsanlage wurden die in Tabelle 9.3 dargestellten Architekturtreiber identifiziert. Es sind hier explizit keine funktionalen Anforderungen Teil der Architekturtreiber. Wie zu sehen ist, liegt in diesem Projekt ein hoher Fokus auf der Bedienbarkeit sowie Weiterverwendung der technischen Lösung.

Tabelle 9.3 Beispiel Architekturtreiber für die Machine-Learning-Lösung einer Fertigungsanlage

Treiber	Begründung
Bedienbarkeit	Gerade die Digitalisierung von klassischen Anlagen führt zu Ungewissheit und damit oft zu Ablehnung. Um für die Lösung(en) früh Akzeptanz zu erreichen, ist eine einfache Bedienbarkeit und eine spürbare Verbesserung der Arbeitsabläufe ausschlaggebend.
Wiederverwendbarkeit	Die im Projekt verwendete Anlage ist nur eine von vielen und wird stellvertretend für Entwicklung und Tests verwendet. Die Erkenntnisse aber auch die Algorithmen und Softwareteile sollen so gestaltet werden, dass diese auch auf weitere Anlagen oder auch auf andere Anlagentypen verteilt werden können.
Interoperabilität	Das Zusammenspiel der Lösung mit bestehenden Systemen ist sehr wichtig. Es gibt bereits viele Systeme für das Erfassen von Qualitätsmerkmalen, welche integriert werden. Auch ist eine offene Architektur zu wählen, welche es später ermöglicht, auf unterschiedlichen Cloudplattformen lauffähig zu sein. Es sollen so wenig wie möglich proprietäre Lösungen verwendet werden, offene Standards sind zu bevorzugen.
Anpassungsfähigkeit	Insbesondere für unterschiedliche Anlagen ist ein Design zu wählen, welches Änderungen einfach zulässt. Der Fokus liegt hierbei auf der einfachen Erweiterung der Lösungen, die auch ohne Programmierkenntnisse umsetzbar sein sollen.

9.2.2 Erste Datenanalysen mit Project Jupyter

Basierend auf den bestehenden Systemen und Datenflüssen wurde in unserem Beispiel mit einer minimalen Variante der Architektur begonnen. Diese in Bild 9.4 dargestellte Architektur deckt die ersten wesentlichen Datenflüsse der Einstellparameter und Qualitätsmerkmale ab und kann für erste Datenanalysen und KI-Modellbildungen verwendet werden.

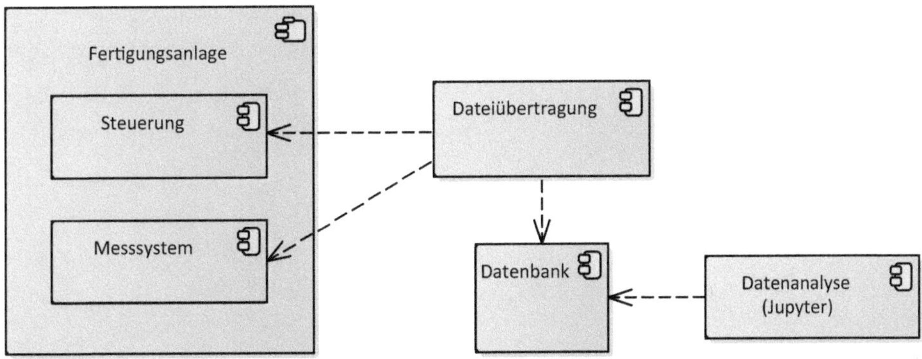

Bild 9.4 Initiales System-Design zur Datenerhebung und -analyse

Diese Architektur ist einfach gehalten. Die Daten der Steuerung und weitere Messwerte werden an der Fertigungsanlage nur in einfache Dateien geschrieben, womit es keine Abhängigkeit von der Verfügbarkeit der beiden zentralen Komponenten „Dateiübertragung“ oder „Datenbank“ gibt. Die Anlage läuft auch dann normal weiter, wenn eine dieser zentralen Komponenten ausgefallen und nicht verfügbar ist. In zyklischen Abständen werden diese Dateien von der „Dateiübertragung“ eingelesen und in der Datenbank gespeichert. Dadurch kann die Datenanalyse auf die in der Datenbank gespeicherten Daten zugreifen, womit historische Auswertungen und tiefere Analysen möglich sind. Durch diese Architektur sind die Daten oft bereits einige Minuten oder Stunden alt, was für Erkenntnisse des Zusammenspiels der einzelnen Werte ausreichend ist. Es gibt jedoch noch keine Möglichkeit, aktiv auf die Fertigungsprozesse Einfluss zu nehmen.

Project Jupyter und Python

Auch wenn sie mit der Architekturentwicklung und der Architektur von intelligenten Systemen nicht direkt in Verbindung steht, sei hier exemplarisch eine Softwarelösung erwähnt, welche gerade in der Entwicklung von Machine-Learning-Algorithmen oder der Analyse von großen Datenmengen sehr weit verbreitet ist: Project Jupyter. Diese Softwarelösung ist ein gemeinnütziges Open-Source-Projekt, um interaktive Datenwissenschaft und wissenschaftliches Rechnen zu unterstützen. Obwohl Project Jupyter alle Programmiersprachen unterstützt, wird es doch meist gemeinsam mit der Programmiersprache Python verwendet, selbst der Name geht auf die drei wesentlichen Programmiersprachen Julia, Python und R zurück. Zum aktuellen Zeitpunkt ist das Gespann Project Jupyter und Python de-facto der Standard in der Datenanalyse und Entwicklung von Machine-Learning-Lösungen, da bereits alle großen Cloudanbieter wie Amazon AWS, Google Cloud Platform, IBM Watson Cloud und Microsoft Azure (diese Liste ist auf keinen Fall vollständig) Project Jupyter oder darauf basierende Lösungen direkt in ihren Umgebungen anbieten. Zusätzlich gibt es einige Abspaltungen von Project Jupyter, welche direkt als SaaS-Lösung verfügbar sind. Google hat hier mit **Google Colab** und **Kaggle** als Austauschplattform für Data Scientisten einen Vorsprung, aber auch **Datalore** von JetBrains ist eine solche Adaptierung. Das primäre Geschäftsmodell dahinter ist nicht die Software selbst, sondern der Verkauf von Rechenkapazität für Datenanalysen und Machine-Learning-Vorgängen.

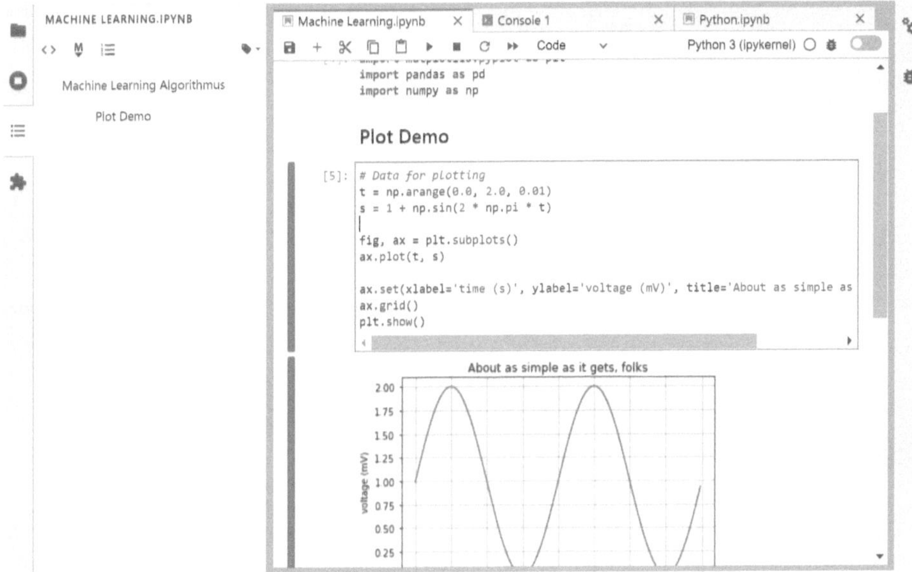

Bild 9.5 JupyterLab-Benutzeroberfläche

Project Jupyter hat sich in den letzten Jahren stark weiterentwickelt. Die ursprünglich als Jupyter Notebook bezeichnete Oberfläche wird vermehrt durch die neue Version JupyterLab abgelöst, welche die nächste Generation des User Interface darstellt. Eine große Neuerung von JupyterLab ist die Erweiterung um Tabs, womit mehrere Dokumente gleichzeitig geöffnet werden können. Aber auch andere Entwicklungsumgebungen wie beispielsweise Visual Studio Code bieten bereits native Unterstützung für Jupyter-Notebook-Dokumente, wodurch diese ohne zusätzliche Umgebung editiert werden können. Im Kern bieten alle Jupyter-Lösungen eine interaktive, web-basierte Umgebung, in welcher Jupyter-Notebook-Dokumente erstellt werden können. Diese Notebooks bestehen aus einer Sammlung von Ein- und Ausgabezellen, welche jeweils Code, Text oder auch Plots (Ausgaben oder Diagramme) enthalten können, wie in Bild 9.5 zu erkennen ist. Ein großer Vorteil von Jupyter ist damit die direkte Kombination von beschreibenden Elementen mit Programmcode und die Möglichkeit, die Ausgaben und Ergebnisse der Programmteile direkt abzuspeichern.

Die Gründe, warum gerade Data Scientisten **Python** bevorzugen, liegen wahrscheinlich in der einfachen Erlernbarkeit der Programmiersprache, den umfangreichen Möglichkeiten der Programmierung, von einfachen Scripts bis hin zu objektorientierter Programmierung, sowie in dem Umstand, dass es sich um einen Interpreter handelt. Der Vorteil von Interpretern besteht darin, dass der Programmcode direkt zur Laufzeit des Programms verarbeitet wird. Damit sind Änderungen am Code sofort verfügbar und es muss keine Übersetzung von Programmcode in Maschinensprache mit einem Compiler durchgeführt werden. Dadurch ist Python gerade für explorative Aufgaben wie das Analysieren von großen Datenmengen prädestiniert. Python bietet ein breites Spektrum an Bibliotheken, welche auf Data Science ausgerichtet sind, und entwickelt dieses ständig weiter (Python Software Foundation, 2021).

Diese Umgebung wurde auch im Beispielprojekt benutzt, um die ersten Erkenntnisse über die Daten und Datenzusammenhänge zu gewinnen. Ein besonderer Vorteil von Jupyter ist, dass die gesamte Analysephase immer wieder wiederholt werden kann, die Erkenntnisse anhand von Diagrammen nachvollziehbar sind und dadurch mit allen beteiligten Personen diskutiert werden können.

9.2.3 Back-of-the-Envelope-Berechnung

Ein weiteres Kriterium, welches zur besseren Einschätzung und Entwicklung der richtigen Architektur beiträgt, ist die Kenntnis über die zu erwartenden Datenmengen und notwendigen Bandbreiten. Auch bei der Architektur eines Hauses muss sich der Architekt basierend auf der Anzahl der Bewohner oder Benutzer Gedanken über Zahl der Räume oder die Breite der Ein- und Ausgänge machen. Genauso verhält es sich bei Softwarearchitekturen. Abhängig von den zu erwartenden Datenmengen gibt es verschiedene Technologien zum Verarbeiten und Speichern dieser Daten. Möglicherweise ist das zu erwartende Datenaufkommen so groß, dass nicht alle Informationen dauerhaft gespeichert werden können, womit Lösungen für die direkte Verarbeitung von Laufzeitdaten oder Möglichkeiten zum temporären Speichern dieser Daten zum Einsatz kommen.

Es ist nicht notwendig, dass diese Berechnungen im ersten Schritt exakt sind, es geht mehr darum, ein Gefühl für die zu erwartende Datenmenge zu bekommen und damit die richtigen Entscheidungen zu treffen oder zu erkennen, dass weitere, detailliertere Berechnungen notwendig sind. Es handelt sich grundsätzlich um eine Überschlagsrechnung, weshalb diese Methode auch Back-of-the-Envelope-Berechnung genannt wird. Diese geht auf die Idee zurück, dass die Berechnung mit sehr wenig Vorbereitung gestartet wird und oft auf vielen Annahmen beruht.

Um gerade im IT- und Softwareumfeld diese Überschlagsberechnungen effizient durchführen zu können, sind einige grundlegende Zahlen aus den Computerwissenschaften sozusagen als Spickzettel notwendig (Wakabayashi, 2019). Alle Computer arbeiten mit dem binären Zahlensystem, bei dem Zwei die Basis ist. Daher sind in der Informatik Zweierpotenzen üblich, die gängigsten Potenzen sind in Tabelle 9.4 dargestellt. Wichtig sind diese Potenzen bei der Umrechnung zwischen dem binären Zahlensystem und den gängigen Größenangaben wie Megabyte und Gigabyte.

Tabelle 9.4 Zweierpotenz-Tabelle (Powers of two table)

Potenz	Wert/Ungefährer Wert	Bytes
10	1024/1 Tausend	1 KB (Kilobyte)
16	65 536/65 Tausend	64 KB (Kilobyte)
20	1 048 576/1 Million	1 MB (Megabyte)
30	1 073 741 824/1 Milliarde	1 GB (Gigabyte)
32	4 294 967 296/4 Milliarden	4 GB (Gigabyte)
40	1 099 511 627 776/1 Billion	1 TB (Terabyte)
50	1 125 899 906 842 624/1 Billiarde	1 PB (Petabyte)

Ein weiterer Faktor bei der Berechnung von Datenvolumen ist der Speicherplatzverbrauch in einer typischen Datenbank. In einem einfachen Zeichensatz wie ASCII (American Standard Code for Information Interchange) benötigt ein Zeichen in einem Text ein Byte. Dieser Zeichensatz kann jedoch nur 256 unterschiedliche Zeichen darstellen, da dies die maximale Anzahl unterschiedlicher Zustände ist, welche mit einem Byte möglich sind. Heutzutage kommen vermehrt UNICODE-Zeichensätze zum Einsatz, welche auch Sonderzeichen oder sprachenspezifische Zeichen wie deutsche Umlaute speichern können. Werden Texte mit diesem Zeichensatz gespeichert, dann hat der gesamte Text einen Speicherbedarf von zwei bis vier Bytes je Zeichen, unabhängig davon, ob die Zeichen auch im ASCII Zeichensatz vorkommen oder nicht. Tabelle 9.5 stellt diesen Unterschied dar. Der Speicherverbrauch ist - abhängig vom gewählten Zeichensatz - im Vergleich mit ASCII doppelt bis viermal so groß.

Tabelle 9.5 Bytes zum Speichern gängiger Datentypen

Datentyp	Bytes
Ganzzahlige Werte von 0 bis 255 (tinyint)	1 Byte
Ganzzahlige Werte von -2^{31} bis 2^{31} (int)	4 Bytes
Fließkommazahlen (float)	4 bis 8 Bytes
Datum	3 Bytes
Datum und Uhrzeit	8 Bytes
Zeichen im ASCII Zeichensatz	1 Byte
Zeichen im UNICODE-Zeichensatz	2 bis 4 Bytes

Zusätzlich zum Speicherverbrauch sind für das Design Latenzzeiten und Durchsatzraten, wie in Tabelle 9.6 abgebildet, ausschlaggebend. Wenn unterschiedliche Architekturvarianten bewertet werden, können diese Zahlen ausschlaggebend sein, ob alles in der Cloud verarbeitet werden kann, oder ein lokaler Rechenknoten oder Zwischenspeicher notwendig ist. Insbesondere der Geschwindigkeitsunterschied zwischen dem Lesen aus dem Hauptspeicher zum Lesen von einer Festplatte ist mit dem Faktor 120 sehr groß. Diesem Umstand kann im Design zum Beispiel mit einer Pufferspeicher-Lösung entgegengewirkt werden.

Tabelle 9.6 Gebräuchliche Latenzzahlen und Durchsatzraten für Überschlagsberechnungen

Latenz und Durchsatz
Daten werden über ein **1-Gbit/Sek.** Netzwerk mit **100 MB/Sek.** gesendet.
Zufälliges/sequenzielles **Lesen von einer SSD** mit rund **1 GB/Sek.**
Sequenzielles **Lesen aus dem Hauptspeicher** mit rund **4 GB/Sek.**
Sequenzielles Lesen von einer **Festplatte** (HDD) mit **30 MB/Sek.**
Zip-Komprimierung wird mit rund **250 MB/Sek.** durchgeführt.
Anzahl der Round-trips innerhalb eines **Datacenters: 2 000 round-trips/Sek.**
Anzahl von **Globalen** Round-trips: **6-7 round-trips/Sek.**
Sequenzielles Lesen von **1 MB** aus dem **Hauptspeicher: 250 Mikrosekunden**
Sequenzielles Lesen von **1 MB** von einer **SSD: 4x Zeit zum Lesen aus dem Speicher (1 Millisekunde)**
Sequenzielles Lesen von **1 MB** von einer Festplatte (HDD): **30x Zeit zum Lesen von einer SSD (30 Millisekunden)**

Mit diesen Werten ist es nun möglich, eine überschlagsmäßige Abschätzung des Speicherbedarfs für die zuvor beschriebene Fertigungsanlage mit acht Einstellparameter und vier Qualitätskennzahlen durchzuführen. Angenommen, die acht Einstellparameter an der Anlage werden im Durchschnitt dreimal am Tag geändert, so muss jede dieser Änderungen gespeichert werden. Für jeden dieser Werte ist der Änderungszeitpunkt, eine Kennung für den Einstellparameter (Text mit 100 Zeichen) sowie der neue Wert notwendig. Dadurch ergibt sich folgende Formel für die Überschlagberechnung der zu erwartenden Datenmenge für ein Jahr.

$$(8\,Byte + 8\,Byte + 400\,Byte) * (8\,Einstellparameter) * 3 * 365 =\sim 3{,}5\,Megabyte \tag{9.1}$$

Dieses Ergebnis stellt sehr gut dar, dass die Speicherung der Einstellparameter vernachlässigt werden kann. Auch wenn die Lösung in der Skalierung auf 100 Fertigungsanlagen ausgerollt wird, liegt das zu erwartende Datenaufkommen bei maximal 350 Megabyte pro Jahr.

Anders sieht das Ergebnis bei den Qualitätskennzahlen aus. Die Fertigungsanlage produziert 100 Teile in der Minute rund um die Uhr. Es werden die vier Qualitätskennzahlen für jedes dieser produzierten Bauteile erhoben und gespeichert.

$$(8\,Byte + 8\,Byte + 400\,Byte) * (4\,Qualitätskennzahlen) * 100 * 1440 * 365 =\sim 80\,Gigabyte \tag{9.2}$$

Betrachtet man einen Fertigungszeitraum von einem Jahr, sind die rund 80 Gigabyte mit modernen Servern und Speichermöglichkeiten noch problemlos zu handhaben. Wenn jedoch Machine-Learning-Modelle über alle 100 Fertigungsanlagen hinweg trainiert werden sollen, ist dies nicht mehr so einfach möglich. Erstreckt sich der Betrachtungszeitraum für 100 Anlagen zusätzlich über mehrere Jahre, erhöht sich der Speicherbedarf von rund 9 Terabyte pro Jahr noch weiter, welche zwar mit den Möglichkeiten des Cloud Computing noch gut gespeichert werden können, aber für die Analyse und die gesamte Verarbeitung bereits neue Techniken und Tools erfordern.

9.2.4 Systemdesign

Sind die Anforderungen inklusive der Architekturtreiber und überschlagsmäßigen Kennzahlen erarbeitet und definiert, ist der nächste Schritt das **Design der Lösung**. Dabei ist es sinnvoll, bestimmte Aspekte der Software mit Bildern, statt textuell zu beschreiben, wie dies auch in der Architektur von Gebäuden der Fall ist. In der Regel reicht ein Bild nicht aus, es wäre zu komplex und unübersichtlich. Daher sind unterschiedliche Ansichten notwendig, welche jeweils einen konkreten Aspekt der Lösung im Fokus haben. Um hier wieder einen Vergleich zur klassischen Architektur zu ziehen, werden auch in diesem Bereich unterschiedliche Sichten erstellt. Es gibt z. B. eine Ansicht für die Anordnung der Wände und Türen, eine weitere für die Installation der Heizungs- und Wasserleitungen sowie eine für die Elektroinstallation. Jede dieser Sichten bedient einen spezifischen Aspekt der Gebäudeplanung und nur gemeinsam beschreiben sie das Gebäude vollständig.

4 + 1 Sichten

Auch in der Softwareentwicklung gibt es die Notwendigkeit für unterschiedliche Sichten, um die relevanten Aspekte aus dem Blickwinkel verschiedener Zielgruppen in der entsprechenden Detailgenauigkeit darstellen zu können. Philippe Kruchten (Kruchten, 1995) hat dafür ein heute weit verbreitetes Architekturmodell mit 4 + 1 Sichten entwickelt (Bild 9.6):

- **Logische Sicht:** Beschäftigt sich mit dem Entwurf in Form seiner Elemente (z. B. Klassen), deren Struktur und Verhalten.
- **Entwicklungssicht:** Zeigt die Implementierungselemente des Systems (Programmcode, Dateien etc.) und wie diese verwaltet werden.
- **Prozess Sicht:** Beschäftigt sich mit den Laufzeitaspekten des Systems. Verdeutlicht die Kommunikation über die Komponenten hinsichtlich des Laufzeitverhaltens.
- **Physische Sicht:** Beschreibt die Verteilung lauffähiger Elemente auf die Zielplattform und deren Kommunikation untereinander.
- **Szenarien:** Zeigt wenige für die Architektur zentrale Use Cases und dient als Ausgangspunkt für den Test und die Sicherstellung der richtigen Architektur.

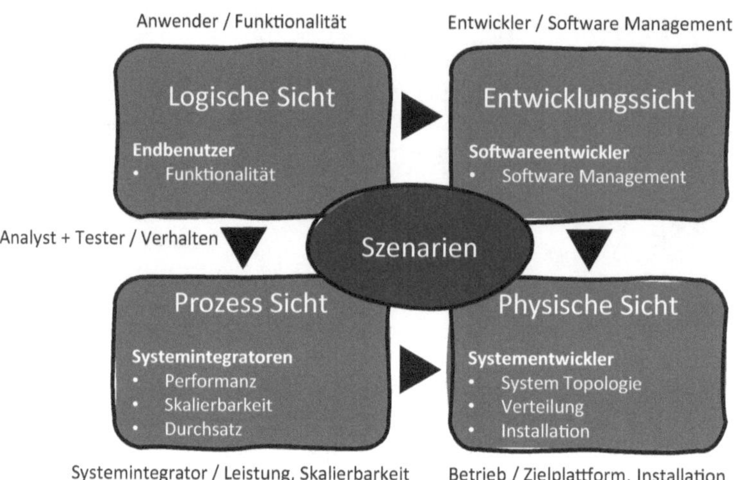

Bild 9.6 4+1 Sichten und Zielgruppen (Kruchten, 1995)

Unified Modeling Language (UML)

Zur Beschreibung und Darstellung dieser Sichten wird eine vereinheitlichte und genormte Modellierungssprache verwendet, die Unified Modeling Language, kurz UML. UML ist heute die dominierende Notation im Umfeld der Software- und Systementwicklung und deckt alle Aspekte aus den 4 + 1 Sichten mit unterschiedlichen, teilweise mehreren Diagrammen ab. Die derzeit wesentliche Version von UML ist UML 2, welche seit 2005 existiert, aber in Detailbereichen ständig überarbeitet und erweitert wird.

Gerade im Umfeld von Smart Products und Smart Production bietet UML viele Vorteile, da durch die Standardnotation das System Design allgemeingültig ist und von anderen Parteien einfach verstanden werden kann. Des Weiteren existiert mit der System Modeling Language, kurz SysML, eine auf UML 2 basierende Erweiterung, welche im Systems Engineering Anwendung findet. SysML selbst besteht aus einer Untermenge von UML-Diagrammen, welche um einige spezifische Systems-Engineering-Diagramme erweitert wird. Genau diese Kombination aus UML und SysML ermöglicht eine ganzheitliche Betrachtung von Smart Products und Smart Production, was wiederum Missverständnissen in der Projektkommunikation vorbeugt.

In UML werden Diagramme in Struktur- und Verhaltensdiagramme aufgeteilt, in Summe definiert UML vierzehn Diagrammtypen (Bild 9.7).

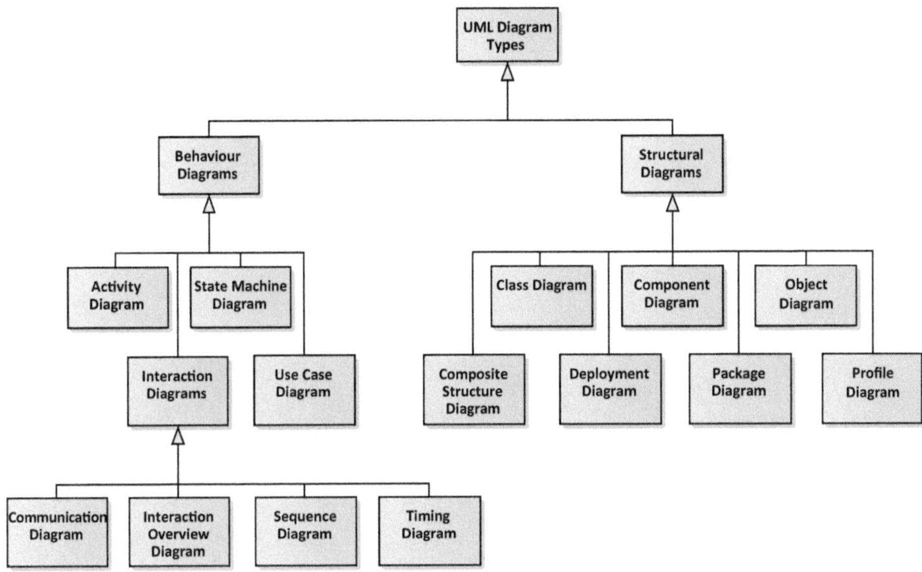

Bild 9.7 Die 14 UML-Diagrammtypen

Tabelle 9.7 zeigt, welche UML-Diagrammtypen für welche Sichten nach Kruchten geeignet sind. Die Zuordnung ergibt sich aus den Eigenschaften des Diagramms und dem verfolgten Ziel der jeweiligen Sicht.

Tabelle 9.7 Zuordnung 4 + 1 Sichten zu UML-Diagrammtypen

4 + 1 Sichten	UML-Diagrammtypen
Scenarios	Use Case Diagram
Logical View	Class Diagram, Communication Diagram, Sequence Diagram
Development View	Component Diagram, Package Diagram
Process View	Activity Diagram
Physical View	Deployment Diagram

Stellvertretend für die beiden UML-Gruppen Struktur und Verhalten stellen die Diagramme in Bild 9.8 und Bild 9.9 ein Component Diagram und ein Activity Diagram für die Fertigungsanlage im verwendeten Beispiel dar. Ein weiteres Verhaltensdiagramm, das Sequence Diagram, ist in Bild 9.10 abgebildet.

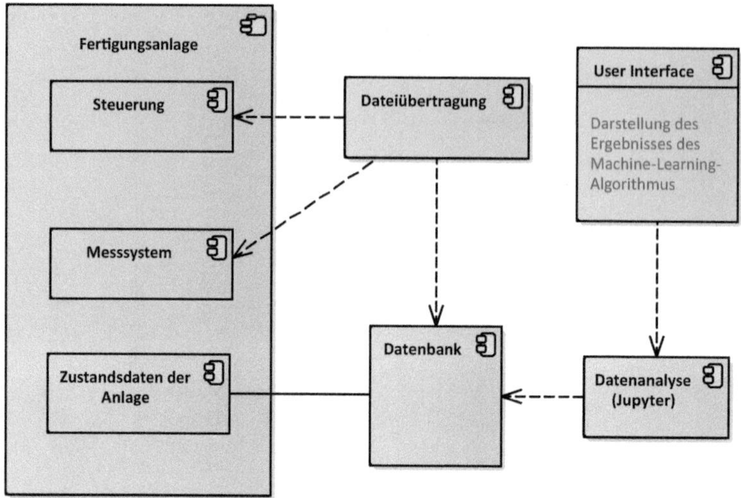

Bild 9.8 Beispiel Component Diagram der Architektur der Qualitätsverbesserungsmaßnahme einer Fertigungsanlage

Das in Bild 9.8 gezeigte Component Diagram ist bereits eine Erweiterung des initialen Systemdesigns. Dieses stellt die einzelnen Komponenten der Lösung dar, wobei die Fertigungsanlage selbst eine Komponentengruppe mit mehreren Subkomponenten ist, welche direkt von der Datenbank abhängig ist. In diesem Design ist es das Ziel, die Daten, welche in der Datenbank gespeichert werden, über einen Machine-Learning-Algorithmus zu analysieren und das Ergebnis in einem User Interface darzustellen. Da das UML Component Diagram die Struktur des Systems darstellt, gibt es hier keine weiteren Informationen über den Ablauf innerhalb des Systems. Dieser Aspekt wird im Activity Diagram dargestellt, welches die einzelnen Arbeitsschritte, die das System ausführt bzw. die für das Zielergebnis notwendig sind, abbildet.

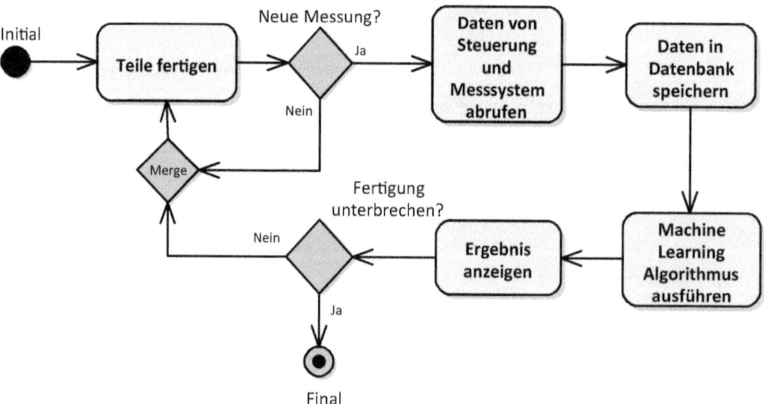

Bild 9.9 Beispiel Activity Diagram

Das Activity Diagram in Bild 9.9 zeigt den Ablauf der Datenerhebung und Datenaufbereitung sowie die Pfade, wann es zur Ausführung des Algorithmus kommt. Activity-Diagramme haben einen generischen Charakter und beschreiben meist den Ablauf eines Use Cases. Sie gehen nicht spezifisch auf das Verhalten der einzelnen Komponenten eines Systems mit der Möglichkeit, Bedingungen und nebenläufige Systeme mit den daraus resultierenden Abhängigkeiten darzustellen, ein.

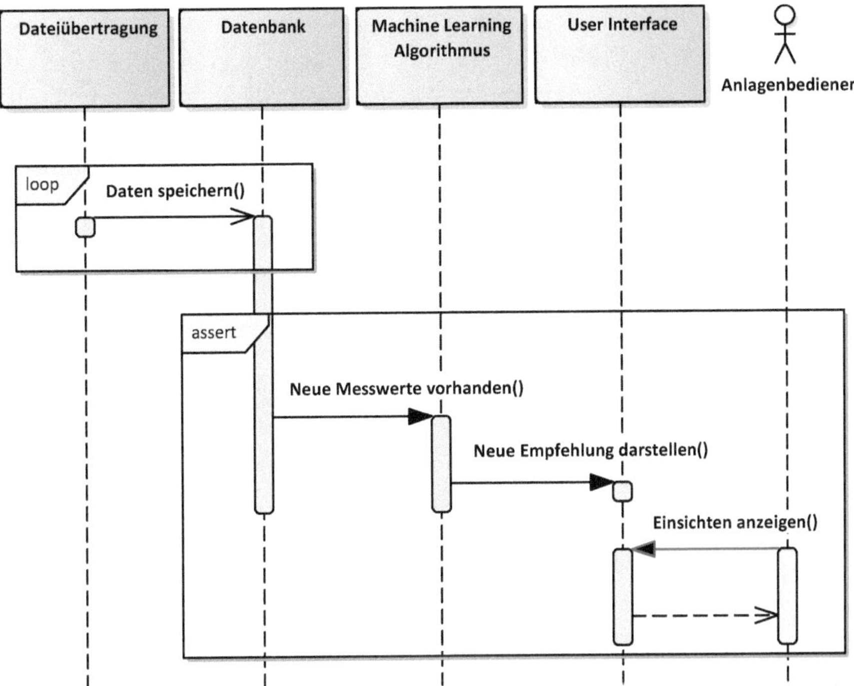

Bild 9.10 Beispiel Sequence Diagram zur Visualisierung des Ergebnisses des Machine-Learning-Algorithmus

Interaktionen zwischen den einzelnen Komponenten, werden in UML mit einem Sequence Diagram dargestellt (Bild 9.10). In UML kann das Sequence Diagram auch losgelöst von der grundsätzlichen Architektur bestehen, jedoch ist dies im Sinne der Rückverfolgbarkeit und der Konsistenz der gesamten Architektur nicht ratsam.

Die meisten UML-Tools unterstützen die erwähnte Wiederverwendung von UML-Notationselementen wie Aktoren, Klassen, Komponenten, usw. in unterschiedlichen Diagrammen, um genau diese Rückverfolgbarkeit zu gewährleisten. Dabei gibt es eine Vielzahl an verfügbaren Tools. Einige sind kostenlos verfügbar und werden meist als Open-Source-Software zur Verfügung gestellt. Andere wiederum sind Bestandteil einer größeren Softwarelösung, um nicht nur UML-Diagramme zu erstellen, sondern eine modellgetriebene Systementwicklung bestmöglich zu unterstützen. Eine sehr bekannte Software stellt hier Enterprise Architect von Sparx-Systems dar. Enterprise Architect unterstützt zusätzlich zu UML auch die aktuelle SysML-Notation und z. B. auch die Business Process Modeling Notation BPMN 2.0. Insbesondere für Industrie-4.0-Lösungen kann Enterprise Architect mit einer frei verfügbaren Erweiterung, der RAMI 4.0 Toolbox (Binder, 2020) um Aspekte der Industrie 4.0 ergänzt werden, welche sich auf das Referenzarchitekturmodell für Industrie 4.0 beziehen (Abschnitt 4.7).

Besonders auffällig bei diesem Sequence Diagram ist der Knoten Machine-Learning-Algorithmus. Dieses Element kommt im Component Diagram (Bild 9.8) nicht vor, da es zum damaligen Zeitpunkt der Architekturentwicklung noch nicht als notwendig erkannt worden war. Bei näherer Betrachtung der Interaktion zwischen den Komponenten im Sequence Diagram fällt nun auf, dass in der Architektur ein Element erforderlich ist, welches das aus der Datenanalyse und dem Training entstandene Modell aufnimmt und bei entsprechenden Eingabedaten eine Prognose erstellt. Das Component Diagram wird, wie in Bild 9.11 dargestellt, um eine Laufzeitumgebung für das Machine-Learning-Modell erweitert.

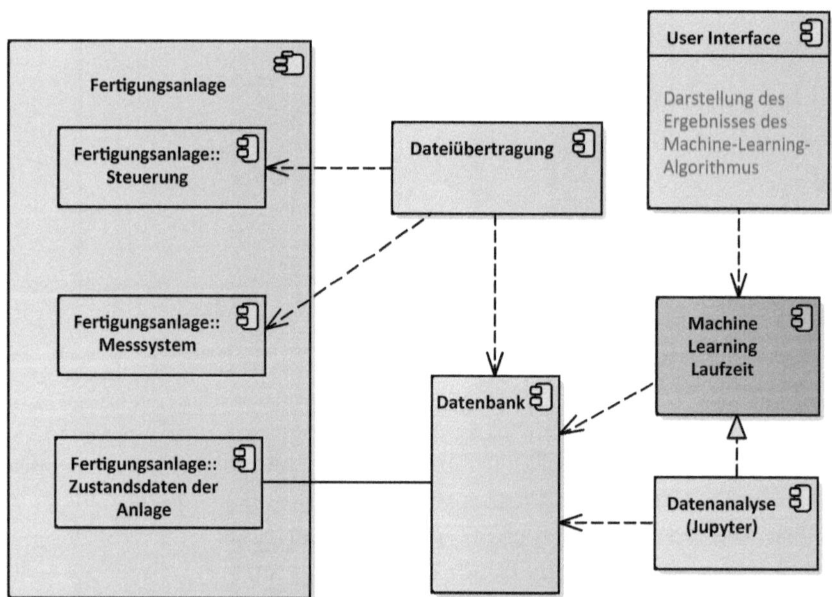

Bild 9.11 Component Diagram Fertigungsanlage: Version 2 inklusive ML-Laufzeitumgebung

Diese Schleifen sind in der methodischen Architekturentwicklung immer wieder notwendig. Die Entwicklung beginnt mit den Use Cases und erste Designs werden erstellt. Bei der Verfeinerung über verhaltensorientierte Sichten wird das Design immer detaillierter und neue Aspekte können erkannt werden.

9.3 Industrialisierung der Lösung

Die in Bild 9.11 dargestellte IT-Architektur zur Realisierung des Machine-Learning-Algorithmus an der Fertigungsanlage stellt nur den Ausgangspunkt für die finale Lösung dar. Die verwendete Fertigungsanlage ist nur ein prototypenhafter Vertreter, die endgültige Lösung muss auf eine größere Anzahl an Anlagen skalieren. Nach erfolgreicher Validierung der Machine-Learning-Modelle müssen diese für eine laufende und nachhaltige Verbesserungsinitiative auch automatisiert und möglichst effizient an der Fertigungsanlage zu Verfügung stehen.

9.3.1 Machine-Learning-Bibliotheken

Für die Umsetzung von Machine-Learning-Lösungen gibt es eine Vielzahl von auszuwählenden Bibliotheken. Gerade diese Fülle, die unterschiedlichen Charakteristiken und diverse Stärken und Schwächen, erfordern eine genauere Betrachtung der verfügbaren Bibliotheken sowie eine dokumentierte und nachvollziehbare Auswahl bzw. Entscheidung auf Basis der Architekturtreiber (Abschnitt 9.2.1) und dem zu erwartenden Datenaufkommen (Abschnitt 9.2.3). All diese Bibliotheken eint die Funktionalität, dass basierend auf Daten unterschiedliche Machine-Learning-Modelle, wie sie in Kapitel 7 beschrieben wurden, trainiert und später auf neue Daten angewandt werden können. Die meisten dieser Bibliotheken sind kostenlos und Open-Source, der Programmcode dieser Software ist also für jedermann zugänglich. Dies hat den Grund, dass der Ursprung in der wissenschaftlichen Arbeit besteht, und hat den Vorteil, dass Open-Source-Software meist eine höhere Qualität aufweist, da beim Auftreten eines Fehlers jeder die Möglichkeit hat, diesen zu analysieren und einen Korrekturvorschlag zu machen. Wir möchten auf die wichtigsten Bibliotheken kurz eingehen:

Scikit-learn

Scikit-learn ist eine Python Bibliothek für maschinelles Lernen, die überwachtes und unüberwachtes Lernen unterstützt. Sie bietet verschiedene Werkzeuge für die Modellanpassung, Datenvorverarbeitung, Modellauswahl und -bewertung und viele weitere Dienstprogramme und ist daher bei Einsteigern in die Machine-Learning-Welt sehr beliebt (scikit-learn developers, 2021). Die Bibliothek ist ein bewährter Standard in der Data-Science-Welt (Rowe & Johnson, 2021).

Statsmodels

Statsmodels ist ein Python-Modul, das Funktionen für die Schätzung vieler verschiedener statistischer Modelle sowie für die Durchführung statistischer Tests und die Untersuchung statistischer Daten bereitstellt. Für jeden Schätzer steht eine umfangreiche Liste mit Ergebnisstatistiken zur Verfügung. Die Ergebnisse werden mit bestehenden Statistikpaketen getestet, um sicherzustellen, dass sie korrekt sind (Perktold, Seabold, & Taylor, 2021).

TensorFlow & Keras

TensorFlow ist eine End-to-End-Plattform für maschinelles Lernen, welche von Google für den internen Bedarf entwickelt und 2015 veröffentlich wurde. Sie verfügt über ein umfassendes, flexibles Ökosystem aus Tools, Bibliotheken und Community-Ressourcen, mit denen Forscher den Stand der Technik im Bereich ML vorantreiben und Entwickler auf einfache Weise ML-basierte Anwendungen erstellen und bereitstellen können (Google, 2021). In TensorFlow werden mathematische Operationen in Form eines Graphen dargestellt. Der Graph repräsentiert hierbei den sequenziellen Ablauf aller von TensorFlow durchzuführenden Operationen. Modelle können auch mit der Keras API erstellt werden. Keras ist eine insbesondere auf Deep Learning spezialisierte Bibliothek, welche auf TensorFlow aufbaut. Keras selbst ist auch außerhalb des TensorFlow-Ökosystems verfügbar und kann auch mit anderen Machine-Learning-Bibliotheken zusammenarbeiten.

Torch und PyTorch

Torch behauptet von sich, das einfachste ML-Framework zu sein. Es ist eine alte Bibliothek für maschinelles Lernen, die erstmals 2002 veröffentlicht und in Lua geschrieben wurde. PyTorch basiert auf dieser Implementierung, jedoch wurde hierzu die Programmiersprache Python benutzt, um im neuen Python-Umfeld für Machine Learning Fuß zu fassen. Wie TensorFlow setzen Torch und PyTorch stark auf die Unterstützung für Neuronale Netze.

SparkML

Spark ist nicht nur eine Machine-Learning-Bibliothek, sondern eine gesamte skalierbare Plattform für die Analyse von sehr großen Datenmengen. Spark unterstützt unterschiedliche Datenspeicher, wobei es in den meisten Fällen gemeinsam mit Hadoop (Abschnitt 9.3.5) eingesetzt wird. Spark unterstützt viele weitere Bibliotheken unter anderem für SQL-Abfragen, SparkML für Machine-Learning-Aufgaben oder Spark Streaming zur Verarbeitung von Datenströmen. Diese Bibliotheken können nahtlos in derselben Anwendung kombiniert werden, womit ein sehr flexibles System für große Datenmengen, Datenanalyse und Machine Learning besteht.

9.3.2 No-Code Tools für Machine Learning

Die Verwendung der in Abschnitt 9.3.1 beschriebenen ML-Bibliotheken ist sicher die effizienteste und umfassendste Möglichkeit zur Realisierung von Machine-Learning-Lösungen. Der einzige Nachteil besteht darin, dass dafür Programmierkenntnisse notwendig sind, sodass die breite Masse und insbesondere die für ML-Projekte notwendigen Domänenexperten nicht aktiv mitwirken können. Daher werden in den letzten Jahren No-Code Tools für maschinelles Lernen und Data Mining wie Rapid Miner, Orange, KNIME oder auch IBM Watson Studio zunehmend eingesetzt, zumindest um erste Datenanalysen durchzuführen bzw. eine Use-Case-Idee einem Proof of Concept zu unterziehen. Sie sind daher aus Architekturüberlegungen nicht mehr wegzudenken.

KNIME

KNIME (Abk. für Konstanz Information Miner) ist eine Open-Source-Software für die interaktive Datenanalyse und bietet zahlreiche Verfahren des Machine Learning und Data Mining. Die grafische Benutzeroberfläche ermöglicht eine einfache und schnelle Aneinanderreihung von Funktionen für die Vorverarbeitung, Visualisierung und Modellierung von Daten. Durch eine große Community werden laufend neue Verfahren des Machine Learning implementiert und durch Extension-Pakete, wie beispielweise Integrationen für PowerBI, Keras, TensorFlow oder Python, zur Verfügung gestellt.

Die Umsetzung von Machine-Learning-Lösungen erfolgt, indem entsprechende Workflows erstellt werden. Hierzu werden Nodes (Knoten) aus dem sogenannten Node Repository (einer Knoten-Bibliothek) durch Drag-and-drop der Arbeitsfläche, dem KNIME Workflow Editor, hinzugefügt. Danach werden die Ein- und Ausgänge der Knoten miteinander verbunden. Anschließend muss der Workflow ausgeführt werden, um die Ergebnisse des jeweiligen Knotens betrachten zu können (Abhishek & Arvind, 2007) und (KNIME AG, 2021).

Bild 9.12 zeigt einen einfachen Workflow, der mittels des Knotens „Excel Reader" Daten einliest und entsprechende statistische Kennzahlen berechnet, ein Boxplot erstellt und den Datensatz auf lineare Korrelation prüft.

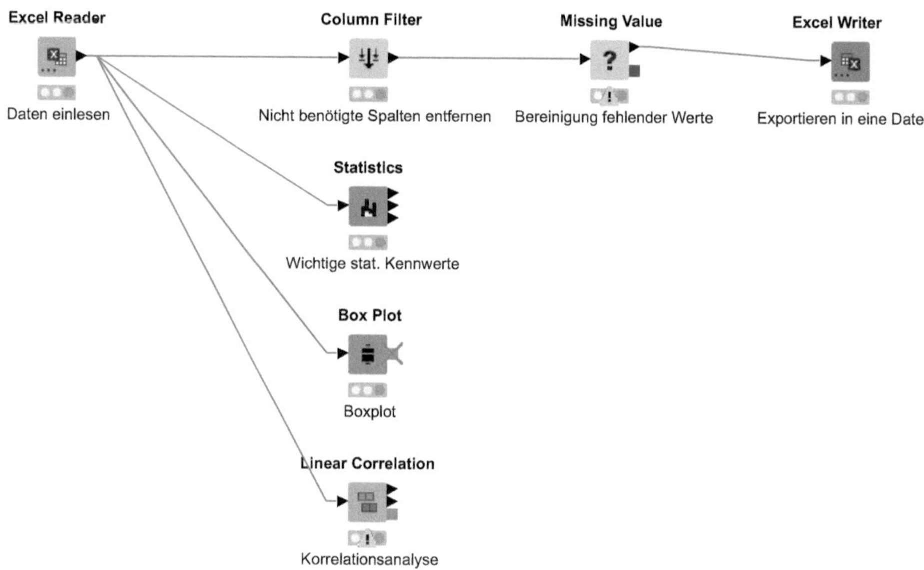

Bild 9.12 Beispiel KNIME Workflow

Bild 9.13 zeigt das Ergebnis des Knotens „Lineare Korrelation". Dunkle Felder liefern eine Indikation für negative oder positive Korrelationen der Merkmale.

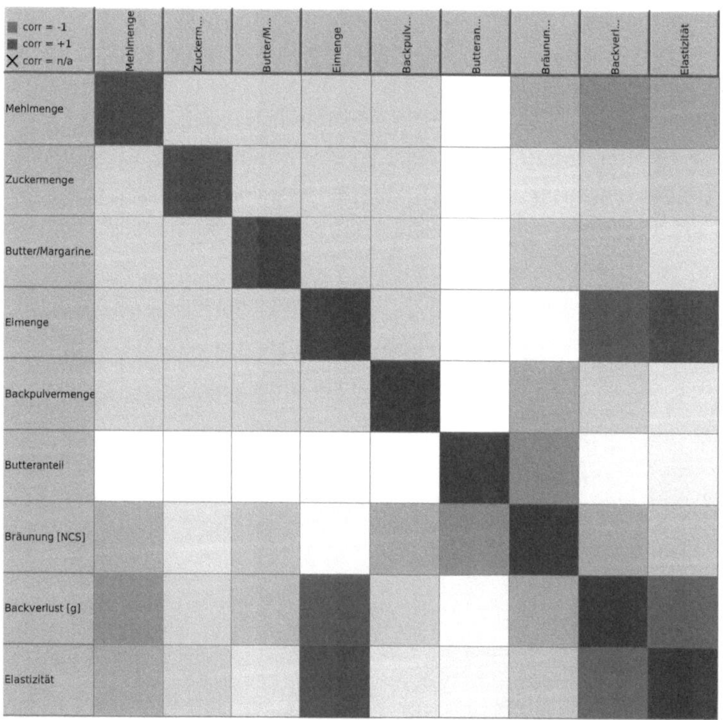

Bild 9.13 Beispiel KNIME-Korrelationsmatrix

In den weiteren Knoten des in Bild 9.12 dargestellten Workflows werden über den Column Filter nicht relevante Spalten aus dem Datensatz entfernt. Der Knoten Missing Value ermöglicht es, fehlende Datenpunkte aufzufüllen oder zu entfernen (NotePit, 2021).

RapidMiner

RapidMiner beinhaltet supervised und unsupervised Machine-Learning-Verfahren wie Regression, Cluster-Verfahren, Zeitreihenanalysen, Textanalyse und Deep Learning. Über die Benutzeroberfläche werden wie in KNIME entsprechende Workflows erstellt, wobei auf bestehende Vorlagen, beispielsweise für Predictive Maintenance, zugegriffen werden kann. Zusätzlich verfügt RapidMiner über eine Python- und R-Integration, um das Deployment von Code und die Zusammenarbeit zwischen Datenanalysten und Programmierern zu fördern.

RapidMiner wurde in Java geschrieben und kann daher auf allen gängigen Betriebssystemen verwendet werden. Die kostenfreie Version ist auf 10000 Datensätze und einen logischen Prozessor limitiert, wodurch die Nutzung im Vergleich zu früheren Versionen sehr zeitaufwendig ist. Des Weiteren wurde viel Funktionalität in „Extensions" verschoben, die nicht mehr Bestandteil der Open-Source-Version sind (RapidMiner, 2021).

Orange

Orange ist wie RapidMiner oder KNIME ein Open-Source-Tool für Datenvisualisierung, Machine Learning und Data Mining und wurde an der Universität Ljubljana entwickelt.

Orange verfügt ebenfalls über Verfahren zur Datenaufbereitung und Visualisierung sowie Algorithmen für das maschinelle Lernen, welche in einer Bibliothek in Form von Komponenten (Widgets) zur Verfügung gestellt werden. Die visuelle Programmierung von Workflows erfolgt, indem die entsprechenden Widgets aneinandergereiht werden. Orange zeichnet sich durch eine sehr intuitive Bedienoberfläche aus und ist leicht zu erlernen. Die Anzahl der zur Verfügung stehenden Funktionen ist im Vergleich zu KNIME oder Rapid Miner jedoch geringer (Demsar, et al., 2013) und (Biolab, 2021).

IBM Watson Studio

Watson Studio ist IBMs Softwareplattform für Data Science. Die Plattform besteht aus einem Arbeitsbereich, der mehrere Kollaborationstools umfasst.

In Watson Studio können Machine-Learning-Projekte erstellt werden, in welchen Data Science Teams hinsichtlich ihrer verschiedenen Aufgaben zusammenarbeiten können. Das umfasst die Vorbereitung und Integration von Daten, ebenso wie die Analyse von Daten und das Erstellen von Modellen. In Watson Studio werden verschiedene Analysemodelle sowohl mittels des SPSS Modeler als No-Code-Lösung, als auch in verschiedenen Programmiersprachen (R/Python/Scala) zur Verfügung gestellt. Watson Studio vereint wichtige Open-Source-Tools wie Jupyter Notebook, PyTorch, TensorFlow und scikit-learn in einer integrierten Umgebung. Diese Open-Source-Bibliotheken wurden in Abschnitt 9.3.1 näher beschrieben.

Watson Studio bietet Zugriff auf Datensätze, die über die Watson-Data-Plattform lokal oder in der Cloud verfügbar sind. Die Plattform verfügt auch über eine große Community und eingebettete Ressourcen wie Artikel über die neuesten Entwicklungen aus der Data-Science-Welt und öffentliche Datensätze (Noyes, 2016) und (IBM, 2021).

9.3.3 Technische Umsetzung von Schnittstellen

Die Lösung für unser Beispiel aus Abschnitt 9.2.4 ist für erste Modellbildungen geeignet. Jedoch ist das Gelingen von der Datenübertragung und der Datenbank abhängig. Genau diese Abhängigkeit stellt in der Robustheit der Lösung ein Problem dar. Sollte die Datenbank nicht verfügbar sein, so ist es der Anlage nicht möglich, Daten in die Datenbank zu schreiben. Sofern die Anlage die Daten nicht selbst puffert, gehen diese sofort verloren. Zudem läuft selbst ein Puffer irgendwann über und beginnt Daten zu verlieren. Wesentlich ist deshalb im Systemdesign, die einzelnen Komponenten so weit wie möglich zu entkoppeln. Ein weiterer Aspekt ist die Verwendung von standardisierten Datenübertragungsmethoden. Damit erzeugt man die Möglichkeit, auf Standardlösungen zurückzugreifen und bei Änderungen nicht immer wieder neue Lösungen kreieren zu müssen.

REST

Eine grundlegende Technologie in verteilten Systemen stellt dabei REST (kurz für Representational State Transfer) dar. REST ist ein **Paradigma in der Softwarearchitektur von verteilten Systemen**, insbesondere für Webservices. Wegen der Verbreitung von Cloud Computing oder der Vorbereitung hin zu einer späteren Überführung der Lösung in die Cloud, sollte dieses Paradigma heutzutage in jeder Lösung berücksichtigt werden, solange es nicht sehr gute Gründe dagegen gibt. **Microservices** verwenden oft REST als Kommunikationsschnittstelle, welche von jedem Service zur Verfügung gestellt wird. Damit können eine Vielzahl von Services untereinander vernetzt werden. Gegenüber den Vorläufern wie SOAP (Simple Object Access Protocol) hat REST den Vorteil, dass es selbst eine Abstraktion des World Wide Web ist, also auf der Basis des breiten Erfolgs des Internets aufbaut und vollständig damit kompatibel ist. Weitere Gründe für die große Verbreitung von REST sind dessen Einfachheit sowie immer heterogener werdende Sprachen und Umgebungen. REST ist damit so etwas wie der kleinste gemeinsame Nenner in den sonst so uneinheitlichen IT-Landschaften. Auch wenn REST mit unterschiedlichen Protokollen kompatibel ist, wird es vorrangig gemeinsam mit HTTP verwendet. Es gibt nur wenige und einfache Befehle, um Daten abzurufen oder zu verändern. Bild 9.14 zeigt eine Übersicht der Kommunikation mittels REST und die möglichen Befehle an den Server.

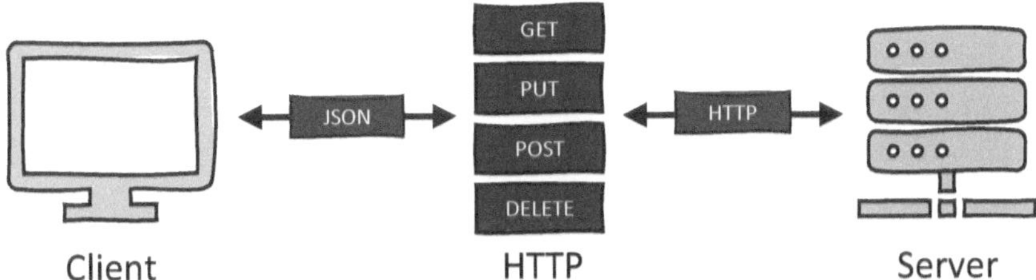

Bild 9.14 REST via HTTP mit JSON

- **GET:** Fordert Daten vom Service an. Der Zustand des Service wird dabei nicht verändert. In unserem Beispiel können mit GET alle Qualitätskennzahlen abgerufen werden.
- **PUT:** Legt neue Daten ab oder ändert bestehende Daten entsprechend den Eingabeparametern. Mit PUT werden zum Beispiel die Änderungen von Einstellparametern gespeichert.
- **POST:** Erstellt neue Daten oder fügt zusätzliche Daten an bestehende Daten an. Dies wird oft genutzt, wenn nicht alle Daten über PUT angelegt werden können und mehrere Durchläufe notwendig sind.
- **DELETE:** Löscht die entsprechenden Daten des Service. In einem Monitoring- bzw. Qualitätssystem wird gerade DELETE nicht sehr häufig verwendet, da es meist um das Hinzufügen von Daten geht.

REST selbst ist ein zustandsloses Paradigma. Damit ist gemeint, dass der Status (Zustand) der Komunikation zwischen Server und Client vom Server nicht gespeichert wird (z. B. der Inhalt eines Warenkorbes bei einem Onlineshop). Somit liegt es in der Verantwortung des Clients, dafür zu sorgen, dass dem Service alle erforderlichen Informationen zur Verfügung gestellt werden. Ein Service, eine Lösung oder eine Komponente in einem Gesamtsystem kann eine REST-Schnittstelle zur Verfügung stellen, ohne dass die zukünftige Verwendung dieser Schnittstelle zum Zeitpunkt der Entwicklung bekannt sein muss. Dies ist Fluch und Segen zugleich, da einerseits änderbare und skalierbare Lösungen entworfen werden können, aber andererseits die einzelnen Services mit dieser Unbekannten umgehen müssen. Dazu gehört die Überprüfung der Eingangsparameter auf Datentyp und Wertebereich, damit fehlerhafte Werte nicht zum Absturz des Systems oder Services führen.

JSON

Ein REST-konformer Service kann je nach notwendigen Anforderungen des Systems verschiedene Formate von Daten annehmen oder ausliefern, z.B. HTML, JSON oder XML. Gerade im Zusammenhang mit REST hat sich JSON (JavaScript Object Notation) als sehr gängiges Datenformat etabliert. Obwohl JSON mit JavaScript eine Programmiersprache im Namen trägt, ist das Format selbst von der Programmiersprache unabhängig. JSON kann dabei nicht nur zum Übertragen, sondern auch zum Speichern von strukturierten Daten verwendet werden und es gibt bereits einige Datenbanklösungen, welche sich auf dieses Datenformat spezialisiert haben (Abschnitt 9.3.4). Durch die Verwendung geschweifter Klammern in JSON, sind JSON-Dokumente wesentlich schlanker als XML-Dokumente mit demselben Inhalt. Die Daten können in JSON beliebig verschachtelt werden, zudem unterstützt JSON Listen bzw. Arrays von Daten. Diese Verschachtelungen und Listen können auch kombiniert werden. Listing 9.1 zeigt ein typisches JSON-Dokument, welches die acht Einstellparameter aus unserem Beispiel darstellt, die bei jeder Änderung der Einstellparameter gesendet werden. In diesem Beispiel wird zum Abgleich der Konsistenz auch der vorherige Wert gesendet, wodurch die mögliche Verschachtelung in JSON sichtbar ist.

Listing 9.1 Qualitätskennzahlen als JSON-Dokument

```
{
  "Produktionszeitpunkt": "2021-07-22T02:28:01.511Z",
  "Einstellparameter 1": {
    "alter Wert": -3,
    "neuer Wert": -0,8
  },
  "Einstellparameter 2": {
    "alter Wert": 95,9,
    "neuer Wert": 92,4
  },
  "Einstellparameter 3": {
  ...
}
```

Dieses Beispiel stellt z.B. das Dokument dar, welches durch einen http-PUT-Befehl vom Client an den Service gesendet wird. Ein weiterer Use Case, welcher das Zusammenspiel von REST und JSON sehr gut erläutert, ist das Abrufen von Daten durch einen Client eines zentralen Service. Der folgende Aufruf verwendet einen Service zum Abruf aller gespeicherten Werte des Einstellparameters 2 unter der Verwendung des Befehls **curl**. Die URL gibt dabei an, welche Daten abgerufen werden sollen. Sie wird während des Designs oder der Entwicklung festgelegt und ist Bestandteil des Service. curl ist ein Befehlszeilentool zum Übertragen von Daten, und eignet sich hervorragend zum Erproben sowie zum automatisierten integrativen Testen von REST-basierten Services (curl, 2021).

```
curl -v http://rest-api-service/api/einstellparameter/2
```

Da dies auf http-Standards setzt und GET der Standardbefehl von HTTP ist, wenn eine URL geladen wird, kann dieser Abruf sogar direkt in einem Browser ausgeführt werden und als Ergebnis wird das JSON-Dokument angezeigt. Das Ergebnis dieses Aufrufs könnte wie in Listing 9.2 aussehen.

Listing 9.2 Historische Einstellparameter als JSON-Dokument in einer Liste (Array)

```
[
  { "Produktionszeitpunkt": "2021-01-08T05:28:01.511Z", "Wert": -3 },
  { "Produktionszeitpunkt": "2021-01-12T22:28:01.511Z", "Wert": 0,47 },
  { "Produktionszeitpunkt": "2021-02-13T10:28:01.511Z", "Wert": -0,5 },
  { "Produktionszeitpunkt": "2021-02-22T08:28:01.511Z", "Wert": -0,91 },
  { "Produktionszeitpunkt": "2021-03-01T09:28:01.511Z", "Wert": 2,41 },
...
]
```

Im Unterschied zum vorherigen JSON-Dokument wird hier eine Liste bzw. eine Tabelle verwendet, welche alle historischen Werte immer in demselben Format auflistet. Damit können weitere Services dieses Dokument in eine Tabelle mit zwei Spalten transferieren und z. B. in einem Diagramm über die Zeit darstellen. Die Verwendung von REST und JSON selbst hat keine Änderung der Struktur zur Folge, da die initiale Lösung aus Bild 9.4 bereits auf einer zustandslosen Kommunikation aufbaut, unabhängig davon, ob dies REST, SOAP oder ein anderes Netzwerkprotokoll ist.

Message Queues

Eine Message Queue (Warteschlange) ist ein Lösungsansatz, bei dem die Daten als Nachrichten meist im Speicher der beteiligten Knoten gespeichert werden, womit eine hohe Verfügbarkeit unterstützt wird. Die Message Queue puffert und verteilt asynchrone Anfragen, wobei die grundlegende Architektur recht einfach ist. Es gibt Eingabe-Services, welche die Nachrichten erstellen, an die Queue senden und **Producers** oder **Publisher** genannt werden. Andere Services, meist sind dies zentrale Komponenten wie Server, verbinden sich zur Queue und abonnieren die gewünschten Nachrichten und werden daher als **Consumer** oder **Subscriber** bezeichnet (Xu, 2020). Die grundlegende Funktionsweise solcher Message Queues ist in Bild 9.15 dargestellt.

Bild 9.15 Einfache, generische Message Queue (Xu, 2020)

Durch die Verwendung von Message Queues und den Umstand, dass es sich dabei um eine asynchrone Verarbeitung handelt, kann der Producer Daten senden, ohne auf lange Verarbeitungszeiten von der Gegenstelle, meist der Server, warten zu müssen. Im Gegenzug kann der Server die ankommenden Daten abhängig von der Auslastung abarbeiten und mehrere Empfänger können dieselbe Nachricht erhalten, ohne ein komplexes Netzwerk zwischen Client und Server aufbauen zu müssen. Ein weiterer Vorteil dieser mehrfachen Empfänger von Message Queues ist die Möglichkeit der Lastverteilung. Bei hoher Last kann die Anzahl der Server einfach weiter erhöht werden.

Genau diese Herausforderung kann und wird auch im beschriebenen Beispiel der Fertigungsanlage auftreten. Einerseits ergibt sich mit der späteren Skalierung auf viele Anlagen die Aufgabe der Lastverteilung, andererseits ist es nicht möglich, alle Komponenten immer lauffähig zu halten. Damit würde man im aktuellen Systemdesign zwangsweise Daten verlieren, da Systeme gewartet und auf dem aktuellen Stand gehalten werden müssen. Um dieser Herausforderung gerecht zu werden, sind diese Message Queues ein ausgezeichnetes Mittel, um Daten zu verarbeiten, zwischenzuspeichern und an die interessierten Consumer weiterzuleiten.

MQTT

Eine besonders weit verbreitete Message Queue im IoT- und Industrial-IoT-Umfeld ist MQTT, der **Message Queuing Telemetry Transport**. MQTT besteht aus einem zentralen Element, welches die Nachrichten entgegennimmt und verteilt. Dieser Systemteil wird Broker genannt. Für die Integration der MQTT Clients und Server gibt es Bibliotheken für unterschiedliche Technologien und Programmiersprachen (MQTT.org, 2021). MQTT bringt zusätzlich zum grundlegenden Konzept von Message Queues einige weitere Funktionen mit. Dazu gehören die Quality of Service Levels in MQTT, mit welchen die Güte der Zustellung für jede Nachricht definiert werden kann und deren Einhaltung die Client-Bibliotheken sowie der Broker sicherstellen. In MQTT ist es möglich, drei unterschiedliche Quality of Service Levels anzugeben, welche in Tabelle 9.8 aufgelistet sind.

Tabelle 9.8 MQTT Quality of Service Levels

QoS 0	Bestenfalls einmal	Der Empfänger bestätigt den Empfang der Nachricht nicht und die Nachricht wird nicht gespeichert, es gibt auch keine Liefergarantie. Es wird auch oft als **„Fire and Forget“** bezeichnet.
QoS 1	Mindestens einmal	Diese Service Level garantiert, dass eine Nachricht mindestens einmal an den Empfänger geliefert wird. Der Sender speichert die Nachricht, bis er vom Empfänger ein so genanntes PUBACK-Paket erhält. Es ist aber möglich, dass eine Nachricht **mehrmals** gesendet oder zugestellt wird.
Qos 2	Genau einmal	Diese Stufe **garantiert**, dass jede Nachricht **nur einmal** von den vorgesehenen Empfängern empfangen wird. Die Garantie wird durch einen vierteiligen Handshake zwischen Sender und Empfänger erreicht.

Diese Quality of Service Levels tragen zu einem robusten System bei. Ein Nachteil, welcher z. B. durch den Einsatz von Message Queues entsteht, ist die höhere Komplexität der Lösungen. Da der Broker selbst keine Daten abholt, wie dies in unserem Beispiel beim Dateiübertragungsservice der Fall war, muss die Fertigungsanlage über die Steuerung und das Messsystem in der Lage sein, Daten selbst an den zentralen Broker zu senden. Eine mögliche Variante dafür stellt die Erweiterung der Steuerung oder des Messsystems um eine Message Queue Library dar. Damit sind diese Komponenten in der Lage, Einstellparameter oder Qualitätskennzahlen direkt an den zentralen Broker zu übermitteln.

IoT-Gateways

Leider ist diese Erweiterung oftmals nicht möglich, da die Systeme zugekauft sind, kein Know-how vorhanden ist oder der Nutzen oft nicht im Verhältnis zum Aufwand steht. Um diesen Herausforderungen gerecht zu werden, gehen immer mehr Anbieter dazu über, kleine Dienste direkt am Ort der Entstehung der Daten zu installieren, um diese gleich in ein modernes Format zu überführen. Diese sogenannten **IoT-Gateways** werden mittlerweile von allen großen Cloudanbietern zur Verfügung gestellt, mit dem Fokus, die Daten abzugreifen und mit der Cloud zu verbinden. Diese Gateways beinhalten bereits die notwendigen Bibliotheken zum Lesen von Daten aus Dateien oder auch zur Kommunikation mit industriellen Steuerungssystemen.

OPC UA

Im industriellen IoT-Umfeld findet sich noch ein weiterer Standard für den Datenaustausch, nämlich die OPC Unified Architecture, kurz **OPC UA**. Dieser Standard dient zum Datenaustausch zwischen Maschinen und Systemen und wendet dabei die Grundprinzipien von SOAP an, legt aber den Fokus auf den Austausch von Maschinendaten (Messwerte, Einstellparameter etc.). Oft wird OPC UA mit MQTT verglichen, da OPC mittlerweile auch das Konzept von Publish und Subscribe, wie bei Message Queues, integriert. Jedoch können diese Technologien nicht direkt miteinander verglichen werden, da sie unterschiedliche Aufgaben bedienen. MQTT ist sehr gut geeignet, um Anlagen oder Sensoren mit der Cloud zu verbinden, OPC UA kommt stärker in einem Anlagenverbund oder dem lokalen Monitoring zum Einsatz.

Crosser

Aufbauend auf den Ideen von Queues und der Notwendigkeit zur Verarbeitung von Datenströmen haben sich in jüngster Zeit Low-Code-Lösungen mit einem starken Fokus auf Daten-Pipelines entwickelt. In diesem Ansatz werden die Daten-Pipelines, also die notwendigen Schritte zum Extrahieren, Transformieren und Speichern von Daten, mittels bestehender Programmelemente gelöst. Diese werden nicht programmiert, sondern ausschließlich konfiguriert. Beispiele solcher Lösungen sind Apache Nifi, eine Open-Source-Software, oder die kommerzielle Lösung der Firma Crosser.

Die Plattform von Crosser besteht aus der **Crosser Cloud** und dem **Crosser Node**. Die **Crosser Cloud** ist die Schaltzentrale von Crosser, in der Daten-Pipelines entworfen, getestet, verteilt und überwacht werden. Der **Crosser Node** ist eine Laufzeitumgebung, welche am Ort der Datenentstehung – an der Edge – installiert wird. Die Edge kann ein Gateway, ein Industrie-PC oder eine Maschine in der Produktion sein. Die Implementierung der Daten-Pipelines erfolgt innerhalb von Flows. Crosser verändert dabei das bestehende System nicht, sondern es wird ein eigener Dienst in einem Docker Container, als Windows Service oder in der Cloud hinzugefügt. Die Flows wiederum werden mithilfe sogenannter Module realisiert. Crosser bietet unter anderem Module zur Anbindung unterschiedlicher Maschinenprotokolle, vieler gängiger Datenbanken und Cloudanbieter.

Neben einer Schnittstelle zu OPC UA unterstützt Crosser auch **Modbus**, ein Client/Server-Kommunikationsprotokoll, welches insbesondere bei Industrieanlagen weit verbreitet ist, sowie die Möglichkeit, eine direkte Verbindung mit einer speicherprogrammierbaren Steuerung (z. B. S7 PLC) herzustellen. Zusätzlich wird eine Schnittstelle zum **Controller Area Network** (CAN-Bus) angeboten, welche für den Austausch von Sensoren insbesondere im Mobilitätsumfeld eingesetzt wird. Zur Erweiterung der **Flows** ist die Verwendung von programmierten Elementen in C# oder Python möglich.

Bild 9.16 zeigt exemplarisch einen solchen **Crosser Flow**, welcher direkt auf Daten aus einem OPC-UA-Server aufsetzt, die Daten entsprechend aufbereitet und formatiert und im letzten Schritt einen Machine-Learning-Algorithmus ausführt.

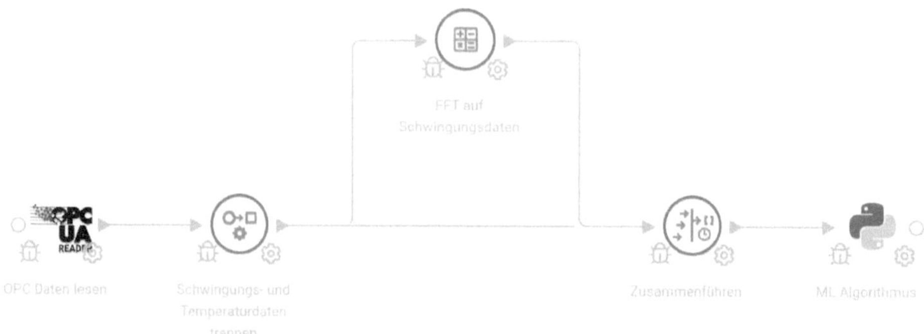

Bild 9.16 Crosser Flow mit Machine-Learning-Algorithmus in Python (Crosser Technologies, 2021)

Basierend auf den neuen Möglichkeiten einer Message Queue kann die IT-Architektur unseres Beispiels verbessert werden. Das neue Design in Bild 9.17 zeigt die Erweiterung der Architektur um Crosser zur Datenverarbeitung sowie die Nutzung einer Message Queue via MQTT. Die Verwendung von Crosser hat den Vorteil, dass die Verarbeitung der Daten im Self-Service über eine Weboberfläche konfiguriert werden kann. Diese werden dann auf die Services, welche einfach auf den Computern der Anlage installiert werden, verteilt und können unter anderem MQTT direkt anbinden.

Auffallend bei dieser Lösung ist, dass die Laufzeitumgebung des Machine-Learning-Algorithmus nun nicht mehr die Daten aus der Datenbank ausliest und davon abhängig ist, sondern über die Message Queue abgreift. Das hat einerseits den Vorteil, dass die Daten der Fertigungsanlage schneller verfügbar sind und eine zeitnahe Nachregelung der Anlage möglich wird, sowie andererseits der Betrieb trotz eines Ausfalls der Datenbank weiterlaufen kann. Zusätzlich kann ab dem MQTT Broker auch eine Cloudanbindung erfolgen, um rechenintensive Aufgaben innerhalb der Cloud-Computing-Umgebung durchzuführen, sodass eine notwendige Skalierung in kurzer Zeit möglich wird.

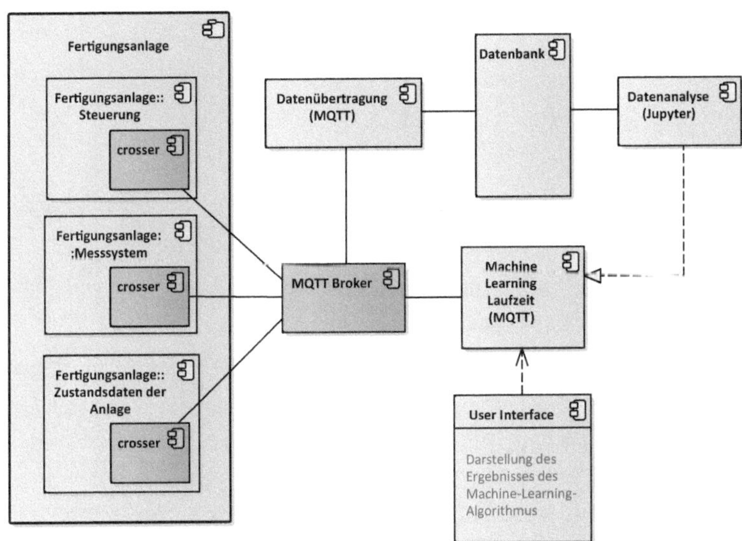

Bild 9.17 Component Diagram Fertigungsanlage: Version 3 inklusive Message Queue

Zudem ist die in Bild 9.17 dargestellte Lösung bereits eine Vorbereitung darauf, den Automatisierungsgrad der Anlage zu erhöhen. Durch die Verwendung einer Message Queue könnten in Zukunft auch Nachrichten, z.B. zur Änderung von Einstellparametern, direkt aus dem Ergebnis des Machine-Learning-Algorithmus an die Anlagensteuerung gesendet werden.

Mit diesen Erweiterungen ist die Lösung bereits sehr entkoppelt und kann auch mit Ausfällen von einzelnen Systemkomponenten gut umgehen. Insbesondere der MQTT Broker als zentrales Element speichert Nachrichten zwischen, wenn andere Komponenten nicht verfügbar sind. Ist der Broker selbst nicht verfügbar, werden die Nachrichten innerhalb der MQTT-Client-Bibliotheken zwischengespeichert, somit gehen keine Informationen verloren und Änderungen am System werden erleichtert. Außerdem kann der MQTT Broker in einem hybriden Netzwerk, also teilweise On Premise und teilweise in der Cloud, als Puffer zwischen diesen Welten dienen.

9.3.4 Big Data und NoSQL

Beim Entwurf von datengetriebenen Systemen kommt man heutzutage an dem Begriff Big Data nicht mehr vorbei. Leider wird dieser Begriff oft ohne Hintergrundwissen und damit tendenziell falsch verwendet. Eine Ursache liegt darin, dass der Begriff **Big Data** nur vage definiert ist. Wir verstehen darunter Datenmengen (bzw. den Umgang mit diesen), welche zu groß oder zu komplex sind, um von herkömmlicher Datenverarbeitungssoftware verarbeitet werden zu können.

Der Term "Big" bezieht sich dabei auf die folgenden Charakteristika:

- die Dimensionen,
- das Datenvolumen,
- die Geschwindigkeit,
- die Zahl von Datenquellen und
- die Echtheit (Qualität, Vertrauenswürdigkeit, Genauigkeit) der Daten.

Geht ein Charakteristikum oder gehen mehrere Charakteristika über das normale Maß an verarbeitbaren Daten hinaus, spricht man von Big Data.

Aus der Notwendigkeit mit diesen Datenmengen umzugehen, hat sich eine Reihe neuer Technologien entwickelt. Dies beginnt bei der Kommunikation, welche bereits mit den Message Queues beleuchtet wurde. Einen weiteren Punkt stellt die Auswahl des richtigen Datenspeichers auf der Persistenzebene dar. Bisher wurde im Systemdesign unserer diskutierten Fertigungseinrichtung nur eine Datenbank verwendet, welche in ihrer Art nicht näher spezifiziert ist, um strukturierte Informationen wie Einstellparameter und Qualitätskennzahlen dauerhaft zu speichern. Durch die Verbreitung von Cloud Computing und die Notwendigkeit, mit großen Datenmengen umzugehen, hat sich auch die Welt der Datenbanken entsprechend weiterentwickelt.

Vor etwa 10 bis 15 Jahren gab es nur eine Strategie zur Datenspeicherung, die **relationale Datenbank**, auch **RDBMS** genannt, mit prominenten Vertretern wie Microsoft SQL-Server, Oracle oder MySQL. Relationale Datenbanken sind in Tabellen, Zeilen und Spalten organisiert und Daten werden nur nach einem vordefinierten Schema gespeichert, welches die Anzahl und den Typ der Spalten für eine Relation festlegt. Solche relationalen Datenbanken haben auch heute noch ihre Gültigkeit und bieten leistungsstarke Mechanismen zum Speichern und Abfragen strukturierter Daten unter strengen Konsistenz- und Transaktionsgarantien an. Sie haben durch jahrzehntelange Entwicklung ein unübertroffenes Maß an Zuverlässigkeit und Stabilität erreicht.

In den letzten Jahren ist die Menge an Daten in einigen Anwendungsbereichen jedoch so groß geworden, dass sie von herkömmlichen Datenbanklösungen nicht mehr gespeichert oder verarbeitet werden können. Unter dem Begriff **NoSQL-Datenbanken** wird eine Kategorie neuartiger Datenspeichersysteme zusammengefasst, die **Big Data bewältigen** können, eine horizontale Skalierbarkeit und eine höhere Verfügbarkeit als relationale Datenbanken bieten, indem sie in einem gewissen Maß auf Abfragefähigkeiten und Konsistenzgarantien verzichten. NoSQL-Datenbanken stellen keinen Ersatz für relationale Datenbanken dar, sondern zielen auf die Anwendung mit spezifischen Anforderungen. Die Bezeichnung NoSQL steht hierbei für „not only SQL“, was bedeutet, dass SQL als gängige Abfragesprache nicht gänzlich abgeschafft wurde. NoSQL-Datenbanken können nach zwei Klassifizierungskriterien eingeordnet werden, einerseits nach Datenmodellen und andererseits nach CAP-Theorem-Klassen, wie in Bild 9.18 zu sehen ist.

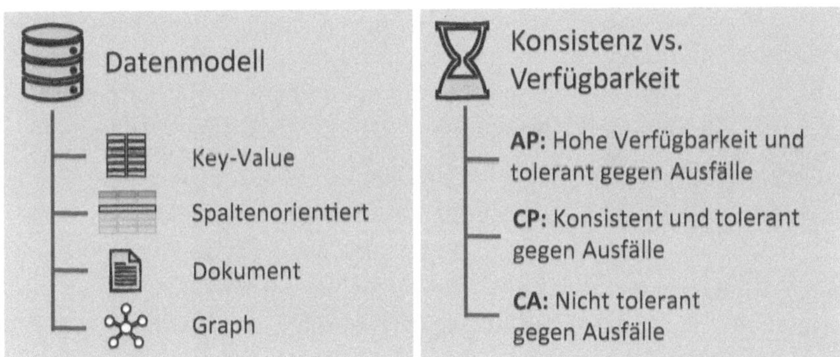

Bild 9.18 Übersicht NoSQL-Datenmodelle und Konsistenz-Verfügbarkeit-Kompromiss

NoSQL-Datenbanken können abhängig vom Datenmodell in folgende Kategorien unterteilt werden:

- **Key-Value-Datenbanken:** Eine Key-Value-Datenbank speichert nur Key-Value-Paare mit eindeutigen Schlüsseln. Aufgrund dieser einfachen Struktur werden nur GET-, PUT- und DELETE-Operationen unterstützt. Die Art der Datenbanken werden auch oft als schemalos bezeichnet, da die Struktur der gespeicherten Daten in der Anwendung und nicht in der Datenbank implementiert ist.

- **Spaltenorientierte Datenbanken:** Diese Datenbanken, die oft auch spezifischer als Wide-Column-Stores bezeichnet werden, sind den relationalen Datenbanken am ähnlichsten. Sie werden eingesetzt, wenn es darum geht, Tabellen mit vielen Spalten und geringer Datendichte zu speichern. Technisch gesehen ist ein Wide-Column-Store jedoch näher an einer verteilten mehrstufig sortierten Liste: Die Schlüssel der ersten Ebene identifizieren die Zeilen. Wide-Column-Stores sind aus der Notwendigkeit entstanden, riesige relationale Datenmengen zu speichern, was eine horizontale Skalierung notwendig machte. Dies ist mit relationalen Datenbanken nicht mehr möglich, da diese nur vertikal skalieren können (für Details bezüglich horizontaler und vertikaler Skalierung siehe Tabelle 9.9).
- **Dokumentenorientierte Datenbanken:** Eine dokumentenorientierte Datenbank ist wie eine Key-Value-Datenbank aufgebaut, deren Werte jedoch auf halbstrukturierte Formate wie JSON-Dokumente beschränkt sind. Diese Einschränkung bringt im Vergleich zur Key-Value-Datenbank eine größere Flexibilität beim Zugriff auf die Daten. Es ist nicht nur möglich, ein Dokument anhand seiner ID abzurufen, wie dies bei Key-Value-Datenbanken der Fall ist, sondern es können auch Teile eines Dokuments abgerufen werden, z. B. eine spezifische Qualitätskennzahl aus den Daten des Messsystems. Dazu lassen sich auch Daten aggregieren oder eine Volltextsuche ausführen.
- **Graphdatenbanken:** Graphdatenbanken werden verwendet, wenn vernetzte Informationen abgespeichert werden müssen, welche für semantische Abfragen mit den Knoten und Kanten des Graphen verwendet werden. Der Graph verbindet die Datenelemente im Speicher mit einer Sammlung von Knoten und Kanten, wobei die Kanten die Beziehungen zwischen den Knoten darstellen.
- **Zeitreihendatenbank:** Eine Time-Series-Datenbank ist ein weiteres Datenbanksystem, welches für die Verwaltung von Zeitserien optimiert ist. Gerade bei Messwerten von Sensoren oder bei smarten Lösungen im IoT-Umfeld werden Zeitseriendaten erzeugt. Time-Series-Datenbanken können nicht eindeutig nur den NoSQL-Datenbanken zugeordnet werden, da es auch optimierte Lösungen basierend auf relationalen Datenbanken gibt. Nichtsdestotrotz sind Zeitreihendaten meist in großer Menge vorhanden, mit welchen NoSQL-Datenbanken durch ihre Fähigkeit zur Skalierung besser umgehen können.

Grundsätzlich ist es nicht sinnvoll, blind auf eine neue Technologie zu setzen nur weil die Möglichkeit dazu besteht. Steht man vor dem Entwurf eines neuen Systems, können folgende Kriterien bei der Auswahl der Datenbank helfen (Xu, 2020):

- Die Lösung erfordert eine niedrige Latenz.
- Die Daten sind unstrukturiert oder es sind keine relationalen Daten notwendig.
- Es müssen große Datenmengen gespeichert werden (mehrere TB/Jahr) und eine Skalierung ist vorhersehbar bzw. notwendig.

Ein weiteres Klassifizierungskriterium ist die bereitgestellte Konsistenz, d.h. die Korrektheit der gespeicherten Daten. Einige Datenbanken sind so aufgebaut, dass sie eine starke Konsistenz gewährleisten, während andere die Verfügbarkeit bevorzugen. Dieser Kompromiss ist jedem verteilten Datenbanksystem inhärent und die große Anzahl unterschiedlicher NoSQL-Systeme zeigt, dass zwischen den beiden Paradigmen ein breites Spektrum besteht. Das **CAP-Theorem** von Brewer ist ein grundlegendes Konzept, das wichtige Kompromisse beim Entwurf verteilter Systeme aufzeigt. CAP steht hier für die erwähnte Konsistenz (**C**onsistency), Verfügbarkeit (**A**vailability) und Ausfalltoleranz (**P**artition tolerance). Es besagt, dass ein verteiltes System zum Lesen und Schreiben von Daten, das letztendlich auf jede Nachricht in einem asynchronen System antwortet und tolerant gegen Ausfälle ist, nicht realisiert werden kann. Es kann höchstens zwei der drei vorhin genannten Eigenschaften gleichzeitig garantieren (Brewer, 2000). Damit ergeben sich drei unterschiedliche Kombinationsmöglichkeiten, welche jeweils für sich spezifische Anforderungen erfüllen, wie es in Bild 9.18 zu sehen ist.

Angetrieben durch die vielen Unterscheidungsmerkmale sowie die Anforderung, immer mehr Daten speichern zu müssen, hat sich eine Vielzahl an vielseitigen aber auch hoch spezialisierten Datenbanksystemen entwickelt. Stellvertretend für die unterschiedlichen Datenmodelle werden nachfolgend einige weit verbreitete Lösungen beschrieben.

- **Redis**

  Die Key-Value-Datenbank Redis ist eine sogenannte In-Memory-Datenbank. In-Memory-Datenbanken speichern die Daten direkt im Hauptspeicher und erzielen damit eine höhere Leistung. Aus diesem Grund wird Redis auch oft als Cache, also als effizienter Zwischenspeicher bei Anwendungen mit großen Datenmengen eingesetzt.

- **MongoDB**

  MongoDB stellt eine der meistverwendeten verteilten dokumentenorientierten Datenbanken dar. Sie speichert die Daten in einem JSON-ähnlichen Dokumentformat und favorisiert im Gegensatz zu anderen dokumentenorientierten Datenbanken Konsistenz und Ausfalltoleranz.

- **Neo4j**

  Neo4j ist eine skalierbare cloudbasierte Graphdatenbank. Es können damit Beziehungen zwischen einzelnen Datensätzen gespeichert und grafisch dargestellt werden. Damit ist z.B. die Erkennung von Mustern möglich. Als Sprache kommen sogenannte Cypher Queries zum Einsatz, welche für die Untersuchung und Bearbeitung von Beziehungsdaten optimiert sind.

- **Cassandra**

  Mit Apache Cassandra als Vertreter der spaltenorientierten Datenbanken lassen sich große Datensätze speichern und verarbeiten.

- **TimescaleDB**

  TimescaleDB ist eine für Zeitreihen optimierte Datenbank, welche auf der freien relationalen Datenbank PostgreSQL aufsetzt. Durch den relationalen Unterbau kann TimescaleDB auch mit SQL in voller Ausprägung wie eine relationale Datenbank verwendet werden und es sind komplexe Abfragen möglich.

Viele Datenbanksysteme wie auch populäre relationale Datenbanken von Oracle oder der SQL-Server von Microsoft unterstützen mittlerweile einige NoSQL-Ansätze wie dokumentenorientierte Datenbanken oder Graphdatenbanken. Nichtsdestotrotz bieten gerade spezialisierte Lösungen im Bereich der Skalierung Vorteile, da diese Systeme dieses Paradigma bereits bei ihrer Entwicklung priorisiert haben.

Mit den Möglichkeiten neuer Datenspeicher kann die Lösung in unserem Beispiel der Fertigungsanlage weiter optimiert werden. Auch wenn beim Datenaufkommen mit nur einer Anlage auch eine relationale Datenbank ausreicht, bieten NoSQL-Datenbanken doch einige Vorteile. Dokumente wie JSON-Daten können z. B. ohne Änderung des zugrundeliegenden Schemas gespeichert werden. Auch der optimierte Umgang mit Zeitreihen, die ja bei der Erfassung der Qualitätskennzahlen anfallen, ist möglich.

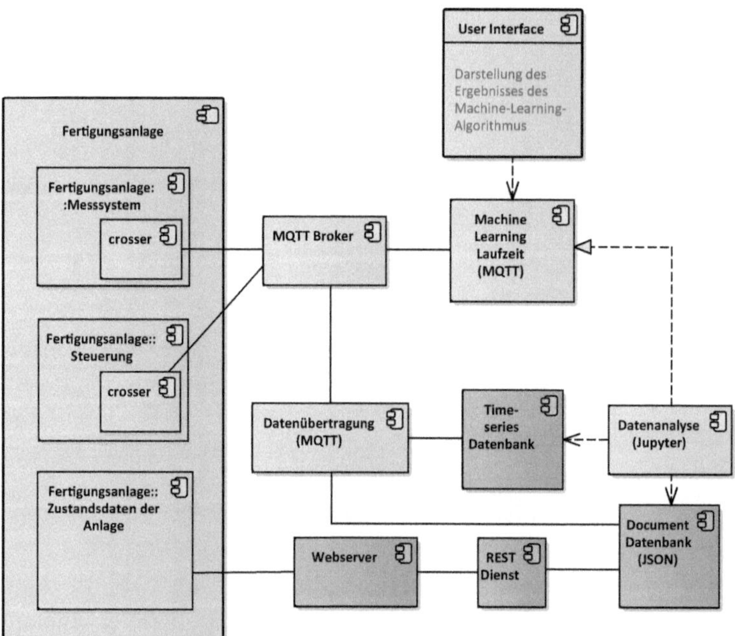

Bild 9.19 Component Diagram Fertigungsanlage: Version 4 mit NoSQL-Datenbanken

In Bild 9.19 ist die Lösung Version 4 mit zwei unterschiedlichen NoSQL-Datenbanken dargestellt. Die Qualitätskennzahlen, die in einer hohen Frequenz anfallen, werden in einer Zeitreihendatenbank realisiert. Daten mit einer geringen Frequenz, beispielsweise die Einstellparameter und Zustandsdaten der Anlage, werden in einer dokumentenorientierten Datenbank gespeichert. Die Zustandsdaten werden dabei nicht direkt über MQTT übertragen, da diese manuell durch die Bediener erfasst werden. Hierzu gibt es eine Webanwendung, in welcher die Daten eingetragen werden. Über einen Dienst, der eine REST-Schnittstelle zur Verfügung stellt, werden die Daten in einer Datenbank gespeichert. Damit ist eine spätere Anpassung der Datenbank ohne Änderung der Webanwendung möglich.

Data Lake

Alle in Datenbanken gespeicherten Daten – unabhängig, ob dies in relationalen Datenbanken oder NoSQL-Datenbanken geschieht – werden in einer strukturierten Form gespeichert. Dafür ist es aber notwendig, die Struktur der Daten genau zu kennen. Soll eine große Menge an Daten gespeichert werden, welche nicht einer vordefinierten Struktur folgen, wird hierzu ein sogenannter **Data Lake** aufgebaut, welcher **alle möglichen Daten im Rohformat** speichert. Dies ist entweder eine binäre Abbildung des ursprünglichen Datenobjekts oder es sind die ursprünglichen Dateien selbst. Derartige Data Lakes können später für Analysen verwendet werden, wodurch neue Machine-Learning-Use Cases entstehen können.

Auch wenn es sich bei den Daten in einem Data Lake um Rohdaten handelt, müssen diese verwaltet werden. Dies macht nur Sinn, wenn die Daten in einer entsprechenden Qualität vorliegen und auch veraltete Daten gelöscht werden. Ansonsten droht der Data Lake zu einem **Datensumpf** zu verkommen und die darin gespeicherten Daten können nicht mehr sinnvoll genutzt werden.

9.3.5 Weitere Aspekte der Skalierung

Neue Technologien wie Message Queues und NoSQL-Datenbanken ermöglichen es, dass Systeme einfacher skaliert werden können. Werden zudem beim Design der Lösung bereits Muster wie Microservices und definierte Schnittstellen mittels REST eingesetzt, kann die Lösung auch einfach skaliert werden, da diese Services durch ihren zustandslosen Charakter beliebig oft dupliziert werden können.

Grundsätzlich kann man zwischen vertikaler und horizontaler Skalierung unterscheiden (siehe Tabelle 9.9), wobei die horizontale Skalierung aufgrund der theoretisch unendlichen Skalierbarkeit im Zeitalter von Big Data besondere Bedeutung besitzt.

Tabelle 9.9 Dimensionen der Skalierung

Vertikale Skalierung – Scale Up	Horizontale Skalierung – Scale Out
Hinzufügen von mehr Leistung am bestehenden Server (schnellere, leistungsfähigere Prozessoren, mehr Hauptspeicher, weitere Festplatten etc.).	Hinzufügen von weiteren Servern, meist mit weniger Leistung, aber die Anzahl ist entscheidend.
Einfache Erweiterung, Lösungen müssen nicht verändert werden.	Die Lösungen müssen an die Skalierung angepasst werden (z. B. ist eine Lastverteilung notwendig).
Harte Grenze: Irgendwann ist die Grenze der möglichen Leistungssteigerung erreicht.	Bei der horizontalen Skalierung gibt es grundsätzlich keine Grenze, die Lösung ist (zumindest theoretisch) unendlich skalierbar.
Keine Ausfallsicherheit: wenn auch der noch so starke Server defekt ist, ist die Lösung nicht mehr verfügbar.	Implizite Ausfallsicherheit, da bei Ausfall eines oder mehrerer Server der laufende Teil die Aufgaben übernimmt.

Load Balancer

Um bei der horizontalen Skalierung die vielen Server ansprechen zu können und eine Lastverteilung zu erreichen, ist ein Load Balancer als zusätzliche Technologie notwendig. Ein Load Balancer verteilt dabei die eingehenden Nachrichten nach definierten Regeln und sendet Nachrichten nur an verfügbare Server. Damit ist eine implizite Ausfallsicherheit gegeben. Gerade dieses Architekturmuster bietet gemeinsam mit Microservices eine gute Vorlage zur Verwendung von Cloud Services. Der **Load Balancer stellt** dabei die **Schnittstelle zwischen dem On-Premise-Teil der Anlagen und dem Cloud Computing** dar.

Cloudanbieter stellen noch weitere Lösungen zur Verfügung, um z. B. abhängig von der Anzahl der eingehenden Nachrichten die Zahl der Microservice-Instanzen zu erhöhen und später wieder zu verringern. Dieses unter **Auto Scaling** bekannte Paradigma dient nicht nur der schnellen Bereitstellung von Ressourcen, sondern auch der Kostenoptimierung im Cloud Computing, da meist nur verwendete, also laufende Rechenkapazitäten bezahlt werden müssen.

In Bild 9.20 ist die Lösung unseres Beispiels mit einem Load Balancer dargestellt, der als Schnittstelle zwischen Cloud Computing und dem On-Premise-Teil der Anlagen fungiert. Der Load Balancer kennt den Inhalt der Daten nicht, er leitet die Nachrichten nur weiter und sendet das Ergebnis, sofern notwendig, an den Client zurück. Das User Interface für das Ergebnis des Machine-Learning-Algorithmus und die Fertigungsanlagen sind außerhalb der Cloud. Die Schnittstellenpunkte zur Cloud bestehen lediglich aus dem Load Balancer und der Laufzeitumgebung für den Machine-Learning-Algorithmus.

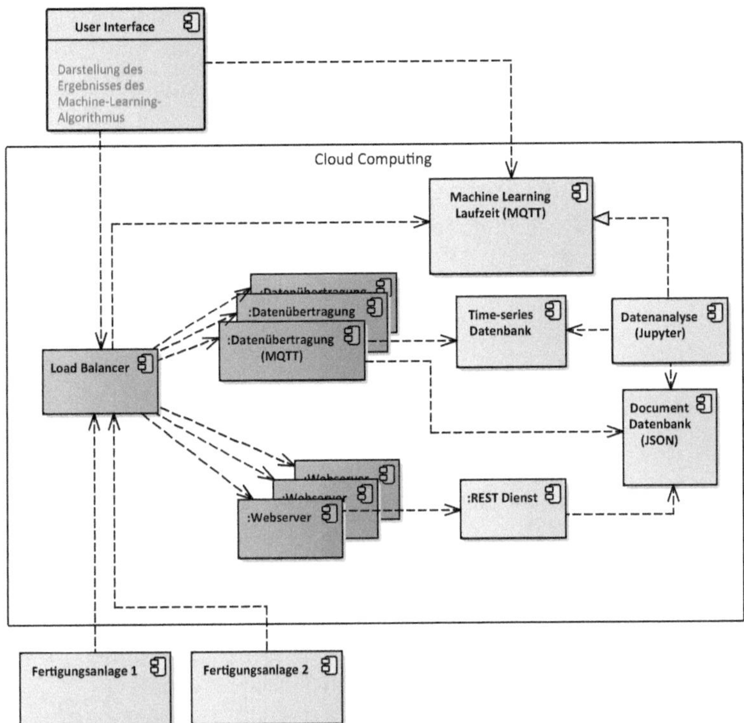

Bild 9.20 Component Diagram Fertigungsanlage: Version 5 mit Load Balancer

Big-Data-Lösungen mithilfe von Hadoop und MapReduce

Eine sehr nützliche Lösung, wenn es um Big Data und das effiziente Verarbeiten von sehr großen Datenmengen geht, ist Hadoop, eine wiederum freie Software unter dem Dach der **Apache Software Foundation**. Hadoop basiert auf dem von Google entwickelten MapReduce-Algorithmus und ermöglicht es, Daten im Petabyte-Bereich (Tabelle 9.4) zu verarbeiten. Hadoop basiert dabei auf dem Hadoop-Distributed-File-System, kurz HDFS.

Durch die Architektur von Hadoop kann das System nur auf einem Verbund von mehreren Rechnern, sogenannten Knoten, ausgeführt werden. Dateien werden in Datenblöcke mit fester Länge zerlegt und redundant auf die teilnehmenden Knoten verteilt. Ein Masterknoten bearbeitet eingehende Datenanfragen, organisiert die Ablage von Dateien in den Workerknoten und speichert anfallende Metadaten. HDFS unterstützt dabei Systeme mit mehreren 100 Millionen Dateien.

Hadoop und darauf basierende Datenbanken wie HBase oder Hive stellen damit eine Alternative zu den vorhin beschriebenen NoSQL-Datenbanken aus Abschnitt 9.3.4 dar und sind durch ihre Architektur immer hoch skalierbar. In jeder Umgebung mit echten Big-Data-Ansprüchen sollten Hadoop und NoSQL zusammen eingesetzt werden. Der NoSQL-Teil legt den Fokus auf interaktive Daten und der Hadoop-Cluster steht für groß angelegte Analysen unter anderem mit SparkML zur Verfügung (Abschnitt 9.3.1). NoSQL kann etwa Sensordaten und Stammdaten verwalten, Hadoop und darauf aufbauende Lösungen können diese Daten analysieren und daraus Machine-Learning-Modelle generieren (Rehberger, 2015). Dies ist allerdings nur dann sinnvoll, wenn die Datenmenge nicht mit Lösungen wie NoSQL bewältigt werden kann oder der Cloudanbieter diese Services nicht bereits als SaaS-Lösung anbietet.

■ 9.4 Iterative Weiterentwicklung und Betrieb

Wie geht es nach der Architekturentwicklung, Umsetzung und erfolgreichen Einführung einer ML-Lösung weiter? Bereits in Abschnitt 8.3.5 wurde unter dem Gesichtspunkt Modellwartung dargestellt, dass Machine-Learning-Modelle altern (Modelldrift, Datendrift) und wiederkehrend anzupassen sind. Auch kann es vorkommen, dass neue Machine-Learning-Use Cases identifiziert wurden, die eine Anpassung der zugrundeliegenden IT-Architektur erfordern.

Um diese Änderungsprozesse auch im dynamischen Umfeld der Digitalisierung zu beherrschen, ist ein neues Vorgehen notwendig. In jüngster Vergangenheit hat sich hierbei die Methode **MLOps** herauskristallisiert. Diese besteht aus einer Reihe von Praktiken, welche darauf abzielen, Modelle für maschinelles Lernen in der Produktion schnell, zuverlässig und effizient bereitzustellen und zu warten (Breuel, 2021).

Die Abkürzung MLOps geht dabei auf eine bereits etablierte Entwicklungsmethode in der Software, dem **DevOps** zurück. DevOps steht nicht nur für eine Sammlung unterschiedlicher Methoden, sondern auch für eine Kultur der optimalen Zusammenarbeit zwischen Softwareentwicklung (Dev) und IT-Betrieb (Ops). Ziel ist es, Softwarequalität und die Geschwindigkeit von Entwicklung und Auslieferung zu verbessern (Wikipedia, 2021). DevOps wird als agile und kontinuierliche Vorgehensweise verstanden, welche den traditionellen sequenziellen Ansatz im Sinne von „plan“, „build“ und „operate“ ersetzt.

Bild 9.21 gibt einen Überblick über die Bestandteile von MLOps.

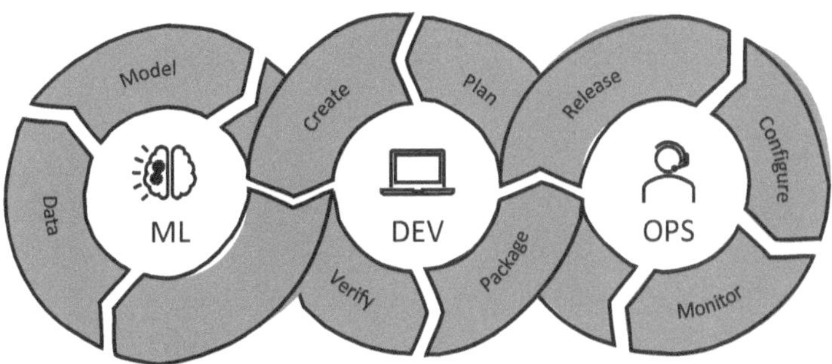

Bild 9.21 Übersicht MLOps

Wenn ein Machine-Learning-Algorithmus zur Einführung bereit ist, wird dieser zunächst an die Softwareentwicklung und dann an die Operations übergeben. Dies geschieht aber nicht sequenziell in unterschiedlichen Abteilungen, sondern als hochintegriertes, cross-funktionales Team. Die Ziele des Teams bestehen darin, die Arbeitsschritte der Produktivsetzung von Machine-Learning-Modellen im Team zu optimieren und damit zu beschleunigen.

Damit ist der Grundstein für eine iterative Weiterentwicklung des Machine-Learning-Algorithmus, aber auch der notwendigen IT-Architektur gelegt. Da diese Lösungen hochgradig voneinander abhängig sind, kann der Data-Science-Teil nicht losgelöst von der IT-Architektur und Softwareentwicklung bestehen. Leider ist dies in vielen Fällen nicht der Fall, es wird beispielsweise der Fokus entweder nur auf die Datenerhebung (IT-Architektur) oder den Machine-Learning-Algorithmus gelegt. Dabei können aus dem Machine-Learning-Algorithmus wieder Anforderungen für zusätzliche Daten entstehen oder die verfügbaren Daten ermöglichen es erst, durch Analysen neue vielversprechende Use Cases zu erkennen. Daher ist ein Ineinandergreifen dieser Elemente für den Erfolg essenziell.

10 Digitale Kompetenzen erlernen

Nachdem sich die letzten Kapitel mit den Themen Statistik und Machine Learning auseinandergesetzt haben und wir zuletzt einen umfangreichen Einblick in die systematische Architekturentwicklung und IT-Infrastruktur erhielten, wollen wir nun auf die menschliche Komponente im digitalen Zeitalter des Qualitätsmanagements eingehen. Wie bereits mehrmals in diesem Buch beschrieben, werden wir auch zukünftig nicht auf die menschliche Arbeitsleistung verzichten können, jedoch müssen wir unser Wahrnehmen, Verstehen und Handeln an die neuen digitalen Rahmenbedingungen anpassen. Digitalisierung ist unumstritten eine große Herausforderung für die betroffenen Personen, weil diese mit **Anforderungen konfrontiert werden, für die sie nicht ausgebildet wurden** und entsprechende digitale Kompetenzen somit neu bzw. zusätzlich erlernt werden müssen. Die hohe Dynamik in dem Bereich führt dazu, dass die Halbwertszeit von Wissen drastisch abgenommen hat und die Weiterentwicklung der Menschen zu einem kontinuierlichen Prozess wird.

Wikipedia definiert den Begriff der digitalen Kompetenz als eine Fähigkeit, die ein Mensch benötigt, um sich in einer digitalen Gesellschaft zurechtzufinden, in ihr zu lernen, zu arbeiten und am digitalen Alltag teilzunehmen (Wikipedia, Digitale Kompetenz, 2021). Digitale Kompetenz im Unternehmenskontext beschreibt somit die Fähigkeit, wirksam mit den durch die Digitalisierung auftretenden Herausforderungen umzugehen. Die digitale Kompetenz im Qualitätsmanagement beinhaltet die Fähigkeit der Mitarbeitenden, die durch Digitalisierung geschaffenen **Möglichkeiten zu nutzen, um die Ziele im Qualitätsmanagement besser erreichen zu können**.

Wenn wir an den Begriff des Aufbaus von Kompetenzen denken, kommen uns sofort und unweigerlich Begriffe wie Weiterbildung und Lernen in den Sinn. Daher wollen wir uns zum Einstieg in diesem Kapitel zunächst der **Wichtigkeit des Kompetenzaufbaus** widmen und danach ein Vorgehensmodell für die Planung von Trainingsmaßnahmen und die Evaluierung der Wirksamkeit durchgeführter Trainings vorstellen. Nachdem das Gelingen des digitalen Wandels eine Vielzahl von Schulungen erfordert und deren reine Auflistung wenig Wertbeitrag liefert, möchten wir exemplarisch zwei Schulungskonzepte aus der Praxis vorstellen. Danach beschäftigen wir uns mit den notwendigen Bausteinen für nachhaltiges Lernen in Organisationen, beleuchten die Rolle der Führungskräfte und widmen uns zum Abschluss innovativer Lernansätze wie „Working Out Loud“ und „Reverse Coaching“.

10.1 Die Relevanz des Kompetenzaufbaus

Wenn wir neue, uns bisher unbekannte Wege beschreiten, hängt das Gelingen des Wandels maßgeblich vom parallel ablaufenden Kompetenzaufbau ab - denn schließlich geht es darum, die **Überforderung von Menschen präventiv und systematisch zu vermeiden**. Dass diese Gefahr insbesondere beim digitalen Wandel für „Industrial Natives“ sehr groß ist, liegt für die Autoren auf der Hand. Es gilt daher, die entsprechenden Kompetenzen in demselben Maße aufzubauen, wie die Anforderungen an den Menschen steigen (Bild 10.1).

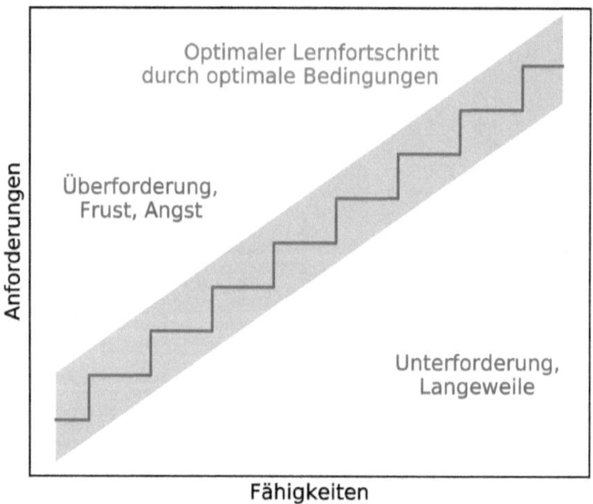

Bild 10.1 Fähigkeiten und Anforderungen

Aus den grundlegenden Motivationstheorien sowie aus unterschiedlichen Studien wissen wir, dass **mit steigenden Anforderungen auch die Motivation und somit die Performance steigen kann.** Der Effekt ist auch als Yerkes-Dodson-Gesetz bekannt (Wikipedia, Yerkes-Dodson-Gesetz, 2021). Allerdings nimmt unsere Begeisterung nicht linear und kontinuierlich zu, sondern fällt bei zu groß werdender Anforderung auch wieder ab. Es geht also darum, die Menschen im Rahmen des digitalen Wandels zu fordern, aber nicht zu überfordern. Dann ist es möglich, in eine Art individuellen „Flow-Zustand" zu kommen, in dem wir restlos in einer Tätigkeit aufgehen, die wie von selbst abläuft (Bild 10.2), (Csikszentmihalyi, 2014).

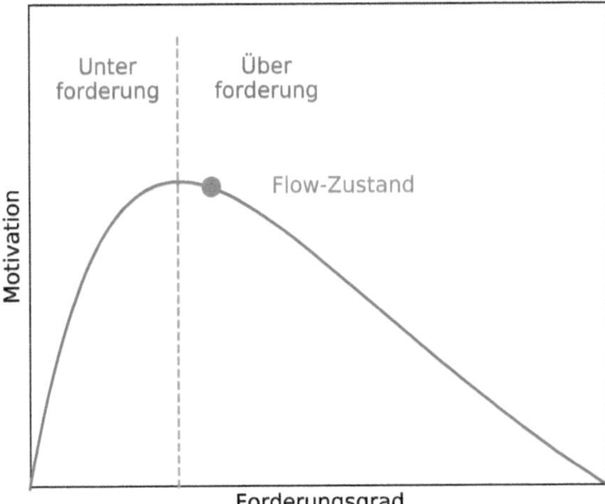

Bild 10.2 Der Flow-Zustand

Das sogenannte **Stresszonenmodell** unterstreicht diese Theorie: Eine Veränderung lockt uns grundsätzlich immer aus unserer aktuellen Komfortzone (Bild 10.3). Persönliches Wachstum im Wandel findet jedoch nur in der Lern- oder Wachstumszone statt. Wird zu wenig in Ausbildung und Schulung investiert, geraten Menschen in Angst, mit dem Fortschritt nicht mithalten zu können, und betreten somit die Panikzone. In diesem Fall misslingt auch der digitale Wandel mit hoher Wahrscheinlichkeit.

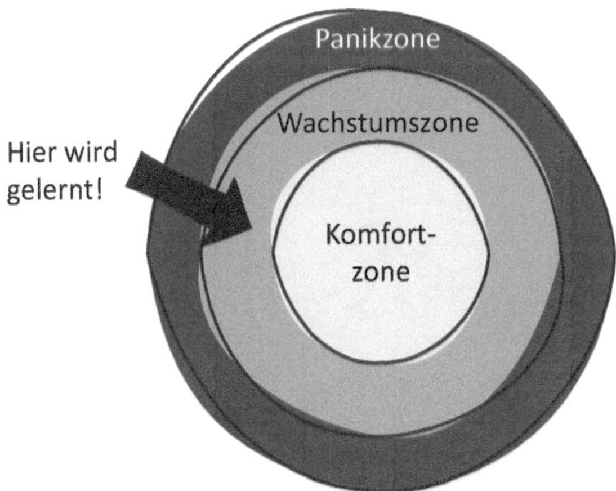

Bild 10.3 Das Stresszonenmodell

Nachdem wir im Zusammenhang von Motivation, persönlichem Wachstum und dem Empfinden von Über- oder Unterforderung von individuellen Gefühlen sprechen, wird deutlich, dass der Kompetenzaufbau nicht nach dem „Gießkannenprinzip" über alle Mitarbeitenden im Unternehmen erfolgen kann, sondern sehr individuell angepasst werden muss. Denn was den einen in der Komfortzone lässt, kann den anderen bereits in die Panikzone bringen. Führungskräfte werden zudem beispielsweise auch eine andere Art der Weiterbildung benötigen als Maschinenbediener oder Prozesstechnologen.

Nachdem wir das Bewusstsein für die Notwendigkeit des Kompetenzaufbaus geschaffen haben, geht es im folgenden Abschnitt um die Relevanz der Planung und Evaluierung von Weiterbildungsmaßnahmen.

10.2 Trainingsplanung und Evaluierung

Die Planung und Durchführung von Weiterbildungsmaßnahmen erfolgt in vielen Unternehmen zwar nach festgelegten Standards, diese sind aber oftmals nicht „kundenorientiert" und für die auszubildende Person daher nur bedingt zufriedenstellend. Die Evaluierung, also die Prüfung der Wirksamkeit durchgeführter Schulungen, unterbleibt dazu zumeist vollständig. Dabei gibt es einfache Methoden, diese Aspekte in die standardisierte Abwicklung von Trainings mit einzubeziehen.

Das **Kirkpatrick-Modell** stellt eines der bekanntesten **Modelle für die Evaluierung** der Ergebnisse von Trainingsmaßnahmen dar (Kirkpatrick, 1994). Die Idee dahinter ist, die Wirksamkeit auf vier verschiedenen Ebenen (Level) zu erheben. Das Modell dazu wurde von Dr. Donald Kirkpatrick (1924 - 2014) bereits in den 1950er-Jahren entwickelt. Es kann zudem nicht nur als Evaluierungs-, sondern auch als Planungsinstrument genutzt werden.

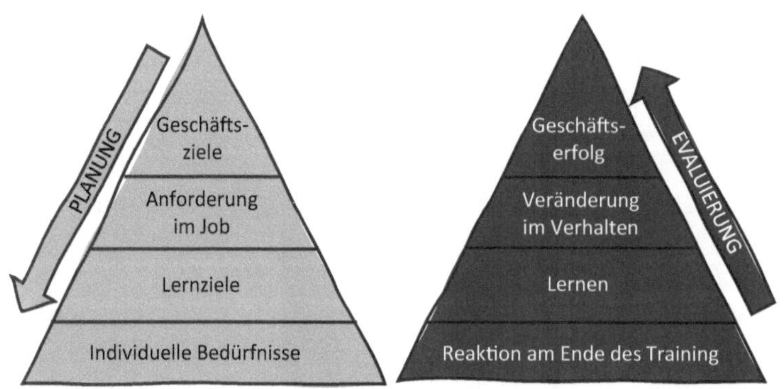

Bild 10.4 Trainingsplanung und -evaluierung mithilfe des Kirkpatrick-Modells

10.2.1 Die Planung von Trainings

In der **Trainingsplanung mithilfe des Kirkpatrick-Modells** (Bild 10.4) beginnen wir mit der Definition **der Geschäftsziele** (Level 4), die durch das Training unterstützt werden sollen. Der zu erzielende Erfolg des Trainings wird idealerweise anhand konkreter Kennzahlen wie etwa der Reduktion von Kosten, der Erhöhung der Umsätze oder der Qualitätssteigerung bei Produkten und Prozessen festgelegt.

Anschließend müssen wir auf Level 3 die essenzielle Frage klären, **was wir konkret von den Absolventen nach dem Training erwarten**. Was soll später im Job eingeführt, umgesetzt bzw. angewandt werden?

Daraus resultiert die Level 2-Frage, **welche Inhalte die Teilnehmenden während des Trainings erlernen sollen**. Welche Fähigkeiten, Kenntnisse und Erkenntnisse sollen die Teilnehmenden durch das Training dazugewinnen? Die Definition und Evaluierung dieser Lernziele kann dabei nach der **Bloom'schen Taxonomie** erfolgen (Bild 10.5).

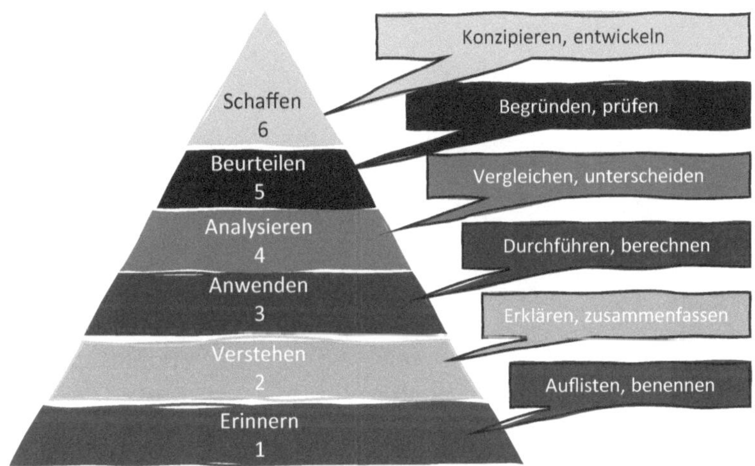

Bild 10.5 Lernpyramide (Anderson & Krathwohl, 2001)

Stufe 1: Erinnern bedeutet, dass Lernende in der Lage sind, das was sie zuvor gelernt haben, aus dem Langzeitgedächtnis wiederzugeben. Der Lernstoff wurde dazu beispielsweise auswendig gelernt.

Stufe 2: Gelernte Begriffe können erklärt werden. Das **Verständnis** von Lerninhalten zeigt sich darin, dass das Gelernte auch in einem Kontext präsent werden kann, der sich von jenem unterscheidet, in dem gelernt wurde.

Stufe 3: Die **Anwendbarkeit** von Gelerntem zeigt sich in der Fähigkeit, Lerninhalte auf neue, bisher nicht behandelte Situationen übertragen zu können.

Stufe 4: Die Fähigkeit der **Analyse** besteht darin, erlernte Modelle und Theorien in deren Bestandteile zerlegen zu können. Dafür ist es notwendig, komplexe Sachverhalte, Aufbauprinzipien oder innere Strukturen zu entdecken.

Stufe 5: In der **Beurteilung** zeigt sich die Fähigkeit, Aussagen oder Situationen kriterienorientiert beurteilen oder prüfen zu können.

Stufe 6: Die höchste Lernstufe ist die Fähigkeit des **Schaffens oder Entwickelns.** Dies stellt eine schöpferische Leistung dar, was bedeutet, in der Lage zu sein, verschiedene Teile des Gelernten zusammenzufügen, die noch nicht zusammen erlebt oder gesehen wurden.

Nach der Festlegung konkreter Lernziele, stellen wir zuletzt die Frage auf Level 1, **wie wir das Training abhalten und gestalten möchten, um die Teilnehmenden mit dem Training zufriedenzustellen.** Dies inkludiert beispielsweise auch Aspekte wie den Schulungsort, die Dauer und die Frage nach den didaktischen Fähigkeiten des Trainers.

10.2.2 Die Trainingsevaluierung

Die **Evaluierung** des Lernerfolgs startet gemäß Bild 10.4 beim Level 1, also der direkten Reaktion (Zufriedenheit) der geschulten Person, geht über in die Umsetzung der gelernten Inhalte und endet mit der Überprüfung des Erfolges für die Organisation (Level 4). Diese Vorgehensweise bezeichnet Kirkpatrick als nachhaltigen oder auch wirkungsorientierten Ansatz, der sicherstellt, dass durch das Training tatsächlich eine Leistungssteigerung im Sinne der Ziele der Organisation erzielt wurde.

Die erste Evaluierungsebene geschulter Personen zielt auf die **zeitnahe Ermittlung des persönlichen Gefühls** ab, das durch das Training erzielt wurde. Typische Fragen dabei sind, ob die Teilnehmenden das Training genossen haben oder ob sie den Inhalt als nützlich für ihre Arbeit empfanden. Dies entspricht der gängigen Praxis einer Zufriedenheitsanalyse am Ende eines Trainings. Diese einfache Art der Evaluierung ist sinnvoll, aber allein nicht ausreichend. Denn die reine Zufriedenheit mit dem Training lässt keinen eindeutigen Schluss zu, dass die Teilnehmenden auch etwas gelernt haben. Die Zufriedenheit könnte beispielsweise auch nur mit der Qualität des Schulungsorts oder der Tatsache in Zusammenhang stehen, während der Schulung nicht am Arbeitsplatz anwesend sein zu müssen.

Die nächste Frage lautet nun: **Welche neuen Fähigkeiten konnte der Teilnehmende im Training erlernen**? Was wurde gelernt und was nicht? Die Evaluierung dieser Ebene ist wesentlich herausfordernder und zeitintensiver als auf Level 1. Typische Methoden, die dafür eingesetzt werden können, sind formale Tests, Selbstbewertungen oder Teameinschätzungen. Idealerweise gibt es einen Test vor und nach dem Training, um die Weiterentwicklung quantitativ beurteilen zu können.

Auf dem nächsten Level 3 wird das veränderte Verhalten im Job nach dem Training bewertet. **Konnte das Gelernte auch in der täglichen Praxis umgesetzt werden?** Es ist dies die wertvollste Weise, die Nützlichkeit von Trainings zu beurteilen. Allerdings ist die Evaluierung auf dieser Ebene schwierig, da es praktisch unmöglich ist, eine erfolgte Verhaltensänderung exakt einem einzelnen Trainingsereignis zuzuordnen. Die Evaluierung auf dieser Ebene sollte etwa drei bis sechs Monate nach dem Training beginnen und mehrmals durch Beobachtungen oder Interviews erfolgen, um signifikante Veränderungen, die Wirkung des Wandels und die Nachhaltigkeit dieser Änderung richtig beurteilen zu können.

Letzten Endes steht die Beurteilung der finalen Ergebnisse an, also die Frage nach dem erzielten **Nutzen des Trainings und dem Wert für die gesamte Organisation**, der dadurch geschaffen wird, dass die Absolventen nun in der Lage sind, das Gelernte nutzenbringend in der Praxis anwenden zu können.

Wie wir sehen, hilft die strukturierte Vorgehensweise in der Planung und Evaluierung von Schulungsmaßnahmen entscheidend bei der Sicherstellung von Zufriedenheit der Schulungsteilnehmer und gleichzeitigem Nutzen für die Organisation.

In den folgenden Abschnitten wollen wir uns nun auf das zu qualifizierende Personal konzentrieren, das entscheidend zum Gelingen von Digitalisierungsprojekten im Qualitätsmanagement beiträgt. Es sind dies einerseits die **Prozessinhaber und** andererseits **die Führungskräfte einer Organisation**.

10.3 Der Prozessinhaber im digitalen Zeitalter

Wie bereits in Abschnitt 3.2.4 erwähnt, spielt der **Prozessinhaber** bei der Gestaltung und Umsetzung von QM-Systemen eine Schlüsselrolle. Er ist dafür verantwortlich, dass Prozesse gelebt, geschult, aktualisiert, gemessen und verbessert werden. Er sorgt zudem dafür, dass ein abteilungsübergreifendes Gesamtoptimum für seinen Prozess erzielt wird. Diese Rolle ist essenziell, da sonst die Gefahr besteht, dass das gesamte QM-System an den QM-Beauftragten delegiert wird, der dies rein ressourcentechnisch nicht leisten kann und aufgrund seines fehlenden Prozesswissens auch gar nicht leisten soll.

Welche Kompetenzen werden nun im Zeitalter der Digitalisierung zusätzlich vom Prozesseigner benötigt und welche Schlüsse können wir daraus für die notwendige Weiterbildung des Prozessinhabers ableiten?

Kompetenz 1: Data Governance – für Datenqualität im eigenen Prozess sorgen

Eine der entscheidenden Verantwortungen des Prozessinhabers besteht in der Sicherstellung der notwendigen Datenqualität in seinem Prozess. Er muss sich dafür verantwortlich fühlen, dass die Qualität seines Prozesses richtig und zeitnah gemessen wird und sollte daher die vorhandenen Daten als „Schatz" verstehen. Selbst wenn diese Informationen derzeit noch nicht nutzbar erscheinen (man sozusagen den Use Case noch nicht sieht), sollte die Optimierung der Datenqualität als Investition in die Zukunft gesehen und daher vorangetrieben werden.

Kompetenz 2: Interne und externe Qualitätsprobleme datengestützt lösen

Eine weitere zentrale Aufgabe des Prozessinhabers besteht darin, auf seinen Prozess bezogene interne oder externe Reklamationen systematisch und nachhaltig zu beseitigen. Hierzu gewinnen neben den klassischen Problemlösungstechniken wie Ishikawa, 5x Warum, Poka Yoke etc. **statistische und datenbasierte Werkzeuge zunehmend an Relevanz**, die auf der grundsätzlichen Fähigkeit aufbauen, mit Daten gut umgehen zu können. Dies umfasst beispielsweise die Fähigkeit, explorative Datenanalysen mithilfe von grafischen Darstellungen (Histogramm, Boxplot, Zeitreihen, Korrelationsdiagramme) oder statistische Signifikanztests durchzuführen. Typischerweise wird hier ein klassischer 8D-Ansatz (Problemlösung in acht Disziplinen) ergänzt um die Anwendung statistischer Methoden – wir nennen diesen Ansatz im digitalisierten Qualitätsmanagement daher **8D^{+}** (Abschnitt 8.6).

Kompetenz 3: Moderne Dashboardlösungen beauftragen und nutzen

Bereits in Abschnitt 3.5.3 sind wir auf die Vorteile von Echtzeitanalysen und Dashboard Lösungen eingegangen. Die zentrale Aufgabe eines prozessbezogenen Dashboards ist es, dem Prozessinhaber Informationen zu liefern, mit denen er Probleme und ihre Ursachen in Prozessen erkennen kann. Der Prozessinhaber benötigt daher Basiswissen über moderne Dashboard-Lösungen in Echtzeit, um den Nutzen für seinen Prozess abschätzen zu können. In den meisten Fällen wird die Einführung solcher Lösungen einen großen Fortschritt in Bezug auf die Leistungstransparenz seines Prozesses bedeuten.

Kompetenz 4: Systematisch datengestützt Prozesse verbessern

Wie bereits in Abschnitt 8.5 erläutert, ist Six Sigma eine Methodik zur Prozessverbesserung mit statistischen Mitteln. Dabei folgt der Projektstrukturplan bei Prozessverbesserungsprojekten der Vorgehensweise Define, Measure, Analyze, Improve und Control (DMAIC). Die grundlegende **Methodik von Six Sigma – im Zeitalter der Digitalisierung ergänzt um moderne Machine Learning und Data Mining Methoden** – ist nach wie vor der richtige Ansatz, die Qualität von technischen Prozessen zu verbessern, und muss daher aus unserer Sicht weiterhin zu den Kernkompetenzen des Prozesseigners zählen.

Kompetenz 5: Digitale Use Cases (ML, KI) im eigenen Prozess erkennen und umsetzen

Wie zu Beginn dieses Abschnitts beschrieben, sollte der Prozessinhaber die digitalen Verbesserungen in seinem Prozess vorantreiben. Dazu muss er über **Workflow-Lösungen, Prozessautomatisierung** im Sinne von Robot Process Automation (RPA), **Machine Learning und künstliche Intelligenz** zumindest so viel Wissen aufbauen, dass er deren Möglichkeiten für seinen Prozess grundsätzlich abschätzen und die Umsetzung mit seinem Domänenwissen unterstützen kann.

Wenn wir uns das Vorgehensmodell zur Umsetzung von ML/KI Use Cases aus Kapitel 8 in Erinnerung rufen (Bild 8.9), dann startet dieses mit einem fundierten Prozessverständnis, um die richtigen Use Cases zu finden und zu priorisieren. Dazu braucht es das Wissen des Prozessinhabers. Auch wenn die **Wirtschaftlichkeit der Use-Case-Idee** zu prüfen und zu berechnen ist, muss der Prozessinhaber einen entscheidenden Beitrag leisten.

Bei der **Ableitung von Detailanforderungen** an Use Cases können wir ebenfalls ohne Mitarbeit des Prozessinhabers keine nützlichen Antworten finden. Es geht beispielsweise um die Definition, wie viele falschpositive oder falschnegative Klassifizierungen wir unserem System erlauben dürfen oder welcher Autonomielevel realistisch für die angestrebte Lösung ist.

Zusammenfassend kann man sagen: Der Prozessinhaber sorgt dafür, dass die richtigen Use Cases definiert und diese so übersetzt werden, dass die Data Engineers und Data Scientists an den richtigen Modellen arbeiten.

Bild 10.6 zeigt ein Praxisbeispiel für ein umfassendes, in Stufen aufgebautes Qualifizierungskonzept für den Prozessinhaber im digitalen Qualitätsmanagement.

Der Prozessinhaber ist und bleibt eine Schlüsselperson, von der das nachhaltige Gelingen und der Erfolg einer prozessorientierten Organisation abhängen. Im Zeitalter von Qualität 4.0 wird er vor neue Herausforderungen gestellt, die seine Lernfähigkeit, Agilität und den Willen zur kontinuierlichen Veränderung auf die Probe stellen.

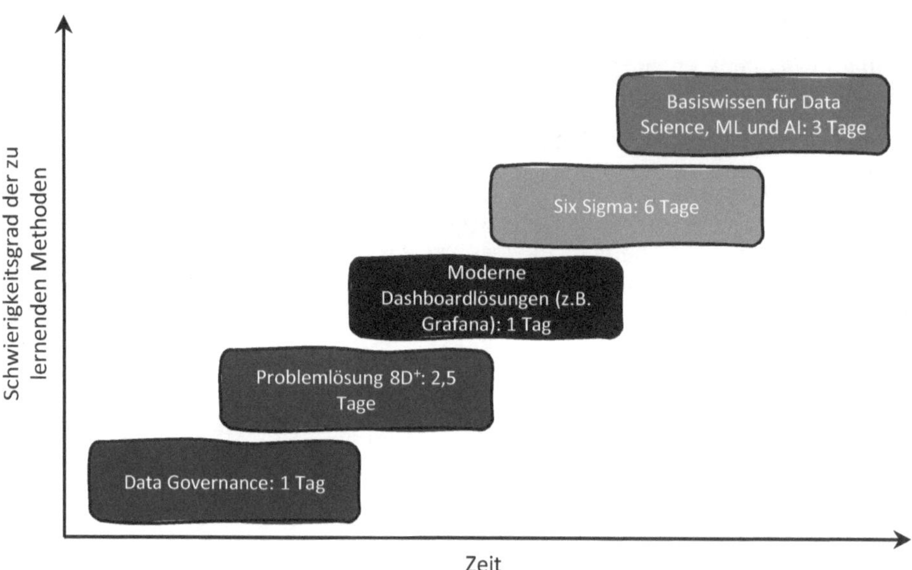

Bild 10.6 Beispielhaftes Qualifikationskonzept für den Prozessinhaber

10.4 Führungskräfte zu digitalen Botschaftern ausbilden

Unter Mithilfe von Johannes Eichler

Neben den Prozesseignern haben auch **Führungskräfte** einen entscheidenden Hebel, wenn es darum geht, den digitalen Wandel erfolgreich zu bewältigen. Es ist erfolgsentscheidend, dass sie sich als **Veränderungspromotoren und Katalysatoren in der jeweiligen Organisation** einbringen und aktiv den digitalen Wandel unterstützen. Dazu müssen sie die kulturellen und technologischen Grundlagen der digitalen Transformation verstehen, Möglichkeiten erkennen und auch Bewährtes hinterfragen sowie innovative Ideen einbringen. Ein vielversprechender Ansatz besteht darin, entsprechende Trainings im Bereich digitaler Wandel speziell für Führungskräfte zu gestalten und umzusetzen.

Als anschauliches Beispiel wird nachfolgend das **Ausbildungsprogramm zum digitalen Botschafter der voestalpine High Performance Metals DIGITAL SOLUTIONS GmbH** erläutert. Die Zielgruppe dieses Programms sind wichtige Entscheidungsträger des Unternehmens mit hoher Affinität zum Thema Digitalisierung. Diese erhalten einerseits die nötigen Grundkompetenzen, um die digitalen Möglichkeiten in Bezug auf Technik und Kultur zu verstehen, andererseits erweitern sie die digitale Organisation der High Performance Metals.

Das Programm wurde in acht Ausbildungsmodule aufgeteilt, **vier davon haben organisatorischen bzw. kulturellen Inhalt, die anderen vier sind technische Module**, die in einem Gesamtumfang von insgesamt zehn Ausbildungstagen vermittelt werden.

Bei den **organisatorischen und kulturellen Modulen** werden wichtige Aspekte der Führung im Zeitalter der Digitalisierung vermittelt. Dazu gehört beispielsweise ein Aspekt, der unter dem Begriff **„Hyperawareness"** bekannt ist: Der Begriff steht für die Fähigkeit, sich seiner Umwelt extrem bewusst zu sein und damit beispielsweise relevante digitale Trends zu erkennen und die Chancen zu nutzen. Ein weiterer Aspekt dieser Schulungsmodule ist, **mit Komplexität umgehen** zu lernen und zu verstehen, dass dazu eine andere Art und Weise des Denkens und Handelns benötigt wird als bisher. Es werden Führungskräfte benötigt, die unter wohl abgeschätztem Risiko mutige Entscheidungen treffen und verstehen, dass es nicht um die absolute Perfektion dieser geht, sondern vielmehr darum, aus getroffenen Entscheidungen zu lernen. Es darf daher nicht als Schwäche der Führungskraft gesehen werden, getroffene Entscheidungen aufgrund der Verfügbarkeit neuer Informationen zu korrigieren oder gar wieder vollständig zu revidieren.

Der **technische Fokus** besteht darin, aktuelle Einblicke in Automatisierung, Robotik und IT-Sicherheit sowie deren aktuelle und zukünftige Potenziale der Anwendung im Konzern zu vermitteln. Der technische Teil des Programms ist schrittweise aufgebaut. Es wird mit Robotik und Cybersecurity gestartet und darauf aufbauend werden die Themen wie Internet of Things (IoT) zur Datengenerierung bis hin zu Dashboards und Machine Learning zur Datennutzung vermittelt.

Das Programm legt großen Wert darauf, nicht nur theoretische Inhalte zu vermitteln, sondern ein präsentationsfähiges Ergebnis am Ende des Programms zu erzielen. Daher werden als Vorbereitung von den Schulungsteilnehmenden Digitalisierungsmöglichkeiten im eigenen Unternehmensbereich identifiziert. Danach startet das Kernprogramm der Weiterbildung mit den zuvor beschriebenen 4 + 4 Modulen. Anschließend werden die zu Beginn ermittelten Digitalisierungsideen in Form von Praxisprojekten bearbeitet. Vor der Zertifikatsausstellung werden die erzielten Erfolge im Bereich des digitalen Wandels präsentiert (Bild 10.7).

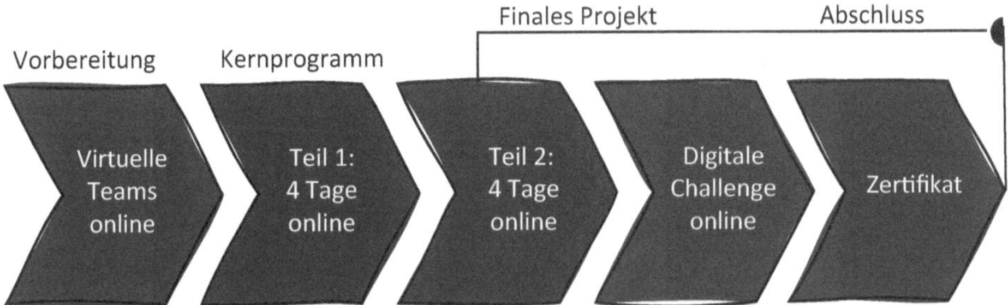

Bild 10.7 Überblick über das Trainingsprogramm

Der Nutzen dieses Programms ist vielfältig. Führungskräfte entwickeln durch das Training grundlegendes Verständnis für Möglichkeiten und verfügbare Konzepte der Digitalisierung in ihrem beruflichen Umfeld. Sie erlernen dazu eine gemeinsame Sprache und ein kollektives Verständnis für verschiedene Themen der Digitalisierung und vor allem auch für die nötigen Rahmenbedingungen in Bezug auf Change-Management, geänderte Führung und kulturellen Wandel, den es braucht, um Digitalisierungsinitiativen langfristig erfolgreich umzusetzen. Die Führungskräfte erfahren auch, was nötig ist, um die digitale Transformation voranzutreiben und welche Herausforderungen und Veränderungsprozesse in Zukunft entstehen werden. Zuletzt erlangen sie auch Kompetenzen in Bezug auf digitale Methoden. Dies ermöglicht, Einblicke in die digitale Reife und die Entwicklungsmöglichkeiten des eigenen Bereichs zu erhalten.

Zusätzlich sind die Teilnehmenden nach ihrem Abschluss ein Teil einer Community und verfügen über ein Netzwerk aus Experten, welches zur Lösung der eigenen Problemstellungen unkompliziert aktiviert werden kann. Ein reger Austausch wird bereits im Programm selbst gefördert.

■ 10.5 Nachhaltiges Lernen in Organisationen

Unter Mithilfe von Friederike König

Aufgrund der hohen Bedeutung der Lernfähigkeit im Zusammenhang mit der Digitalisierung, wollen wir an dieser Stelle tiefer in die Thematik der Lernmethodik eintauchen und diesen Exkurs mit einem Lerngesetz (Mandler, 2007) beginnen: „Learning rate greater or equal than changing rate." Mandler begründet damit, dass nur jene Unternehmen zu überleben imstande sind, deren Lernrate größer oder gleich der Veränderungsrate der für sie relevanten Umwelt ist, die durch eine zunehmende Diskontinuität, Instabilität, Komplexität und Dynamik gekennzeichnet ist.

Daher gilt der Leitsatz: **Qualitätsrelevantes, organisationales Lernen ist die Voraussetzung für den organisatorischen Wandel und organisatorischer Wandel ist Voraussetzung für die unternehmerische Existenzsicherung.**

Organisationales Lernen lässt sich als die Fähigkeit einer Organisation definieren, die Werte- und Wissensbasis so zu verändern, dass dadurch neue Problemlösungs- und Handlungskompetenzen entstehen. Lernen auf Ebene der Organisation verlangt eine gewisse Systematik, die aus vier Bausteinen besteht. Diese können sich gegenseitig bedingen und beeinflussen und damit sozusagen ineinandergreifen (Bild 10.8).

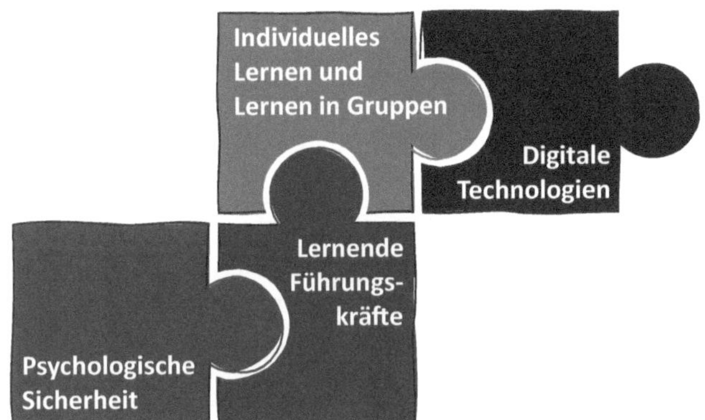

Bild 10.8 Bausteine für nachhaltiges Lernen in Organisationen

10.5.1 Psychologische Sicherheit

Unabhängig davon, vor welcher Herausforderung ein Unternehmen steht, wird ein Team von Personen diese mit großer Sicherheit schneller, besser und einfacher lösen als eine einzelne Person. Damit ein Team gut arbeiten kann, müssen jedoch einige wichtige Faktoren erfüllt sein.

Das Unternehmen Google hat sich dieser Thematik beispielsweise im Rahmen einer Studie mit dem Namen „Project Aristotle" angenommen und dabei herausgefunden, welche Stellgrößen Teams zu Höchstleistungen anspornen (Duhigg, 2016). Als wichtigsten Erfolgsfaktor hat Google die „**Psychologische Sicherheit**" identifiziert. Mitarbeitende müssen sich sicher fühlen, um bestimmte Risiken eingehen zu können, ohne sich dabei vor negativen Konsequenzen fürchten zu müssen. Dies beinhaltet auch die Möglichkeit, neue Ideen zu besprechen und zu erproben. Fürchten Mitarbeitende sich davor, Fragen zu stellen, weil sie von Kollegen als inkompetent betrachtet werden könnten, wird das Team keine neuen Impulse mehr identifizieren und an ihnen arbeiten können, so Google. Auch müssen sich Menschen sicher fühlen, um eigene Fehler offen zugeben zu können. Team-Mitglieder, die für eine Fehlentscheidung geächtet werden, versuchen in der Folge entweder, keine Entscheidungen mehr zu treffen, oder Fehler zu vertuschen. Psychologische Sicherheit wird in erster Linie durch entsprechendes Führungshandeln etabliert und institutionalisiert.

10.5.2 Lernende Führungskräfte

Lernende Organisationen haben die Inhalte von Peter Senges „5 Disziplinen einer Lernenden Organisation" verstanden und in ihrem Unternehmen verankert (Senges, 2019). Führungskräfte einer lernenden Organisation fördern daher **individuelles Wachstum der Mitarbeitenden** und geben Raum, **persönliche Interessen** mit jenen der Organisation zu verbinden. Sie befähigen ihre Fach- und Führungskräfte dazu, das eigene Denken während des Handelns **fortlaufend zu reflektieren.**

Nach Senges fördert eine **gemeinsame Vision** die Kreativität, die Experimentierfreudigkeit und den Mut. Sie ermutigt damit zu neuen Handlungs- und Denkweisen, ist sinnstiftend und kann nicht eingeimpft werden, sondern muss vorgelebt werden. Lernende Organisationen wissen daher, dass eine gemeinsame Vision – ein gemeinsames Zukunftsbild – es vermag, Personen **intrinsisch zu motivieren. Vision** und Purpose sind zudem handlungsleitend in der digitalen Welt mit ihrer verstärkt notwendigen Selbstorganisation.

Lernende Organisationen forcieren daher **„Learning Leaders"**, die über ihr Führungsverhalten entsprechende Lernräume schaffen. Dieses Führungsverhalten weist folgende Charakteristik auf:

- Klare und verständliche Vermittlung der Vision und des Purpose der Organisation.
- Schaffen von psychologischer Sicherheit.
- Mitarbeitende als Individuen mit individuellen Bedürfnissen sehen und auf diese eingehen.
- Schaffen eines wirksamen Lernumfelds und einer fehlerverzeihenden Kultur.
- Sich in laufender Veränderung nicht unsicher fühlen zu müssen, den Prozess gut steuern können.
- Den Mindset der Selbstreflexion und des lebenslangen Lernens selbst leben und aktiv vorleben können.

10.5.3 Individuelles Lernen und Lernen in Gruppen

Lernende Organisationen bieten Strukturen für **individuelles Lernen** bzw. auch das **Lernen in Gruppen** aktiv an. Denn die Lernkanäle verändern sich gegenwärtig laufend im Zuge der fortschreitenden Digitalisierung. Mitarbeitende nutzen dafür neue Kanäle wie „Youtube", „Podcasts" oder auch Social Media etc. Diese haben alle gemeinsam, Information in komprimierter Form und in kurzer Zeit vermitteln zu können. Individuelles Lernen verlagert sich daher zunehmend aus der Organisation (Seminare, Trainings) in den privaten Bereich.

Gegenwärtig tragen wir unsere Erfahrungen und das gespeicherte Wissen in Form vieler unstrukturierter Informationen aus abgeschlossenen Projekten in sogenannten Lessons-Learned-Datenbanken (Technologien) sinnbildlich zu Grabe. Dort liegen sie für die Zukunft brach und ungenutzt, während die gerade benötigte Information nicht wiedergefunden werden kann.

Die Leistungsfähigkeit eines Teams muss immer die Leistung der einzelnen Mitglieder übersteigen. Nur wenn die Arbeitspartner sich gegenseitig unterstützen und ein guter Austausch untereinander gegeben ist, kann auch das Team erfolgreich arbeiten. **Teamlernen** ist geprägt durch die Grundhaltung der einzelnen Teammitglieder: „Ich gebe mein Bestes, damit auch meine Teamkollegen ihr Bestes geben können."

10.5.4 Digitale Technologien nutzen

Viele Manager und Führungskräfte stehen aktuell vor der Herausforderung, dass ihre Mitarbeitenden nicht mehr vor Ort, sondern in ortsunabhängigen und zudem verteilten Teams arbeiten. Und selbst wenn das gesamte Team vor Ort arbeitet, erfordert die heutige Zusammenarbeit Technologie- und Kollaborationstools, um produktiv zu bleiben und zu ermöglichen, sich miteinander zu verbinden, Wissen auszutauschen und effizient miteinander zu kommunizieren – das alles mit dem Ziel, gemeinsam zu lernen. Deshalb gilt es, im Rahmen der virtuellen Zusammenarbeit neue Technologien zu etablieren, die das **digitale Teamlernen** ermöglichen und unterstützen. Gerade die Lockdowns durch die Corona-Pandemie haben Kollaborationstools wie Microsoft Teams, Mural, Conceptboard etc. entsprechenden Aufwind gegeben.

Wie jede Geschäftsmethodik kann auch die virtuelle Zusammenarbeit Höhen und Tiefen haben. Aus diesem Grund erfordert der Aufbau oder die Verwaltung eines digital vernetzten Teams in der Regel Voraussicht und ein kontinuierliches Engagement der Führungskraft und ihrer Mitarbeitenden, um damit auch erfolgreich sein zu können.

Dann bietet die Einführung eines virtuellen Kommunikations- und Kooperationsstils **große Chancen**. Computerbasierte Teamarbeit ist auch keine Alles-oder-Nichts-Angelegenheit. Wir können aktiv entscheiden, Gruppenarbeit digital zu implementieren, wo und wann uns dies sinnvoll und nützlich erscheint. Grundsätzlich gilt:

- Digitale Kommunikations- und Arbeitsprozesse haben das Potenzial, talentierte Menschen auf eine Art und Weise zusammenzubringen, welche **die Produktivität, Effizienz und das Engagement fördert.**
- Es gibt **viele Möglichkeiten, virtuell zusammenzuarbeiten**, unabhängig davon, ob das Ziel des Teams darin besteht, einen schnellen und sicheren Zugang zueinander, oder Geschäftsdaten zu erhalten.

- Flexible File-Sharing-Tools, Workflow-Management-Plattformen und spezielle Team-Kanäle machen es einfach, **Themen online zu lösen**, indem sie Kunden, Partner und Kollegen miteinander verbinden.
- Virtuelle Chat- und Video-Tools können langsame, **herkömmliche Kommunikationssysteme verbessern** (oder ersetzen), um zeitnahe Interaktionen und eine bessere Konzentration der Mitarbeitenden zu fördern.
- Vielseitige, visuelle Dashboards erleichtern den **nahtlosen Austausch von Konversationen und Daten** für verbesserte Ideenfindung, Aufgabenplanung und Problemlösung.

Durch die virtuelle Zusammenarbeit können viele manuelle Aufgaben reduziert werden, sodass die Teammitglieder mehr Erfolg bei der Erfüllung ihrer operativen Aufgaben haben. Anstatt sich rein auf lokales Personal zu verlassen, ermöglichen digitale Verbindungen die Suche nach und die **Zusammenarbeit mit den besten Talenten an verschiedenen Standorten**.

Indem sie dafür sorgt, dass die Mitarbeitenden miteinander verbunden, aber dennoch nicht überfordert sind, ist die virtuelle Zusammenarbeit eine lohnende Investition. Dazu gilt es in erster Linie zu verstehen, wofür die technikgestützte Kommunikation sehr effektiv genutzt werden kann:

- Kreativ und nicht ortsgebunden an innovativen Lösungen gemeinsam zu arbeiten.
- Auf Fragen oder Wünsche von Kollegen so zu reagieren, dass deren Konzentration oder Arbeitsablauf nicht gestört wird.
- Zeitkritische Daten oder Unterlagen jemandem (oder allen) so schnell wie möglich zur Verfügung stellen.
- Kurze, spontane oder Last-Minute-Brainstorming-Meetings mit Teamkollegen initiieren.

Virtuelle Zusammenarbeit kann sich als gleichwertig erweisen bzw. sogar effektiver sein als die konservative Methode, insbesondere wenn es um Folgendes geht:

- Aufbrechen von Silos am Arbeitsplatz.
- Schaffung einer dynamischen Geschäftsumgebung.
- Teams durch Kommunikation in Echtzeit in Verbindung zu halten, obwohl die Mitglieder sozial oder/und physisch weit entfernt voneinander sind.
- Erstellung und gemeinsame Nutzung von Arbeitsdateien und anderen Dokumenten.
- Abschaffung ineffizienter persönlicher Meetings.

Eine der größten Herausforderungen bei der virtuellen Zusammenarbeit ist aber die Notwendigkeit, im Homeoffice organisiert zu bleiben und Prozesse zu implementieren, die ermöglichen, dass die Mitarbeitenden jedes Mal, wenn sie sich verbinden, in der Lage sind, Maßnahmen zu ergreifen, welche sich positiv auf die Ergebnisse auswirken. Vor diesem Hintergrund sind folgende Schwächen und Gefahren erwähnenswert:

- Die virtuelle Zusammenarbeit erschwert es, soziale Bindungen zwischen den Teammitgliedern aufzubauen und aufrecht zu erhalten.
- Die virtuelle Kommunikation kann leicht zu einem verkümmerten Dialog oder Missverständnissen führen, wenn dafür keine präventiven und korrigierenden Maßnahmen ergriffen werden.
- Es kann für die Teammitglieder schwierig sein, spontan zu digitalen Diskussionen beizutragen oder die Führung zu übernehmen.
- Die fachliche und disziplinäre Führung stellt sowohl den Vorgesetzten als auch seinen Mitarbeitenden vor völlig neue Herausforderungen, dabei spielt die Frage des gegenseitigen Vertrauens eine essentielle Rolle.
- Durch die vermehrt digitale Kommunikation unterbleibt die Möglichkeit, die Gestik und Mimik unseres Gesprächspartners zu erfassen, zu interpretieren und in unsere Kommunikationsmethoden einfließen zu lassen.
- Das Arbeitsleben ohne persönlichen Kontakt mit anderen Menschen birgt die Gefahr der sozialen Vereinsamung.

Trotz dieser Herausforderungen kann es gelingen, dass virtuelle Teams mit den richtigen Praktiken bessere Leistungen erbringen als Teams, die an einem Ort zusammenarbeiten. Da Mitarbeitende, die virtuell kooperieren, weniger Ablenkungen bei der Arbeit erfahren, berichten sie über eine höhere Produktivität und sind besser in der Lage, gesetzte Fristen einzuhalten. Welche Langzeitauswirkungen aus der virtuellen Zusammenarbeit für Mitarbeitende, Führungskräfte und Unternehmen entstehen, kann derzeit nicht vollumfänglich beurteilt werden. Es gilt daher entsprechend von Fall zu Fall abzuwägen und Weiterentwicklungen aufmerksam zu beobachten.

10.6 Working Out Loud

Unter Mithilfe von Friederike König

Eine Möglichkeit, alle der vier zuvor beschriebenen Bausteine für nachhaltiges Lernen durch ein einziges Lernformat zu institutionalisieren, ist die sogenannte „Working Out Loud“-Methode. Hierbei findet Lernen über die Vernetzung miteinander und das voneinander Lernen auf der individuellen Ebene in Gruppen statt.

Als Working Out Loud (WOL) wird eine Mentalität der Zusammenarbeit und auch eine darauf aufbauende **Selbstlern-Methode** bezeichnet. Die Idee dahinter ist der

Ansatz, „man solle doch nicht nur seine Arbeit erledigen, sondern auch andere daran teilhaben lassen, damit alle zusammen daraus lernen und besser werden.“ Soziale Netzwerke und Kollaborationsumgebungen sind Werkzeuge hierfür, um sich aktiv einzubringen. WOL besteht, vereinfacht ausgedrückt, aus einer Reihe praktischer Techniken, um **gezielt Beziehungen aufzubauen** und die dringend benötigte **Vernetzungskompetenz** zu erwerben und nutzbar zu machen – d.h. zu lernen.

Working Out Loud ist grundsätzlich für all jene Menschen geeignet, die gerne offener, selbstorganisierter und vernetzter arbeiten und leben wollen. In der Praxis ist dabei entscheidend, welches konkrete Ziel man verfolgt. Working Out Loud beginnt mit den folgenden drei Fragen:

- Was genau versuche ich zu erreichen (z.B. Qualitätsverbesserung in meinem Prozess)?
- Wer könnte mit meinem Ziel in Verbindung stehen, um mit mir gemeinsam das Thema zu bearbeiten?
- Was kann ich derjenigen Person im Gegenzug anbieten, um unsere Beziehung zu vertiefen?

Die fünf Prinzipien von WOL lauten:

- Beziehungen (Relationships)
- Großzügigkeit (Generosity)
- Sichtbare Arbeit (Visible work)
- Zielgerichtetes Verhalten (Purposeful Discovery)
- Wachstumsorientiertes Denken (Growth Mindset)

Praktisch umgesetzt wird die Methode in einem selbstorganisierten **Working Out Loud Circle**, der vollkommen auf intrinsischer Motivation der Teilnehmenden aufbaut. Drei bis fünf Personen treffen sich wöchentlich persönlich oder virtuell für maximal zwei Stunden über einem Zeitraum von zwölf Wochen in kleinen Gruppen. Jeder Teilnehmende bearbeitet sein selbstdefiniertes Ziel mithilfe der anderen Gruppenmitglieder. Im Verlauf des Programms werden die Teilnehmenden durch verschiedene Einzel- oder Gruppenübungen (Circle-Guides) in die Lage versetzt, ihre Gewohnheiten an die Prinzipien anzupassen.

Viele Unternehmen nutzen die Praktiken und Techniken von WOL bereits unbewusst und ohne sie als solche zu benennen. **Digitalisierung braucht neue Arbeitsmodelle, Strukturen und das passende Mindset**. Ohne Netzwerke und Kollaboration kann keine Innovation entstehen und kontinuierliche Verbesserung bleibt meistens auf die Abteilung oder den Fachbereich begrenzt. Ohne bewussten Wissenstransfer bleiben diese Silos bestehen. Freies und vernetztes Denken sind Grundsteine für kulturellen Wandel. Wir müssen heute digital, selbstorganisiert, kollaborativ und vernetzt arbeiten (können). Mitarbeitende brauchen dafür Vernetzungskompetenz - Working Out Loud liefert die Werkzeuge, um sie zu erlernen und zu nutzen. Große Unternehmen wie Bosch haben bereits großflächig WOL-Circle installiert.

Organisationen brauchen vernetzte Strukturen. **Flexibilisierung und Kollaboration sind grundlegend für eine ganzheitliche Digitalisierung.** Ein Großteil des Wissens liegt in den Köpfen der Mitarbeitenden - sie müssen die Möglichkeit bekommen, sich zu vernetzen und ihr Wissen zu teilen. Sie brauchen Raum für Austausch, gegenseitige Unterstützung und Inspiration. Nur so können entsprechende Netzwerke entstehen. Working Out Loud kann ein Ansatz sein, um die Experten zu aktivieren, die Unternehmen für den digitalen Wandel dringend brauchen - die eigenen Mitarbeitenden. Denn die Methode hilft dabei, Experten und ihr Wissen zu vernetzten, und fördert gleichzeitig digitale Zusammenarbeit. So unterstützt Working Out Loud die Digitalisierung von Unternehmen - von innen heraus (Stepper, 2020).

10.7 Reverse Coaching

Unter Mithilfe von Friederike König

Das traditionelle „Top-down-Lernen" (Lernen nach dem Senioritätsprinzip) ist im Unternehmensalltag nach wie vor stark in unserem Mindset und entsprechend auch in Lernroutinen verankert. Auf die Wissensvermittlung umgelegt bedeutet dies, dass immer die älteren Mitarbeitenden den jüngeren Kollegen etwas beibringen - eben von oben nach unten. In Zeiten der Digitalisierung wird dieses Verständnis jedoch bewusst umgedreht. Im Gegensatz zur klassischen Top-down-Methode wird gezielt Wissen von jüngeren Mitarbeitenden an ihre älteren Kollegen weitergegeben. In großen international agierenden Unternehmen gehört Reverse Coaching, auch Reverse Mentoring genannt, daher bereits zur Tagesordnung.

Junge Mitarbeitende coachen ältere Mitarbeitende und auch Führungskräfte in Themengebieten, in denen sie versierter sind. Sie lernen im Austausch dazu deren Arbeitsalltag kennen und profitieren von langjähriger Erfahrung im Management. Dies bricht nicht nur klassische Hierarchien auf, es optimiert auch den Wissenstransfer und fördert das Verständnis zwischen den Generationen. Dadurch entsteht ein beidseitiger Perspektivenwechsel, der basierend auf gegenseitigem Respekt und Anerkennung für unterschiedlichste Lernwege in ein gegenseitiges Geben und Nehmen resultiert. Dies fördert auf Unternehmensebene die digitale Fitness und beeinflusst zudem die Unternehmenskultur auf positive Art und Weise.

Digital Natives, die Führungskräfte schulen, gewinnen durch dieses Mentorenprogramm Sichtbarkeit im Unternehmen, sie können damit ihr Netzwerk erweitern. Sie bekommen auch frühzeitig einen Eindruck von der Führungsarbeit und können basierend auf diesen Erkenntnissen ihren Karriereweg entscheiden. Junge Mitarbeitende erfahren zudem, wie „analoges Arbeiten" funktioniert. Dies wiederum schafft Verständnis und Respekt für die ältere Generation, die ihren Arbeitsalltag auch ohne moderne technische Hilfsmittel hervorragend gemeistert hat.

Ältere Führungskräfte und Arbeitnehmer müssen hingegen beim Reverse Coaching nicht befürchten, sich vor der Gruppe zu blamieren, wenn sie im Coaching Fragen stellen, die für Digital Natives völlig banal sind, denn das Reverse Coaching findet im vertrauensbildenden 2er-Setting statt. Es kann zielgerichtet auf individuelle Bedarfe älterer Mitarbeitender und Führungskräfte hinsichtlich der Digitalisierungskompetenz ausgerichtet werden. Angst vor Technik und Veränderung treten in dieser Form des Mentorings in den Hintergrund. Der Austausch mit jungen Kollegen trägt zudem dazu bei, neue Sichtweisen zu gewinnen und Vorurteile gegenüber der jüngeren Generation abzubauen. Wenn der Mentee durch das Coaching erfährt, wie die junge Generation tickt, kann dies letztendlich sogar Auswirkungen auf die eigene Führungskompetenz haben: Mit dem neu erlangten Wissen kann gezielter auf die Bedürfnisse der Digital Natives eingegangen werden.

Reverse Coaching braucht aber auch gewisse Voraussetzungen. Das Format beruht primär auf Freiwilligkeit und Diskretion. Sympathie und Offenheit zwischen den Beteiligten führen zu einer guten Vertrauensbasis und in einem entsprechenden Rahmen zu nachhaltigen Prozessen der Wissensvermittlung - zwischen den Beteiligten darf daher keine Konkurrenzsituation oder hierarchische Abhängigkeit bestehen. Für das gesamte Programm sollte es einen internen oder externen Berater geben, auf den die Beteiligten bei Fragen zugehen können, denn eine Anleitung zum Kontext des Reverse Coachings ist wichtig, um Struktur in diese neuartige Personalentwicklungsmethode zu bringen.

Nachdem wir uns in diesem Kapitel intensiv mit der Thematik der Kompetenzentwicklung im Zusammenhang mit der Digitalisierung auseinandergesetzt haben, wollen wir im nächsten Kapitel die Wirksamkeit des Kompetenzaufbaus im Zusammenhang mit dem Gelingen von Digitalisierungsvorhaben prüfen.

11 Den digitalen Wandel meistern

Aufgrund der bisher in diesem Werk beschriebenen Inhalte und den sich daraus ergebenden Möglichkeiten und Chancen könnte man meinen, den Wald vor lauter Bäumen nicht mehr sehen zu können. Sowohl unser Verstand als auch unser Bauchgefühl sagen uns, dass wir uns langfristig nicht vor der bevorstehenden Veränderung verstecken können und bildlich gesprochen auf den fahrenden Zug aufspringen müssen, bevor wir mit unseren gegenwärtigen Geschäftsmodellen erfolglos und chancenlos zurückbleiben. Die bereits erreichte Geschwindigkeit dieses Zugs repräsentiert den Veränderungsdruck, der sich für die Neuausrichtung ergibt:

- Der Druck ist dann am geringsten, wenn der Treiber für die Digitalisierung ein rein intrinsischer Antrieb ist. Das Unternehmen wird in diesem Fall vorausschauend und rechtzeitig strategisch so ausgerichtet, technologisch immer einen Schritt voraus zu sein.
- Die Reisegeschwindigkeit nimmt zu, wenn wir aufgrund eines drohenden Verlusts an Marktanteilen oder einem bereits merkbaren Umsatzrückgang spüren, dass die Konkurrenz sich einen Vorteil durch schnellere Umsetzung der Digitalisierung erarbeitet hat.
- Beinahe Gefahr im Verzug herrscht dann, wenn der Kunde explizit Produkte oder Dienstleistungen von uns fordert, die wir mit den aktuell zur Verfügung stehenden Mitteln nicht liefern können.

Je später wir beginnen, desto höher wird also der Druck. Damit steigt die Gefahr, dass unvorbereitete Ad-hoc-Entscheidungen getroffen werden und wesentliche Voraussetzungen für einen nachhaltigen erfolgreichen Wandel fehlen, nämlich der Sinn und Zweck, wofür und wie wir in diesen Wandel einsteigen. Es ist klar, dass die digitale Transformation als zukunftssicherndes Mittel eines Unternehmens nur dann gelingen kann, wenn alle involvierten Parteien (Stakeholder) sich mit der Veränderung identifizieren können/möchten. Ebenso muss sichergestellt werden, dass die technologischen Ressourcen im Unternehmen vorhanden und frei sind, und die Organisation auch in der Lage ist, die ausgewählten Digitalisierungsprojekte ordentlich zu „verdauen“. Deshalb ist es von größter Wichtigkeit, eine strukturierte Vorgehensweise für die Umsetzung des digitalen Wandels zu wählen. Wir möchten daher in den folgenden Abschnitten folgende unterstützende Instrumente vorstellen:

- Der „DigiScan", welcher eine rasche und unbürokratische Einstufung des eigenen Unternehmens hinsichtlich der aktuellen Reife in den neun Handlungsfeldern ermöglicht.
- Der „Führungskompass" als Orientierung gebendes Instrument für Führungskräfte, die einen entscheidenden Beitrag zum Gelingen im komplexen Umfeld der digitalen Transformation haben.
- Das „Pipeline-Modell", um die betroffenen Mitarbeitenden zu begleiten, Barrieren für eine erfolgreiche Veränderung frühzeitig zu identifizieren und sie so auf die bevorstehende Veränderung bestmöglich vorzubereiten, ihnen Ängste der Überforderung zu nehmen und Begeisterung für neue Möglichkeiten herzustellen.
- Eine Einführungs-Roadmap für den digitalen Wandel basierend auf der Theorie des 8-Stufen-Modells im Change-Management von John Kotter.

Der effiziente Einsatz aller zuletzt genannten Hilfsmittel steht in direktem Zusammenhang mit dem Aufbau der im vorigen Kapitel beschriebenen digitalen Kompetenzen, der alle Mitarbeitende einer Organisation betrifft.

11.1 Den DigiScan nutzen

Der DigiScan wurde, wie bereits in Abschnitt 2.9 beschrieben, basierend auf dem digitalen Reifegrad-Modell der Universität St. Gallen für die Anwendung im Qualitätsmanagement adaptiert, um Unternehmen die **Möglichkeit zu geben, den eigenen digitalen Reifegrad** in Bezug auf Good Practices im Qualitätsmanagement professionell abschätzen zu können. Dieses Werkzeug bietet Unternehmen somit die Möglichkeit, eine quantitative und qualitative Einordnung in Bezug auf ihre eigenen **digitalen Fähigkeiten** durchzuführen.

Was das Modell bewusst nicht leisten will und kann, ist einen Standardweg für die Einführung der Digitalisierung vorzugeben. Die Entwickler des St. Galler Modells haben dies so formuliert:

„Es gibt keinen idealen Weg der digitalen Transformation, der zwingend nach demselben Schema durchlaufen wird. Es gibt keinen Zielzustand, der ‚richtig' ist." (Back & Berghaus, 2016)

Die Selbstbewertung ist bereits ein sehr mächtiges Instrument, sich von Good Practices inspirieren zu lassen und basierend auf einer fundierten Ist-Zustandsanalyse entsprechende Ziele und Strategien abzuleiten sowie während des Veränderungsprozesses Fortschrittskontrollen durchzuführen und Erfolge darzustellen.

Zusätzlich ermöglicht die Selbstbewertung eine breite Einbindung von Mitarbeitenden aus unterschiedlichen Unternehmensbereichen und damit die Gewinnung von Mitstreitern für die geplanten digitalen Verbesserungsaktivitäten. Ein Aspekt, der zudem auch nicht unterschätzt werden sollte, ist, dass die Selbstbewertung eine intensive thematische Auseinandersetzung zwischen internen Kunden und Lieferanten einer Organisation fördert und damit ein gemeinsames Verständnis und eine gemeinsame Sprache hinsichtlich des Themas der Digitalisierung schafft.

In der Praxis haben sich zwei Varianten der Selbstbewertung bewährt, die sich hinsichtlich des notwendigen Aufwands voneinander unterscheiden (Bild 11.1).

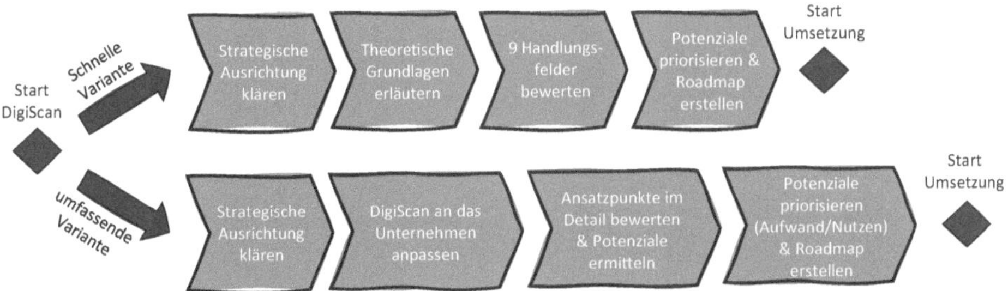

Bild 11.1 Die DigiScan-Varianten

Das Ziel der ‚schnellen Variante' ist, die **Selbstbewertung in einem definierten Team** in rund vier Stunden abzuschließen. Hierzu werden zunächst gemeinsam die wichtigsten Herausforderungen und Ziele im Qualitätsmanagement erarbeitet (Abschnitt 2.7). Es gilt demnach die Frage zu beantworten, **welche Ergebnisse das Unternehmen in den nächsten drei bis fünf Jahren im Qualitätsmanagement erreicht haben möchte**. Dies ist ein essenzieller Startpunkt, da wir bewusst verhindern wollen, dass die Digitalisierung zum Selbstzweck einer Organisation wird. Danach startet die Bewertungsphase auf der Ebene der neun Hauptkriterien bzw. Handlungsfelder im digitalen Qualitätsmanagement. Ausgangspunkt für die Bewertung sind zunächst wenige erklärende Folien zum jeweiligen Handlungsfeld, anschließend erfolgt die Erläuterung der zugehörigen Ansatzpunkte und schließlich die persönliche Bewertung auf Hauptkriteriumsebene mit einer Abstufung zwischen 0 und 100% durch jeden jeweiligen Teilnehmer. Die grundsätzliche Bewertungsskala, die herangezogen wird, ist in Bild 11.2 dargestellt:

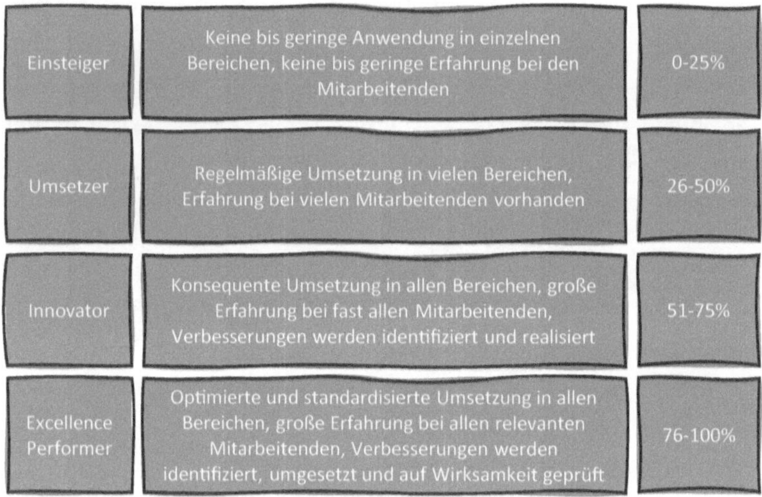

Bild 11.2 Bewertungsskala im DigiScan

Die **Visualisierung des Gesamtergebnisses** erfolgt danach in einer übersichtlichen „Spinnennetz"-Darstellung, in der sowohl die eigene Bewertung als auch die definierten Ziele dargestellt werden können. (Bild 11.3).

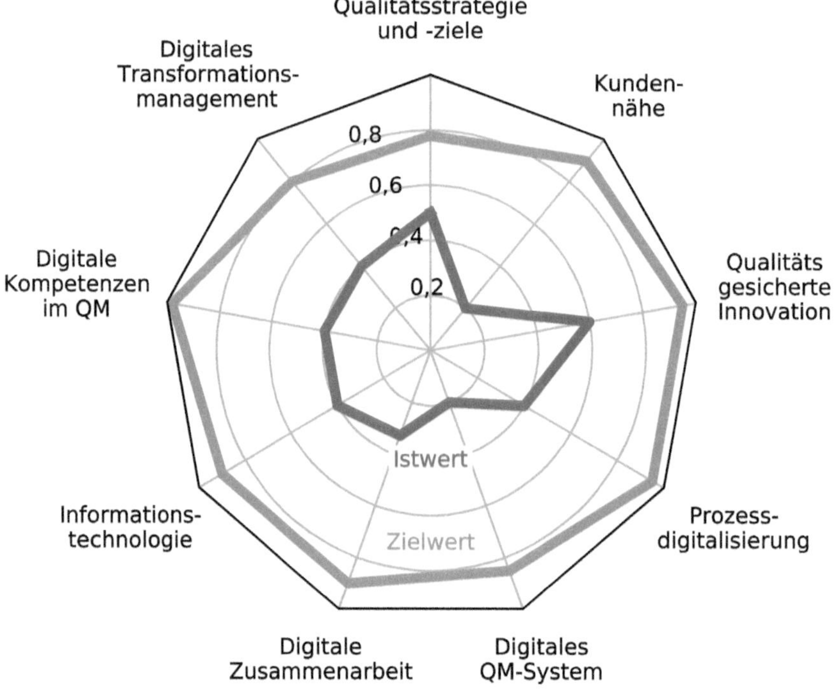

Bild 11.3 Gesamtergebnis DigiScan

Nun können grobe individuelle Abweichungen gemeinsam diskutiert werden. Wenn das Team einverstanden ist, wird der Durchschnittswert im Team als Bewertung herangezogen. Nach der Bewertungsphase erfolgt eine Sammlung von Stärken und Verbesserungspotenzialen. Die Potenziale werden hinsichtlich ihres Beitrags zur Erreichung der Ziele im Qualitätsmanagement eingeschätzt und dadurch entsprechend priorisiert.

Die längere Version der Bewertung besteht darin, dass die einzelnen Ansatzpunkte zunächst individuell auf das jeweilige Unternehmen angepasst werden. Im Vorfeld sind dafür die folgenden Fragen zu klären:

- Ist der jeweilige Ansatzpunkt für uns relevant?
- Wie können wir ihn so umformulieren, dass er in unserer Sprache geschrieben ist?
- Fehlen wichtige Ansatzpunkte zu diesem Hauptkriterium?

Es wird somit zunächst eine unternehmensspezifische Version der Selbstbewertung erarbeitet. Die Bewertung erfolgt dann typischerweise in einem Tagesworkshop, wobei sie auf Ansatzpunkteebene jeweils mithilfe einer ordinalen Skala von 1 (gar nicht erfüllt) bis 10 (vollständig erfüllt) erfolgt. Der Mittelwert über alle Ansatzpunkte ergibt einen Prozentwert für das Handlungsfeld.

Die **Priorisierung der Ansatzpunkte im DigiScan** erfolgt anschließend zum einen aufgrund des Beitrages zur Erreichung der strategischen Ziele im Qualitätsmanagement, aber üblicherweise auch aufgrund einer detaillierteren Aufwand-Nutzen Betrachtung. Bild 11.4 zeigt beispielhaft fünf Ansatzpunkte, die mithilfe einer Aufwand-Nutzen Matrix priorisiert wurden.

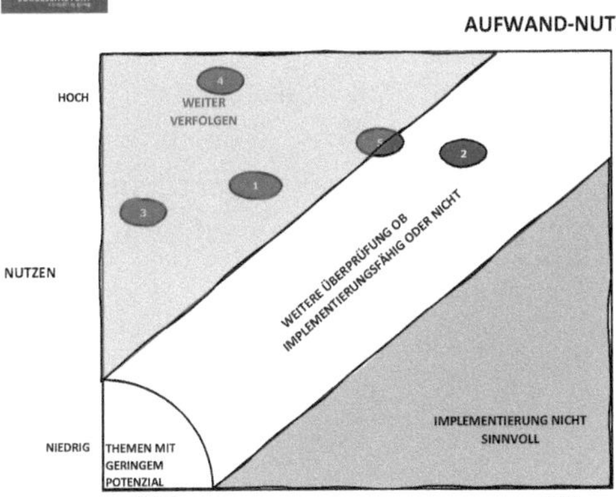

NR	Ansatzpunkte
1	Digitale Feedbackmöglichkeiten, um Qualitätsprobleme zu erkennen
2	Agile Entwicklung von cyber-physischen Systemen
3	Digitalisierung in den Qualitätsleitsätzen verankern
4	Kundenbefragung, um das digitale Angebot zu verbessern
5	Digitalen Reifegrad der Prozesse bestimmen

Bild 11.4 Priorisierung von Ansatzpunkten aus dem DigiScan

Es bietet sich an, zu Beginn die kürzere Variante zu wählen, um dieses neue Werkzeug für sich selbst zu erfahren und zu evaluieren. Spätestens bei der zweiten Selbstbeurteilung kann bereits die umfangreichere Variante eingesetzt werden. Unabhängig von dieser Entscheidung ist **die konsequente Umsetzung nach der Selbstbewertung** wichtig. Die Prioritätensetzung der identifizierten Verbesserungsbereiche muss für die Organisation nachvollziehbar sein und sollte unbedingt in eine **strukturierte Roadmap** übergeführt werden. **Meilensteine, Aktionspläne und Messgrößen** müssen abgeleitet werden, begleitend von regelmäßigen **Fortschrittskontrollen**. Für das reibungsfreie Gelingen braucht es also ein **gutes Projekt- bzw. Programmmanagement**.

Sollte der „DigiScan“ nicht zu den erwünschten Ergebnissen führen oder gelingt die Vorbereitung und Umsetzung der Transformation des Qualitätsmanagements nicht wie geplant, so liegt dies eventuell an einem der folgenden Faktoren:

- Die Führung „lässt“ machen und ist selbst bei der Bewertung nicht anwesend.
- Der „DigiScan“ wurde als einmaliges Ereignis geplant und realisiert.
- Qualität 4.0 ist als Projekt des Qualitätsmanagers oder der Qualitätsabteilung tituliert.
- Es lag eine falsche Vorstellung vor, beispielsweise, dass die Selbstbewertung alleine die Probleme löst.
- Schlüsselpersonen des Unternehmens wurden nicht in die Beurteilung eingebunden (z. B. Betriebsrat).
- Mangelnde Motivation der Teilnehmenden aufgrund einer Zwangsverpflichtung, Desinteresse oder Überlastung.
- Fehlende Abstimmung der Selbstbewertungs-Ergebnisse mit bereits laufenden Digitalisierungsprojekten und -vorhaben.

Mithilfe des „DigiScans“ sind wir also in der Lage, unser Unternehmen hinsichtlich der notwendigen Kompetenzen, der strategischen Ausrichtung sowie der vorhandenen Infrastruktur im Sinne der bevorstehenden digitalen Transformation zu bewerten und gemeinsam entsprechende Maßnahmen abzuleiten. Im nächsten Absatz möchten wir auf die einzelnen Ansatzpunkte des „DigiScans“ eingehen.

11.2 Ansatzpunkte im digitalen Qualitätsmanagement

Die folgenden neun Handlungsfelder (siehe auch Abschnitt 2.9.2) beschreiben die unterschiedlichen Bereiche, die zum erfolgreichen Gelingen der digitalen Transformation im Qualitätsmanagement berücksichtigt werden sollten. Wir schaffen mit dieser Betrachtung einerseits das Bewusstsein für die Komplexität des Vorhabens und bilden damit andererseits die Grundlage für eine umfassende Beurteilung des Status quo einer Organisation.

Qualitätsstrategie- und Ziele

Wir starten mit der Strategie im Qualitätsmanagement. Ist diese bereits darauf ausgerichtet, die neuen Möglichkeiten von digitalen Technologien konsequent zu nutzen? Darauf basierend sollten Qualitätsleitsätze und Qualitätsziele abgeleitet worden sein. Wir haben für dieses Handlungsfeld die folgenden Ansatzpunkte definiert, die von 1 (gar nicht erfüllt) bis 10 (vollständig erfüllt) beurteilt werden:

- Die Möglichkeiten der Digitalisierung sind in Qualitätsstrategie, Qualitätsleitsätzen und in den Qualitätszielen berücksichtigt.
- Die digitale Transformation im Qualitätsmanagement wird als kontinuierliche strategische Aufgabe im Unternehmen verstanden.
- Wir setzen digitale Projekte und Use Cases im Qualitätsmanagement konsequent um.
- Wir werden in der Öffentlichkeit als Treiber von digitalen Innovationen im Qualitätsmanagement wahrgenommen.

Kundennähe

Danach betrachten wir die Ausrichtung des Unternehmens auf die Bedürfnisse der Kunden und stellen die Frage, ob wir aktuell in der Lage sind, Wertversprechen und Angebote konsequent auf das veränderte digitale Verhalten unserer Kunden auszurichten, um damit die nachhaltige Kundenzufriedenheit sicher zu stellen. Nutzen wir bereits digitale Möglichkeiten des Kundenfeedbacks, um zu lernen? Die zu bewertenden Aussagen aus dem standardisierten ‚Digiscan' lauten dazu wie folgt:

- Wir stellen ein begeisterndes Kundenerlebnis auf allen digitalen und nicht digitalen Kanälen sicher.
- Wir evaluieren systematisch neue Technologien und Veränderungen im Kundenverhalten, um Chancen für digitale Innovationen zu erkennen.
- Die Zusammenarbeit mit unseren Kunden erfolgt auch über digitale Kanäle. Die relevanten Kundenkontaktpunkte wurden systematisch identifiziert.

- Wir befragen unsere Kunden systematisch, um unsere bestehenden digitalen Angebote zu verbessern.
- Wir nutzen digitale Feedbackmöglichkeiten, um zeitnah Qualitätsprobleme zu identifizieren bzw. zu prognostizieren und Korrekturmaßnahmen einzuleiten.
- Sowohl die Auswertung von Kundenzufriedenheitsdaten, als auch das Auslösen von relevanten Verbesserungsmaßnahmen geschehen automatisiert in Echtzeit (wir nutzen hierzu Machine Learning und künstliche Intelligenz).

Qualitätsgesicherte Innovation

Im dritten Handlungsfeld hinterfragen wir die Innovationsfähigkeit mit der folgenden Aussage: Wir nutzen die digitalen Möglichkeiten (z. B. Informationen aus dem Feld) und agile Vorgehensweisen, um insbesondere softwareintensive Innovationen zuverlässig und robust zu entwickeln. Die Kriterien in diesem Zusammenhang sind:

- Wir haben unsere Produkte und Dienstleistungen mit digitalen Innovationen ergänzt, die nachweislich die Kundenzufriedenheit erhöhen.
- Wir nutzen in unserem Entwicklungsprozess bestmöglich produktbezogene digitale Daten (z. B. aus dem Feld), um die Robustheit und Zuverlässigkeit (Qualität) unserer Produkte und Fertigungsprozesse zu verbessern.
- Wir nutzen in unserem Entwicklungsprozess die Möglichkeiten von Machine Learning, künstlicher Intelligenz, Digital Twins, um die Qualität sicherzustellen.
- Bei der Entwicklung digitaler Innovationen arbeiten wir intensiv mit unseren Kunden zusammen.
- Es gibt in unserer Organisation gute Vorgehensweisen und Prozesse, die dafür sorgen, dass unsere Produkte agil und qualitätsgesichert entwickelt werden.
- Im Entwicklungsprozess werden Systems und Software Engineering Methoden eingesetzt, um softwareintensive Systeme (inkl. Industrie 4.0-Lösungen) zu entwickeln.

Prozessdigitalisierung

Unsere Prozesse werden zielgerichtet in Richtung digitaler Reifegrad weiterentwickelt, um deren Effektivität und Effizienz zu verbessern. Wir nutzen die Chancen von KI, ML, RPA, Process Mining etc. optimal, um Prozessverbesserungen umzusetzen und aus Fehlern zu lernen. Dazu diskutieren wir die folgenden Aussagen:

- Wir bestimmen regelmäßig den digitalen Reifegrad unserer Prozesse und haben klare Ziele für die Weiterentwicklung der Prozesse abgeleitet. Wir nutzen Automatisierung (z. B. RPA: Robotic Process Automation), um Prozesse zu optimieren und die Ausführungsqualität sicherzustellen.

- Wir haben die Möglichkeiten ausgeschöpft, die Entscheidungsqualität unserer Mitarbeitenden zu verbessern, indem in Echtzeit Dashboards zur Verfügung gestellt und entsprechende Datenanalysen durchgeführt werden.
- Wir verwenden moderne Data Mining und Machine Learning Methoden im Rahmen der Problemlösung nach 8D oder Six Sigma.
- Unsere Expertise im Bereich Data Science (beschreibende und prädiktive Statistik) setzen wir aktiv ein, um unsere Prozesse kontinuierlich zu verbessern.
- Wir nutzen die Mittel der künstlichen Intelligenz in der Qualitätskontrolle (z.B. Bilderkennung durch Neuronale Netze), um Durchschlupf und Pseudofehler zu verbessern.
- Wir haben eine etablierte Methodik, datengetriebene Use Cases zur Prozessverbesserung zu finden und systematisch umzusetzen.

Digitales QM-System

Das QM-System wurde prozessorientiert aufgebaut und mithilfe von digitalen Technologien wirksam realisiert, aufrechterhalten und fortlaufend verbessert. Es ist aktuell und wird „gelebt“. Ansatzpunkte zu diesem Schwerpunkt sind:

- Wir haben das QM-System durchgängig prozessorientiert aufgebaut, einheitlich beschrieben (z.B. nach BPMN2.0) und digital abgebildet (als Basis für spätere Automatisierung). Es ist interaktiv und bedienerfreundlich.
- Das QM-System wird durch geeignete QMS-Softwarelösungen unterstützt.
- Das QM-System nutzt die neuesten digitalen Möglichkeiten, um in Echtzeit digitale Arbeitsvorschriften zur Verfügung zu stellen. Bilder und Videos werden ausreichend genutzt.
- Unsere Mitarbeitenden sind mit digitalen Hilfsmitteln optimal ausgerüstet, damit insbesondere qualitätskritische Arbeiten möglichst fehlerfrei durchgeführt werden („augmented worker“).
- Wir nutzen die Möglichkeiten von Process Mining, um unsere Prozesse in Echtzeit abzubilden und besser zu steuern.

Digitale Zusammenarbeit

In diesem Bereich der Selbstbeurteilung beschäftigen wir uns mit der (interdisziplinären) Zusammenarbeit. Funktioniert diese optimal und wird sie durch die neuen digitalen Möglichkeiten bestmöglich unterstützt? Dazu rücken die folgenden Ansatzpunkte in den Fokus:

- Neue Technologie- und Kollaborationstools werden genutzt, um produktiv zusammenzuarbeiten und Wissen auszutauschen.

- Moderne IT-Lösungen mit Kalender, Dateien, Aufgaben und Team Chats, die für den mobilen Einsatz am Smartphone tauglich sind, werden verwendet, um die Zusammenarbeit zu verbessern.
- Die Möglichkeiten der virtuellen Zusammenarbeit werden ausreichend genutzt.
- Moderne Methoden wie „Working Out Loud“ werden angewandt, um offen, selbstorganisiert und vernetzt zu arbeiten und zu lernen.
- Für digitale Themen gibt es Experten, die als Ansprechpartner dienen. Hier werden auch innovative Ansätze wie „Reverse Coaching“ verwendet.
- Moderne Methoden des digitalen Lernens werden angewandt, um die Mitarbeitenden in Qualitätsthemen zu schulen.

Informationstechnologie

Nun geht es um das Thema der vorhandenen IT-Infrastruktur mit besonderem Fokus auf Machine Learning, künstliche Intelligenz und Data Science. Im Idealfall sind die vorhandenen Einrichtungen auf die neuen Herausforderungen im Qualitätsmanagement eingestellt und ermöglichen insbesondere durch vertikale und horizontale Vernetzung die Umsetzung digitaler/datengetriebener Use Cases. Zu diesem Handlungsfeld wurden u. a. die folgenden Ansatzpunkte definiert:

- Unsere IT-Architektur ermöglicht es, horizontal und vertikal Qualitätsdaten zu vernetzen, um darauf basierend Produkte und Prozesse zu verbessern.
- Die notwendige IT-Infrastruktur ist so gestaltet und bereitgestellt, dass Lösungen für Machine Learning und künstlicher Intelligenz optimal umgesetzt werden können.
- Wir entwickeln unsere IT-Architektur anhand einer strukturierten Vorgehensweise – als Basis dienen die Architekturtreiber.
- Wir beschreiben unsere IT-Architektur mithilfe geeigneter Sichten und Diagramme (z. B. UML).
- Wir aktualisieren unsere IT-Architektur regelmäßig, um neue Anforderungen zu erfüllen.

Digitale Kompetenzen im QM

Die für die digitale Transformation notwendigen Kompetenzen im QM werden im Unternehmen systematisch geplant und realisiert. Folgende Kriterien können hier angesetzt werden:

- Der Aufbau von digitaler Kompetenz (Softwareentwicklung, Systems Engineering, ...) ist ein Schwerpunkt in der Entwicklung der Mitarbeitenden, der auch durch das Qualitätsmanagement getrieben wird.

- Führungskräfte haben ausreichend Möglichkeiten, entsprechende Kompetenzen im Bereich Digitalisierung aufzubauen.
- Entsprechende Weiterbildungsprogramme werden systematisch geplant und evaluiert.
- Bei der Rekrutierung von neuen Mitarbeitenden, insbesondere im Qualitätsmanagement, sind digitale Fähigkeiten ein wichtiges Auswahlkriterium.
- Die Expertise im Bereich Data Science wird aktiv eingesetzt, z. B. bei der Qualitätsoptimierung von Produkten und Prozessen.

Digitales Transformationsmanagement

Die digitale Transformation im Qualitätsmanagement ist ein von der obersten Führungsebene geplanter und gesteuerter Prozess, der durch eine klare Roadmap geführt wird. Ansatzpunkte sind:

- Es gibt eine klar strukturierte Vorgehensweise für die Umsetzung des digitalen Wandels.
- Die betroffenen Mitarbeitenden werden ausreichend begleitet. Somit werden Barrieren für eine erfolgreiche Veränderung frühzeitig identifiziert.
- Die betroffenen Mitarbeitenden werden auf die Veränderung bestmöglich vorbereitet, ihnen werden die Ängste der Überforderung genommen und es wird Begeisterung für neue Möglichkeiten geschaffen.
- Es gibt eine Einführungs-Roadmap für den digitalen Wandel (z. B. basierend auf der Theorie des 8-Stufen-Modells im Change-Management von John Kotter).
- Die Ziele der digitalen Transformation im Qualitätsmanagement sind definiert, im Unternehmen bekannt und werden regelmäßig auf Erreichung geprüft.
- Die Führungskräfte sind darauf vorbereitet und trainiert, mit der Komplexität und Unsicherheit, die mit dem digitalen Wandel einhergeht, umzugehen.

Umfangreich und gleichzeitig auch herausfordernd, mögen wir uns an dieser Stelle denken, und damit liegen wir absolut richtig. Da es sich bei der digitalen Transformation um eine disruptive Veränderung handelt, bei der Innovationen zum Einsatz kommen, welche die Erfolgsserie einer bereits bestehenden Technologie, eines existierenden Produkts oder einer vorhandenen Dienstleistung ersetzen, oder diese vollständig vom Markt verdrängen, ist der Aufwand einer detaillierten Standortbestimmung absolut gerechtfertigt und empfehlenswert.

Wenn wir das Wort „Veränderung" hören, läuten bei vielen Menschen bereits die Alarmglocken, da uns jede Erneuerung vor eine Reihe von Herausforderungen stellt, die es auf neuen Wegen zu meistern gilt. Wir wollen uns diesen Anforderungen daher in den folgenden Abschnitten umfangreich widmen.

11.3 Führen in unsicheren Zeiten – der Führungskompass

Unter Mithilfe von Björn Ludwig

Für viele von uns ist die Tatsache, dass wir in einer volatilen, unsicheren, komplexen und mehrdeutigen (VUCA)-Welt leben, bereits ein geläufiger Terminus, in den meisten Fällen aber auch nicht mehr als das. Wir sind Teil einer für uns nur schwer verständlichen und sich in rasender Geschwindigkeit verändernden Umgebung, die es oft unmöglich macht, eine klare Perspektive unmittelbar zu erkennen. Je stärker diese Ausprägungen sind, desto wichtiger wird es, insbesondere für Führungskräfte, sich mit **Offenheit und Kommunikation** diesen Themen zu stellen und **aktiv mit der Veränderung umzugehen**. Bisherige Meinungen mögen nun ins Wanken geraten und sollten hinterfragt werden. Wir werden zukünftig nicht mehr alle Eventualitäten mit detaillierten Regeln und Präventivmaßnahmen im Voraus festlegen können, sondern müssen anhand von übergeordneten Prinzipien **flexibler werden**; innerhalb dieser „Leitplanken“ lassen wir Kreativität, Selbstorganisation und selbst das Scheitern zu, um Lernen zu ermöglichen. Damit ist zukünftig **nicht mehr alles für uns kontrollierbar** und **Vertrauen** wird mehr denn je zum absolut notwendigen Fundament der professionellen Zusammenarbeit – dies bedeutet ein hoher Grad der Vernetzung im Team. Schnelles Lernen steht dabei im Zentrum aller Bemühungen, das durch Ausprobieren in kleinen, möglichst gekapselten Versuchsumgebungen gestartet wird. Zusätzlich erleichtert wird dies durch Interdisziplinarität und kognitive Diversität – also, dass wir **vielfältige Denk- und Sichtweisen zulassen**. Auch ein leidenschaftlicher Wettstreit zwischen gegensätzlichen Meinungen ist positiv zu bewerten und keinesfalls mit einem Konflikt zu verwechseln. Es ist die Gelegenheit **aus gemachten Fehlern zu lernen**, die Angst vor zukünftigen Fehlern ist bewusst zu nehmen. Denn wir werden und müssen Fehler machen, ansonsten können wir auch die Komplexität nicht meistern. Wichtig für das Gelingen sind jedenfalls **Geduld und Mut** zu neuen Wegen sowie die Fähigkeit, Feedback nicht nur zu geben, sondern auch aktiv annehmen zu können. Daraus entsteht durch kurze Lernintervalle eine iterative Vorgehensweise mit häufiger Möglichkeit zur Korrektur des eingeschlagenen Weges sowie den von uns getroffenen Entscheidungen. Agile Ansätze verbinden stärkere Vorbereitung mit höherer Flexibilität, also mehrere **unterschiedliche Möglichkeiten einzubeziehen und weniger starr zu planen**. Für die Mitarbeiterführung bedeutet das, dass Coaching als Unterstützung zur Selbsthilfe immer wichtiger wird. Für die Mitarbeitenden selbst bedeutet es, dass sie **zukünftig mehr Verantwortung übernehmen** („empowert“) dürfen, und wenn der Blick geweitet wird, dass partnerschaftliche Kooperationen auch über Unternehmensgrenzen hinweg eine hohe Bedeutung erlangen werden. **Je komplexer das Umfeld, desto wichtiger sind einfache Prinzipien und weniger detaillierte Regeln.**

Zu berücksichtigen ist auch die Tatsache, dass die sogenannten „Digital Natives" - also die Generation von Menschen, die in der digitalen Welt aufgewachsen sind, die auch als „Millenials" oder „Generation Y" bezeichnet werden - **neue Erwartungen an ihre Unternehmen und an ihre Vorgesetzten** haben, und dass sie daher oftmals einen anderen Führungsstil brauchen als die sogenannten „Digital Immigrants", oder „Industry Natives".

Es wird den Digital Natives zugeschrieben, dass ihnen primär die Werte „Offenheit", „Schnelligkeit und Agilität", „persönliche Weiterentwicklung", „Selbstwirksamkeit", „globale Interaktion" und „Work Life Balance" wichtig sind. Die Werte der Menschen, die als Digital Immigrants (primär vor 1970 geboren) bezeichnet werden, sind „Qualität", „Sicherheit", „Privatsphäre" und „persönliche Beziehungen". Man kann derartig pauschale Aussagen im Einzelnen kritisch sehen, entscheidend ist aber, dass sich ein gewisser Gesamttrend zeigt, der dazu führt, dass sich die Führungskraft zukünftig auf **Menschen mit unterschiedlichen Wertevorstellungen** einzustellen hat.

Um in diesem sich stark verändernden Umfeld den Überblick zu bewahren und Orientierung zu geben, kann ein sogenannter **Führungskompass** hilfreich sein. Ziel dieses Instruments ist es, den Wert der Führung bewusst zu machen und den Veränderungsprozess beim Thema Führung aktiv zu unterstützen. Der Führungskompass ist gedacht

- als persönliches **Steuerinstrument** für Führungskräfte mitsamt ihren Führungsaufgaben.
- für die **Kommunikation** der Führungskräfte mit den Menschen, mit denen sie zusammenarbeiten.
- für die **Präzisierung des Beitrages der Führungskraft**, den sie für ihr Unternehmen und das Umfeld leistet.
- für die **persönliche Weiterentwicklung** der Führungskraft.

Der Führungskompass wird individuell durch jede Führungskraft selbst angefertigt, wird Teil ihrer Grundhaltung und bildet damit (hoffentlich) das Fundament des täglichen Handelns.

Die Grundlage jedes Führungskompasses bildet die strategische Ausrichtung des Unternehmens oder des eigenen Bereichs. Für die Führungskraft gilt es, die festgelegte Strategie (sozusagen die Ausrichtung gegen Norden) durch die Optimierung des Wertbeitrags des Teams und jeder einzelnen Person zu erreichen. Nun wirken aber auf die Kompassnadel unterschiedlichste Momente ein, welche die Führungskraft tendenziell daran hindert, ein nachhaltiges Gleichgewicht sicherzustellen. Nicht nur, dass die einwirkenden Kräfte in jedem Unternehmensbereich unterschiedliche Größe aufweisen können, so haben sie zudem auch verschiedene „Hebelarme" und erzeugen demnach verschiedene Momente auf die Kompassnadel (Bild 11.5).

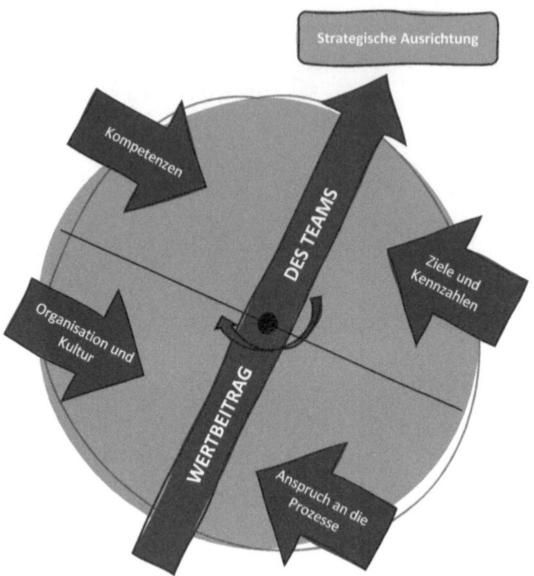

Bild 11.5
Der Führungskompass

Für die Führungskraft stehen demnach wiederkehrend folgende Herausforderungen an:

- Wie müssen die strategischen Ziele meines Bereichs aussehen, um der Unternehmensausrichtung zu genügen?
- Welchen Wertbeitrag müssen wir leisten, um die Ziele unseres Bereichs zu erreichen?
- Wie können wir die Exzellenz unseres Ergebnisses messen und geeignete operative Ziele und Kennzahlen ableiten?
- Wie lautet der Anspruch an die Prozesse?
- Wie muss die Organisation hinsichtlich Kultur und Zusammenarbeit gestaltet sein, um ein sinnerfüllendes Erreichen der Ziele zu ermöglichen?
- Welches Wissen und welche Kompetenzen sind in meiner Organisationseinheit erforderlich, um die vorgegebenen Ziele vollumfänglich erreichen zu können?

Im ersten Punkt beschäftigt sich die Führungskraft mit den strategischen Bereichszielen. Es geht dabei um die Beantwortung von Zukunftsfragen, wie etwa nach den langfristigen Zielen oder dem Zusammenspiel eigener Ziele mit jenen der übergeordneten Einheiten.

Nach der Klärung der Frage der strategischen Ziele wird der notwendige Wertbeitrag der Organisationseinheit abgeleitet, für die die jeweilige Führungskraft verantwortlich ist. Dabei gilt es Antworten zu finden, für welche Prozesse der eigene Bereich zuständig ist, wer der Kunde ist, welche Anforderungen dieser an die Organisationseinheit stellt und welchen Nutzen er durch den Wertbeitrag hat.

Im dritten Schritt wird darauf basierend das angestrebte Ergebnis näher und in Form von Zielen und Kennzahlen beschrieben. Dazu stellt sich initial die Frage was die Exzellenz von Ergebnissen charakterisiert und wie die erzielten Ergebnisse der Prozesse messbar sind.

Schritt vier beschreibt den Anspruch an die Prozesse, in dem die Führungskraft zuerst ihre eigenen Ambitionen definiert. Fragen, die es in diesem Zusammenhang zu beantworten gilt, sind etwa:

- „Was muss erfüllt sein, damit ich selbst mit den Prozessen zufrieden bin?"
- „Wofür stehe ich als Führungskraft und welche Vorbildrolle möchte ich einnehmen?"
- „Was kann ich tun, um Verbesserungspotentiale zu erkennen und zu heben?"

Danach erfolgt die Ableitung der Schwerpunkte und notwendigen Maßnahmen in Bezug auf Organisation, Teamkultur und Zusammenarbeit. Dabei gilt es zu klären, wie man die Funktionseinheit an die zukünftigen Aufgaben und Prozesse anpassen kann, welche Rollen im Team benötigt werden, um optimal ans Ziel zu gelangen und wie die Zusammenarbeit verbessert werden kann.

Letzen Endes stellt sich die Frage nach den notwendigen, individuellen Kompetenzen, die es zukünftig für die Führungskraft zu entwickeln gilt. Und wieder beginnt man bei sich selbst und überlegt, an welchen Führungskompetenzen man zukünftig arbeiten möchte. Danach gilt es zu klären, wie der Aufbau von Kompetenzen der Mitarbeitenden gestaltet werden soll. In diesem Zusammenhang sollte auch die systematische Erfassung von vorhandenen Schlüsselpositionen im Bereich stattfinden, und wie für diese mittels entsprechenden Kompetenzaufbaus eine langfristige strategische Nachfolgeplanung gestaltet werden kann.

Nur die beiden zuletzt beschriebenen Punkte sind direkte Führungsaspekte im engeren Sinn, aber genau darin liegt die **Stärke des Führungskompasses: dass Führung nämlich eine integrierte Aufgabe darstellt, um die Ziele einer Organisation zu erreichen und nicht isoliert als Handlungsanleitung für Personen zu betrachten ist**. Die Inhalte im Führungskompass sind hochgradig individuell; die jeweilige Führungskraft als Urheber, Autor und Eigner beschreibt darin, wie aus ihrer Sicht das Ergebnis ihres Verantwortungsbereichs aussieht, wie es entstehen soll, und was dazu in ihrem Bereich verändert oder vertieft werden muss. Damit wird der Führungskraft die diesbezügliche Gesamtaufgabe nochmals klarer bewusst, wodurch sich Verbindlichkeit und der Mut zur Verantwortungsübernahme bei ihr verstärken.

Der Führungskompass ist ein **Navigationsinstrument**, das bildlich gesprochen sowohl bei ruhiger See als auch in stürmischen Zeiten für Orientierung und Motivation sorgt.

Der Führungskompass **sollte stets auf aktuellem Stand gehalten werden**, nur dann kann er den Führungskräften zeigen, ob sie auf Kurs sind oder ob aufgrund entsprechender Hinweise eine Veränderung erforderlich ist, um zielgerichtet zu bleiben. Dadurch erzeugt der Führungskompass Transparenz und ermöglicht den Abgleich von gegenseitigen Erwartungen mit den angrenzenden Bereichen, den hierarchischen Ebenen sowie im eigenen Team.

Bezogen auf den digitalen Wandel haben sich begleitende Führungskräftetrainings bewährt, bei denen im Zuge der Ausbildung jeder Absolvent seinen eigenen Führungskompass erstellt und diesen im Sinne eines 360 Grad Feedbacks mit seinem Vorgesetzten, sowie mit seinen Mitarbeitenden und Kollegen diskutiert. Speziell ist es wichtig, dem Entwicklungsprozess des Führungskompasses die notwendige Zeit einzuräumen und nicht sprichwörtlich ‚übers Knie zu brechen'. Anleitung, vertrauensvoller Austausch mit Kollegen und individuelles Coaching sind dabei von großer Bedeutung, da die Eigenperspektive durch Fremdsichten ergänzt, und damit tragfähig wird.

Nachdem der Führungskompass die persönliche Roadmap für Veränderung darstellt, geht es nun darum, die gewünschten Veränderungen effektiv umzusetzen.

■ 11.4 Unterstützendes Change-Management mit dem Pipeline-Modell

Wir haben in diesem Kapitel bereits erfahren, dass der digitale Wandel nicht aufzuhalten ist und wir lieber früher als zu spät, jedoch in einer strukturierten Art und Weise auf den Zug aufspringen sollten, um langfristigen unternehmerischen Erfolg sicherzustellen. Unterstützen kann uns dabei der „DigiScan" als Standortbestimmung und der Führungskompass. Damit wurde klar, dass neben der Beherrschung neuer Technologien die Führung der Mitarbeitenden unter den veränderten Rahmenbedingungen einen ebenfalls entscheidenden Beitrag zum Gelingen der digitalen Transformation haben wird.

Mit diesem Wissen können wir nun überlegen, welche Methoden anwendbar sind, um den digitalen Wandel zu begünstigen und zu beschleunigen. Wir alle kennen aus der Vergangenheit Veränderungsbemühungen, die von uns gut geplant, gewollt und gut gemeint begonnen wurden und dann im weiteren Verlauf entweder nur halbherzig umgesetzt wurden oder ganz im Sande verlaufen sind. In der Regel sind die Initiatoren der Veränderung dann vom Misslingen überrascht, da sie den geplanten Wandel ihrerseits gut vorbereitet hatten, dies jedoch bei den Mitarbeitenden letzten Endes nicht richtig ankam. Wie also lassen sich Veränderungen nachhaltig in einer Organisation implementieren?

Um die **Erfolgsaussichten von Veränderungsprozessen zu erhöhen**, ist aus Sicht der Autoren das sogenannte Pipeline-Modell sehr hilfreich (Bild 11.6). Das Modell wurde von den Psychologen David Peterson und Mary Dee Hicks im Jahr 1996 entwickelt, sie haben die Metapher der Pipeline gewählt und es entsprechend „The Development Pipeline" genannt (Peterson & Hicks, 1996). In erster Linie war das Modell als Coachinginstrument gedacht, welches die persönliche Entwicklung von Menschen unterstützen kann.

Das **Pipeline-Modell der Veränderung** beschreibt fünf Aspekte in Veränderungsvorhaben, die jeweils separat dafür sorgen können, dass der Plan nicht vollständig umgesetzt werden kann. Diese Gesichtspunkte werden vergleichbar mit den Elementen einer Rohrleitung dargestellt, wobei sie nur bei hundertprozentiger Erfüllung den vollen Durchmesser der Leitung haben, bei Abstrichen verringert sich der „Durchmesser" entsprechend dem realisierten Erfüllungsgrad. Diese Darstellung einer „Pipeline" verdeutlicht, dass der Aspekt mit dem geringsten Durchmesser der Flaschenhals oder die Drossel ist, die den Gesamtdurchsatz begrenzt. Ist also ein Durchmesser kleiner, so verliert das Vorhaben etwas von seinem Gesamtimpact, der durch nachfolgende Aspekte niemals wieder vergrößert, sondern nurmehr noch weiter gedrosselt werden kann. Einmal Verlorenes kann also nicht mehr zurückgewonnen werden, der Aspekt mit dem kleinsten „Durchmesser" begrenzt den Durchfluss, d.h. das Maß an Veränderung, das tatsächlich realisiert werden kann. In Bild 11.6 kann man erkennen, dass hier beispielsweise der Aspekt der Wirkung der begrenzende Faktor ist.

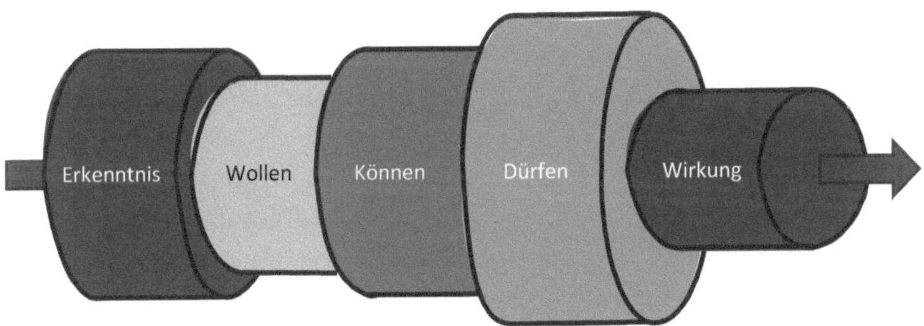

Bild 11.6 Pipeline-Modell

Die zuvor erwähnten fünf Gesichtspunkte im Veränderungsprozess lauten wie folgt:

- Die Erkenntnis, dass die **Veränderung rein rational richtig**, logisch, wichtig und damit auch nachvollziehbar ist. Dieser Aspekt beschreibt das Ergebnis einer kognitiven Beschäftigung mit der Veränderung, in deren Zusammenhang die Argumente dafür und dagegen abgewogen werden.

- Die **gefühlsmäßige Zustimmung**, also unser Bauchgefühl **zu dem Vorhaben** (das „Wollen"), ist vereinfacht gesagt das Maß, inwieweit die Veränderung den Motiven, Werten und Glaubenssätzen jedes einzelnen entspricht. Dieser Aspekt legt auch die Zeit und Energie fest, welche die Betroffenen bereit sind, in das Veränderungsvorhaben zu investieren.
- Die **Fähigkeiten und das Können**, um die Veränderung umzusetzen.
- Die Möglichkeit zur Veränderung, also **das Dürfen**. Insbesondere geht es dabei um die organisatorischen Rahmenbedingungen wie beispielsweise Entscheidungskompetenzen, strategische Leitplanken oder Ressourcen. Dadurch sind insbesondere die Führungskräfte gefragt, die mit ihrer Haltung und ihren Entscheidungen als Ermöglicher wirken.
- Die Wirkung, also inwieweit die **positiven Auswirkungen der Veränderung bereits spürbar und erfahrbar sind**.

Zwei Aspekte des Veränderungsmodells möchten wir an dieser Stelle besonders hervorheben. Zum einen, dass in dem Modell die **Wichtigkeit der Wirkung, der Effekt der schnellen Erfolge**, explizit und stark betont wird. Dies entspricht dem agilen Ansatz und ist erfolgsentscheidend für die Beherrschung der Komplexität in der digitalen Transformation. Gerade beim digitalen Wandel und in der Euphorie der neuen Möglichkeiten darf nicht vergessen werden, dass letztlich die Wirkung zählt und es schnelle Erfolge braucht, um zu sehen, ob man auf dem richtigen Weg ist. Es geht nicht darum, lediglich digitale Technologien einzuführen, sondern primär darum, die Qualitätsfähigkeit der Organisation durch den Einsatz der digitalen Technologien zu erhöhen und daraus einen erkennbaren Nutzen zu generieren.

Zum anderen ist es erwähnenswert, dass **zwischen rationaler und emotionaler Zustimmung unterschieden wird**. Dies erlaubt einen differenzierteren Blick auf die geplante Veränderung. Es kann sein, dass der digitale Wandel als sinnvoll und logisch eingeschätzt wird und dennoch die emotionale Zustimmung nicht gegeben ist („ich verstehe die Notwendigkeit, aber ich mag nicht mitmachen"). In diesem Fall macht es keinen Sinn, weitere Sachargumente für den digitalen Wandel einzubringen, vielmehr sollte hinterfragt werden, welchen Motiven die geplante Veränderung entgegensteht, welche Werte verletzt und welche Befürchtungen daraus generiert werden. Dann ist der Einbezug der Skeptiker gefragt, um gemeinsam mit den Mitarbeitenden einen Weg festzulegen, den sie auch mitzugehen bereit sind.

Wie zu Beginn dieses Abschnitts beschrieben, kann jeder Aspekt separat das gesamte Veränderungsvorhaben stark behindern, sodass auch die Umsetzung nicht zur Gänze gelingt. Zusätzlich wirken auch noch Rückkopplungen, die positiv oder negativ verstärken können: **Die einzelnen Aspekte** „kommunizieren" miteinander und **wirken** daher **aufeinander ein**. Beispielsweise kann mangelnde Kompetenz („ich fühle mich überfordert") zu einer absinkenden emotionalen Zustimmung führen. Auch das Kommunizieren oder Nichtkommunizieren von Erfolgserfahrungen und Ergebnissen, wie dem Erreichen erster Zwischenziele hat einen positiven bzw. negativen Einfluss auf die rationale und emotionale Zustimmung.

Wie kann man dieses Modell nun für den digitalen Wandel nutzen? Es wird einerseits zur Vorbereitung von Veränderungsvorhaben als **Planungsinstrument** eingesetzt und andererseits zur ständigen Begleitung als **Kontrollinstrument** während der Umsetzung.

Wichtig ist immer die Orientierung und **Ausrichtung an den Interessensgruppen**, die beispielsweise im Vorfeld in einer Stakeholder-Analyse zur geplanten Veränderung identifiziert wurden. **Zu Beginn der digitalen Reise sollte außerdem eine Einschätzung der „Durchmesser"** der einzelnen Aspekte vorgenommen werden, um eine Vorstellung davon zu bekommen, welchen Aspekten besondere Aufmerksamkeit gewidmet werden sollte, und um die Risiken des Scheiterns quantifizieren zu können. Diese Einschätzung kann direkt durch den Initiator des Wandels erfolgen, empfehlenswert ist ergänzend jedoch auch der folgende Ansatz: Der Initiator berichtet einer vertrauten Person von dem Vorhaben und bittet diese, seine Einschätzung abzugeben, wo – also bei welchem Aspekt – mit dem kleinsten Durchmesser, mit dem größten Verlustpotenzial zu rechnen ist. So erhält man eine Selbst- und eine Fremdeinschätzung, woraus zusätzliche Erkenntnisse für die Führungskraft gewonnen werden können.

Während der Veränderung kann das Modell danach kontinuierlich als **Ursachenanalyseinstrument** genutzt werden, um dynamische Änderungen aufgrund der Rückkopplungen zu berücksichtigen. Idealerweise wird das Modell gemeinsam mit den betroffenen Personen verwendet und es wird mit diesen auch offen über die verschiedenen Aspekte diskutiert.

Wir haben in den letzten Abschnitten sehr hilfreiche Instrumente kennengelernt, die den digitalen Wandel wirksam unterstützen können. So hilft der „DigiScan" bei der kontinuierlichen Beurteilung des Status quo der Organisation, der Führungskompass unterstützt die Führungskräfte bei der strategischen Ausrichtung ihres Tuns und das Pipelinemodell zeigt in ganzheitliche Weise, welche fünf Aspekte bei Veränderungen zu berücksichtigen sind.

11.5 Einführungsroadmap für den digitalen Wandel

Was wir nun abschließend noch benötigen, um ein stimmiges Konzept für die Entwicklung und Realisierung des digitalen Wandels sicherzustellen, ist ein Veränderungsprozess in logischen Schritten bzw. eine digitale Roadmap. Diese hat zum Ziel:

- Den **Nutzen für die Organisation**, deren Mitarbeitende, Kunden und andere Stakeholder in den Mittelpunkt zu stellen und entsprechend zu priorisieren.
- **Maßnahmen aufzuzeigen** und entsprechend einer zielführenden Reihenfolge zu priorisieren, die sich nicht widersprechen, sondern ergänzen und aufeinander aufbauen (Konsistenz).
- Alle möglichen **Aus- und Nebenwirkungen** zu berücksichtigen und diese möglichst zu minimieren.

Der Wandel im Rahmen der digitalen Transformation konfrontiert eine gesamte Organisation mit einem komplexen Veränderungsprozess. Die gute Nachricht ist, dass die für das Gelingen notwendigen Herangehensweisen und Methoden, vergleichbar mit einem Handwerk, für uns erlernbar sind. Wir lernen Vorgehensweisen, von denen viele in Standardwerken zum „Change-Management" beschrieben sind und die seit jeher den Erfolg von Veränderungsprojekten erhöht haben. Bekannt in diesem Bereich ist John Paul Kotter, Professor für Führungsmanagement an der Harvard Business School. Er hat ein Veränderungsmodell in acht Schritten definiert (Bild 11.7), welches grundsätzlich auch für den digitalen Wandel gut geeignet ist (Kotter & Rathgeber, 2006).

Im ersten Schritt gilt es, die Notwendigkeit für die Veränderung und damit auch die Dringlichkeit für den digitalen Wandel zu wecken. Dies entspricht im zuvor beschriebenen ‚Pipeline Modell' der **rationalen Zustimmung**. Ziel ist es, zu erklären, warum der digitale Wandel notwendig ist und welche Vorteile sich daraus ergeben werden.

Der zweite Schritt sieht vor, vor allem die Promotoren und einflussreichen Personen in der Organisation auszuwählen, um den digitalen Wandel voranzutreiben. Damit wird die **Wichtigkeit der Digitalisierung** unterstrichen.

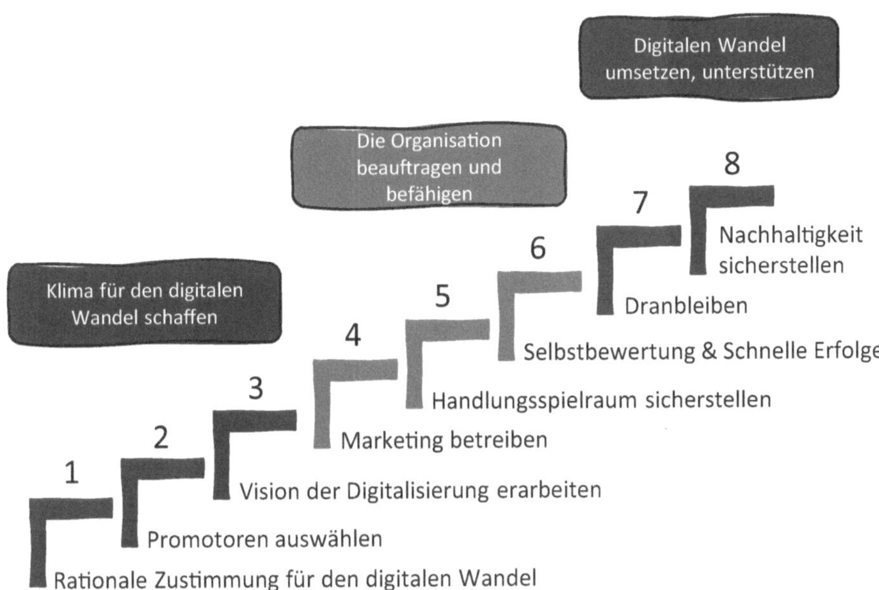

Bild 11.7 Den digitalen Wandel in 8 Schritten meistern

Nun gilt es, ein klares **Zielbild der Digitalisierung** zu entwickeln, das aus der starken **Vision** (dem zu erreichenden Endzustand) und der **Strategie** (dem Weg, den es zu beschreiten gilt) besteht. Für die Vision gilt, dass sie den Nutzen für den Kunden, das Unternehmen, die Gesellschaft etc. ins Zentrum stellen muss. Sie stiftet damit Sinn und gibt Orientierung. Hierbei kann der von uns entwickelte „Digital Scan" helfen, weil damit nicht nur der Istzustand, sondern auch das Zielbild abgeleitet werden kann. Bei der Strategieentwicklung ist größter Wert darauf zu legen, dass möglichst viele Mitarbeitende miteinbezogen werden, um sicherzustellen, dass die Veränderung zur Kultur und zu den Grundwerten der Organisation passt, was zu einer höheren emotionalen Zustimmung führt.

Wenn Vision und Strategie festgelegt sind, so geht es im nächsten Schritt darum, diese **zu kommunizieren und zu bewerben**. Die Art und Weise der Kommunikation hat dabei einen entscheidenden Einfluss auf die Initialakzeptanz der betroffenen Personen. Ebenso ist entsprechende Zeit für Erklärung und anschließende Diskussionen einzuplanen.

Nun gilt es in Schritt 5, **vorhandene Barrieren zu beseitigen und die notwendigen Handlungsfreiräume zu schaffen**. Dies entspricht dem Können und Dürfen in dem ‚Pipeline Modell'.

Der nächste Schritt sieht vor, **für kurzfristige Erfolge zu sorgen**. Dieser Aspekt wird ebenso im Pipeline Modell thematisiert und muss als zentrales Instrument für das Gelingen des digitalen Wandels gesehen werden. Auch die Selbstbewertung – in regelmäßigen Abständen durchgeführt – kann Fortschritte transparent machen.

Die letzte Phase: **„Wandel umsetzen und unterstützen“** fasst die Schritte 7 (‚Dranbleiben‘) und 8 (‚Nachhaltigkeit: schaffen Sie eine neue Kultur‘) des Modells nach Prof. Kotter zusammen. Es sei darauf hingewiesen, dass Veränderung Zeit braucht, weil neue Verhaltensweisen erst geübt werden müssen und auch mit Rückschritten zu rechnen ist, weil Menschen dazu tendieren, immer wieder in alte Muster zurückzufallen. Auch in diesem Zusammenhang kann die regelmäßige Selbstbewertung mithilfe des „DigiScan“ äußerst hilfreich sein.

Durchgehend entscheidend im Veränderungsprozess ist es, dass die wichtigsten Stakeholder, also die Unternehmenslenker, das Top-Management, die Führungskräfte und angesehene Multiplikatoren des Unternehmens, **zu jeder Zeit zeigen, dass sie die Veränderung wirklich wollen**. Ihr Verhalten in schwierigen Situationen der Transformation ist hierfür maßgebend. Es liegt in diesem Zusammenhang auch in ihrer Verantwortung, immer wieder und sehr ernsthaft über Sinn und Zweck der Veränderung zu sprechen, Vertrauen im Vorfeld zu schaffen, die Menschen mit ihren Ängsten und Bedenken ernst zu nehmen, sie mitzunehmen und schließlich den Nutzen bei jeder Gelegenheit hervorzuheben.

Wir machen nun noch einen abschießenden Blick in unsere Familie Rasch. Andrea hat eine Seminaraufgabe für die Universität zu erledigen und holt sich dafür die Unterstützung ihres Vaters ein.

„Lieber Papa!?“ „Ja Andrea, das hört sich irgendwie so an, als ob du etwas von mir brauchst oder möchtest“, antwortet Johannes. „Natürlich hast du recht, du kennst mich halt auch schon eine Ewigkeit.“ Ich hoffe, ich störe dich gerade nicht, und ich will auch nicht viel von deiner Freizeit am Wochenende stehlen, aber ich habe eine ganz große Bitte an dich: Wir haben in einem Uni-Seminar die Aufgabe bekommen, eine Abschlussarbeit zu einem Digitalisierungsthema zu verfassen und dabei habe ich an dich gedacht, da dein Unternehmen in letzter Zeit sehr aktiv an diesen neuen Herausforderungen gearbeitet hat. Ich würde mich gerne mit dem Thema befassen, wie man digitale Use Cases erfolgreich und nachhaltig in Unternehmen einführen kann – dazu wäre es schön, wenn ich vielleicht sogar ein reales Praxisbeispiel aus deiner Firma zur Verdeutlichung der anwendbaren Methodiken heranziehen könnte. Bist du interessiert und motiviert, mir dabei sozusagen als Sparring-Partner ein wenig unter die Arme zu greifen? Das wäre wirklich supernett von dir.“ Johannes ist sofort begeistert von der Vorstellung, als ‚alter Knacker‘ seiner jungen Tochter behilflich sein zu dürfen und stimmt daher dem Vorschlag von Andrea ohne langes Nachdenken zu. Die beiden tauschen nachfolgend viele Gedanken und Informationen per Mail aus, telefonierten rege miteinander und arbeiten bis kurz vor dem Abgabetermin gemeinsam an dem Text.

In der Abschlussarbeit diskutieren die beiden recht kontroversiell die einzelnen Chancen und Risiken, die sich durch Digitalisierungsprojekte ergeben können. Ihre gemeinsame Analyse zeigt, dass digitale Use-Case-Ideen aus einem fundierten Prozesswissen heraus unter Mitwirkung aller Mitarbeitenden gefunden werden müssen und danach gemäß einem definierten Prozess umzusetzen sind. Die Realisierung von Ideen muss immer systematisch aufgrund von Wirtschaftlichkeitsüberlegungen erfolgen, man sollte zudem aber durchaus auch kritische Fragen stellen wie: „Passt diese angestrebte Lösung zur bestehenden Firmenkultur?“, „Wird die Lösung in der Organisation akzeptiert werden und welche Effekte sind seitens der Belegschaft zu erwarten?“ Diese kulturellen Aspekte sind nämlich insofern von Bedeutung, als nur dann nachhaltiger Erfolg sichergestellt werden kann, wenn sich alle involvierten Parteien (Stakeholder) mit der bevorstehenden Veränderung identifizieren können und möchten.

Seine Tochter bekam auf Nachfrage von Johannes auch die offizielle Freigabe seiner Firma, die erfolgreiche Einführung eines intelligenten Bildverarbeitungssystems für die Unterstützung der visuellen Qualitätssicherung als Praxisbeispiel eines spezifischen digitalen Use Cases verwenden zu dürfen.

Im letzten Abschnitt der Kurzfassung ihrer Arbeit schrieb Andrea: „Zusammenfassend und abschließend kann man sagen, dass sich das Umfeld, in dem Unternehmen heutzutage agieren, wesentlich häufiger und umfassender verändern wird, als wir es in der Vergangenheit gewohnt waren. Hinzu kommt die Tatsache, dass die sogenannten „Digital Natives“ - also die Generation von Menschen, die bereits in der digitalen Welt aufgewachsen sind, - neue Erwartungen an ihre Unternehmen und an ihre Vorgesetzten haben und dass sie daher oftmals eine andere Art der Führung brauchen als die sogenannten „Digital Immigrants“ oder „Industry Natives“, die erst im Laufe ihres Arbeitslebens mit Themen der Digitalisierung konfrontiert wurden. Daher wird ein entscheidender Faktor für die Sicherstellung des langfristigen unternehmerischen Erfolgs in der Fähigkeit der Organisation liegen, sich den veränderten Rahmenbedingungen anzupassen, die sich daraus bietenden Chancen rechtzeitig zu erkennen und entsprechend flexibel auf sie zu reagieren.“

Ein paar Wochen nach dem Abgabetermin der Seminararbeit erhält Johannes eine Textnachricht von seiner Tochter, an die ein Bild mit der Beurteilung angehängt ist. Die Arbeit wurde mit ‚Sehr gut‘ bewertet. Johannes bekommt während des Lesens feuchte Augen und ist unheimlich stolz auf seine Tochter und ein bisschen auch auf sich selbst, da auch er einen kleinen Beitrag zur Arbeit leisten konnte - und dies zu einem Thema, mit dem er sich erst seit wenigen Monaten intensiver auseinandersetzte. Und zwar ganz zu Beginn aufgrund des gestiegenen Drucks innerhalb seines Unternehmens und danach zunehmend, weil die Thematik sein persönliches Interesse geweckt hatte. Daher führte er längere Gespräche mit seiner Tochter Andrea, las Fachbücher zu Digitalisierungsthemen, brachte sich vermehrt aktiv in firmeninterne Gespräche und Projekte ein und erkannte ein gewisses Talent an sich selbst.

„Andrea, ich gratuliere dir ganz herzlich zu deiner Arbeit“, sagt er, als er sie am Handy zurückruft. „Unsere Arbeit, lieber Papa. Unsere Arbeit. Vielen lieben Dank für deine Unterstützung!“, antwortet Andrea. „Als kleines Dankeschön, hätte ich gerne, dass ihr am nächsten Samstag meine Gäste zum Abendessen seid. Mein Vorschlag: Vitello tonnato mit Kapern und getrockneten Tomaten, gebratene Seeteufel Medaillons mit Sepianudeln, Tomaten und Frischkäse und als Nachtisch deine Lieblingsspeise: Topfen-Marillenknödel mit Marillen Röster und Sauerrahmeis.“ ■

Glossar

Wenn sich vier einander unbekannte Personen in einem sonst leeren Raum treffen, die alle dieselbe Sprache sprechen, wird nach nicht allzu kurzer Zeit in irgendeiner Form eine Konversation miteinander beginnen. „Wie sind sie denn hierhergekommen?“ oder „Mein Name ist Mayer, ich komme aus Berlin“ könnten die ersten Worte sein, die diese Personen untereinander austauschen. Ist eine der vier Personen nicht der Sprache der andern drei mächtig, werden sich die anderen drei trotzdem miteinander unterhalten und der Vierte versteht einfach nur „Bahnhof“. Sprechen jeweils zwei dieselbe Sprache, werden sie sich untereinander austauschen, aber jeweils nur mit ihrem Landsmann. Die geschilderte Situation ist auf unser Zusammenleben in einem Unternehmen übertragbar, wir ersetzen dafür einfach die Sprache durch Fachbegriffe, die wir im Tagesrhythmus gerne verwenden. Begeben wir uns zu einem kleinen Exkurs in eine Firma, in der sich ein Qualitätsmanager, ein Data Analyst, ein Data Engineer und der Leiter der Instandhaltung beim Kaffeeautomaten treffen.

„Hallo Peter“, begrüßt der Data Scientist Herwig den Leiter des Qualitätswesens. „Lange nicht mehr gesehen, wie geht's dir denn aktuell mit deiner Arbeit.“ „Na ja, eigentlich ganz gut“, erwidert Peter, „aber nachdem ich die letzte MSA gemacht hab und trotz des guten Ergebnisses beim Kunden ein fehlerhaftes gemessenes Teil angeliefert wurde, habe ich mir mal wieder die FMEA angeschaut und bin dabei draufgekommen, dass unsere SPC zeigt, dass die C_{pK}-Werte sich in letzter Zeit deutlich verschlechtert haben. Seitdem kann ich nachts viel schlechter schlafen.“

„Also ich verstehe ja nicht wirklich viel von deinen Fachbegriffen, lieber Peter, aber hättest du die Möglichkeiten von künstlicher Intelligenz und Machine Learning in deine Prozesse einfließen lassen, wäre dir dieses Ergebnis bereits wesentlich früher und in besserer Qualität zur Verfügung gestanden. Allerdings nur, wenn du auch den CRISP-DM angewendet und den richtigen Algorithmus dafür entwickelt hättest. Denn dann hättest du einen Use Case starten können, der dir mittels Predictive Analytics eine Vorhersage für die Entwicklung deiner Daten ermöglicht hätte.“

Diese letzten Worte waren von Herwig kaum ausgesprochen, da meldet sich der bisher nur zuhörende Walter, seines Zeichens Data Engineer, zu Wort. „Entschuldigt, dass ich mich einmische. Ich fand euren Dialog recht spannend und wollte daher noch folgenden Aspekt einwerfen, der euch beiden weiterhelfen kann: Ihr müsst unbedingt die neuesten Big Data Lösungen berücksichtigen, ansonsten seid ihr im Deployment nicht robust genug. Ich kann Euch dabei mit MLOps zur Seite stehen, wenn ihr das möchtet.“

Diesen letzten Satz gehört, verlässt der Leiter der Instandhaltung kopfschüttelnd den Ort des Geschehens, vermutlich kommt auch er heute in der Nacht nicht mehr zu Ruhe, oder es verfolgt ihn zumindest ein schrecklicher Traum …

Aber so ist es doch: es fällt uns sehr schwer, die Sprache des anderen zu verstehen, Fachwörter und Abkürzungen prägen unseren Alltag und mit zunehmender Anglisierung wird es nicht leichter. Wir wollen daher mit dem nachfolgenden Glossar ein kleines Wörterbuch für alle drei Bereiche schaffen, so dass der Qualitätsmanager versteht, was der Data Analyst mit seinen Begriffen meint und umgekehrt und dass man die Worte des Data Engineers genauso gut erfassen kann, wie der Data Engineer zukünftig die Abkürzungen aus dem Qualitätsbereich.

12.1 Die Sprache des Qualitätsmanagers

C_{pK} Die Prozessfähigkeitskennzahl C_{pK} (C = Capability; P = Process; K = katajori = japanisch = Abweichung) gibt an, wie gut ein bestimmtes Qualitätsmerkmal in der Lage ist, die Toleranzen einzuhalten. Je höher der Wert, desto besser.

CTQ Critical to Quality: Kritische Qualitätsmerkmale, welche die Qualität des Produktes oder Prozesses beschreiben, sind aus Kundensicht besonders wichtig und daher kritisch.

FMEA Fehlermöglichkeits- und Einflussanalyse: Diese Methode ermittelt präventiv (also bevor das Produkt oder der Prozess realisiert wird) alle möglichen Fehler bezogen auf ein Produkt (Produkt-FMEA) oder einen Prozess (Prozess-FMEA), berechnet eine Risikoprioritätszahl und leitet Vorbeugemaßnahmen ein.

LIPOK LIPOK (Lieferant, Input, Prozess, Output, Kunde) ist eine einfache Technik, um einen Prozess abzugrenzen und die Schnittstellen sowohl am Anfang (Input) und am Ende (Output) zu definieren. LIPOK hilft, die Effektivität des Prozesses zu beschreiben, indem die Kundenerwartungen und der Output definiert werden.

MSA Die Messsystemanalyse (Measurement Systems Analysis) überprüft, ob das eingesetzte Messsystem zur Messung von kritischen Qualitätsmerkmalen die Ergebnisse in der erforderlichen Präzision und Zuverlässigkeit liefert.

OCAP Out of Control Action Plans regeln, was zu tun ist, wenn Toleranz- oder Eingriffsgrenzen überschritten werden. Dies kann einen sofortigen Stopp der Produktionslinie mit bestimmten Eskalationsmechanismen umfassen.

PLP Der Produktionslenkungsplan ist eine Sammlung aller relevanten Qualitätsprüfungen am Produkt und Prozess, mit der dazugehörigen SPC Strategie und den OCAP Plänen.

QRK Qualitätsregelkarte: Die Stichprobenergebnisse der SPC werden in Regelkarten eingetragen, in denen Eingriffsgrenzen dargestellt sind. Bei Überschreiten der Eingriffsgrenzen sind Aktionen erforderlich.

SPC Statistische Prozesslenkung (Statistical Process Control): Eine Technik im Qualitätsmanagement, bei der in regelmäßigen Abständen dem Prozess Stichproben entnommen werden, um festzustellen, ob sich der Prozess im Mittelwert- und Streuungsverhalten verändert hat. Bei Änderungen wird der Prozess nachgeregelt.

12.2 Die Sprache des Data Analyst (Data Scientist)

Algorithmus Ein Algorithmus ist eine Folge von Anweisungen, mit denen ein bestimmtes Problem gelöst werden kann. Machine Learning funktioniert, indem entsprechende Algorithmen verwendet werden.

Business (Use) Case Business (Use) Case beschreibt die Anwendungsidee von z. B. Machine Learning, indem der Nutzen beschrieben (etwas, das ein Akteur erreichen will) wird. Der Business Case umfasst eine Wirtschaftlichkeitsrechnung.

CRISP-DM Cross Industry Standard Process for Data Mining (CRISP-DM) ist ein Standardprozess, der beschreibt, wie aus Daten gelernt werden kann.

Descriptive Analytics Die Descriptive Analytics versucht zu „beschreiben", wie sich beispielsweise der Umsatz in der Vergangenheit entwickelt hat.

Diagnostic Analytics Die Diagnostic Analytics versucht zu „diagnostizieren", warum sich beispielsweise der Umsatz positiv oder negativ entwickelt hat.

Features Features sind die Variablen/Einflussgrößen (Spalten) im Datensatz, die verwendet werden, um zu trainieren.

IPA Intelligent Process Automation (IPA) ist ein Synonym für RPA+KI. Hierbei heben Machine-Learning-Komponenten oder künstliche Intelligenz die Möglichkeiten der automatisierten Schritte. Eine Möglichkeit ist die Erkennung von Aufgaben aus Kunden-E-Mails und die automatische Bearbeitung dieser Aufträge.

Klassifizierung Klassifizierung steht für eine Machine Learning Aufgabe im überwachten Lernen, wo die Zielgröße nur endliche Klassen aufweist.

Künstliche Intelligenz Künstliche Intelligenz simuliert menschliche Intelligenz unter Zuhilfenahme von Computersystemen im Sinne einer Sense-Think-Act-Kette. Dies umfasst das Lernen – also die Erfassung von Informationen und die Erstellung von Regeln für die Nutzung dieser Daten, die Verwendung sowie das kontinuierliche Lernen.

Machine Learning Machine Learning beschreibt die künstliche Generierung von Wissen aus Erfahrung. Der Think-Teil der künstlichen Intelligenz aus der Sense-Think-Act-Kette wird anhand von Daten gelernt. Maschinelles Lernen ist der Prozess, von Daten zu lernen, ohne dass explizit programmiert wird.

Modell Als Modell werden die Regeln/Muster bezeichnet, die von den Daten gelernt wurden (typischerweise eine mathematische Funktion).

Predictive Analytics Die Predictive Analytics versucht „vorherzusagen", wie sich beispielsweise der Umsatz in den nächsten Monaten oder Jahren entwickeln wird.

Prescriptive Analytics Die Prescriptive Analytics versucht „vorzuschreiben", wie sichergestellt werden kann, dass sich beispielsweise der Umsatz weiter positiv und nicht negativ entwickelt, gibt also konkrete Handlungsempfehlungen ab.

Prozessautomatisierung Bei der Prozessautomatisierung werden die Prozessschritte selbst automatisiert, meist mit einer neuen Software, welche über Schnittstellen mit anderen Systemen Daten austauscht. Hierbei wird das „System“ selbst verändert (z. B. durch neue Software).

RDA Robotic Desktop Automation ist Teil von RPA, aber mit einem geringeren Automatisierungsgrad. RDA wird auch attended RPA, personal bot oder Software Assistants genannt. Die Automatisierung läuft auf dem Rechner des Benutzers und wird vom Benutzer selbst ausgelöst.

Regression Regression steht für eine Machine Learning Aufgabe im überwachten Lernen, bei der die Zielgröße unendlich viele Ausprägungen aufweisen kann.

RPA Robotic Prozess Automation konzentriert sich ebenfalls auf die Automatisierung der Prozessschritte selbst, jedoch ohne das System zu verändern. Durch Softwarerobots (bots) werden die Arbeitsschritte automatisiert durchgeführt. Die Automatisierung erfolgt im Hintergrund und wird von einem Ereignis wie einer neuen E-Mail ausgelöst.

Trainingsdaten Als Trainingsdaten wird der Datensatz bezeichnet, von dem der Algorithmus lernt.

Überwachtes Lernen (Supervised Learning) Steht für Lernen mit Zielgröße(n). Die Daten sind mit Label (Ausprägung der Zielgröße z. B. gut/schlecht) gekennzeichnet, die von einem „Supervisor“ festgelegt wurden.

Use Case Use Case beschreibt die Anwendungsidee von z. B. Machine Learning, indem beschrieben wird, was ein Akteur erledigen will und beschreibt somit die angestrebte Lösung (z. B. die automatisierten Schritte).

Workflow Automatisierung Bei der Workflow Automatisierung konzentriert man sich auf die Automatisierung der Verbindungen zwischen den Prozessschritten.

12.3 Die Sprache des Data Engineers

ACID
ACID ist ein Akronym, welches die Eigenschaften von Transaktionen in Datenbanksystemen beschreibt und steht für Atomicity, Consistency, Isolation und Durability. Alle relationalen Datenbanken garantieren diese Eigenschaften, mit den Anforderungen von Big Data ist dies aus vielen Gründen jedoch nicht mehr vereinbar und neue Lösungen mussten gefunden werden. Dadurch sind Lösungen wie Caches und NoSQL entstanden, welche in sich aber nicht mehr alle Eigenschaften von ACID garantieren.

Apache Software Foundation
Die Apache Software Foundation ist eine ehrenamtlich arbeitende Organisation von Entwicklern und Benutzern von Enterprise-Lösungen, welche innovative Softwareprojekte betreut, die als Rückgrat für einige der sichtbarsten und meistverbreiteten Anwendungen in der heutigen Computerbranche dienen. Mit dem Open-Source-Gedanken versucht die Apache Software Foundation diese Lösungen für das Gemeinwohl bereitzustellen.

API
Das Application Programming Interface (API) ist eine definierte Schnittstelle zur Programmierung von Anwendungen. Eine Anwendung kann damit eine Anbindung zu anderen Anwendungen zur Verfügung stellen und so mit Systemkomponenten interagieren.

Big Data
Als Big Data werden riesige Mengen an unstrukturierten Daten aus verschiedenen Quellen bezeichnet. Zu Big Data kommt es, wenn die Daten über ein derart hohes Volumen verfügen, dass die Verarbeitung mit Rechenleistung eines PC oder Server nicht mehr möglich ist.

Business Intelligence
Bei Business Intelligence wird mithilfe von vergangenheitsbezogenen Daten beschrieben, wie sich etwas entwickelt hat. Der Fokus liegt auf der Beantwortung der Fragen „Was ist geschehen“ und „Wie“.

CAP-Theorem
Das CAP-Theorem besagt, dass es in einem verteilten System unmöglich ist, gleichzeitig die drei Eigenschaften Konsistenz, Verfügbarkeit und Ausfalltoleranz zu garantieren.

Cloud
Cloud bezeichnet die Bereitstellung von Rechenleistung über das Internet, also nicht lokal wie auf dem PC, Laptop oder Server. Dabei sind alle notwendigen Komponenten, welche für digitale Operationen notwendig sind, beinhaltet. Dies betrifft damit Server, Speicher, Datenbanken, Netzwerkkomponenten, aber auch Software und Analysefunktionen sowie vorgefertigte intelligente Lösungen.

Compiler
Ein Compiler ist eine Software, welche Programmcode in den vom Computer ausführbaren Code übersetzt. Da sich der Befehlssatz bei unterschiedlicher Architektur der CPU unterscheidet, muss auch beim Kompilieren des Programmcodes dies festgelegt werden und das Ergebnis ist nur auf CPUs mit der ausgewählten Architektur ausführbar (Beispiel: C++).

Container
Bei der Containervirtualisierung werden mehrere Instanzen des Betriebssystems basierend auf dem Kern des Basisbetriebssystems zur Verfügung gestellt. Im Gegensatz zu virtuellen Maschinen sind Container auf das Basisbetriebssystem begrenzt, sind aber durch eine tiefere Verzahnung ressourcenschonender.

Crosser
Crosser ist eine Analyse-, Automatisierungs- und Integrationssoftware. Die Crosser-Plattform ermöglicht die Echtzeitverarbeitung von Streaming-, Ereignis- oder Batch-Daten für Industrial IoT und intelligente Workflows.

CRUD
CRUD ist eine Abkürzung für die grundlegenden Funktionen einer Datenbank und steht für Create, Read, Update und Delete.

Cyber-physisches System
Ein cyber-physisches System bezeichnet den Verbund softwaretechnischer Komponenten mit mechanischen und elektronischen Teilen, die über eine Dateninfrastruktur, wie z. B. das Internet, kommunizieren.

Data Lake
Ein Data Lake speichert eine große Menge an Daten, welche nicht einer vordefinierten Struktur folgen. Der Data Lake speichert die Daten dabei im Rohformat (Bilder, JSON, XML, binäre Daten etc.).

DevOps DevOps beschreibt einen Ansatz zur Zusammenarbeit zwischen der Softwareentwicklung und dem IT-Betrieb. DevOps ist dabei eine Philosophie und versucht mit der Vereinigung von Kultur und Tools das Miteinander sowie die Qualität der Software, die Geschwindigkeit der Entwicklung und Auslieferung zu verbessern.

Docker Docker ist eine weit verbreitete Lösung zur Isolierung von Anwendungen mithilfe von Containern.

Edge Computing Edge Computing bezeichnet im Gegensatz zum Cloud Computing die dezentrale Datenverarbeitung an Stellen im Netzwerk, wo Daten anfallen und Regelungen gemacht werden. Damit können Latenzzeiten reduziert und die Last verteilt werden, es erhöht sich jedoch der Wartungs- und Updateaufwand.

Hadoop Hadoop ist eine freie Software unter dem Dach der Apache Software Foundation und basiert auf dem MapReduce-Algorithmus. Hadoop ermöglicht es, Daten im Petabyte-Bereich zu verarbeiten.

Infrastructure as a Service (IaaS) IaaS ist ein Cloud Computing Servicemodell, bei welchem der Cloudanbieter die Infrastruktur (Netzwerk, Datenspeicher, Rechenleistung) zur Verfügung stellt. Auf diese werden meist virtuelle PCs oder Server ausgeführt, welche vollständig in der Verantwortung der Nutzer liegen.

Interpreter Im Unterschied zum Compiler wird der Programmcode bei einem Interpreter direkt ausgeführt. Das Übersetzen in den Maschinencode erfolgt dabei während der Ausführung und nur der Interpreter selbst muss die verwendete CPU-Architektur unterstützen. Dies hat den Vorteil, dass Programme so einfach verteilt werden können, ein Nachteil ist die geringere Effizienz verglichen mit Compilern (Beispiel: Python).

JSON Die JavaScript Object Notation ist ein kompaktes Datenformat für den Datenaustausch zwischen Anwendungen und von der Programmiersprache unabhängig.

Kategorische Daten Kategorische Daten sind Daten, die aus Wörtern bestehen. Hier kann man zwischen ordinalen (Daten mit einer Hierarchie wie beispielsweise Kundenzufriedenheit zwischen 1 und 5) und nominalen (ohne Hierarchie) unterscheiden.

Laufzeitumgebung	Einfach ausgedrückt kann man sagen, dass Laufzeitumgebungen als kleine Betriebssysteme agieren und alle Funktionalitäten zur Verfügung stellen, die ein Programm zur Ausführung benötigt.
Low-Code/No-Code	Low-Code (oder auch No-Code) bezeichnet Softwarelösungen, mit welchen komplexe Aufgaben mit sehr wenig oder ohne die Verwendung von Programmcode umgesetzt werden können. Damit wird stärker dem Self-Service Gedanken entsprochen.
MapReduce	MapReduce ist ein Programmiermodell für nebenläufige Berechnungen über sehr große Datenmengen auf Computerclustern, welche von Google entwickelt wurde.
Message Queue	Eine Message Queue (Warteschlange) ist ein Lösungsansatz, bei dem die Daten als Nachrichten meist im Speicher der beteiligten Knoten gespeichert werden, womit eine hohe Verfügbarkeit unterstützt wird.
Microservices	Dabei handelt es sich um Architekturmuster, welche einzelne Dienste weitgehend voneinander entkoppeln und somit einfach skalierbar und wiederverwendbar machen. Microservices kommunizieren untereinander mit unabhängigen Schnittstellen und Protokollen wie REST und JSON.
MLOps	MLOps baut auf DevOps auf und erweitert diesen Ansatz um Themen aus dem Machine Learning Umfeld. MLOps ist damit ein neuer Ansatz für die Zusammenarbeit und Kommunikation zwischen Data Scientisten und IT-Experten sowie Softwareentwicklern bei der Erstellung, der Weiterentwicklung und der Auslieferung von Machine Learning Lösungen.
Modbus	Modbus ist ein Client/Server-Kommunikationsprotokoll, welches insbesondere bei Industrieanlagen weit verbreitet ist. Mit Modbus können Computer mit Mess- und Regelsystemen verbunden werden. Modbus unterstützt serielle und Ethernet-Kommunikation.
MQTT	Message Queuing Telemetry Transport (MQTT) ist ein offenes Protokoll zum Austausch von Telemetriedaten. Es arbeitet nach dem Publish/Subscribe-Prinzip, jeder Client kann also Nachrichten senden. Kern von MQTT ist der Broker, welcher die Nachrichten vom Publisher entgegennimmt und an die Subscriber verteilt.

Nexus Bei Nexus werden Scrum-Teams in Gruppen von drei bis neun Teams formiert, um gemeinsam ein Produkt zu entwickeln. Der Kern von Nexus besteht in einem möglichst geringen Overhead.

NoSQL NoSQL steht für „not only SQL" und fasst moderne Datenbanksysteme zusammen, welche Big Data bewältigen können, eine horizontale Skalierbarkeit und eine höhere Verfügbarkeit als relationale Datenbanken bieten.

Numerische Daten Numerische Daten sind Daten, die aus Zahlen bestehen. Hier kann man zwischen kontinuierlichen (unendliche Ausprägungen) und diskreten (endliche Anzahl) Daten unterscheiden.

On-Premise Im Gegensatz zur Cloud beschreibt On-Premise eine Verteilungsstrategie, bei welcher alle Komponenten, vom Netzwerk bis hin zur Anwendung, im lokalen Netzwerk, also vor Ort, betrieben werden.

OPC UA OPC Unified Architecture ist ein plattformunabhängiger Standard zum Datenaustausch zwischen Maschinen und Systemen. OPC UA kann Maschinendaten (Messwerte, Einstellparameter etc.) nicht nur transportieren, sondern verwendet Metadaten, um die Objekte zu beschreiben.

Platform as a Service (PaaS) PaaS ist ein Cloud Computing Servicemodell, bei welchem der Cloudanbieter zusätzlich zur Infrastruktur auch programmtechnische Dienste wie ein Softwaresystem, ein Betriebssystem oder bereits eine spezifische Ausführungsschicht zur Verfügung stellt. Dieses Modell wird meist eingesetzt, um bestehende SaaS Dienste über Programmierschnittstellen zu erweitern.

Project Jupyter Die Softwarelösung Project Jupyter ist ein gemeinnütziges Open-Source-Projekt, um interaktive Datenwissenschaft und wissenschaftliches Rechnen zu unterstützen. Die ursprünglich Jupyter Notebook genannte Oberfläche wird vermehrt durch die neue Version JupyterLab abgelöst.

Python Python ist eine interpretierte höhere Programmiersprache, welche eine gute Lesbarkeit des Codes durch die Verwendung von signifikanten Einrückungen fördern soll. Python unterstützt die objektorientierte, die aspektorientierte und die funktionale Programmierung und ist auch als Skriptsprache weit verbreitet.

R
R ist eine freie Programmiersprache sowie Softwareumgebung für statistische Berechnungen und Grafiken. R wird häufig von Statistikern und Data Scientisten zur Entwicklung statistischer Software und zur Datenanalyse verwendet.

RDBMS
Die Abkürzung RDBMS steht für relational database management system, also relationale Datenbanken. Relationale Datenbanken speichern Daten in einem relationalen Datenbankmodell in Tabellen ab. Zum Abfragen und Manipulieren der Daten wird überwiegend die Datenbanksprache SQL eingesetzt.

REST
Der Representational State Transfer ist ein zustandsloses Paradigma in der Softwarearchitektur von verteilten Systemen, insbesondere für Webservices, um Daten von einem Service zum anderen (oder dem Client) zu übertragen.

Software as a Service (SaaS)
SaaS ist ein Cloud Computing Servicemodell, bei welchem alle Teile durch den Cloudanbieter bereitgestellt werden. Der Nutzer verwendet diese Dienste, ohne sich um Themen wie Infrastruktur, Skalierung oder Aktualisierungen kümmern zu müssen. Die gesamte Anwendung wird vom Cloudanbieter zur Verfügung gestellt, es können aber auch keine Änderungen an der Anwendung durch den Nutzer vorgenommen werden.

SQL
Die Structured Query Language (SQL) ist eine Datenbanksprache zur Abfrage, Bearbeiten und zur Definition von Datenstrukturen in relationalen Datenbanken. Es gibt auch für einige NoSQL Lösungen Adapter, damit diese mit SQL kompatibel sind.

Virtuelle Maschine (virtual machine, VM)
Eine virtuelle Maschine stellt einen virtuellen Computer (PC oder Server) in einer software-technischen Kapselung dar. Da diese Kapselung die Kapazitäten des realen Computers aufteilt, kann ein realer Computer mehrere virtuelle Computer beherbergen und ausführen.

Literatur

Abhishek, T.; Arvind, K.: (2007) *Workflow based framework for life science informatics.* Computational Biology and Chemistry, Volume 31, S. 305 – 319.

American Society for Quality: (2021) *Quality 4.0.* Von Quality Resources: *https://asq.org/quality-resources/quality-4-0*

American Society for Quality: (2021) *Quality Glossary.* Von Quality Ressources: *https://asq.org/quality-resources/quality-glossary/q*

Anderson, C.: (2008) *The long tail: Why the future of business is selling less of more.*

Anderson, D. J.: (2010) *KANBAN – Successful Evolutionory Change for Your Technology Business.* Washington: Blue Hole Press.

Anderson, L. W.; Krathwohl, D.: (2001) *A Taxonomy for Teaching, Learning, and Assessment: a revision of Bloom's taxonomy of educational objectives.*

Aprilliant, A.: (2020) *Introduction to Plotnine as the Alternative of Data Visualization Package in Python.* Von towardsdatascience: *https://towardsdatascience.com/introduction-to-plotnine-as-the-alternative-of-data-visualization-package-in-python-46011ebef7fe*

Atari Inc.: (2016) *Breakout Atari 2600 Version.* Von *https://en.wikipedia.org/wiki/File:Breakout2600.svg#/media/File:Breakout2600.svg*

Back, A.; Berghaus, S.: (2016) *Universität St. Gullen, Wirtschaftsinformatik.* Von *https://iwi.unisg.ch/wp-content/uploads/digitalmaturitymodel_download_v2.0-1.pdf*

Beck, K.; Andres, C.: (2004) *Extreme Programming Explained: Embrace Change*, 2. Ausg. Amsterdam: Addison-Wesley Longman.

Beck, K.; Beedle, M.; van Bennekum, A. et al.: (2001) *Agile Manifesto.* Von Manifest für Agile Softwareentwicklung: *https://agilemanifesto.org/iso/de/manifesto.html*

Behnke, J.; Behnke, N.: (2006) *Grundlagen der statistischen Datenanalyse.*

Berghaus, S.; Back, A.: (2016) *Gestaltungsbereiche der Digitalen Transformation von Unternehmen: Entwicklung eines Reifegradmodells.* Die Unternehmung, 70. Jg, 2/2016.

Binder, C.: (2020) *Introduction to the „RAMI 4.0 Toolbox".* Von RAMI Toolbox: *https://rami-toolbox.org/documentation/*

Biolab: (2021) *Orange Documentation.* Von Biolab: *http://docs.biolab.si/orange/2/#python-scripting*

BITKOM, VDMA; ZVEI: (2021) *Referenzarchitekturmodell Industrie 4.0.* Von DKE Deutsche Kommission Elektrotechnik Elektronik Informationstechnik in DIN und VDE: *https://www.dke.de/de/arbeitsfelder/industry/rami40*

Breuel, C.: (2021) *ML Ops: Machine Learning as an Engineering Discipline.* Von towards data science: *https://towardsdatascience.com/ml-ops-machine-learning-as-an-engineering-discipline-b86ca4874a3f*

Brewer, E. A.: (2000) *Principles of Distributed Computing.* Towards robust distributed systems. Portland, Oregon.

Breyfogle III, F.: (1999) *Implementing Six Sigma – Smarter Solutions Using Statistical Methods.* New Jersey: John Wiley & Sons Inc.

Brooks, F. P.: (1975) *The Mythical Man-Month.* Addison Wesley Longman Publishing Co.

CFB Bots: (2018) *The Difference between Robotic Process Automation and Artificial Intelligence.* Von medium: *https://cfb-bots.medium.com/the-difference-between-robotic-process-automation-and-artificial-intelligence-4a71b4834788*

Chapman (NCR), P.; Clinton (SPSS), J.; Kerber (NCR), R. et al.: (1999) *CRISP DM 1.0 Step-by-step data mining guide.* CRISP-DM consortium.

Christensen, C. M.: (2016) *The Innovators Dilemma.* Harvard Business Review Press.

Conway, M. E.: (1968) *How Do Committees Invent?* Datamation, 14, 28 – 31.

Cronos: (2021) *Process Mining.* Von *https://www.cronos.de/process-mining*

Crosser Technologies: (2021) *Platform Overview.* Von *crosser: https://crosser.io/*

Crosswalk Management Consultants; Institut für Wirtschaftsinformation St. Gallen: (2017) *Digital Maturity & Transformation* Report 2017.

Csikszentmihalyi, M.: (2014) *Flow im Beruf.*

Curl: (2021) *curl.* Von *https://curl.se/*

Dataman: (2019) *Explain Your Model with the SHAP Values.* Von Towards Data Science: *https://towardsdatascience.com/explain-your-model-with-the-shap-values-bc36aac4de3d*

Demsar, J.; Curk, T.; Erjavec, A. et al.: (2013) *Orange: Data Mining Toolbox in Python,* Journal of Machine Learning Research 14(Aug). Journal of Machine Learning Research.

Deutsche Gesellschaft für Qualität: (1995) *DGQ,* Band Nr. 14 – 18.

DGIQ: (2007) *IQ-Definition.*

Diehl, A.: (2019) *Business Model Canvas – Geschäftsmodelle visualisieren, strukturieren und diskutieren.* Von *https://digitaleneuordnung.de/blog/business-model-canvas-erklaerung/*

DigitalWiki: (2021) *NPS-Net Promotor Score.* Von *http://www.digitalwiki.de/nps-net-promoter-score/*

Dral, E.; Samuylova, E.: (2021) *To retrain, or not to retrain? Let's get analytical about ML model updates.* Von Evidently AI: *https://evidentlyai.com/blog/retrain-or-not-retrain*

Dudenredaktion: (2020) *Duden: die deutsche Rechtschreibung.*

Duhigg, C.: (2016) *What Google Learned From Its Quest to Build the Perfect Team.* The New York Times Magazine.

Forsberg, K.; Mooz, H.: (1996) *The Relationship of System Engineering to the Project Cycle.* Center for Systems Management, Cupertino.

Gamma, E.; Helm, R.; Johnson, R. E.: (1994) *Design Patterns. Elements of Reusable Object-Oriented Software.*

Gamweger, J.; Jöbstl, O.; Strohrmann, M.: (2009) *Design for Six Sigma, Kundenorientiert Produkte und Prozesse fehlerfrei entwickeln.* München: Hanser Verlag.

Gilbert, S.; Lynch, N.: (2002) *Brewer's conjecture and the feasibility of consistent, available, partition-tolerant web services.* ACM SIGACT News, 33(2), 51 – 59. Github Project Jupyter: https://github.com/jupyter/design/wiki/Jupyter-Logo

Gloger, B.; Häusling, A.: (2011). *Erfolgreich mit Scrum – Einflussfaktor Personalmanagement.* München: Carl Hanser Verlag.

Haberfellner, R.; Vössner, S.; Fricke, E. et al.: (2020) *Systems Engineering.*

Harry, M.; Schroeder, R.: (2000) *Six Sigma – Prozesse optimieren, Null-Fehler-Qualität schaffen, Rendite radikal steigern.* Frankfurt: Campus Verlag.

Haufe Akademie: (23.08.2021) *Question Zero Template.* Von Haufe Akademie: *https://eacademy.haufe.de/app/kurse/design-thinking/dt-question-zero-template*

Heidel, R.; Hoffmeister, M.; Hankel, M. et al.: (2017) *Industrie4.0, Basiswissen RAMI4.0.*

Herrera, S.: (2018) *Digitale Plattformen - Digitale Geschäftsmodelle Schritt für Schritt aufbauen [Teil 2]*. Von *https://www.handelskraft.de/digitale-plattformen-gestalt-und-aufbau-digitaler-geschaeftsmodelle-teil-2/2018/10/*

IBM: (2021) *Watson Studio in Cloud Pak for Data as a Service*. Von IBM: *https://dataplatform.cloud.ibm.com/docs/content/wsj/landings/wsl.html*

IEC: (1990) *International Electrotechnical Vocabulary*. Chapter 191: Dependability And Quality Of Service.

Infos Unter: (2021) *Fake News in den sozialen Medien*. Von *https://infos-unter.com/fakten/fake-news/social-media/*

ISO: (2015) *ISO 9000:2015 Qualitätsmanagementsysteme - Grundlagen und Begriffe*.

ISO: (2015) ISO 9001:2015 *Qualitätsmanagementsysteme - Anforderungen*.

ISO: (2016) *ISO 8000-61:2016 Data quality - Part 61*.

ISO/IEC: (2011) *Systems and software engineering – Architecture description*. Von iso-architecture.org: *http://www.iso-architecture.org/42010/*

Jantzer, M.; Nentwig, G.; Deininger, C. et al.: (2019) *Die Kunst, eine Produktentwicklung zu führen*. Springer.

Johns Hopkins University: (2021) *COVID-19 Dashboard by the Center for Systems Science and Engineering (CSSE) at Johns Hopkins University (JHU)*. Von *https://gisanddata.maps.arcgis.com/apps/opsdashboard/index.html#/bda7594740fd40299423467b48e9ecf6*

Josef Ressel Center for Dependable System-of-Systems Engineering: (2021) Von RAMI TOOLBOX: *https://rami-toolbox.org/*

King, T.; Schwarzenbach, J.: (2020) *Managing Data Quality - A practical guide*.

Kirkpatrick, D.: (1994) *Revisiting Kirkpatrick's four-level-model*. Training & Development.

KNIME AG: (2021) *KNIME Community*. Von KNIME: *https://www.knime.com/community*

Kofler, T.: (2021) *Wikipedia: die digitale Transformation*. Von *https://de.wikipedia.org/wiki/Digitale_Transformation*

Kotter, J. P.: (1996) *Leading Change*. Harvard Business School Press.

Kotter, J.; Rathgeber, H.: (2006) *Das Pinguin-Prinzip: Wie Veränderung zum Erfolg führt*.

Kotter, J.: (2009) *Das Prinzip Dringlichkeit. Schnell und konsequent handeln im Management*. Frankfurt: Campus.

Kruchten, P. B.: (1995) *The 4+1 View Model of architecture*. IEEE Software, 12(6), 42 – 50.

Küchenhoff, H.; Kauermann, G.: (2011) *Stichproben: Methoden und praktische Umsetzung*. Heidelberg: Springer Verlag.

Küpper, D.; Knizek, C.; Ryeson, D. et al.: (2020) *Quality 4.0 takes more than technology*.

Leopold, K.; Kaltenecker, S.: (2012) *Kanban in der IT - Eine Kultur der kontinuierlichen Verbesserung schaffen*. München: Carl Hanser Verlag.

Malik, F.: (2010) *Richtig denken - wirksam managen - Mit klarer Sprache besser führen*. Frankfurt/New York: Campus Verlag.

Mandler, G.: (2007) *A history of modern experimental psychology: From James and Wundt to cognitive science*. MIT Press.

Martin, R. C.; Martin, M.: (2006) *Agile Principles, Patterns and Practices in C#*. Boston: Pearson.

Mathieu, J. E.; Goodwin, G. F.; Heffner, T. S. et al.: (2000) *The Influence of Shared Mental Models on Team Process and Performance*. Journal of Applied Psychology, 85 (2), S. 273 – 283.

Matiisen, T.: (2015) *Demystifying deep reinforement learning*. Von Computational Neuroscience Lab: *https://neuro.cs.ut.ee/demystifying-deep-reinforcement-learning/*

Meincupcake: (2021) *Wie Kuchen backen? - Welche Zutat welchen Zweck erfüllt, erfahrt Ihr hier!* Abgerufen am 23.07.2021 von Meincupcake: *https://blog.meincupcake.de/wie-kuchen-backen-welche-zutat-welchen-zweck-erfuellt-erfahrt-ihr-hier/*

Mell, P.; Grace, T.: (2011) *The NIST Definition of Cloud Computing.* Von National Institute of Standards and Technology (NIST): *https://nvlpubs.nist.gov/nistpubs/Legacy/SP/nistspecialpublication800-145.pdf*

Miller, G. A.: (1956) *The magical number seven, plus or minus two: Some limits on our capacity for processing information.* Psychological Review, 63, 81 – 97.

Molnar, C.: (2021) *Interpretable Machine Learning.* Von A Guide for Making Black Box Models Explainable: *https://christophm.github.io/interpretable-ml-book/index.html*

MQTT.org: (2021) *MQTT Software.* Von MQTT: *https://mqtt.org/software/*

msg systems ag: (2021) *Design Thinking Methoden Katalog.* Von *https://www.designthinking-methods.com/*

Mutaree – The Change Company: (2018) *Mutaree Studie 2018: „Change-Fitness 2018", Ambidextrie: mit beiden Händen Organisationen verändern.* Von *https://mutaree.com/content/change-fitness-studie*

Netigate: (2021) *Beispiele und Tipps für mobile Befragungen.* Von *https://www.netigate.net/de/marktforschung/*

Nielsen, M.: (2019) *Neural Networks and Deep Learning*, Chapter 6. Von *http://neuralnetworksanddeeplearning.com/chap6.html*

NotePit: (2021) *NotePit Missing Value Node.* Von NotePit: *https://nodepit.com/node/org.knime.base.node.preproc.pmml.missingval.compute.MissingValueHandlerNodeFactory*

Noyes, K.: (2016) *IBM targets data scientists with a new development platform based on Apache Spark.* Von *https://www.computerworld.com/article/3079986/ibm-targets-data-scientists-with-a-new-development-platform-based-on-apache-spark.html*

Osterwalder, A.; Pigneur, Y.: (2010) *Business Model Generation: A Handbook for Visionaries, Game Changers, and Challengers (Strategyzer).*

Perktold, J.; Seabold, S.; Taylor, J.: (2021) *Statistical models, hypothesis tests, and data exploration.* Von statsmodels: *https://www.statsmodels.org/stable/index.html*

Peterson, D.; Hicks, M.: (1996) *Development First.*

Plattform Industrie 4.0: (2019) *Technologieszenario „Künstliche Intelligenz in der Industrie 4.0".* Berlin.

Python Software Foundation: (2021) *Python Package Index.* Von PyPi: *https://pypi.org/*

Q.wiki modell aachen Gmbh: (2021) *Q.wiki.* Von *https://www.modell-aachen.de/de/qwiki*

RapidMinder: (2021) *RapidMiner License Limits.* Von RapidMiner: *https://docs.rapidminer.com/latest/studio/installation/license-limits.html*

RapidMiner: (2021) *RapidMiner Studio.* Von RapidMiner: *https://rapidminer.com/products/studio/?product_marketing_c=studio&source_marketing=ppc&campaign_marketing_c=branded&gclid=Cj0KCQjw-NaJBhDsARIsAAja6dNOTbiIAUkDG6dyT_sVdlEgcjfDe5rmB0h8UXFpu6SfEfPEwkNniScaAoVBEALw_wcB*

Rasch, D.; Schott, D.: (2015) *Mathematische Statistik, Für Mathematiker, Natur- und Ingenieurwissenschaftler.* Weinheim: Wiley-VCH.

Ray, S.; Villa, A.; Rashid, N. et al.: (2021) *Magic Quadrant for Robotic Process Automation.* Von Gartner: *https://www.gartner.com/doc/reprints?id=1-26Q65VFT&ct=210706&st=sb&mkt_tok=OTk1LVhMVC04ODYAAAF-_EQy-NSV6SeQkPAjfyua7MF5W_Mvy0CIhPRjbGj5ObLydSA7kHK1B2UMUopMn5nvchfqPCCgz0_YS1wNm9kKQe9kIhn1ybmPMgGxzMg8lzcz*

Rehberger, G.: (2015) *Big-Data-Technologien Hadoop und NoSQL.* Von IT-ZOOM: *https://www.it-zoom.de/it-mittelstand/e/big-data-technologien-hadoop-und-nosql-10805/*

Rinne, H.: (2008) *Taschenbuch der Statistik.* Frankfurt: Harri Verlag.

Rowe, W.; Johnson, J.: (2021) *Top Machine Learning Frameworks To Use in 2021.* Von bmc blogs: *https://www.bmc.com/blogs/machine-learning-ai-frameworks/*

Royce, W. W.: (1970) *Managing the Development of Large Software Systems.* (T. I. Engineers, Hrsg.) Von *http://www.cs.umd.edu/class/spring2003/cmsc838p/Process/waterfall.pdf*

Schiltz, S.: (2021) *Die Möglichkeiten und Stärken von BPMN.* Von *https://www.digicomp.ch/blog/2017/05/26/bpmn-business-process-model-and-notation-moglichkeiten-und-starken*

Schwarzenbach, J.: (2020) *ISO 8000-61-the data quality management standard.* Von *https://www.dpadvantage.co.uk/2020/02/05/iso-8000-61-the-data-quality-management-standard/*

Schwebe, F.: (2016) *Was hinter der Referenzarchitektur RAMI 4.0 steckt.* Von Computer & Automation: *https://www.computer-automation.de/steuerungsebene/steuern-regeln/was-hinter-der-referenzarchitektur-rami-4-0-steckt.129204.2.html*

scikit-learn developers: (2021) *Machine Learning in Python.* Von scikit-learn: *https://scikit-learn.org/stable/index.html*

Seemann, M.: (2020) *Kulturelle Bildung Online.* Von *https://www.kubi-online.de/artikel/geschichte-digitalisierung-fuenf-phasen-narratologischen-rampe-digitalisierung*

Senges, P.: (2019) *5 Disziplinen einer lernenden Organisation.*

Signavio: (2021) *Business Process Model and Notation (BPMN) – eine Einführung.* Von *https://www.signavio.com/de/bpmn-einfuehrung/*

Simon, H. A.: (1959) *Theories of Decision-Making in Economics and Behavioral Science.* The American Economics Review, Band 49, Nr. 3, S. 258 ff.

SMTD: (2021) *How to measure data quality.* Von *https://showmethedata.blog/how-to-measure-data-quality-13-metrics*

Snowden, D.; Boone, M. E.: (2007) *A Leader's Framework for Decision Making.*

Spingal, J.: (2021) *Wikipedia, Multi Chip Modul.* Von *https://upload.wikimedia.org/wikipedia/commons/1/13/Dec_alpha_small.JPG*

Stadt Konstanz: (2021) *Offene Daten Kostanz.* Von *https://offenedaten-konstanz.de/dataset/dauerz-hlstellen-radverkehr/resource/c7da262a-7f4e-41a4-9a57-1d41222d77a4#{}*

Staffbase: (2021) *Die Welt verändert sich. Die Kommunikation auch.* Von *https://staffbase.com/de/*

Stange-Benz, L.: (2018) *Peer-to-Peer als Geschäftsmodell – 55 Geschäftsmodelle erklärt.* Von *https://blog.start-up-berater.de/peer-to-peer-als-geschaeftsmodell-55-geschaeftsmodelle-erklaert/*

Statista GmbH: (2020) *Statista Global Consumer Survey 2020.* Von Statista: *https://de.statista.com/global-consumer-survey/surveys*

Stepper, J.: (2020) *Working Out Loud.*

Strohrmann, M.: (2021) *Design For Six Sigma Online.* Von *https://www.eit.hs-karlsruhe.de/dfss/statistics/statistics/statistics-einleitung.html*

Strohrmann, M.: (2021) *Systemtheorie Online.* Von *https://www.eit.hs-karlsruhe.de/mesysto/quicklink/startseite.html*

Sutton, B.: (2017) *Scikit-learn vs. StatsModels: Which, why, and how?* Von The Data Incubator: *https://www.thedataincubator.com/blog/2017/11/08/scikit-learn-vs-statsmodels/*

Tech Agilist: (2021) *Tech Agilist.* Von White Elephant Sizing – Agile Estimation Method: *https://www.techagilist.com/agile/scrum/white-elephant-sizing-agile-estimation/*

TensorFlow: (2021) *Warum TensorFlow.* Von *https://www.tensorflow.org/*

Thomas, D.; Hunt, A.: (2019) *The Pragmatic Programmer: journey to mastery, 20th Anniversary Edition.*

Toyota Motor Corporation: (2021) *Production System.* Von Toyota Motor Corporation Global Website: *https://global.toyota/en/company/vision-and-philosophy/production-system/*

Tüfekci, P.: (2014) *Prediction of full load electrical power output of a base load operated combined cycle power plant using machine learning method.* International Journal of Electrical Power & Energy Systems, S. 126 – 140.

Tulip: (2021) *Augmented Worker: How Digital Technology Can Power Your Workforce.* Von *https://tulip.co/ebooks/augmented-worker/*

Userlike: (2021) *6 Proven Methods for Measuring Customer Satisfaction.* Von *https://userlike.com/en/blog/6-proven-methods-for-measuring-your-customer-satisfaction*

VDMA Forum Industrie 4.0 und PTW Institut für Produktionsmanagement: (2019) *Industrie 4.0 trifft Lean.*

Verma, K.: (2020) *Hyper Automation: SAP Intelligent Business Process Management.* Von SAP Community: *https://blogs.sap.com/2020/05/26/hyper-automation-sap-cloud-platform/*

Victor, N.; Lehmacher, W.; van Eimeren, W.: (1980) *Explorative Datenanalyse.* Heidelberg: Springer Verlag.

Wakabayashi, M.: (2019) *Updated easy to remember system design numbers for back-of-the-envelope calculations.* Von GitHub: *https://gist.github.com/mwakaba2/8ad25dda8c71fe529855994c70743733*

Wappis, J.; Jung, B.: (2016) *Null-Fehler-Management.* München: Hanser Verlag.

Wikipedia: (2021) *Design Thinking.* Von *https://de.wikipedia.org/wiki/Design_Thinking*

Wikipedia: (2021) *DevOps.* Von *https://de.wikipedia.org/wiki/DevOps*

Wikipedia: (2021) *Digitale Daten.* Von *https://de.wikipedia.org/wiki/Digitale_Daten*

Wikipedia: (2021) *Digitale Kompetenz.* Von *https://de.wikipedia.org/wiki/Digitale_Kompetenz*

Wikipedia: (2021) *Digitale Transformation.* Von *https://de.wikipedia.org/wiki/Digitale_Transformation*

Wikipedia: (2021) *Digitalisierung.* Von *https://de.wikipedia.org/wiki/Digitalisierung*

Wikipedia: (2021) *Gasturbine GTD-4/6.3/10RM.* Von *https://commons.wikimedia.org/wiki/File:%D0%93%D0%A2%D0%94-4%D0%A0%D0%9C_%D1%86%D0%B5%D1%85.jpg*

Wikipedia: (2021) *Kanban (Softwareentwicklung).* Von *https://de.wikipedia.org/wiki/Kanban_%28Softwareentwicklung%29* abgerufen

Wikipedia: (2021) *Kano-Modell.* Von *https://de.wikipedia.org/wiki/Kano-Modell*

Wikipedia: (2021) *Peitscheneffekt (Supply-Chain-Management).* Von *https://de.wikipedia.org/wiki/Peitscheneffekt_(Supply-Chain-Management)*

Wikipedia: (2021) *Persona.* Von *https://de.wikipedia.org/wiki/Persona_%28Mensch-Computer-Interaktion%29*

Wikipedia: (2021) *Process-Mining.* Von *https://de.wikipedia.org/wiki/Process-Mining*

Wikipedia: (11.07.2021) *Qualitätsmanagement.* Von *https://de.wikipedia.org/wiki/Qualit%C3%A4tsmanagement#Historische_Entwicklung*

Wikipedia: (2021) *Wizard-of-Oz-Experiment.* Von *https://de.wikipedia.org/wiki/Wizard-of-Oz-Experiment*

Wikipedia: (2021) *Yerkes-Dodson-Gesetz.* Von *https://de.wikipedia.org/wiki/Yerkes-Dodson-Gesetz*

Wolf, M.: (2014) *High-Performance Embedded Computing.* Von Dependable System: *https://www.sciencedirect.com/topics/computer-science/dependable-system*

Xu, A.: (2020) *System Design Interview – An Insider's Guide.*

Index

Symbole

A

B

C

P

Q

R

S

Y

Z

Die Autoren

Ing. Gernot Freisinger, BSc., MA

Consultant und Trainer bei successfactory management coaching

Geb. 1983 in Voitsberg, absolvierte eine höhere technische Lehranstalt für Elektrotechnik in Graz, danach Entwicklungsingenieur bei ThyssenKrupp Aufzüge in Gratkorn. Von 2008 bis 2021 Projekt- und Produktmanagement bei ELSTA Mosdorfer.

Als Absolvent des Master-Studiums Innovationsmanagement der Fachhochschule campus02 in Graz ist er seit 2013 als Consultant und Trainer in den Bereichen Produktentwicklung, Qualitätsmanagement und Data Analytics tätig. Sein Aufgabenspektrum beinhaltet die Erfassung von Kundenbedürfnissen, die Entwicklung qualitativ hochwertiger Systeme und die Einführung von Entwicklungsmethoden. Dabei liegt sein Fokus auf der Erkennung und Implementierung von datengetriebenen Use Cases und Optimierungsaufgaben.

Dr. Dipl.-Ing. Oliver Jöbstl

Geschäftsführer der successfactory management coaching

Geb. 1969 in Leoben, absolvierte das Studium der Werkstoffwissenschaften der Montanuniversität Leoben und dissertierte am Institut für Wirtschafts- und Betriebswissenschaften in den Themengebieten Qualitätsmanagement und Anlagenwirtschaft. Er ist Mitgründer der successfactory management coaching gmbH in Leoben und berät seit 2000 Industrieunternehmen u. a. in den Bereichen Qualitätsmanagement, Leadership, statistische Modellierung, Machine Learning und künstliche Intelligenz in industriellen Anwendungen.

Dipl. -Ing. Bernd Kögler, MBA

Werksleiter Pankl High Performance Systems

Geb. 1972 in Wien, studierte Maschinenbau an der TU-Wien, danach Entwicklungsingenieur bei der Robert Bosch A. G. in Hallein. Seit 2005 angestellt bei Pankl Racing Systems A. G. Aktuelle Funktion als Werksleiter der Getriebefertigung und technischer Leiter der Pleuel Serienfertigung. Von 2015 bis 2017 berufsbegleitend MBA Automotive Industry an der TU Wien und STU Bratislava.

Buchautor: „Lessons Learned…?! – Leadership in Familie und Beruf“, 2021

Jürgen Lipp

Consultant und Trainer bei successfactory management coaching

Geb. 1979 in Graz, startete nach der höheren technischen Lehranstalt für Informatik in Kaindorf als Softwareentwickler. Nach verschiedenen Positionen übernahm er 2010 bis 2015 die Systemsoftwareentwicklung bei der Atronic (heute IGT). Von 2013 bis 2015 berufsbegleitendes Masterstudium Software Engineering Leadership am Campus02 in Graz und der oose Innovative Informatik in Hamburg. Nach weiteren Stationen als Engineering Manager bei NXP Semiconductors, pmOne und ADB Safegate, startete er 2020 als Consultant und Trainer bei der successfactory management coaching GmbH, um bei Software- und KI-Projekten in mittelständischen und großen Unternehmen seine Erfahrungen weitergeben zu können.

Prof. Dr. Manfred Strohrmann

Professor für Grundlagen der Elektrotechnik und Systemtheorie an der Fakultät für Elektro- und Informationstechnik der Hochschule Karlsruhe.

In Kooperation mit lokalen Industriepartnern setzt er statistische Verfahren des Design For Six Sigma und Machine Learning praxisnah in Industrieprodukte um. An der Hochschule widmet er sich außerdem der Didaktik der Ingenieurwissenschaften. Dafür ist er im Jahr 2016 durch den Lehrpreis der Hochschule Karlsruhe ausgezeichnet worden. Als Studiengangsleiter und Prodekan ist er bestrebt, die dabei erarbeiteten Konzepte in den Lehrbetrieb und in die Studien- und Prüfungsordnungen zu integrieren.

Co-Autoren

Ing. Mag. Dr. Michael Eder

Global Chief Digital Officer voestalpine High Performance Metals Division/ Managing Director voestalpine High Performance Metals DIGITAL SOLUTIONS GmbH

Geboren 1977 in Linz, Studium der Wirtschaftswissenschaften in Linz und Promotion in Innsbruck. Berufliche Stationen als technischer Gruppenleiter bei Voest-Alpine Industrieanalagenbau von 1998 – 2004 und als Unternehmensberater bei McKinsey&Company, Inc. von 2007 – 2016. Seit 2016 als Global Chief Digital Officer verantwortlich für die Digitale Transformation der High Performance Metals Division der voestalpine. Ab 2021 Managing Director der voestalpine High Performance Metals DIGITAL SOLUTIONS GmbH, einer Ausgründung welche sich auf skalierbare digitale Lösungen in den Bereichen KI, IIoT, Robotics, Sensorik spezialisiert. Passionierter Change-Manager, certified Agile Coach und Scrum Master.

DI Dr. Johannes Andreas Eichler, MBA

Head of Product and Services Management bei voestalpine High Performance Metals DIGITAL SOLUTIONS GmbH

Nach Abschluss des Telematik Masterstudiums 2012 an der TU-Graz und des Doktorats für medizinische Wissenschaft 2016 an der Meduni Graz arbeitete er an der Entwicklung von resorbierbaren Metallimplantaten. 2018 begann seine Tätigkeit als Digitalisierungsmanager bei der voestalpine High Performance Metals GmbH in Wien, zeitgleich mit dem Abschluss des Executive MBA Studiums an der California Lutheran University, CA, USA. Seit 2021 ist er bei der voestalpine High Performance Metals DIGITAL SOLUTIONS GmbH für den Bereich Produkt und Services Management verantwortlich.

Dipl. Ing. Dr. Friederike König

UnternehmensberaterIn/TrainerIn/Coach

Geboren 1968 in Amstetten, studierte Technische Chemie und Maschinenbau an der TU Graz. Ab 2002 QualitätsingenieurIn und später Senior ProzessmanagerIn bei Magna. Von 2011 - 2016 Senior Manager Changemanagement und Organisationsentwicklung bei Magna. Laufende Zusatzqualifikation für Führung & Teamentwicklung im klassischen & agilen Umfeld. Seit 2016 selbständige BeraterIn/TrainerIn/Coach für Projekt-/Prozess-/Changemanagement.

Prof. Dr.-Ing. Bjørn Ludwig

Geschäftsführer der successfactory leadership

Bjørn Ludwig ist Ingenieur der Verfahrenstechnik, promovierte am Institut für Technische Mechanik der TU Clausthal zum Thema Technikfolgenabschätzung und habilitierte sich dort im Fachgebiet Systemtechnik. Berufliche Stationen waren Forschungsinstitutionen wie die DLR, TU Clausthal und die Universität Bremen, die IT-Branche sowie das Zukunftszentrum Tirol. Der Prozess- und Systemdenker lebt, denkt, lehrt und arbeitet auf den Schnittstellen zwischen Technik, Wissenschaft, Wirtschaft und Gesellschaft. Seine Schwerpunkte sind systemisches Leadership und ganzheitliche Zukunftsorientierung. Seit 2013 berät, trainiert und coacht er weltweit Führungskräfte zum Thema Leadership und ist seit 2020 Geschäftsführer der successfactory leadership.